"十四五"国家重点出版物出版规划项目·重大出版工程

中国学科及前沿领域2035发展战略丛书

学术引领系列

国家科学思想库

中国合成生物学2035发展战略

"中国学科及前沿领域发展战略研究（2021—2035）"项目组

科学出版社
北京

内 容 简 介

合成生物学因其所具有的革命式、颠覆式创新潜力，已经成为世界各国必争的科技战略高地，正在引发新一轮科技与产业国际竞争。《中国合成生物学2035发展战略》力求综合性回顾合成生物学的发展历程并探讨其学科定义，界定学科内涵；多方位反映合成生物学的发展现状及其促进“会聚”研究的科学意义与提升人类“能力”的战略价值；深入分析该新兴学科自21世纪初创立到今天逐步厘清的关键科学问题、技术瓶颈及社会核心需求，寻求升级发展所面临的严峻挑战，以及抓住“大数据＋人工智能”和“互联网＋”开源共享平台蓬勃发展的机遇，实现突破，在科技、经济、政治、社会一并进入“百年未有之大变局”的背景下，“不负韶华”承担历史使命的战略思考与策略布局；为进一步强化合成生物技术战略科技工程力量，推动我国合成生物学高质量发展，推动合成生物学及“会聚”研究的生态建设，高效率服务科技与社会发展，提供政策建议的参考。

本书为相关领域战略与管理专家、科技工作者、企业研发人员及高校师生提供了研究指引，为科研管理部门提供了决策参考，也是社会公众了解合成生物学发展现状及趋势的重要读本。

图书在版编目（CIP）数据

中国合成生物学2035发展战略／“中国学科及前沿领域发展战略研究（2021—2035）”项目组编．—北京：科学出版社，2023.5
（中国学科及前沿领域2035发展战略丛书）
ISBN 978-7-03-075564-3

Ⅰ.①中… Ⅱ.①中… Ⅲ.①生物合成－发展战略－研究－中国
Ⅳ.①Q503

中国国家版本馆CIP数据核字（2023）第087471号

丛书策划：侯俊琳 朱萍萍
责任编辑：牛 玲 陈 倩 赵小林／责任校对：何艳萍
责任印制：赵 博／封面设计：有道文化

科学出版社出版
北京东黄城根北街16号
邮政编码：100717
http://www.sciencep.com
涿州市般润文化传播有限公司印刷
科学出版社发行 各地新华书店经销
*
2023年5月第 一 版 开本：720×1000 1/16
2025年2月第四次印刷 印张：36 1/4
字数：580 000

定价：298.00元

（如有印装质量问题，我社负责调换）

“中国学科及前沿领域发展战略研究（2021—2035）”

联合领导小组

组　长　常　进　李静海

副组长　包信和　韩　宇

成　员　高鸿钧　张　涛　裴　钢　朱日祥　郭　雷
杨　卫　王笃金　杨永峰　王　岩　姚玉鹏
董国轩　杨俊林　徐岩英　于　晟　王岐东
刘　克　刘作仪　孙瑞娟　陈拥军

联合工作组

组　长　杨永峰　姚玉鹏

成　员　范英杰　孙　粒　刘益宏　王佳佳　马　强
马新勇　王　勇　缪　航　彭晴晴

《中国合成生物学 2035 发展战略》

战略研究组

组　长　赵国屏　赵进东

成　员（以姓氏拼音为序）

毕昌昊	蔡宇伽	蔡志明	陈化兰	陈良怡	崔宗强
戴　磊	戴俊彪	戴宗杰	丁　琛	杜昱光	冯晴晴
高彩霞	郭晓强	胡志红	黄卫人	黄勇平	江会锋
姜　岷	姜卫红	赖旺生	李　雷	李　春	李呈军
李盛英	林　敏	林炳承	林章凛	刘　文	刘　晓
刘陈立	刘丁玉	刘天罡	刘宇辰	娄春波	卢　元
芦银华	陆　路	罗　楠	梅　辉	苗良田	聂广军
彭连伟	乔　宇	秦　磊	秦成峰	司　同	宋　浩
宋理富	孙　强	覃重军	谭　磊	汤　超	唐鸿志
田朝光	田长福	汪建峰	王　金	王　劲	王　强
王　勇	王二涛	王平平	王钦宏	王忆平	魏　平
魏　维	魏文胜	吴　边	肖敏凤	谢　震	熊　燕
徐　健	薛小莉	闫云君	严　兴	阎金勇	燕永亮

杨　琛　杨　弋　杨成帅　叶海峰　于　涛　于长明
张炳照　张立新　张天蛟　张学礼　张媛媛　赵　潇
钟　超　周景文　周雍进　周志华　朱新广　朱之光
卓　越

工　作　组

组　长　熊　燕　刘　晓　薛　淮
成　员（以姓氏拼音为序）
陈大明　马　悦　阮梅花　汪　哲　颜　韬
张学博　朱成姝

总　序

党的二十大胜利召开，吹响了以中国式现代化全面推进中华民族伟大复兴的前进号角。习近平总书记强调“教育、科技、人才是全面建设社会主义现代化国家的基础性、战略性支撑”①，明确要求到2035年要建成教育强国、科技强国、人才强国。新时代新征程对科技界提出了更高的要求。当前，世界科学技术发展日新月异，不断开辟新的认知疆域，并成为带动经济社会发展的核心变量，新一轮科技革命和产业变革正处于蓄势跃迁、快速迭代的关键阶段。开展面向2035年的中国学科及前沿领域发展战略研究，紧扣国家战略需求，研判科技发展大势，擘画战略、锚定方向，找准学科发展路径与方向，找准科技创新的主攻方向和突破口，对于实现全面建成社会主义现代化“两步走”战略目标具有重要意义。

当前，应对全球性重大挑战和转变科学研究范式是当代科学的时代特征之一。为此，各国政府不断调整和完善科技创新战略与政策，强化战略科技力量部署，支持科技前沿态势研判，加强重点领域研发投入，并积极培育战略新兴产业，从而保证国际竞争实力。

擘画战略、锚定方向是抢抓科技革命先机的必然之策。当前，新一轮科技革命蓬勃兴起，科学发展呈现相互渗透和重新会聚的趋

① 习近平. 高举中国特色社会主义伟大旗帜 为全面建设社会主义现代化国家而团结奋斗——在中国共产党第二十次全国代表大会上的报告. 北京：人民出版社，2022：33.

势，在科学逐渐分化与系统持续整合的反复过程中，新的学科增长点不断产生，并且衍生出一系列新兴交叉学科和前沿领域。随着知识生产的不断积累和新兴交叉学科的相继涌现，学科体系和布局也在动态调整，构建符合知识体系逻辑结构并促进知识与应用融通的协调可持续发展的学科体系尤为重要。

擘画战略、锚定方向是我国科技事业不断取得历史性成就的成功经验。科技创新一直是党和国家治国理政的核心内容。特别是党的十八大以来，以习近平同志为核心的党中央明确了我国建成世界科技强国的"三步走"路线图，实施了《国家创新驱动发展战略纲要》，持续加强原始创新，并将着力点放在解决关键核心技术背后的科学问题上。习近平总书记深刻指出："基础研究是整个科学体系的源头。要瞄准世界科技前沿，抓住大趋势，下好'先手棋'，打好基础、储备长远，甘于坐冷板凳，勇于做栽树人、挖井人，实现前瞻性基础研究、引领性原创成果重大突破，夯实世界科技强国建设的根基。"①

作为国家在科学技术方面最高咨询机构的中国科学院（简称中科院）和国家支持基础研究主渠道的国家自然科学基金委员会（简称自然科学基金委），在夯实学科基础、加强学科建设、引领科学研究发展方面担负着重要的责任。早在新中国成立初期，中科院学部即组织全国有关专家研究编制了《1956—1967年科学技术发展远景规划》。该规划的实施，实现了"两弹一星"研制等一系列重大突破，为新中国逐步形成科学技术研究体系奠定了基础。自然科学基金委自成立以来，通过学科发展战略研究，服务于科学基金的资助与管理，不断夯实国家知识基础，增进基础研究面向国家需求的能力。2009年，自然科学基金委和中科院联合启动了"2011—2020年中国学科发展

① 习近平．努力成为世界主要科学中心和创新高地 [EB/OL]. (2021-03-15). http://www.qstheory.cn/dukan/qs/2021-03/15/c_1127209130.htm[2022-03-22].

战略研究”。2012年，双方形成联合开展学科发展战略研究的常态化机制，持续研判科技发展态势，为我国科技创新领域的方向选择提供科学思想、路径选择和跨越的蓝图。

联合开展“中国学科及前沿领域发展战略研究（2021—2035）”，是中科院和自然科学基金委落实新时代“两步走”战略的具体实践。我们面向2035年国家发展目标，结合科技发展新特征，进行了系统设计，从三个方面组织研究工作：一是总论研究，对面向2035年的中国学科及前沿领域发展进行了概括和论述，内容包括学科的历史演进及其发展的驱动力、前沿领域的发展特征及其与社会的关联、学科与前沿领域的区别和联系、世界科学发展的整体态势，并汇总了各个学科及前沿领域的发展趋势、关键科学问题和重点方向；二是自然科学基础学科研究，主要针对科学基金资助体系中的重点学科开展战略研究，内容包括学科的科学意义与战略价值、发展规律与研究特点、发展现状与发展态势、发展思路与发展方向、资助机制与政策建议等；三是前沿领域研究，针对尚未形成学科规模、不具备明确学科属性的前沿交叉、新兴和关键核心技术领域开展战略研究，内容包括相关领域的战略价值、关键科学问题与核心技术问题、我国在相关领域的研究基础与条件、我国在相关领域的发展思路与政策建议等。

三年多来，400多位院士、3000多位专家，围绕总论、数学等18个学科和量子物质与应用等19个前沿领域问题，坚持突出前瞻布局、补齐发展短板、坚定创新自信、统筹分工协作的原则，开展了深入全面的战略研究工作，取得了一批重要成果，也形成了共识性结论。一是国家战略需求和技术要素成为当前学科及前沿领域发展的主要驱动力之一。有组织的科学研究及源于技术的广泛带动效应，实质化地推动了学科前沿的演进，夯实了科技发展的基础，促进了人才的培养，并衍生出更多新的学科生长点。二是学科及前沿领域的发展促进深层次交叉融通。学科及前沿领域的发展越来越呈现出多学科相互渗透的发展态势。某一类学科领域采用的研究策略和技术体系所产生的基础理论与方法论成果，可以作为共同的知识基础适用于不同学科领域的多个研究方向。三是科研范式正在经历深刻变革。解决系统性复杂问题成为当前科学发展的主要目标，导致相应的研究内容、方法和范畴等的改变，形成科学研究的多层次、多尺度、动态化的基本特征。数据驱动的科研模式有力地推动了新时代科研范式的变革。四是科学与社会的互动更加密切。发展学科及前沿领域愈加重要，与此同时，"互联网+"正在改变科学交流生态，并且重塑了科学的边界，开放获取、开放科学、公众科学等都使得越来越多的非专业人士有机会参与到科学活动中来。

"中国学科及前沿领域发展战略研究（2021—2035）"系列成果以"中国学科及前沿领域2035发展战略丛书"的形式出版，纳入"国家科学思想库－学术引领系列"陆续出版。希望本丛书的出版，能够为科技界、产业界的专家学者和技术人员提供研究指引，为科研管理部门提供决策参考，为科学基金深化改革、"十四五"发展规划实施、国家科学政策制定提供有力支撑。

在本丛书即将付梓之际，我们衷心感谢为学科及前沿领域发展战略研究付出心血的院士专家，感谢在咨询、审读和管理支撑服务方面付出辛劳的同志，感谢参与项目组织和管理工作的中科院学部的丁仲礼、秦大河、王恩哥、朱道本、陈宜瑜、傅伯杰、李树深、李婷、苏荣辉、石兵、李鹏飞、钱莹洁、薛淮、冯霞，自然科学基金委的王长锐、韩智勇、邹立尧、冯雪莲、黎明、张兆田、杨列勋、高阵雨。学科及前沿领域发展战略研究是一项长期、系统的工作，对学科及前沿领域发展趋势的研判，对关键科学问题的凝练，对发展思路及方向的把握，对战略布局的谋划等，都需要一个不断深化、积累、完善的过程。我们由衷地希望更多院士专家参与到未来的学科及前沿领域发展战略研究中来，汇聚专家智慧，不断提升凝练科学问题的能力，为推动科研范式变革，促进基础研究高质量发展，把科技的命脉牢牢掌握在自己手中，服务支撑我国高水平科技自立自强和建设世界科技强国夯实根基做出更大贡献。

“中国学科及前沿领域发展战略研究（2021—2035）”
联合领导小组
2023年3月

前　言

合成生物学在合成化学理念基础上被“隐喻”而问世，距今已有超过百年的历史。20 世纪 70 ～ 80 年代，在 DNA 双螺旋模型和“中心法则”理论的指引下，DNA 重组、DNA 测序、DNA 扩增和 DNA 定点突变等技术的突破和迅速拓展，形成了生命科学的第一次革命，即分子生物学及基因工程革命，“人工合成生命”应势成为合成生物学的“愿景”。20 世纪末，人类基因组研究给生命科学带来了第二次革命，实现了对基因组编码的全面“解读”，系统生物学和定量生物学对生物体组成和生命规律的认识达到了前所未有的深度和精度。

21 世纪初，一系列利用生物元件在微生物细胞底盘内构建逻辑线路的成功案例，将工程科学的研究理念引入生命科学；合成生物学被赋予崭新的内涵，并吸引了一批从事工程科学研究的中青年科学家投入到生命科学的研究中来。在习惯于“单兵作战”的生物学研究领域里，形成了多学科交叉、团队协作的工程学研究文化氛围和理念，将生命科学的研究推向“建物致知”的新高度。与此同时，科学家于 2006 年成功将哺乳动物的成体细胞“重编程”为诱导多能干细胞（induced pluripotent stem cell，iPSC）；2010 年，全人工合成的约 100 万碱基对的支原体基因组，成功取代另一支原体细胞基因组，获得可正常生长和分裂的“人造生命”，实现了“撰写”基因组的梦想；而2012年CRISPR/Cas技术的高效利用，颠覆性地实现了对哺乳动物基因组的精准“编辑”。至此，由合成科学、系统科学与工程科学“会聚”而孕育的交叉前沿学科——合成生物学基本成型，迅速发展，并获得广泛关注。

今天的合成生物学，不仅逐步将对生命系统的研究提升到“可定量、可预测、可合成”的新高度，而且深刻影响物理与化学的发展，引发了一场从根本上提升生命世界（包括人类自身）“能力”的“会聚研究”革命。同时，一系列使能技术（enabling technology）的突破加快了合成生物学的工程化应用，开创了以构建分子机器（体外催化）和细胞工厂（体内催化）为代表的合成生物制造的新兴生物工程领域，揭开了合成生物学“建物致用”的产业前景的“帷幕”。合成生物学的应用迅速向材料、能源等社会经济重要领域和医药、农业、食品等人民健康相关领域拓展，正在形成一个新兴的“产业方向”。

经过十余年来不同学科与领域专家的合作攻关以及国际合作，我国奠定了较好的合成生物学研究基础，实现了“创造”世界首例单条染色体真核细胞、实现二氧化碳（CO_2）到淀粉的人工合成等重大突破，但在底层创新、成果转化和科研生态等方面仍然面临严峻的挑战。从开创新格局的战略思考出发，总结合成生物学发展过程中积累的经验教训，“倒逼”认识合成生物学发展战略布局中的问题，认识实现其核心理论与关键技术工程突破的“瓶颈”，思考实现的方向与途径，探索推进突破所应采用的战略布局、思路方法，乃至文化和政策生态，这就是中国科学院和国家自然科学基金委员会第二次联合启动合成生物学的学科战略研究的“初心”。

我们组建了由合成生物学领域专家以及文献情报研究人员共同组成的战略研究组。在追溯合成生物学发展历史的基础上，对“合成生物学”的定义做了系统梳理，强调了工程学的“目的导向”以及其特有的理论架构与技术（工程）平台；全面厘清了合成生物学区别于其他生命科学学科的工程科学、生命科学和生物技术内涵；既反映出合成生物学对生命科学研究战略和文化的革命性影响，又阐明了合成生物学技术在工业、农业、健康、能源、环境、材料等领域创新应用所带来的潜在价值和战略意义。我们邀请了国内活跃在合成生物学领域的90多位中青年科学家，开展多轮研讨，回顾各具体领域、方向的发展历史，分析研究与应用的现状和面临的瓶颈问题，进一步明确合成生物学的核心科学问题和“设计生命”的关键理论与技术瓶颈，探讨了我国合成生物学的发展思路、发展目标、优先发展领域及重要研究方向；在此基础上，提出面向2035年，我国合成生物学在基本科学问题、重点技术和应用领域的重点发展方向及政策建议，包括加强顶层设计和基础研究投入支持；利用定量合成生物学的手段，结合基于“大数据”的人工智能，推动生命科学理论研究；聚焦更高效、更精准、更智能的“理性设计”等使能技术以及先进的分析技术；重视合成生物学的工程应用以及与此相关的监管科学发展；夯实多学科专业基础的学科教育和人才培养体系；关注促进“会聚”的生态系统与治理体系的建设等，以保障并促进合成生物学的健康、快速发展。

当然，面对“合成生物学”这一源自高度会聚（远超越“交叉”）各学科与技术前沿的新兴学科，又具有深度赋能（远超越“转化”）各研究和应用领域的巨大潜力，我们种种努力所能企及的“精准性”、“全面性”和“深刻性”都是有限的。诚盼读者在翻阅之余，拨冗指正。无论是批评意见，还是修改建议，不仅是作者所“渴求”的，也应对我国合成生物学今后的发展大有裨益。

赵国屏　赵进东

《中国合成生物学2035发展战略》战略研究组组长

2022年2月

摘　要

《中国合成生物学2035发展战略》包括“合成生物学的学科起源与发展历程”“合成生物学的科学意义与战略价值”“合成生物学的发展现状”“合成生物学的未来发展”，以及“对我国合成生物学发展的政策建议”五个部分。报告力求综合性回顾合成生物学的发展历程并探讨其学科定义，界定学科内涵；多方位反映合成生物学的发展现状及其促进“会聚”研究的科学意义与提升人类“能力”的战略价值；深入分析该新兴学科自21世纪初创立到今天逐步厘清的关键科学问题、技术瓶颈及社会核心需求，寻求升级发展所面临的严峻挑战，以及抓住“大数据+人工智能”和“互联网+”开源共享平台蓬勃发展的机遇，实现突破，在科技、经济、政治、社会一并进入“百年未有之大变局”的背景下，“不负韶华”，承担历史使命的战略思考与策略布局；为进一步强化合成生物技术战略科技工程力量，推动我国合成生物学高质量发展，合成生物学及“会聚”研究的生态建设，以及高效率服务科技与社会发展，提供政策建议的参考。

一、合成生物学的学科起源与发展历程

第一章第一节阐述合成生物学的定义与内涵。2000年，E. 库尔（E. Kool）基于利用细菌基因元件构建逻辑线路的工程科学研究

突破，给予了“合成生物学”——这一在19世纪末由合成化学“隐喻”而首创的名词，在20世纪中因“基因克隆”支撑而被赋予“人工合成生命”“愿景”的新兴交叉学科——以工程科学理念研究生命科学的新定义。此后，合成生物学发展迅速，领域日益拓宽，而对这个学科的认识，却依然是“见智见仁”，极难统一。我们在系统梳理各种定义的基础上，对2014年尤恩·卡梅伦（Ewen Cameron）等提出的合成生物学定义进行了调整与补充，强调了工程学对生命体系“自下而上”认识的基本理念，以及在生命科学中采用以工程的“以目的为导向”的迭代研究范式的原理；归纳出了既强调合成生物学本质又反映现阶段合成生物学全貌的一个定义，为进一步的分析奠定基础。

这个定义是：合成生物学是在工程科学“自下而上”理念的指导下，以创建特定结构功能的工程化生命或实现生命过程的工程化为导向，综合系统、合成、定量、计算与理论科学的手段，以“设计—构建—测试—学习”的迭代研究原理认识生命的理论架构与方法体系。

该节进一步全面梳理了合成生物学既联系于又区别于其他生命科学与生物技术学科的内涵。合成生物学的核心科学基础，是它的工程科学内涵；但在一定意义上，它又是生命科学与生物技术在基因组学和系统生物学基础上的延伸以及质的飞跃。一方面，合成生物学将原有的以“模拟自然过程”和“遗传工程改造”为基础的生物技术上升到“定量理性设计”和“标准化构建测试”的新高度，把生物工程、代谢工程推向对生命过程的高效率、普适性的工程化研究的新高度，实现“建物致用”，即合成生物学的生物技术内涵。另一方面，在全基因组学和系统生物学基础上创建工程化新生命体系，如人造生命（artificial life）、正交生命（orthogonal life）等，将为生命科学从整体到局部的“格物致知”“还原论”传统研究策略，提供通过“从创造到理解”的崭新的研究策略，开启“建物致知”理解生命本质的新思路，建立生命科学研究新范式，这就是合成生物学的生命科学内涵。

上述三个内涵的表述，综合阐明了决定合成生物学核心的“会聚特性”。也就是说，合成生物学会聚了自然科学的“发现能力”，工程科学的“建造能力”，以及技术研发的“发明能力”；从而全面提升社会在科学、技术、工程乃至经济、文化、产业与生态的“创新能力”。由此已经催生并将不断推进生命科学领域正在发生的“会聚研究”的新一轮革命。

第一章第二节，在追溯合成生物学的“合成科学”、“系统生物学”和“工程科学”等三大起源殊途同归发展史的同时，首先回顾了生物科学对“生命是什么?”这一人类每个文明体系都必须回答的哲学问题，与全人类健康生存繁衍、社会和谐发展密切相关的科学问题，以及与此关联的现代社会和自然相互关系的经济与工程发展的技术问题——经千年而不懈的探索历程。然后，以 19 世纪自然科学革命实现了从以系统观察、描述、分类研究为基础的动物学、植物学和微生物学为基础的生物科学，向以假说驱动的实验与分析为基础的细胞学、生物化学和遗传学为基础的生命科学的革命性转型；引出 20 世纪中期生命科学迎来的“分子生物学革命”，与分子生物学共同发展起来的“基因克隆”“DNA 测序”“定向突变”等技术，赋予了人类对基因“写”“读”“编”的操控能力,也由此促进了以“基因工程技术”为核心的新一代生物技术与生物工程的蓬勃发展。20 世纪后叶，人类对生命运动本质的研究，由于“基因组学革命”而拓展到计算生物学、定量生物学和系统生物学等领域，最终迎来 21 世纪初“合成生物学”的产生——革命性突破的曙光。至此，读者通过第一节关于合成生物学定义与内涵的阐述，可以有一个更为清晰的历史性认识，也为第二章阐述合成生物学的科学意义与战略价值提供了铺垫。同时，在第二节第二部分的阅读中，读者更能感受到2000年以来的二十多年中，这一新兴学科历经四个阶段的强劲发展势头，以及今天所面临的新的挑战和机遇。

二、合成生物学的科学意义与战略价值

第二章第一节从合成生物学“催生生命科学的‘会聚研究’范式”，“推动生物技术革命”，以及“提升人类自身能力”三个层次，阐述了合成生物学的科学意义，核心是强调其“革命性”。合成生物学是会聚研究的典型代表；在多学科会聚和“大数据－人工智能”技术的大力推动下，合成生物学在应用“设计—构建—测试—学习”反复迭代的工程科学研究策略中不断强化系统定量的理念，驱动了“假设驱动”与“数据驱动”研究的结合，带来了生命科学研究范式的转变，推动了生物技术的革命；也为开发式研究和新知识体系的建立创造了条件，由此可能提升人类自身的能力，影响人类社会的发展。在此基础上，第二节强调分析合成生物学加速生物学向工程科学转化，有可能为改善人类健康，解决资源、能源、环境等重大问题提供全新解决方案所带来的潜在社会经济价值和战略意义。在简要阐述合成生物学成为世界各国必争的科技战略高地的背景情况后，着重分析了合成生物学将成为我国社会各行各业新的增长点的战略价值，囊括合成生物技术在工业（含材料、能源）、医疗健康、农业食品、环境保护乃至国家安全（国防）领域的创新应用，并将为上述产业带来跨越性乃至颠覆性发展的机遇。

三、合成生物学的发展现状

合成生物学因其所具有的革命式、颠覆式创新潜力，已经成为世界各国必争的科技战略高地，正在引发新一轮科技与产业国际竞争。第三章试图针对这个背景情况，从国际与国内两个视角出发，在战略规划、研究平台与机构设置、科技产出、产业发展及人才培

养等层次上，综合阐述合成生物学发展的现状。

美国、英国、澳大利亚、欧盟等国家和组织不断更新和发布相关的研究和技术路线图，加大经费投入并持续支持新的研究项目，建立合成生物学/工程生物学研究中心和平台设施等。在巨大的研发及产业转化的背景下，合成生物学的应用迅速向材料、能源等社会经济重要领域和医药、农业、食品等人民健康相关领域拓展，正在形成一个新兴的“产业方向”，甚至有可能形成新兴的“投资生态圈”。2021年全球全年总共完成近180亿美元的融资，几乎相当于2009～2020年所有融资额的总和；而由于新冠疫情的全球大流行，合成生物学在医疗健康领域、食品营养领域的应用也更加受资本青睐。

在我国，中央政府部门和科技界高度重视合成生物学的研究。“十二五”期间，国家重点基础研究发展计划（973计划）、国家高技术研究发展计划（863计划）中战略布局了合成生物学的系统发展，并于2018年启动首个国家重点研发计划“合成生物学”重点专项。经过多年发展，我国在合成生物学领域的科学研究、平台设施建设、国际交流合作等方面都取得了长足进步，不仅出现了“创造”世界首例单条染色体真核细胞、CO_2到淀粉的从头合成等重大科技进展和突破，而且2020年以来我国的合成生物学初创公司更是迅速发展，投融资高度活跃。在取得显著成绩的同时，应该看到，我国在合成生物学领域的底层创新、成果转化和科研生态等方面与国际领先水平还存在差距，尤其是核心基础理论的突破和关键工程技术的创新有待提高，资源平台及工具的研发及共享有待加强，促进“会聚”和“转化”的激励及评价等政策有待建立和完善。

四、合成生物学的未来发展

为充分把握合成生物学领域的国际发展态势和国家战略需求，进一步明晰我国合成生物学领域的发展思路、发展目标、优先发展领域及重要研究方向，第四章从基础科学问题、重点技术主题和应用领域三个方面，回顾了合成生物学细分领域的研究和发展历史，分析了研究现状和水平、面临的瓶颈问题，探讨了未来突破与拓展的主要挑战，冀以凝练我国合成生物学未来中期重点发展方向。

（一）基础科学问题

合成生物学的基础科学问题，一方面是解答生命体系结构相变加功能涌现的原理，另一方面是基于上述原理解决生命系统的理性设计与构建的瓶颈问题。在合成生物学研究过程中，通过功能涌现原理已知或未知情形下的不同研究范式总结，讨论合成生物学的定量研究方法，包括基于“定量表征＋数理建模”的白箱模型与基于“自动化＋人工智能”的黑箱模型；结合“自上而下”的工程研究范式与定量化、理论化研究方法的讨论，提出了定量合成生物学有望推动基础生命科学与合成生物学的双重变革。

（二）重点技术主题

重点技术主题分为基因编辑、合成与组装，设计技术，细胞工程，合成生物学先进分析技术，以及合成生物数据库、大数据智能分析与自动化实验五个方向。

1. 基因编辑、合成与组装

基因组编辑技术是合成生物学的一项核心使能技术。CRISPR基因组编辑技术在生命科学领域掀起了一场全新的技术革命，但目前 CRISPR 基因组编辑技术的性能尚有欠缺；智能设计、表达和递送系统等技术还不能满足医疗等应用需求。未来基因组编辑技术的发展，一方面亟待开发更精准、高效、全面和智能的 CRISPR 基因组编辑技术；另一方面，需利用大数据分析和人工智能技术，不断开发全新的颠覆性基因组编辑技术。

DNA 组装技术是合成生物学的重要基础。随着对 DNA 序列长度需求的增加，对 DNA 组装技术也提出更高要求，尤其是快速发展的基因组设计合成领域，需要超大 DNA 片段的组装技术的支撑。体外拼装的片段大小虽然已可达几百 kb，但所得的量依然不足以进行后续实验，在未来的研究过程中，需要开发更加高效的组装方法。大尺度 DNA 分子组装未来需要不断提高组装效率，降低组装成本并且拓展组装能力，开发新的分子生物学工具，突破长度更大、复杂程度更高的大 DNA 组装技术等。

DNA 信息存储提供了一种新的存储模式，但其在应用方面仍面临很多挑战。未来发展需要从高效率高质量直接“编”码、低成本高通量信息“写”入、稳定高兼容性分子信息“存”储、实时永久性信息稳定“读”取等方向实现突破。随着 DNA 信息存储各个问题的逐步解决，或将打开全球海量数据存储的新纪元。

2. 设计技术

蛋白质结构预测和功能设计致力于解决根据结构设计序列以及根据功能设计结构两个重大问题，其终极目标是利用计算机算法，设计具有所需功能且能够折叠成特定结构的蛋白质。未来一段时间，需要着重发展恰当描述主链运动和更加精确描述侧链构象的表示方法，提高能量函数的准确性和通用性，构建高质量蛋白质标注数据集，推进蛋白质计算设计软件的国产化，摆脱长期以来对国外软件的依赖，构建自主可控的蛋白质计算设计平台。

人工基因线路设计与构建促进了人们对生命调控基本规律的认识，丰富了对天然生物系统改造、从头设计的手段。然而，人工基因线路与底盘细胞的各种相互作用，却阻碍了人工设计生命系统复杂度的进一步提升。未来研究应重点关注：拓展更加多样的调控元件，开发基于转录组、蛋白质组等多层次的高通量技术，开发新型的全细胞模型，研发元件－宿主隔离技术和策略，开发植物和哺乳动物细胞等高等生物的基因线路移植和定量表征技术等。

生物合成途径设计的发展，极大提升了生物合成途径的挖掘效率以及微生物细胞工厂的优化效率。随着人工智能与机器学习等技术的进步，未来的生物合成途径设计中需要构建智能化信息更新、可共享的细胞代谢和酶催化数据资源库，研究适用于生物逆合成预测的化合物结构数字化描述方法，解析微生物细胞工厂在不同发酵环境下的组学规律，挖掘并整理与细胞相关的化合物毒性和转运数据库，优化完善细胞模型和代谢数据库，开发高版本数字细胞模型与生物逆合成途径算法等。

3. 细胞工程

无细胞系统未来发展中，需进一步优化以提高效率、降低成本，同时提高生物大分子合成的个性化、多样化、普适性和稳定性；使用寿命需进一步延长，朝着能够实现自我复制的无细胞合成系统迈进。单细胞工厂未来需要开发通用性底盘细胞，以及高通量、自动化实验技术，实现对细胞工厂的理性设计。微生物组工程应重点发展微生物群落的原位编辑工具，开发微生物群落的精准调控方法，理解合成微生物群落的设计原则，指导构建可控、稳定的微生物互作网络，探索复杂微生物群落的基本科学规律，同时致力于解决人类健康、农业生产等领域的重要问题。非天然系统目前普遍存在翻译效率低、正交性和兼容性差等核心瓶颈。未来研究的重点和难点应针对翻译系统中多种翻译元件的系统性优化改造乃至从头设计，构建具有多个空白密码子的底盘细胞；针对翻译工具和底盘细胞的相互适配原则的探索与优化改造，以及结合这些研究内容实现多种非天然氨基酸在基因组上同时编码。

4. 合成生物学先进分析技术

多组学技术中，蛋白质组学的发展将主要围绕蛋白质解析技术、新型蛋白质修饰解析技术、定量蛋白质组鉴定分析、超高分辨率解析技术等展开；代谢组学优先发展的方向包括创新发展分析方法、拓展代谢研究的空间维度、建立代谢计算平台等。单细胞技术作为一种细胞功能测试的新手段，需要重点拓展单细胞代谢表型组的应用，开发“靶标分子特异性”与“全景式表型测量”兼顾的单细胞光谱成像，实现单细胞“成像—分选—测序—培养—大数据”全流程的标准化、装备化与智能化。传感技术则需开发代谢物荧光传感普适性技术、多参数单细胞代谢传感技术、生物正交细胞代谢光遗传学控制技术，以及全光型大规模多参数单细胞代谢表型分析技术。活体成像技术未来发展主要包括打破超分辨率成像的时空分辨率极限、实现多模态全景超分辨率成像、发展高通量超分辨率成像、攻关成像核心材料器件、深化深度学习显微成像以及设计更好的新型成像探针。类器官芯片技术需构建典型的类器官芯片系统，促进与多组学技术的深度融合，未来实现“类人”的生命模拟系统构建，以及针对个体化的疾病风险预测、药物药效评价、毒理评估和预后分析。

5. 合成生物数据库、大数据智能分析与自动化实验

现有合成生物数据库/知识图谱分散、内容完整度差、缺乏统一标准，如何构建标准化合成生物数据库，构建全面、准确的合成生物知识图谱，是亟待解决的关键技术问题。未来，在合成生物数据库和知识图谱方面，需要建立适应大数据时代的新技术和资源体系，建设面向合成生物研究的数据仓库、数据库和知识图谱等，用于合成生物大数据的标准化存储、共享和挖掘分析等；在数据智能分析方面，需要深度集成传统生物信息技术与新型人工智能方法，实现数据驱动的“设计—构建—测试—学习”智能闭环，在系统建模、异构数据集成、智能设计与功能预测等方面实现关键技术突破。

（三）应用领域

应用领域主要包括低碳生物合成、合成生物能源、生物活性分子的人工合成及创新应用、健康与医药、农业与食品、纳米与材料、环境等七个方向。

1. 低碳生物合成

面向“双碳”目标与产业变革的重大需求，提高生物对能量的利用效率，需要在低碳生物合成的基础研究、关键技术、产业应用等方面开展系统研究。面向2035年，需要围绕两个重大突破方面开展深入研究：①推动工业原料路线的代替，以CO_2为工业原料，利用可再生能源，形成生物制造路线，实现工业绿色化；②推动农业生产方式的转变，创造利用太阳能将CO_2合成为有机物的“非高等植物”新途径，推动“农业工业化”。此外，应尝试建立以太阳能发电为主要能源输入，以CO_2为原料的有机物人工合成为主体，形成封闭空间高效物质循环供给模式。

2. 合成生物能源

合成生物能源面临高昂生产成本和低廉产品价值之间的矛盾、巨大市场需求和较低技术成熟度之间的矛盾，这两种矛盾是当前合成生物能源技术发展及产业应用的关键瓶颈。因此，需要研究生物发酵工艺优化、智能发酵控制、发酵产品分离纯化等，实现合成生物能源的高效低成本生产，从而在与化石能源的竞争中取得优势。未来需要优先发展以下5个方向：纤维素生物燃料整合生物炼制系统设计构建、利用含碳气体人工生物转化系统制备生物燃料、生物甲烷高效转化的多细胞体系设计构建、高效生物产氢体系的设计组装、便携式与植入式生物燃料电池系统创制等。

3. 生物活性分子的人工合成及创新应用

合成生物学在天然产物研究领域的应用，面临着植物天然产物合成基因元件挖掘困难、工程化微生物的发酵产物市场准入受限、新型天然产物实体库的建立问题。在未来的发展中，需要开发从未知的基因簇出发，逐步建模蛋白质结构、推定蛋白质功能、预测产物结构，最后通过结构上的药效官能团来预测新产物可能的生物活性的生物信息学算法或工具；同时，搭建统一的新型天然产物结构文库，对化合物进行系统且全面的生物活性或靶点的评估。

4. 健康与医药

在应对传染病方面，病毒性疾病新型研究体系、新型疫苗开发、治疗性抗体设计等领域都取得了一定进展。未来的发展方向包括建立重要新发烈性病毒的研究体系，建立和完善针对病毒大类的基因组信息专用数据库，从头设计抗体分子，开发具有广谱保护活性的T细胞多肽疫苗、包括RNA疫苗的新型核酸疫苗，开发个体生物反应器、蛋白质化学工厂等新技术。

在应对重大慢性疾病方面，基于人工基因线路的定制细胞疗法和基因治疗推动了重大慢性疾病创新治疗策略的发展。然而，目前基因线路定制细胞的设计与构建主要依靠假设-试错循环的经验性方法。如何设计与构建智能化、自动化的定制细胞和基因线路以满足不同实际应用场景需求是目前亟待解决的瓶颈问题。未来的发展，将利用蛋白质定向进化技术、人工智能化技术在解析底盘细胞生命活动分子机制的基础上，设计动态化感知的智能化基因线路，有效保证癌症、代谢疾病等治疗的安全性、高效性和特异性。

5. 农业与食品

农业合成生物技术将为光合作用、生物固氮、生物抗逆、生物转化和未来合成食品等世界性农业生产难题提供革命性解决方案。未来将以人工高效光合、固氮和抗逆等领域为重点突破口，提出三个发展阶段的战略目标。5年近期目标：创制新一代高效根际固氮微生物产品，在田间示范条件下替代化学氮肥25%；光合效率提升30%，生物量提升20%；模式植物耐受2%盐浓度，农作物耐受中度盐碱化、耐旱节水15%。10年中期目标：扩大根瘤菌宿主范围，构建非豆科作物结瘤固氮的新体系，减少化学氮肥用量50%；光合效率提升30%，产量提升10%；农作物耐受中度盐碱化并增产5%～10%、耐旱节水20%。20年远期目标：在逆境条件下大幅度减少化学氮肥，光合效率提升50%，产量提升10%～20%。

合成生物学在食品领域的应用分为开发非主要营养成分和主要营养成分。非主要营养成分的生产方面，利用合成生物技术生产维生素方面需要进一步提高产量、突破发酵工艺瓶颈，透明质酸、母乳寡糖等的生产需要创建适合于食品工业的细胞工厂，动植物来源的功能性天然产物的生产亟待解决的问题是合成效率低下。主要营养成分方面，功能蛋白需要在质构仿真、营养优化、风味调节等方面实现突破，新植物资源食品的开发目前亟待研究的重点是营养、风味和口感等多个方面的问题，此外，利用CO_2，依靠光能或电能生产油脂也是重要的研究方向。

6. 纳米与材料

合成生物学工程化的生物源纳米材料已有诸多进展，但在临床转化方面还有很多亟待解决的难题。“仿生命体”虽然原料源充足，但其中一些纳米材料的获取方式还不具有工业生产的普适性，需要增强靶向效率、提高转染率；“半生命体”材料能够在体内实现药效，但在一定程度上也会引起机体的不适或引发新的毒副作用，未来需要监控并纠正药物在体内的不正确状态、提高药物靶向性等；“类生命体”只模仿了生命体的一部分功能，投入到临床使用的最大困难还是技术成熟度的问题。此外，未来不同生物源纳米材料的量产模式和标准化获取路线的建立，以及工程化优化体系的建立等，都将推动该领域的广泛临床应用。

合成生物技术在推进天然生物组分的异源表达生产、仿生功能材料的模块化设计和功能“活”材料发展方面取得了重要进展。未来需要重点发展的方向主要包括在合成材料中重现天然生物材料的结构和性能、新材料或模块的发现、材料性能的定向进化、工程“活”材料的性能优化、新材料的规模化生产，以及生物合成材料的生物安全问题等。

7. 环境

基于合成生物学的环境检测与生物修复技术仍存在一些直接制约大规模实际应用的瓶颈性问题，如应用广泛性、空间适应性、生物安全性等问题。未来优先发展方向包括生物传感与环境检测、污染物多靶点和细胞毒性评价、微生物改造和污染物生物降解、人工多细胞系统构建和生物修复等。

五、对我国合成生物学发展的政策建议

为了实现我国合成生物学未来中长期发展目标，充分发挥合成生物学的“赋能”潜质，推动“生物技术革命”和“提升人类自身能力”，不仅需要重新审视现有的研究和开发体系，还迫切要求组织管理模式的变革以及创新生态的建设，从而保证资助机制和管理政策能够与合成生物学的“会聚”特点及“赋能”潜质相匹配。基于系统的调研并整合多方观点，第五章主要从研究开发体系与能力建设、综合治理与科学传播体系、教育与人才培养三方面提出了具体的建议。

（一）研究开发体系与能力建设

未来应围绕国家重大战略需求，着眼未来国家竞争力，结合领域发展规律与趋势，加强战略谋划和前瞻布局，通过制定国家中长期发展路线图，有计划、有步骤地开展科学研究和技术开发，既考虑全面、多层次的布局，也突出“高精尖缺”技术；重点支持能力建设，

特别是支持合成生物学元件库、数据库，以及专业性、集成性、开放共享的工程技术平台（包括基础设施）建设和核心工具的研发。从我国合成生物学产业发展的需求和目标出发，建立和完善从工程平台到产品开发、产业转化的研发体系与资助保障机制，打通科技成果转化的通道。同时，建立政产学研等多层次、综合性的协作网络，跨领域、跨部门合作的组织模式，以及开放与包容的文化，形成有利于“会聚”的生态系统。

（二）综合治理与科学传播体系

合成生物学技术的快速发展，直接带来涉及开源共享与知识产权、市场准入，以及伦理、生物安全（安保）等问题，挑战了传统的管理模式和治理体系。首先，应针对现有管理政策中存在的问题、漏洞和空白，开展长期的监管科学和政策研究，明确相应的主管部门，厘清责权，建立科学、理性、有效、可行的管理原则，制定研发、生产、上市等各环节的配套政策和规范体系，并明确政策衔接、调整、突破或创新的重点。其次，需要从合成生物学的颠覆性特点出发，评估和研判其带来的伦理、生物安全等方面的新风险与新挑战，建立风险防范治理体系。最后，应针对合成生物学科学传播与公众认知/参与的影响因素和有效途径等问题，建立合成生物学各级科普教育基地与科学传播平台，培养专业的合成生物学科普人才和传播队伍，促进合成生物学科技及其产业的健康发展。

（三）教育与人才培养

合成生物学的会聚发展，需要创新的教育和人才培养模式。一方面，要进一步加强合成生物学的学科建设，夯实多学科专业基础；通过实施相关的教育计划，逐步建立合成生物学的学科教育体系。另一方面，通过基地（平台）建设与队伍建设相结合，国家及地方的系列人才工程相结合，培养具备跨学科研发能力的人才队伍。

Abstract

The "2035 Development Strategy of Synthetic Biology in China" includes the following five parts: the origin and development of synthetic biology, the scientific significance and strategic value of synthetic biology, the development status of synthetic biology, the future development of synthetic biology, as well as the policy suggestions for the development of synthetic biology in China. The report aims to comprehensively review the development process of synthetic biology, explore its disciplinary definitions, and calrify its connotation; reflect its current development status and the scientific significance of promoting "convergence" research, as well as the strategic value of enhancing human "capabilities" from multiple aspects; perform in-depth analysis of the key scientific issues, technological bottlenecks and core social needs that have been gradually clarified since the establishment of this emerging discipline in the early 21st century, the serious challenges facing upgrading and development, seize opportunities to achieve breakthroughs for the vigorous progress of "big data + artificial intelligence" and "internet+" open-source sharing platform, and undertake the strategic thinking and blueprint of the historical mission, "live it to the fullest", as the world's science and technology, economy, politics and society undergo "the greatest changes in a century"; provide reference for policy suggestions in order to further strengthen the strategic science and technological engineering power of synthetic biotechnology; promote the high-quality development of synthetic biology in China and the "convergence" research ecosystem construction of synthetic biology to effectively serve the scientific and technological and social development.

1. The origin and development of synthetic biology

The first section of Chapter 1 elaborates on the definition and connotations of synthetic biology. A significant breakthrough was made by E. Kool in 2000 using bacterial genetic components to construct logical circuits, and gave a new definition of "synthetic biology", which was invented as synthetic chemistry "metaphor" at the end of the 19th century, and later became an interdisciplinary discipline that was given a "vision" of "synthetic life" with the support of "gene cloning" in the 20th century, redefining the study of life sciences with the concept of engineering science. Since then, synthetic biology has developed and expanded rapidly. However, the understanding of this discipline remains controversial, and is extremely difficult to unify. Based on the systematical analysis of various kind of definitions, we adjusted and supplemented the definition of "synthetic biology" proposed by Ewen Cameron et al. in 2014, emphasizing "bottom-up" concept of understanding the life systems, and the engineering science principle of purpose-orientation and iterative research paradigm.The definition emphasizes the essence of synthetic biology and reflects the overall landscape of the field at current stage, laying the foundation for further analysis.

This definition is: synthetic biology is a theoretical framework and methodology for This definition is: synthetic biology is a theoretical framework and methodology for constructing the engineered life with specific structure and functionor for the engineered biological process based on modulization of bio-parts and chassis, under the guidance of engineering science concept. It integrates system science, synthetic science, as well as quantitative research, computational and theoretical scientific approaches to study and understand life systems and process via the "design-build-test-learn" (DBTL) engineering science principle of iterative research paradigm.

In this section, we further comprehensively sort out the connotations of synthetic biology that are both related to and different from other life sciences and biotechnology disciplines. The core scientific foundation of synthetic biology is its engineering science connotation; but to some extent, it is also an extension and qualitative leap of biotechnology in the era of genomics and systems biology. On one hand, synthetic biology has raised the original biological technology based on "simulating natural processes" and "genetic engineering and modification" in biotechnology to a new level of "quantitative rational design" and "standardized construction tests", and push biological engineering and metabolic engineering to a new level of efficient and universal engineering on life processes. This is the biotechnology connotation of synthetic biology. On the other hand, synthetic biology enables technology revolution of creating engineered new life systems (such as artificial life "protocell", orthogonal life, etc.) on the basis of whole genomics and systems biology, that will have the potential to revolutionize the traditional life sciences research from the whole to the local "reductionism" strategy of acquiring knowledge to a certain extent, and initiate science research through the "from creation to understanding" research strategy, launching a new way for "building knowledge" to understand the essence of life, establishing a new paradigm of life sciences research. This is the life sciences connotation of synthetic biology.

The statement of the above three connotations comprehensively clarifies the "convergence characteristics" that determine the core of synthetic biology. That is, synthetic biology brings together the "discovery capability" of natural science, the "building capability" of engineering science, and the "inventive capability" of revolutionary technologies; thus, it comprehensively improves the "innovation capability" of society in science, technology, engineering and even culture, industry, and ecology. This has spawned and will continue to advance a new revolution in the "convergence research" that is taking place in the field of life sciences.

In the second section of Chapter 1, while tracing the history of the three major origins of synthetic biology—synthetic science, systems biology and engineering science, this report first reviews the question of "What is life?", a philosophical question that every civilization must answer as well as the scientific question that is closely related to the survival and reproduction of all mankind and the harmonious development of society, and the economic and engineering development within the interrelationship between modern society and nature which has been explored unremittingly for thousands of years. The natural science revolution in the 19th century has brought the revolutionary transition from zoology, botany, and microbiology based on systematic observation, description, and taxonomic research to hypothesis-driven experimentation, analysis-based cytology, biochemistry, and genetics-based life sciences. Based on that, in the middle of the 20th century, the "molecular biology revolution" ushered in by life sciences, together with molecular biology developed "gene cloning", "DNA sequencing" and "directional mutation" and other technologies enabling humans to control genes "writing", "reading" and "editing", and thus forming a new generation of biotechnology and biological engineering with "genetic engineering technology" as the core. In the late 20th century, due to the "genomics revolution", human research on the nature of the movement of life rose to the research paradigm of computational biology, quantitative biology and systems biology, and finally inaugurated the emergence of "synthetic biology" at the beginning of 21st century, the dawn of a revolutionary breakthrough. At this point, the reader would have a clearer historical understanding of the definition and connotation of synthetic biology in the first section, also providing a prelude for Chapter 2 to expound the scientific significance and strategic value of synthetic biology. At the same time, the reader will experience the strong momentum of this emerging discipline, in the second part of the second section, through four stages since 2000, as well as the new challenges and opportunities it faces today.

2. The scientific significance and strategic value of synthetic biology

The first section of Chapter 2 expounds the scientific significance of synthetic biology from three levels—initiating the "convergence research" paradigm in life sciences, promoting the biotechnology revolution, and enhancing human capabilities, the core of which is to emphasize its "revolution". Synthetic biology is a typical example of convergence research; under the strong impetus of multidisciplinary convergence and "big data-artificial intelligence" technology, synthetic biology not only makes cross-generation "design-build-test-learn" the repeated cycle of iteration with optimization and improvement, but also drives the combination of "hypothesis-driven" and "data-driven" research, bringing a paradigm shift in life sciences research, and promoting the revolution of biotechnology; it also creates platforms for the development-orientated research and the new knowledge system establishment, which might enhance human capabilities and affect the development of human society. On this basis, the second section highlights the major strategic needs of the national economy, human health and national security, and analyzes the potential socio-economic value and strategic significance of synthetic biology to accelerate the transformation of biology into engineering science, which may provide new solutions to improve human health and solve major problems on resources, energy and the environment. This section briefly expounds the background that synthetic biology has become a scientific and technological strategic highland that must be contested by all countries; the strategic value of synthetic biology will become a new growth point for all kinds of occupations in China, including the innovative application of synthetic biotechnology in the fields of industry (including materials and energy), medical health, agri-food, environmental protection, and even national security (national defense), which will bring a leap forward and even revolutionary development opportunities for these industries.

3. The development status of synthetic biology

The revolutionary and subversive innovation potential of synthetic biology has become a strategic highland of science and technology that must be contested by all countries in the world, and is triggering a new round of international competition in science, technology and industry. Chapter 3 comprehensively elaborates the status of synthetic biology development at the levels of strategic planning, research platform and institutional setting, scientific and technological output, industrial development and specialist training from international and domestic perspectives.

The United States, the United Kingdom, Australia, the European Union, and other countries and organizations continue to update and release relevant research and technology roadmaps, increase funding, support new research projects, and establish synthetic biology/engineering biology research center and platform facilities, etc. in a consistent manner. With thremendous research and development and industrial transformation, the application of synthetic biology to materials, energy and other important socio-economic fields and medicine, agriculture, food and other areas related to human health is forming an emerging "industrial direction", and may even form an emerging "investment ecosystem". The total number of investment and financing in the field of synthetic biology reached 18 billion dollars in 2021, almost equivalent to the total financing from 2009 to 2020. Due to the global COVID-19 pandemic, the application of synthetic biology in the field of medical health and food nutrition is also more favored by capital.

In China, the central government departments and the scientific and technological community put a high premium on the synthetic biology research. During the "Twelfth Five-Year Plan" period, China strategically blueprinted the systematic development of synthetic biology in the 973 plan and the 863 plan, and launched the first national key research and development plan of "synthetic biology" key special project in 2018. After years of development, China has made great progress in scientific research, platform facilities construction, international exchanges and cooperation in the field of synthetic biology. Scientists in China have "created" the world's first single chromosome eukaryotic cells, achieved *de novo* synthesis of starch from carbon dioxide and other major scientific and technological progress and breakthroughs; China's synthetic biology startups are also developing rapidly, along with highly active investment and financing since 2020. While making remarkable achievements, we should realize the gap between China and the international leading level in terms of underlying innovation, achievement transformation and scientific research ecosystem in the field of synthetic biology. Especially the innovation ability of core technologies would need to be improved, the development and sharing of resource platforms and tools need to be strengthened, and the incentive and evaluation policies to promote "convergence" and "transformation" need to be improved.

4. The future development of synthetic biology

In order to fully grasp the international development trend and national strategic needs in the field of synthetic biology, and further clarify the development ideas, development goals, priority development areas and important research directions in the field of synthetic biology in China, in Chapter 4, we review the research and development history of the subdivision field of synthetic biology from three aspects—basic scientific questions, key technical topics and application fields; and then analyze the current status and level of research, the encountered bottlenecks, and discuss the main challenges of future breakthroughs and expansion,so as to condense the future medium-term key development direction of synthetic biology in China.

4.1 Basic scientific questions

The basic scientific questions of synthetic biology are, on one hand, to solve the principle of cross-level emergence of life functions, and on the other hand, to solve the bottleneck problem of rational design and construction of living systems based on the principle of emergence. In the process of synthetic biology research, through the summary of different research paradigms under the known or unknown functional emergence principle, the quantitative research methods of synthetic biology are discussed, including the white-box model based on "quantitative characterization + mathematical modeling" and the black-box model based on "automation + artificial intelligence"; combined with the discussion of top-down engineering research paradigms and quantitative and theoretical research methods, quantitative synthetic biology is expected to promote the dual changes of basic life science and synthetic biology.

4.2 Key technical topics

The key technical topics are divided into five parts: gene editing, synthesis and assembly; design technology; cell engineering; advanced analytical techniques of synthetic biology; and synthetic biological database and big data, intelligent analysis of big data and automatic experiment.

(1)Gene editing, synthesis and assembly

Genome editing technology is a core enabling technology in synthetic biology. CRISPR genome editing technology has set off a new technological revolution in the field of life sciences, but the performance of CRISPR genome editing technology is still lacking; technologies such as intelligent design, expression and delivery systems still could not meet the needs of medical applications. In the future, the development of genome editing technology, on the one hand, needs to develop more accurate, efficient, comprehensive and intelligent CRISPR genome editing technology; on the other hand, big data analysis and artificial intelligence technology should be used to continuously develop new and revolutionary genome editing technologies.

DNA assembly technology is an important foundation of synthetic biology. With the increase in the demand for DNA length, there are also higher requirements for DNA assembly technology, especially in the rapidly developing field of genome design and synthesis, which requires the support of assembly technology for ultra-large DNA fragments. Although the size of the fragments assembled *in vitro* has reached several hundred kb, the amount obtained is still not enough for follow-up experiments,and more efficient assembly methods need to be developed from future research. The future of large-scale DNA molecular assembly needs to continuously improve assembly efficiency, reduce assembly cost and expand assembly capabilities, develop new molecular biology tools, and break through larger DNA assembly technologies with larger length and greater complexity.

DNA information storage provides a new storage model, but it still faces many challenges in terms of application. The future development needs to achieve breakthroughs from high-efficiency and high-quality direct "code", low-cost and high-throughput information "write", stable high-compatibility molecular information "storage", real-time permanent information stabilization "read". With the gradual solution of DNA information storage problems, it may open a new era of global massive data storage.

(2)Design technology

Protein structure prediction and functional design are committed to solving the two major problems—designing sequences according to structure and designing structures according to function, and the ultimate goal is to use computer algorithms to design proteins with the required functions and the ability to fold into specific structures. In the future, it is necessary to focus on the development of a representation method that appropriately describes the movement of the main chain and more accurately describes the conformation of the side chain, improve the accuracy and versatility of the energy function, build a high-quality protein labeling dataset, promote the localization of protein computing design software, get rid of the chronic dependence on foreign software, and build an independent and controllable protein computing design platform.

The design and construction of artificial gene circuits has promoted people's understanding on the basic laws of life regulation and enriched the methods of transforming and *de novo* designing natural biological systems. However, the various interactions between artificial gene circuits and chassis cells hinder the further complexity of artificially designed living systems. Future research should focus on expanding more diverse regulatory elements, developing high-throughput technologies based on multiple levels such as transcriptome and proteome, developing new whole-cell models, developing part-host isolation technologies and strategies, and developing gene route transplantation and quantitative characterization technologies for higher organisms such as plant and mammalian cells.

The development of biosynthetic pathway design has greatly improved the mining efficiency of biosynthetic pathways and the optimization efficiency of microbial cell factories. With the advancement of artificial intelligence, machine learning and other technologies, the future design of biosynthetic pathways needs to build intelligent information update, build shareable cell metabolism and enzyme catalytic data resource library, study the digital description method of compound structure suitable for bio-retrosynthesis prediction, analyze the omics rules of microbial cell factories under different fermentation environments, excavate and sort out cell-related compound toxicity and transport databases, optimize and improve cell models and metabolic databases, and develop with higher version digital cell model and bio-resynthetic pathway algorithm, etc.

(3)Cell engineering

In the future, the cell-free system needs to be further optimized to improve efficiency, reduce costs, and improve the individualization, diversification, universality and stability of biological macromolecule synthesis; the lifespan of the system needs to be further extended, towards a cell-free synthesis system that can achieve self-replication. In the future, single-cell factories will need to develop universal chassis cells, as well as high-throughput, automated experimental techniques to achieve rational design of cell factories. Microbiome engineering should focus on the development of *in situ* editing tools for microbial communities, the development of precise regulation methods of microbial communities, the understanding of the design principles of synthetic microbial communities, the guidance of the construction of controllable and stable microbial interaction networks, and the exploration of the basic scientific laws of complex microbial communities. At the same time, it should also commit to solving important problems in the fields of human health and agricultural production. At present, there are core bottlenecks such as low translation efficiency, orthogonality and poor compatibility in non-natural systems. The systematic optimization, transformation and even *de novo* design of multiple translation elements in the translation system, the construction of chassis cells with multiple blank codons, the exploration and optimization of the principle of mutual adaptation of translation tools and chassis cells, and the realization of simultaneous genetic coding of multiple non-natural amino acids in combination with these research contents will be the focuses and difficulties of future research.

(4)Advanced analytical techniques of synthetic biology

In the multi-omics technology, the development of proteomics will mainly focus on techniques for protein identification, new protein modification analysis, quantitative proteomic identification and analysis, ultra-high resolution determination, etc.; the priority development direction of metabolomics includes innovative development of analytical methods, expanding the spatial dimension of metabolic research, and establishing metabolic computing platforms. As a new method of cell function testing, single-cell technology needs to focus on expanding the application of single-cell metabolic phenotype groups, developing single-cell spectral imaging that takes account of both “target molecular specificity” and “panoramic phenotypic measurement”, and achieving the standardization, equipment and intelligence of the whole process of single-cell “imaging-sorting-sequencing-culturing-big data”. Sensing technology requires the development of metabolite fluorescence sensing universal technology, multi-parameter single-cell metabolic sensing technology, optogenetics control technology of biological orthogonal cell metabolism, and full-optical large-scale multi-parameter single-cell metabolic phenotypic analysis technology. The future development trend of *in vivo* imaging technology includes breaking the spatio-temporal resolution limit of super-resolution imaging, achieving multimodal panoramic super-resolution imaging, developing high-throughput super-resolution imaging, tackling imaging core material devices, deepening deep learning microscopic imaging, and designing better new imaging probes. Organoid chip technology needs to build a typical organoid on-chip system, promote deep integration with multi-omics technology, and achieve the construction of a "human-like" life simulation system, as well as personalized disease risk prediction, drug efficacy evaluation, toxicological assessment and prognosis analysis in the future.

(5)Synthetic biological database, intelligent analysis of big data and automatic experiment

The existing synthetic biological databases are scattered, whose content integrity is poor, and lack of unified standards. How to build a standardized synthetic biological database, and a comprehensive and accurate synthetic biological knowledge base is the key technical problem that needs to be solved urgently. In the future, in terms of synthetic biological databases and knowledge graphs, it is necessary to establish new technologies and resource systems adapted to the age of big data, build data warehouses, databases and knowledge graphs for standardized storage, sharing and mining analysis of synthetic biological big data, etc.; in terms of data intelligent analysis, it is necessary to deeply integrate traditional bioinformatic technology and new artificial intelligence methods to achieve data-driven "design-build-test-learn" intelligent closed-loop, and key technological breakthroughs in system modeling, heterogeneous data integration, intelligent design and functional prediction.

4.3 Areas of application

The application areas of synthetic biology mainly include the following 7 parts: low-carbon biosynthesis, synthetic bioenergy, artificial synthesis and innovative application of bioactive molecules, health and medicine, agriculture and food, nanometer and materials, and environment.

(1)Low-carbon biosynthesis

To meet the major needs of the "double carbon" goal and industrial transformation, and the need of improving the efficiency of biological energy utilization, it is necessary to carry out systematic research in basic research, key technologies, and industrial applications of low-carbon biosynthesis. Facing 2035, it is necessary to carry out in-depth research around two major breakthroughs: 1)promote the replacement of industrial raw material routes, using CO_2 as industrial raw materials, using renewable energy and forming biomanufacturing routes to achieve industrial greening; 2)promote the transformation of agricultural production methods, creating artificial synthetic organisms using solar energy to synthesize CO_2 into organic matter according to the principle of photosynthesis, and to achieve "agricultural industrialization". In addition, the industry should establish an efficient model, with solar power generation as the main energy input and CO_2 as the main raw material, to form a material circulation supply in a closed space.

(2)Synthetic bioenergy

Synthetic bioenergy faces the contradiction between high production cost and low product value, and that between huge market demand and low technological maturity, which are the key bottlenecks in the development of synthetic bioenergy technology and industrial application. Therefore, it is necessary to study the optimization of biological fermentation process, intelligent fermentation control, separation and purification of fermentation products, etc., and to achieve efficient and low-cost production of synthetic bioenergy, thus gaining an advantage in the competition with petrochemical energy. In the future, the following five directions need to be prioritized: the design and construction of integrated biorefining systems for cellulosic biofuels, the preparation of biofuels by artificial biotransformation systems for carbon-containing gases, the design and construction of multicellular systems for efficient conversion of biomethane, the design and assembly of efficient bio-hydrogen production systems, and the creation of portable and implantable biofuel cell systems.

(3)Artificial synthesis and innovative application of bioactive molecules

The application of synthetic biology in the field of natural product research faces the difficulty of mining the synthetic gene elements of plant natural products, the limited market access of fermented products of engineered microorganisms, and the establishment of new natural product entity libraries. In the future, it is necessary to develop bioinformatics algorithms or tools that start from unknown gene clusters, and then gradually model protein structure, infer protein function and predict product structure, and finally predict the possible bioactivity of new products through the pharmacodynamic functional groups on the structure; at the same time, establishing a unified library of new natural product structures to systematically and comprehensively evaluate the bioactivity or targets of compounds is also necessary.

(4)Health and medicine

In terms of dealing with infectious diseases, certain progress has been made in the fields of new research systems for viral diseases, new vaccine development, and therapeutic antibody engineering. The future development direction includes the establishment of a research system for important emerging virulent viruses, the establishment and improvement of a special database for genomic information for virus categories, and the development of new nucleic acid vaccines based on synthetic biology methods, including T cell polypeptide vaccines with broad-spectrum protective activity, mRNA vaccines, antibody molecule *de novo* engineering, individual bioreactors, and protein chemical factory, etc.

As for dealing with major chronic diseases, customized cell therapies and gene therapies based on artificial gene circuits are driving innovative treatment strategies for major chronic diseases. However, the current design and construction of gene loop custom cells relies heavily on empirical approaches to hypothesis-trial-error cycles. Designing and building intelligent and automated customized cells and gene circuits to meet the needs of different practical application scenarios is a bottleneck that needs to be solved urgently. In the future, protein-oriented evolution technology and artificial intelligence technology will be used to design intelligent gene routes for dynamic perception on the basis of analyzing the molecular mechanism of life activity of chassis cells, that will effectively ensure the safety, efficiency and specificity of cancer, metabolic diseases and other treatments.

(5)Agriculture and food

Agricultural synthetic biotechnology will provide revolutionary solutions to worldwide agricultural production difficulties such as photosynthesis, biological nitrogen fixation, biological stress resistance, biotransformation and future synthetic food. In the future, we will focus on the fields of artificial high-efficiency photosynthesis, nitrogen fixation and stress resistance, and put forward strategic goals for 3 stages of development. 5-year short-term goals: to create a new generation of high-efficiency rhizosphere nitrogen-fixing microbial products, to replace chemical nitrogen fertilizers by 25% under field demonstration conditions; to increase photosynthetic efficiency by 30%, to increase biomass by 20%; to tolerate 2% salt concentration of model plants, and to tolerate moderate salinization of crops, and to make drought tolerance and water saving by 15%. 10-year mid-term goals are to expand the host range of rhizobia, to build a new system for nodule nitrogen fixation in non-leguminous crops, to reduce the amount of chemical nitrogen fertilizer by 50%, to increase photosynthetic efficiency by 30%, to increase yield by 10%, to tolerate moderate salinization and increase yield by 5%-10%, and to make drought tolerance and water saving by 20%. 20-year long-term goals: to significantly reduce chemical nitrogen fertilizer under adverse conditions, to increase photosynthetic efficiency by 50%, and to increase yield by 10% to 20%.

Applications of synthetic biology in the food field are divided into the production of non-major nutrients and major nutrients. In terms of the production of non-major application components, the production of vitamins by synthetic biotechnology needs to further improve the yield and break through the bottleneck of the fermentation process; the production of hyaluronic acid, breast milk oligosaccharides, etc. needs to create a cell factory suitable for the food industry, and the production of functional natural products of animal and plant sources needs to be solved urgently. In terms of major nutrient components, functional proteins need to make breakthroughs in texture simulation, nutrition optimization, flavor regulation, etc. The development of new plant resources and foods is currently requiring focusing on nutrition, flavor and texture. In addition, the use of carbon dioxide, relying on light energy or electrical energy to produce oils and fats is also an important research direction.

(6)Nanometer and materials

There have been many advances in bio-derived nanomaterials

engineered by synthetic biology, but there are still many urgent problems that need to be solved in clinical translation. Although the raw materials of "imitation organisms" are sufficient, some nanomaterials are not yet available in a way that is universally applicable to industrial production, and it is necessary to enhance the targeting and transfection efficiency; "semi-living organisms" materials can achieve efficacy *in vivo*, but to a certain extent, they would cause discomfort to the body or cause new toxic side effects. Therefore, in the future, it is necessary to monitor and correct the incorrect state of drugs in the body, and to improve drug targeting; "life-like organisms" only imitate part of the functions of living organisms, and the biggest difficulty in putting it into clinical use is the question of technological maturity. In addition, the establishment of mass production models and standardized acquisition routes for nanomaterials of different biological sources, as well as the establishment of engineering optimization systems, will promote the general clinical application in the future.

Synthetic biotechnology has made important progress in promoting the production of heterologous expressions of natural biological components, the modular design of biomimetic functional materials and the development of functional "living" materials. In the future, the key development will be reproducing the structure and properties of natural biomaterials in synthetic materials, the discovery of new materials or modules and the directed evolution of material properties, the optimization of the performance of engineered "living" materials, achieving large-scale production of new materials, and having high-level biosafety of biosynthetic materials, etc.

(7) Environment

Environmental monitoring and bioremediation technology based on synthetic biology still have some bottlenecks that directly restrict large-scale practical applications, such as application universality, spatial adaptability, biosafety and other issues. Future priority development directions include biosensing and environmental monitoring, multi-target and cytotoxic evaluation of pollutants, microbial modification and biodegradation of pollutants, artificial multicellular system construction and bioremediation, etc.

5. Policy suggestions for the development of synthetic biology in China

In order to achieve the future medium- to long-term prospective development goal of synthetic biology in China, to bring the "enabling" potential of synthetic biology into full play,and to promote the "biotechnology revolution" and "human capabilities enhancement", it is not only necessary to re-examine the existing scientific and technological research and development framework, but also urgently require the reform of organizational management mode and the construction of innovative ecosystems, so as to ensure the funding mechanism and management framework could match the "convergence" characteristics and "empowerment" potential of synthetic biology. Based on systematic research and integration of multiple perspectives, Chapter 5 mainly puts forward specific suggestions from three aspects—research and development framework and capacity building, comprehensive management and science communication system, and education and specialist training.

5.1 Research and development framework and capacity building

In the future, we should incorporate the major strategic needs of the country, focus on enhancing the nation strength, combine the rules and trends of regional development, strengthen strategic planning and prospective blueprint, and carry out scientific research and technological development in a planned and systematic manner through the formulation of the national medium- to long-term development roadmap, consider both a comprehensive and multilevel layout and highlight the "high-grade, precise, frontier, and scarce" technology; focus on supporting capacity building, especially support synthetic biology cell library, databases, and professional, integrated, open and shared engineering technology platforms (including infrastructure) construction and development of core utilities. Starting from the needs and goals of the development of China's synthetic biology industry, we should establish and improve the research and development system and funding guarantee mechanism for engineering platform construction to product development and industrial transformation, and open up the channel for the transformation of scientific and technological achievements. At the same time, we need to establish a multilevel and comprehensive "government-industry-university-research" collaboration network, and to establish an organizational model of cross-field and cross-departmental cooperation, as well as an open inclusive culture to form an ecosystem conducive to "convergence".

5.2 Comprehensive management and science communication system

The rapid development of synthetic biology technology has directly brought concerns involving open-source sharing and intellectual property rights, market access, as well as ethics, bio-safety (security), etc., challenging the traditional management model and governance system. First of all, we should carry out long-term regulatory science and policy research in view of the current management policies, loopholes and gaps; clarify the corresponding competent departments, responsibilities, and rights; establish the scientific, rational, effective and feasible management principles; formulate supporting policies and normative systems for research and development, production, and product launching; and clarify the focus of policy connection, adjustment, breakthrough, or innovation. Secondly, it is necessary to start from the revolutionary characteristics of synthetic biology, evaluate and assess the new risks and challenges in ethics and biosafety, and establish a risk prevention and governance system. Finally, in view of the influencing factors and effective channels of synthetic biology science communication and public awareness/participation, we should establish synthetic biology science popularization education bases and science communication platforms at all levels, foster professional synthetic biology science popularization specialists and communication teams, and promote prosperity and development of synthetic biology research and its industry.

5.3 Education and specialist training

The convergence development of synthetic biology requires innovative educational and specialist training models. On the one hand, it is necessary to further strengthen the discipline construction of synthetic biology and consolidate the foundation of multidisciplinary majors. Through the implementation of relevant education programs, the discipline education system of synthetic biology will be gradually established. On the other hand, through the combination of base (platform) construction and team building, and the combination of national and local specialists projects, a specialist team with interdisciplinary research and development capabilities will be fostered.

目　录

第一章

合成生物学的学科起源与发展历程

“生命是什么？”这既是人类每个文明体系都必须回答的哲学问题，也是与全人类健康生存繁衍、社会和谐发展密切相关的科学问题。当然，它也是现代社会经济与工程发展中处理与自然相互关系的核心技术问题之一。

尽管以还原论为主导的现代生命科学，特别是以DNA双螺旋结构解析为基础的分子生物学研究，确定了生命运动的“中心法则”（Central Dogma），又通过基因组全面解析以及以相关“组学”数据为基础的系统生物学的分析，将对生物体组成和生命运动规律的认识推向了前所未有的深度，并在此基础上发展形成了以部分操控生命——基因、蛋白质等生命分子到细胞，从微生物到动植物乃至人类自身（主要是其组织器官）——为核心的一系列生物技术与产品，但是对生命起源、演化（进化）以及生命运动本质的认识还远远不够，更确切地说，还只是“冰山一角”。

21世纪初，通过工程学思想策略与现代生物学、系统科学，以及合成科学的融合，形成了新兴交叉学科“合成生物学”。它是采用标准化表征的生物学元件，在理性设计指导下，重组乃至从头合成新的、具有特定功能的人造生命的系统知识和专有理论架构，并以相关的使能技术与工程平台作支撑。合成生物学的崛起，颠覆了生物学以发现描述和定性分析为主的传统研究范式，为生命科学提供了崭新的“会聚”研究思想，开启了可定量、可计算、可预测及工程化的新时代。它不仅将人类对于生命的认识和改造能力提升到一个全新的层次，也为解决与人类健康生活、社会和谐发展相关的全球性重大问题提供了重要途径。

第一节　定义与内涵

一、定　　义

合成生物学（synthetic biology）作为一个名词提出来，是基于合成化学的成果，有超过百年的历史[1]；作为一个“愿景”提出来，是基于DNA重组技术的成功，也有半个世纪的历史[2]；但作为一个学科提出来，应该是21世纪初，基于基因线路的成功设计与合成[3]。因此，合成生物学虽然被作为一个新兴学科提出的时日尚短，但是其以高度学科交叉所禀赋的“会聚研究”特质向各学科有力渗透的现实，及其颠覆性技术与工程化工具库在提升人类应对社会经济挑战中“赋能”所展示的潜力，形成了参与者众多且背景杂陈的“特色”，故而对其定义及内涵的界定，至今见仁见智，难以达成共识。

针对这一难题，《自然－生物技术》（*Nature Biotechnology*）期刊于2009年12月在其专辑中就合成生物学的定义发表了20位科学家的看法。哈佛大学的乔治·丘奇（George Church）教授认为：基因工程关注的是单个基因（尤其是克隆和过表达），将其延伸到系统范围即是基因组工程。介于二者之间的则是代谢工程。合成生物学是建立标准的生物元件、装置、系统组装及功能化过程，这种分层次组装的特性，可以允许在不同水平（亚分子水平直至超生态系统水平）上实施计算机辅助设计[4]。斯坦福大学德鲁·恩迪（Drew Endy）认为，合成生物学通过探索如何重新改造或组装生命分子，为我们提供了一条探索生命本质的新的科学途径。同时，生物工程师不仅能提供生物技术的应用，还能在开发新工具中做出贡献，因而可使新的生命构建过程越来越容易、安全。他特别指出，合成生物学的重要原则是标准化

（standardization）、解耦合（decoupling）和模块化（modularization）[5]。其他科学家的看法见信息框 1。

信息框 1 部分科学家对“合成生物学”的定义

加利福尼亚大学伯克利分校亚当·阿金（Adam Arkin）认为：合成生物学旨在使在生物体内构建新功能的过程更加快速、便宜、规模化、可预测，并且是透明和安全的。它聚焦于改善标准基因工程技术，发展基因组装和快速标准化的生物元件，创建出基因元件家族，并产生安全、具有鲁棒性的宿主细胞。

瑞士苏黎世联邦理工学院马丁·富塞内格尔（Martin Fussenegger）认为：自从 40 多年前分子生物学诞生以来，一直利用一种相当简单的策略来解读组成地球上生命体的必需生物元件的清单。我们试图通过组装元件来创造功能系统是不可能的。而后基因组时代，提供了更多的基因功能信息，而且系统生物学为我们带来了生物化学代谢网络的更多细节，在这样的情况下，科学家已经准备好重新组装这些元件，以创造新兴的、有价值的功能。这就是合成生物学。

加拿大麦吉尔大学 E. 理查德·戈尔德（E. Richard Gold）认为：合成生物学是开发一种可以不用参考目前存在的生物体，即可被描述的新兴的生物体。

韩国先进科技学院李相烨（Sang Yup Lee）认为：起初，合成生物学被认为是重设计和重建生物元件和系统，而没有特定的生物技术目标；然而代谢工程旨在有目的地修饰代谢流及其他细胞网络以实现期望的目标，例如生物产品的过量生产。近年来，越来越难以区分两个学科间的差异，因为两个学科正在互相渗透。代谢工程正在采取合成生物学基因合成等策略，而合成生物学也在利用代谢工程以目标驱动来建立整个细胞代谢流的策略，而且，两者都在向系统生物学靠近。

此外，一些国际组织、研究团体也给出了不同的定义。例如，美国伍德罗·威尔逊国际学者中心（Woodrow Wilson International Center for Scholars）建立的合成生物学网站指出：合成生物学可分为两类，一类是从头设计与建造新的生物元件、装置和系统；另一类则是以某种目的，重新设计、改造现有的、天然的生物系统，使其具有新的、特定的功能[6]。英国皇家学会认为：合成生物学旨在对基于生物的元件、新的装置和系统进行设计和工程化，同时，也对现有的、自然界中存在的生物系统进行重新设计[7]（其他机构的定义见信息框2）。

信息框2　部分机构对“合成生物学”的定义

美国合成生物学工程研究中心（Synthetic Biology Engineering Research Center，SynBERC）指出：合成生物学是一个正在逐渐成熟的科学学科，它综合了工程和科学的概念来设计并构建新的生物功能和系统，包括设计和建造新型的生物元件、装置和系统，或重新设计并改造自然界已有的生物体系来实现各种应用目的。

欧盟委员会（European Commission）高级专家组（High-level Expert Group）认为：合成生物学是生物学的工程化，即复杂的、具有自然界不存在的功能的生物系统的合成。这种工程化思想可以应用到生物结构的各个层次上，从单分子到整个细胞、组织，直至生物体。本质上，合成生物学可以用理性的、系统的方法设计生物系统。

美国生物伦理问题研究总统委员会（Presidential Commission for the Study of Bioethical Issues）指出：合成生物学是一门综合了生物学、工程学、化学、遗传学和计算机科学的新兴交叉学科。传统生物学是理解和阐释生命结构及其化学组成，而合成生物学是把生化反应过程、生物分子及分子结构作为原料和工具来生产新的具有新型功能及应用的微生物。

目前，比较广泛认可的是尤恩•卡梅伦（Ewen Cameron）等于2014年提出的定义：合成生物学是在基因组科学、系统生物学基础上发展起来的，通过建立一系列通用的工程方法和实验室操作规范，利用分子生物学的工具和技术，对细胞行为进行正向工程化（forward-engineering）操作的领域[3]。这一定义，基本上比较完整地阐述了三个关键内容，一是学术基础，二是技术基础，三是工程学概念与实践的本质。因此，在学界内部，得到比较广泛的肯定。在进一步追溯合成生物学发展历史（见本章第二节）的基础上，我们对该定义又作了一些调整，强调了工程科学的理念与研究范式和创建工程化生命的“目的导向”，阐述了学科的理论架构与方法体系，而将学科的核心内涵另行详述。这个定义是：合成生物学是在工程科学“自下而上”理念的指导下，以创建特定结构功能的工程化生命或实现生命过程的工程化为导向，综合系统、合成、定量、计算与理论科学手段，以“设计—构建—测试—学习”（design-build-test-learn，DBTL）的迭代研究原理认识生命的理论架构与方法体系。

二、内　　涵

合成生物学的学科内涵一方面是其定义的充实，即阐明新兴交叉学科的基本要素，另一方面又紧密地与学科的研究内容与发展方向（将在第三章和第四章具体阐述）相联系。当然，对于如此交叉会聚又广为渗透影响的新兴学科的发展初期，依然是一个见仁见智的难题。

鉴于合成生物学的“会聚”特点，人们可以从不同的学科背景角度来理解其内涵。如果强调合成生物学的“合成科学背景”，人工合成基因组就成为其主要的内涵。它不仅能证明人类可以合成从细菌等低等生物到哺乳动物等高等生物的基因组或基因组片段，而且将提供研究这些基因组结构与功能关系的一种新策略，也能带动大规模 DNA 合成等方面的技术突破与产业提升，真正为生物技术的工程化奠定基础。如果强调合成生物学的“生物技术或代谢工程背景”，合成生物学使能技术给生物技术带来的颠覆性创新就成为其主要的内涵。它是生物技术走向大规模制造“复杂”生命产物的一个途径，其发展或将导致一种新制造模式的产生。它与基因工程和重组 DNA 技术之间最主要的差别是，在标准化流程、元件和组装概念的基础上[8]，对理性设计的“全面”落实，既要求向自然学习又要求抽象甚至形成工程化的“正交生命”；既要求设计复杂系统与复杂运动，又要求设计结果更系统、精准并形成简易可用的“数字化模型”体系。当然，也可能有人认为，合成生物学基本上是基因工程（genetic engineering）或者是代谢工程（metabolic engineering）的自然延伸；而在医学上的应用，也应该是基因治疗的新版本（gene therapy version 2）。可是，越来越多的实践显示，合成生物学对生物技术与代谢工程的变革，绝对不是“延长线”式的发展，而是从“模拟”迈向“数字”的理论提升，是从“改造”迈向“设计”的能力突破，是从“单一实验室”迈向“共享实验平台”的研究生态革命。

无论如何，合成生物学区别于其他生命科学学科的核心，是其“工程学本质”。对合成生物学工程学本质的认识，最初，基本包括两个方面。一方面是其“自下而上”的正向工程学“策略”，因此，元件标准化→模块构建→底盘适配，包括对生命过程途径网络的组成及其调控的认识及“正交化生命”设计与构建，是其最核心的研究内容，而人工线路的合成，就是其最重要的工程化平台。另一方面，是目标导向的构（重构）建（建造）“人造生命”，因此，“自上而下”地构建“最小基因组”或“自下而上”地合成“人工基因组”，就成为其最核心的研究内容；大片段基因组操作和改造以及大规模、高精度、低成本 DNA 合成，是其最重要的两大使能技术；基因组的合成，就是其最重要的工程化平台。这两个方向的认识，基本抓住了合成生物学的“合成科学”“系统科学与分子生物学”“工程科学”三个来源会聚的本质，原则上是比较全面和准确的。

然而，生物学家认识工程科学的本质，是需要时间的。今天，我们认识到，工程本质上是人类综合已经掌握的科学知识与方法技术，形成的规模化改造自然，构建人类需要的“产品”的能力。工程化是通过“设计—构建—测试—学习”循环的不断完善，形成能满足人类需求的，能大规模、通用化复制的平台体系。可见，通过 DBTL 循环，提升“构建”能力，是工程科学的核心，而将这一能力落实到能够大规模、通用化实施来满足人类需求的平台体系，则是其能力体现的基础。合成生物学自身的基础理论研究与使能技术创新，一定要落实到这样的核心和基础上；当然，这就是合成生物学“研究的工程化”内涵，即在生命科学研究过程中，采用工程化的策略。

2015 年，美国 Nancy J Kelley & Associates 咨询公司［由美国合成生物学工程研究中心（SynBERC）和阿尔弗雷德·斯隆基金会（Alfred Sloan Foundation）联合资助］联合伍德罗·威尔逊国际学者中心（Woodrow Wilson International Center for Scholars）召开的“面向科学和产业的工程生物学：加速进步”研讨会，探索了美国工程生物学（engineering biology）的战略发展。会议认识到，开源（open-source，包括公共实验基础设施，以及很多提供从元件到设计服务的创业公司）可使所有人都能获取基本的工具和技术，而众包式解决方案（crowdsourcing solution）几乎能使世界任何地方的任何人参与到解决工程生物学的问题中；由此培养的“公民科学家”（public scientists）所带来的“科学民主化”（democratization of science）现象，是“最值得注意的”。至此，工程科学与生命科学“会聚”带来的颠覆性意义的阐述，已经被推到“极致”。当然，这里强调的还是合成生物学“工程化的研究”内涵，即将生命科学研究纳入工程化的体系。

当然，从生物学家的角度审视，上述内涵似乎是任何一种工程学都具有的共性，缺少了生命科学特有的“生命”的核心活力，或者说，缺少了与生命过程相关的“科学问题”、“研究内容”和“核心技术”等要素。为此，有这样一种阐述[9]：

（1）工程学原理在合成生物学中广泛应用，从基础的代谢工程到复杂的整个生物体（如调解网络、系统、生物体、生态环境）。

（2）合成生物学被清晰地定义为是应用了最前沿的分子生物学技术（“组学”方法）的跨学科领域。

（3）创新性：合成生物学的概念和设计以及所用到的各种元素，如生物元件、装置和系统都是新颖的，同时也在发掘新型、独特的功能。

（4）对基于生物模板的现有自然元素进行工程设计，以增强其功能。以此为基础，创造生物改造工具［如生物砖（BioBricks）］，并在简明、可预测的模块库的基础上设计系统。

（5）仅包含必需组成部分的最简基因组的构建保证了结果的可预测性和高效性。

（6）自我复制是活的生物体极为重要的特征。

（7）生物系统行为学的知识是合成生物学概念的基石。

这一阐述的优点是全面的，甚至可以说是面面俱到的，但是，其问题在于仅仅将上述的各种观点尽可能地聚集起来，由于各个要素所处的层次不同，又未能明确建立各要素之间的逻辑联系，因此，难免有一种“堆砌”的感觉。

于是，对于合成生物学内涵，还有另一种“阐述”，即将各种认识以目标为基础，加以“整合”。例如，Lucentini[10] 依据合成生物学研究对象的尺度，将合成生物学分为Ⅰ型（基因线路的设计）、Ⅱ型（全基因组的设计）和Ⅲ型（生命体的设计）合成生物学。也有人以合成生物学研究的各个方向，结合其关键的使能技术，去界定各种类型的研究层次。例如，安娜·德普拉泽斯（Anna Deplazes）2009 年发表在 *EMBO Reports* 上的综述，用形象的图示所阐述的观念[11]，保留了全基因组和生命体这两个不同的层面，不仅用“非天然基因组”来特别强调“基因线路”的“人造”特征，又将理性设计与生物工程 / 代谢工程结合来强调其生物技术的“发明”和工程学的“建造”理念。受这样一种描述的启示，我们设想用上述以“研究”为核心的方式，来阐述以“对象”为核心的合成生物学内涵，即“构建工程化的生命”与“生命过程的工程化研究”。鉴于 Anna Deplazes 在综述中展示的合成生物学研究内容（综合任务方向与关键技术）的图示构思精巧，很有特色，我们在其基础上略加改进，形成了图 1-1，展示合成生物学研究的目标：构建工程化的生命和生命过程的工程化研究。

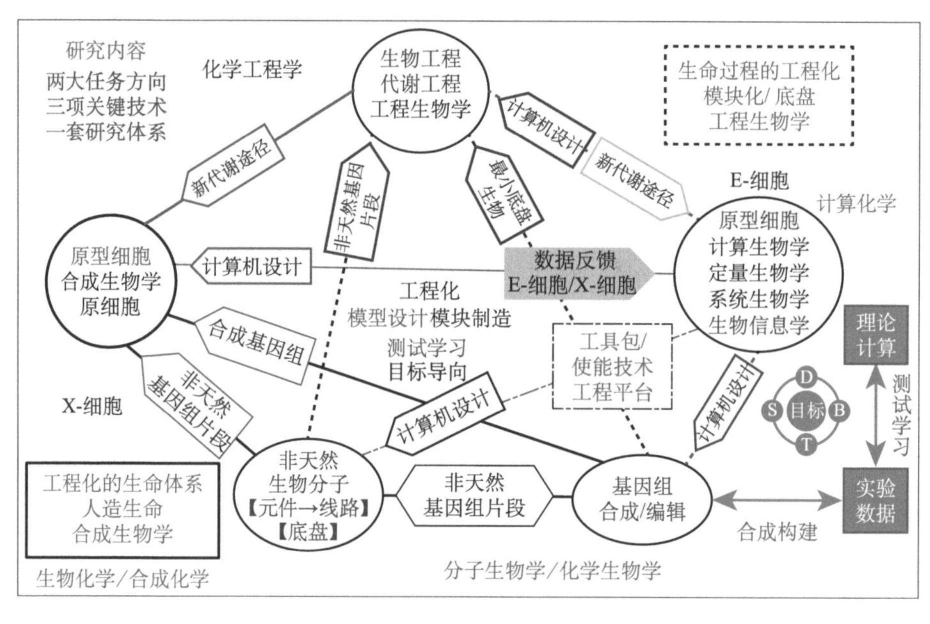

图 1-1　合成生物学研究的目标：构建工程化的生命和生命过程的工程化研究

首先，由于它们的“工程化”共性，两者都强调了在生物学元件的基础上，在底盘系统（体外到体内，低等到高等）中模块、线路乃至完整体系的构建。其不同之处在于，“工程化的生命”本质上是用生物学的元件，去构建可以自洽自稳的工程科学的“线路”，也就是所谓的“正交生物”（orthogonal life）。在实现这一目标的过程中，元件的解耦与标准化，自然是不可回避的基础；而如何以目前基本以电子线路为基础的工程线路去实现复杂的生命和生物系统的任务，则是它面临的严峻挑战。其次，所谓“生命的工程化”本质上是要以工程科学的元件－模块－线路的理念，去有目的地改造或重构生命。在实现这一目标过程中，一定层次上的生物元件及其功能信息之间的适度解耦及其与相关元件间的适配与受控运行，是实现在设计基础上合成“人造生命”（artificial life）的不可回避的挑战。从这个意义上说，目前所开展的“自上而下”的“简小基因组”构建和“自下而上”的染色体全人工合成，还基本处于“模拟”阶段；反倒是自基因组时代就开始的小鼠与人的人工染色体（MAC和HAC）的研究走得比较远，有了在细胞中稳定传代、进入生殖系统的报道[12]。

实际上，在过去的10～20年，合成生物学在深化与拓展其学科内涵的方向上已迈出了很大的一步，逐步为我们展示了从元件工程平台到线路工程和代谢工程平台，从基因组工程到细胞工程平台等各个层次上飞速发展的可喜成果。从学科建设的本质上说，这些成果也让我们更深刻地认识到，我们离这个学科目标究竟有多远。更深入一步，这些成果也可能说明，哪些学科目标对于生命体系是难以企及的；但是，通过已有的成果，或者其他的努力，或者生命体系与非生命体系的杂合，我们几乎肯定可以大大乃至无限地接近那个目标！

这些发展成果还帮助我们认识到，决定合成生物学内涵的，是它的“会聚（convergence）特性”。也就是说，合成生物学会聚了科学研究（scientific research）带来的“发现（discovery）能力”，工程学理念（engineering concept）带来的“建造（construction）能力”，以及颠覆性技术（disruptive technology）带来的“发明（invention）能力”，从而全面提升社会的“创新（innovation）能力”。因此，合成生物学是在人工设计的指导下，采用正向工程学“自下而上”的原理，对生物元件进行标准化的表征，建立通用型的模块，在简约的“细胞”或“系统”底盘上，通过学习、抽象和设计，构建人工生物系统并实现其运行的定量可控。这就是合成生物学的**生命工程学内涵**。

从本质上来说，合成生物学是在分子水平上对生命系统的重新设计和改造，基因组工程、细胞代谢工程、线路工程等是其核心的技术手段。因此，在一定意义上，可以认为合成生物学也就是生物技术在基因组时代的延伸。当然，这种延伸是有质的飞跃的，是全新一代的生物技术。一方面，合成生物学将原有的生物技术上升到了工程化、系统化和标准化的高度，将把生物技术推向“民主化”的工程生物学层次，其社会影响将是深远而巨大的。另一方面，在全基因组和系统生物学知识基础上有目标地设计、改造，乃至重新合成、创建新生命体系的工程化生物技术，不仅能完成传统生物技术难以胜任的任务，还将在学科交叉和技术整合的基础上，孕育着基于“设计能力提升”、“元件底盘标准化”和“构建测试技术创新”工程平台支撑下的“建物致用”革命。这就是合成生物学的**生物技术内涵**。

同时，合成生物学从其发端到现在的实践乃至将来的发展，还有另一层重要的内涵，就是与“自上而下”的系统生物学相辅相成，从“合成”的理念和策略出发，颠覆生命科学传统研究从整体到局部的“还原论”策略，通过“从创造到理解”的方式，开启“建物致知”理解生命本质（生命起源、生物演化、生物体结构功能关系等）的新途径（正交生命和人造生命），建立生命科学研究新范式。这就是合成生物学的**生命科学内涵**。

上述三个内涵，应该说是比较全面地反映了合成生物学的工程技术本质和科学理论本质（图 1-2）。从这三个方面去认识合成生物学，虽然不一定完全精准，但应该是比较完整而全面的[13]；它反映了以“合成人造生命”为使命的合成生物学的崛起，为生命科学和生物技术提供了崭新的研究思想和使

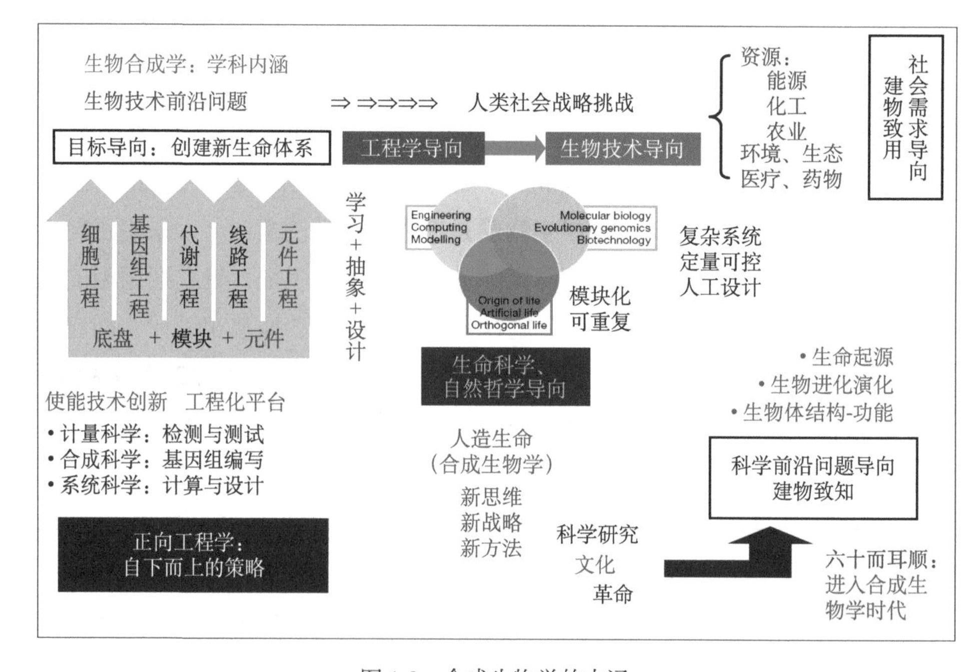

图 1-2　合成生物学的内涵

能技术（enabling technology），促使生命科学从以观测、描述及经验总结为主的“发现”科学，跃升为可定量、计算、预测及工程化合成的，具有颠覆性“创新”能力的“工程”科学，进而催生科学、技术和工程领域的“文化与产业”革命的学科会聚本质，又反映了它为分子生物学与生物技术提供社会经济发展服务的崭新“出口”，具有强大的包容性。

第二节　学科起源和发展历程

一、学科起源

“合成生物学”学科，被公认为是在21世纪初期在相对坚实与独立的理论方法基础上建立的。然而，认真地回顾近代科学史和思想史，亦可将其追溯到两个相对独立而又互相联系的“起源”。

（一）合成生物学的“合成科学起源”

首先，是合成科学的“起源”。它综合了合成化学（synthetic chemistry）技术及与之相关的以分析（analysis）和综合 / 合成（synthesis）相辅相成为核心的思维方法与研究策略。19世纪初叶，人们所了解的有机化合物大部分是生物体的组成成分或生命活动过程中所产生的物质，或者是生物体死后所变化衍生出的物质，因而，就有了只有生命体才能合成有机物的“生命力”学说。1824年，德国化学家弗里德里希·维勒（Friedrich Wöhler，1800 ～ 1882）发现，在氰酸中加入氨水后蒸干得到的白色晶体并不是他试图合成的氰酸铵，并终于在1828年证明出这个实验的产物是尿素。这一无意实现的从无机物合成有机物的实验，动摇了有机物只能依靠一种生命力在动物或植物体内产生的观点。有机物能够在实验室里被人工从无机物合成，随后，乙酸、酒石酸等有机物相继被合成出来，支持了维勒的观点。这宣告了合成化学（合成科学）的诞生，也第一次将化学与生物学联系在一起，推动人类在认识生命怎样从无机的自然界中发生的探索中实现了第一个飞跃。

80 多年后，法国化学家斯特凡·勒杜克（Stéphane Leduc，1853 ～ 1939）在其 1910 年出版的《生命与自然发生的物理化学理论》一书中提出“合成生物学”（la biologie synthétique）一词，并在其 1911 年出版的《生命的机理》（*The Mechanism of Life*）一书中用一个章节讨论了合成生物学（synthetic biology）[1]。他除了将活的有机体的组成成分与有机合成化学（synthetic organic chemistry）相关联，在形态发生（morphogenesis）和机能发育（physiogenesis）两个层次上，均将生命表型与液体物理化学表型作相关的“合成”描述或比拟；还试图通过所谓的“渗透压生长——形态建成”的物理化学现象，启发人们揭示地球上生物的起源和进化规律。同年 7 月，《柳叶刀》（*The Lancet*）发表的书评指出，《生命的机理》使用大量的图片以证明所谓“人工细胞”和膜等可以由液体扩散、化学反应等形成，试图从物理化学的角度解释生命现象，是不可思议的。事实上，勒杜克所“创建”的“合成生物学”一词及其内涵充其量就是一种以“类比或比拟”方法得出的“隐喻”，也就是英语所谓的 metaphor，离真正认识生命、改造生命的科学相去甚远，但是，他还是在论著中天才地提出了生物学要走一条“描述（description）、分析（analysis）、合成（synthesis）”的认识道路。此后至今的科学实践的确展示了他所预示的这条道路，即在对生物系统描述和分析认识的基础上，人工合成符合科学模型的新的生物系统或生命体，是对生命及其本质的“最终”的理解。

合成化学与生命科学结合的第二个高峰是生物大分子（蛋白质、核酸）的人工合成。1953 年，美国生物化学家文森特·迪维尼奥（Vincent du Vigneaud，1901 ～ 1978）从氨基酸出发合成了第一个具有生理活性的多肽激素——催产素；当然，多肽（如九肽的催产素）终究还不是真正意义上的蛋白质。1955 年，英国生物化学家弗雷德里克·桑格（Frederick Sanger，1918 ～ 2013）首次阐明了胰岛素分子的氨基酸序列（即一级结构）。以此为基础，1965 年，在王应睐领导下，中国科学院生物化学研究所和有机化学研究所与北京大学协作，实现了人工全合成结晶牛胰岛素。这是用化学方法合成的第一个具有生理活性的蛋白质，它不仅是合成化学的重大进步，而且促进了科学家对生命的理解，特别是对于蛋白质一级序列肽段经折叠与修饰形成二、三级乃至四级结构的机制有了深刻的认识。这一成果将合成科学的概念向前推进了一大步，是继尿素人工合成之后的第二个飞跃。

核酸分子的人工合成，是合成科学对生命科学的另一个重要贡献。寡核苷酸的化学合成起步于 20 世纪 40 年代末。1955 年，剑桥大学的托德（Todd）实验室成功合成具有磷酸二酯键结构的 TpT。1965 年，印度化学家科兰纳（Khorana）等利用化学方法大量合成脱氧核苷的单一聚合物或两种、三种脱氧核苷的重复序列，以及人工合成的六十四种核糖三糖苷，研究蛋白质的生物合成过程，从而确定了氨基酸的三联密码子，为“中心法则”的确立提供了关键的实验证据 [14]。20 世纪 60 ～ 70 年代，寡核苷酸的化学合成方法不断完善，逐渐形成了今天被广泛应用的固相亚磷酰胺三酯法，并实现了合成的自动化。20 世纪 80 年代中后期，随着 PCR 技术的广泛应用，化学合成的寡聚脱氧核苷酸（oligoDNA）几乎进入到每一个分子生物学实验室，为“写基因”这一分子生物学的利器提供了刀锋。

从合成有机化学的角度看，人工合成大片段寡聚核苷酸（oligoRNA），要比合成 oligoDNA 困难许多。1978 年初，中国科学院组织数个研究所开始进行酵母丙氨酸转移核糖核酸（tRNA）人工合成的研究，历经无数次试验，利用化学和酶促相结合的方法，于 1981 年 11 月在世界上首次人工合成了 76 个核苷酸的完整酵母丙氨酸 tRNA 分子，其具有与天然 tRNA 同样的生物活性 [15]。至此，“中心法则”所涉及的决定生命活动的三大类分子：DNA、RNA 和蛋白质都实现了人工化学合成！

当然，生命分子的人工化学合成，不等于是生命的人工合成；它是“合成生物学”内涵的重要部分，但不成为“合成生物学”学科的主要研究方向。为此，我们必须在回顾生命科学起源与发展道路的基础上，来探究“合成生物学”中对生命系统“抽象设计”的认知（系统分析）能力，以及对生命系统器件“合成检测调控”的操控能力（使能技术）的“起源”，这就是合成生物学的生命科学起源，抑或其“系统科学”与“工程科学”的起源。

（二）合成生物学的“生命科学起源”

生命是世界上最复杂的物质存在。人类自诞生以来，就在认识生命的漫漫长途中上下求索。从中国古代的《黄帝内经》和《本草纲目》，到西方近代（16 ～ 18 世纪）博物学家对动植物的分类以及微生物学家对细菌的分类形成的以“动物学”、“植物学”和“微生物学”为代表的生物学学科，以及医学家在人体解剖基础上对人体器官功能和疾病的认识，都是从对生命体的“宏观”观察、“表观”描述而获得的经验型总结（逻辑的或哲学的总结）。

在19世纪，自然科学革命对于生物学而言，最为核心的是对于涵盖所有生物的一系列共同的生命活动规律的认识。其中最为重要的，包括基于对动植物及微生物的显微观测及巴斯德曲颈瓶实验等研究对“自然发生说”的否定，将细胞界定为世界上所有生物共同的基本结构与功能单元——以细胞为代表的细胞学的诞生，包括以酶的发现和酵母乙醇发酵过程的认识为代表的生物化学的诞生，也包括以格雷戈尔·约翰·孟德尔（Gregor Johann Mendel）的遗传定律和W. 鲁克斯（W. Roux）的染色体学说为代表的遗传学的诞生；这一假说也使以实验验证为主的研究范式在本质上宣告了研究所有生命活动共同规律的“生命科学”的诞生。也就在这样一个时代，随着“生命力”学说被合成科学击破以及转化论自然观的兴起，面对生命科学最本质的关于生命起源与物种形成的科学理论——进化论，应运而生！

20世纪前半叶见证了生命科学在细胞生物学、生物化学与遗传学交叉融合基础上的迅速发展与成熟，一方面，遗传学家成功地将遗传信息（基因）的载体落实到了细胞核中的染色体上，并解析了其遗传与重组的规律；另一方面，生物化学研究更进一步将其指向了构成染色体的DNA（仅由ACGT四类碱基组成，而不是由20种氨基酸组成的蛋白质）。至20世纪中叶，物理学技术（X射线晶体衍射）与算法的介入，成功解析了DNA双螺旋结构，将细胞生物学、生物化学及遗传学研究所提供的关于遗传物质及其运动的规律完美地整合在一起。然而，核酸分子所携带的遗传信息究竟是如何编码的？这些信息又是如何指导生物发育和生长过程中生物体架构（结构蛋白）的形成与运动，以及实施代谢的催化机器（如酶蛋白）和调控器件（如胰岛素等活性蛋白）的合成及定位与活性表达的？最后，携带这些信息的染色体，又是如何能够一代一代“基本准确”地将这些信息遗传下去的？对于这一系列生命分子结构功能的深入**解析（analysis）**形成的假说，经由以人工合成的DNA模板，酶催化合成的mRNA及进一步利用核糖体与氨基酰-tRNA **合成**

（synthesis）的多肽产物的氨基酸顺序与模板中核苷酸顺序的对应，人们成功破译了遗传密码，并进一步证明了生命科学中阐述遗传信息流规律的“理论”——**中心法则（Central Dogma）**；也为分子生物学的建立奠定了基础。

然而，生命体系虽然由“简单”的生命分子所组成，但生命体系运动的核心机制绝对不是这些生命分子的简单加和或机械组合。在DNA双螺旋模型和中心法则的基础上，弗朗索瓦·雅各布（Francois Jacob）和雅克·莫诺（Jacques Monod）通过对大肠杆菌乳糖操纵子（*lac*）的研究，认识到细胞中存在调节通路，使其得以响应复杂环境的变化，并于1961年发表标志性论文[16]；他们展望可以使用分子元件组装出新的调节系统。20世纪70年代中期发展起来的重组DNA技术（亦称为“分子克隆技术”）为分子生物学的建立奠定了最关键的“**写基因**”的技术基础[2]；由此，1978年，波兰遗传学家斯吉巴尔斯基（Waclaw Szybalski）在学术期刊《基因》（*Gene*）上就诺贝尔生理学或医学奖颁给发现限制性内切核酸酶而发表的评论指出[17]：限制性内切核酸酶技术将带领我们进入合成生物学的新时代。利用限制剪接DNA的方式，分子生物学家得以分析各个基因的功能，并将观察的结果记录下来，成为各个基因的功能性描述。

当然，为了“写基因”首先必须认识基因。20世纪70年代，以Sanger双脱氧链终止法为标志，DNA测序技术获得广泛应用。随着基因编码蛋白质规律的解析（从细菌基因序列与蛋白质氨基酸序列的共线性，到高等真核生物基因外显子与内含子规律的解析）以及对真核细胞mRNA反转录cDNA克隆测序技术的建立，“**读基因**”在20世纪80～90年代，已经是分子生物学实验室常规的工具了。

分子生物学为合成生命分子带来了一条更为简便有效的途径，那就是利用自然的工具（酶），在人工合成oligoDNA模板的指导下，进行DNA的酶催化扩增合成（即PCR技术）。这种综合人工合成oligoDNA模板以及各种分子生物学工具酶的方法，还能够对基因进行定向改造，并在各种转化技术的支撑下，被送回细胞，实现对细胞基因的重组改造。这样，“**编基因**”的技术，以及在此基础上建立的“反向遗传学”研究方法，也迅速兴盛起来。如此，在20世纪的最后20年，以基因克隆、基因测序、基因定向突变为基础的生物技术、生物工程和代谢工程等一系列史无前例的分子生物学技术得以蓬勃发展并拓展到医、药、农、工、资环、能源、生态、海洋等各个领域；在人类利用自然，改造自然生命体系，满足人类需求的万年征途上，揭开了崭新的一页。

20 世纪后期（80 ～ 90 年代）开展的人类基因组计划以及随之形成的基因组学（genomics）的研究，标志着继 DNA 双螺旋结构解析带来的分子生物学时代之后，又一个生命科学革命新时代的开始。基因组学给生命科学带来的革命是多层次、多角度的。首先，人类基因组计划是在人类发展史上，第一次针对人类健康发展的重大关键问题，在完整而长远的科学目标指引下，以多学科交叉、多技术综合的手段，有组织、有计划地开展以追求重大科学数据积累和重大科学发现为目标的大科学研究和大科学工程。这样的“大科学”概念引入生命科学领域，直接导致了此后与基因组相关的其他“组学”（omics）研究的兴起，又进一步推进了“大科学”与“小科学”的紧密结合，也推进了生命科学与医学（包括基础医学与临床医学，并直接引入了“转化医学”的研究平台）的结合。这样的两大结合，对生命科学、生物技术和生物医药的发展所带来的深刻而长远的影响，可以说是一场“革命”。其次，基因组学的兴起，依赖的是学科交叉。一是技术和科学的结合，高通量、大规模、并行化测序及其他检测技术的形成及快速发展，成为推动生命科学发展的巨大动力。二是在生命科学的研究体系中引入“数据”这一极，并迅速与计算数学和计算机技术结合，将生命科学研究范式，从前述的“实验科学”和“理论科学”的层次，提升到“计算科学”的层次。高通量测序直接导致了生物信息学的形成与发展，为基因组研究提供数据的收集、管理、注释、分配、服务的工作，形成了数据分析的技术平台，而进一步与数学和统计学结合，形成了计算生物学。利用基因组数据，结合其他“组学”数据和生物学数据，进行数据分析，为实验科学提供假说，并在实验结果的基础上，提供数学模型。这一系列努力的结果，一方面，就是将分子生物学带来的“读基因”的能力（千碱基对，kbp 层次），提升到“读基因组”的层次（兆碱基对至吉碱基对，Mbp ～ Gbp 层次，甚至更高）；另一方面，结合“多组学”研究带来的多尺度、高维度、异质性的数据，经生物信息学和计算生物学的加工升华，有可能结合系统科学的思想，形成以“自上而下”认识生命系统为使命的系统生物学（Systems Biology）以及以人为研究对象的系统生物医学

(Systems Biomedicine),将“生命”——从最简单的单细胞原核生物,到最复杂的人类(个人与人群),这个不适用第一性原理(或只能有限适用第一性原理)的复杂系统的运动规律的解析,正式提上了“科学研究”的日程。

从分子生物学到基因组学,再到系统生物学,这一系列研究一步一步加深了人类对生命系统的认识,为合成生物学提供了雄厚的知识储备(认识生命);理论生物学、计算生物学为合成生物学的设计、建模与模拟提供了强有力的理论及理论支持(设计生命);在此过程中不断发展成熟的以操纵、改造乃至合成基因与基因组的技术已经达到了工程化平台的水平,为合成生物学提供了使能技术的支撑(合成生命)。然而,正如本章开宗明义指出的那样,今天我们所谓的“合成生物学”,从其最初由“合成科学”带来的“隐喻”性命名起步,经过分子生物学,特别是DNA重组技术唤醒的“愿景”,获益于20年基因组学与系统生物学等生命科学“大科学”研究的“基础奠定”,其真正的学科“使命”的界定的“突破点”,是工程科学理念于21世纪初向生命科学的渗入,也就是在世纪之交出现的一系列利用基因元件构建逻辑线路的成功尝试[18]。

(三)工程科学理念的引入

利用基因元件构建逻辑线路,是一个以目标(创建可运行逻辑线路的人造生命)为导向的研究,它典型地展示了“自下而上”(元件→模块→线路→底盘的组装与优化)的“正向工程学”的研究理念,成功地实践了“设计—构建—测试—学习”优化的工程科学研究范式,并在此后逐步形成相关的“标准化”的“工具包”和“元件库”。在此过程中,由美国麻省理工学院(Massachusetts Institute of Technology,MIT)的一批工程学家与生物学家共同发起的“国际基因工程机器竞赛”(International Genetically Engineered Machine Competition,iGEM),有效地对标准化元件及元件库进行建设与应用。将这些工程化理念与实践引入生物学领域,不仅迅速推广了生命科学工程化研究的“合成生物学”的概念,将其普及到大学生甚至中学生层面,而且更重要的是,在习惯于单兵作战的生物学研究领域里,培育了多学科交叉、团队协作的工程学研究文化——生命科学研究的工程化由此形成。

也正是在这个世纪之交的十余年间，生命科学相关的各种“使能技术”出现了一系列的突破，其中，有些还是“颠覆性”的技术工具和方法。高通量的 DNA “二代测序”（以及此后发展起来的单分子“三代测序”）真正将人类“读基因”的能力提升到工程化地“读基因组”的水平。大规模 DNA 合成技术的突破与大规模 DNA 拼接平台的建立，导致了全人工合成基因组生命的诞生，实践了“写基因组”的合成生物学愿景。以 CRISPR/Cas 为代表的“基因编辑”技术在动植物真核细胞上成功的应用，一方面，结合“代谢工程”技术的积累，大规模化工原料和天然化合物的合成生物学制造正在成为常规，并由此带来化工、材料及制药行业的革命；另一方面，结合诱导多能干细胞（induced pluripotent stem cell，iPSC）技术的突破，“编基因组”的愿景也已经走在从实验室研究到医学工程化大规模应用的道路上。合成生物学学科发展的几个概念详见信息框 3。

信息框 3　合成生物学学科发展的几个概念

基于系统生物学的发展，结合合成科学的理念，霍博姆（Hobom）于 1980 年用合成生物学的概念来表述基因重组技术[17]。20 世纪末，也曾有科学家提出通过建造具有生物特性的生命系统来理解生物机制的“建造生物学”（constructive biology）[18]，以及通过可预见性的设计，使生物系统成为更加有用，更容易被理解的“意念生物学”（intentional biology）[19]，但现代合成生物学的概念还是以 E. 科尔（E. Kool）2000 年在美国化学学会年会上重新定义的“合成生物学”为标记[20]。

与此同时，基于多组学数据与医学真实世界数据的结合，生物医学研究已经发展到“大数据”的新阶段，大数据与“深度学习”等人工智能（artificial intelligence，AI）技术相结合，正在把生命科学推向“数据密集型研究”的第四范式；可以预见，由此将带来抽象自然生命规律、设计人造生命能力的“颠覆性突破”，再与上述以检测和操纵基因组乃至细胞编程的“颠覆性使能技术”相结合，合成生物学“建物致知”的理念，正在成功地将生命科学推向“会聚”研究的新的革命[19]（图 1-3）。

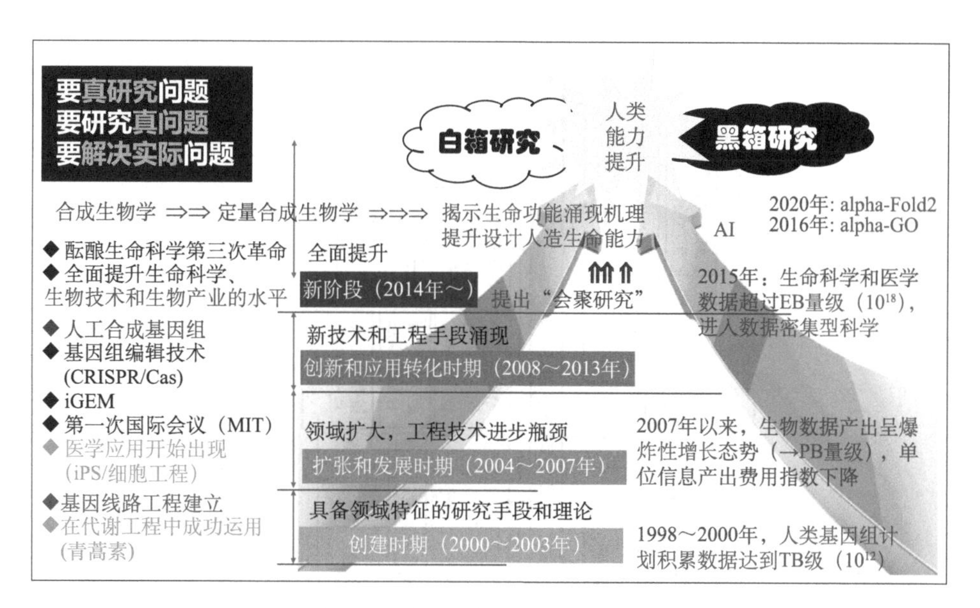

图 1-3　合成生物学的创建及发展

二、学科发展历程

2014 年，詹姆斯 · J. 科林斯（James J. Collins）等在《自然 - 微生物学综述》（*Nature Reviews Microbiology*）期刊上撰文，系统回顾了合成生物学的起源及发展历程，并把“合成生物学”的发展初步分为三个阶段。第一阶段，创建时期（2000 ～ 2003 年）：这一阶段产生了许多具备领域特征的研究手段和理论，特别是基因线路工程的建立及其在代谢工程中的成功运用。第二阶段，扩张和发展时期（2004 ～ 2007 年）：这一阶段的特征是领域有扩大趋势，但工程技术进步比较缓慢。第三阶段，创新和应用转化时期（2008 ～ 2013 年）：这一阶段涌现出的新技术和工程手段使合成生物学研究与应用领域大为拓展，特别是人工合成基因组的能力提升到接近兆碱基（Mb）的水平，基因组编辑技术出现前所未有的突破。在此基础上，合成生物学从 2014 年起，已经进入全面提升生物技术、生物产业和生物医药水平的新阶段[3]，我们将其化为第四阶段——全面发展的新阶段（图 1-4）。

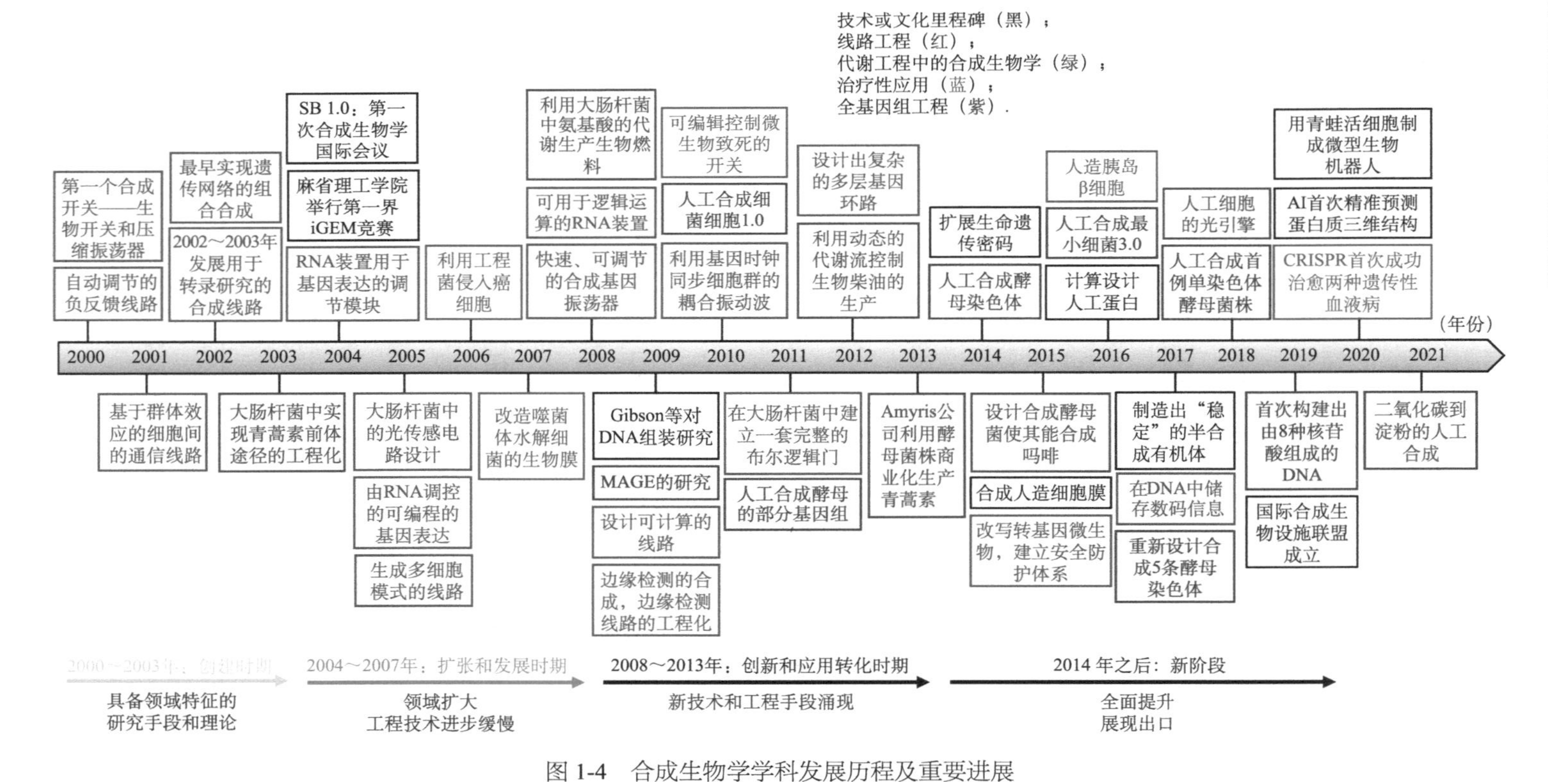

图 1-4　合成生物学学科发展历程及重要进展

注：MAGE，多元自动化基因组工程（multiplex automated genome engineering）

（一）创建时期（2000 ～ 2003 年）

合成生物学学科形成的标志性工作是基因线路的设计与合成。利用被成熟表征（标准化）的基因元件，按照工程学原理（主要是电路中定量的开关及反馈原理）构建简单的、可被调控的基因线路模块；这些简单基因线路可被相对应的简单数学模型描述并利用环境信号加以调控；应用这样的模型，工程人员能够对其模块设计方式进行评估，并可重设计、重合成，实现优化。2000 年，开始出现成功构建具备设计功能的工程基因线路的研究报道。例如，Collins 领导的研究团队构建了包含两个启动子的基因拨动开关，可以启动具有相互抑制作用的转录因子的表达。具有这一开关线路的细胞，可以通过调节两个稳定表达状态，对外界信号作出响应 [18]。

紧随拨动开关和压缩振荡子论文的发表，一些利用线路工程来研究网络设计和元件行为之间量化关系的论文相继发表。在此期间设计的线路，通过简单的负 / 正反馈模块进行自我调节，但其构建特征同压缩振荡子有所不同，表现出更为稳定的振荡行为 [20]。例如，莱布勒（Leibler）等利用一个小的转录调节子文库，组合形成集成的基因线路，表现出逻辑门多样的特征 [21]；Weiss 和 Basu[22] 开创性地建立了工程转录逻辑门的方法，并为线路的语言设计和实践工作做出了突出贡献。简单的线路能帮助人们了解原核、真核生物中基因表达和分子噪声之间的关系，这也开始体现出合成生物学可帮助人们更加深入和清晰地认识基础生物学。

虽然合成生物学早期的工作以线路设计为主，但这一时期也开始了简单基因调控网络的工作。Weiss 和 Knight[23] 建立的首个细胞 - 细胞通信线路，预示着未来将出现工程微生物协作的局面。Park 等 [24] 在酿酒酵母中，利用蛋白质 - 蛋白质互作域和支架蛋白，最早建立了转录后调控线路。另外，在基因组合成方面，Cello 等用化学方法合成了与脊髓灰质炎病毒基因组 RNA 互补的 cDNA，使其在体外 RNA 聚合酶的作用下转录成病毒的 RNA，并且在无细胞培养液中翻译并复制，最终重新装配成具有侵染能力的病毒 [25]；Smith 等首次利用合成的寡核苷酸，通过基因组组装，合成了噬菌体 ϕX174 的基因组，该病毒只有 11 个基因（5386 bp），但将合成的基因组 DNA 注入宿主细胞时，宿主细胞的反应与感染了真正的 ϕX174 噬菌体的细胞一样 [26]。这个实验证明了人工合成 DNA 能够表达出生命活性，将功能模块进行分割、去除基因重叠部分对噬菌体的活性不会产生影响。另外，基因线路设计也在代谢工程中成功运用。杰伊·基斯林（Jay Keasling）等通过对导入大肠杆菌的3个编码倍半萜环化酶基因的研究，发现大肠杆菌中倍半萜合成的限制因素是环化酶的活性，在此基础上，他们将酵母萜类合成的甲羟戊酸途径（mevalonate pathway，MEP）、元件进行优化并构建在大肠杆菌DH10B中，克服了大肠杆菌中萜类前体物合成的技术障碍，使紫穗槐二烯的产量提高了36倍[27]。这一成果，直接导致其此后在大肠杆菌中成功构建了崭新的青蒿二烯合成途径，提高了青蒿二烯的产量[28]。2006年，该研究组以酿酒酵母为底盘细胞，通过对代谢途径（网络）的改造和优化，使青蒿素（artemisinin）的前体——青蒿酸（artemisinic acid）产量稳步提高，达到100 mg/L，这一研究成果成为合成生物学在工业应用领域的标志性突破[29]。2010年，Ajikumar等[30]在大肠杆菌中引入紫杉烯合成模块，并调控其和天然MEP的协同表达，使紫杉烯的合成能力达到1 g/L，是从天然物质中提取的15 000倍。

（二）扩张和发展时期（2004～2007年）

2004年夏天，在MIT召开了合成生物学领域的第一个国际性会议“合成生物学1.0”（Synthetic Biology 1.0，SB1.0）。会议吸引了来自生物、化学、物理、工程及计算机科学领域的研究人员，明确了合成生物学的“身份”，促进了生物系统设计、构建和特征的研究，为全基因组工程的长期目标打下了基础。SB1.0的召开对这一新兴领域的发展起到了积极作用。2005年前后，合成生物学研究的规模和范围都有了很大程度的拓展。在这一时期，出现了一些有关大肠杆菌信号线路和元件设计的重要研究，其中包括RNA系统，这个系统将合成线路设计的范围从以转录调控为主，扩大到转录后和翻译调控[31]。新设计的元件和线路不断涌现，如一种AND逻辑门（“与”门）线路，其利用工程tRNA共转录，控制基因转录产物的翻译过程[32]。更进一步，有科学家设计出群体感应线路，能够用于多细胞模式的构建[33]；还有科学家设计出了能够感受光线的感应线路，可以利用光信号实现群体细胞的基因表达[34]。

研究人员开始尝试使用新元件构建更加复杂的线路，与此同时，也发现了阻碍这一领域发展的一些主要障碍。第一，当时还没有将单独基因元件组装成复杂线路的有效方法，在大多数新线路的设计中，要根据各种各样不同的情况，做大量冗长乏味的工作。第二，对于那些功能已知、研究较为清楚的基因元件，缺乏现成的方法，在对现有线路进行微调或重设计、优化功能时，也需要花费大量时间，而且事倍功半。第三，由于优化过程具有即时的性质，功能线路常包含一些了解不足的元件，若将这些元件引入到另一新线路，将花费大量人力和物力[35]。对于这些有关储存和组装的问题，最好的解决方案就是建立标准的生物元件。生物砖（BioBrick）便是最早出现的标准化生物元件的理念，也是整个合成生物学基础研究的新概念。生物元件是指那些具有特定功能的氨基酸或者核苷酸序列，可以在更大规模的设计中与其他元件进一步组合成具有特定生物学功能的生物装置（device）。科学家希望有朝一日能像组装一辆汽车或一架飞机一样，用标准的生物元件组装成一个完整的生命体。为此，恩迪（Endy）和奈特（Knight）等成立了生物砖基金会（BioBricks Foundation，BBF），以建立和维护生物元件的标准并支持标准化的研究。在这个基金会的支持下，Endy 等发起的 iGEM 进一步将标准化元件及元件库的建设与应用等工程化理念引入生物学领域，不仅迅速推广了“合成生物学”的概念，而且更重要的是，在习惯于单兵作战的生物学研究领域里，培养起多学科交叉、团队协作的**工程学研究文化**。与此同时，还建立了标准生物元件登记库（Registry of Standard Biological Parts，RSBP）。这是一个公共的储存库，基于生物砖模式的标准，设立了一套电子分类的基因元件储存体系，使大型线路组装工作中的程序和方法系统化。此外，对元件进行描述也是一个非常复杂的难题。在许多情况下，即便是对了解相对深入的元件，在脱离原始的遗传和外界环境的条件下，其功能也不稳定，如果同其他元件放在同一线路，其功能常常不能正确发挥[36]。这些元件互通、环境依赖等问题也难以解决，阻碍了复杂线路的发展。因此，合成生物学家只能一直采用相对简单的线路设计方式。

这一时期还有一些应用研究，例如，Menzella 等[37]使用一组重复的侧翼（flanking）限制性酶切位点简化了聚酮化合物合酶（polyketide synthase，PKS）模块的合成和交换，成功介导了大肠杆菌中聚酮化合物生物合成的过程。安德森（Anderson）等设计合成了促进细菌入侵肿瘤细胞的线路，这是合成生物学理念指导下细胞工程的一个开拓性事例，也是细胞治疗的一个早期案例，是合成生物学在医学领域应用的开始[38]。此后，工程噬菌体疗法和细胞疗法也不断成熟，例如，通过工程手段构建益生大肠杆菌，这样的益生菌能够识别并消灭绿脓假单胞菌（*Pseudomonas aeruginosa*）[39]，也可以通过表达异源群体感应信号，阻断霍乱弧菌（*Vibrio cholerae*）的毒害[40]。

（三）创新和应用转化时期（2008 ～ 2013 年）

2008 年以来，合成生物学开始进入快速发展阶段。科研人员相继开发了控制转录、翻译、蛋白质调控及信号识别等生命活动的基因线路，实现了对基因表达、蛋白质功能、细胞代谢等的有效调控；同时，开发了多种基因（组）合成技术、计算机建模技术等；基因组合成片段的长度不断增加，基因组编辑等领域也取得了很多进展。

1. 基因线路

2008 年，Stricker 等在大肠杆菌中构建了一个快速、具有鲁棒性的、可持续振荡的基因振荡子，在其控制下，几乎所有的细胞都表现出了大振幅的荧光振动[41]，这是振荡线路的设计和理论研究工作方面的重大突破。在后续的工作中，他们将一个结构相似的线路与群体感应系统相结合，以实现群体同步的振荡模式，并将该线路与一个气相氧化还原信号系统合并，能够在数厘米的范围内实现同步振荡[42]。2009 年，Tigges 等合成了一种可调的哺乳动物细胞的振荡子[43]，首次在哺乳动物细胞中实现了对基因表达的周期性调控。Friedland 等合成了一对具有计数功能的基因线路，利用重组酶介导的 DNA 重排形成永久记忆[44]，这一功能是线路工程长期以来的一个目标。Tamsir 等实现了在大肠杆菌中建立一套全面的、完整的转录逻辑工程，其中包括所有 16 种基本的布尔逻辑门[45]；穆恩（Moon）等还利用多层次的转录级联，设计出多点输入的逻辑网络[46]。另一项值得关注的成果是对细菌光感应线路性能的拓展，Tabor 等成功构建出一个用于边缘探测的、复杂的多层基因线路[47]。随后，刘陈立等利用鞭毛运动的群体感应性，在大肠杆菌中构建了密度感应系统，可以控制大肠杆菌的运动模式，使其可以生长成在空间上有序排列的周期性条纹状图形，并可实现对条纹数量的控制[48]。该研究成果为理解生物发育过程中形态形成的调控机制提供了全新的角度。

在这一期间，基于 RNA 的线路工程也不断地发展，例如，生物传感为 RNA 运算提供了方法，构建出可用于对基因表达的逻辑进行调控的 RNA 器件[49]；RNA 设计工具也朝着更精确、更可靠的方向发展，无论其工作对象是内源或外源基因。一个显著的突破，是开发了细菌和古细菌中的 CRISPR/Cas 免疫系统在基因编辑之外的重要的应用，即基因组规模的转录调控。Ⅱ型 CRISPR/Cas 体系利用 RNA，介导核酸酶 Cas9 结合到 DNA，识别并攻击入侵的噬菌体或其他横向转移 DNA。有研究团队通过构建 Cas9 核酸酶突变体，使 RNA 能够介导 Cas9 在 DNA 上的结合，但并不导致 DNA 的裂解[50]。

另外，翻译后调控系统开始出现。Bashor 等[51]将合成的蛋白支架（protein scaffold）引入到新的反馈线路中，从而可靠地实现对酵母中固有的促分裂原活化蛋白（mitogen-activated protein，MAP）激酶途径的动态表现的改变。在一个以大肠杆菌为材料进行的研究中，使用合成支架，实现了对一个双组分信号通路的重新规划。利用蛋白信号通路，通过工程线路设计，使组分能进行自我定位。Chau 等[52]在酵母中制造了空间极化。这一工作对系统地对复杂表型进行控制（如细胞形态和细胞运动）起到了关键的作用。在此期间，也有合成生物学家开始利用网络工程技术来处理一些基本问题，这些问题有关自然网络的形式、功能以及进化的可塑性。一些研究利用特异的、综合控制的细胞干扰，对自然调控网络的设计原则进行梳理。例如，研究人员将枯草芽孢杆菌（*Bacillus subtilis*）中固有的信号通路的控制能力同人工合成的线路进行比较[53]，尽管两个线路的动态特征比较相似，但两种构建方式的随机波动情况不同，导致了不同的状态，进而导致了不同的控制能力。

2. 基因组合成

2008 年，Becker 等合成了蝙蝠 SARS 样冠状病毒基因组[54]；2010 年 5 月，吉布森（Gibson）等将合成的 DNA 基因组通过活体重组，装配到酵母中，重建丝状支原体（*Mycoplasma mycoides*）基因组，然后再将其移植到受体细菌细胞中，创造出一个有生活力的、完全由合成基因组构成的细菌[55]；同年，Gibson 等使用 8 个只含有 60 个核苷酸的 DNA 片段，通过与酶和化学试剂的混合物相结合，首次化学合成了小鼠线粒体基因组[56]。2011 年，Dymond 等[57]对酵母的两个染色体片段进行改造，删去了全部已知的转座子及其他不稳定因子，添加了一些人工合成的基因序列，经人工改造的基因序列约占整个酵母基因组的 1%。酵母在接纳如此“加工”的基因组后，仍能正常存活，未出现明显异常，这项研究是世界上首次成功合成真核生物的部分基因组。2012 年，德瓦拉杰（Devaraj）等构建了一种仿生耦合催化反应，人工合成了生物细胞膜，可容纳并支持生命所需的多种反应，对阐述生命起源具有重要帮助[58]。

3. 基因组编辑

为了有效地对基因组进行操作，Wang 等建立了一个称为“多元自动化基因组工程”（multiplex automated genome engineering，MAGE）的平台[59]。应用这一平台，可以迅速地改变大肠杆菌基因组上的多个位点，包括将所有终止密码子 TAG 替换成同义密码子 TAA 来进行原理论证研究。转录激活因子样效应物核酸酶（transcription activator-like effector nuclease，TALEN）是一种可靶向特异 DNA 序列的酶，由于具有一些比锌指核酸酶更优越的特点，成为科研人员用于研究基因功能的重要工具。2012 年，Reyon 等[60]开发了一项新技术。利用这一技术，他们可以快速生成大量的 TALEN，从而大大提高研究人员敲除研究基因或改变它们表达的能力。细菌的 CRISPR/Cas 体系也可以作为细菌和酵母的基因组编辑工具，利用 RNA 介导的 DNA 裂解选出细胞，选出的细胞基因组的靶序列已通过同源重组替换为共转化 DNA 序列[61]。齐磊等将 CRISPR 用于基因表达序列特异性调控的平台，研发出一种基于 Cas9 的基因调控方法[62]，被称为 CRISPR 干扰（CRISPRi），这一系统能有效抑制大肠杆菌中靶向基因的表达，并且不会出现脱靶效应。目前，CRISPR/Cas 体系的效率非常高，利用它能够获得无标记的基因组突变，它的这一用途将有可能在未来几年内应用于细菌和酵母的遗传转化。

4. 应用研究

在合成生物学基础研究和相关技术快速发展的同时，合成生物学的应用研究也不断取得重大突破，尤其在医药及生物能源领域。2013 年，在普世健康（OneWorld Health）和美国适宜卫生科技组织（Program for Appropriate Technology in Health，PATH）的协调下，由比尔及梅琳达·盖茨基金会（Bill and Melinda Gates Foundation，简称盖茨基金会）资助，阿米瑞斯公司

（Amyris Inc.）以酿酒酵母为底盘细胞，在前期工作基础之上，构建了一条将青蒿酸转化为青蒿素的化学途径，成功实现了青蒿素的半合成[63]，授权赛诺菲（Sanofi）公司生产，并免除转让费。作为回报，赛诺菲公司同意该药品按照成本价供应，提供给发展中国家的疟疾患者，这一举措有可能挽救成千上万人的生命。

在生物燃料领域，一项备受瞩目的研究是以大肠杆菌为材料，改变其氨基酸生物合成途径，成功产出异丁醇、脂肪酸类生物柴油、汽油，以及生物塑料 1,4- 丁二醇。廖俊智等利用大肠杆菌本身已有的氨基酸合成途径，将外源反应酶基因导入到大肠杆菌中，对基因进行优化和重组，实现了大肠杆菌内全新的高级醇合成途径[64]。2010 年，廖俊智等以谷氨酸棒杆菌为底盘细胞，并过表达枯草芽孢杆菌 *alsS*、谷氨酸棒杆菌的 *ilvC*、*ilvD* 等基因，构建了一条可以同时生产异丁醇、3- 甲基 -1- 丁醇、正丁醇等物质的代谢通路[65]。2011 年，该实验室研究人员还通过优化反式烯脂酰 CoA 还原酶，重构丁醇代谢途径，使正丁醇生产效率达到 30 g/L[66]。2012 年，廖俊智等重新编码了真氧产碱杆菌 H16（*Ralstonia eutropha* H16），使其可以在电生物反应器中利用 CO_2 和电能生产异丁醇和 3- 甲基 -1- 丁醇[67]。该途径将电化学产物、CO_2 和高级醇合成整合起来，开辟了利用电能将 CO_2 转化为商业化产品的可能性。2013 年，廖俊智等又通过改造糖酵解过程中的氧化反应为非氧化途径，开创出一条新的葡萄糖代谢途径，避免了糖酵解过程中碳原子的损失，使生物燃料的产量增加了 50%[68]。该途径打破了生物燃料生产和精炼过程中的局限，可广泛应用于光合微生物生产生物燃料中，并将开辟出更多新的可能性。另外，有些研究团队还开始将合成调控线路整合到生产株系中，实现了代谢途径随代谢中间产物或环境条件的动态调控。例如，Anesiadis 等利用合成拨动开关和群体感应系统，协调生物量扩张和乙醇生产[69]。Keasling 实验室成功设计并构建了生产生物柴油的大肠杆菌，实现了多功能模块的集成。他们通过在大肠杆菌中引入外源酶，赋予大肠杆菌进行新的生化反应的能力，使其同时具有了合成脂肪酯、脂肪醇及蜡酯，并以简单五碳糖为底物的多种功能，开辟了微生物工程化炼制能源的新途径。2011 年，李泽顺和 Keasling 等利用合成生物学方法构建出一种大肠杆菌和一种酿酒酵母，成功生产没药烯，其产量比普通大肠杆菌高出 10 倍。没药烯进行加氢反应即可生成没药烷，可作为新型的绿色生物燃料[70]。由于其与D2柴油化学性质接近，因此具有成为D2柴油替代品的潜力。2012年，Keasling实验室又与美国能源部联合生物能源研究所的研究人员构建出一个动态传感器调节系统（dynamic sensor adjustment system，DSRS），可以在脂肪酸燃料或化学品生产过程中控制相关基因的表达，调节微生物体内的代谢变化。利用该技术，可以使葡萄糖生产生物柴油的产量提高3倍[71]。2013年，该实验室构建了包含有脂肪酸生物合成基因*ACC1*、*FAS1*和*FAS2*的酿酒酵母菌株，并改变了底盘细胞中的转化酶，最终可利用简单糖生成约400 mg/L的自由脂肪酸、100 mg/L的脂肪醇和5 mg/L的脂肪酸乙酯[72]。该方法可用于大规模化学品的生产，显著降低生产成本。

（四）全面提升的新时期（2014年之后）

近几年来，随着人工生命密码子、非天然氨基酸等实现了人工设计与合成，合成生物学正在从模仿生命走向设计生命。同时，由于工程学理念的普及，元件库和底盘细胞范围的拓展，以及模块、线路设计能力及基因编辑与合成能力的提升，合成生物学开始迈入全面提升生命科学、生物技术和生物产业水平的阶段。

2014年，英国合成生物学家菲利普·霍利格尔（Philipp Holliger）等在实验室中人工合成非天然核酸（或称异源核酸，xenobiological nucleic acid，XNA）的基础上，又设计合成了具有切割或缝合小片段RNA功能的XNA酶（XNAzyme）。美国科学家在其构建的细菌中加入自然界中不存在的DNA碱基对，该细菌便可以正常地复制这些非天然的DNA碱基。2015年，哈佛大学医学院的乔治·丘奇（George Church）实验室和耶鲁大学的研究人员分别采用不同的方法，实现人工合成氨基酸，并且通过这些自然界不存在的非天然氨基酸，可控制大肠杆菌[73]和细菌[74]的生长。同时，DNA合成、生物计算模拟、标准化生物元器件构建、基因组编辑等核心使能技术的突破，使得设计合成可预测、可再造和可调控的人工生物体系成为可能。2014年，由美、英、法等多国研究人员组成的科研小组利用计算机辅助设计技术，成功构造了酿酒酵母染色体Ⅲ[75]。该成果不仅是DNA的合成，还有整个真核基因组的重新设计。2017年，酵母的另外5条染色体成功合成，其中4条以我国学者为主完成[76]。酿酒酵母染色体的人工合成，是通往构建完整真核细胞生物基因组的关键一步，体现了合成生物学从理论到现实的转变，并将有助于更快地培育新的酵母合成菌株，用于制造稀有药物及生物燃料等。

美国哈佛大学医学院和美国西北大学的研究人员在天然酶的帮助下，通过模拟细胞内的核糖体生成途径，2013年成功在体外合成有功能的核糖体[77]，为研究核糖体的合成与装配，以及进一步理解和控制翻译过程奠定了基础。2015年，美国生化学家亚历山大・曼金（Alexander Mankin）领导的一个包括生物工程学家的团队，成功改造了可以支持大肠杆菌细胞生长的核糖体，开启了合成生物学研究的新篇章[78]。利用这个改造的核糖体，可以让大肠杆菌细胞做很多的事情，例如，深入研究核糖体的机制，研究抗生素和核糖体的相互作用，如果进一步扩展细胞的遗传编码方式，可以用这些工程改造的核糖体来合成新的多聚物，或可能将细胞转化成多用途的"细胞工厂"。

同时，科学界、产业界，以及政府管理部门都在努力通过加强战略谋划和采取各种举措，促进合成生物学的应用与产业转化。美国国家科学基金会（National Science Foundation，NSF）、美国能源部、美国国防部国防高级研究计划局通过委托美国国家科学院等机构开展重大专题调研，并于2015年3月发布《基于生物学的产业：加速先进化工产品制造路线图》。该路线图建议美国政府支持"为推进和整合原材料、生物有机体底盘和线路研发、发酵过程等所需的科学研究和重大基础性技术"，通过广泛使用包括合成生物学在内的生物学方法、开发新的生物学过程的模型和实验方法，并确保监管、风险评估和人力资源配置到位，加速提升重大化工产品的生产向生物制造转化的能力。一个月后，美国合成生物学工程研究中心（SynBERC）和阿尔弗雷德・斯隆基金会便组织了"面向科学和产业的工程生物学：加速进步"研讨会，来自科技界、产业界，以及政府和社会组织的60多位领导人，共同探讨了美国工程生物学（engineering biology）的战略发展，并提出了美国工程生物学发展路线图的主要考虑及推进该领域发展的可能方案。一是倡导科学民主化，通过"自创生物"（do-it-yourself biologist, DIYbio）等创客运动培养"公民科学家"和非传统的创新者；通过开源运动，使所有人都能获取基本的工具和技术；通过"众包式"使人人都能参与解决工程生物学的问题。二是创建国家级的组织，通过长期稳定的、负责任的机制，协调行业、学术界、

DIYbio、慈善事业、公众和政府。三是建设全面的公共基础设施，包括仪器、工具、集成过程、知识产权、联邦资金、监督、标准等方面；通过非营利组织建立公共基础设施，实现与工程生物学科技界和更多的科学机构共享该设施，解决知识产权和公开资源的矛盾。四是加强产业界的参与，通过产业界的参与，克服技术障碍，支持工具方法的研发，使大型生物学研究成为可能。五是应对公众认知需求，长期坚持透明、参与、消除担忧的原则，赢得公众信任；另外，不仅科技界要重点关注风险评估和风险管理，还要确保监管机构理解科学技术，在监管时采取明智且系统的方法。

美国工程生物学的战略发展研讨会后，在美国国家科学基金会（NSF）的支持下，基于2016年结束的合成生物学工程研究中心（SynBERC）项目建立的工程生物学研究联盟（Engineering Biology Research Consortium，EBRC），主要负责美国工程生物学的相关工作。通过来自不同领域专家的多次研究和讨论，EBRC分别于2019～2022年，相继制定并发布了四份工程生物学及其相关领域的研究路线图。2021年，英国也发布了拟议的国家工程生物学计划。这些路线图及计划的具体内容将在本书的第三章进行介绍。

本章参考文献

[1] Leduc S. The Mechanism of Life. London: Kessinger Publishing, 1911.

[2] Way J C, Collins J J, Keasling J D, et al. Integrating biological redesign: where synthetic biology came from and where it needs to go. Cell, 2014, 157(1): 151-161.

[3] Cameron D E, Bashor C J, Collins J J. A brief history of synthetic biology. Nature Reviews Microbiology, 2014, 12: 381-389.

[4] Arkin A, Arnold F, Boldt J, et al. What's in a name? Nature Biotechnology, 2009, 27(12): 1071-1073.

[5] Endy D. Foundations for engineering biology. Nature, 2005, 438: 449-453.

[6] Synthetic biology Project. What is synthetic biology? http://www.synbioproject.org/topics/synbio101/definition/[2021-10-11].

[7] The Royal Society. Synthetic biology. http://royalsociety.org/policy/projects/synthetic-

biology/. [2021-10-11].
[8] OECD. Emerging Policy Issues in Synthetic Biology. Paris: OECD Publishing. 2014: 6.
[9] Synthetic Biology. Vienna: Federal Ministry of Health, 2014: 11.
[10] Lucentini L. Just what is synthetic biology? Scientist, 2006, 20(1): 36.
[11] Deplazes A. Piecing together a puzzle: an exposition of synthetic biology. EMBO Reports, 2009, 10: 428-432.
[12] Logsdon G A, Gambogi C W, Liskovykh M A, et al. Human Artificial Chromosomes that Bypass Centromeric DNA. Cell, 2019, 178: 624-639.
[13] 赵国屏 . 合成生物学的科学内涵和社会意义——合成生物学专刊序言 . 生命科学 , 2011, 23(9): 825.
[14] Khorana H G. Polynucleotide synthesis and the genetic code. Fed Proc, 1965, 24:1473-1487.
[15] 王德宝 , 郑可沁 , 裘慕绥 , 等 . 酵母丙氨酸转移核糖核酸 (酵母丙氨酸 tRNA) 人工全合成 . 中国科学 : B 辑 , 1983, 26: 385-398.
[16] Monod J, Jacob F. Teleonomic mechanisms in cellular metabolism, growth, and differentiation. Cold Spring Harb Symp Quant Biol, 1961, 26: 389-401.
[17] Szybalski W. Nobel prizes and restriction enzymes. Gene, 1978, 4: 181-182.
[18] Gardner T S, Cantor C R, Collins J J. Construction of a genetic toggle switch in *Escherichia coli*. Nature, 2000, 403: 339-342.
[19] 美国科学院研究理事会 . 会聚观 : 推动跨学科融合——生命科学与物质科学和工程学等学科的跨界 . 王小理，熊燕，于建荣，译 . 北京 : 科学出版社，2015: 13.
[20] Becskei A, Serrano L. Engineering stability in gene networks by autoregulation. Nature, 2000, 405: 590-593.
[21] Guet C C, Elowitz M B, Hsing W, et al. Combinatorial synthesis of genetic networks. Science, 2002, 296: 1466-1470.
[22] Weiss R, Basu S. The device physics of cellular logic gates. NSC-1: The First Workshop on Non-Silicon Computing, Boston, Massachusetts. 2002.
[23] Weiss R, Knight T F. Engineered Communications for MicrobialRobotics. DNA Computing. Leiden, The Netherlands, Springer, 2001: 1-16.
[24] Park S H, Zarrinpar A, Lim W A. Rewiring MAP kinase pathways using alternative scaffold assembly mechanisms. Science, 2003, 299(5609): 1061-1064.
[25] Cello J, Paul A V, Wimmer E. Chemical synthesis of poliovirus cDNA: generation of

infectious virus in the absence of natural template. Science, 2002, 297: 1016-1018.

[26] Smith H O, Hutchison C A, Pfannkoch C, et al. Generating a synthetic genome by whole genome assembly: phi X174 bacteriophage from synthetic oligonucleotides. Proc Natl Acad Sci U S A, 2003, 100(26): 15440-15445.

[27] Martin V J, Pitera D J, Withers S T, et al. Engineering a mevalonate pathway in *Escherichia coli* for production of terpenoids. Nature Biotechnology, 2003, 21: 796-802.

[28] Win M N, Smolke C D. Higher-order cellular information processing with synthetic RNA devices. Science, 2008, 322: 456-460.

[29] Ro D K, Paradise E M, Ouellet M, et al. Production of the antimalarial drug precursor artemisinic acid in engineered yeast. Nature, 2006, 440: 940-943.

[30] Ajikumar P K, Xiao W H, Tyo K E J, et al. Isoprenoid pathway optimization for taxol precursor overproduction in *Escherichia coli*. Science, 2010, 330(6000): 70-74.

[31] Isaacs F J, Dwyer D J, Ding C M, et al. Engineered riboregulators enable post-transcriptional control of gene expression. Nat Biotechnol, 2004, 22: 841-847.

[32] Anderson J C, Voigt C A, Arkin A P. Environmental signal integration by a modular AND gate. Mol Systems Biol, 2007, 3: 133.

[33] Basu S, Gerchman Y, Collins C H, et al. A synthetic multicellular system for programmed pattern formation. Nature, 2005, 434: 1130-1134.

[34] Levskaya A, Chevalier A A, Tabor J J, et al. Synthetic biology: engineering *Escherichia coli* to see light. Nature, 2005, 438: 441-442.

[35] Kwok R. Five hard truths for synthetic biology. Nature, 2010, 463: 288-290.

[36] Cardinale S, Arkin A P. Contextualizing context for synthetic biology—identifying causes of failure of synthetic biological systems. Biotechnol J, 2012, 7(7): 856-866.

[37] Menzella H G, Reid R, Carney J R, et al. Combinatorial polyketide biosynthesis by de novo design and rearrangement of modular polyketide synthase genes. Nat Biotechnol, 2005, 23: 1171-1176.

[38] Anderson J C, Clarke E J, Arkin A P, et al. Environmentally controlled invasion of cancer cells by engineered bacteria. J Mol Biol, 2006, 355: 619-627.

[39] Gupta S, Bram E E, Weiss R. Genetically programmable pathogen sense and destroy. ACS Synthetic Biology, 2013, 2: 715-723.

[40] Duan F, March J C. Engineered bacterial communication prevents *Vibrio cholerae* virulence

in an infant mouse model. Proc Natl Acad Sci U S A, 2010, 107: 11260-11264.

[41] Stricker J, Cookson S, Bennett M R, et al. A fast, robust and tunable synthetic gene oscillator. Nature, 2008, 456: 516-519.

[42] Danino T, Mondragon-Palomino O, Tsimring L, et al. A synchronized quorum of genetic clocks. Nature, 2010, 463: 326-330.

[43] Tigges M, Marquez-Lago T T, Stelling J, et al. A tunable synthetic mammalian oscillator. Nature, 2009, 457: 309-312.

[44] Friedland A E, Lu T K, Wang X, et al. Synthetic gene networks that count. Science, 2009, 324: 1199-1202.

[45] Tamsir A, Tabor J J, Voigt C A. Robust multicellular computing using genetically encoded NOR gates and chemical ‘wires’ . Nature, 2011, 469: 212-215.

[46] Moon T S, Lou C, Tamsir A, et al. Genetic programs constructed from layered logic gates in single cells. Nature, 2012, 491(7423): 249-253.

[47] Tabor J J, Salis H M, Simpson Z B, et al. A synthetic genetic edge detection program. Cell, 2009, 137: 1272-1281.

[48] Liu C L, Fu X F, Liu L Z, et al. Sequential establishment of stripe patterns in an expanding cell population. Science, 2011, 334: 238-241.

[49] Win M N, Smolke C D. Higher-order cellular information processing with synthetic RNA devices. Science, 2008, 322: 456-460.

[50] Wiedenheft B, Sternberg S H, Doudna J A. RNA-guided genetic silencing systems in bacteria and archaea. Nature, 2012, 482: 331-338.

[51] Bashor C J, Helman N C, Yan S, et al. Using engineered scaffold interactions to reshape MAP kinase pathway signaling dynamics. Science, 2008, 319: 1539-1543.

[52] Chau A H, Walter J M, Gerardin J, et al. Designing synthetic regulatory networks capable of self-organizing cell polarization. Cell, 2012, 151: 320-332.

[53] Cagatay T, Turcotte M, Elowitz M B, et al. Architecture-dependent noise discriminates functionally analogous differentiation circuits. Cell, 2009, 139: 512-522.

[54] Becker M M, Graham R L, Donaldson E F, et al. Synthetic recombinant bat SARS-like coronavirus is infectious in cultured cells and in mice. Proc Natl Acad Sci U S A, 2008, 105: 19944-19949.

[55] Gibson D G, Glass J I, Lartigue C, et al. Creation of a bacterial cell controlled by a

chemically synthesized genome. Science, 2010, 329: 52-56.

[56] Gibson D G, Smith H O, Hutchison C A, et al. Chemical synthesis of the mouse mitochondrial genome. Nature Methods, 2010, 7(11): 901-903.

[57] Dymond J S, Richardson S M, Coombes C E, et al. Synthetic chromosome arms function in yeast and generate phenotypic diversity by design. Nature, 2011, 477: 471-476.

[58] Budin I, Devaraj N K. Membrane assembly driven by a biomimetic coupling reaction. JACS, 2012, 134: 751-753.

[59] Wang H H, Isaacs F J, Carr P A, et al. Programming cells by multiplex genome engineering and accelerated evolution. Nature, 2009, 460: 894-898.

[60] Reyon D, Tsai S Q, Khayter C, et al. FLASH assembly of TALENs for high-throughput genome editing. Nature Biotechnology, 2012, 30(5): 460-465.

[61] DiCarlo J E, Norville J E, Mali P, et al. Genome engineering in *Saccharomyces cerevisiae* using CRISPR-Cas systems. Nucleic Acids Res, 2013, 41: 4336-4343.

[62] Qi L S, Larson M H, Gilbert L A, et al. Repurposing CRISPR as an RNA-guided platform for sequence-specific control of gene expression. Cell, 2013, 152(5): 1173-1183.

[63] Paddon C J, Westfall P J, Pitera D J, et al. High-level semi-synthetic production of the potent antimalarial artemisinin. Nature, 2013, 496: 528-532.

[64] Atsumi S, Hanai T, Liao J C. Non-fermentative pathways for synthesis of branched-chain higher alcohols as biofuels. Nature, 2008, 451(7174): 86-89.

[65] Smith K M, Cho K M, Liao J C. Engineering Corynebacterium glutamicum for isobutanol production. Applied Microbiology and Biotechnology, 2010, 87(3): 1045-1055.

[66] Shen C R, Lan E I, Dekishima Y, et al. High titer anaerobic 1-butanol synthesis in *Escherichia coli* enabled by driving forces. Appl Environ Microbiol, 2011, 77: 2905-2915.

[67] Li H, Opgenorth P H, Wernick D G, et al. Integrated electromicrobial conversion of CO_2 to higher alcohols. Science, 2012, 335(6076): 1596.

[68] Bogorad I W, Lin T S, Liao J C. Synthetic non-oxidative glycolysis enables complete carbon conservation. Nature, 2013, 502(7473): 693-697.

[69] Anesiadis N, Cluett W R, Mahadevan R. Dynamic metabolic engineering for increasing bioprocess productivity. Metab Eng, 2008, 10: 255-266.

[70] Peralta-Yahya P P, Ouellet M, Chan R, et al. Identification and microbial production of a terpene-based advanced biofuel. Nat Commun, 2011, 2: 483.

[71] Zhang F Z, Carothers J M, Keasling J D. Design of a dynamic sensor-regulator system for production of chemicals and fuels derived from fatty acids. Nature Biotechnology, 2012, 30: 354-359.

[72] Runguphan W, Keasling J D. Metabolic engineering of *Saccharomyces cerevisiae* for production of fatty acid-derived biofuels and chemicals. Metabolic Engineering, 2014, 21: 103-113.

[73] Mandell D J, Lajoie M J, Mee M T, et al. Biocontainment of genetically modified organisms by synthetic protein design. Nature, 2015, 518: 55-60.

[74] Isaacs F J. Recoded organisms engineered to depend on synthetic amino acids. Nature, 2015, 518: 89-93.

[75] Annaluru N, Muller H, Mitchell L A, et al. Total synthesis of a functional designer eukaryotic chromosome. Science, 2014, 344(6179): 55-58.

[76] Mercy G, Mozziconacci J, Scolari V F, et al. 3D organization of synthetic and scrambled chromosomes. Science, 2017, 355(6329): eaaf4597.

[77] Jewett M C, Fritz B R, Timmerman L E, et al. *In vitro* integration of ribosomal RNA synthesis, ribosome assembly, and translation. Molecular Systems Biology, 2013, 9: 678.

[78] Orelle C, Carlson E D, Szal T, et al. Protein synthesis by ribosomes with tethered subunits. Nature, 2015, 524(7563): 119-124.

第二章

合成生物学的科学意义与战略价值

合成生物学不仅以崭新的思维方式和强大的创造力开启了生命与非生命的对话，而且通过与数理科学的“定量概念”、工程科学的“设计概念”、合成科学的“合成认知概念”等理念和策略交叉融合，推动生物学向工程科学转化。它将生命系统运动规律的发现认识过程和生物技术的发明创造过程，成功建造于工程化的“设计—构建—测试—学习”的平台之上，并迅速向社会生活和经济生产的各个层面渗透。从发展趋势看，合成生物学有可能为改善人类健康，解决资源、能源、环境等重大问题提供全新的解决方案，为现代工业、农业、医药等产业带来跨越性乃至颠覆性发展的机遇[1]。

第一节 科学意义

一、合成生物学催生生命科学的“会聚”研究范式

合成生物学于2000年被正式界定，其发展与生命科学其他领域的发展

基本同步。2005 年，DNA 二代测序技术进入实用阶段，“读”基因组成为常规手段并导致组学数据爆炸性增长。高通量测序发展的同时，高通量合成、细胞重编程、基因编辑等方面的研究也在不断取得进步。2006 年，诱导多能干细胞（iPSC）的成功发现，标志着对包括人体细胞在内的高等哺乳类细胞的重编程成为可能。2010 年，全人工合成基因组支原体辛西娅（Synthia）的诞生，标志着人类开始具有“写”基因组的能力。2012 年出现的 CRISPR/Cas 介导的基因组编辑技术，更表明人类“编写”基因组的能力，也开始进入“常规”，即工程化的阶段。在这一系列颠覆性使能技术的支撑下，合成生物学带来的促使人类自身“能力”提升的革命，即“会聚”（convergence）研究革命，便应运而生。虽然会聚研究革命的基础是分子生物学革命与基因组学革命，但会聚研究的标志就是生命科学与物质科学向工程学的跨界[2]（而非简单的交叉）。因此，从本质上说，合成生物学就是会聚研究的典型代表。

生命科学领域中最重要的交叉学科是诞生于 20 世纪中叶的分子生物学。20 世纪 40 年代，奥地利物理学家埃尔温 · 薛定谔（Erwin Schrödinger）在其撰写的《生命是什么》一书中提出，生命和非生命一样，“在它内部发生的事件必须遵循严格的物理学定律”[3]；因此，研究者可以通过物理和化学的技术与方法来研究生物体的属性或特征。此外，DNA 双螺旋结构也同样是在物理学家、化学家和生物学家的通力合作下阐明的；而遗传密码的主要提出人则是著名的物理学家乔治 · 伽莫夫（George Gamow）。由此可见，分子生物学是高度整合了物理学、化学和生物学的一门交叉学科[4]。

尽管多学科研究推动了生物化学和分子生物学等交叉学科的诞生，进而使得生命科学在 20 世纪下半叶得到巨大的发展，但研究人员还希望进一步提升多学科研究的能力，以满足维护人类健康、防止环境污染等重大社会需求。2001 年末，在美国国家科学基金会（National Science Foundation，NSF）联合其他政府部门举办的研讨会上，首次提出“会聚技术”（converging technologies）的概念，并在 2002 年发布的《聚合四大科技，提升人类能力——纳米技术、生物技术、信息技术和认知科学》报告中，特别强调了纳米技术、生物技术、信息技术和认知科学（Nanotechnology, Biotechnology, Information Technology and Cognitive Science，NBIC）的融合或集成[5]。

会聚研究的目标与20世纪生物学领域的交叉学科研究的目标有明显的区别：后者是要揭示生命的活动规律，属于基础研究领域；而前者则是要提高社会的创新能力或满足社会重大需求，属于应用研究领域。同时，“会聚”的特点还强调工程学。麻省理工学院的P.A. 夏普（P.A. Sharp）等在2011年发布的《第三次革命：生命科学、物理学和工程学的会聚》的报告中指出：会聚是新的科研模式，主要包括生命科学、物理学和工程学的融合[6]；美国国家科学院、国家工程院和国家医学院也曾就“会聚”开展专题研究，2014年发表战略报告《会聚观：推动跨学科融合——生命科学与物质科学和工程学等学科的跨界》（Convergence: Facilitating Transdisciplinary Integration of Life Sciences, Physical Sciences, Engineering, and Beyond）。工程学的介入不仅能够推动研究工作进入应用领域，而且能够产生具有工程特征的成果，正如夏普等在其评论文章中指出的：工程学在生物相容性材料和纳米技术领域发展了全新的策略，这种策略在促进卫生保健方面具有前所未有的潜力[7]。

会聚研究的这些特点使其不同于传统的交叉学科的研究形态。在生命科学发展史上，将研究物质在不同时空尺度上运动规律的学科的理论和技术与研究以细胞为基本单位的生物学交叉形成了若干非常具有影响力的新兴学科，如将以研究分子为核心，包括形成分子的原子－电子的化学与生物学结合，形成了“生物化学”。它从研究生物分子起步，逐步发展到研究生命过程的化学规律，并随着对核酸和蛋白质这两种生物大分子研究的深入，又支撑了“分子生物学”的形成。又如，将研究从质子－中子－电子到各种“基本粒子”的物理学与生物学结合，形成了“生物物理学”。它利用物理学手段，检测生命过程中各种粒子作用释放的信号，不仅推动了生命科学的发展，更为生物医学带来了一系列颠覆性的技术。对生物分子的物理学运动规律的认识，是将生命科学提升至理论研究高度的基础。会聚研究表现为多种学科的协同乃至整合，其中最为典型的就是将工程科学整合至生命科学的研究中。对此，可以有两方面的认识：一方面，工程科学的研究理念和策略就是多学科整合的结果；另一方面，工程科学研究的目标导向的性质，又必然要求定量认识研究对象在各相关时空层次的运动规律。至此，如果读者再回顾第一章中关于合成生物学的定义及学科内涵的论述，就可以清楚地看到，为什么说是“合成生物学”催生了生命科学的“会聚研究革命”。同时，也可以更深刻地认识到，这种跨越多种学科的“会聚”才有可能全面提升科学的“发现能力”、工程的“建造能力”、技术的“发明能力”，以及社会的“创新能力”，以应对多个领域层面上的科学和社会挑战。

人类基因组计划实施前的生命科学研究以“假设驱动”为主。20 世纪 90 年代开展的“人类基因组计划”快速积累了基因组数据，在此基础上的系统生物学与转化型研究带来了从数据到信息、从信息到知识的转化，形成了包含“计算科学”与“理论科学”研究范式的系统生物学研究体系[8]。二代测序、多组学和转化医学研究，使得生物医学大数据的积累快速上升，至 2015 年，已经达到艾字节（EB）级，表明生命科学和医学研究进入大数据时代。近十几年来，以机器学习为代表的人工智能技术、大数据计算与存储的软硬件技术突飞猛进，促使生命科学研究开始向数据密集型科学的新范式转型。“数据驱动”的研究范式有一个重要的特征——迭代（iterate），即每一次研究工作可以是一种不完备的阶段性工作，然后在前期研究结果的基础上反复完善，通过多次研究逐渐逼近预定的总体目标，这个概念与工程科学的研究理念在本质上是一致的。

正因如此，合成生物学在多学科会聚和“大数据 + 人工智能”技术的大力推动下，建立了“设计—构建—测试—学习”循环的策略，以及再迭代的反复循环、优化与提高，通过研发与再学习、再设计，改进体系，达到改造自然生命体系的目的（图 2-1）。合成生物学这种从“整体到局部”的研究思路和方法，补充、颠覆了“局部到整体”的传统生命科学的研究模式，不仅有助于更深入、更完整地理解生命的本质，探索生命起源演化和生命运动的规律，也推动了“假设驱动”与“数据驱动”研究的完美结合，为开放式研究和新知识体系的建立创造了条件。

二、合成生物学推动生物技术革命

合成生物学对生命系统的设计、构建，基础是对生命分子（核酸、蛋白质等）的操控。基因工程 / 基因组工程、代谢工程 / 线路工程、蛋白质工程 / 元件工程等技术是其核心的技术手段。因此，在一定意义上，可以认为合成生物学是生物技术在后基因组时代的延伸，这种延伸有质的飞跃。

设计（Design）
• 元件设计：启动子；终止子；核糖体结合位点；核糖开关等
• 线路设计：基本型人工线路；组合型人工线路
• 基因组设计：真核基因组；原核基因组；病毒基因组
• 底盘设计：无细胞系统；单细胞系统；多细胞系统
构建（Build）
• 寡聚DNA合成：化学合成；微阵列合成；酶促合成
• 组装：体外（Golden-Gate；Gibson；Gateway等；BioBrick）；体内（酵母同源重组系统；枯草芽孢杆菌重组系统等）
• 编辑：锌指核酸酶（ZFN）；转录激活因子样效应物核酸酶（TALEN）；CRISPR等
SynBio
学习（Learn）
• 数据收集：数据库（NCBI、DDBJ、EMBL等）
• 数据分析：组学分析；机器学习；生信分析等
• 可视化：知识图谱构建
• 建模：COBRA；BNICE；FMM等软件
测试（Test）
• 高通量筛选：基于脂质体；基于液滴微流控；基于微孔板等
• 检测：色谱；质谱；同位素示踪；核磁共振等
• 测序：RNA测序；DNA测序等

图 2-1　合成生物学“设计—构建—测试—学习”循环策略涉及的主要关键技术[9]

一方面，合成生物学是在全基因组和系统生物学知识的基础上有目的地设计、改造，乃至重新合成生命体系的工程化生物技术。在基因组技术基础上创建新生命体系的工程生物技术，将原有的生物技术提升到标准化、系统化和工程化的高度，不仅能完成传统生物技术难以胜任的任务，还将实现自然进化无法完成的功能与行为，极大提升生物技术的能力。

另一方面，合成生物学是继系统生物学之后，生物学研究理念在从“分析”趋于“综合”、从“局部”走向“整体”的发展基础上，上升至复杂生命体系“合成、构建”的更高层次；也是继以“原位改造与优化”为目的的基因工程技术和以“数据获取与分析”为基础的基因组技术之后，生物技术上升至以工程化“模型设计与模块制造”为导向的更高台阶。它以超越进化法则的方式对天然的生物系统进行干扰、重建甚至创造新的生命体，并以此研究复杂生物系统的运行规律。这种以建而学的方法使得生物学家有了探索生命的强大工具，尤其是在生命起源、生物演化、生命分子结构功能关系（特别是跨层次的“功能涌现”）等方面开启了更加广阔的空间。

（一）促进生物技术的发展和变革

合成生物学的发展，与突破性、颠覆性技术的发展是分不开的；而合成生物学的研究目标和研究策略，也大大促进了技术的发展。21 世纪以来，生物技术的发展将 20 世纪 90 年代之前的“分子生物学技术”提升到了一个前所未有的高度。合成生物学技术是基因工程、代谢工程等技术的延伸，如重组 DNA 技术，但又是对这些技术本质上的超越[10]。从基因组合成、基因调控网络与信号转导路径，到蛋白质、基因线路、细胞的人工设计与合成，合成生物学技术能完成以“单基因操作”为标志的传统生物技术所难以实现的任务；生物计算模拟、低成本 DNA 合成、基因组编辑、标准化生物元器件构建等核心技术的不断突破，使设计合成人造生命体系开始迈向“可预测、可再造和可调控”的远大目标。另外，利用高通量筛选和自动化技术，使生物元件与线路的合成、功能测试等实现自动化，将显著增强“合成”与“测试”的能力。

1. 设计技术：实现对生物系统的模拟与预测

合成生物学的灵魂在于“源于自然——抽象，高于自然——预测”的设计，并借助“构建—测试”的迭代学习来了解生命。传统的蛋白质工程技术如定向进化，可对天然蛋白质序列进行小的扰动，本质是一种试错方法，在不采用高通量筛选手段时效率很低，且难以创造出具有新结构和新功能的蛋白质；同样，过去获得新菌种主要依靠诱变，本质上也是制造大量随机突变后进行筛选，是一种“以劳力换效果”的非理性策略。合成生物学则从随机走向理性设计，大大提升了开发新菌种、新酶的效率，降低了研发成本。

由于人们对基因组中功能未知的“生命暗物质”的理解不够，因此难以建立完整的“序列 - 结构 - 功能”间的对应关系。为了能实现生物系统的模拟搭建和功能预测，需要对元件进行更为精确的描述和数学建模。基因组编辑和 DNA 合成的进展意味着需要更多有意义的训练数据，来对模型的系统内部进行压力测试并嵌入更深层的理解。围绕合成生物学研究中出现的新需求，出现了一些新的计算方法，并能够与实验手段互相配合。目前，合成生物学中的计算设计已经跨越了多个层次[11]。在分子层次进行生物元件和器件的设计和标准化、通过合成基因线路研究生物网络的设计和调控原理、在途径和网络层次进行细胞内代谢网络和代谢途径的人工设计改造等。由此，利用高通量测序、计算机辅助设计等技术，建立“序列 - 功能”的黑箱模型[12]，逐渐形成一套系统的理论和方法学，对关键生命活动过程进行准确模拟与预测，实现各类蛋白质线路、基因线路与代谢线路、细胞功能网络，以及基因组和全基因组层面的细胞工程改造和设计，有望将人工生物体的性能提升到系统代谢工程与经典代谢工程无法达到的水平。

2.“读 - 编 - 写”技术：实现从对生命的认识到创造

合成生物学的基础是 20 世纪 50 ～ 60 年代提出的从基因信息到蛋白质功能的“中心法则”和基因表达的生理生化调控机制，使人们对基因的认识提升到以基因组为基础的系统生物学的高度，并形成了对基因组的“读（reading）——基因组测序”“编（editing）——基因组编辑”“写（writing）——基因组合成”技术。基因组序列的读取是后续修改和再造的基础；基因组序列的编辑是注释序列功能的有效手段，可为基因组的从头设计提供理论支撑；基因组的合成再造可对野生型序列进行全局设计，是对基因组相关功能和调控机制的再验证和再利用。这一系列技术为人们提供了认识生命、改造生命，乃至创造生命的新方法、新手段，自然也成为合成生物学近年来能够取得突破的关键。

基因测序技术已发展到第三代，从一代到三代测序，极大地降低了成本和难度，提升了速度和精准度，引领着复杂基因组、大型基因组从草图走向完成图的时代。例如，2003 年绘制人类基因组图谱的花费约 30 亿美元，2019 年人类基因组测序的花费不到 1000 美元，不久的将来，成本可能会降到 100 美元以下。成本下降使得大规模测序得以推广，同时积累了大量的数据，以便科学家能更好地理解生物。

基因编辑技术已经从最初依赖细胞自然发生的同源重组，发展到几乎可以在任意位点进行靶向切割，其操作的简易和高效极大地推动了物种遗传改造的发展。从人工诱变到定点编辑，从锌指核酸酶（zinc finger nuclease，ZFN）到 CRISPR，基因组“编”的技术在效率、适用对象和简便性上有了显著的提高，为“基因型－表型”研究提供了有力工具，精准编辑、高通量编辑逐步走向应用。基因编辑技术为合成生命的进一步改造提供了手段，为新物种的创造提供了更多的可能性。

基因合成技术最开始只能合成单链寡核苷酸，直到1970年后才逐步开始合成双链的DNA，而后能够合成基因组，复杂程度逐步提升。寡核苷酸化学合成法不断进步，发展出芯片合成技术和超高通量芯片合成技术。这两项技术提升了寡核苷酸的合成效率，一次性能够合成多达10万条寡核苷酸，成本仅是最初柱式合成技术的1/10 000 ～ 1/100。合成生物学的发展对基因合成提出了更高的需求，寡核苷酸化学合成法存在合成长度短、拼装过程耗时耗力、合成工艺要求高、过程中产生大量的污染性有机化学废弃物等问题，因此出现了酶促合成技术。该技术作用条件温和，对DNA损伤较小，合成准确性高，副产物少，合成长度更长，是一项有潜力的技术。

总之，随着DNA合成成本的降低和体外组装技术的成熟，人们开始具备对全基因组进行从头设计与合成的能力。从简单的病毒基因组到支原体和大肠杆菌等原核基因组，再到真核基因组，人工合成的基因组越来越大，也越来越复杂。通过对基因组的从头设计与化学再造，可以获得对基因组全局的系统认识，实现对生命性状的定制。人工设计、化学再造正成为研究复杂生物学问题和优化已有性状、引入新性状的一件利器。

3. 生物元件的标准化：实现自动化和工业化

合成生物学工程化平台、标准元件库、数据库等是提升定量预测、精准化设计、标准化合成与精确调控能力的有力支撑。合成生物学以现有生物元件为基础，通过设计构建有特定用途的生物或者生物系统来实现生物体的特定功能[13]。目前，合成生物学中使用的生物元件大部分来源于自然界。随着DNA测序能力的快速提高，物种序列信息以指数增长，利用生物信息学和系统生物学识别与鉴定以及预测生物元件的能力也显著提升，将有越来越多的生物元件被发掘出来。

合成生物学的工程化理念需要将生物元件标准化表征，以便于通用化使用。丰富多样的功能元件的挖掘与标准化，将加快人们对基因线路、代谢途径乃至整个基因组进行更为简便、高效的设计与优化。另外，要合成功能可预知、可控制的基因组，需要将基因组的各部分元件标准化、模块化，使其变得更加可控；还需要建立各部分元件功能的标准化表征体系，用以衡量合成细胞的各个输出，更需要在系统生物学、定量生物学等层面深入理解各元件之间的输入和输出关系，提高对合成基因组的预知能力[14]。

为了便于借助计算机进行生命系统的模拟设计，除了生物元件的实验表征、标准化设计及功能测试，生物元件的虚拟数据库的建设也非常重要。早在2003年，美国科学家就建立了标准生物元件登记库（RSBP），用于收集符合标准化条件的生物元件。截至2018年，RSBP注册的元件已经超过20 000个。为了能实现生物系统的模拟搭建和功能预测，提高设计的效率并降低成本，还需要对元件进行更为精确的描述和数学建模。近年来，各种通用性及专业性平台应运而生，对合成生物学建立标准，提供使能工具和软件，提升合成生物实验对象、方法、技术的标准化和模块化水平，实现DBTL循环的自动化运行等具有十分重要的意义。

（二）催生新兴融合生物技术

会聚研究的另外一个重要特点是对技术的强调。一方面是高度重视技术在应用层面的价值，如“NBIC”会聚技术的提出，体现出围绕着会聚研究目标的科学与技术外在的一体化；另一方面还强调了不同学科的技术在推进交叉研究方面的价值——包括实验仪器和材料、分析方法和技术等，即注重研究过程中科学与技术内在的一体化。

合成生物学的发展，不仅结合哺乳动物克隆及干细胞等细胞生物学革命，综合物理、化学以及“大数据 + 人工智能”等颠覆性技术，同时又与材料技术、纳米技术等融合发展，孕育一系列新的领域和方向。例如，基于DNA的海量信息存储，开发节能、小规模、细胞启发式的信息系统，有望颠覆传统的数据存储、传输技术，开创下一代信息存储和处理技术。又如，合成生物学技术的进步还将促进自供电智能传感器系统的发展，从而集成生物传感功能和无机能量产生与计算能力，构建“生物 - 半导体”混合系统，进一步推动个性化药物的发现、诊断和治疗，以及新型微观生物致动器或机器人等。美国半导体研究联盟（Semiconductor Research

Corporation，SRC）等机构 2018 年联合发布的《美国半导体合成生物学路线图》（Semiconductor Synthetic Biology Roadmap），特别强调了生物技术与信息技术的融合，规划了 DNA 大规模信息存储、基于细胞的或细胞启发的信息系统、智能传感器系统，以及细胞－半导体接口、电子－生物系统设计自动化等技术。

三、合成生物学提升人类自身能力

以往的学科交叉带来的进步，都是科学研究的进步，特别是研究“工具”的进步；工程科学、物理科学与生命科学的会聚所带来的，不仅仅是工具的进步，而是生命或生物体能力的提升，其中也包括人类自身能力的提升。这也与之前的 NBIC 会聚相呼应，即如果认知科学家能够想到它，纳米科学家就能够制造它，生物科学家就能够使用它，信息科学家就能够监视和控制它[15]。这就是“会聚”的真谛，也是其颠覆性的伟大意义之所在。

换言之，合成生物学是已有生命科学和生物技术的延伸和集大成者，使得人类对于生命的认识和改造能力提升到一个全新的层次[16]。在认知生命层面，合成生物学的发展，使人类对生命的认识正在进入从量变到质变的阶段。人类已经初步有能力将生命的各个元件进行识别和表征，在此基础上进行重新组装、赋予生命新的功能，并在此过程中不断加深对生命本质的理解。可以说，合成生物学集中体现了人类学习自然、从自然中抽取最优的功能和理念并进行融合，从而超越自然的愿望。

合成生物学自 21 世纪初诞生以来，迄今已发展了约 20 年，其间大数据带来的人工智能研究也正在展现其巨大的潜力。这两个技术突破叠加，通过开源平台的共享，将有可能真正实现生命科学研究和生物技术开发的“民主化”，发挥广大人民创新创造的积极性。由此而引发的生物科技革命，不仅将提升创造新价值的效率，重塑创新链与产业链，而且将促使社会更加信息化、智能化，在提升全体人民能力的基础上，提升社会综合治理、生态经济和谐发展的水平，推动人类社会进入新的科技文明阶段。

第二节 战略价值

一、合成生物学成为世界各国必争的科技战略高地

合成生物学的发展及其对全球经济社会带来的影响已被提到战略高度。早在2004年，合成生物学就被美国麻省理工学院出版的《技术评论》选为将改变世界的十大技术之一，是继DNA双螺旋结构发现和人类基因组测序之后的“第三次生物科学革命”，也是美国国防部提出的未来重点关注的六大颠覆性基础研究领域之一。过去10年，合成生物学的多项研究成果被《科学》《自然》期刊评为十大科学突破和重大科学事件。

近年来，欧美等发达国家纷纷制定合成生物学领域的战略举措，力图在未来生物经济竞争中占据有利地位。美国国家科学基金会（NSF）等政府部门积极支持合成生物学的基础研究、技术研发；美国国防部高级研究计划局（Defense Advanced Research Projects Agency，DARPA）将合成生物学列为生命科学领域的三大战略重点之一，资助了生命铸造厂等多项合成生物学项目。美国工程生物学研究联盟（Engineering Biology Research Consortium，EBRC）也相继发布工程生物学、微生物组工程、工程生物学与材料科学未来20年的研究路线图，制定了使能技术及工业、环境、健康医药、食品农业、能源等应用领域的发展方向。欧盟最早制定的合成生物学路线图，规划了欧盟2008～2016年合成生物学的发展战略和路径；建立了由14个欧盟国家参加的欧洲合成生物研究区域网络（ERASynBio），其发布的《欧洲合成生物学下一步行动——战略愿景》绘制了欧洲合成生物学短期（2014～2018年）、中期（2019～2025年）和长期（2025年之后）的路线图。英国也是最早意识到合成生物学机遇并及时做出响应的国家之一。在国家路线图和战略计划的引导下，英国政府专门成立合成生物学领导理事会（Synthetic

Biology Leadership Council，SBLC），并持续加大对合成生物学的投入和支持，形成了覆盖平台设施、研发中心、产业转化及人才培养的全国性综合网络。

合成生物学巨大的产业前景，加之各国政府的支持与引导，改变了合成生物学的投资格局。作为极具应用前景的方向，合成生物学已经成为引领生物产业蓬勃发展且备受投资界青睐的领域之一。根据合成生物学创新平台（SynBioBeta）的统计数据，2021 年合成生物学领域的投融资已近 180 亿美元。

二、合成生物学将成为生物经济的新增长点

面对全球日趋严峻的能源资源短缺、生态环境恶化、粮食安全、疾病危害等挑战，高质量、高效率、可持续成为生物产业和生物经济发展和变革的主要方向，也是合成生物学的重要使命。

相对于传统的农业经济和工业经济，合成生物学的发展在实现技术改造升级的基础上，使得相关领域的科技含量更高、经济效益更好、资源消耗更低、环境污染更少，以此来驱动经济的转型升级。合成生物学在生命科学发展过程中第一次把生命科学工程化，并在短短 10 年内在概念理论、功能应用和方法技术方面都取得显著进展，充分体现了其战略性、前瞻性、全局性和带动性，为应对人类发展面临的资源、能源、健康、环境、安全等领域的重大挑战提供了新的方案，对促进生物产业及生物经济的发展、支撑国家建设与国家安全具有重大战略意义。设计功能强大、性能优越的人工生物系统，可实现燃料、材料及各类高值化学品制造转型升级和绿色发展；重塑构建植物的信号或代谢通路，可实现高效光合、固氮和抗逆，破解农业发展的资源环境瓶颈约束；创建人工细胞工厂，可实现稀缺天然产物、药物的高效合成，推进医药健康产业的高质量发展；设计构建疾病发生发展的人工干预途径，可实现基因治疗、干细胞治疗、免疫治疗等生物治疗领域的新突破；人工合成微生物及群落，可大幅提升环境污染监测、修复和治理能力，助力健康环境和生态文明建设（图 2-2）。

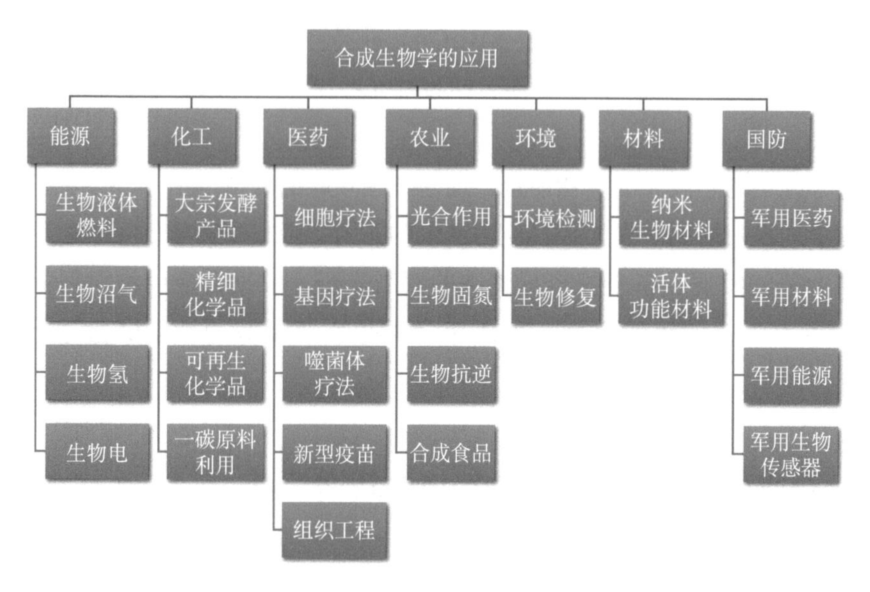

图 2-2 合成生物学在各领域的应用

改编自 Collins（2012）发表在科学与技术方案评估（Science and Technology Options Assessment, STOA）研讨会“合成生物学——制定针对食品、饲料、生物燃料和健康的可持续解决方案：欧洲生物经济的新潜力”上的文章《双赢投资：合成生物学的发展与创新》（欧洲议会，布鲁塞尔，2012 年 6 月 6 日）

（一）合成生物学在工业与材料领域的应用

化学工业是全球最大的产业之一，全球范围内使用的化学品约有 10 万种，产值近 5 万亿美元。全球化工产品可分为大宗化学品（多数化工企业生产的产品，如有机酸、抗生素、维生素等）、日用化学品（简单、产量高的结构性材料，如聚乙烯、聚丙烯等）、精细化学品（如药物、香料、香水等）、特殊化学品（通常为价值高、产量低的复合分子，如性能聚合物），以及用于轮胎和橡胶生产的超长链分子等（图 2-3），传统制造方法主要以石油、煤、天然气等化石能源为基础加以提炼和合成，少部分直接从天然材料中提取。为实现“碳达峰”“碳中和”战略目标和贯彻绿色发展理念，传统发展模式已难以适应当今经济社会发展方式的需求；用于化学品和材料制造的原料，正从化石资源向可再生生物资源转移；化学品和材料生产的技术路线，正从化学制造向生物制造转变[17]。

利用生物学技术，尤其是合成生物学技术可以改造自然界中微生物的合成能力，甚至创造新的合成途径；通过构建高效的细胞工厂，以可再生的生

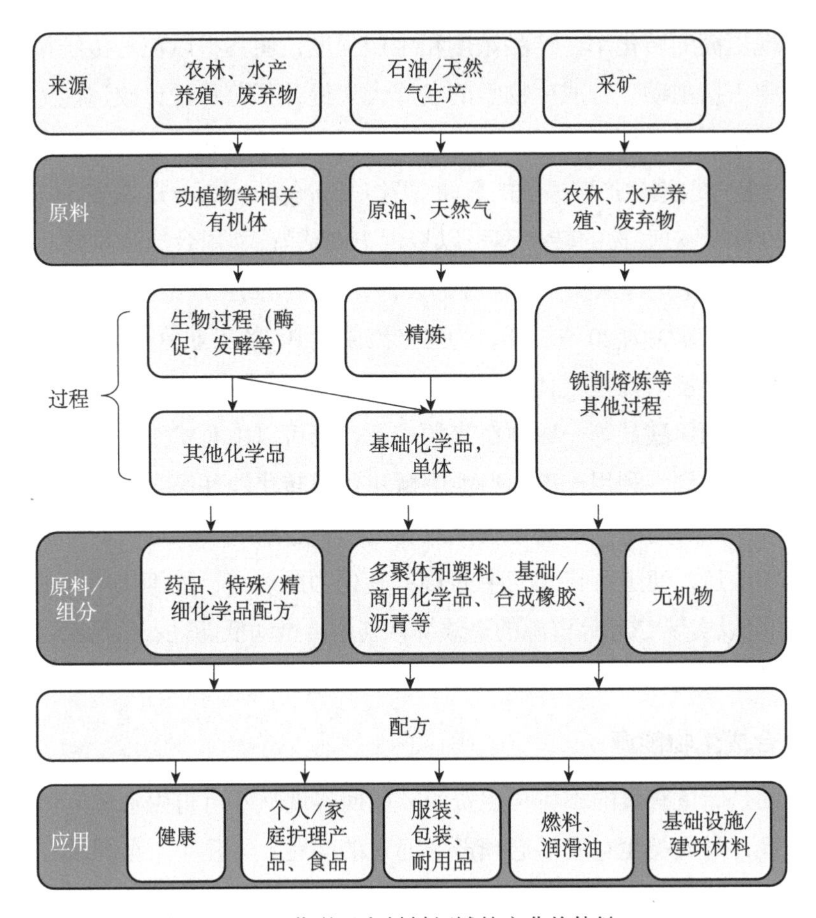

图 2-3　化学品和材料领域的产业价值链

物质资源为原料生产各种化学品，发展生物制造产业。合成生物学技术创造的新菌种、新工艺可以有效替代传统工艺，显著降低污染，大幅减少能耗，提升传统发酵行业的技术水平，实现化学品的生物合成，替代化石原料、解决环境污染、加快石油化工材料产业结构的调整[18]，形成新的绿色经济增长点。附录中附表1列举了近年来全球基于合成生物学技术开发的化工、能源、材料等产品。

1. 生物基化学品

有机酸、氨基酸、抗生素、维生素、微生物多糖等大宗发酵产品的生物制造，取决于核心菌种性能与技术的先进性。利用人工设计、构建的菌种，可以实现更高的转化率、产品浓度和生产强度，使其得以在与传统技术路线的竞争中占据主动。合成生物学的发展大大提升了菌种设计改造能力，不仅可以获得新菌种，而且可以显著提高原料的利用能力和转化效率。例如，利用合成生物学改造生产柠檬酸的黑曲霉（*Aspergillus niger*），其发酵浓度可以超过 220 g/L，对底物的转化率可以接近 100%[19]；利用合成生物学手段，通过在大肠杆菌中进行从头人工途径的设计，最终得到生产维生素 B_{12} 的细胞工厂，发酵周期缩短为 20 ～ 24 h，为生产维生素 B_{12} 的工业菌株奠定了基础[20]。

CO_2 是有害的温室气体，但也是丰富的碳资源。包括 CO_2 在内的甲烷、甲醇、甲醛和甲酸盐等一碳原料来源广泛，既可以由有机废物产生，也可从石化废气中得到。利用一碳原料能够解决化学转化能耗高、污染重、自然生物转化效率低的问题[21]，有望彻底改变生物制造系统[22]。通过对细菌进行人工优化和改造，建造可将大气中的 CO_2 转化为酮、醇、酸等化学品的“细胞工厂”，可以实现 CO_2 等资源的高效综合利用，推动低能耗、低污染、低排放的低碳经济发展。

2. 合成生物能源

石油是储量有限的不可再生资源，如何实现从不可再生资源向可再生资源的转换，是人类生存发展必须严肃面对的问题。近几年，全球都在致力于推动减少能源生产与储存领域对化石燃料的使用[23]。生物能源作为一种新型能源，符合低碳环保的发展要求，与全球可持续发展的能源战略目标相契合，具有巨大的发展潜力和广阔的发展前景。目前，以农林废物资源、工业废物资源、城市垃圾资源，甚至甲醇、合成气和 CO_2 等为原料转化而成的生物能源，主要包括生物乙醇、生物柴油、高级醇等生物液体燃料，生物沼气、生物氢及生物电等不同产品[24]。利用合成生物学技术，从酶催化到小分子和材料合成，可以建立合成生物能源的高效低成本生产体系，有望解决与能源生产和存储相关的重大问题。例如，传统代谢工程与合成生物学等新兴技术的集成，为正丙醇、异丙醇、异丁醇、正丁醇、正戊醇、正己醇、正庚醇等高级醇的生物合成提供了新的手段。

3. 合成生物材料

实现材料生产的绿色可持续性以及材料的高效多功能性，是材料科学发展的重要目标。合成生物学技术与材料科学的交叉可以满足人们对材料高精度、多功能的需求[25]。在自然的启发下，使用合成生物学工具改造生物体，可进行各种高度定制材料的设计和生产。一方面，提高材料的质量和性质，实现材料的可再生和功能化，在材料的生产过程中充分发挥生物体代谢可调控、反应条件温和等特点。另一方面，合成生物学在材料领域中的应用也在全面升级，包括从利用生物到改造生物，从单一组分到多组分的材料设计，从简单的工程材料到仿生多功能材料，从静态材料到动态智能型材料等各个方面。

目前，可制造的合成生物材料种类已经覆盖至尼龙、蛋白质材料、无机纳米材料、柔性生物电子材料、活体功能材料等。在蛋白质材料方面，通过代谢工程改造以及高密度发酵，可大幅提升蜘蛛丝蛋白的生产能力[26]；在无机纳米材料方面，传统上主要利用物理、化学方法制造，但科学家已经证明经合成生物学改造的微生物或在无机催化材料、无机抗菌材料乃至信息存储材料的开发中具有潜力[27]；在柔性生物电子材料方面，利用自动化平台构建和筛选的工程菌已可用于二胺单体的生产，从而用于制造可穿戴设备用的聚酰亚胺薄膜；在活体功能材料方面，“播种”了工程菌的混凝土已在跑道原型的临时建设试验中探索应用[28]。未来，活体功能材料在解决材料可降解、环境监测及生命健康问题，如类器官、生物胶水、极端条件下的材料快速构建等方面将有更多的应用前景。

（二）合成生物学在医疗健康领域的应用

合成生物学的发展，使人类有可能在对生命规律认识的基础上，通过人工设计的功能化基因线路、元器件和模块，改造细菌、病毒或人体自身细胞，这些经人工设计的生命体能够感知疾病特异信号或人工信号、特异性靶向异常细胞和病灶区域、表达报告分子或释放治疗药物，从而解析疾病机制、寻找药物设计靶点，干预自然的生理代谢过程与机体的免疫应答机制，实现对人体生理状态的监测以及对疾病的诊断与治疗[29]，这将给传统医疗模式和诊疗体系带来一场深刻的变革，主要体现在三个方面：第一，将合成生物学原理广泛应用于肿瘤治疗的免疫细胞的设计，产生多样化的治疗策略，最大可能实现高效、低毒、可控、通用等目标；开发快速、灵敏的诊断试剂和体外诊断系统，满足早期筛查、临床诊断、疗效评价、治疗预后的需求[30]。第二，促进疫苗升级换代，推动强效、持久、广谱免疫保护的新型疫苗（包括治疗性疫苗）的研发和产业化。第三，有助于发现、分离获得新的天然药物，设计新的生物合成途径，产生更多天然药物及类似物，减少对野生和珍稀植物资源的依赖和脆弱生态环境的破坏。附录中附表2列举了近年全球基于合成生物学技术开发的医药产品。

1. 合成生物学助力复杂疾病的诊疗

利用合成生物学技术，有可能解决长期困扰基因治疗和生物治疗的一系列技术难题，为肿瘤、代谢性疾病、神经性疾病、感染性疾病等复杂疾病开发出更多有效的药物和治疗手段。

1）肿瘤的诊疗

利用合成生物学技术进行细菌工程化改造，可为肿瘤治疗提供全新的思路。目前，破伤风梭菌、丁酸梭菌等致病菌，以及嗜酸乳杆菌、植物乳杆菌、双歧杆菌等非致病菌都被报道可以用来治疗癌症。利用基因工程细菌在缺氧环境中表达的特性，可让其在肿瘤缺氧环境中制造某种细胞毒性蛋白而启动癌细胞死亡程序。人工改造的大肠杆菌，能够识别厌氧微环境，或者被阿拉伯糖诱导，从而选择性地入侵癌细胞[31]。工程化改造的沙门氏菌，将群体感应系统导入到沙门氏菌中，沙门氏菌在小鼠的肿瘤环境内生长、分裂、增殖，当达到一定浓度后，沙门氏菌会启动死亡程序，促使群体裂解，同时释放抗肿瘤毒素杀伤肿瘤[32]。

继以PD-1/PD-L1为代表的免疫检查点抑制剂药物在癌症研究和治疗领域大放异彩，CAR-T疗法有望成为战胜癌症的“重磅”药物。目前，肿瘤免疫治疗在临床试验中还存在很多局限性，如肿瘤特异抗原的多样性、癌细胞介导的免疫抑制、免疫调控因子的细胞毒性等。科学家在肿瘤细胞中设计了基于微小RNA（miRNA）的逻辑门基因线路，其能够同时输出多种免疫分子。多种免疫调控因子联合作用，介导T细胞特异性、选择性杀伤肿瘤细胞，从而精准治疗癌症[33]。

2）代谢性疾病的诊疗

随着人们生活环境、方式的改变，容易出现高血脂、高血糖、高尿酸等各种代谢性疾病。传统的治疗手段难以满足患者对治疗的有效性、便捷性、安全性的需求[34]。肠道活细菌“记录仪”，可以实现肠道内多种代谢物的检测[35]；改造的益生菌，可以治疗代谢性疾病[36]。例如，利用合成生物学方法设计、合成的绿色小分子化合物调控的基因线路，可以用于治疗代谢综合征、糖尿病等疾病；设计合成的一种智能胰岛素传感器可以用于胰岛素抵抗的诊断与治疗；利用细菌光敏蛋白 BphS 构建的远红光控制的功能细胞，可以用于糖尿病的治疗[37]。这种远红光控制的功能细胞，不仅克服了蓝光穿透性差的缺点，而且具有高度时空特异性、较低的组织侵袭性等优点，凸显了其未来在临床治疗中的巨大潜能。

3）神经性疾病的诊疗

血脑屏障阻止了药物由血液进入脑组织，极大影响了对神经系统疾病的治疗。外泌体作为一种多囊泡体，能穿越血脑屏障，是一种新的药物递送材料，但目前外泌体的浓缩和纯化及包装和应用都还不成熟。通过设计可自主生产并能进行药物包装外泌体的定制化细胞来治疗帕金森病，为外泌体治疗的发展提供了新的方向和策略[38]。另外，研究人员结合细胞工程原理与合成生物学开发了一种止痛的细胞治疗策略，即定制化的细胞通过嗅觉受体感受薄荷香气[39]。这种新型的香气诱导的治疗策略能很好地解决药物过量带来的毒性，同时能够高效、便捷、稳定地止痛，可能是一个全新的、更优的慢病治疗的替代方式。

4）感染性疾病的诊疗

目前，针对感染性疾病的工程化合成生物学医学元件已开始迈向临床，在细菌感染性疾病中显示出理想的治疗效果和巨大的潜力，也为病毒感染性疾病致病机理的研究提供了新的思路[40]。合成生物学在细菌感染性疾病治疗中的应用，主要集中在细菌生物被膜的治疗方面。利用合成生物学技术改造噬菌体，可使噬菌体直接识别并杀死细菌，或产生特定酶来破坏细菌生物膜，从而使细菌被抗生素或机体免疫系统杀灭。另外，工程大肠杆菌菌株可以杀死溶液中 90% 的活细菌，并且可以抑制铜绿假单胞菌生物被膜的形成，抑制率接近 90%[41]。合成生物学在病毒感染性疾病治疗中的应用，主要集中在对病毒感染性疾病致病机理的研究和基于 CRISPR 技术的治疗方案。利用 CRISPR/Cas9 在造血干细胞和祖细胞（hematopoietic stem and progenitor cell，HSPC）中编辑 *CCR5* 基因并成功移植到同时患有艾滋病和急性淋巴细胞白血病的患者身上，使患者的白血病得到完全缓解（complete response，CR）[42]。

2. 合成生物学助力疫苗研制

合成生物学技术有潜力通过利用各种类型的工程方法来改变疫苗的开发和生产方式。合成生物学技术手段的引入，有望用于设计出可诱发强效、持久、广谱免疫保护的新型疫苗，从而实现对现有病毒及未来可能出现的类似病毒进行前瞻性和战略性防控。例如，通过抗原重构技术合成的强抗原能够很好地激活 VRC0-1 种系的 B 细胞；通过合成生物学完成流感疫苗基因组的快速组装，能大大缩短疫苗的研制周期；通过系统性改造，重组沙门氏菌再次成为疫苗开发的重要工具[43]，具有作为疫苗载体的巨大潜力；重组芽殖酵母可以在小鼠肠道中分泌蛋白质或肽，为开发口服疫苗开辟了道路。

合成生物学有助于搭建疫苗研制平台，锻炼应急疫苗研制的技术能力，在真正疫情到来之时，通过平台技术衔接，在最短的时间内生产出疫苗。核酸疫苗利用人工制备的一段可编码病毒蛋白质的序列，可分为 DNA 疫苗或 RNA 疫苗。通过合成生物学技术可以简化当前基于 DNA 和 mRNA 疫苗技术的开发和生产过程[44]。利用病毒基因组序列数据就可以迅速将其转化为候选疫苗，再通过个体自身的细胞触发蛋白质的形成，从而诱导免疫反应（图 2-4）。这也是莫德纳（Moderna）和伊诺维（Inovio Pharmaceuticals）等制药企业研发的产品能够迅速进入临床试验并上市的重要原因，但作为一类新的应急疫苗，核酸疫苗的开发和应用还需要更加深入的研究。

3. 合成生物学助力天然药物的研发

天然产物是一类来源于微生物或植物的具有活性的次级代谢产物，主要包括萜类、多肽、聚酮、生物碱等，一直以来都是药物先导化合物的重要来源[45]。目前，植物提取是植物天然产物的主要生产方式。利用传统的分离分析方法获取新的天然产物已经无法满足药物发展的需求，同时传统生产模式还存在天然产物含量低且差异大、产品纯化难、植物生长周期长、对生物资源尤其是野生植物资源造成严重破坏等缺点。同时，随着细菌和新病原体耐药性的增强，部分天然药物的药理活性减少甚至出现失效的情况。现有天然药物已难以满足社会发展的需求，急需快速有效的方法来发现具有治疗潜力的新化合物。

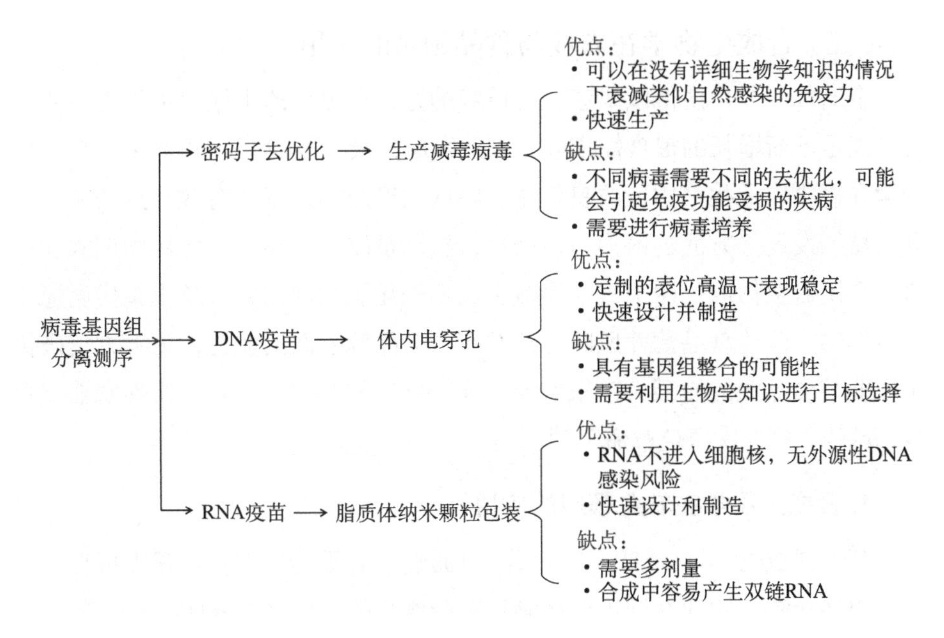

图 2-4　合成生物学与疫苗设计 [46]

近年来，基于合成生物学原理设计人工合成细胞工厂发酵生产植物源天然产物的研究，取得一系列成果，建立了青蒿素、人参皂苷、甜菊糖、红景天苷、天麻素、灯盏花素、β-胡萝卜素、番茄红素等药用植物、经济植物产品的生物制造路线，生产效率大幅提高 [47]。例如，抗疟一线药物青蒿素，过去一直从黄花蒿中直接提取。美国加利福尼亚大学伯克利分校的科学家开发了经简单化学反应合成青蒿素的工艺，实现利用酵母细胞工厂发酵生产青蒿素前体青蒿酸 [48]。该项工作被认为是利用人工合成细胞生产植物萜类天然产物研究领域的里程碑工作。我国科学家通过挖掘鉴定 UDP- 糖基转移酶元件，在酵母底盘细胞实现了从单糖到稀有人参皂苷 CK 的生物合成，并已开始进行药物转化相关研究 [49]。植物天然产物生物合成发展正在推动“人工本草”的研究 [50]，通过合成生物学不仅解析植物活性代谢物生物合成、转运及其调控机制，实现植物体系中的活性代谢物高效定向合成；通过发酵生产植物天然药物具有生产周期短、不受时节和原料供应的限制，产物比较单一、易于分离纯化等优点，在资源可持续利用和经济效益等方面均具有显著优势 [51]。

（三）合成生物学在农业与食品领域的应用

全球气候变化使得以快速且可持续的方式在更少的土地上生产更多的粮食、满足不断增长的粮食需求成为农业发展的最大挑战[52]。近年来，合成生物学在提高农业生产力、改良作物、降低生产成本，以及有效利用资源、实现可持续发展等方面的潜力日益凸显，特别是改造植物光合作用增加农业产量、利用微生物或代谢工程手段减少农药和化肥的使用，以及重塑代谢通路改良作物、改善食品营养风味、开发新型食品等方面的能力，将大大突破传统农业与食品业的瓶颈，带来农业产能、营养的突破性增长，实现农业、食品领域的“第二次绿色革命”[53]。

1. 合成生物学在农业领域的应用

预计到2050年，全球人口将增至100亿，需要全球粮食产量在现在的基础上提高70%。农业发展不仅要满足不断增长的人口对粮食的需求，还要考虑如何在全球气候变化和有限土地资源的背景下以可持续和快速发展的方式进行[54]。目前，如何改造、优化当前光合作用系统，使之保持最佳光能转化效率，以及使农业生产不再受限于有限的土地资源和气候变化仍是当前农业发展中亟待解决的重大问题（图2-5）。利用合成生物学技术提高植物的光合效率是增加农业产量的有效手段，也为生物固氮这一世界级农业难题提供了革命性的解决方案。另外，利用合成生物学重塑合成代谢途径，为提高农作物营养价值，以及提高农作物抗旱性[55]、改良农作物性状[56]、改良农业土壤[57]等方面提供了新的思路和手段。

2. 合成生物学在食品领域的应用

随着社会经济的发展和人们生活水平的提高，人们对食品安全、营养和风味等愈加重视。同时，如何减少食品中化学原料的使用、开发新型天然食品，以及高效处理食品废物、生产可降解包装材料及检测食品质量等问题[58]也受到食品行业的关注。目前，以酶和微生物等为工具的生物制造产品或技术工艺在改善食品原料的品质、优化传统加工工艺、减少污染物排放等方面得到广泛应用，有效改进了食品制造的模式[59]。近年来，利用合成生物学技术，创建适用于食品工业的细胞工厂，将可再生原料转化为重要食品组分、功能性食品添加剂和营养品是解决食品领域所面临问题的重要途径[60]。通过合成生物学技术改造或生产益生菌[61]、甜味剂[62]、人造奶、人造肉[63]和可降解食品包装材料等产品的技术已基本实现，部分已投入产业应用（图 2-6）。附录中附表 3 列举了近年来基于合成生物学技术开发的“人造食品”。

问题

- 农业给环境带来巨大压力
  ① 来自田间和肥料的甲烷和N_2O等大量温室气体
  ② 用水量大并产生大量污染物
  ③ 开垦农田破坏森林，导致生物多样性丧失
- 粮食的生产无法满足人口的增长

创新

播种环节	耕种环节	收获环节
• 通过基因编辑技术培育具有优良性状的种子	• 针对特病病原体而不伤害其它物种的生物农药	• 收获后延长作物保质期
• 生产口味更好、产量更高、保质期更长、收获更简便的水果和蔬菜的新品种	• 含有工程微生物、可将氮转化为养分的生物肥料	• 开发可生物降解的涂料
	• 用于检测土壤和作物病原体及污染物的生物传感器	• 使用1-MCP等乙烯抑制剂

图 2-5 合成生物学有助于解决农业领域面临的问题和挑战

注：1-MCP：1- 甲基环丙烯（1-methylcyclopropene）

问题

① 糖与糖尿病、肥胖、心脏病的风险增加有关
② 合成色素可对人体产生过敏、致癌等副作用
③ 肠道微生物菌群破坏导致肠道疾病

创新

食用色素	甜味剂	低过敏性原料
• 取代化学合成和天然提取	• 开发口感更好的无热量的甜味剂	• 设计食品成分以消除过敏性或防止触发免疫反应
• 例如设计基因线路、构建高产类胡萝卜素的工程酵母菌等	• 例如以酿酒酵母为底盘使用基因编辑技术，获得高产塔格糖的细胞等	• 例如在人工智能的帮助下识别和去除触发过敏反应的蛋白质等

图 2-6 合成生物学有助于解决食品领域面临的问题和挑战

（四）合成生物学在环境保护领域的应用

近年来，生态环境中塑料（聚乙烯、聚丙烯、聚苯乙烯等）、重金属（汞、镉、铅、砷[①]等）和新兴污染物（抗生素、洗护用品、除草剂等）等造成的环

① 砷（As）为非金属，鉴于其化合物具有金属性，本书将其归入重金属一并统计。

境污染日益严峻，已严重威胁生态安全和人类健康。污染治理和环境修复迫在眉睫。同时，工农业生产技术变革也导致环境中有害物质的种类变得日趋复杂，传统环境科学沿用的基于分析化学的检测方法逐渐体现出操作复杂、设备庞大、不适用现场检测、不能覆盖新兴污染物种类等不足[64]。利用合成生物学技术，可以开发出人工合成的微生物传感器，助力环境监测；也可以设计构建能够识别和富集土壤或水中的镉、汞、砷等重金属污染物的微生物，通过“定制”微生物去除难降解的有机污染物，以大幅提升污染治理效能[65]。

1. 污染物识别与监测

环境污染的生物监测，是利用生物个体、种群或群落在环境污染或环境变化时所产生的变化来反映环境污染状况，以及利用生物在各种污染环境下所发出的各种信息，为环境质量的监测和评价提供依据[66]。因此，发展兼具污染物识别与毒性指示功能的生物传感器势在必行，基于多线路并行或多模块整合的多功能生物传感器将为此提供技术支撑。近年来，微流控技术、芯片技术、高通量检测技术、纳米新材料、自动化分析、系统工程等新学科、新技术的发展，推动了生物传感器不断更新换代，发展出酶生物传感器、核酸生物传感器、微生物传感器等不同感应元件的生物传感器。以重金属为例，研究人员在各种电子模块的启发下，利用基本的蛋白质元件和RNA元件，构建各式各样的基因模块，包括信号逻辑门计算器[67]、存储器[68]、放大器[69]、振荡器[70]等，开发出可以同时检测样品中多种重金属含量的微生物传感器，还能大大提升重金属检测的效率[71]。目前，微生物传感器面临检测物质毒性强和检测特异性较弱这两大挑战，有望利用合成生物学来解决。一些新的底盘微生物开始受到关注，用以替换现有的底盘，以降低环境污染物的毒性对微生物传感器的干扰，从而制造出鲁棒性更强的传感器。同时，通过对转录因子进行重新设计和突变，全细胞微生物传感器的最低检测限也一直被刷新，微生物传感器将有望在实际环境中用于污染物检测[72]。

2. 环境修复与治理

对被污染的环境进行修复，可以采取物理、化学及生物学技术措施。相比传统的物理和化学修复，生物修复具有绿色环保和可持续性的特点[73]。微生物生长繁殖迅速、生物被膜具有动态可调节和环境适应性好等特点，使其能更好地耐受胁迫环境，在环境修复中有重要作用。目前，通过合成生物学技术，定向改造微生物代谢途径，使不具降解性能的菌株具有降解某种污染物的能力，提高降解菌株的效率，增强菌株环境适应性能，使其能够在高盐、酸碱、高渗透压等条件下保持降解活性，将有利于环境修复[74]。同时，进一步设计并优化单个底盘细胞的代谢能力，获得各单细胞模块的最佳组合，可实现对复杂污染物的高效降解[75]。未来，基于对污染物趋化等微生物行为的认识，结合大数据和人工智能技术，可构建智能微生物，研发新一代生物修复技术。

三、合成生物学技术是保障国家安全的重要科技支撑

当今，国际局势日益复杂严峻，国防力量往往能够反映出一个国家的工业和科技水平，最尖端的科技往往会被第一时间应用到国防领域，合成生物学在军事科技领域也有着极大的应用潜力和广阔的应用前景。

（一）合成生物学在国防领域的应用前景受到高度关注

与很多新兴技术一样，合成生物学在国防领域也展现了巨大的应用潜力，正成为包括美国在内的世界主要大国竞相发展的领域。美国国防部在其2013～2017年的科技发展“五年计划”中提出包括合成生物学在内的未来重点关注的六大颠覆性基础研究领域。颠覆性基础研究领域是指对近期与未来美军的战略需求和军事行动能够产生长期、广泛、深远、重大影响的领域[76]。美国国防部高级研究计划局（DARPA）高度重视合成生物学领域及其军事应用，是美国在合成生物学领域最重要的资助机构。2011年，DARPA宣布开展“生命铸造厂”（Living Foundries）项目，旨在将标准化的生命元件组装为全新的工程微生物，再用于实现各种军事应用。后面又相继资助了生物控制（Biological Control）、安全基因（Safe Genes）、老化混凝土建筑的仿生修复（Bio-inspired Restoration of Aged Concrete Edifices，BRACE）等生物系统的工程化应用项目[77]。

2016年，美国陆军发布《2016—2045年新兴科技趋势——领先预测综合

报告》《2016—2045年新兴科技趋势报告》，明确了包括“合成生物科技”在内的20项最值得关注的科技及发展趋势，并认为“合成生物科技的进步，将促进人类跨入生物科技的新时代”[78]。2017年，美国国防科学委员会成立生物学特别工作组，目标是探索和阐明现代、新兴生物科学进展的机遇和潜在风险，增强美国国家安全和防御能力。其重点关注现代生物科学发展最迅速的领域，特别是有可能为国防创新提供新机遇的基础技术领域，或被对手掌握威胁美国国家安全的技术领域[79]。2020年6月，美国工程生物学研究联盟（EBRC）针对工程生物学在国防领域的应用和需求，发布《通过工程生物学实现国防应用：技术路线图》（Enabling Defense Applications through Engineering Biology: A Technical Roadmap）报告，报告提出了工程生物学在国防方面的四大应用领域，主要包括：生产相关应用的生物制品和材料、构建工程生物系统、感知和响应人类与环境的相关信号、改善和增强人类与相关系统的性能等。同时，该路线图认为，材料、传感器、人体性能和保护的创新应用成果能为部队环境和运行带来变革性影响。这些应用可以通过工程生物学先进的制造能力、规模的扩大和实施来实现（图2-7）[80]。

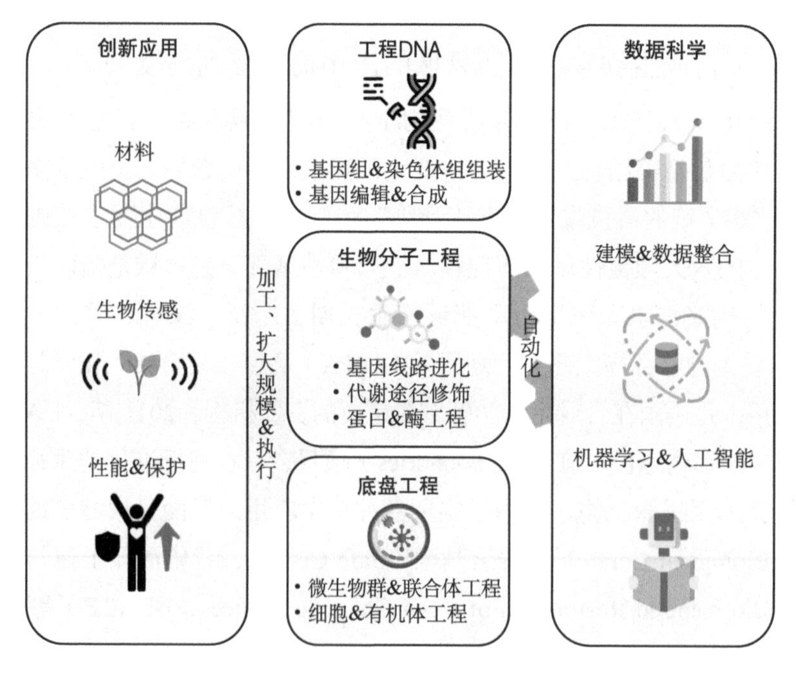

图2-7　工程生物学在国防领域的应用

英国国防部在2019年9月发布的《国防科技框架》，对推动英国国防现代化及军事能力变革的重要技术进行战略性评估，重点关注先进材料、人工智能等七大技术群，并阐述其最具潜能的军事应用领域，以支撑英国国防部“技术引领的现代化”战略，积极推动先进新技术的前沿军事应用。在先进材料领域，重点发展纳米技术、先进制造材料、合成生物学的相关应用。英国国防部防务企业中心（Centre for Defence Enterprise，CDE）还通过征集合成生物学新材料竞争项目，旨在利用合成生物学方法，生产能解决国防问题的新型材料。新材料的应用将增强防卫和安全性，其优先研究领域主要包括：①防护应用，如新装甲材料；②自愈材料；③增强耐腐蚀性；④新型黏合剂等。

（二）合成生物学在国防军事领域的应用

合成生物学技术在军事国防安全领域的应用主要体现在以下几个方面：一是构建新的代谢系统，实现特殊物质的生物合成；二是构建新的生物信号系统，满足高效传感和探测的需求；三是构建新的优势物种，调节、控制微生物群落，实现对战场环境有害因素的治理，以及对有利因素的最大化利用。目前，合成生物学正在加速渗透到国防安全和武器装备研制中，尤其在军用医药、军用材料、军用能源和军用生物传感等领域，展现巨大的应用潜力[81]。

一是用于军用医药研发，利用合成生物学技术，开发生产更有效的疫苗、研制新型军队特需药品等，将极大促进包括军事医学在内的生物医学的发展。例如，DARPA与合成生物学公司银杏生物（Ginkgo Bioworks）合作开发生产的益生菌，可帮助士兵抵御疾病；DARPA开展的“生命铸造厂”“加速分子发现”等系列项目，以实现士兵身体损伤快速修复、战场药物快速合成等目的。

二是用于设计和改造军用材料，发展基于人工生物体系的高强度特殊性能的材料，对微生物进行定向改造，使其具有特定功能，以满足军事需要。例如，美国能源部高级研究计划局（Advanced Research Projects Agency-Energy，ARPA-E）支持科罗拉多大学和普林斯顿大学开展“利用创新、节能、合成技术实现聚合物水泥”项目，研发的“生物砖”在俄亥俄州赖特－帕特森空军基地建造了一个232 m^2的跑道原型[82]；DARPA最新启动的“礁防御”

（Reefense）项目，致力于开发能自我修复的结构及材料，以减轻沿海洪水、侵蚀和风暴对海岸线的破坏。

三是用于开发军用新能源，未来武器装备不再需要大量的石油能源，只需携带少量的合成生物体，就可以将空气中的 CO_2 转化为具有特定用途的高能化学品和高能燃料，用于车辆、军舰、飞机燃料的供应，将极大提高部队的机动性，扩大作战范围。例如，美海军空战中心武器分部（Naval Air Warfare Center Weapons Division，NAWCWD）与英国曼彻斯特大学合作，开展在海水中生物合成高密度导弹燃料的研究，加速从实验室到战场应用的转化[83]。

四是用于军用生物传感器，基于合成生物学分子机器的设计和合成，发展基于生物活性物质与信号转换电子器件的特殊生物传感器，用于有毒有害物质的探测、战场环境危害因子的检测和监测、战场环境修复，以及士兵健康状况监测、心理及生理评估等军用领域。美国俄亥俄州空军研究室在大肠杆菌中设计和构建的一种新型核糖开关，可实现对 2,4- 二硝基甲苯（DNT）的特异性检测，以减少探测带来的人员伤亡[84]；DARPA 资助的生物能力测量（Measuring Biological Aptitude，MBA）项目，通过支持通用电气研发中心、劳伦斯·利弗莫尔国家实验室和佛罗里达大学人机认知研究所，拟开发一种可穿戴的微针系统，对执行任务的官兵进行实时分子靶标监测，以提高作战人员的选拔、训练、任务调整和任务后恢复等军事效能。

本章参考文献

[1] 熊燕，刘晓，赵国屏 . 合成生物学的发展 : 我国面临的机遇与挑战 . 科学与社会，2015, 5(1): 1-8.

[2] 美国科学院研究理事会 . 会聚观 : 推动跨学科融合——生命科学与物质科学和工程学等学科的跨界 . 王小理，熊燕，于建荣，译 . 北京 : 科学出版社，2015: 13.

[3] 埃尔温· 薛定谔 . 生命是什么 . 罗来鸥，罗辽复，译 . 长沙 : 湖南科学技术出版社，2003: 8.

[4] 吴家睿 . 多学科研究的三种形态 . 中国科学基金，2021, 35(2): 170-174.

[5] Roco M C, Bainbridge W S. Converging Technologies for Improving Human Performance: Nanotechnology, Biotechnology, Information Technology and Cognitive Science. Springer Netherlands, 2003.

[6] Sharp, P A, Cooney C L, Kastne M A, et al. The Third Revolution: The convergence of the life sciences, physical sciences and engineering. Washington, DC: Massachusetts Institute of Technology. 2011.

[7] Sharp P, Jacks T, Hockfield S. Capitalizing on convergence for health care: integrate physical sciences, engineering, and biomedicine. Science, 2016, 352(6209): 1522-1523.

[8] 赵国屏，李亦学，陈大明，等 . 生物医学大数据的态势与展望 // 中国科学院，国家互联网信息办公室，中华人民共和国教育部，等 . 中国科研信息化蓝皮书 2020. 北京：电子工业出版社，2020.

[9] 杨永富，耿碧男，宋皓月，等 . 合成生物学时代基于非模式细菌的工业底盘细胞研究现状与展望 . 生物工程学报，2021, 37(3): 874-910.

[10] Erickson B, Singh R, Winters P. Synthetic biology: regulating industry uses of new biotechnologies. Science, 2011, 333(6047): 1254-1256.

[11] 刘海燕，黄斌 . 生物体系的多层次计算设计与合成生物学 . 中国科学：生命科学，2015, 45: 943-949.

[12] 罗楠，赵国屏，刘陈立 . 合成生物学的科学问题 . 生命科学，2021, 33(12): 1429-1435.

[13] 胡如云，张嵩亚，蒙海林，等 . 面向合成生物学的机器学习方法及应用 . 科学通报，2021, 66(3): 284-299.

[14] 罗周卿，戴俊彪 . 合成基因组学：设计与合成的艺术 . 生物工程学报，2017, 33(3): 331-334.

[15] Roco M C, Bainbridge W S, Tonn B, et al. Convergence of Knowledge, Technology, and Society: Beyond Convergence of Nano-Bio-Info-Cognitive Technologies. New York: Springer, 2013.

[16] 朱泰承，赵军，李寅 . 关于合成生物学发展与相关问题治理的思考 . 科学与社会，2015, 5(1): 13-19.

[17] 曾艳，赵心刚，周桔 . 合成生物学工业应用的现状和展望 . 中国科学院院刊，2018, 33(11): 1211-1217.

[18] Cumbers J, Schmieder K. What’s Your Bio Strategy for: Diversified Commodity, Specialty, and Fine Chemicals and Materials? Pulp Bio Books, 2017.

[19] Steiger M G, Rassinger A, Mattanovich D, et al. Engineering of the citrate exporter protein enables high citric acid production in *Aspergillus niger*. Metab Eng, 2019, 52: 224-231.

[20] Fang H, Li D, Kang J, et al. Metabolic engineering of *Escherichia coli* for de novo biosynthesis of vitamin B_{12}. Nat Commun, 2018, 9: 4917.

[21] 张媛媛，曾艳，王钦宏 . 合成生物制造进展 . 合成生物学，2021, 2(2): 145-160.

[22] Zeng A P. New bioproduction systems for chemicals and fuels: needs and new development. Biotechnol Adv, 2019, 37(4): 508-518.

[23] Jewett M C, Yang S H, Voigt C A. Future Directions of Synthetic Biology for Energy & Power. Virginia Tech Applied Research Corporation. 2018.

[24] Liu Y Z, Cruz-Morales P, Zargar A, et al. Biofuels for a sustainable future. Cell, 2021, 184(6): 1636-1647.

[25] 赵田鑫，钟超 . 合成生物学技术在材料科学中的应用 . 生物工程学报，2017, 33(3): 494-505.

[26] Jin Q, Pan F, Hu C F, et al. Secretory production of spider silk proteins in metabolically engineered Corynebacterium glutamicum for spinning into tough fibers. Metab Eng, 2022, 70: 102-114.

[27] Choi Y, Lee S Y. Biosynthesis of inorganic nanomaterials using microbial cells and bacteriophages. Nat Rev Chem, 2020, 4(12): 638-656.

[28] Caro-Astorga J, Walker K T, Herrera N, et al. Bacterial cellulose spheroids as building blocks for 3D and patterned living materials and for regeneration. Nat Commun, 2021, 12(1): 1-9.

[29] 崔金明，王力为，常志广，等 . 合成生物学的医学应用研究进展 . 中国科学院院刊，2018, 33(11): 1218-1227.

[30] 潘锋 . 合成生物学在医药学领域应用前景广阔——访科技部“973”首席科学家、清华大学陈国强教授 . 中国当代医药，2018, 25(7): 1-3.

[31] Anderson J C, Clarke E J, Arkin A P, et al. Environmentally controlled invasion of cancer cells by engineered bacteria. J Mol Biol, 2006, 355: 619-627.

[32] Din M O, Danino T, Prindle A, et al. Synchronized cycles of bacterial lysis for *in vivo* delivery. Nature, 2016, 536(7614): 81-85.

[33] Nissim L, Wu M R, Pery E, et al. Synthetic RNA-based immunomodulatory gene circuits for cancer immunotherapy. Cell, 2017, 171(5): 1138-1150.

[34] 武鑫，邵佳伟，叶海峰 . 合成生物学驱动功能细胞的精准设计与疾病诊疗 . 生物产业

技术，2019, 1: 41-54.

[35] Sheth R U, Yim S S, Wu F L, et al. Multiplex recording of cellular events over time on CRISPR biological tape. Science, 2017, 358(6369): 1457-1461.

[36] Wei P J, Yang Y, Li T Y, et al. A engineered *Bifidobacterium longum* secreting a bioative penetratin-glucagon-like peptide 1 fusion protein enhances glucagon-like peptide 1 absorption in the intestine. J Microbiol Biotechnol, 2015.

[37] Shao J W, Xue S, Yu G L, et al. Smartphone-controlled optogenetically engineered cells enable semiautomatic glucose homeostasis in diabetic mice. Sci Transl Med, 2017, 9(387): eaal2298.

[38] Kojima R, Bojar D, Rizzi G, et al. Designer exosomes produced by implanted cells intracerebrally deliver therapeutic cargo for Parkinson's disease treatment. Nat Commun, 2018, 9(1): 1305.

[39] Wang H, Xie M Q, Charpin-EL Hamri G, et al. Treatment of chronic pain by designer cells controlled by spearmint aromatherapy. Nat Biomed Eng, 2018, 2(2): 114-123.

[40] 蒲璐，黄亚佳，杨帅，等 . 合成生物学在感染性疾病防治中的应用 . 合成生物学，2020, 1(2): 141-157.

[41] Saeidi N, Wong C K, Lo T M, et al. Engineering microbes to sense and eradicate *Pseudomonas aeruginosa*, a human pathogen. Mol Syst Biol, 2011, 7(1): 521-531.

[42] Xu L, Wang J, Liu Y L, et al. CRISPR-edited stem cells in a patient with HIV and acute lymphocytic leukemia. N Eng J Med, 2019, 381(13): 1240-1247.

[43] 袁盛凌，王艳春，刘纯杰 . 合成生物学助力应急疫苗研制 . 生物技术通讯，2017, 28(1): 44-49.

[44] Thao T T N, Labroussaa F, Ebert N, et al. Rapid reconstruction of SARS-CoV-2 using a synthetic genomics platform. Nature, 2020, 582: 561-565.

[45] 杨谦，程伯涛，汤志军，等 . 基因组挖掘在天然产物发现中的应用和前景 . 合成生物学，2021, 2(5): 697-715.

[46] Tan X, Letendre J H, Collins J J, et al. Synthetic biology in the clinic: engineering vaccines, diagnostics, and therapeutics. Cell, 2021, 184(4): 881-898.

[47] 孙文涛，李春 . 微生物合成植物天然产物的细胞工厂设计与构建 . 化工进展，2021, 40(3): 1202-1214.

[48] Paddon C J, Westfall P J, Pitera D J, et al. High-level semisynthetic production of the potent

antimalarial artemisinin. Nature, 2013, 496(7446): 528-529.

[49] Wang P P, Wei Y J, Fan Y, et al. Production of bioactive ginsenosides Rh2 and Rg3 by metabolically engineered yeasts. Metab Eng, 2015, 29: 97-105.

[50] 王勇 . 新本草计划——基于合成生物学的药用植物活性代谢物研究 . 生物工程学报，2017, 33: 478-485.

[51] 戴住波，王勇，周志华，等 . 植物天然产物合成生物学研究 . 中国科学院院刊，2018, 33(11): 1228-1238.

[52] Goold H D, Wrigh P, Hailstones D. Emerging opportunities for synthetic biology in agriculture. Genes, 2018, 9(7): 341.

[53] Wurtzel E T, Vickers C E, Hanson A D, et al. Revolutionizing agriculture with synthetic biology. Nat Plants, 2019, 5(12): 1207-1210.

[54] 吴杰，赵乔 . 合成生物学在现代农业中的应用与前景 . 植物生理学报，2020, 56(11): 2308-2316.

[55] Nemhauser J L, Torii K U. Plant synthetic biology for molecular engineering of signalling and development. Nat Plants, 2016, 2: 16010.

[56] Zsögön A, Cermak T, Naves E R, et al. De novo domestication of wild tomato using genome editing. Nat Biotechnol, 2018, 36: 1211-1216.

[57] Ravikumar S, Baylon M G, Park S J, et al. Engineered microbial biosensors based on bacterialtwo-component systems as synthetic biotechnology platforms in bioremediation and biorefinery. Microb Cell Fact, 2017, 16 (1): 62.

[58] 李宏彪，张国强，周景文 . 合成生物学在食品领域的应用 . 生物产业技术，2019, 4: 5-10.

[59] 李德茂，曾艳，周桔，等 . 生物制造食品原料市场准入政策比较及对我国的建议 . 中国科学院院刊，2020, 35(8): 1041-1052.

[60] 刘延峰，周景文，刘龙，等 . 合成生物学与食品制造 . 合成生物学，2020, 1(1): 84-91.

[61] Abbott Z. Gene expression system for probiotic microorganisms: US16048147, 2018-07-27.

[62] Yang J G, Tian C Y, Zhang T, et al. Development of food-grade expression system for D-allulose 3-epimerase preparation with tandem isoenzyme genes in *Corynebacterium glutamicum* and its application in conversion of cane molasses to D-allulose. Biotechnol Bioeng, 2019, 116(4): 745-756.

[63] Mouat M J, Prince R, Roche M M. Making value out of ethics: the emerging economic

geography of lab-grown meat and other animal-free food products. Economic Geography, 2019, 95(2): 136-158.

[64] 王伟伟，蒋建东，唐鸿志，等 . 环境遇见合成生物学 . 生命科学，2021, 33(12): 1544-1550.

[65] 赵国屏 . 合成生物学：生命科学的“利器” . 人民日报，2020-11-17(20).

[66] 王呈玉，胡耀辉 . 合成生物学在环境污染生物治理上的应用 . 吉林农业大学学报，2010, 32(5): 533-537.

[67] Moon T S, Lou C, Tamsir A, et al. Genetic programs constructed from layered logic gates in single cells. Nature, 2012, 491(7423): 249-253.

[68] Yang L, Nielsen A A, Fernandez-Rodriguez J, et al. Permanent genetic memory with >1-byte capacity. Nat Methods, 2014, 11(12): 1261-1266.

[69] Nilgiriwala K S, Jimenez J I, Rivera P M, et al. Synthetic tunable amplifying buffer circuit in *E. coli*. ACS Synth Biol, 2015, 4(5): 577-584.

[70] Potvintrottier L, Lord N D, Vinnicombe G, et al. Synchronous long-term oscillations in a synthetic gene circuit. Nature, 2016, 538(7626): 514-517.

[71] 苏东海，郭明璋，刘洋儿，等 . 基于合成生物学的功能微生物在重金属污染治理中的应用与展望 . 农业生物技术学报，2021, 29(3): 579-590.

[72] 张莉鸽，王伟伟，胡海洋，等 . 合成生物学在环境有害物监测及生物控制中的应用 . 生物产业技术，2019, 1: 67-74.

[73] 常璐，黄娇芳，董浩，等 . 合成生物学改造微生物及生物被膜用于重金属污染检测与修复 . 中国生物工程杂志，2021, 41(1): 62-71.

[74] 唐鸿志，王伟伟，张莉鸽，等 . 合成生物学在环境修复中的应用 . 生物工程学报，2017, 33(3): 506-515.

[75] Xu X H, Zarecki R, Medina S, et al. Modeling microbial communities from atrazine contaminated soils promotes the development of biostimulation solutions. ISME J, 2019, 13(2): 494-508.

[76] 周仁来 . 美国国防部瞄准未来六大颠覆性基础研究领域 . https://rlrw.nju.edu.cn/6f/46/c4473a94022/page.psp[2022-01-26].

[77] Gallo M E. Defense Advanced Research Projects Agency: Overview and Issues for Congress. Washington, DC, Congressional Research Service. 2021. https://crsreports.congress.gov/product/pdf/r/r45088 [2021-11-01].

[78] Augustyn J. Emerging Science and Technology Trends: 2016-2045. A Synthesis of Leading Forecasts. Los Angeles: Future Scout, 2016.

[79] 李长芹，程鲤，张子义，等 . DARPA 生物科技项目部署解析 . 科技导报，2018, 36(4): 51-57.

[80] Engineering Biology Research Consortium (EBRC) . Enabling Defense Applications through Engineering Biology: A Technical Roadmap. 2020. https://ebrc.org/focus-areas/roadmapping/roadmap-for-enabling-defense-applications-through-engineering-biology/ [2021-11-01].

[81] 万秀坤，姚戈，刘艳丽，等 . 合成生物学发展现状与军事应用展望 . 军事医学，2019, 43(11): 801-810.

[82] Service R F. In 'living materials,' microbes are makers. Science, 2020, 367(6480): 841.

[83] 房彤宇，刘术，刘伟，等 . 国防生物科技技术预见应用研究 . 科技促进发展，2019, 15(3): 234-239.

[84] Davidson M E, Harbaugh S V, Chushak Y G, et al. Development of a 2,4-dinitrotoluene-responsive synthetic riboswitch in *E. coli* cells. ACS Chem Biol, 2012, 8(1): 234-241.

第三章

合成生物学的发展现状

第一节　国际合成生物学的发展现状

为应对经济、社会、环境等领域的一系列挑战，发达国家近年来纷纷制定新的发展战略和科技规划，力图在未来经济竞争中占据有利地位。具有革命式、颠覆式创新潜力的合成生物学成为各国争夺的战略科技高地，正在引发新一轮生物科技与产业国际竞争。

一、科技规划

合成生物学给人类社会带来的重要影响及巨大的应用潜力，引起了世界各国 / 地区的广泛关注，欧美国家不仅投入大量经费以支持合成生物学的发展，还探索交叉前沿和颠覆性技术的创新机制，成立若干科研机构与组织，以实现学科交叉融合与协同发展。随着合成生物学的快速发展，澳大利亚、新加坡等国也对合成生物学给予重视，相继成立合成生物学的研究机构，资助合成生物学的相关研究项目。

（一）美国：发布多份研究路线图，关注跨学科融合

美国国家科学基金会（NSF）、国立卫生研究院（National Institutes of Health，NIH）、农业部（United States Department of Agriculture，USDA）、能源部（Department of Energy，DOE）、国防部（Department of Defense，DOD）等积极支持合成生物学的基础研究和技术研发。美国国防部高级研究计划局（DARPA）将合成生物学列为其生命科学领域的三大战略重点之一，是美国合成生物学研究的重要资助者[1]。2011～2020年，DARPA先后资助了生命铸造厂、生物控制（Biological Control）、安全基因（Safe Genes）、工程活性材料（ELM）、昆虫盟军（Insect Allies）、先进植物技术（Advanced Plant Technologies，APT）、持久性水生生物传感器（Persistent Aquatic Living Sensors，PALS）、资源再利用（ReSource）、利用基因编辑技术进行检测（Detect It with Gene Editing Technologies，DIGET）等十多个合成生物学研发项目[2]。

近年来，合成生物学也受到美国一些非政府组织的关注。美国半导体研究联盟（SRC）与NSF提出发展半导体合成生物学（SemiSynBio），并于2018年发布面向2022～2038年的《半导体合成生物学路线图》[3]，同年，NSF启动“半导体合成生物学”项目；NIH、DARPA和美国食品药品监督管理局（Food and Drug Administration，FDA）也联合资助了“组织芯片”计划，旨在促进组织工程学、细胞生物学、微流体学、分析化学、生理学、药物研发、监管科学等领域的融合，开发模拟人体生理机能的3D芯片。2019年6月，美国工程生物学研究联盟（EBRC）发布工程生物学研究路线图[4]（图3-1），提出4个关键的技术领域：①基因编辑、合成和组装，②生物分子、途径和线路工程，③宿主和群落工程，④数据整合、建模和自动化；并制定了各技术领域2年、5年、10年和20年的发展目标。此后，EBRC陆续在2020年和2021年发布微生物组工程路线图[5]，以及工程生物学与材料科学跨学科创新研究路线图[6]，提出这些交叉领域未来20年的重点方向和应用领域。

（二）欧盟：重视顶层设计和战略规划

为增强欧洲在合成生物学领域的竞争力，整合相关的研究活动，欧盟早

图 3-1　工程生物学：下一代生物经济的研究路线图

在 2007 年就发布了合成生物学发展路线图。该路线图既是技术路线图，也是政策路线图，体现了欧盟 2008 ～ 2016 年在合成生物学领域的设计和规划 [7]。根据该路线图，欧盟已经资助了 20 多个合成生物学相关的研究项目（表 3-1）。2012 年，欧盟建立欧洲合成生物学研究区域网络（ERASynBio），这是欧盟第七框架计划（Seventh Framework Programme，FP7）资助的三年期项目，致力于通过协调各国的经费、研究团队、人才培养，以及解决伦理、法律、社会和基础设施等问题，提升欧洲合成生物学领域的水平。ERASynBio 2014 年发布的《欧洲合成生物学下一步行动——战略愿景》[8] 报告，绘制了欧洲合成生物学在基础科学、支撑技术、产业和应用领域的短期（2014 ～ 2018 年）、中期（2019 ～ 2025 年）和长期（2025 年之后）的路线图。

表 3-1 欧盟框架下资助的部分合成生物学项目

欧盟框架计划	资助项目
欧盟第六框架计划（FP6）	SYNBIOLOGY：合成生物学欧洲视角
	BIOMODULARH2：通过细菌模块化工程生产氢气
	TESSY：欧洲合成生物学的基础
	SYNPLEXIT：合成蛋白质网络的动态和复杂性（MOBILITY）
	CELLCOMPUT：建立在细胞通信系统上的生物计算（NEST）
	SYNBIOSAFE：合成生物学安全与伦理方面的问题
欧盟第七框架计划（FP7）	KBBE.2007-3-3-01：环境合成生物学（CSA-CA），目标是具有工程微生物系统“菜单”的环境污染（TARPOL）
	KBBE.2009-3-6-05：生物技术应用中的合成生物学（CP-FP），生物技术细菌合成最小基因组（BASYNTHEC）
	KBBE.2011.3.6-03：迈向合成生物学的标准化（CP-IP），针对 NTN（全新到自然）生物特性稳健工程的基因表达流的标准化和正交化（ST-FLOW）
	KBBE.2011.3.6-04：将合成生物学原理应用到生物技术的电池工厂概念中（CP-FP），利用合成细胞工厂生产甲醇类产品（PROMYSE），以及用于编码设计微生物细胞工厂可以进行更加安全的生物生产（METACODE）
	KBBE.2011.3.6-06：合成生物学 ERA-NET. Call FP7-ERANET-2011-RTD，欧洲合成生物学研究区域网络（ERASynBio）
	SIS-2008-1.1.2.1：科学与技术的伦理和新兴领域（SYNTHETICS 与 SYBHEL）
	SIS-2012.1.2-1：动员和相互学习行动计划（SYNENERGY）

（三）英国：制定国家战略规划，推动生物经济发展

英国是最早意识到合成生物学的机遇并及时做出响应的国家之一。自2007年起，英国生物技术和生物科学研究理事会（Biotechnology and Biological Sciences Research Council，BBSRC）、工程与自然科学研究理事会（Engineering and Physical Sciences Research Council，EPSRC）、技术战略委员会（Technology Strategy Board，TSB）等持续资助合成生物学的研发项目，并开展相关的战略与政策研究。

2012年，英国发布《合成生物学路线图》，明确了英国短期（2012～2015年）、中期（2015～2020年）和长期（2020～2030年）的发展愿景和重点

方向，为英国合成生物学的未来发展提出了 5 个核心主题 [9]，包括基础科学与工程、负责任的研发与创新、用于商业的技术、应用与市场，以及国际合作。英国合成生物学领导理事会（SBLC）2016 年又发布《英国合成生物学战略计划》，提出 5 条建议和 31 项行动计划，旨在到 2030 年实现英国合成生物学领域数百亿欧元的市场目标，开拓更广阔的全球市场 [10]。英国还在 2018 年提出“计算机辅助生物学”（computer aided biology，CAB）的概念（图 3-2），认为未来合成生物学的重要发展方向之一是与数字化、自动化融合，实现数字化模拟生物设计与湿实验的无缝衔接 [11]。

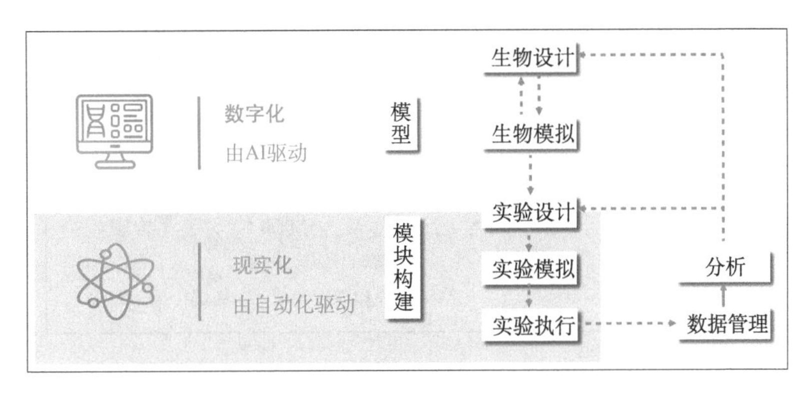

图 3-2　计算机辅助生物学的前景：在人工智能和自动化的驱动下将数字世界与现实相连

2019 年，英国皇家工程院（Royal Academy of Engineering）组织了多次研讨会，探讨适合英国发展的“工程生物学”，提出英国工程生物学在研究开发、产业产品及相关服务等方面的主要内容（图 3-3），并为未来英国在该领域的行动计划提出建议，主要包括提供发展工程生物学的能力、激励企业与高校进行合作、推广更易于利益相关者参与的机会、维持对工程生物学领域长期的投资支持等 [12]。基于这些讨论和建议，2021 年，英国发布了一份拟议的国家工程生物学计划（图 3-4），重点聚焦生物医药、清洁增长、食品系统和环境解决方案等领域的应用，以及在生物启发的设计、生物工程细胞与系统、新材料等方面的前沿研究。该计划还将支持变革性的关键技术，包括传感器技术、制造和放大、自动化、人工智能 / 机器学习、可预测性设计等 [13]。

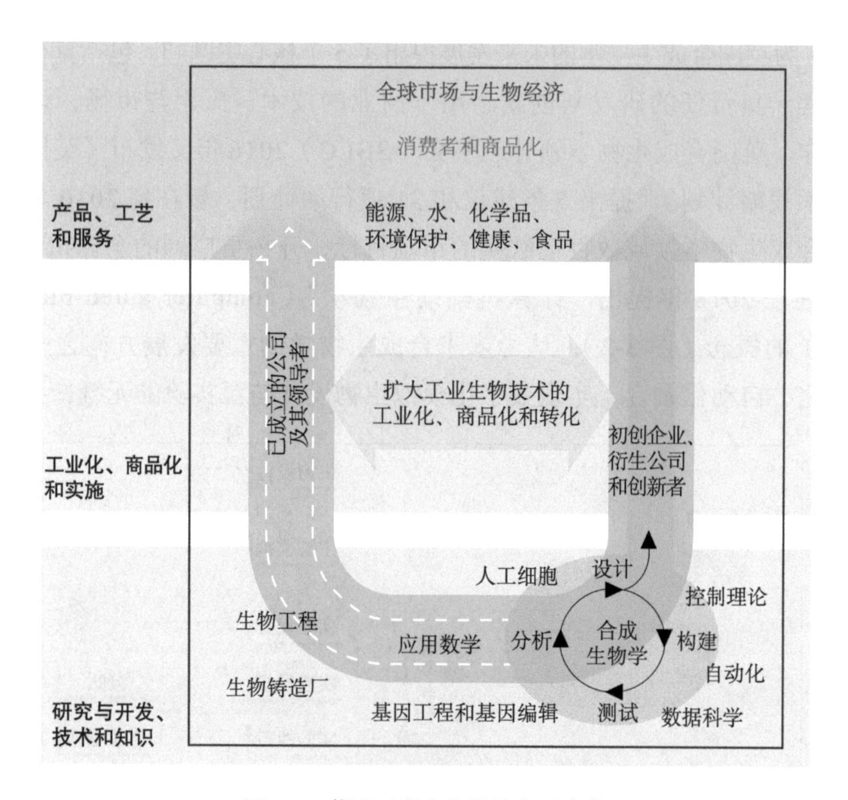

图 3-3　英国工程生物学的主要内容

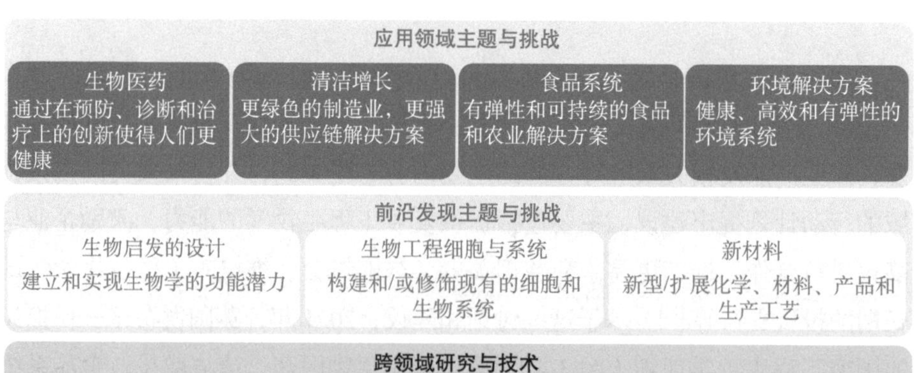

图 3-4　英国拟议的国家工程生物学计划

（四）多国发布研究计划与路线图

除了美国、英国之外，德国、日本、新加坡、加拿大等国也相继对合成生物学领域进行资助和规划。例如，德国马克斯·普朗克科学促进学会（简称马普学会）、弗劳恩霍夫应用研究促进协会（简称弗劳恩霍夫协会）等机构2009年联合出资3500万欧元，支持开发新型生物合成线路、具有新活性的物质及无细胞蛋白质合成生物反应器等；日本文部科学省2012年通过“新学术领域研究”项目，资助生物合成机器的研究，旨在探明生物活性物质结构多样性的形成系统与调控机制；新加坡国立研究基金会（National Research Foundation，NRF）2018年发布合成生物学研究计划，斥资2500万美元开展工程菌株产品的商业化，药用大麻素及稀有脂肪酸的制造等；俄罗斯2019年公布了一项约17亿美元的计划，旨在开展基因编辑动植物新品种的培育研究；加拿大国家工程生物学指导委员会（National Engineering Biology Steering Committee）2020年发布加拿大的工程生物学白皮书，明确了加拿大未来发展工程生物学的三大支柱领域（低碳制造、粮食安全、先进的工程医疗技术）[14]。

2018年9月，澳大利亚杰出学者委员会（Australian Council of Learned Academies，ACOLA）发布面向2030年的澳大利亚合成生物学报告[15]，提出澳大利亚合成生物学未来发展的6项建议，包括加强合成生物学农业领域的研发，支持合成生物学在健康、工业生物技术和农业领域的产业转化，针对合成生物学的潜在利益和风险建立有效的主动沟通机制，确保澳大利亚的监管体系与新型基因技术、行业趋势的有机结合，注重STEM（科学、技术、工程学和数学，Science, Technology, Engineering and Mathematics）和HASS（人文、艺术和社会科学，Humanities, Arts and Social Sciences）相关人才的培养，整合合成生物学国家基础设施平台等。在此基础上，2021年8月，澳大利亚联邦科学与工业研究组织（Commonwealth Scientific and Industrial Research Organisation，CSIRO）发布了国家合成生物学路线图，提出需要在短期（2021～2025年）构建合成生物学的能力并验证其商业的可行性；中期（2025～2030年）实现早期商业化并建立关键领域的质量控制；长期（2030～2040年）通过进一步扩展市场实现经济增长，实现应对环境和健康挑战的发展目标[16]。

二、工程平台（中心）和基础设施

合成生物学的工程化平台和基础设施是实现“自下而上”工程化设计理念的基本保障，尤其需要顶层设计、相关资源保障及长期支持。欧美等发达国家通过建立合成生物学研究中心、工程技术中心等，促进合成生物学的发展。

（一）美国

早在2006年，美国国家科学基金会（NSF）就投入2000万美元，由哈佛大学、麻省理工学院、加利福尼亚大学伯克利分校、加利福尼亚大学旧金山分校等组建合成生物学工程研究中心（SynBERC）。2016年，SynBERC项目结束之际，NSF又支持在SynBERC基础上建立美国工程生物学研究联盟（EBRC）。

美国能源部（DOE）、国防部（DOD）、卫生与公众服务部（Health and Human Services，HHS）等联邦机构也相继资助合成生物学领域相关研究中心或工程中心的建设。DOE投资7.5亿美元资助成立了3个生物能源中心［橡树岭国家实验室领导的生物能源科学中心（BioEnergy Science Center，BESC）、威斯康星大学麦迪逊分校主导的五大湖生物能源研究中心（Great Lakes Bioenergy Research Center，GLBRC）、劳伦斯伯克利国家实验室领导的联合生物能源研究所（Joint Bio Energy Institute，JBEI）］，旨在基于合成生物学发展生物能源和生物化学品制造。DOD还在全美范围内遴选了6个大型合成生物学研究中心，每个中心资助上亿美元，其中麻省理工学院与哈佛博德研究所合作建立的合成生物学研究中心（MIT-Broad Foundry）已于2015年正式运行，成为全球顶尖的基因设计研究中心，开展复杂的、大规模的、多层次的基因系统的构建。2020年10月，DOD宣布资助EBRC 8750万美元，用于建设生物工业制造与设计生态系统（BioIndustrial Manufacturing and Design Ecosystem，BioMADE），并使之在DOD资助的制造业创新研究所（Manufacturing Innovation Institutes，MII）框架下，成为美国制造业网络的一部分[17]。2020年初，HHS为美国生物技术公司创建首家“美国生物技术铸造厂”（Foundry for American Biotechnology），该铸造厂由国防部先进再生制造研究所（Advanced Regenerative Manufacturing Institute，ARMI）和机器人创新企业DEKA研发公司（DEKA Research & Development Corp.）管理，是

HHS 准备和响应助理部长办公室（Office of the Assistant Secretary for Preparedness and Response，ASPR）公私合作的一部分[18]，旨在为增强医疗保健和应对健康安全威胁提供解决方案。

（二）欧盟

欧洲研究基础设施战略论坛（European Strategy Forum on Research Infrastructures，ESFRI）在 2018 年提出启动“工业生物技术创新与合成生物学加速 器”（Industrial Biotechnology Innovation and Synthetic Biology Accelerator，IBISBA）基础设施建设[19]。IBISBA 1.0 的首要目标是建立欧洲分布式的基础研究设施，为欧洲和全球的工业生物技术与合成生物学创新研究提供支撑和服务。目前，IBISBA 1.0 由 9 个欧盟成员国的 16 个合作伙伴组成（见附录中附表 4），包括 8 个工作包（work package，WP）：工作包 1 ～ 5（WP1 ～ WP5）是 5 个网络活动；工作包 6、7（WP6、WP7）是 2 项合作研究活动；工作包 8（WP8）是一个用于合作伙伴之间协调和管理的工作包。

（三）英国

在英国《合成生物学路线图》和战略规划的支持下，英国研究理事会（Research Councils UK）和创新英国（Innovate UK）在全英范围内建立了 6 个合成生物学研究中心（Synthetic Biology Research Centre，SBRC）、1 个创新和知识中心（Innovation and Knowledge Centre，IKC）和 3 个博士培训中心（Centres for Doctoral Training，CDT，分别设在牛津大学、布里斯托大学和沃里克大学）。这些中心优势互补，并通过设备、研发人员等资源配置，促进合成生物学技术的开发，也形成了英国合成生物学的创新和产业文化。

英国建立的 6 个合成生物学研究中心，包括了以生物分子设计和组装为主的布里斯托尔合成生物学研究中心（BrisSynBio），以线路、细胞和系统等不同尺度的设计为主的沃里克整合合成生物学中心（WISB），以工程微生物构建为主的诺丁汉合成生物学中心（SBRC-Nottingham），以精细与专用化学品研发为主的曼彻斯特大学合成生物学研究中心（SYNBIOCHEM），以植物合成生物学技术开发为主的 OpenPlant 中心，以哺乳动物系统工具开发为主的爱丁堡哺乳动物合成生物学研究中心（SynthSys），加上以工程生物平台技术研发为主的帝国理工合成生物学和创新中心（Centre for Synthetic Biology & Innovation，CSynBI）及其产业转化中心（SynbiCITE），构成了英国合成生物学领域的七大研发和转化中心。另外，英国研究理事会制定的合成生物学增长计划（Synthetic Biology for Growth Programme，SBfG）[20]，也在各个大学和科研机构建立了DNA合成铸造厂、DNA片段组装平台、合成生物学软件工具系统与测试开发平台等，支撑科技研发的同时帮助培育英国的DNA合成产业。此外，英国还有超过30所大学成立了大大小小的合成生物学研究中心，每个中心都各有特色且专业互补，从而形成了覆盖合成生物设施、研发中心、产业转化及人才培养的全国性综合网络。

2019年，英国工程与自然科学研究理事会（EPSRC）又宣布出资1028万英镑建立新的未来生物制造研究中心（Future Biomanufacturing Research Hub，FBRH），由曼彻斯特大学牵头并联合其他合作伙伴，开发新的生物技术，通过提高制造技术商业化的可行性，加速制药、化工和工程材料等领域的技术转化，更有效地满足“清洁增长”的社会需求[21]。

（四）其他国家

除英美外，德国、荷兰、澳大利亚等国也相继建立了相关的研究中心，支持合成生物学的研发活动（表3-2）。

表3-2　其他国家建立的合成生物学研究中心（列举）

国家	相关举措
德国	德国马尔堡-菲利普大学和马普学会陆地微生物研究所等共同成立合成微生物学中心
荷兰	代尔夫特理工大学、乔治-奥古斯都-哥廷根大学、埃因霍温理工大学获得6000万欧元用于共同组建合成生物学研究中心
	荷兰科学研究组织资助建立生物质可持续化学品催化（Catalysis for Sustainable Chemicals from Biomass，CatchBio）中心，用于将生物质转化为低成本、可持续的能源、化合物等产品的研究
澳大利亚	澳大利亚联邦科学与工业研究组织（CSIRO）投资1300万美元建设合成生物学未来科学平台（Synthetic Biology Future Science Platform，SynBioFSP）
	澳大利亚与新西兰的大学、科研机构联合成立合成生物学澳大拉西亚（Synthetic Biology Australasia，SBA）
印度	成立系统与合成生物学研究中心

三、科技产出

在各国政府、企业和基金的大力支持下，国际合成生物学飞速进步，重大研究进展不断涌现，相关论文和专利数量逐年增加。

根据 Web of Science 数据库检索数据，2010 ～ 2020 年，全球合成生物学领域发表的论文接近 9 万篇，十年间增长了近 4 倍。根据 Incopat 数据库检索数据，2010 ～ 2020 年，全球合成生物学领域申请的专利（族）约有 8 万多项，其中根据《专利合作条约》（Patent Cooperation Treaty，PCT）进行的国际专利（族）申请超过 12 000 项，广泛涉及生物元件、基因合成、生物设计、基因编辑技术，以及基因治疗、细胞治疗、疫苗、化学品、生物材料、生物能源、农业和食品等领域。

（一）论文与专利的统计分析

1. 合成生物学论文量稳定增长

全球合成生物学领域相关论文的统计显示，2010 ～ 2020 年论文总量为 88 824 篇，并呈逐年增长的趋势（图 3-5）。

图 3-5　2010 ～ 2020 年全球合成生物学领域论文发表年度趋势

从 2010 ～ 2020 年合成生物学领域发表论文量前十的国家可以看到，美国的论文量以 31 177 篇居世界第一位；2012 年开始，我国的论文量超过德国和英国，位列世界第二位（图 3-6）。分时间段（2006 ～ 2010 年、

2011～2015年、2016～2020年）的论文量及论文被引情况的数据显示，美国不论是论文量，还是总被引频次和篇均被引频次在三个阶段都领先其他国家。我国的论文量、总被引频次、篇均被引频次均保持了稳定上升的趋势，2016～2020年，论文量与总被引频次升至世界第二位，篇均被引频次排名也有所增长（图3-7）。

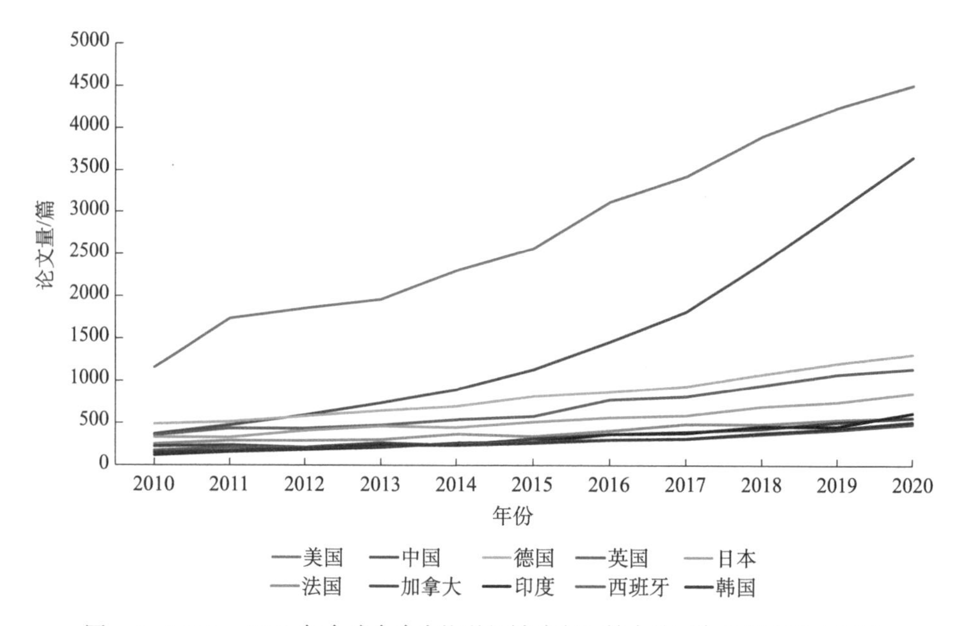

图3-6　2010～2020年全球合成生物学领域论文量前十的国家的年度发文趋势

2. 合成生物学专利申请量增长明显

对2010～2020年全球合成生物学领域申请专利数的统计显示，专利申请量逐年上升（图3-8）。其中，美国的专利申请量一直处于全球领先，我国虽然起步较晚但逐年稳定增长，专利申请量位列世界第二位。专利申请量排在前五的其他国家分别为日本、德国和英国（图3-9）。

（二）国际重要研究进展

近年来，合成生物学领域取得了一系列重大进展和突破，本章仅简单列举入选《科学》（*Science*）期刊“年度十大科学突破”的一些代表性成果和里程碑事件，本书第四章将具体介绍关键技术及应用领域的重要进展。

论文量排名前十

2006～2010年

国家	论文量/篇	总被引频次	篇均被引频次
美国	6 977	498 804	71.49
德国	2 061	130 593	63.36
英国	1 596	104 619	65.55
日本	4 567	60 784	38.79
中国	1 372 (5)	46 608 (8)	33.97 (10)
法国	1 158	75 328	65.05
加拿大	953	58 847	61.75
西班牙	717	40 451	56.42
意大利	713	35 389	49.63
荷兰	607	49 132	80.94

2011～2015年

国家	论文量/篇	总被引频次	篇均被引频次
美国	10 427	641 291	61.50
中国	3 824 (2)	137 181 (3)	35.87 (9)
德国	3 223	155 067	48.11
英国	2 458	118 118	48.08
日本	2 152	67 423	31.33
法国	1 565	66 419	42.44
加拿大	1 233	54 626	44.30
西班牙	1 153	45 576	39.53
意大利	1 098	41 026	37.36
韩国	1 087	41 156	37.86

2016～2020年

国家	论文量/篇	总被引频次	篇均被引频次
美国	19 193	460 458	23.99
中国	12 361 (2)	187 149 (2)	15.14 (8)
德国	5 400	104 411	19.34
英国	4 748	97 945	20.63
日本	3 449	51 696	14.99
法国	2 473	50 487	20.42
印度	2 274	26 709	11.75
加拿大	2 256	42 915	19.02
韩国	1 943	31 281	16.10
西班牙	1 856	30 662	16.52

■ 论文量/篇　■ 总被引频次　■ 篇均被引频次

图 3-7　2006～2020 年全球合成生物学领域论文量前十国家分时间段的论文量及被引情况

注：圆圈中的数字表示排名位次

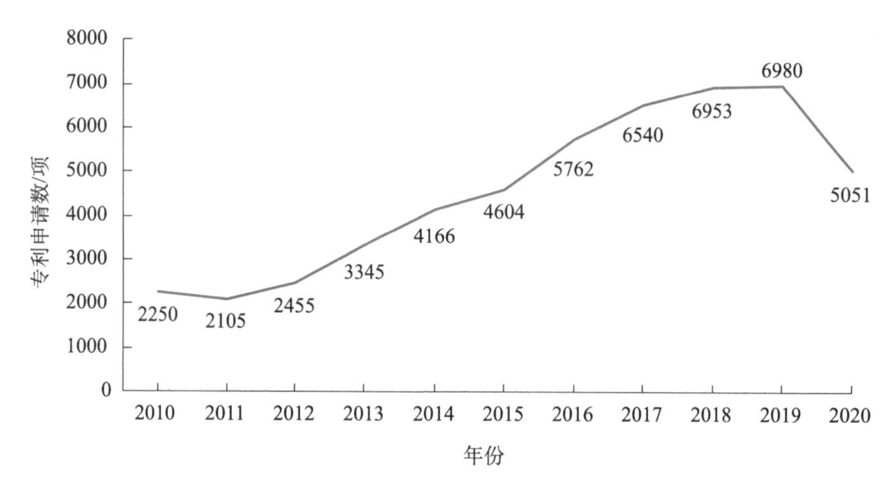

图 3-8　2010 ～ 2020 年全球合成生物学领域专利申请年度趋势

注：2020 年的数据仅供参考

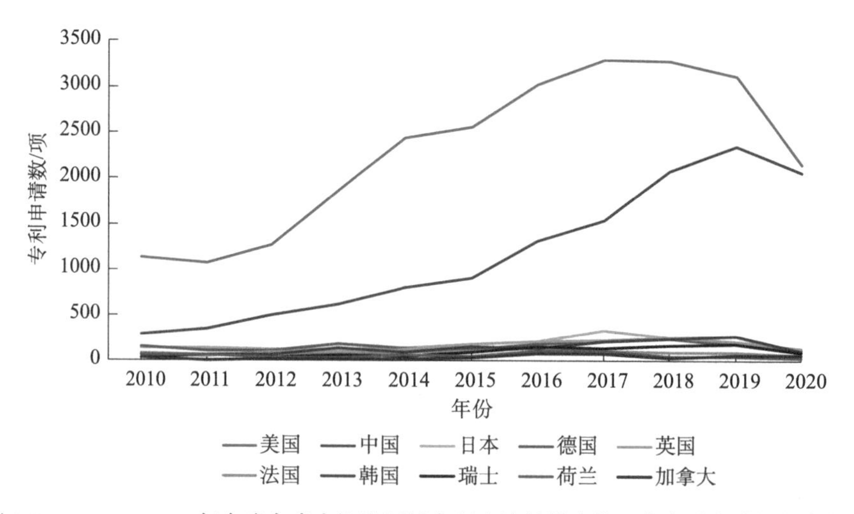

图 3-9　2010 ～ 2020 年全球合成生物学领域专利申请量前十的国家专利申请的年度趋势

在元件和线路的设计构建方面，自 2000 年人工合成首个生物开关和压缩振荡子后，多种优质调控元件和更复杂的基因线路被成功开发，在设计全新蛋白质及其功能方面也不断有新进展。尤其是基于新一代人工智能系统，实现了对蛋白质三维结构的精确预测，准确性已接近冷冻电子显微镜、X 射线晶体学等实验技术，为全新蛋白质的设计奠定了基础。2021 年，研究人员利用人工智能系统预测了来自人类和 20 种模式生物的 35 万种蛋白质的结构 [22]；

DeepMind 公布了 AlphaFold2 的细节，根据蛋白质的大小，它可以在几分钟到几小时内生成准确的蛋白质结构 [23]。“人工设计蛋白质”、“人工智能解开蛋白质折叠”和“人工智能预测蛋白质结构”分别入选《科学》期刊 2016 年、2020 年和 2021 年的“年度十大科学突破”。

在基因组合成方面，早在 2002 年，研究人员就实现化学合成脊髓灰质炎病毒；2010 年，“人工合成基因组细胞”（JCVI-syn1.0）诞生，成为首个人工合成的生命体 [24]；2012 年开始的酿酒酵母基因组合成计划（Sc.2.0 计划），首次挑战真核细胞基因组的合成，我国学者在其中发挥了重要作用；2014 年，设计制造了除含有 4 种正常碱基外，还有 2 种非天然碱基的大肠杆菌，其或将用于制造具有“非天然”氨基酸的设计蛋白质 [25]；2019 年，构建出由 8 种核苷酸组成的 DNA，极大地扩展了核酸储存的信息密度 [26]；2021 年，创造出简单的人工合成细胞，其可以像天然细胞一样正常生长和分裂，将有助于更好地了解生命的运行模式 [27]。

在合成生物学的创新应用方面，通过设计和构建人工细胞工厂，在酵母菌中成功生产出青蒿素前体，将产量从 100 mg/L 提升到 25 g/L，成为合成生物学成果产业化的里程碑事件 [28]；在酵母菌中实现阿片类药物的全合成，这一突破预示着未来或将通过更快和可能更便宜的方法，生产许多不同类型的植物类药物 [29]。2020 年，利用 CRISPR-Cas9 技术编辑自体 $CD34^+$ 细胞首次在临床上成功治疗镰状细胞贫血和 β- 地中海贫血 [30]。

四、产业发展

合成生物学是驱动生物经济创新发展的巨大动力。麦肯锡全球研究院（McKinsey Global Institute，MGI）2020 年 5 月发布的报告显示，新的生物学的创新能力有可能给经济和社会带来巨大变革：从研发范式到生产制造模式，再到药品和消费品的交付与消费方式，影响着整个价值链。未来 10 ～ 20 年，预计这些应用可能对全球每年产生 2 万亿～ 4 万亿美元的直接经济影响 [31]。

（一）投融资金额持续增长

经历早期的政府投资引领，合成生物学发展带来的产业前景已经显现，社会投资已然成为驱动全球合成生物学发展的重要组成部分。2012 ～ 2019 年，全球合成生物学初创公司累计获得近百亿美元的风险投资。2020 年，合成生物学领域获得 78 亿美元的投资，几乎是 2019 年的 2.5 倍。据合成生物学创新平台（SynBioBeta）统计显示，2021 年全球合成生物学投融资额近 180 亿美元，几乎相当于 2009 ～ 2020 年所有融资额的总和。究其原因，两个主要因素促进了合成生物学市场的发展，一是合成生物学的应用范围广泛，具备巨大的市场空间；二是新技术的爆发起到关键作用，生物体设计的超高通量筛选平台、酶法 DNA 合成等新技术的开发推动了行业的创新，同时商业化路径多元化、发展加快也是合成生物学融资走势上扬的重要推动力。

（二）投资重点

1. 疾病治疗

随着新冠肺炎疫情的发展，越来越多的人关注医疗保健市场，合成生物学在该领域的应用受到更多关注和重视，也推动了相关的投资。2020 年，获得最多投资的是医疗领域，2021 年仍然如此。该领域的交易数量也最多，2021 全年有 76 笔交易，投资总额约为 74 亿美元。例如，医疗领域公司 ElevateBio 在钜阵资本（Matrix Capital）牵头的交易中筹集到 5.25 亿美元的 C 轮风险投资；基因组编辑技术公司 Intellia Therapeutics 在 2021 年的首次公开募股（initial public offering，IPO）中筹集到 6 亿美元。

2. 医学诊断和生命科学工具

传统上，诊断和生命科学工具开发公司的估值和融资周期都较低，但近两年在合成生物学领域却发生了变化。合成生物学公司开发和测试其产品需要依赖先进的研究工具和技术，投资者已经越来越认识到，对工具的投资可以推动合成生物学公司的创新。这种创新能够进一步吸引对这些公司更多的投资，从而形成一个正反馈循环。例如，Insitro 公司正在开发一种用于药物发现的机器学习技术，以数字化方式找到新的候选药物，其 2021 年进行的 C

轮融资得到生物制药投资公司的支持，包括三石风险投资公司（Third Rock Ventures）和阿奇风险管理公司（ARCH Venture Partners），以及谷歌风险投资（GV）、亚历山大风险投资公司（Alexandria Venture Investments）、安德森霍洛维茨公司（Andreessen Horowitz）和贝莱德集团（BlackRock）等投资机构。

3. 利用合成生物学技术开发的食品

2021 年出现对替代肉类和食品原料公司的新一轮投资热潮，这些公司大多正在利用合成生物学技术开发可替代的肉类和海鲜，其中包括微生物发酵、生物工程植物和细胞培养技术。自新冠疫情以来，有超过半数的美国和欧洲的消费者已经在尝试植物来源肉类，这种消费趋势增加了对替代蛋白质的需求。2021 年，食品领域有 41 笔交易，共筹集 34 亿美元。

从食品领域的几项关键交易中，可以看到投资方对生产和扩展无动物源食品方面的关注。例如，Impossible Foods 公司筹集了 5 亿美元，使其获得的投资总额达 20 亿美元。除了植物汉堡肉（合成生物血红素赋予其牛肉风味）外，该公司还在扩大香肠和肌肉替代品的生产。总部位于以色列的细胞培养肉创新企业 Future Meat Technologies 从阿彻丹尼尔斯米德兰公司（ADM Ventures）等投资者那里筹集到 3.47 亿美元的 B 轮融资，旨在为其细胞培养鸡肉在北美洲建设生产设施。目前，该公司已经将其产品成本从每磅[①]18 美元降至约每磅 5 美元。

（三）多元化的企业与应用领域

2020 年 5 月 SynBioBeta 发布的统计数据显示，截至 2019 年，全球合成生物学的企业超过 730 家。这些企业在合成生物技术领域的研发及应用，涉及工业、能源、食品、消费品、农业、医疗保健等各个行业。同时，据 CB 洞察（CB Insights）分析数据显示，2019 年，全球合成生物学市场规模为 53 亿美元，预计到 2024 年将达到 189 亿美元；与 2019 年相比，其年复合增长率（CAGR）将达到 28.8%。合成生物学相关产业的许多细分市场正在以高 CAGR 水平增长，食品和饮料、农业、消费品、工业化学品、医疗健康等行业增长较快（表 3-3）。

---

① 1 磅 =0.453 592 kg。

表 3-3　全球合成生物学市场规模（2017～2024 年）　（单位：$\times 10^6$ 美元）

行业	2017 年	2018 年	2019 年	2024 年	2019～2024 年 CAGR/%
医疗健康	1704.7	1897.4	2109.3	5022.4	18.9
科研	1250.8	1514.6	1481.9	3961.1	21.7
工业化学品	850.4	965.4	1110.2	3747.2	27.5
食品和饮料	90.8	127.5	213.1	2575.2	64.6
农业	100.2	149.1	187.0	2232.7	64.2
消费品	160.7	173.1	218.3	1346.1	43.9
总计	4157.6	4827.1	5319.8	18884.7	28.8

不同的技术开发使合成生物学的应用方向更加多元化，其中包括开发使能技术的企业，可为行业提供关键产品与服务，如 DNA 测序、合成、基因编辑、生物信息学服务或细胞培养基产品；产品导向型的企业由于市场的多样化，涉及的领域产品也多种多样，主要包括工业化学品、医疗保健品、食品和饮料、农产品、消费品以及化妆品等。

此外，传统行业的企业也开始关注合成生物学领域。以化工行业为例，杜邦公司以 60 亿美元收购了酶工程公司 Danisc；拜耳与合成生物学初创公司银杏生物（Ginkgo Bioworks）共同投资 1 亿美元成立合资公司 Joyn Bio。日本的住友集团、三井集团、日本化药株式会社和三菱集团，韩国的乐金化学公司以及荷兰的帝斯曼集团，都在进行合成生物学领域的研发布局。

1. 生物设计与自动化平台

要利用合成生物学手段解决实际问题，就需要将合成生物学从机制研究转化为小规模试验，再扩展到成熟的大规模生产。这种一路推进到产品上市的全链条产业化，需要打通技术链条，提供平台化的技术支持和服务，才能更好地完成既定生产目标。因此，多功能、自动化的“生物制造平台”是产业价值链的核心。通过贯穿上下游技术模块，结合底层技术的长足发展，平台型公司正在让“全链条生产”更加简单高效。平台型公司主要通过构建合成生物学底层的软件和硬件提供综合的解决方案

（如 DNA 合成、微生物设计和基因编辑等）。作为支持合成生物学发展的底层力量，该类公司既掌握着底层的技术，又可将公司的业务拓展至应用层。

阿米瑞斯公司（Amyris）就是平台型公司的典型代表之一。Amyris 公司由 Jay Keasling 教授与文森特·马丁（Vincent Martin）、杰克·纽曼（Jack Newman）、尼尔·伦宁格（Neil Renninger）、金基德·赖林（Kinkead Reiling）等联合创办，从事抗疟药物青蒿素及其他萜类化合物的生产，是合成生物学领域的第一家纳斯达克上市公司，年销售额 1.43 亿美元。Amyris 公司成立之初即获得盖茨基金会 4260 万美元的资金。通过设计构建生产抗疟药物青蒿素的人工酵母细胞，其技术生产能力已达到能以 100 m^3 工业发酵罐替代 5 万亩[①] 的农田种植，成本的降低让 Amyris 在紧缺药物供应链上占有一席之地。其中，公司搭建的自动化菌株改造平台，是目前全球企业界最大型的工程化平台之一，其功能包括 DNA 设计、DNA 组装、DNA 质量控制、菌株转化、克隆挑选、菌株质量控制、表型测试、高通量筛选、菌株保藏、数据分析、放大实验等。

2. 基因合成与服务

基因合成是生命科学研究服务市场中的细分领域之一。DNA 合成主要包括两部分，即寡核苷酸合成（引物合成）和基因合成。该领域的代表性公司之一 Twist Bioscience 已经于 2018 年 IPO 上市，此外，还包括法国公司 DNA Script 和美国公司 Synthego 等。DNA Script 主要利用专有的无模板酶技术合成 DNA，是酶促 DNA 合成技术的行业领导者，研发了世界上第一台采用酶促技术的台式 DNA 打印机 SYNTAX；Synthego 主要提供“全栈式”基因工程服务，利用机器学习、自动化和基因编辑构建全栈基因组工程平台，目前主要产品包括云端智能设计和分析工具、CRISPR 解决方案以及各种工程细胞系。

另外，还有一些以开发软件产品为主的公司，科学家及企业利用它们开发的软件产品可以更有效地设计和构建自定义的 DNA 序列，例如，美国的 Benchling 和英国的 Synthace 等公司通过开发软件平台，帮助一些企业加速有

---

① 1 亩≈ 666.7 m^2。

关新型生物或基因产品的生产。

3. 化学品和能源

工业应用领域的合成生物学公司，生产可再生化学品、酶、油类等用于工业应用。例如，日诺麦提卡（Genomatica）公司将生物基1,4-丁二醇（BDO，主要用于塑料）和生物基丁二醇（主要用于化妆品）生产工艺商业化，目前正在开发聚酰胺中间体（尼龙）和长链化学品相关的工艺，其合作伙伴包括科思创、嘉吉、埃克森美孚、科莱恩、巴斯夫等公司。Novvi是Amyris和巴西公司科桑（Cosan）的合资企业，主要研发和生产高性能的可再生基础油，用于润滑油市场。通过应用Amyris的合成生物学平台，改造过的酵母能够将植物糖源（如甘蔗糖浆）转化为法尼烯，通过化学加工以产生基础油。

能源领域的合成生物学公司通过改良微生物来生产燃料。例如，朗泽科技（LanzaTech）利用微生物将废气（如CO_2或甲烷）转化为化学物质。2018年5月，该公司与我国的首钢集团合作，将钢厂排放的废气转化为乙醇；项目运营第一年，就成功转化乙醇超过900万gal（约3400万L）。

4. 食品和消费品

食品和饮品类生物合成公司主要开发食品和饮料（如酒类、牛奶等）等。目前主要包括三类：①人造肉，Impossible Foods公司主要通过发酵的方式萃取大豆中天然存在的血红蛋白，用于制作植物肉产品；②人造蛋白，Perfect Day和Clara Foods两家公司将合成生物学技术用于牛奶、蛋清、奶酪等蛋白质类产品的开发；③饮品，Endless West公司通过分析酒中的成分，创造无需发酵的酒。目前该公司已经推出一款分子威士忌Glyph，其主要由从天然植物和酵母中提取的成分和食用酒精混合制成。

消费品领域的公司主要开发皮革、胶原蛋白等。例如，Bolt Threads公司和Modern Meadow公司都在开发可持续的皮革材料。Bolt Threads公司以培育菌丝体的方式开发菌丝皮革，利用工程酵母发酵生产蛋白质和合成蜘蛛丝产品；Geltor公司主要基于发酵技术，开发包括胶原蛋白在内的高价值蛋白质产品。

5. 农业

合成生物学在农业领域的应用，主要涉及农作物保护及畜牧生产等。Pivot Bio 公司正在开发一种微生物解决方案，可以替代氮肥，减少氮径流，并消除一氧化二氮的产生；Agrivida 公司通过开发新一代酶，满足动物营养和动物健康的需求，其首款产品 Grain 酵素植酸酶可以提高饲料的消化率，减少动物体内的营养抑制剂，使畜牧养殖业受益；GreenLight Biosciences 公司致力于开发高性能的 RNA 产品，通过对农产品的 RNA 改造，可使其精确靶向免疫特定害虫，且不会伤害有益昆虫或在土壤、水中留下残留物，有助于农民生产更绿色、更清洁的农作物。

6. 医疗健康

医疗保健领域主要包括利用合成生物学技术研发新药物、新设备和药物递送方法，其相关应用在制药、肿瘤学、微生物组和传染病防治等方面十分活跃。在微生物组方面，Vedanta Biosciences 是一家以人体肠道微生物菌群为基础，开发免疫介导性疾病人体肠道微生物创新药的公司，其自主开发的平台技术可以精准控制菌群药物的组成成分，解决传统供体依赖性肠道微生物药物组分不一的核心难题，目前，已将多个产品推进到临床试验阶段。在肿瘤免疫方面，Prokarium 公司致力于使用基因工程细菌来开发微生物肿瘤免疫疗法和疫苗，已经和瑞士洛桑大学医学院达成合作协议，利用沙门氏菌平台开发微生物免疫疗法，治疗非肌层浸润性膀胱癌（non-muscle- invasive bladder cancer，NMIBC）患者。在传染病防治方面，法国 Eligo Bioscience 公司开发的靶向微生物的技术平台，经过工程改造非复制型噬菌体递送工具，能够将基于 CRISPR 的治疗性 DNA 有效载体传送到细菌群中，以精确消除有害细菌菌株。在制药领域，Antheia 公司主要基于酵母发酵过程来生产活性药物成分，目前其主要研究方向是使用酵母来更快、更便宜地大量生产阿片类药物分子。

五、人才培养

合成生物学多学科交叉会聚特点，尤其是培养科学家和工程师的本质区别，对传统教育提出了挑战。对于工程学科来说，系统建模和设计非常成熟，但在生物学中的应用还相对较少。因此，合成生物学非常需要在教育理念和培养模式上有所突破。

合成生物学作为高等教育中的研究生课题，主要适合于研究型硕士（Master of research，MRes）学位，是以实践为导向的研究。这种类型的硕士学位将为博士阶段的研究做准备，这样的学位对今后的职业也很有帮助。另外，合成生物学的发展依赖技术过硬的研发人员，需要探索一种能够真正实现跨学科的教育，培养同时具备科学、工程学、计算科学和商业技能的人才的方法，例如传统的 MBA 项目（变化和风险管理、风险投资技能、知识产权管理、创业技能），开展商业技能教育。

从事合成生物学研究，必须把握生命的复杂性，而非传统生物学家那样仅描述这种复杂性。尽管合成生物学中的定量理论、计算的元素表现了其与传统生命科学最基本的不同，但模型化不应该替代实验方法[32]。对学生来说，最大的不同是，实验中需要“制造”DNA 的工作经验，而不是从生物样本中恢复 DNA。

另外，教育和培训也涉及高中学生。在学生学习的早期阶段就抓住学生兴趣，这不仅对合成生物学的发展尤为关键，对公众舆论也有积极的影响。

（一）教育课程

随着合成生物学领域的不断发展壮大，教育系统也开始尝试满足人才培养的需求。对于这些教育需求，不同的国家和机构采取了不同的方式。一些国家已具备了从本科至研究生再到博士后的教育，但目前能够提供类似教育项目的研究机构还不多。这些机构多数集中在欧美国家，例如美国的波士顿大学、加州理工学院、麻省理工学院，英国的牛津大学、帝国理工学院，瑞士的联邦理工学院等[33]。

目前，欧美国家主要通过实施合成生物学相关的教育计划，逐步建立合成生物学的学科教育体系。美国从高中到研究生都有与合成生物学相关的教育课程，许多著名大学都提供合成生物学有关的培训（详见附表 5）。例如，麻省理工学院不仅开设了整合多个学科的研究生课程，欢迎各专业背景的学生参与，还为 12 年级的学生开设了相关课程。普林斯顿大学开设的整合物理学、化学、生物学（遗传和生物化学）和计算科学核心原理导论的本科生课程，以生物学为案例，对各学科进行介绍。

英国的一些大学也开设了合成生物学相关的教育课程。例如，帝国理工学院就有针对合成生物学的本科及研究生课程。本科课程主要面向有意攻读生物化学或生物学学士学位或生物医学工程学士或硕士学位的本科生。在这类课程中，学生可以学到关于工程生物学背后的基础理论与技术，以及正在应用合成生物学的现实世界的案例。课程内容包括，介绍与合成生物学相关的道德和伦理问题，以及实验分子生物学和生物建模的实践等。同时，课程还包含“小 iGEM”项目。该类项目一项为期两周，要求学生提出合成生物学的想法，并概述实现这一想法所需要的设计、建模、实验工作和数据分析。相关的研究型硕士课程则主要是针对系统与合成生物学研究所的硕士研究生，包括 8 个月的多学科研究项目，以及案例研究、实习和分子生物学、遗传学、合成生物学、生物物理学、生物工程、系统生物学、生理系统、先进成像技术和数据分析等学科的教授课程。这类课程主要为学生将来攻读博士学位的学习或研究做准备。

（二）竞赛与培训

国家及国际规模的竞赛能够驱动创新、激发学生兴趣，为有才干的人提供机会，并提高合成生物学的认知度。这样的活动有着十分积极的意义，让来自各领域的利益相关方加入，不仅有拓展学生就业渠道的作用，还能为企业界了解最具才干的年轻人提供机会。这些竞赛中，国际基因工程机器竞赛（iGEM）和国际生物分子设计大赛（Biomolecular Design Competition，BIOMOD）最具影响力。

1. 国际基因工程机器竞赛

国际基因工程机器竞赛就是起源于麻省理工学院开设的合成生物学课程，是全球最具代表性的、正逐渐被全世界公众熟知的合成生物学相关竞赛，吸引了全球众多高校乃至中学的学生团队参与，参赛队伍逐年增多，已由 2004 年的 5 支增加至 2021 年的 343 支。iGEM 为未来培养了年轻的合成生物学家，并推动这一新兴学科逐步走向成熟。

iGEM 的目的是通过组合现有的或创造新的生物砖（BioBrick），设计、组装出原创的遗传体系。一些高校也会借这个机会，开展创新性教育项目。近年来，iGEM 产生了大量数据，并为利用可通过 iGEM.org 访问的知识共享（Creative Commons）中的数据资料，建立了映射平台。利用知识共享这一工具，可以在数百个项目中进行搜索，对访问的资料进行导航和分类，也能够直接从平台中获取视频、海报和报告等。

2. 国际生物分子设计大赛

国际生物分子设计大赛（BIOMOD）是哈佛大学于 2011 年发起的、以分子生物学为导向的竞赛，为本科生提供了一个将生物大分子组装到复杂的纳米级机械中，以实现科技目标的机会。参赛的主要领域为利用 DNA、RNA 和蛋白质等生物分子制作生物分子机器人、生物分子逻辑门，或者为纳米治疗领域提供技术原型。参与形式为在自主完成项目设计及实验的基础上，通过网页、视频、演示等方式展示项目。学生一般在早春时组队，利用夏季时间进行设计、构建与分析；到秋季，所有参赛团队将在哈佛大学维斯生物工程研究所集结，展示汇报他们的工作。

第二节　我国合成生物学发展现状

一、科技规划

我国政府部门和科技界高度重视合成生物学的研究，积极部署合成生物学相关领域方向。早在 2006 年的国家中长期发展规划纲要中就提到“生命体重构”；《国家“十二五”科学和技术发展规划》也多次提到对合成生物技术相关领域的重点发展规划。例如，在“探索科学前沿，超前部署若干重大科学问题研究”部分，提出要“加强在合成生物学、暗物质等新研究方向的部署”；在“强化前沿技术研究”的生物医药技术发展规划中提出重点研发生物合成技术和药靶发现与药物分子设计技术；在“需求导向的重大科学问题研究领域和方向”的“综合交叉领域”中提到重点支持合成生物学与生物制造；在“国家重大科学研究计划”的“蛋白质研究”中提到重点在系统生物学与合成生物学等方面加强部署。

（一）973 计划与 863 计划

在政府相关部门的高度关注下，合成生物学的系统布局也有序展开。2010 年，科学技术部宣布支持第一个合成生物学国家重点基础研究发展计划（973计划）重大项目。自此，合成生物学领域先后启动了10项973计划项目，总金额超过 4 亿元。合成生物学 973 计划项目重点布局了元器件库、化学品与材料（包括天然化合物）合成、肿瘤诊治、生物抗逆和固氮等方面的研究（表 3-4）。

表 3-4 973 计划支持的合成生物学相关项目

启动时间	项目名称	首席科学家	第一承担单位
2011 年	人工合成细胞工厂	马延和	中国科学院微生物研究所
	光合作用与人工叶片	常文瑞	中国科学院生物物理研究所
2012 年	新功能人造生物器件的构建与集成	赵国屏	中国科学院上海生命科学研究院
	微生物药物创新与优产的人工合成体系	冯雁	上海交通大学
	用合成生物学方法构建生物基材料的合成新途径	陈国强	清华大学
2013 年	合成微生物体系的适配性研究	张立新	中国科学院微生物研究所
	抗逆元器件的构建和机理研究	林章凛	清华大学
2014 年	合成生物器件干预膀胱癌的研究	蔡志明	深圳大学
	微生物多细胞体系的设计与合成	元英进	天津大学
2015 年	生物固氮及相关抗逆模块的人工设计与系统优化	林敏	中国农业科学院生物技术研究所

2012 年，国家高技术研究发展计划（863 计划）支持的“合成生物技术”项目，总经费约 1.5 亿元，承担单位包括天津大学、深圳华大基因研究院、清华大学、北京大学、中国科学技术大学等 8 所机构，项目共设置了 8 个课题：“能源与医药产品模块化设计合成”“特种 PHA 聚合物人工合成体系的构建”“环境耐受的工业微生物人工合成体系的构建”“若干植

物源化合物的人工合成体系构建”“光能人工细胞工厂的构建及应用”“若干微生物源药物人工合成体系构建”“微生物药物的高效合成生物技术研究与应用”“人工合成酵母基因组”。

（二）国家重点研发计划“合成生物学”重点专项

2018 年，我国启动首个国家重点研发计划“合成生物学”重点专项，旨在重点解决合成生物设计的基本科学问题，提高人工生物体系的构建能力，创新合成生物关键技术，提高合成生物使能技术与安全评估等基础能力。2018 ～ 2021 年的 4 年期间，“合成生物学”重点专项已经支持了 114 项研究项目，总经费超过 20 亿元（详见附表 6）。

（三）国家重点研发计划“生物与信息融合”重点专项

为了优化学科布局和研发布局，推进学科交叉融合，2021 年，科学技术部发布国家重点研发计划“生物与信息融合”（BT 与 IT 融合）重点专项方案。专项聚焦未来生命科学、医药健康产业和经济社会发展等重大需求，通过加强生物技术与信息技术跨界融合研究，兼顾科学创新和技术图谱，引领新经济模式发展。突破信息大数据、生物大数据的获取、管理、分析、挖掘、调控和知识发现等底层支撑技术，提升数据整合与转化利用能力；构建 DNA 存储、生物计算、类脑智能与人机交互、生物知识图谱、可编程细胞智能、智慧医疗等交叉融合技术，推进大数据驱动的生命科学知识发现及转化应用；催生一批面向生命健康的颠覆性新技术，形成一批新工具、新技术、新标准与新产品，解决医疗大数据、医疗人工智能原创性理论基础薄弱、重大产品和系统缺失等难点问题。

专项的执行期为 2021 ～ 2025 年，设置了基于 DNA 原理的信息存储系统开发、面向生命 - 非生命融合的智能生物系统构建与开发、BT 与 IT 融合技术的健康医学场景应用示范 3 项任务。2021 年 5 月，专项发布项目申报指南，拟围绕上述 3 项任务，启动 16 个方向，安排国拨经费概算 6.7 亿元。其中，围绕 DNA 信息存储等技术方向，拟部署 5 个青年科学家项目，每个项目 500 万元，安排国拨经费概算 0.25 亿元。

二、平台（中心）和设施（基地）

我国一些高校和研究院所也非常重视在合成生物学相关领域的布局，相继建立了合成生物学研究中心（实验室）、平台设施以及相关协会，支持合成生物学领域的发展，也逐步形成了若干具有实力的交叉研究队伍以及相应的文化氛围。例如，2015 年 8 月，清华大学整合生命科学学院、化学工程系、化学系、自动化系、信息科学与技术国家实验室和附属北京清华长庚医院的资源，成立“清华大学合成与系统生物学研究中心”。北京大学 2011 年成立定量生物学中心，致力于推动生命科学向定量学科发展。其他省市，例如，山东省依托中国科学院青岛生物能源与过程研究所建立的合成生物学重点实验室，主要围绕合成生物学基础原理与技术、工业应用生物的设计与合成两大研究方向开展相关基础与应用研究。2019 年 4 月，华东师范大学成立医学合成生物学研究中心，主要聚焦哺乳动物合成生物学和医学合成生物学方向。下文仅对其中的部分研究中心（实验室、基础设施）及相关联盟、学会、协会等做简要介绍。

（一）合成生物学研究中心（实验室、基础设施）

通过合成生物学研究中心和基础设施的建设，我国在高校和研究院所已逐步形成了若干具有实力的研究队伍。

1. 中国科学院合成生物学重点实验室

中国科学院合成生物学重点实验室于 2008 年 12 月成立，是国内第一个合成生物学实验室，依托单位为中国科学院上海生命科学研究院植物生理生态研究所（中国科学院分子植物科学卓越创新中心），其前身是 1995 年成立的微生物次生代谢分子调控研究开放实验室。实验室以发展合成生物学理论和创新合成生物学技术为主导，建立合成生物学关键工程平台；针对我国在能源、环境、健康等方面的需求及面临的挑战，聚焦若干重要生物学体系，在分子、细胞和微生物菌群等层次上，实施合成生物学创制；通过转化研究，推动科研成果产业化。围绕研究方向和发展战略，实验室目前设置了 11 个研究组[34]。

2. 中国科学院深圳先进技术研究院合成生物学研究所

中国科学院深圳先进技术研究院合成生物学研究所成立于2017年12月。该合成生物学研究所采用合成生物学的工程化设计理念，专注于人造生命元件、基因线路、生物器件、多细胞体系等的合成再造研究，旨在揭示生命本质和探索生命活动基本规律。目前，该研究所已经建立了8个研究中心，包括定量合成生物学研究中心、合成基因组学研究中心、合成生物化学研究中心、合成微生物组学研究中心、基因组工程与治疗研究中心、合成免疫学研究中心、材料合成生物学研究中心、细胞与基因线路设计中心[35]。

3. 教育部合成生物学前沿科技中心

天津大学合成生物学前沿科学中心作为教育部首批前沿科学中心之一，于2018年12月被批准立项建设。该中心计划通过5～10年的建设，实现前瞻性基础研究和引领性原创成果的重大突破，在部分方向实现国际领跑；产出一批共性关键技术、前沿引领技术、颠覆性创新技术、核心关键技术，为医药健康、生物安全、生物化工、绿色能源、环境保护、现代农业等提供科技支撑；建设成为“国际开放”和“全球视野”的世界顶级研究中心；打造具备战略性、国际化、建制性的专业技术人才梯队，培养一支300人左右以年轻科学家为主的创新团队。

该中心将聚焦国家重大需求和世界科技发展前沿，探索人工生命体的设计构建原理，发力于重大基础理论和关键核心技术的研究，力争在“绿色生物制造”“人类健康”领域实现重点突破。该中心将建设DNA生物信息与人工器件、DNA智能制造、元件模块底盘库、合成生物技术转化、生物安全中心等5个共性关键技术研发平台[36]。

4. 国家合成生物学技术创新中心

国家合成生物技术创新中心是科学技术部于2019年11月批复建设的第三家国家技术创新中心，由中国科学院与天津市人民政府共建，中国科学院天津工业生物技术研究所牵头建设，以建成综合性、开放性、先进性的国家科技平台，形成合成生物技术创新的大联合、大协同、大网络，打造我国合成生物领域战略科技力量，以“为国家产业技术变革与国际竞争提供战略支撑”为建设目标。中心已于 2019 年 12 月开工建设，总投资额达 20 亿元，总建筑规模 18 万 m^2，包括科学研究、技术开发、创新创业、科教融合、综合管理与生活服务等区域。

2021 年 1 月，中国科学院天津工业生物技术研究所（Tianjin Institute of Industrial Biotechnology，TIB）与比利时弗兰德生物技术研究院（Vlaams Instituut voor Biotechnologie - Flanders Institute of Biotechnology，VIB）签约成立了国家合成生物技术创新中心 TIB-VIB 合成生物学联合中心，这是国家合成生物技术创新中心首个国际联合中心。目前，联合中心正聚焦酵母合成生物学与生物技术、基因编辑与基因组重编程、微生物天然产物合成等方面的研究，并启动优秀人才引进和培养工作[37]。

5. 深圳合成生物研究重大科技基础设施

2018 年，深圳市批准合成生物研究重大科技基础设施建设，投资 7.2 亿元（不含基建及配套费用）。合成生物学大设施由深圳市政府投资建设，中国科学院深圳先进技术研究院为建设牵头单位，深圳华大生命科学研究院、深圳市第二人民医院参与建设。大设施将以合成生物学基础研究为理论基础，把自动化工业发展过程中的智能制造理念引入到合成生物学研究中，基于智能化、自动化及高通量设备，搭建用于生物元器件、复杂网络、人工细胞等多维度合成生物的合成、组装、植入、激活与测试的合成生物研究装置，结合设计软件与机器学习的深度研发，快速、低成本、多循环地完成“设计—构建—测试—学习”的闭环，实现人工生命体理性设计合成。

大设施建成后将发展成为具有国际水准和引领作用的生命科学研发平台，并将成为我国首个将软件控制、硬件集成和合成生物学应用进行系统整合的大型规模化合成生物研究基础设施。项目Ⅰ期重点建设“设计学习”、“合成测试”和“用户检测”三大平台，Ⅱ期拟建设整合医学合成生物学技术应用的“医学合成生物学”平台。在初设概算建设阶段，“设计学习”平台主要建设合成生物设计和云端实验室两个主要系统；“合成测试”平台主要建设酵母、大片段 DNA、噬菌体、细菌四个自动化合成系统；“用户检测”平台主要建设蛋白质和代谢产物分析系统、高级光学检测系统、底盘细胞放大培养系统。

（二）合成生物学相关联盟（学会、协会）

除了建立研究中心和实验室，我国多个地区还建立了合成生物学相关的联盟（学会、协会），促进产学研结合以及开展国际合作。

1. 上海合成生物学创新战略联盟

2015 年 12 月，上海交通大学联合中国科学院上海生命科学研究院植物生理生态研究所、复旦大学、中国科学院上海生命科学研究院生物化学与细胞生物学研究所等单位共同倡议发起成立“上海合成生物学创新战略联盟”，联盟旨在促进“科研－技术－产业”上下游衔接、合作攻关，并致力于开展合成生物学战略性前瞻性重大科学技术问题研究，解决生物产业瓶颈技术问题，促进生物技术颠覆性创新。

联盟的重点任务包括四个方面。一是积极争取承担上海市及国际合成生物学重大前沿基础研究，以及生物医药、材料及能源等生物制造业领域关键共性技术的研发项目。二是建设技术创新的科研合作及资源共享平台。融合信息资源，挖掘创新潜能，实现联盟内的科研数据共享；建立协作模式，根据各单位的优势和特点，确立一批开放实验室，对联盟成员单位实行优惠或免费使用政策，保持科技资源的高共享利用率；结合国家重大项目、国家科技专项实施、联盟成员自筹及社会资本资助等方式，逐步建立高水平合成生物学公共技术平台。同时，建立联盟网站，利用网络信息技术促进联盟成员单位的信息、资源整合与共享，并面向行业产业开展服务。三是形成合理的人才交流与培养机制。通过建立合理的人才管理机制，实现联盟内科技人才的交流、培养、联合聘任，建立培养高层次创新人才高地和吸引海外人才的重要基地。积极推进合成生物学大智库建设，鼓励高水平的国际科研合作和人才交流。建立科学的奖励机制，创新技术受用方提供一定比例的成果转化奖励或联盟成员集资建立基金，对有突出贡献的科技人员进行奖励，激发科技人员的持续创新潜能。四是建立高效的知识产权保护及转化机制。建立和完善联盟攻关机制，形成多元成果转化通道，加速创新成果产业化。以创新技术商品化的运作方式，强化利益激励与风险共担的关联机制，对用于承担开发风险的受用方，优先获得创新技术的知识产权；对于已形成的专利技术，在该技术受用方实际应用时，由专利权所有方与受用方协商专利技术转移的相关问题[38]。

2. 国际合成生物设施联盟

合成生物学设施的优势显而易见，然而从各设施单位过去的交流中发现，设施建设普遍面临以下挑战：缺乏统一的实验流程及数据处理标准；存在跨国知识产权争议及国际法律问题；缺少合成生物技术专业人才等。在这样的背景下，2019 年 5 月，中国科学院深圳先进技术研究院联合美国劳伦斯伯克利国家实验室、英国帝国理工学院等 8 个国家的 16 所机构，联合发起成立了国际合成生物设施联盟（Global Biofoundry Alliance，GBA），致力于促进全球合成生物学产业发展，加速合成生物学和生物制造工艺工程的商业化，进一步推动生物技术的变革。联盟各成员一方面将加强设施间的协作沟通，共同应对技术难题，制定国际统一标准，将智能制造的理念引入合成生物学。另一方面，联盟将依托设施合作开展科学计划，进一步推动生物技术的变革[39]。

3. 中国生物工程学会合成生物学专业委员会

2018 年 11 月，中国生物工程学会合成生物学专业委员会正式成立。该专业委员会是在中国生物工程学会指导下运作的学会分支机构，挂靠于中国科学院深圳先进技术研究院。该专业委员会的组建旨在推动我国合成生物学的基础研究和相关应用研究，探讨合成生物学研究发展方向、学科建设等关键问题，有助于催生标志性的合成生物学基础研究原创成果，加强重大共性关键技术和方法体系的顶层设计，更好地衔接基础研究与应用转化。近年来，该专业委员会针对合成生物学热点问题，定期举办合成生物学专题会议等各类活动[40]。

三、科技产出

我国科学家早在 1965 年就成功实现了结晶牛胰岛素的全合成，这是世界上第一个人工合成的蛋白质；1981 年，利用化学和酶促合成相结合的方法，又成功人工全合成酵母丙氨酸 tRNA，这是全球首次人工合成的具有生物学功能的核糖核酸。我国在合成科学领域的这些早期实践，为后来人工合成基因组等工作积累了重要经验。

近年来，我国在合成生物学领域取得了一系列重要成果，例如，完成4条真核生物酿酒酵母染色体的从头设计与化学合成；将单细胞真核生物酿酒酵母的16条天然染色体人工创建为具有完整功能的单条染色体，为利用极简生命形式理解染色体进化、研究生命本质开辟了新方向[41]；揭示了生物系统“有序性”的形成原理，为合成生物学家从头设计复杂生命体系提供了重要理论指导[42]；首次构建自调节可重构的DNA电路，为发展新型生物计算和基因编辑技术提供了新思路[43]；实现从CO_2到淀粉的全合成，使淀粉生产从传统农业种植模式向工业车间生产模式转变成为可能[44]；等等。

其他代表性研究成果还包括：在代谢水平上清晰阐明链霉菌初级代谢到次级代谢的代谢转换机制并进行工程应用，为实现聚酮类药物乃至其他次级代谢生物活性产物高效、绿色的生物制造开辟新思路[45]；利用合成生物学方法工程化改造人胰岛β细胞，并利用定制的生物微电子设备实现对胰岛素合成和释放的精准调控[46]；成功搭建和表征了基于枯草芽孢杆菌TasA淀粉样蛋白的活体生物被膜材料[47]；在水稻和小麦原生质体中利用植物引导编辑（prime editor，PE）系统实现16个内源位点的精准编辑，为植物基因组功能解析及实现作物精准育种提供了重要技术支撑[48]；等等。

四、产业发展

据深科技（DeepTech）统计，截至2021年底，全球合成生物学相关市场规模达到737亿美元，中国合成生物学市场规模约为64亿美元，相比2020以及之前增长2～3倍。工程生物产业数据分析平台（Engineering Biology Insights，EB Insights）于2020年12月发布“全球最值得关注的50家合成生物学企业”，分别位于美国、中国、英国、法国、澳大利亚和瑞士等国家。其中，美国入选的企业有34家，中国有9家（分别是恩和生物、博雅辑因、合生基因、泓迅科技、凯赛生物、蓝晶微生物、传奇生物、森瑞斯生物、鑫飞生物），其余企业分布于英国、法国、澳大利亚和瑞士等国家。

（一）我国合成生物学初创企业仍处于早期融资阶段

我国合成生物学企业的投融资也十分活跃，但大多数还处于早期融资阶段。根据动脉网统计，我国合成生物学初创企业处于天使轮/种子轮阶段的最多，总体占比42%；其次为A轮，占比21%；处于B轮融资阶段的企业占比为16%；处于C轮融资阶段及以后（包括IPO）阶段的总占比为21%[49]。

近年来，我国在合成生物学领域已经有一些典型的投融资案例（表3-5），例如，弈柯莱生物、蓝晶微生物2家合成生物学初创企业2021年分别获得近3亿元、近2亿元融资，创下我国合成生物学领域初创企业融资的新纪录。迪赢生物、羽冠生物是国内合成生物学领域中的新兴企业，分别获得近1亿元、1400万美元融资；华恒生物于2021年4月在科创板上市，总的融资额也超过6亿元。可以看出，国内投资者看好合成生物学领域未来发展前景。

表3-5　2021年上半年我国合成生物学领域主要融资事件（列举）

公司名称	成立时间	最新融资轮次	最新融资时间	融资金额
华恒生物	2005年	IPO上市	2021年4月22日	6.25亿元
弈柯莱生物	2015年	C轮	2021年4月30日	近3亿元
蓝晶微生物	2016年	B轮	2021年2月26日	近2亿元
迪赢生物	2018年	A轮	2021年6月5日	近1亿元
羽冠生物	2020年	种子轮	2021年3月10日	1400万美元

（二）我国的合成生物学企业

目前，我国合成生物学领域的企业还比较少，起步也比较晚，但近几年发展迅速。根据动脉网的信息显示，目前我国合成生物学领域的初创企业有近一半是在2015年以后成立的，主要涉及材料、化学品、生物合成等领域的开发与服务（详见附表7）。例如，2015年成立的弈柯莱生物的关键性技术源于浙江大学科研团队的成果转化，主要聚焦生物催化和合成生物学方法的研究和开发，目前该公司的台州产业化基地已经拥有日产酶（或其他生物制品）10 t的能力；2016年成立的蓝晶微生物依托清华大学的科技成果，主要开发生物可降解材料聚羟基脂肪酸酯（polyhydroxyalkanoates，PHA）的工业化生产技术，目前已覆盖功能材料、消费品和医疗健康的产品体系，2021年的新一轮融资将用于生物材料PHA年产万吨级工厂的建设、数字原生（digital born）研发平台的搭建和后续产品管线的研发推进。2000年就成立的凯赛生物是全球领先的利用生物制造规模化生产新型材料的企业之一，主要产品包括生物法长链二元酸、生物基戊二胺和生物基聚酰胺等。2013 年成立的泓迅科技是一家 DNA 技术公司，已建立从寡核苷酸、DNA 片段到染色体 / 基因组合成和构建的合成生物学平台。

五、人才培养

我国高校师生积极参与 iGEM，并取得优异成绩；参赛队伍由 2007 年的 4 支增加到 2021 年的 153 支。2021 年，我国在 iGEM 上获得 82 个金奖、43 个银奖、21 个铜奖。值得一提的是，2021 年 iGEM 首次评选了各组别 TOP10 团队。中国赛区参赛队伍共有 13 支（研究生组 1 支，本科生组 4 支，高中生组 8 支）跻身各组别世界 TOP10。此外，在含金量高的单项奖部分，2021 年中国队伍表现依然抢眼，共有 13 支中国团队夺得单项奖。其中，上海科技大学团队荣获最佳新应用项目本科组第一名，浙江大学团队荣获最佳治疗项目单项奖本科组第一名，深圳大学团队荣获最佳制造项目。

同时，我国的一些高校和研究院所也一直在积极探索本科生或研究生的合成生物学教育，通过开设相关讲座或课程，编写适合我国学生的合成生物学教材，为培养学科交叉人才搭建平台。例如，天津大学从 2008 年开始就针对本科生开设了“合成生物学导论”，编写《合成生物学导论》，这是国内第一部较为系统的合成生物学相关教材。2019 年，北京理工大学也联合国内一些高校和研究院所的一线专家编写了适合研究生和本科生学习的合成生物学教材。2020 年，天津大学还率先在本科阶段设立了合成生物学专业。

六、国际交流与合作

在合成生物学发展的早期，我国就开展了卓有成效的国际交流与合作，最具影响的应该是 2010 ～ 2012 年，中国科学院与中国工程院、英国皇家学会与英国工程院、美国科学院与美国工程院共同发起的“三国六院”系列会议。“三国六院”会议对全球合成生物学的发展有积极作用，中国参与共同主办，使我国的合成生物学很早就“与鹰共翔”[50]。

（一）中国、英国、美国“三国六院”会议

为促进合成生物学这个新兴交叉领域的国际交流，共同探讨未来发展趋势，推动政策协调和研发合作，中国、英国、美国三国的科学院及工程院（“三国六院”）于2010年6月在英国工程院举行规划会议，商定于2011～2012年共同组织召开三次合成生物学研讨会。

第一次会议于2011年4月13～14日在英国伦敦召开，主题为“经济与社会生活中的合成生物学”（Economic and Social Life of Synthetic Biology），会议主要讨论合成生物学的经济与社会影响，探讨合成生物学研究中可能产生的新工具和新技术，以及这些创新可能引发的挑战。第二次会议于2011年10月12～14日在中国上海召开，主题为“合成生物学的使能技术”（Enabling Technology for Synthetic Biology），由中国科学院和中国工程院主办，中国科学院上海生命科学研究院、上海市中国工程院院士咨询与学术活动中心、国家人类基因组南方研究中心、中国微生物学会、上海市微生物学会共同承办。会议围绕5个专题展开：①模块和途径设计；②合成基因组、细胞与群体；③合成生物学的工业应用；④ iGEM——科学、技术和教育对合成生物学的影响；⑤合成生物学的伦理、法律及社会问题。第三次会议于2012年6月12～13日在美国华盛顿召开，主题为“下一代合成生物学”（Synthetic Biology for the Next Generation），由美国科学院及美国工程院联合举办，重点讨论了下一代工具、平台和基础设施以及相关的政策。

中国、英国、美国三国六院共同举办的三次国际合成生物学研讨会，为合成生物学领域的合作与交流搭建了平台。不仅提升了中国科学家的国际影响力和知名度，也促进了官产学研各界的协作。中国、英国、美国等国科学家在合成生物学前沿领域的交流和探讨，为探索前沿领域的发展趋势、交换新的思想和理念提供了机会，也为各国进一步的合作奠定了基础。

（二）中澳“合成生物学”研讨会

中澳科技研讨会设立于2004年，由中国科学院与澳大利亚科学院和澳大利亚技术科学与工程院共同主办，每年聚焦一个学科领域，以推动两国的学术交流，探讨更多实质合作的可能性。主题由双方根据两国的国家战略需求、

前沿科技发展方向和推动国际合作的需要而定。会议交替在两国举行。

2017 年 10 月 17 ～ 19 日，由中国科学院与澳大利亚科学院、澳大利亚技术科学与工程院共同主办的第 13 届中澳科技研讨会在澳大利亚布里斯班召开，主题为合成生物学。来自澳大利亚各大学、研究机构与中国科学院各相关研究所、大学及华中科技大学的 40 余位研究人员参加了会议及研讨。中澳两国科学家分别围绕大分子设计、途径、基因组尺度、伦理等主题，通过大会报告、分组讨论、海报展示等多种方式，进行了充分交流和深入探讨。

（三）合成生物学线上论坛

2020 年 8 月 3 日，来自四大洲 6 个国家的 11 位合成生物学科学家以线上论坛的形式，围绕合成生物学的发展展开对话，共同讨论合成生物学的发展趋势、当前挑战，以及相关的生物安全等问题。这 11 位合成生物学家包括美国哈佛大学乔治・丘奇（George Church）、美国麻省理工学院吉姆・J. 科林斯（Jim J. Collins）、英国帝国理工学院保罗・弗里蒙特（Paul Freemont）、美国加利福尼亚大学伯克利分校 Jay Keasling、日本神户大学近藤明子（Akihiko Kondo）、韩国科学技术研究院李相烨（Sang Yup Lee）、美国斯坦福大学克里斯蒂娜・斯莫尔克（Christina Smolke）、澳大利亚联邦科学与工业研究组织（CSIRO）克劳迪娅・维克斯（Claudia Vickers）、中国科学院生物物理研究所张先恩、中国科学院分子植物科学卓越创新中心（中国科学院植物生理生态研究所）赵国屏、中国科学院深圳先进技术研究院合成生物学研究所刘陈立。

线上论坛的主题是合成生物学的未来，以及合成生物学引领的下一次创新革命将如何改变世界。工程和生物学的融合正在开启新的研究和发现，有望推动疾病治疗、食物供给、能源动力、延长寿命等各领域的进步。同时，与会专家认为，合成生物学正在底层技术和人工智能、大数据的应用中焕发新的生命力，而造物、格物的目标同样需要安全规定辅助完成，爆发式发展的过程中，需要从不同角度观察合成生物学的每一个技术突破，审视并积极应对安全、伦理等问题。

本章参考文献

[1] Woodrow Wilson International Center for Scholars. U. S. Trends in Synthetic Biology Research Funding. Washington, DC, Wilson Center. 2015. https://research.ncsu.edu/ges/files/2017/11/2015-Kuiken-U.S-Trends-in-Synthetic-Biology-Research-Funding.pdf [2021-11-01].

[2] Gallo M E. Defense Advanced Research Projects Agency: Overview and Issues for Congress. Washington, DC, Congressional Research Service. 2021. https://crsreports.congress.gov/product/pdf/r/r45088 [2021-11-01].

[3] Basu M, Beal J, Bramlett B, et al. 2018 Semiconductor Synthetic Biology Roadmap. Durham, NC, Semiconductor Research Corporation. 2018. https://www.src.org/library/publication/p095387/p095387.pdf [2021-11-01].

[4] Aurand E, Keasling J, Friedman D, et al. Engineering Biology: A Research Roadmap for the Next-Generation Bioeconomy. Emeryville, CA, Engineering Biology Research Consortium. 2019. https://roadmap.ebrc.org/2019-roadmap/ [2021-11-01].

[5] Lee E D, Aurand E R, Friedman D C, et al. Microbiome Engineering: A Research Roadmap for theNext - Generation Bioeconomy. Emeryville, CA, Engineering Biology Research Consortium. 2020. https://ebrc.org/focus-areas/roadmapping/microbiome-engineering-2020/ [2021-11-01].

[6] Adams B, Ali J, Andrew J, et al. Engineering Biology & Materials Science: A Research Roadmap for Interdisciplinary Innovation. Emeryville, CA, Engineering Biology Research Consortium. 2021. https://ebrc.org/focus-areas/roadmapping/roadmap-for-materials-science-engineering-biology/ [2021-11-01].

[7] Gaisser S, Reiss T, Lunkes A, et al. Making the most of synthetic biology. Strategies for synthetic biology development in Europe. EMBO Reports, 2009, 10: S5-S8.

[8] ERASynBio. Next steps for European synthetic biology: a strategic vision from ERASynBio. 2014. https://biologie-synthese.cnam.fr/medias/fichier/erasynbio-strategic-vision-synthetic-biology_1399627533667-pdf [2021-11-01].

[9] Technology Strategy Board on behalf of UK Synthetic Biology Roadmap Coordination Group. A synthetic Biology Roadmap for the UK. 2012. https://ktn-uk.org/perspectives/a-strategic-

roadmap-for-synthetic-biology-in-the-uk-2012/ [2021-11-01].
[10] SBLC. UK Synthetic Biology Strategic Plan 2016—Biodesign for the Bioeconomy. 2016. https://ktn-uk.org/perspectives/biodesign-for-the-bioeconomy-uk-strategic-plan-for-synthetic-biology/ [2021-11-01].
[11] Synthace. Computer Aided Biology: Delivering biotechnology in the 21st century. 2018. https://www.pr-inside.com/synthace-launches-ground-breaking-new-r4705052.htm [2021-11-01].
[12] Royal Academy of Engineering. Engineering Biology: A Priority for Growth. 2019. https://raeng.org.uk/media/budd1vix/engineering-biology-a-priority-for-growth.pdf [2021-11-01].
[13] BBSRC. Overview of the proposed National Engineering Biology Programme. 2021. https://www.ukri.org/wp-content/uploads/2021/07/BBSRC-200721-Engineering BiologyOverview.pdf [2021-11-01].
[14] National Engineering Biology Steering Committee. Engineering Biology: A Platform Technology to Fuel Multi-Sector Economic Recovery and Modernize Biomanufacturing in Canada. 2020. https://www.candesyne.ca/white-paper-engineering-biology [2021-11-01].
[15] ACOLA. Synthetic Biology in Australia an Outlook to 2030. 2018. https://acola.org/hs3-synthetic-biology-australia/ [2021-11-01].
[16] CSIRO. A National Synthetic Biology Roadmap. 2021. https://www.csiro.au/-/media/Services/Futures/Synthetic-Biology-Roadmap.pdf [2021-11-01].
[17] EBRC. U. S. Department of Defense awards $87. 5 million to EBRC-led BioMADE establishing the Bioindustrial Manufacturing Innovation Institute. 2020. https://ebrc.org/bioindustrial-manufacturing-and-design-ecosystem/ [2021-11-01].
[18] HHS. HHS Pioneers First Foundry for American Biotechnology. https://www.grazingthesurface.com/wp-content/uploads/2022/01/HHS-Pioneers-First-Foundry-for-American-Biotechnology-archive.pdf [2022-11-01].
[19] IBISBA. Industrial Biotechnology Innovation and Synthetic Biology Accelerator. 2021. https://www.ibisba.eu/About [2021-11-01].
[20] UKRI. Synthetic Biology for Growth Programme. 2021. https://www.ukri.org/what-we-offer/supporting-innovation/innovation-bbsrc/synthetic-biology-for-growth-programme/ [2021-11-01].
[21] FBRH. Future BRH Vision. 2021. https://futurebrh.com/about/ [2021-11-01].

[22] Baek M, DiMaio F, Anishchenko I, et al. Accurate prediction of protein structures and interactions using a three-track neural network. Science, 2021, 373: 871-876.

[23] Tunyasuvunakool K, Adler J, Wu Z, et al. Highly accurate protein structure prediction for the human proteome. Nature, 2021, 596: 590-596.

[24] Gibson D G, Glass J I, Lartigue C, et al. Creation of a bacterial cell controlled by a chemically synthesized genome. Science, 2010, 329: 52-56.

[25] Malyshev D A, Dhami K, Lavergne T, et al. A semi-synthetic organism with an expanded genetic alphabet. Nature, 2014, 509: 385-388.

[26] Hoshika S, Leal N A, Kim M J, et al. Hachimoji DNA and RNA: A genetic system with eight building blocks. Science, 2019, 363(6429): 884-887.

[27] Pelletier J F, Sun L J, Wise K S. Genetic requirements for cell division in a genomically minimal cell. Cell, 2021, 184(9): 2430-2440.

[28] Paddon C J, Westfall P J, Pitera D J, et al. High-level semisynthetic production of the potent antimalarial artemisinin. Nature, 2013, 496: 528-532.

[29] Galanie S, Thodey K, Trenchard I J, et al. Complete biosynthesis of opioids in yeast. Science, 2015, 349(6252): 1095-1100.

[30] Frangoul H, Altshuler D, Cappellini M D, et al. CRISPR-Cas9 gene editing for sickle cell disease and β-thalassemia. N Engl J Med, 2021, 384: 252-260.

[31] Chui M, Evers M, Manyika J, et al. The Bio Revolution: Innovations transforming economies, societies, and our lives. 2020. https://www.mckinsey.com/industries/life-sciences/our-insights/the-bio-revolution-innovations-transforming-economies-societies-and-our-lives [2021-11-01].

[32] Tadmor B, Tidor B. Interdisciplinary research and education at the biology-engineering-computer science interface: a perspective. Drug Discov Today, 2005, 10(17): 1183-1189.

[33] OpenWetWare. This is an active list of schools and labs that support graduate study in synthetic biology. https://openwetware.org/wiki/Synthetic_Biology:Graduate [2021-11-01].

[34] 中国科学院分子植物科学卓越创新中心 . 中国科学院合成生物学重点实验室简介 . http://www.sippe.ac.cn/yjdy/hcswx/sysjj/ [2021-11-01].

[35] 中国科学院深圳先进技术研究院 . 中国科学院深圳先进研究院合成生物学研究所简介 . http://isynbio.siat.ac.cn/ [2021-11-01].

[36] 苏平 . 天津大学获批建设合成生物学前沿科学中心 . 天津日报，2018-10-27. https://

www.cnr.cn/tj/jrtj/20181027/t20181027_524397203.shtml [2021-11-01].

[37] 付勇钧．国家合成生物技术创新中心首个国际联合中心揭牌．北方网，2021-01-29. http://news.enorth.com.cn/system/2021/01/29/050963998.shtml [2021-11-01].

[38] 刘环．上海合成生物学创新战略联盟年会在上海交大召开．2018-09-12. https://news.sjtu.edu.cn/jdyw/20180913/83005.html [2021-11-01].

[39] Global Biofoundries Alliance. About the GBA. 2021. https://biofoundries.org/about-the-gba [2021-11-01].

[40] 深圳先进技术研究院．中国生物工程学会合成生物学专委会成立．https://www.cas.cn/zkyzs/2018/11/176/yxdt/201811/t20181120_4671370.shtml [2021-11-01].

[41] Shao Y Y, Lu N, Wu Z F, et al. Creating a functional single-chromosome yeast. Nature, 2018, 560(7718): 331-335.

[42] Liu W R, Cremer J, Li D J, et al. An evolutionarily stable strategy to colonize spatially extended habitats. Nature, 2019, 575(7784): 664-668.

[43] Zhang C, Wang Z Y, Liu Y, et al. Nicking-assisted reactant recycle to implement entropy-driven DNA circuit. J Am Chem Soc, 2019, 141(43): 17189-17197.

[44] Cai T, Sun H B, Qiao J, et al. Cell-free chemoenzymatic starch synthesis from carbon dioxide. Science, 2021, 373(6562): 1523-1527.

[45] Wang W S, Li S S, Li E, et al. Harnessing the intracellular triacylglycerols for titer improvement of polyketides in Streptomyces. Nature Biotechnology, 2020, 38(1): 76-83.

[46] Krawczyk K, Xue S, Buchmann P, et al. Electrogenetic cellular insulin release for real-time glycemic control in type 1 diabetic mice. Science, 2020, 368(6494): 993-1001.

[47] Huang J F, Liu S Y, Zhang C, et al. Programmable and printable *Bacillus subtilis* biofilms as engineered living materials. Nature Chemical Biology, 2019, 15(1): 34-41.

[48] Lin Q P, Zong Y, Xue C X, et al. Prime genome editing in rice and wheat. Nature Biotechnology, 2020, 38: 582-585.

[49] 陈宣合．《美国创新与竞争法案》获通过，合成生物学产业再受大众火热瞩目．2021. https://www.vbdata.cn/51505 [2021-11-01].

[50] 张先恩．中国合成生物学发展回顾与展望．中国科学：生命科学，2019, 49(12): 1543-1572.

第四章

合成生物学的未来发展

第一节　基础科学问题

合成生物学不仅推动了生物工程应用的革命性发展，也为生命科学基础研究带来了崭新机遇。本章提出了合成生物学目前的核心科学问题：一方面是解答生命功能跨层次涌现的原理；另一方面是基于涌现原理解决生命系统的理性设计与构建这一瓶颈问题。本章总结了在合成生物学研究中，当功能涌现原理已知或未知时的不同研究范式，并讨论了合成生物学的定量研究方法，包括基于“定量表征＋数理建模”的白箱模型与基于“自动化＋人工智能”的黑箱模型。通过结合“自上而下”的工程研究范式与定量化、理论化的研究方法，定量合成生物学这一新领域将有望推动基础生命科学与合成生物学的双重变革。

一、生命功能的涌现

如何理解跨层次的“功能涌现”是生命科学的根本问题之一。有机分子、基因线路、细胞器件，这些无生命的组成部分组合在一起为什么能变成有生命的细胞？无意识、无智慧的个体细胞，组合在一起为什么能变为组织有序的多细胞生物，甚至产生意识与智能？有了结构是否一定就会有功能，整体是否等于部分之和？当简单的、低层次的组成成分组合在一起，形成的系统出现了其组成成分所不具备的功能时，就被称为功能涌现（emergence）（图4-1）。回答微观层次的结构中是如何涌现出宏观层次的功能，其实就是回答生命是如何从非生命中涌现出来，即“什么是生命”这一古老的、根本的科学问题。从时间尺度上来说，涌现性问题又可分为：过去的功能（existed function）的涌现，即生命起源与进化问题，最初的生命是如何从无生命的世界中涌现出来，并一步一步向更高级、更复杂发展的；现在的功能（existing function）的涌现，即在现存的生命系统中，有序的生命活动是如何从低层次的相互作用中涌现出来，并且遵循怎样的法则；还未存在的功能（non-existing function）的涌现，即我们能利用生物系统的元件，通过合成生物学，创造出什么样的新的生命功能。

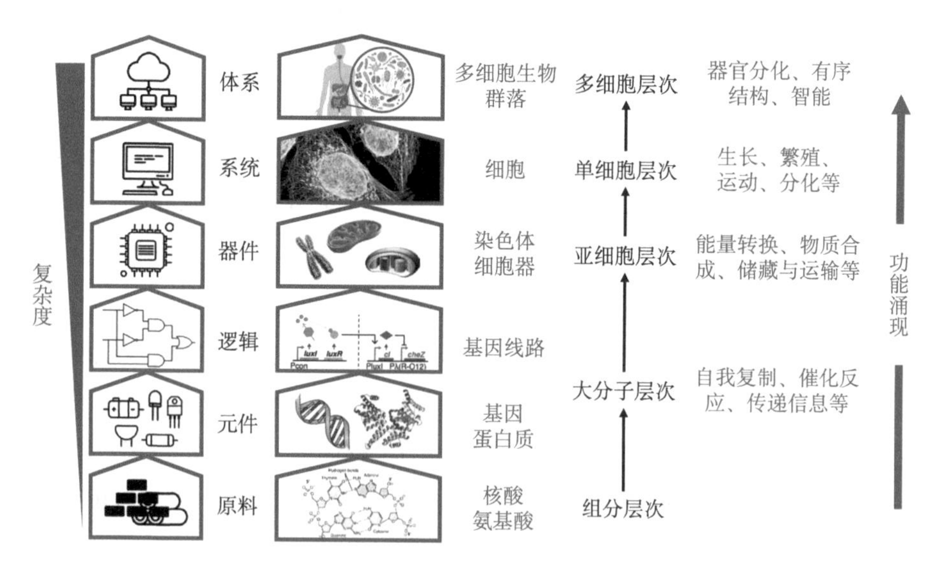

图4-1　生命功能的跨尺度涌现

在创造生命系统的合成生物学领域，我们又面对着要如何进行理性设计，使得新功能得以涌现的问题。合成生物学的发展取决于两个维度：合成能力与设计能力。前者指的是使能技术及工程平台，后者指的是系统的理论构架和方法体系。近 20 年来，随着 DNA 测序、DNA 合成、基因编辑等技术的不断革新，以及合成生物元件库、数据库的不断发展，我们的合成能力飞速增长。然而，与之形成鲜明对照的是仍旧十分有限的设计能力。只有对于极少数高度简化的系统，如借鉴于电子工程的基因开关（genetic toggle switch）和合成基因振荡器（synthetic gene oscillator）[1,2]，我们可以进行理性设计。绝大部分的合成系统的构建与优化仍然依赖于反复试错，缺乏理性设计的能力，难以实现定量可控，尤其是生物系统的复杂度越高越缺乏理性设计能力。因此，合成生物学未来 20 ～ 50 年所面临的最大挑战，就是如何提高理性设计的能力[3]。只有当设计能力与合成能力同时具备时，合成为设计提供验证，设计为合成提供指导，形成“设计—构建—测试—学习”的闭环，才有望可靠地、高效地构建更加精密复杂的生命系统（图 4-2）。

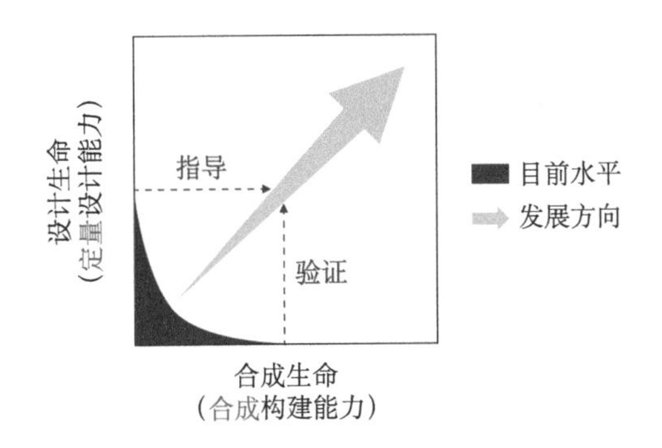

图 4-2　定量设计生命的能力与合成构建生命的能力共同决定合成生物学的发展

因此，我们所面临的科学问题可以统一为“生命功能的涌现性”这一“元问题”。一方面，是生物学的问题，包括过去与现在的功能涌现，需要将传统生物学方法与合成生物学结合，共同回答；另一方面，是合成生物学自身的问题，即合成生物体系中新功能的涌现，以及如何理性设计与构建合成生物体系的问题。理性设计问题的解决，一方面是在技术层面上推动合成生物学的发展，使得构建可控、复杂的合成生物系统成为可能，是解决前述生物学问题不可或缺的力量；另一方面，理性设计生物系统的能力本身便是基于对生命法则的深刻理解，因此，合成生物学本身的问题和生物学的问题是一体两面、相辅相成的。

二、生命的工程化

为了理解生命功能如何涌现，揭示生命的本质，传统的生物科学有两种范式。一种是还原论，即将研究对象进行拆分，“自上而下”地解析与研究生物系统的组成成分。生命科学自19世纪起迈入了近代科学的行列，遗传学、细胞学、分子生物学、生态学等蓬勃兴起，这些领域都属于还原论，从种群、个体、细胞、分子等各个不同层级上对生命活动进行了探究。2001年，人类基因组测序计划完成了草图图谱的工作，从还原论的角度说，我们已将生命系统还原到了最底层的基因图谱。然而，对于生命系统的功能如何涌现出来这一本质问题，我们仍然面临着巨大挑战。其中一个重要原因是，对组成部分或低层次的分析并不能真正地预测高层次的行为，对低维度的理解也不一定能导致对高维度的理解。功能产生于分子的集合，却并不直接存在于分子的个体；功能依赖于整体，即依赖于个体与个体之间通过互相作用形成的有机体系。因此，人们意识到，生命科学需要整体论思维，将生物视为一个系统的、复杂的、多线性的、具有自组织特性的整体。随着组学、生物控制论、计算生物学的发展，20世纪末系统生物学的新范式出现了，旨在理解生物系统组分的相互关系，研究它们整合在一起所形成的网络系统的结构、动态与功能。由于系统生物学注重宏观地从表象模型层面上描述实验数据或观察其行为，其挑战在于如何进行检验，获得超越表层相关性的底层因果机制。

还原论使我们从微观角度了解生命系统的组成成分，系统论使我们从宏观角度了解各组分如何互作并构成整体。二者各有局限性，却又是优势互补的，从不同的方向刻画生物系统，使我们对生命的认知指数式地增长。未来的生命科学必须兼具还原论与系统论两种范式。

诞生于世纪之交的合成生物学开辟了一条崭新的道路。作为与工程科学的交叉学科，合成生物学的任务是用知识达到构建事物的目的，即以工程构建的方式，将自然科学应用在生物工程中，构建自然界不存在的生命体，增进人们对工程生命体与自然生命体的基础认知。它一方面是还原论，即将生命系统自上而下地拆分成元件、模块与逻辑，通过理解部件来理解系统；另一方面是系统论，即在工程科学自下而上的理念指导下，整合生物学部件，构建生物系统，用重构合成的办法寻找相关性背后的因果关系。

合成生物学作为自然科学与工程之间的“桥梁”，对生命进行工程化的新范式，将为我们回答前述科学问题带来启发。总体而言，对于“功能涌现”这一生命本质问题，在与传统生物学方法结合后，合成生物学开辟了一条全新的解答思路：如果能够从头构建一个细胞（或者其他层次的生命系统），那么成功构建细胞就是我们理解细胞的组织原理与运行法则的直接证明，即“What I cannot create, I do not understand”（凡是我不能创造的，我就不能真正理解——费曼语）。另外，自然界的生物系统极端复杂，我们所掌握的部分极其有限，绝大部分的因素是未知的、不可控的，而人工合成的系统更加简化、可知、可控，能更直接有效地通过施加扰动或设计改造来发掘因果关系。通过构建基因、细胞、组织、器官、个体、群落等不同层次的系统，我们可以探索生命如何由下至上一层一层产生有序的结构与功能。

具体而言，对于生物学的科学问题：一是研究过去曾经存在的功能，即生命的起源与进化问题。过去存在的生命系统已经消失，只能通过化石等来获得间接的证据，而合成生物学则提供了重建原始生命[4]、重建古生物系统、重构生命进化路径的缺失环节[5,6]的可能，使我们能对已不存在的生物系统进行直接研究。二是研究当前存在的功能，即揭示生命法则、理解生命系统。对于这一目标，传统生物学通过“发现”，合成生物学通过“重构”，二者相互补充，共同推动对现有生物系统的理解。通过对生命系统的简化、改造与重构，合成生物学可以获得传统方法难以获得的信息。可以重构基因线路，使其从复杂的细胞环境和多层面的调控网络中剖离出来，验证其功能与调控机制。例如，罗恩·韦斯（Ron Weiss）课题组利用群体密度感应元件构建了能形成有序结构的细胞群体，验证了形态发生素梯度的原理[7]。可以基于从组学所获得的信息，重构基因组、表观基因组、转录组、蛋白质组，对细胞施加传统方法难以施加的内在扰动，从而阐明层与层之间潜在的因果关系，帮助人们打通生命组学，促进功能组学的最终实现。

对于合成生物学本身的问题：首先是创造并研究未曾存在的功能，即自然界没有的生物系统。一方面是通过创造自然界不存在的生命体系，如硅基生命[8]、单染色体酵母[9]、活细胞－半导体材料杂合体系等，探索生命边界，反过来回答“生命是什么”这一命题；另一方面是通过构建具有新功能的生物系统，开发新型能源、医药、材料、工农业产品等[10]。其次，无论是构建具有新功能的生物系统，还是重构曾有、现有的功能的生物系统，都需要具备基于理解生命系统规律的理性设计能力。无论是理解还是设计，从根本上来说，必须超越现象描述，寻找定量规律，构建理论架构，从描述科学转变为理论科学。

三、合成生物学理性设计的研究范式

合成生物学理性设计的本质目标，是通过设计底层的元件与结构，获得顶层的目的功能。从元件对直接进行端对端的预测，或者从功能出发直接设计元件，在现阶段还比较困难。而元件与功能之间的中间层是逻辑，即元件之间通过相互作用涌现出来的逻辑结构。以合成生物学的开创性工作之一，Elowitz 和 Leibler[2] 构建的合成振荡器为例，其元件是研究者所设计与构建的基因线路，包含三个转录抑制子，以质粒为载体导入到细胞中；基因元件的互作产生了逻辑：一个由三个元件构成的环形结构，每个元件抑制下一个元件，共同构成一个负反馈的环路；最终，从这个逻辑结构中涌现出系统的功能，即三个基因周期性的振荡表达（图 4-3A）。其中，元件产生逻辑的过程我们定义为“机制”，而逻辑产生功能的过程我们称为“原理”（图 4-3A）。机制对应于具体的合成体系与基因线路，如每个基因的功能、如何相互作用；而原理更加普适，因为逻辑是从具体组成中抽离出来的抽象结构，不同的体系可以共有同一套逻辑，从而产生同样的功能。

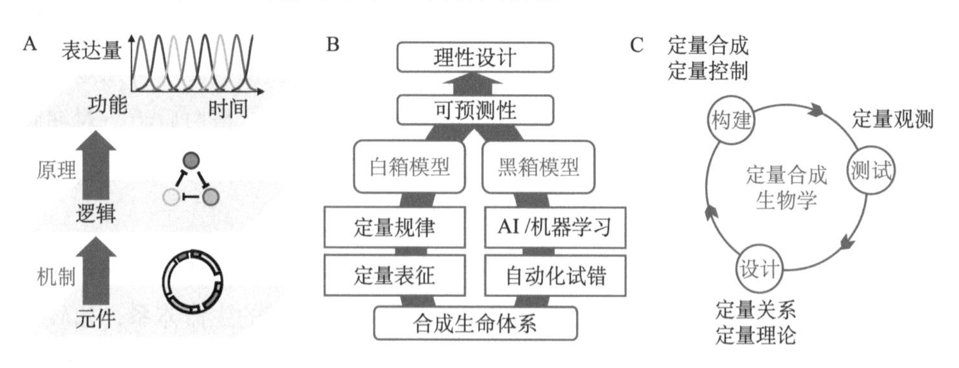

图 4-3　以定量为基础，建立合成生物学的理性设计体系

合成生物学目前缺乏一套成熟的方法论为理性设计奠定基础，但成功的合成生物学例子也屡见不鲜，可以为我们提供借鉴。从这些例子中，我们总结了目前合成生物学的三种研究范式。

上述合成振荡器这个例子展示了合成生物学最成熟的范式：当已知功能背后的原理时，我们能根据逻辑来设计元件。合成生物学领域的奠基工作，合成振荡器与基因开关[1,2]，分别是基于对振荡体系与双稳态体系的成熟理论设计的。例如，有研究对能产生振荡的拓扑结构进行了数学分析[11]。在后续研究中，人们进一步构建了基于其他拓扑结构或基于不同机制的基因线路，获得了更为稳定的振荡系统[12,13]。

然而，在大多数情况下，目的功能的形成原理并不清楚，因此我们没有已知的逻辑架构来指导元件的设计。原理未知时仍成功构建有功能的合成体系的例子也有不少，其中很多是采取自下而上的思路：利用功能与机理十分清楚的基因元件，先将体系构建起来，再从中探索感兴趣的功能。这样获得的功能可能是、也可能不是设计体系时所预期的功能。这种策略的瓶颈在于第一步，即寻找能让系统产生有意义功能的条件，这通常依靠耗时耗力的不断试错、调整参数与系统优化，成功常常需要运气。另一种策略是自上而下的“猜”，基于对目的功能的定量研究，对其原理进行有根据的猜想。然后基于猜想，设计元件，实现逻辑，获得功能，最后，再反过来验证所猜想的原理。

因此，当原理未知时，我们可以通过“碰运气”来获得具有功能的系统，也可以通过“猜”来建立可能的系统逻辑。在实际研究中，这两种策略常常需要互相结合。一个典型例子是使细菌菌落产生周期性条纹的合成基因线路的构建[14]，这个体系的构建是根据对模式形成原理的推测，在合成体系之后，通过调整参数，获得了有趣的表型，尽管这种表型是最初预期之外的。在获得了感兴趣的功能之后，我们便能对系统的机制进行研究，理解元件是如何互相联结的，并从中提取出系统的逻辑架构，最后理解从逻辑产生功能的原理。在上述例子中，研究人员从这个合成体系出发，通过数学建模，发现了基于细胞密度与运动的负反馈的模式形成原理[14]。由于原理的普适性，我们可以将其推广到更多的体系，使用前述第一种范式，即在原理已知的条件下，根据逻辑架构设计合成生命的元件。

四、定量合成生物学的研究方法：白箱与黑箱

所谓理性设计，就是“可预测性”设计，要可预测，就必须定量。如何建立定量化、理论化的合成生物学体系，我们需要借鉴其他自然科学领域的方法论：一类是知识驱动的白箱模型，另一类是数据驱动的黑箱模型（图4-3B）。

白箱模型，指的是基于对系统规律认识的模型。杨振宁先生把物理学理论的发展分为实验、唯象理论（phenomenology）和理论架构三个阶段[15]，典型的例子是经典力学的建立：16世纪，第谷对天体运行进行了前所未有的精确的定量观测；根据第谷所积累的数据，开普勒总结出了行星运动三大定律，从此人们可以对行星运行轨迹做出定量预测；天文规律的发现，最终为牛顿建立经典力学奠定了基础；而没有经典力学体系，就不可能有现代航空航天技术。在这个历程中，对自然现象的定量观测是第一步；定量，使得科学摆脱了定性描述的模糊与主观，使得数学描述成为可能。第二步是建立唯象理论，即用数学公式来概括和提炼定量的观测现象，不能解释现象的原因，但对现象有定量预测的功能，即“知其然而不知其所以然”。第三步是建立理论架构，解释产生现象的内在机制。牛顿的名著《自然哲学的数学原理》展现了如何运用归纳与演绎、综合与分析的方法、公理化方法、科学的简单性原则，用数学的方式描述了自然现象背后的原理。牛顿研究经典力学的科学方法论和认识论支配了当时整个自然科学发展的进程，直到今天都是科学研究所遵循的基本准则。相对于唯象理论，理论架构具有普适性。唯象理论和理论架构的定义是相对的，例如，相对于量子引力理论，万有引力定律也是唯象的，需要通过量子力学来解释。最后，在定量的、普适的理论架构的基础上，我们可以发展工程应用。

合成生物学要如何建立白箱模型？首先，需要获取关键表型的定量化实验数据；其次，可以通过建立唯象模型来掌握系统的运行规律。宏观表现的规律能给我们寻找微观的机制提供启示。通过综合不同系统、不同现象的唯象规律，我们能进一步归纳、提炼出具有普适性的理论框架。最终，利用理论来达到理性设计与构建合成生物系统这一工程目标。

黑箱模型则遵循着完全不同的范式，它是一种忽略内部规律，根据输

入－输出关系建立的、反映系统因素间笼统的直接因果关系的模型。白箱模型的建立由灵感驱动、知识驱动，而黑箱模型由高通量、标准化的数据驱动，建立在机器学习等人工智能的预测算法上，通过算法的自动化试错，分析与挖掘数据中的模式和关联。得益于数据科学与人工智能的飞速发展，黑箱模型在生物学领域的应用成果卓著。蛋白质三维结构一直是生物学领域难以突破的瓶颈，数十年间三维结构被完全解析的蛋白质只覆盖了人类蛋白质序列的 17%。而 DeepMind 开发的 AlphaFold 的横空出世颠覆了这个局面[16-19]。AlphaFold 及新一代的 AlphaFold2 基于机器学习算法，使用 17 万个已知结构的蛋白质数据库进行训练，建立从蛋白质的氨基酸序列到蛋白质结构的映射关系。AlphaFold2 已预测了 98.5% 的人类蛋白质结构，其中 1/3 的蛋白质预测达到了极高精度。开发与合成生物学研究高度适配的人工智能方法体系，有望突破传统数理建模复杂度低、过度约束等局限，可以从生物实验中产生的海量数据尤其是组学数据中挖掘人脑不易发现的特征，提高对基因元件、线路、网络等功能预测的准确度。

白箱模型与黑箱模型两种途径都指向同一目标，即用数理逻辑与定量关系研究自然现象。因此，我们提出用“定量合成生物学”来解决目前面临的挑战。定量合成生物学是定量生物学与合成生物学的交叉学科，其目标是用严谨的数理逻辑思维研究生物系统基本原理，用简单定量关系描述复杂生物过程。一方面，可以以白箱模型寻找定量规律和原理，理解生物系统基本原理与设计原则；另一方面，可以以人工智能算法通过自动化试错获得可预测的黑箱模型（图 4-3B）。以这些模型为指导，理性设计合成生物体，从而回答生物学问题，并且真正实现合成生物学的工程化。反过来，通过构建合成生物系统，又能验证定量生物学对生命现象的定量预测。

定量合成生物学的构建方式是从简单到复杂，从原料（核酸、氨基酸）、元件（基因、蛋白质）、逻辑（基因线路）、器件（染色体、细胞器）、系统（细胞）到体系（多细胞生物、群落），自下而上在不同尺度上重新构建人工生物系统；其分析方式是自上而下，从宏观定量分析得到微观理论机制。

理性设计原理和合成构建技术在生物研究中，能形成“设计—构建—测试”的研究循环（图 4-3C），但目前这种循环的速度慢、效率低，依赖于昂贵的人力成本。因此，自动化、高通量的设备平台和标准化的实验方法、算法和流程，是未来的合成生物学不可或缺的一部分。当前研究的一个新的热点是黑箱的“白箱化”：用算法建立黑箱，用高通量的实验“打开”黑箱，理解其内部的机制。一个最新案例是2020年发表在*Nature*上的“人工智能机器人化学家”[20]，它具备人工智能算法，能对10个维度的变量进行分析，从1亿多个候选化学实验中确定668个实验；同时，它能够自动、独立、高效地完成实验。人工智能降维结合高通量的自动化设施，从两个方向共同高效探索参数空间。

因此我们提出，建设理论（理性设计）、技术（合成能力）、工程（自动化平台）三者相辅相成的合成生物学体系（图4-3C）。首先，发展定量合成生物学，定量描述和预测基因线路与细胞行为，发展生命体系定量理解与理性设计的基础理论框架，建立复杂生物系统的设计理论、从头设计原则和数学模型，探索生命体维系、运转的基本规律。其次，大力发展使能技术：提升大片段DNA合成、基因组编辑、生物元件功能设计与定向进化、基因线路设计、自动化建模及测试能力，使得我们能更精确定量地合成、控制生物系统。最后，建设自动化、高通量的设备平台，发展高通量、数字化、标准化的设计、合成、测试技术体系。

五、结　语

定量和数据驱动合成生物理论，全自动合成生物平台装载使能技术，实现融合智能化设计学习、自动化合成测试、多功能用户检测的合成生物学智能化云端实验室，将推动合成生物学研究由定性、描述性、局部性的研究，向定量、理论化和整体化的变革。合成生物学的变革将使人们增进对生命系统的基础认知，更好地理解复杂生物网络，分析出生命体的基本规律与设计原则。反过来，基础生命科学认知的深入，又将更好地指导工程生命体的理性设计。我们期待，基础生命科学研究与合成生物学研究两者的螺旋上升，会真正开启生命科学研究革命之门，同时针对工业、农业、健康、能源、环境、材料、信息、工程等国民经济领域重大需求，引领新一代生物技术和工程生物学发展。

第二节　重点技术主题

本节重点梳理了基因组编辑、合成与组装，设计技术，细胞工程，合成生物学先进分析技术，以及合成生物数据库、大数据智能分析与自动化实验5个技术主题的研究和发展历史，分析了研究现状和水平、面临的瓶颈问题，凝练和展望了我国未来中期的重点发展方向。

一、基因组编辑、合成与组装

（一）基因组编辑技术

基因组编辑技术是合成生物学的一项核心使能技术。CRISPR 基因组编辑技术在生命科学领域掀起了一场全新的技术革命，助推了合成生物学快速发展。然而，目前 CRISPR 基因组编辑技术的性能尚有欠缺；智能设计、表达和递送系统等相关技术也不能满足医疗和农业领域的应用需求。未来基因组编辑技术的发展方向：一方面亟待开发更精准、高效、全面和智能的 CRISPR 基因组编辑技术；另一方面，需利用大数据分析和人工智能技术，不断开发全新的颠覆性基因组编辑技术。

1. 基因组编辑技术概述

基因组编辑是指在基因组尺度对生物体进行精确设计与高效改造，被生物学界公认为“自聚合酶链反应（PCR）技术以来最具颠覆性和革命性的生物学突破”，是合成生物学核心的使能技术之一。基因组编辑技术主要利用工程化的序列特异性核酸酶（sequence specific nuclease，SSN）在基因组特定位点切割产生 DNA 双链断裂（DNA double strand break，DSB），DSB 激活机体固有的同源重组（homologous recombination，HR）和非同源末端连接（non-homologous end joining，NHEJ）两种自我修复机制，从而实现基因组的定点编辑。目前基因组编辑技术经历了从锌指核酸酶（zinc finger nuclease，ZFN）、转录激活因子样效应物核酸酶（TALEN）到规律成簇的间隔短回文重复（CRISPR）系统的三次技术革新（图 4-4）。

1）ZFN 技术

ZFN 技术[21]出现于 20 世纪 90 年代，主要包括用于识别和结合特定 DNA 序列的锌指蛋白（ZFP）和非特异地切割 DNA 的限制性核酸内切酶 *Fok* Ⅰ。利用一对串联的锌指来结合特异 DNA，将 *Fok* Ⅰ的两个亚基带到特定基因组位点，对 DNA 进行切割产生 DNA 双链断裂。该技术靶向结合效率高，但是其识别特定 DNA 的锌指序列需要通过文库筛选来确定，耗时费力，成本也高，至今难以被大规模地应用。

2）TALEN 技术

TALEN 技术[22,23]发明于 2009 年，与 ZFN 相似，由两部分构成：一部分是由 33 ～ 35个氨基酸的重复单元组成，位于 12 位和 13 位的两个可变氨基酸残基负责识别并结合 DNA 序列，通过构建 12 位和 13 位不同的可变氨基酸残基，理论上可以靶向几乎任何 DNA 序列；另一部分是限制性核酸内切酶 *Fok* Ⅰ。将 TALEN 与特定的表观遗传修饰酶或一些转录调控效应因子进行融合，可实现基因的表达调控。与 ZFN 相比，TALEN 更为灵活，筛选、构建更加容易，效率有所提高，是合成生物学等领域广泛使用的工具。但是 TALEN 技术构建较为复杂、成本依然偏高。

3）CRISPR 技术

CRISPR 系统[24]作为细菌或古细菌的“免疫系统”，于 2012 年被开发并成为目前最便捷高效的基因组编辑工具。相比于 ZFN 技术和 TALEN 技术，CRISPR 技术构建简单、价格低廉、易于编程且高效，已广泛应用于生命科学多个领域，迅速成为全世界生命科学研究的焦点。CRISPR 相关技术在 2013 年、2015 年、2017 年和 2021 年先后被《科学》期刊评为“年度十大科学突破”之一，并获得 2020 年度诺贝尔化学奖。

（1）传统 CRISPR 技术

CRISPR 系统包含与目的 DNA 片段匹配的向导 RNA 及具有核酸酶功能的 Cas 蛋白。向导 RNA 引导 Cas 蛋白结合靶位点，切割靶 DNA，产生 DSB

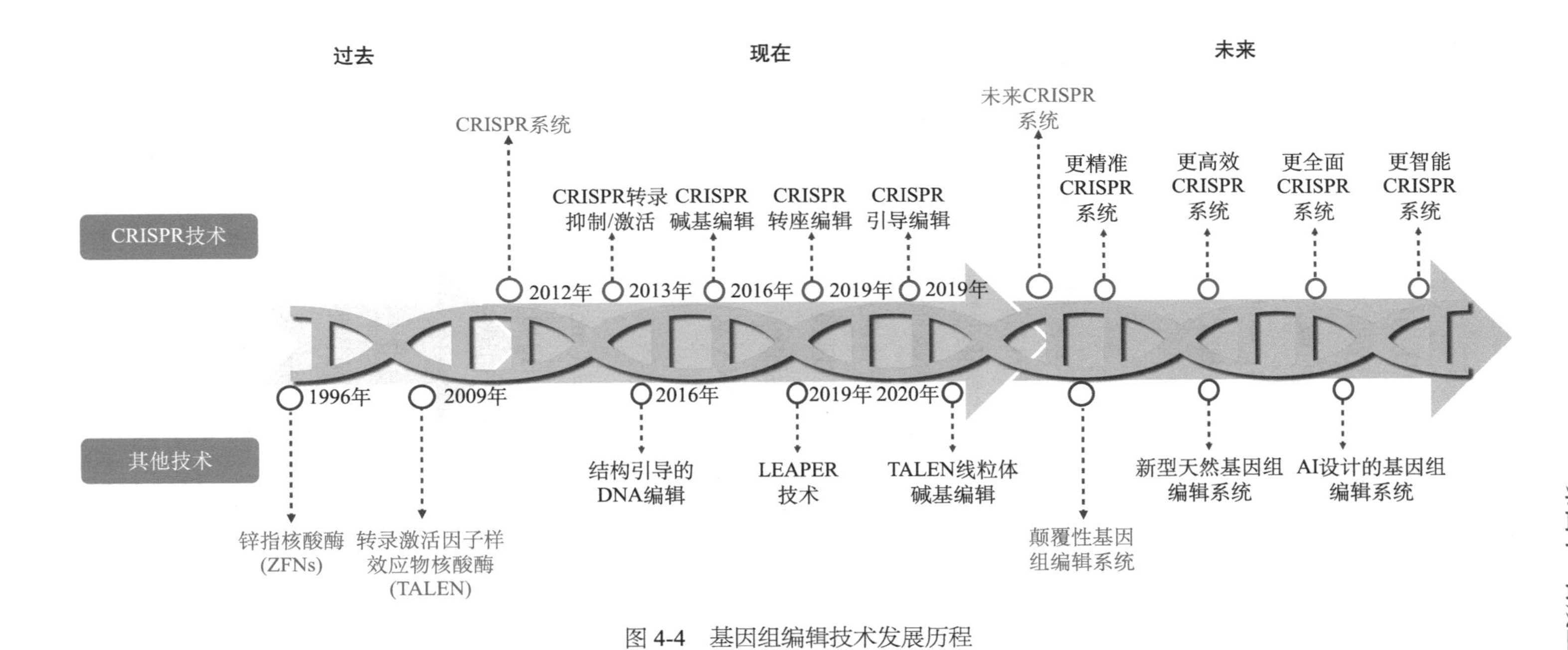

图 4-4　基因组编辑技术发展历程

注：LEAPER：利用内源性腺苷脱氨酶 ADAR 对 RNA 进行可编程编辑（leveraging endogenous ADAR for programmable editing of RNA）

损伤，再通过易错的非同源末端连接或者高保真的同源重组修复等方式进行修复[25]。非同源末端连接会形成碱基丢失、插入或置换等小片段突变，同源重组需要以内源或者外源导入的同源序列作为修复模板进行编辑。在部分细胞中（如植物或者哺乳动物细胞），同源重组效率远远低于非同源末端连接，倾向于产生核苷酸的插入和缺失。目前最为常用的Cas9蛋白可改造形成单链DNA切割活性的Cas9（Cas9 nickase，nCas9）或无切割活性的Cas9（dead Cas9，dCas9），将其与其他功能蛋白融合，定位到靶位点，可实现各种基因组靶向操作。

（2）单碱基编辑技术

单碱基编辑（base editing，BE）主要利用Cas9变体（dCas9/nCas9）与脱氨酶蛋白融合而成，可将一定窗口内的胞嘧啶核苷酸转化为胸腺嘧啶核苷酸（C→T）[26,27]、将腺嘌呤核苷酸转化为鸟嘌呤核苷酸（A→G）[28]。新型糖基化酶碱基编辑器利用细胞自身DNA修复系统直接将胞嘧啶脱氨形成的“非常规碱基”修复生成特定碱基，并首次实现碱基颠换编辑。在大肠杆菌中可将胞嘧啶编辑成腺嘌呤，结合其他碱基编辑器可以实现任意碱基间的变化；在哺乳动物细胞中可将胞嘧啶特异性编辑成鸟嘌呤[29,30]。碱基编辑技术突破了传统编辑技术的制约，无需产生DNA双链断裂，也无需供体DNA的参与，具有简单、广适、高效的特点。

（3）引导编辑和转座编辑

将莫洛尼鼠白血病病毒反转录酶（moloney murine leukemia virus reverse transcriptase，M-MLV RT）与nCas9（H840A）融合，同时在向导RNA的3′端延伸出一段序列作为反转录的引物和模板构建的引导编辑技术[31]，可以实现12种任意类型的碱基置换、多碱基替换，以及特定碱基序列的插入与删除。经过优化的引导编辑技术可以在基因组上一次性精确删除长达10 000个碱基[32,33]的DNA序列。此外，基因组范围脱靶效应评估，证明引导编辑具有更高特异性，不会导致非pegRNA（prime editing guide RNA）依赖的脱靶[34]。

将CRISPR系统与转座子结合可以实现位点特异性DNA片段的高效、特异插入[35,36]，该功能不需要Cas蛋白的核酸内切酶活性，不产生DNA双链断裂，不依赖于内源修复机制，因而安全性更高。然而，迄今为止还没有关于转座子相关CRISPR系统在真核生物中应用的报道。

2. CRISPR 基因组编辑技术存在的问题及未来发展

CRISPR 基因组编辑技术虽然发展迅速，但目前其精准性、高效性、全面性和智能性四大方面尚有欠缺（表 4-1）。

表 4-1　CRISPR 基因组编辑技术瓶颈与未来发展

	瓶颈问题	未来发展
精准性	基因组脱靶	利用蛋白质工程等方法开发低脱靶编辑系统
	副产物编辑	通过蛋白质理性设计、定向进化及从头 AI 设计等方式开发低副产物编辑系统
高效性	动植物细胞同源重组效率低	精细化调控修复途径；控制细胞周期；提高供体模板可利用性
	引导编辑效率低	优化 pegRNA 结构；调控修复途径关键蛋白；提高 PE 的反转录效率及表达水平
	微生物多靶点同时编辑效率低	提高修复效率；应用不引入 DSB 的编辑技术
全面性	PAM 框范围受限	通过工程化改造 Cas9、挖掘新型 Cas 蛋白等方式开发不同 PAM 类型编辑系统；开发无 PAM 需求的 Cas 新变体
	碱基编辑种类不足	利用功能蛋白与 DNA 修复途径相结合等方式开发新型高效的碱基编辑器
	特定细胞器编辑问题	改造 RNA 解决细胞器 RNA 递送问题；利用细胞自身的导向 RNA 或蛋白质，开发细胞器 CRISPR 编辑技术
	DNA 大片段操作问题	开发新型转座技术；挖掘可操作大片段的 DNA 修复系统
	植物编辑组分递送及再生过程优化	挖掘再生促进因子；开发新型生物介质、新材料等递送系统
	动物编辑组分递送	开发以 mRNA-LNP 为代表的新型递送技术
	微生物通用遗传操作系统缺乏	建立通用型遗传操作系统工具库；建立 CRISPR/Cas 瞬时表达或 RNP 直接转化的编辑筛选体系
	原核微生物基因组转录激活	挖掘更多转录激活因子
智能性	位点编辑差异性大、结果不可预测	利用大数据信息系统、机器学习预测编辑结果
	智能化设计不足	利用人工智能结合大数据信息系统进行智能化设计

注：PAM：前间隔序列邻近基序（protospacer adjacent motif）；LNP：脂质纳米颗粒；RNP：核糖核蛋白复合物

1）CRISPR 基因组编辑技术的精准性

（1）基因组脱靶

目前 CRISPR 基因组编辑技术的精准性不足主要体现在基因组脱靶问题。脱靶现象一般分为两种：一种是单链向导 RNA（single guide RNA，sgRNA）依赖型，主要指与靶位点相似性很高的位点产生的脱靶编辑，这些位点往往与靶位点只有几个碱基的错配；另一种是 sgRNA 非依赖型，目前已在单碱基编辑（BE）系统中被报道，主要指一些基因组上随机的，目前无法预测的脱靶编辑。针对sgRNA依赖的脱靶，可以通过合理设计间隔序列（spacer序列）、使用高特异性的 Cas9 变体、瞬时表达 CRISPR 系统等策略降低其脱靶效率[37]；对于 sgRNA 非依赖的脱靶，解决方法主要是通过开发脱氨酶变体，降低其与 ssDNA 或者 RNA 的结合能力，进而降低其脱靶水平[38,39]。但目前的解决方案是在提高编辑精准性的同时一定程度上影响了靶向效率。未来可通过蛋白质工程手段，如基于蛋白质结构的理性设计、蛋白质定向进化，以及基于人工智能的蛋白质从头设计，开发新型编辑系统，兼顾高精准性与高效率。

（2）副产物编辑

基因组编辑系统的精准性还体现在降低副产物的发生频率，提高编辑产物纯度方面。例如，针对碱基编辑系统而言，可通过理性设计蛋白变体、开发序列偏好的碱基编辑系统等进一步缩小突变窗口[40]，甚至做到只改变单一碱基而不影响旁侧序列。同样地，对于引导编辑系统，也需要解决其额外产生的副产物问题。

2）CRISPR 基因组编辑技术的高效性

（1）动植物细胞同源重组效率低

基于 CRISPR 系统介导的同源重组可实现精准的插入、删除及替换，但同源重组（HR）在动植物细胞中的发生频率很低。尽管目前已有多种提高 HR 效率的优化方式，如限制 NHEJ 修复途径、促进 HR 修复途径，优化供体 DNA 等，但这些方式仍难以从实质上改变 HR 发生的频率[41,42]。未来可尝试在已有研究的基础上，通过深入了解细胞修复途径并结合系统性分析，探寻核酸酶介导的 HR 发生的关键因子，从而更精细地对细胞修复途径进行把控；并可通过控制细胞周期、提高供体模板的可利用性等辅助方式进一步提高 HR 效率。

（2）引导编辑效率低

引导编辑（PE）系统可实现碱基之间的任意转变及小片段的插入和缺失，虽然其能够在一定程度上弥补 HR 效率极低的短板，但该系统也存在效率偏低的问题[43]。在 pegRNA 3′ 端添加结构性 RNA 序列提高 pegRNA 的稳定性、阻止 pegRNA 环化、抑制 DNA 错配修复（mismatch repair，MMR）途径均被证明可以一定程度提高 PE 的编辑性能[44,45]。未来可尝试通过优化 pegRNA 的结构、寻找修复途径过程的关键蛋白、提高 PE 的反转录效率及表达水平等手段来增加 PE 的编辑效率，使其普适性及开发利用性更高。

（3）微生物多靶点同时编辑效率低

微生物中多靶点（＞ 3）的编辑效率相对较低，只有酿酒酵母可实现基于 CRISPR 技术一次高效编辑 8 个基因[46]。DSB 介导的多基因组编辑不仅需要在体内成功表达多条向导 RNA，还需要提高修复效率，若使用不引入 DSB 的编辑技术，如 BE[47]，则更有望实现更多靶点的编辑。

3）CRISPR 基因组编辑技术的全面性

（1）PAM 框范围受限

尽管 SpCas9-NG、SpG 以及 SpRY 等变体的开发使得 CRISPR/Cas9 的前间隔序列邻近基序（protospacer adjacent motif，PAM）靶向范围由 NGG 拓展到 NG 和 NA，甚至可以摆脱 PAM 的困扰，但这些变体在不同 PAM 上的编辑活性差别较大[40]。通过结合基础研究，进一步工程化改造出新型 Cas9、挖掘新型 Cas 蛋白，使其能够在不同 PAM 类型下均可实现高效的编辑，甚至能在保证高编辑活性的同时，开发出无任何 PAM 需求的 Cas 新变体，以突破目前 CRISPR 基因组编辑系统对 PAM 的限制。

（2）碱基颠换技术

目前在细菌或人类细胞中过表达尿嘧啶 -DNA 糖苷酶（UDG），可使被脱氨的 U 变成 AP 位点，再经过 DNA 复制和修复，能够实现 C → A 或 C → G 的碱基颠换[29,30]。类似地，若在 A → G 碱基编辑过程中，同时过表达人源烷基腺嘌呤 DNA 糖基化酶（hAAG）用于将 A 脱氨形成的 I 切除，形成 AP 位点，可能会实现 A → T 或 A → C 的碱基颠换。另外，可基于碱基颠换本身发生机制，融合天然存在或者定向进化的功能蛋白，结合 DNA 修复途径等开发新型高效的碱基颠换技术。

（3）特定细胞器基因组编辑技术

许多动物疾病、植物发育相关过程，以及重要天然产物合成途径等都在特定细胞器内完成，受许多细胞器基因控制。目前已报道的细胞器基因编辑主要是利用 TALEN 技术来实现 [48]。CRISPR 技术由于 RNA 的导入问题一直未被开发。通过改造 RNA 及利用细胞自身的导向 RNA 或蛋白质，开发可以对细胞器基因编辑的 CRISPR 技术对细胞器功能研究及合成生物学等领域具有重要意义。

（4）新型 DNA 大片段插入技术

目前通过同源重组进行 DNA 大片段插入发生频率低且容易产生 DSB 带来的副产物。利用其他类型的 DNA 修复途径或使用新的转座因子来开发高效的基因定点插入技术是未来基因组编辑研究的重要方向。例如，可开发真核生物转座子系统或细菌的 Tn7-CRISPR-Cas 系统 [35,36]，从而实现 DNA 大片段的插入、多个基因控制的通路插入，以及多个重要性状的叠加等。此外，将双引导编辑（twinPE）和重组酶相结合可以在基因组的特定位置插入或置换基因大小的 DNA 片段，且很少产生副产物，但是目前该技术编辑效率和插入 DNA 片段大小有待进一步提高 [49]，未来可以优化 twinPE- 重组酶系统，开发更高效的 DNA 大片段插入技术。

（5）植物基因组编辑组分递送及再生过程优化

基因组编辑组分的递送和后续组织培养再生过程是植物基因组编辑的瓶颈 [41,43]。目前植物中主要依托农杆菌、基因枪等传统遗传转化方法，在不同作物、不同品种中效率差异较大，递送完成后一般需要进行组织培养再生才能获得编辑植株，但再生过程对于大多数植物来说效率很低，因此寻找促进再生的关键因子成为解决该问题的重要方案。研究发现过表达 *WUS*、*BBM*、*GRF* 或者 *GRF-GIF* 等基因可明显提高多个难再生的作物品种的再生效率 [43]。另外，有研究发现，在双子叶植物上利用农杆菌原位转化生长调节因子，可实现从头分生组织诱导 [50]，该方法避开了传统转化法对组织培养的依赖，具有广泛的应用前景。

另外，开发和利用新的生物介质或新材料递送基因组编辑组分，实现可遗传、不需要组织培养和不受基因型依赖的基因组编辑技术是破解当前困局的重要途径。例如，近期多个研究报道利用植物 RNA 病毒载体递送 CRISPR/

Cas组分，可以在烟草、小麦及大麦中实现编辑[51,52]；病毒载体转化方法的开发利用有望解决植物遗传转化中对组织培养和受体材料基因型依赖的限制。另外，纳米材料（如碳纳米管）目前已经可以在多种植物叶片及叶绿体中实现递送[53,54]，因此该方法有望在植物基因组编辑领域很快得到拓展和应用。

（6）哺乳动物基因组编辑组分递送

哺乳动物基因组编辑效率除了受编辑工具效率影响，还受编辑工具导入效率的制约。CRISPR系统中的Cas蛋白进入哺乳动物细胞的形式可以有DNA、RNA及蛋白质，sgRNA进入细胞的形式包含DNA及RNA。然而，不论以哪种形式，CRISPR系统都很难进入细胞，一方面由于其分子量大，另一方面是其稳定性差，在进入靶细胞之前容易在体内快速降解或结合。目前递送CRISPR系统的方法主要有物理法、病毒法及纳米递送法[55,56]。

物理递送方法主要包括电穿孔法和显微注射法，电穿孔法往往只适用于体外细胞转染，注射法虽然可以用于体内细胞转染，但其对细胞有损伤，并且通量低，往往只适用于胚胎细胞的转染。病毒法递送效率高，但是可能产生致癌、致突变的风险，另外病毒负载能力有限，比如腺相关病毒（adeno-associated virus，AAV）只能负载不大于4.7 kb的DNA序列，目前广泛使用的Cas9与Cas12a均具有较大的分子尺寸（通常大于1000个氨基酸），在容纳CRISPR核酸酶与sgRNA的编码序列之余往往难以承载更多其他功能元件，很难实现碱基编辑系统高效又安全的递送。以Cas12f为代表的小型CRISPR核酸酶正在被发现和开发[57]。开发或者改造安全、高载荷的病毒载体，以及更小型化的CRISPR编辑系统是未来的研究重点。纳米材料由于其优良的理化特性逐步开始在哺乳动物细胞递送方面发挥作用。随着mRNA新冠疫苗的快速获批和大量应用，mRNA-LNP技术获得了大量研究，与其他递送载体相比，脂质纳米颗粒（LNP）具有安全性、低免疫原性、非整合性等优点，避免了病毒载体可能存在的诱变风险。以mRNA-LNP为代表的新技术未来将在哺乳动物基因组编辑工具递送中发挥重要作用。

（7）微生物通用基因编辑系统

除了一部分真菌已建成了基于CRISPR/Cas瞬时表达来实现基因组编辑[58]，大部分微生物的基因组编辑则需要克服遗传物质的转化，以及胞内的遗传表达等难题[59]。针对不同微生物种类，往往需先筛选内源质粒作为载体，并需要优化转化和筛选条件，这对很多非模式微生物来说是一个巨大的挑战。未来，通过建立包含各种通用型遗传操作系统的基因组编辑工具库，快速筛选适合特定微生物种类的基因编辑系统。针对某些尚未建成遗传操作系统的微生物菌株，建立基于 CRISPR 核糖核蛋白（ribonucleoprotein）复合物转化和筛选技术的基因组编辑系统。

（8）原核微生物基因转录激活系统

原核微生物已建成了成熟的 CRISPR 抑制系统，包括单基因[60]和多基因[61]，通过抑制 RNA 聚合酶的起始或延伸来高效抑制靶标基因的转录。而对于激活系统的研究，目前仅筛选到了 AsiA 转录激活子可实现对内源靶标基因的高效转录激活[62]。未来，该系统的普适性还需要更多验证，特别是在富含天然产物合成基因簇的放线菌中，同时也需筛选更多转录激活子来满足不同的转录激活需求。

4）CRISPR 基因组编辑技术的智能性

尽管基因组编辑已经广泛应用于各种生物细胞，但是决定基因组编辑结果的因素尚不十分清楚（尤其是动植物细胞）。机器学习适用于从大规模异质性的数据中寻找特征，目前机器学习在基因组编辑产物和效率预测等方面已经展现出其特有的优势[38,63,64]。利用大数据分析，被证明可以筛选影响碱基编辑器和引导编辑器编辑结果的细胞内源因素，在此基础上可以开发性能更优的碱基编辑器和引导编辑器[45,65]。将基因组编辑与大数据、机器学习结合起来是一种可以提高基因组编辑能力的有效方法。通过开发规模化的数据获取系统和不同基因组编辑技术的大数据库，结合人工智能的大数据信息系统，可以极大提高基因组编辑的效率、准确预测编辑类型及降低脱靶等，同时也有利于未来植物分子设计育种、遗传疾病精准治疗等智能化设计。

3. 其他基因组编辑技术的未来发展

CRISPR 系统作为基因组编辑领域的当家花旦，能否长久独占鳌头？科学家一直尝试开发不依赖于 CRISPR 的新型基因组编辑技术，例如，利用向导 RNA 招募内源脱氨酶实现目标 RNA 编辑的 LEAPER 技术[66]、不受序列限制的结构引导核酸内切酶技术[67]，以及利用具有 RNA 内切酶活性的 TNA 酶在特定位点切割 RNA 的人工核酶技术[68]。细胞中存在内源的核酸编辑酶，包括 ADAR 及 APOBEC 家族蛋白等，因此可以不依赖 CRISPR 系统，直接利用这些酶类进行基因组编辑与表达调控。ADAR 是一类在人体内各组织中广泛表达的腺苷脱氨酶，能够催化 RNA 分子中腺苷 A 到肌苷 I（鸟苷 G）的转换。研究发现，仅在细胞中导入经过特殊设计的、能够招募细胞内源 ADAR 蛋白的 RNA（ADAR-recruiting RNA，arRNA），即可在一系列基因转录物中实现高效、精准的编辑[66]。利用这个称为 LEAPER 的方法，研究者成功修复了来源于 Hurler 综合征（又名黏多糖贮积症 I 型）患者的 α-L- 艾杜糖醛酸酶缺陷细胞。相比 DNA 编辑，RNA 编辑不需要对基因组序列进行永久性改变，这种可逆的、易于调控的编辑方式在安全性上可能更具优势，可推进基于碱基修饰的合成生物学方法在医疗领域的应用。另外，由于内源的 ADAR 及 APOBEC 的表达都受到干扰素的调控，因此可以运用外源刺激来操纵细胞内 RNA 的靶向编辑事件，从而进行基因组编辑 / 修饰的动态调控，以及细胞的可控编程。未来，随着基因组序列信息的不断扩大和大数据分析技术的不断进步，隐藏在自然界中越来越多的基因组编辑系统会被发现；另外，随着人工智能技术的快速发展，人工设计基因组编辑技术也将会成为可能。

（二）DNA 组装技术

1. 研究历史

DNA 组装方法是整个合成生物学的基础。新生命体系的从头设计与合成不仅需要合成组成基因组的小片段 DNA，还需要通过后续的组装与拼接获取完整的合成基因组。随着对 DNA 序列长度需求的增加，对 DNA 组装技术也提出了越来越高的要求。尤其是近年来快速发展的基因组设计合成领域，需要超大 DNA 片段的组装技术的支撑。因此 DNA 组装技术是合成基因组学乃至整个合成生物学领域的核心技术体系，其突破将极大地推动合成生物学的发展。

根据组装片段的大小、序列特性、是否接受额外序列残留等，开发出了众多的 DNA 组装策略。而众多体外 DNA 组装技术的共同点在于需要使用工具酶，以实现 DNA 链的切割、单链黏性末端的产生、双链连接及缺口的补齐等。根据所用工具酶体系的不同将其归为 5 类：①基于 DNA 聚合酶的策略；②基于同尾酶的生物砖（BioBrick）法和 Bgl 砖（BglBrick）法；③基于 IIS 型限制性内切酶的策略；④基于多工具酶联合体系；⑤DNA元件的标准化设计。

随着测序技术的发展，人们对遗传信息的读取认知呈爆炸式增长，与此同时，编写DNA的尺度也不断延伸，逐渐由单个基因、某一代谢通路向完整基因组拓展。研究对象复杂性的提升对大尺度DNA的合成与组装提出了更高的需求。由于大尺度DNA在体外操作时极易断裂，因此，组装100 kb以上的DNA分子一般选择在细胞内进行[69]。基于酿酒酵母、大肠杆菌和枯草芽孢杆菌这些模式生物自身的高效重组机制，研究者开发了一系列大尺度DNA的体内组装技术，已经用于合成与组装外源代谢途径、病毒基因组、细菌基因组、酵母基因组和高等生物某些基因或染色体区域。

2. 研究现状和发展水平

按照技术类型分，现有的DNA组装技术主要分为三类（图4-5）。

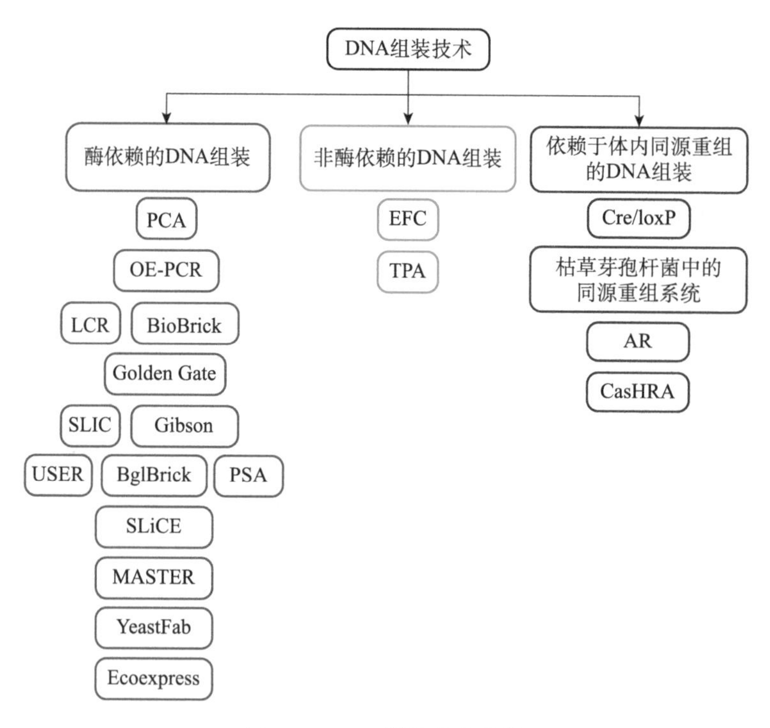

图4-5　DNA组装技术分类

1）酶依赖的DNA组装

19世纪80年代中期，PCR的发明为依赖于DNA聚合酶的DNA组装技术的兴起与发展奠定了良好的基础[70,71]，基于此开发了聚合酶循环组装技术（polymerase cycling assembly，PCA）和重叠延伸 PCR 技术（overlap extension polymerase chain reaction，OE-PCR）[72]。2003 年，Smith 等[73]将连接酶拼接法（ligase chain reaction，LCR）与重叠延伸 PCR 法相结合，合成了噬菌体 ϕX174 基因组全长序列（5386 bp）。

奈特（Knight）研究组于 2003 年提出 BioBrick 的方法，通过将载体和 DNA 元件标准化，实现标准化 DNA 元件的顺序组装[74]，根据酶切连接方式的不同，又延伸出了 BglBrick 和 ePathBrick 两种不同的组装方式[75,76]。以 Golden Gate 技术为代表的基于核酸内切酶的组装方式，实现了 DNA 的无缝组装[77-79]，Engler 等[80]利用上述原理结合基因改组技术（gene shuffling），完成了 3 个片段与载体的拼接，以筛选高效表达的胰蛋白酶突变体。时在清华大学的戴俊彪团队在此技术基础上，设计了 YeastFab 和 EcoExpress 两个组装系统，拼接效率可达 90% 以上，主要用于工程细胞的代谢通路优化和蛋白质表达[81,82]。

以 Gibson 技术为代表的基于核酸外切酶的组装技术[83]，实现无缝拼接，而且组装尺度可以达到万碱基对大小。Gibson 等[84]通过调节酶比例成功组装 163 kb 的小鼠线粒体基因。2009 年，埃利奇（Elledge）研究组[85]利用 SLIC 组装方法实现了 9 个 275 ～ 980 bp 长度的 DNA 片段的一步拼接，并在此基础上开发了更加简单高效的组装方式——SLiCE[86]。

2）非酶依赖的 DNA 组装

虽然酶依赖的 DNA 组装方法有高效、操作简单的优势，但也有其缺陷。比如，商业化限制性内切核酸酶的数量有限，大的基因片段有时很难找到合适的限制性酶切位点等。而非酶依赖的 DNA 组装方法在没有酶的情况下也能实现 DNA 组装且成本较低，在高通量组装实验条件下，非酶组装优势明显。

EFC（enzyme-free cloning）组装技术，是一种非酶依赖的 DNA 组装方法[87]，该技术不受限于限制性内切酶位点，具有快速可靠、简便高效的优点。2017 年，赵惠民教授的科研团队[88]提出 TPA 组装技术在不使用酶的情况下能够将聚合酶链反应扩增的片段组装成质粒，并且不留下疤痕。

3）依赖于体内同源重组的 DNA 组装

目前，大尺度 DNA 分子组装仍然主要依赖微生物宿主细胞在胞内进行的同源重组系统。不同宿主细胞的同源重组各有其特点，根据不同的组装需求选择合适的组装技术。基于常用宿主细胞大肠杆菌、枯草芽孢杆菌和酿酒酵母的体内重组机制发展了一系列体内组装技术，推动了全基因组合成的研究。

2008年，文特尔（Venter）研究组利用TAR方法在酿酒酵母体内完成了对生殖道支原体 *Mycoplasma genitalium* 基因组（582 970 bp）的最后一步组装[89]。2010年，他们又成功完成了大小为1080 Mb的丝状支原体 *Mycoplasma mycoides* 基因组在酿酒酵母体内的同源组装[90]。Shao等[91]采用类似的“DNA装配器”法将两个生物合成途径共8个基因构建到一个载体上，并成功地检测到了代谢产物。2017年，由酵母基因组合成计划SC2.0联盟成员完成了酿酒酵母5条染色体的人工设计与合成[92-98]，主要是利用了酿酒酵母同源重组能力实现了合成染色体片段对野生染色体片段的替换。酵母细胞内组装可广泛应用于基因元件、代谢途径和基因组的组装，为后续的科学研究提供良好的材料。中国科学院分子植物科学卓越创新中心覃重军研究员团队开发的CasHRA技术能够在体内有效地组装多个大DNA片段，基于此方法，成功构建了一个包含449个必需基因和267个重要生长基因的1.03 Mb MGE-syn1.0（minimal genome of *Escherichia coli*）[99]。该方法将对兆碱基大小的基因组的构建产生深刻的影响。

枯草芽孢杆菌中也有强大的重组系统。2005年，Itaya等将3.5 Mb的集胞藻PCC6803的基因组成功克隆到4.2 Mb的枯草芽孢杆菌基因组中[100]。在此方法的基础上，Itaya等进一步开发了一种新的“多米诺法”，利用这种方法成功合成了16.3 kb的小鼠线粒体基因组及134.5 kb的水稻叶绿体基因组[101]。

2005年，Wenzel等利用RecET重组系统在大肠杆菌中重建了来自橙色标桩菌（*Stigmatella aurantiaca*）的黏液色素S生物合成的基因簇（长度为43 kb），其中包含了在异源宿主假单胞菌中表达所需的基因元件[102]。2007年，Smailus等[103]利用λRed重组系统开发了一种载体系统，利用细菌F质粒载体在大肠杆菌体内迭代组装大DNA分子，构建2种F质粒载体实现抗生素转换。利用λRed重组系统介导的迭代组装，成功重建了流感嗜血杆菌（*Haemophilus influenzae*）基因组的2个非连续区域，总长度为190 kb，占流感嗜血杆菌基因组的10.4%。该方法原则上可用于构建完整的流感嗜血杆菌基因组。2012年，斯图尔特（Stewart）研究团队的Fu等基于RecET重组系统介导的高效同源重组机制，将发光杆菌（*Photorhabdus luminescens*）的所有巨型合成酶基因（每个长度为 10 ～ 52 kb）直接克隆到大肠杆菌的载体上，并在异源宿主中表达了其中的 2 个基因[104]。

3. 现有应用中的瓶颈问题及未来应用中的关键问题

目前不同的 DNA 组装技术各有其优缺点，可以根据不同的组装需求加以选择，也可以联合使用几项技术，使它们优势互补。同时，学科交叉也在一定程度上为 DNA 组装技术的发展创造了条件。尽管如此，在未来的发展过程中，仍有许多问题需要我们去进一步研究。

现有的 DNA 组装技术可以基本分成体外组装和体内组装两类，而这两类技术各有其优缺点和需要解决的关键问题。体外组装技术可以进一步分成酶依赖和非酶依赖的组装技术。酶依赖的组装方法高效简单，但面临着商业化限制性内切核酸酶的数量有限、大的基因片段有时很难找到合适的限制性酶切位点等问题。而非酶依赖的 DNA 组装方法在没有酶的情况下也能实现 DNA 组装且成本较低，在高通量组装实验条件下，非酶组装优势明显。但这两类技术都面临着一个重要问题，就是组装尺度的大小。尽管体外拼装的片段大小已经可达几十万碱基对，但是所得的量依然不足以进行后续实验。因此，在未来的研究过程中，需要开发更加高效的组装方法。

近些年不断发展的 DNA 酶法合成技术为实现更长 DNA 片段的直接合成提供了良好的思路，它是一种高效、低耗的 DNA 合成方案，值得不断地去研究与拓展。除了组装尺度的问题，在 DNA 体外组装过程中，还有一些不足可能会对 DNA 组装效果造成影响。例如，两个 DNA 元件之间的连接处可能会出现残痕，这些残痕会影响元件组装通量，对后续的实验过程造成影响，如何有效地消除疤痕并且提高元件的连接效率是一个亟待解决的问题，现有的 BglBrick、Golden Gate 等技术都已经能够有效地消除残痕或将其转化，为后续 DNA 无缝连接技术的深入研究与优化奠定了基础。

目前，大尺度 DNA 分子组装仍然主要依赖微生物宿主细胞在胞内进行的同源重组系统，不同宿主细胞的同源重组各有其优缺点，在实际应用中需要根据不同的组装需求选择合适的组装技术。例如，大肠杆菌中的噬菌体重组系统的组装周期短且方便转移到其他表达宿主中，但是组装长度一般较小，不适用于全基因组合成；枯草芽孢杆菌重组系统组装量大，BGM载体和iREX的可操作性也优于传统载体，但是过程中存在着错误整合外源基因片段的风险，同时利用BGM作为载体也增加了大尺度DNA转移的难度。酿酒酵母中存在高效的同源重组系统，是目前最受欢迎的大DNA组装技术，但DNA的GC含量、异源基因的细胞毒性和缺少原宿主的转录后修饰都可能对大DNA组装效果造成影响。在未来的发展过程中，我们还需要不断提高大DNA组装技术的组装效率，降低其组装成本并且拓展其组装能力，不断开发新的分子生物学工具，突破长度更大、复杂程度更高的大DNA组装技术，开发新的宿主用于构建含有特殊结构（如具有高GC含量或高度重复序列）的大DNA。同时，还需要加深对通用型组装宿主的研究，以满足超大DNA向其他细胞体系转移的迫切需要。

要解决上述问题，就需要我们在深入揭示相关机制的基础上，不断开发新的分子生物学技术，对现有DNA组装技术进一步优化和发展（图4-6）。

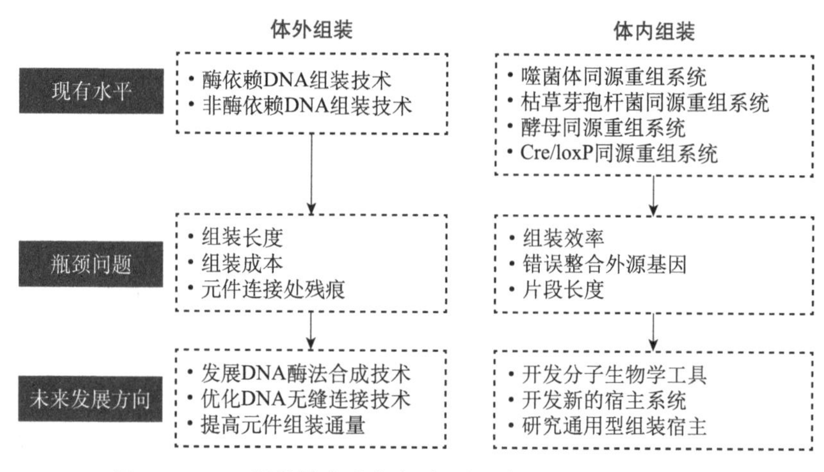

图4-6 DNA组装技术现有水平、瓶颈问题及未来发展方向

（三）DNA信息存储

互联网和人工智能等信息技术的快速发展导致现代社会所产生的信息量呈指数型增长。据互联网数据中心IDC发布的《数据时代2025》报告显示，全球每年产生的数据将从2018年的33 ZB① 增长到175 ZB。相当于每天产生

① 1 ZB = 10^{21} Bytes

惊人的 491 EB 数据。在人们享受着数字化与智能化带来的便利的同时，如何保存日益增长的数字信息成为一个日益凸显的全球危机。目前信息数据主要存储于以机械硬盘、固态硬盘（SSD）为代表的硅基介质中。但当前的硅基存储技术其二维平面存储密度已经接近理论极限，难以进一步显著提高。虽然三维堆叠方案理论上能够提升硅基存储技术的存储能力，但由于设计和生产复杂性的极大提高，研发过程困难重重。自 2013 年三星率先推出了全球首款 12 层的 3D NAND 闪存以来，经过近 10 年的发展，目前可以量产的 3D NAND 最高层数仅达到了 176 层，明显落后摩尔定律的发展规律，足见其技术研发的挑战[105]。除此之外，硅基存储技术还存在生产污染大、存储时间短、维护能耗高等突出问题，难以满足未来高密度、可持续的超大规模数据存储的需求。因此，寻找具有更高密度、可靠性和环境友好的新型数据存储介质迫在眉睫。

DNA 是生物体内的遗传物质，承载着各种生命遗传的遗传信息。DNA 信息存储技术以 DNA 分子作为信息存储的介质，通过碱基单体在 DNA 分子中的排列顺序实现各种不同类型的数字信息的存储。如图 4-7 所示，未来实现信息的写入和读取，DNA 信息存储包含三层核心技术：①编解码技术；② DNA 合成和组装技术；③高通量测序技术。其基本的流程如下：各种不同类型的数字信息，也就是二进制的 0/1 字符串，首先通过编解码系统转换为四进制的 DNA（A/T/G/C）字符串。在这个过程需要根据实际采用的 DNA 合成和测序技术综合考虑来设计纠错方案，从而保证后续数据读取的可靠性。然后，DNA 字符串被发送到一个 DNA 合成设备，通过该设备对 DNA 分子进行实际的合成，从而完成数据写入过程。合成的 DNA 分子根据存储的需求和技术的设计可以采用体内或者体外两种不同的存储模式。在信息读取过程，首先通过高通量测序技术获取大量的 DNA 分子的序列信息。然后通过编解码系统将大量的序列信息转换为原始的二进制字符串，也就是原始的数字信息。为了保证信息的长期可靠性，一个用于 DNA 长期保存的冷冻存储系统也是非常重要的。与传统存储媒介相比，DNA 作为存储介质具有多方面明显优势：首先，DNA 分子可以通过在空间的三维分布实现天然的三维存储模式，从而赋予了其极高的理论存储密度。根据理论计算，每克 DNA 理论数据存储能力高达惊人的 455 EB①，比传统存储介质提高了 5 ～ 6 个数量级 [106]；其次，DNA 的双螺旋结构赋予其相对稳定的化学特性，可以在简单的低温干燥条件下长期保存，维护成本极低。然后，DNA 分子作为一种典型的生物大分子，与硅基技术相比具有显著的绿色环保方面的优势。DNA 信息存储在存储密度、长期可靠性、维护成本和绿色可持续方面的颠覆性优势，使其成为解决未来信息存储需求的潜力技术之一。

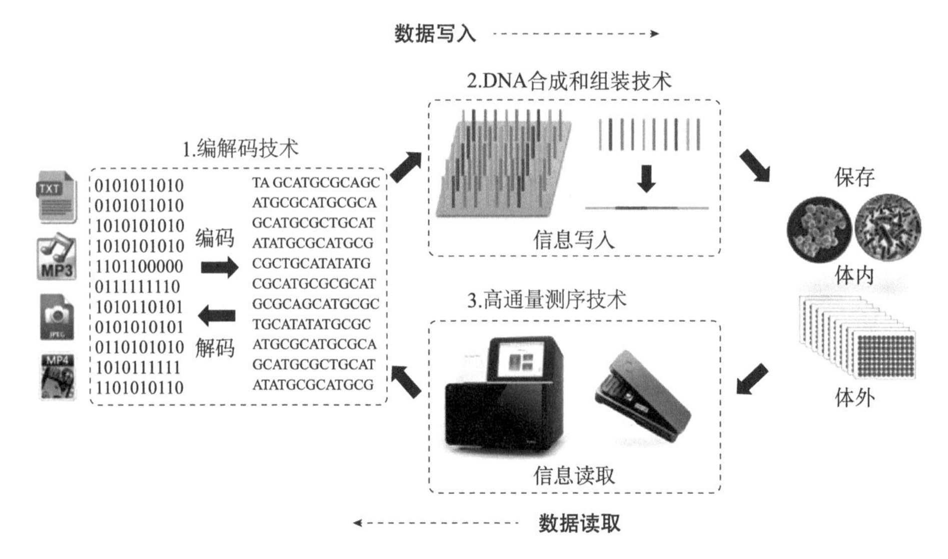

图 4-7　DNA 信息存储的基本原理和读写流程

1. DNA信息存储的萌芽和早期发展

虽然 DNA 信息存储技术是在最近十年左右的时间里才开始受到人们的广泛关注，但实际上以 DNA 分子作为信息存储与计算载体的概念的公开记录最早可以追溯到 20 世纪 60 年代 [107]。随后 1987 年，Kaempf 和 Witman 更是拓展提出采用各类聚合物存储信息，也就是分子信息存储的概念，并初步讨论了其潜力 [108]。1988 年，艺术家乔 • 戴维斯（Joe Davis）和哈佛大学研究人员合作，将一张代表生命和女性地球的古代日耳曼符文图片存储在大肠杆菌 DNA 序列中。1994 年和 1995 年，ADLEMAN 和 Lipton 采用 DNA 分子计算分别解决了经典的组合和 NP 完全问题，标志着 DNA 计算的出现。随

① 1 EB = 10^6 TB

后，Baum 提出设想，可以为 DNA 计算构建远超人类大脑容量的内存系统的概念。虽然与当前的 DNA 信息存储存在概念上的区别，这是第一个提出在海量的 DNA 分子中存储大量信息的报道[109]。2000 年，麻省理工学院的 James J. Collins 团队通过相互关闭的调控蛋白和启动子的设计在胞内首次实现了一个“拨动开关”记录器，实现了胞内单比特的信息记录[1]。虽然该研究并没有采用 DNA 作为信息记录的载体，但作为体内信息记录和基因线路的开创性研究，极大地激发了体内信息存储记录和基因线路的研究热潮。此后，多个以 DNA 作为信息记录载体的体内信息记录系统被开发出来，不断刷新着体内记录的精度和数据量。2001 年，Reif 等建立了支持随机访问的 DNA 数据库[110]。此后，受限于当时的大规模 DNA 合成和测序技术的水平，DNA 信息存储进展相对缓慢，鲜有报道。而 DNA 计算相关研究热度却显著升温，并持续有不断的突破性进展报道[111-114]。体外 DNA 信息存储技术则直到 2012 年，哈佛大学的丘奇（Church）团队通过大规模 DNA 芯片合成成功将 650 kB 数据存储在 DNA 中并成功读取[115]。虽然读取过程包含少量的错误，但根据理论推算的 DNA 信息存储的巨大存储潜力开始引起研究者的广泛关注。需要特别指出的是，作为与 DNA 计算和存储关系紧密的 DNA 纳米技术也在差不多的时期（1982 年）开始萌芽发展[116]。由于考虑到该部分内容与 DNA 信息存储计算技术的区别，相关内容没有纳入，感兴趣的读者推荐阅读樊春海院士在《自然－综述》发表的 PRIMER 综述[117]以及相关的文献。

2. DNA 信息存储技术近十年的蓬勃发展

丘奇（Church）团队具有里程碑意义的工作展现了 DNA 作为信息存储介质，在大规模信息存储方面的技术潜力[115]。该项研究也建立了体外 DNA 信息存储“大规模 DNA 合成写入和大规模 DNA 测序读取”的基本模式。这项研究成果迅速带动了体外 DNA 存储的研究热潮，对后续技术的不断迭代进步起到了重要的推动作用（图 4-8）。2013 年，欧洲生物信息研究所的高曼（Goldman）及其同事在通过霍夫曼编码和片段重叠策略，成功在 DNA 中存储并准确读取了 739 kB 大小的 5 个不同类型的文件（包括文本、PDF、照片、MP3 等）[118]。这项工作首次证明，虽然 DNA 合成和测序过程存在大量的随机错误，通过纠错码的引入和良好的实验设计依然可以实现信息的精确读取。

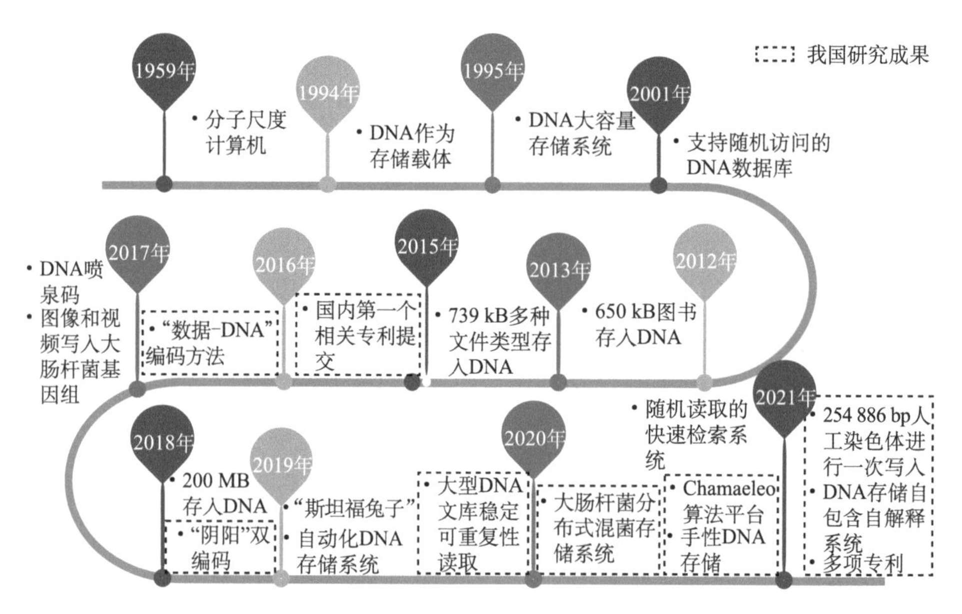

图 4-8 DNA 信息存储发展历程

2015 年，格瑞斯（Grass）等人通过将 DNA 分子进行硅珠包裹保护和里德 - 所罗门码（Reed-Solomon，RS）纠错码的引入，实现了在 9.4℃超过 2000 年的可靠存储 [119]。也是在该项研究中，Grass 等人提出了重要的内外码结合的 DNA 存储编码框架，对后续 DNA 编解码的发展具有重要的指导意义。同年，Yazdi 等人提出建立了 DNA 信息存储的随机访问技术 [120]。随后在 2016 年，Yazdi 等人证明了通过高错误率的纳米孔测序仪准确读取 DNA 分子中存储的信息的可行性，为未来 DNA 信息存储的小型化读取设备提供了证据 [121]。2017 年，哥伦比亚大学和纽约基因组中心的埃尔利赫（Erlich）和其同事，通过引入喷泉码（Fountain codes）和序列筛选策略，实现了在几乎不损失编码效率的情况下规避各类极端 GC 含量、重复碱基等容易导致读写错误的序列。该项研究实现了 215 PB/g 的存储密度，被认为是 DNA 存储领域一项重要进展 [122]。2018 年，华盛顿大学联合微软研究院将超过 200 MB 的数据“写入”DNA 中，进一步证实了 DNA 信息存储技术在大规模信息存储方面的潜力。研究还证明了在大规模的DNA信息池中通过特异性PCR实现可靠的随机访问的可能性 [123]。Takahashi 等人通过自动化微流控设备实现了端到端的自动化信息写入和读取 [124]。2019 年，Erlich 和 Grass 团队合作，将通过喷泉码编码的三维兔子模型以DNA 形式嵌入 3D 打印材料中，通过 3D 打印制造了第一个具有自己“基因信息”的“斯坦福兔子”，并通过实验证实，通过取兔子的一小部分材料进行 PCR 扩增，其信息可以经过几十代而不失真。该项研究充分利用了 DNA 分子无定形的特性，建立了“万物存储”的概念。被认为在未来“万物互联”的物联网时代具有极大的应用空间[125]；同年，微软与华盛顿大学结合第三代测序技术，开发出了自动化 DNA 存储的系统[124]。纽曼（Newman）等人应用数字微流控从高密度 DNA 数据存储库中自动检索数据[126]。Chen 等人通过在不同的 DNA 发夹结构而不是核酸序列中编码信息，并适配开发了一种使用纳米孔（Nanopore）测序仪的独特读取方式[127]。Anavy 等人提出“Composite DNA letters”概念，实现了每合成循环 4.29 bit 的高编码效率[128]。Choi 等人提出了 DNA 微型磁盘，即二维码编码的微型磁盘，用于高效管理基于 DNA 的数据存储[129]。2021 年，麻省理工学院的马克·巴思（Mark Bathe）团队基于微米级二氧化硅颗粒和 DNA 条形码，开发了应用于 DNA 存储数据随机读取的快速检索系统[130]。2021 年 8 月，Bee 等人基于 DNA 分子计算在 DNA 存储中实现了基于图像相似性的搜索技术[131]。

体内信息存储方面也取得了快速进展。2016 年，卢冠达（Timothy K. Lu）课题组通过重组酶实现了基于 DNA 的状态机，实现通过 3 个输入信号控制多达 16 种不同的 DNA 状态[132]。同年，哈佛大学的 Church 团队利用 CRISPR/Cas 系统将一张黑白图像和一部短的视频文件“写入”大肠杆菌的基因组中并通过测序成功读取[133]。2018 年，施密特（Schmidt）等人通过 CRISPR spacer acquisition 技术，成功将基因转录信号记录在 DNA 中，实现了在 DNA 中转录信号的记录[134]。同年，汉堡工业大学的宋理富等人借鉴了自然界三碱基密码子编码策略，实现了一个与生物编码系统具有强正交性的体内编码方案，在大肠杆菌中实现了超过万年复制可靠性的体内信息存储技术[135]。2021 年，伊姆（Yim）等人在活细胞体内构建了一个转换模块，可以将光信号记录在细胞中的 DNA 中，并成功实现了高达 72 bit 的信息存储[136]。同年，帕克（Park）等人通过 CRISPR-Cas 系统和特定的引导 RNA 设计实现了固定速率的插入删除的导入。这种机制被用来在胞内实现了一个“DNA 钟表”，可以准确的在胞内记录小时至几周的时间跨度[137]。2022 年，桑蒂（Santi）等人基于 CRISPR-Cas 系统和逆转录机制，构建了一个能够在体内按时间序列记录胞内基因表达情况的系统。体内记录系统首次具备了能够记录胞内历史信息的能力，为我们研究细胞的机理和行为提供了一个潜力的工具和方式[138]。需要指出的是，由于细胞膜屏障的影响和基因组大小的限制，体内DNA信息存储技术实现大规模信息存储具有较大的挑战。因此，体内存储技术更多的关注点在于如何与胞内信息流的衔接和互通，以及相应的生命科学研究、环境检测和疾病诊断等特殊的应用场景方面。

聚焦国内，虽然中国在DNA存储方面起步落后于欧美，但近年来中国在DNA存储研究领域也取得了较快的发展。国内第一个DNA存储领域的专利申请于2015年，由苏州泓迅生物科技股份有限公司提交[139]。2016年，戴俊彪团队建立了生物体存储的一种“数据-DNA”编码方法[140]。2020年，天津大学齐浩课题组构建了携带不同短链信息片段质粒的大肠杆菌分布式混菌存储系统，将445 kB的数字文件储存在2304 kbp（kilo base pairs）的合成DNA中，实现了目前在体内的最大规模信息存储[141]；同年，该课题组将携带数据信息的DNA原始文库固定在磁珠上，通过使用等温的链置换扩增技术，对大型DNA文库进行低偏好性、稳定重复的扩增，实现了数据的稳定可重复性读取[142]。2021年，深圳华大生命科学研究院开发了一个集成了多种编码方法的评估平台——Chamaeleo，通过该平台，可以系统评估比较编解码方法的特性[143]；深圳先进技术研究院戴俊彪/王洋课题组提出了适用于DNA存储的自包含自解释系统，可以在DNA存储数据恢复的过程中，摆脱外部工具的依赖[144]；清华大学朱听课题组利用手性DNA抗降解的特性，开发了一套可抵御自然界DNA酶降解的DNA存储系统，提高了体外自然环境下DNA存储数据的可靠性[145]；天津大学元英进团队通过体内组装，成功合成一条254 kbp的人工数据存储染色体，并实现了稳定的复制和多次检索[146]；陈为刚等提出了一种DNA数据混合错误纠正与数据恢复的方法[147]；中国科学院北京基因组研究所（国家生物信息中心）提出了DNA活字存储系统和方法，构建出内容活字实物库及索引活字实物库，且能够一次合成，多次使用，具有较大的写入成本降低潜力[148]；清华大学的刘凯等开发了基于CRISPR-Cas12a-λ Red体系的体内信息重写方法[149]。2021年11月，东南大学生物电子学国家重点实验室的刘宏团队构建了读写一体化的电化学芯片，成功将学校校训存入DNA序列并精确读取。2022年4月，深圳华大生命科学研究院团队建立了一种有特色的比特—碱基转换系统——“阴阳编码系统”，能够控制输出DNA的GC含量、最长单碱基重复长度及二级结构自由能 [150]。2022 年 9 月，天津大学的宋理富等基于德布莱英图理论构建了高效的 DNA 信息存储内码系统。通过该技术实现了 10 张敦煌图片在 9.4℃条件下，超过 2 万年的高可靠和 295 PB/g 的高密度信息存储，为长久保护人类文化遗产提供了潜在的解决方案 [151]。

3. DNA 信息存储技术现状及挑战

虽然 DNA 信息存储取得了大量的进展，但 DNA 存储技术水平离实际应用还有非常大的距离。以下将从编解码技术、信息写入、信息读取、DNA 分子保存四个方面分别阐述相关技术的当前现状和存在的挑战：

1）编解码技术现状与挑战

DNA信息存储通过 DNA 合成和测序来实现信息的写入和读取。大量的 DNA 合成和测序的实际经验证明，一些特殊的 DNA 序列由于具有特殊的生化特性而导致合成和测序的困难。这些特殊的序列包括：极端 GC 含量序列，重复碱基序列，重复片段序列，含复杂二级结构的序列等。因此，如何通过规避这些序列而不影响编码效率是 DNA 信息存储编码的一个重要研究内容。在初期的研究中，Church 等按照 A 或 T 编码 0，C 或 G 编码 1 的规则，对二进制信息进行编码，得到碱基序列 [115]。这种方法虽然能够很好地达到规避特定序列的目的，但是损失了 50% 的编码性能。Goldman 等引入三碱基的条件编码策略来规避重复碱基序列 [118]。但该方法具有严重的序列路径依赖性，一旦出现解码错误，会导致大范围的解码失败。而且该方法无法规避具有复杂结构的序列。通过引入喷泉码和序列过滤机制，Erlich 等人在不损失编码性能的前提下，很巧妙地解决了特殊序列的规避问题 [122]。但是在实际应用中发现，DNA 喷泉码的数据恢复能力在错误率超过特定阈值时，大概率出现无法解码的情况。华大基因通过阴阳码的提出上进一步解决了高错误率情况下的数据恢复问题 [150]。至此，特殊 DNA 序列规避问题得到很好的解决。

然而，DNA 信息存储的编解码难题远未解决。与传统的平面介质不同，DNA 信息存储的信息是储存在 DNA 分子链条中。如图 4-9 所示，作为一种与传统平面介质完全不同的链式存储，DNA 信息存储具有独特而又复杂的信道。在这个信道中，序列碱基替换错误对应着传统的平面介质中的错误。插入删除则是链式存储独特的错误类型。这类错误与传统的信息丢失错误存在显著不同，因为插入删除会导致后续信息的移位灾难，造成处理的极大困难。除此之外，天津大学的宋理富等人还提出，DNA 存储信道还存在独特而又关键的链断裂和重排错误 [151]。这些错误采用针对平面介质设计的传统纠错机制难以处理。传统的 DNA 信息存储的解码过程高度依赖基于聚类和多序列比对结合的序列重建算法。然而，从原理上和实际表现上来看，聚类和多序列比对算法在大量插入删除、链断裂和重排错误时，解码能力急剧下降。高成本是当前的 DNA 信息存储技术应用的最大障碍。虽然采用基于光和电的芯片合成具有较低的成本，但同时具有较低的合成准确度。这给数据的准确解码带来严重的挑战。安特科维亚克（Antkowiak）等人的研究显示，采用光芯片合成技术，当通量放大时，采用聚类和多序列比对的解码策略出现片段恢复率急剧下降的严重问题 [152]。为了解决这些问题，天津大学的宋理富等人设计了基于组装原理的序列重建算法，并通过计算模拟和实验初步验证了该方法在处理链的断裂和重排问题上的潜力 [151]。

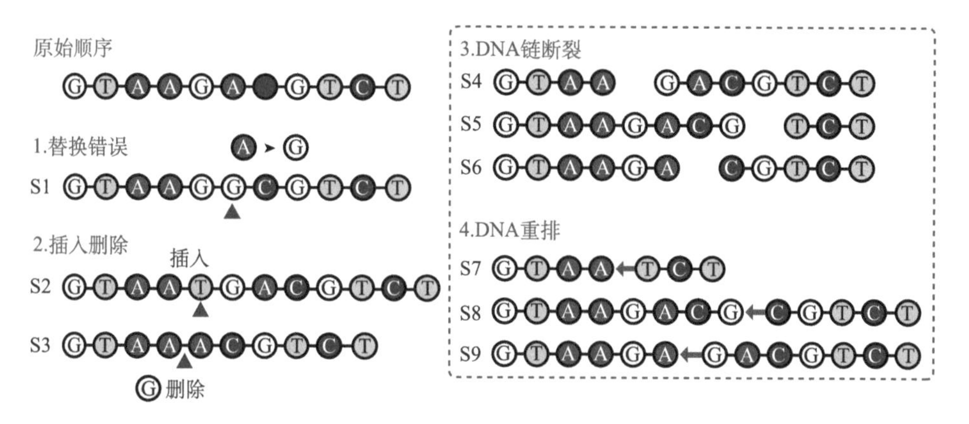

图 4-9　DNA 存储信道的错误类型

虽然目前为止，DNA 存储信道的所有错误类型都有可行的解决方案。但如何在实际的存储过程中，尤其是在高错误率的 DNA 合成技术的应用中，鲁棒的读出数据依然是一个挑战。另外，各类不同的处理方法，在计算效率，内存消耗方面均存在不同程度的不足，如何在不损失解码可靠性的前提下，提升算法的效率，尤其是大规模并行的效率，并根据实际的存储流程的错误类型和规律深度结合实现高效可靠的信息解码将是未来的需要重点研究的方向。

2）信息写入技术现状与挑战

目前，已商业化应用的有基于柱式合成和基于微阵列芯片原位合成两种合成方法。基于合成柱的DNA合成通量低，DNA的合成成本在0.05～0.17元/碱基。DNA微阵列原位化学合成方法包括原位光刻法、光敏抗蚀层合成法、光致酸法、喷印合成法、软光刻合成法、电致酸法和压印法及基于分选原理合成法等多种方法[153,154]。到2014年，基于微阵列芯片原位合成方法的DNA合成成本已低于10^{-4}元/碱基，2020年基于电致酸法合成的DNA成本估计达到10^{-6}元/碱基[155]。而2018年，美国半导体研究会预测，到2023年DNA合成成本将降低到10^{-10}元/碱基以下[156]。近些年来，酶促DNA合成方法也取得了进一步的进展。2019年，Lee等[157]采用非阻断型的末端脱氧核酸转移酶（TdT）开发了一种专用于信息存储的DNA酶法从头合成技术。2020年，Lee等[158]进一步利用图案化紫外线快速解离Co^{2+}激活TdT，空间选择性合成DNA，成功将110比特的音乐数据信息编码入DNA中，初步验证了在阵列表面实现大规模并行合成的可行性。

化学合成法对于长链DNA片段的合成，仍然存在着技术瓶颈，目前只能合成200 nt以内的DNA序列。“写”DNA的价格依旧十分昂贵。假设每个碱基存储1比特的信息，而使用阵列（高通量）合成DNA的成本约为每碱基0.0001美元，存储1 TB的信息至少需要8亿美元。相比之下，使用磁带存储同等数据规模的成本仅为16美元[159]。以酶促DNA合成为基础的第三代DNA合成技术目前还处于发展初期，因此目前报道的如基于TdT等聚合酶的合成方法还不能进行高通量平行DNA合成，其低通量方法也尚未进入实际应用。

虽然产量和成本的差距似乎很大，但有很多方面可以优化，以降低DNA芯片合成技术的成本，达到数据存储的目的[106]。通过更多的支持微阵列或平板面积和更小的光斑尺寸，可以提高并行性。较小的斑点尺寸也可以按比例节省试剂消耗。另外，最先进的DNA芯片合成技术是为生命科学而设计的，对DNA分子的准确性要求非常苛刻。与生命科学不同的是，由于可以引入纠错码，DNA数据存储对合成的DNA链的精度要求要低得多。因此，合成步骤可以简化，高纯度试剂可以用低纯度的试剂代替，以减少成本。高纯度的试剂比低纯度的试剂要昂贵得多。最先进的大规模oligo合成平台使用超高纯度（>99.99%）的 dNTP 试剂。出于数据存储的目的，纯度为 99% 甚至更低的 dNTP 试剂可能是可以接受的，这可能会大大降低成本。2020 年 4 月，美国伊利诺伊大学厄本那－香槟分校的研究人员模仿古老的打孔卡存储技术，以天然的 DNA 分子链（例如基因组 DNA、克隆或 PCR 扩增产物）为写入介质，建立了一种新的“打孔卡”DNA 存储方法。这种基于打孔卡的存储模式不需要 DNA 合成，同时测序不需要较高的覆盖率便能获得准确读出，因此具有成本低、错误率低、写入速度快的优势。但目前该技术也存在着数据逻辑密度低的缺点，其大规模数据存储实际应用也有待进一步验证。Lee 等人和 Jensen 等人的两个团队已经将基于 TdT 的酶法 DNA 合成方法应用于数据存储应用。在他们的研究中，他们应用了类似的策略，将无终止子的 TdT 酶用于 DNA 数据存储目的。随机相同的碱基被依次加入，并利用碱基类型的转换来记录数据。值得一提的是，在 Lee 等人的研究中，基于无终结子的 TdT 的 DNA 合成被证明是与 Nanopore 测序仪的良好结合，是长 DNA 链高错误率测序的最佳选择[157]。总的来说，虽然挑战巨大，但是我们相信未来大规模芯片合成技术的技术适配和快速发展，有希望匹配未来数据存储应用在成本和通量方面的要求。

3）信息读取技术现状与挑战

DNA 存储的数据读取方式主要是通过以二代测序技术为代表的高通量 DNA 测序技术实现。二代测序技术的核心思想是大规模平行测序，一次上样可并行实现高达 10 亿条 DNA 分子的序列测定。根据官方网站的信息，Illumina 将于 2023 年推出 25B（250 亿）规格的 Flow Cell。以单端 150 bp，完整测序时长 11 h 计算。其数据读取通量最大为：$25 \times 10^9 \times 150\ \text{bp} \times 0.5\ \text{bit/bp} \div 11\ \text{h} = 1.7 \times 10^{11}\ \text{bits/h} \approx 47.2\ \text{Mb/s}$。但是需要注意的是，DNA 存储的序列存在大量的拷贝。研究显示，当 DNA 片段的拷贝数降到 10 以下时，会带来大量的片段丢失，造成信息的不完整。因此，上述读取速度还需要考虑到拷贝数的因素。以平均拷贝数 10 计算，读取速度将降低到 4.7 Mb/s。与现有的存储介质相比，其数据读取速度有待大幅提升。数据读取成本方面，当前二代高通量测序的商业报价约在 50 元 /Gbp 的水平，也就是 10 Mb/ 元。考虑到片段多拷贝的问题，则实际读取成本约在 1 Mb/ 元的水平，比合成成本低 4 个数量级。近年来逐渐发展的三代测序技术不依赖 PCR 扩增，并具备读长更长、读取速率更快的显著优势。牛津纳米孔公司开发的 DNA 平均过孔速率为 450 bp/s 的三代测序系列产品，具有袖珍便携的优点。三代测序 MinION 有多达 512 个纳米孔通道能够进行同时测序，而桌面级高通量台式产品 PromethION 48 的数据通量为 7.6 TB（72 h）量级，数据读取速率相当于 29 MB/s。高通量测序技术的发展使得目前的测序成本相比于最初的 Sanger 测序成本降低了 6 个数量级[160]。随着技术更迭和算法升级，三代测序有望用于体内或体外稳定化的长片段 DNA 存储信息的读取，并与当前传统介质的读取速度（kB/s）比肩。

4）DNA 分子长期保存挑战

DNA 分子本身的稳定性主要取决于其所处的环境条件，外界物理、化学及生物条件的改变（如高温、紫外线照射等）均会加速其降解[161]。DNA 分子在低温、干粉状态下能够长时间保存，但是信息操作过程，DNA 分子不可避免地要处于水溶液中。这是因为水溶液中的 DNA 样本可以与微流控技术很好地结合，方便对其中存储的信息进行灵活方便的操作。但在水溶液中存在的 DNA 不稳定，易于发生 DNA 链断裂。因此，采取合适的方式对 DNA 分子进行保护保存以提高 DNA 的稳定性，是保证 DNA 信息存储数据稳定性的重要技术。对古生物化石的研究显示，化石中致密的扩散层将保存其中的 DNA 与环境中的水和活性氧分开，从而能够长久而稳定的保存存储在古生物 DNA 中的生物信息。基于该原理，Grass 等人在 2015 年实现了二氧化硅中 DNA 数字信息的长期可靠保存。在 70℃条件下处理一周后，仍然能够准确无误地恢复原始信息。通过计算，该处理方式相当于在 9.4℃的条件下保存 2000 年，证明了二氧化硅封存法在保存 DNA 中的数据信息的有效性[119]。虽然在硅材料可以有效提高 DNA 分子的稳定性，但是硅材料的存在会显著降低存储的密度。在后续的研究中，他们通过提高 DNA 样本的比例，实现了信息密度 10 倍的提升。另外，Grass 团队还系统研究了干燥的固态 DNA 在各种盐制剂存在下的稳定性。通过快速老化试验（70℃），证明了在碱土盐类存在下稳定合成 DNA 有利于数据的长期存储[162]。DNA 序列的长期稳定保存，对 DNA 信息存储至关重要。在未来的研究中，可通过改变 DNA 本身的性质，来增强 DNA 存储的物理稳定性。例如，“锁定的”核酸单体在戊糖环的 2-O 和 4-C 之间具有亚甲基桥，可抵抗核酸酶的酶解。环状 -DNA 或甘油 -DNA 可改变糖骨架的化学性质或抵抗核酸酶的酶解，从而提高 DNA 的稳定性。另外，使用非天然核酸、添加 DNA 保护剂，以及构建类似于天然生物系统的主动修复系统，也可用于提高存储系统的稳定性。

4. 总结与展望

在近十年的时间里，研究人员在提高 DNA 信息存储的数据规模、编码效率、存储密度和可靠性等方面取得了大量的进展。成功存储的数据规模从 2012 年的 0.66 MB 提高到 200 MB，存储密度已经达到 295 PB/g [151]。编码效率从每碱基循环 1 比特提高到 4.29 比特 [128]。在数据可靠性方面，以近期关于敦煌图片超过 2 万年可靠存储的研究为代表，充分证明了 DNA 作为信息存储介质的长期可靠性 [151]。同时，数据复制 [122]、随机访问 [120, 123] 功能也得到了深入研究。另外，还出现了新颖的存储模式和应用。例如，基于打孔卡和非阻断型 TdT 酶的新颖的写入方式。而 Koch 等人更是通过在 3D 材料中嵌入 DNA 信息分子，提出并初步证明了“万物 DNA 存储”的概念和设想 [125]。此外，一些体内的创新研究也初步证明了海量数据在体内存储的可行性。这些进展不但推动了 DNA 信息存储的技术进步，同时也为 DNA 存储的未来应用带来更多的可能和想象。但需要注意到的是，虽然取得了多方面的进展，但 DNA 信息存储的技术水平离实际应用还具有非常大的差距。其中最关键的障碍是成本问题，尤其是合成成本 [106]。因此，开发更便宜、更高通量的 DNA 芯片合成技术是 DNA 存储大规模数据存储实际应用的关键。据估计，要想使 DNA 数据存储超过目前使用的基于磁带的存储技术，DNA 合成成本至少需要下降 4 个数量级以上。另外一个显著的障碍是 DNA 信息存储的数据写入和读取的速度和带宽。如果没有一个协调的写入和读取带宽，DNA 的存储能力如同空中楼阁，无法解决数字数据爆炸的世界危机。DNA 合成技术要赶上主流的云档案存储系统，还有六个数量级的差距 [106]。为了支持低成本、高带宽的 DNA 数据存储，大规模的寡聚物合成技术必须在成本、速度和吞吐量方面得到极大的改善（图 4-10）。

总结而言，作为一种全新的分子链式存储技术，DNA 信息存储技术进行大规模数据存储的可靠性已经被充分证明。虽然当前的存储成本，尤其是写入成本还十分高昂，离实际应用还存在巨大的差距。但近年来涌现的酶法、打孔法以及结构法存储等技术，对大规模降低 DNA 信息存储的成本带来了多

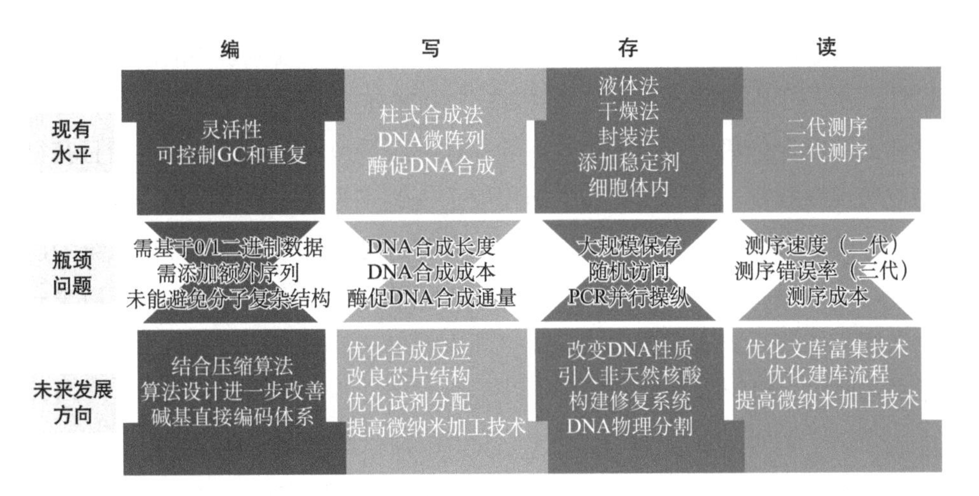

图 4-10　DNA 信息存储的现有水平、瓶颈问题及未来发展方向

条有潜力的发展方向。而 DNA 合成和测序技术作为生物医药领域关键的高通量技术，其未来的必然会在相关研究和市场的推动下不断快速演变。另外，回顾传统存储器的发展历程，也经历了发展初期昂贵的成本和较低的存储通量，在经历了摩尔定律式的指数发展模式之后，才形成今天的存储格局。值得一提的是，DNA 合成和测序技术的发展在历史上均出现过超越摩尔定律的发展模式。而回顾自 2012 年 Church 里程碑的工作至今[115]，DNA 信息存储技术的快速迭代已经初具苗头。随着酶促 DNA 合成法，新颖的写入读取技术，以及高级存储功能技术的不断发展，我们期待 DNA 存储技术在不远的将来作为新型、绿色清洁的大规模存储介质走进实际应用，形成对现有存储体系的存储模式和能力的完善和补充。

二、设计技术

（一）蛋白质结构预测和功能设计

合成生物学致力于在理解生物学的基础上引入工程学，用生物元件构筑具有新功能的系统。蛋白质是执行生物功能的主要大分子，也是构筑生物系统的基本元件，实现其高效的设计是合成生物学的发展核心目标之一[163]。

随着人们对蛋白质构效关系的逐步认识和基因操纵技术的出现，对蛋白质进行功能调控的蛋白质工程应运而生，深刻影响了当代生物学的发展，对生物产业也产生了巨大的推动作用。因此，蛋白质工程体系中的第一代理性设计技术与定向进化技术分别于1993年和2018年获诺贝尔奖。但是，传统理性设计完全依赖于研究人员的经验，这不仅导致设计成功率低，而且获得的成功难以复制。定向进化在一定程度上规避了先验知识的限定，通过随机突变和筛选来引导蛋白质向特定的预设方向进化，但定向进化筛选系统的适用性与通量限制往往会成为复杂蛋白质工程的瓶颈。因此，学界长期以来一直在探索能够系统实现蛋白质功能空间大幅度跃迁的设计方法，为合成生物学高效地提供崭新的功能元件。

依据“序列－结构－功能”这一黄金法则，蛋白质计算领域可分为四大重要问题：分别是根据序列预测结构、根据结构预测功能、根据结构设计序列及根据功能设计结构（图4-11）。蛋白质系统的序列－结构－功能空间是非常庞大的。在利文索尔佯谬（Levinthal's paradox）中，一个长度为100个氨基酸的小型蛋白质，不考虑氨基酸组合和侧链构象的变化，仅主链构象空间即高达10^{143}种变化。从数学角度考虑，蛋白质的计算预测和设计的复杂度导致相关问题几乎无法被精确求解。因此，开发有效的近似算法，以牺牲可接受范围内的精度来大幅度压缩搜索空间，是蛋白质计算的核心任务。其中，蛋白质的计算预测致力于解决根据序列预测结构和根据结构预测功能，着眼于解决一个客观存在的生物序列向结构和功能空间映射的问题。蛋白质计算设计则致力于解决根据结构设计序列及根据功能设计结构这两个重大问题，其终极目标是：利用计算机算法，设计具有所需功能且能够折叠成特定结构的蛋白质[164]。

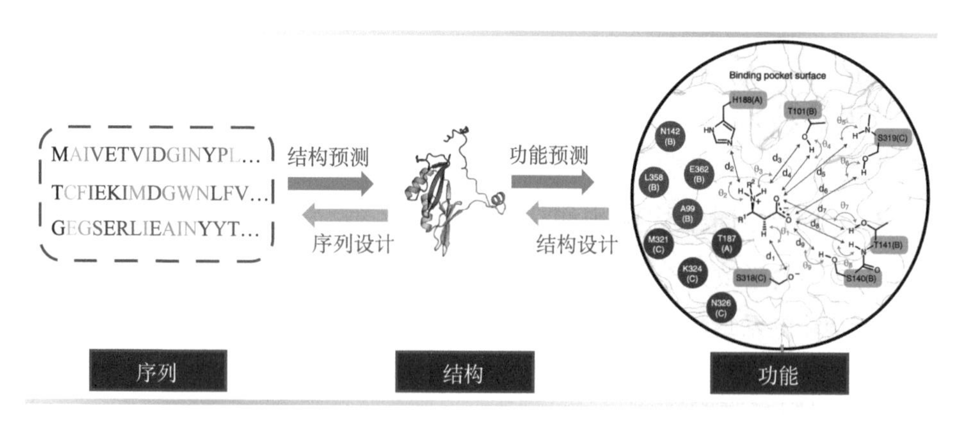

图4-11　蛋白质计算领域的四大问题

蛋白质计算领域的萌芽可以溯源到 20 世纪 80 年代，早期德格拉多（De Grado）进行了蛋白质设计的初步尝试，使用基于规则的启发式设计方法成功构建出稳定的四股螺旋束[165]。随后，基于大分子力场和侧链旋转异构体（rotamer）库，出现了通过自动优化能量函数进行序列设计的计算方法[166]。相比于单纯启发式的设计方法，基于能量函数的自动设计方法不受主链结构类型的限制；此外，定量计算残基之间特异性的空间堆积和氢键等相互作用，提高了设计的成功率。进入 21 世纪，贝克（Baker）首先设计出了自然界中不存在的折叠类型，引领了蛋白质骨架从头设计的先河。2008 年，Baker 提出了由内而外的策略，通过计算设计人工创造出 Kemp 消除酶[167]、Diels-Alder 合成酶[168]和缩醛酶[169]等数个非天然酶，蛋白质计算设计从此开始对主流生物学研究产生影响。近年来，蛋白质从头设计中出现的算法被应用于天然蛋白质结构的功能重塑，出现了蛋白质计算重塑这一方向。Baker 课题组利用从数据库中发掘的特殊苯甲醛裂解酶（BAL），利用 Foldit 和 Rosetta Design，重新设计出甲醛聚合酶（FLS）催化甲醛聚合[170]。2021 年，马延和团队对 FLS 进行设计提高其活性，在利用 CO_2 合成淀粉的体外通路中实现了无机碳到有机碳的关键转化步骤[171]。

伴随大数据和人工智能发展的浪潮及测序数据的积累，近期还出现了数据驱动型的蛋白质计算设计方法，成功实现了多样的腺相关病毒衣壳蛋白[172]、蛋白质传感器[173]、蛋白质逻辑门[174]、跨膜蛋白[175]和结合新冠病毒的小蛋白[176]等设计案例。在蛋白质结构计算预测获得突破、蛋白质计算设计算法不断涌现的背景下，发展支撑合成生物学的蛋白质计算设计平台的相应条件已然成熟（图 4-12）。

1. 蛋白质计算的发展与现状

1）蛋白质计算结构预测

蛋白质结构预测是蛋白质计算领域的重要基础问题。结构预测可以上溯到 1972 年诺贝尔化学奖得主克里斯蒂安·安芬森（Christian B. Anfinsen）的著名论断，即蛋白质折叠的全部信息蕴含于其序列中[177]。然而，如何解读氨基酸序列中蕴含的结构信息却困扰了生物学家 50 年之久。为了解决这个问题，学界从 1994 年起开始举办蛋白质结构预测的关键评估（critical assessment of protein structure

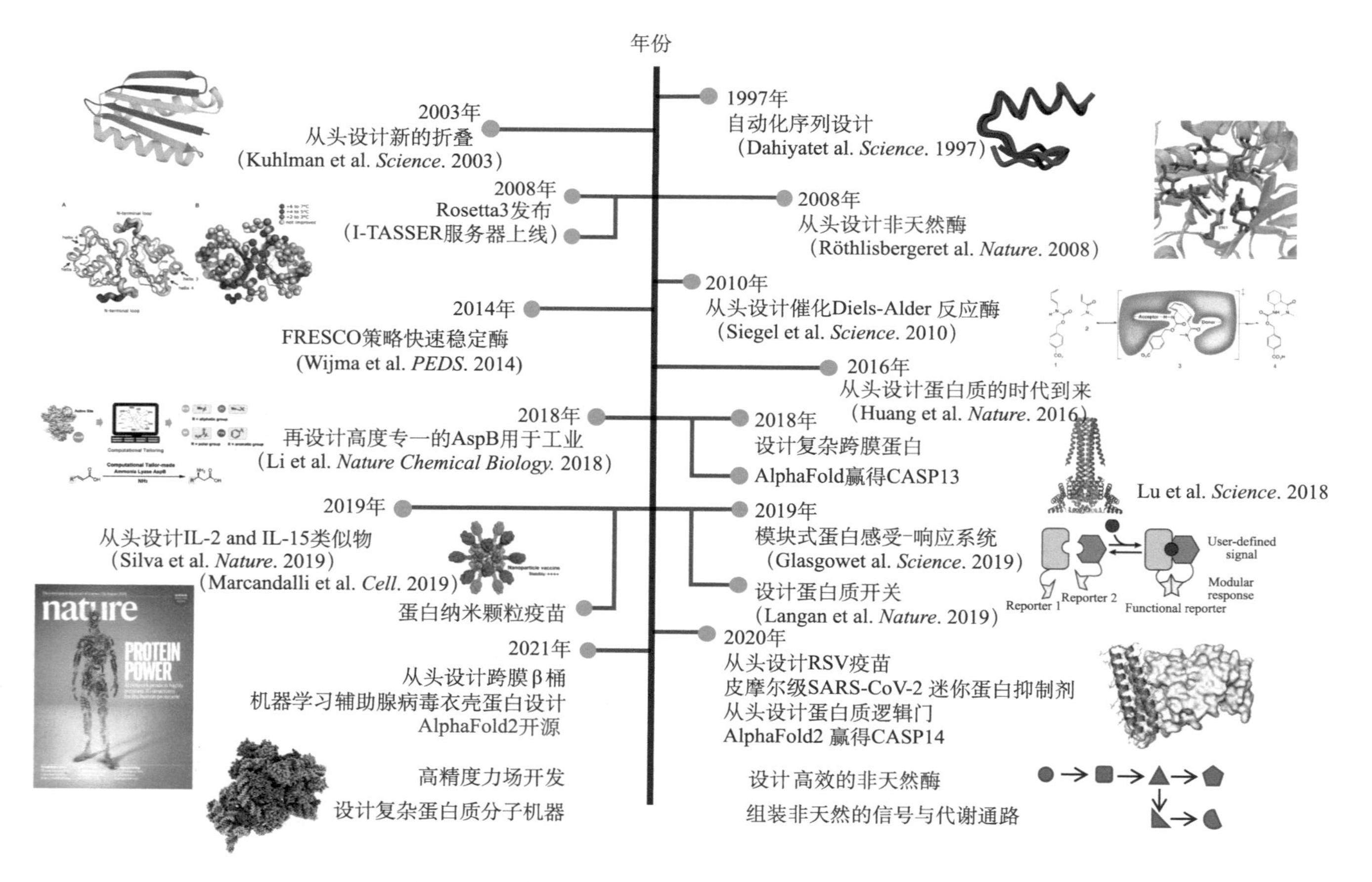

图 4-12　蛋白质计算预测与设计发展历程及未来方向

prediction，CASP）比赛，极大地推动了蛋白质结构计算预测方法的发展。

蛋白质结构预测按输入信息可以分为有模板和无模板两类。目前较为成熟的有模板建模以 I-TASSER 为代表[178]，使用穿线法进行结构预测，可以有效地提取来自多个模板的结构信息，生成模型“诱饵”（decoy），聚类后再利用动力学模拟等方法进行优化，在多届 CASP 比赛中拿下了冠军。而无模板方法首先要利用目标蛋白与同源蛋白的多序列比对（multiple sequence alignment，MSA）提取共进化信息，预测残基接触图，再反推结构的原子坐标，并使用大分子力场进行侧链构象的优化。在 2018 年的第 13 届 CASP 中，AlphaFold 横空出世[16]，从 MSA 中使用波茨模型（Potts model）提取特征，使用卷积神经网络（CNN）预测残基接触，进一步利用约束建模结构，将预测准确性提高了约 15%。随后，trRosetta 进一步优化了这种方法，加入了残基间朝向，提高了计算速度和预测准确性。2020 年的第 14 届 CASP 比赛中，经过全面架构调整的 AlphaFold2 不再预测残基接触图，转而提出了一种利用注意力和不变点注意力机制的网络架构，结合循环迭代等工程手段，完成了端到端的结构预测，使用神经网络从一维序列直接预测原子坐标，将预测结果与实验模型的全原子均方根偏差降低到了约 1.5Å，同时其预测结果可以给出预测的局部距离差异测试，提供预测置信度信息。2021 年，AlphaFold2 正式开源，公开了 21 个物种的全基因组蛋白质结构预测数据库 AlphaFold DB，2022 年更新后该数据库已经包含了超过两亿条蛋白质序列，并且进一步训练了有能力预测多聚体的 AlphaFold-Multimer[179]。至此，对于有天然稳定结构的蛋白质序列 - 结构预测问题基本得到了解决。

2）蛋白质计算功能预测

长期以来，由于高精度的蛋白质结构难以获得，蛋白质功能计算预测长期停留在利用序列同源性进行推断的范式中，基于序列比对的 BLAST 和基于隐马尔可夫模型（hidden Markov model，HMM）的 HMMER，都对早期蛋白质功能计算预测的发展起到了重要的作用[180]。随着蛋白质结构数据的积累，出现了结构比对方法 COATH 和 COFACTOR，作为 I-TASSER 在线服务器的一部分，解决了部分有同源结构的蛋白质功能预测，包括小分子结合口袋、基因本体（GO）、酶学分类和催化活性位点的预测[176]。但是，此种预测方法严重依赖于实验的先验知识，难以自动推断新功能，也难以标注无显著同源序列的新序列功能。

随着人工智能技术发展和结构预测精度的提高，近年出现了一些不依赖于先验知识转移注释的蛋白质功能预测方法。为了解决蛋白质序列的酶学分类号（EC number）的注释，DEEPre从目标序列的MSA结合HMM提取特征，利用CNN结合长短期记忆（long short-term memory，LSTM）网络，预测EC number的准确性超过了以COFACTOR为代表的转移注释方法[181]。为了蛋白质结构的小分子结合口袋预测问题，塔菲里（Tuffèry）课题组基于Voronoi镶嵌模型和alpha球体概念，开发了fpocket软件，可在预测小分子云的同时预测口袋的可药性（drugability）；作为开源软件，该方法在速度、精度和预测信息丰富程度上较为优秀[182]。DeepFRI基于蛋白质结构，使用具有语言模型特征的图卷积网络，实现了基于结构的蛋白质功能预测和功能残基识别，可给出GO注释、酶学分类号注释和例如金属结合位点的关键残基[183]。谷歌开发的ProteInfer使用扩张的卷积神经网络，能够从单序列直接预测GO和酶学分类号注释，在与序列比对方法结合时可以产生较好的效果[184]。

3）蛋白质序列计算设计

根据蛋白质结构设计序列通常在蛋白质计算设计领域内被称为固定主链的序列设计，因为相比于一个给定的狭小结构空间，其对应的蛋白质序列空间是庞大的，而且负（面）作用的上位效应会急剧损害设计出的蛋白质的可折叠性，所以序列设计并不是结构预测的等价逆问题，需要开发针对性的算法、软件和策略。蛋白质计算设计中广泛使用的方法和算法可被大致分为以下几类[185]。

（1）侧链放置，即在给定一个蛋白质骨架结构的基础上，选择一组合适的氨基酸侧链构象，使之能够满足主链结构的要求。其实际上设计了序列，故也称为蛋白质序列设计。

（2）主链生成，即根据设计的需要生成一个主链构象的模型，在这个模型的基础上进行序列设计。

（3）刚体放置，即固定蛋白质与蛋白质或蛋白质与小分子之间相对的空间位置和朝向。通常用于设计具有结合活性的蛋白质或者酶。

（4）负设计，即设计时提高非目标状态的能量以实现更好的折叠，可以看作侧链放置算法中的优化与补充。

主链生成、刚体放置和负设计通常根据设计的目标会有所区别，但是最终都会生成骨架的模型，使用序列设计方法设计合适的序列。蛋白质计算设计通常采取三步走的策略。第一步，将离散的侧链构象放置于主链上；第二步，使用能量函数计算被放置的侧链与侧链、侧链与主链之间的能量；第三步，使用搜索算法优化序列和构象的组合。整个过程涉及一系列的序列组合及其对应结构的优化，主链骨架是被事先给定的（如来源于天然蛋白质结构），且被假设为固定不变。设计中需要通过计算来确定的未知量包括每个主链位置上的氨基酸残基类型及其侧链构象。不同位置的残基选择及其构象状态的可能组合构成了氨基酸序列和侧链构象空间。定义在该空间上的能量函数则被用于评估特定序列和构象组合的好坏。通过搜索算法在序列和侧链构象的未知量空间中自动搜索，找出能量尽可能低的解，得到设计结果。针对已有的结构进行再设计，正确模拟突变后侧链构象至关重要，这一步通常使用“主链依赖的侧链旋转异构体库”（backbone-dependent rotamer library），随后的侧链优化又依赖于力场与能量函数。

能量函数是对各序列组合的不同构象结构打分时的主要依据。不同软件使用的能量函数不尽相同，主要的能量项包括物理能量项（主要为非共价的范德瓦耳斯相互作用、静电能、氢键能、溶剂化自由能）和统计能量项（主要为主链二面角、侧链扭转）。目前国际上应用最广的能量函数包括 Baker 课题组开发的 Rosetta 能量函数[186]（以物理能量项为主）和刘海燕课题组开发的 ABACUS 能量函数[187]（以统计能量项为主）。在固定主链的蛋白质设计中，共价键的键长键角一般设置为定值，主要考虑的相互作用是非共价的。在 Rosetta 能量函数中，使用伦纳德 - 琼斯势（Lennard-Jones potential）来计算范德瓦耳斯相互作用能量。使用最初来自 CHARMM 分子力场的原子电荷分布来计算静电能，并通过组优化进行了调整。使用静电模型和特殊的氢键模型来计算氢键的能量，并且该能量被细分为长距离主链氢键、短距离主链氢键、主链和侧链原子之间的氢键、侧链之间的氢键四个不同的类型分别计算。使用 Lazaridis-Karplus 隐式高斯排除模型，能包括各向同性和各向异性两种溶剂化自由能来刻画溶剂化效应。统计能量项是对数据库中出现的概率分布进行转化后得到的能量。一方面，从统计热力学角度来看，在平衡态，系统的不同微观状态的能量与概率服从玻尔兹曼分布；另一方面，从纯统计学角度出发，假设给定主链结构后氨基酸序列分布可记为条件概率，序列设计要解决的问题是寻找让该条件概率最大的序列。ABACUS 把不同的结构特征结合了起来，包括氨基酸所在位置的结构类型、主链二面角、溶剂可及性、残基间相对位置和统计得到的侧链旋转异构体和原子堆积能量。

搜索算法对于蛋白质序列设计同样是至关重要的，考虑到巨大的序列空间和更大的构象空间，遍历所有的构象组合实际上是不可能的。因此，Rosetta 被设计为一个采用蒙特卡罗方法的随机软件，通过对多次模拟产生的大量构象进行统计分析，然后给出数值解。Rosetta 首先利用随机数生成器生成随机的构象，随机微扰此构象后对新构象打分，接受所有打分变好的构象，以一定的概率接受打分变差的构象，直至在给定的循环次数内挑选出打分最好的结果。但是，这种迭代算法容易陷入局部最小值。为了得到全局能量最小的构象，除了借助分子动力学模拟的方法，Rosetta 还利用物理学中的动量概念（想象一个小球从能量函数高处滚下，动量足够大时小球就不会被卡在小坑里，而是会冲向最后的峡谷），在迭代时不仅考虑这一次的能量变化，还兼顾上一次的能量变化。

除了基于物理学原理的算法，还有基于统计学和机器学习的算法。由于结构预测上 trRosetta 获得成功，Baker 课题组进一步开发了基于深度学习的“全家幻觉”（family-wide hallucination）蛋白质从头设计方法[188]。首先，给出一条随机的序列输入 trRosetta，预测其残基接触图；然后，对该序列附近的氨基酸序列空间利用蒙特卡罗方法采样，并计算序列之间的 KL 散度；最终，给出一个可以折叠的序列和预测的结构。这个方法借鉴了谷歌公司提出的“深梦”（DeepDream）算法，该算法使用卷积神经网络，尽全力将输入改造为它曾在训练中见过的东西，产生了如梦幻般的幻觉外观。其本质上是制造出与输入序列距离较近且符合 trRosetta 学习到的序列－结构关系的序列。因此，用该方法可以快速设计出与天然序列差距较大的蛋白质序列。

4）功能导向的蛋白质设计

根据蛋白质结构设计序列并不能直接解决合成生物学对新功能蛋白质的需求，从合成生物学的需求出发，蛋白质计算设计主要包括蛋白质自体骨架设计、蛋白质与大分子相互作用设计，以及蛋白质与小分子相互作用设计。通过设计这些相互作用可以有效优化天然蛋白质作为合成生物学元件的功能，同时创造具有所需功能的生物传感器、生物催化剂和疫苗等。

蛋白质骨架设计主要用于提升天然蛋白质的鲁棒性或者设计额外的支撑骨架稳定疫苗的抗原表位，还可以改变蛋白质在特定条件下的稳定性。结合基于物理能量项、统计能量项的算法和生物信息学分析，吴边课题组基于GRAPE策略对聚对苯二甲酸乙二醇酯（polyethylene terephthalate，PET）塑料水解酶进行了计算重塑[189]，通过融合单点预测算法并结合贪婪算法叠加单点突变，将最终突变体的热熔融温度提升了31℃。为了开发新冠病毒抑制剂，在新冠病毒S蛋白与人血管紧张素转化酶2（ACE2）复合物结构确定的基础上，Baker课题组以ACE2与S蛋白受体结合区域结合的螺旋片段为起点，尝试增加两股螺旋使之稳定；另外，在微蛋白库中使用蛋白质分子对接和蛋白质相互作用界面设计方法，最终设计出的小蛋白在皮摩尔浓度下即可对新冠病毒产生抑制作用[176]。瑞士科雷亚（Correia）课题组开发了TopoBuilder系统来从头设计能够稳定复杂预定义结构单元的蛋白质[190]。针对不同的抗原表位，首先枚举二维空间上合适的蛋白质拓扑结构，并使用理想二级结构构建三级结构模型。利用此方法，他们设计出了可以同时呈递三种抗原的蛋白。膜蛋白在生命活动中具有重大意义，起到空间上传递信号交换物质的作用，西湖大学卢培龙课题组成功设计了多种不同的膜蛋白，实现了钾离子跨膜功能[191]。拉马（Rama）课题组使用直接耦合分析，提取MSA中隐含的序列-结构-功能空间的统计学约束，设计出了与天然酶活性相当的分支酸变位酶[192]。

设计蛋白质与大分子的相互作用可以用于合成细胞中的信号转导与调控。Baker课题组通过计算设计了可以利用信号通路中天然存在的相互作用蛋白的生物传感器。在没有检测对象时，传感器的lucCage蛋白的锁扣结构域与笼结构域结合；有检测对象时，锁扣结构域的末端区域与检测对象结合，lucCage蛋白打开并与传感器的lucKey蛋白结合，激活荧光素酶发出荧光[193]。Baker课题组还设计了可调节蛋白质结合的逻辑门[172]，通过从头构建主链螺旋骨架，建立氢键网络进行序列优化，设计了多对可特异性二聚化的蛋白质，使用单体或连接的单体作为输入，并通过设计的氢键网络编码特异性结合，构建出能够接受不同输入的门控单元。借助于高通量的实验技术，Church课题组利用机器学习算法设计了由60个单体组成的复杂球状蛋白质复合物（AAV衣壳蛋白），并且发现即使经过有限的数据训练，深度神经网络模型也可以准确预测各种突变体中的衣壳活力[170]。

蛋白质与小分子的相互作用设计，可以用于获得新的酶催化元件、转录因子、小分子传感器等。美国科特梅（Kortemme）课题组参考了天然蛋白质结合法尼基焦磷酸（farnesyl pyrophosphate，FPP）的结构，筛选了结合 FPP 的四残基结合模体，然后通过与大量骨架界面的对接和进一步的优化，设计了可被 FPP 调节的生物传感器[171]。设计酶的底物选择性可以产生新的生化反应，不仅可以设计新路径，也可以直接用于生物工业催化。但是，酶的活性中心具有一定的柔性且有复杂的氢键网络，细小的偏差都会导致设计的直接失败，吴边课题组使用固定主链设计的方法，结合多次平行的短时间动力学模拟弥补固定主链和侧链采样不均匀的缺陷，设计天冬氨酸裂解酶催化氢胺化反应，实现了非天然氨基酸的工业生产[194]。

2. 蛋白质计算设计的挑战

为了解决蛋白质设计问题，基于蛋白质本身的物理化学原理，研究人员开发了以 Rosetta、ABAUCS 为代表的基础软件，出现了一系列的计算策略，已有经过实验验证的系列成功案例，展示了广阔的应用前景；同时，作为有明确意义的白箱模型，对验证研究人员对蛋白质折叠与序列选择原理的理解，具有深远的科学意义。由于体系的复杂性，科研人员尝试借助深度学习来解决蛋白质的计算设计，这一类缺乏明确物理意义和可解释性的黑箱模型（图 4-13）也获得了以 AlphaFold 为代表的巨大成功。但是，蛋白质计算设计仍然是一个新兴的前沿交叉领域，发展过程中仍存在诸多瓶颈，未来应用的道路仍然面临挑战。

在进行蛋白质计算设计时，主链结构一般会被假设为固定不变。如果主链结构也被作为未知量与序列、侧链同时被优化，尽管直觉上更为合理，但一方面对主链没有较好的离散表示，在计算层面上，变量空间维度会过高，使得计算无法完成；另一方面，力场的误差被进一步放大，甚至可能降低准确性。固定主链的主流蛋白质设计方法虽然取得了一定的成果，但不能掩盖这一权宜之计的不合理性。在部分酶活性中心的计算设计案例中，晶体结构分析表明实验所得的活性中心 loop 区域实际比预期设计结构有较大的变化，直接导致了设计的失败[164]；而在突变引起的能量变化的计算中，完全主链柔性大大增加了计算量，不仅没有显著提高预测准确性，甚至在某些案例中还

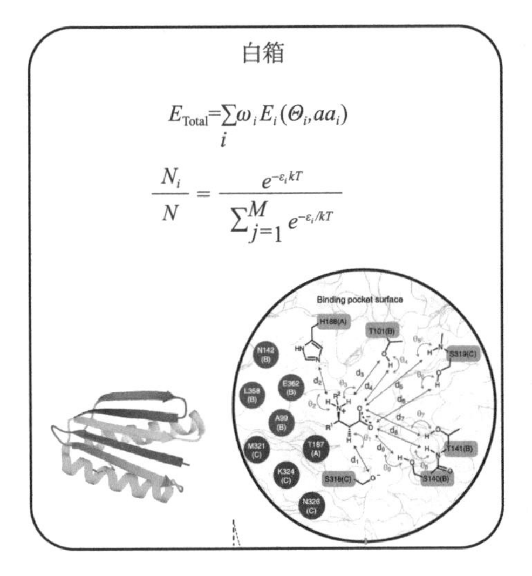

$$E_{\text{Total}}=\sum_{i}\omega_i E_i(\Theta_i, aa_i)$$

$$\frac{N_i}{N}=\frac{e^{-\varepsilon_i kT}}{\sum_{j=1}^{M} e^{-\varepsilon_i/kT}}$$

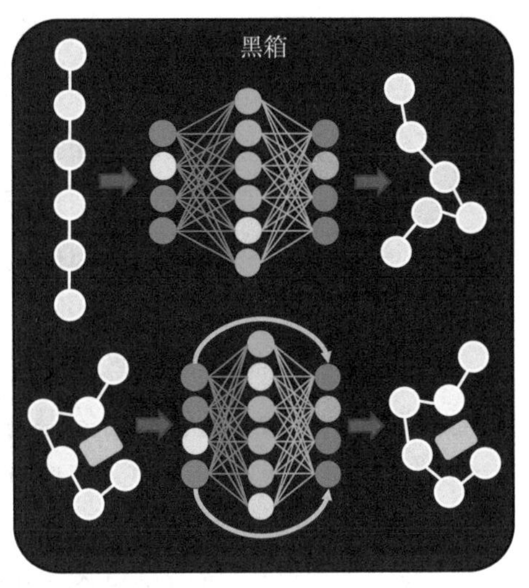

图 4-13　蛋白质计算的白箱模型与黑箱模型

"白箱"指代利用从头计算或基于统计的能量函数，利用搜索算法在能量分数和先验的化学知识的指导下进行的计算设计，这一过程的理论是充足的、形式是美观的；"黑箱"指代利用数据去训练难以解释明确物理意义的神经网络中的参数，进而预测该空间中其他数据点的映射

会导致准确性的下降[195]。

在侧链放置与优化过程中，当前的大分子力场采用各向同性的小球模型来描述原子，忽略了电子云的实际状态，从而引入系统性的误差，限制了分子设计的成功率。同时，目前使用的隐式水模型难以捕捉由水分子传递的氢键相互作用。最终，使用人为规则从头设计的蛋白质往往看似非常理想，有较短的 loop 区域和完美的表面电荷，同时没有可能导致稳定性损失的空腔等，但是这些特征与自然界中真正执行功能的蛋白质差异较大[196]。其中只有占比非常少的结构具有可延展设计性，能够作为合成生物学所需的功能生物大分子骨架。但在现实中，蛋白质作为生命活动的直接承担者并不具有物理学上完美的结构，相反，大部分蛋白质仅仅维持在稳定的边缘，只有 5 ～ 10 kcal/mol 的富余能量[197]。但是，漫长进化所获得的天然蛋白质能够高效精准且受控制地执行功能，这需要学界继续深入地去理解和思考结构与功能的关系。

利用深度学习这一类数据驱动的黑箱模型，面临标准化数据缺失和数据"偏见"问题。生物体系复杂且历史较长，数据表征方法不统一，缺乏大规模的专业性数据集。针对蛋白质结构进行计算预测，过去 50 年学术界积累了 18 万个实验测定的结构，由此构成的 PDB 数据库是一个相对标准的数据库，因此可以用来训练出 AlphaFold，即使如此依然使用了数据蒸馏等数据增强方法[179]。另外，长期以来学术界不发表负面数据，这导致了蛋白质功能数据的不真实分布，产生错误的统计图景，因此难以用于大规模的模型训练。公开的蛋白质（突变）功能实验数据集在实验选择上具有偏好性，例如，在稳定性单点突变数据集中，丙氨酸扫描的实验结果占了主导地位。大数据不是仅仅指数据量大，更是要求大量数据呈现某种形式的、可归纳的“特征”。

酶是合成生物学中最重要的元件之一，设计新反应才能创造新生化途径，进而创造出新生命。随着算力的提高，新酶设计已突破传统理性设计方法仅对结构进行微小扰动的桎梏，逐步迈向活性位点大尺度协同突变的计算重设计，乃至全局序列空间搜索的从头计算设计方法。但是，在很多案例中，新设计的酶活性极低，难以满足合成生物学需求，更无法进一步应用到工业生产中，需要后续借助定向进化等手段提升酶的活性。酶的催化依赖于活性中心氨基酸侧链的构象，需要对结构进行非常准确的建模，而既有力场存在蛋白质和小分子描述精度不足、难以刻画复杂相互作用等缺点，成了制约新酶设计发展的主要因素。

限制蛋白质计算设计成为合成生物重要的使能技术的重大限制还在于过高的门槛。现有蛋白质计算设计工作大量依赖于华盛顿大学 Baker 课题组主导开发的 Rosetta 软件包，软件学习成本极高，运行代码晦涩难懂，需要使用者拥有熟练的计算机编程能力和扎实的结构生物学知识才能够运行计算并合理解读结果。在解决具体的问题时，基础预测软件通常并不能直接输出预期结果，研究人员还需要根据所针对的生物学问题，将其合理翻译为计算问题，再进行设计范畴策划，开发特定的计算策略。例如，酶的计算设计通常需要使用量子化学计算确定设计尺度，再使用蛋白质预测算法推算设计文库，最后使用分子动力学模拟进行虚拟筛选。而现有的学科培养体系难以为领域提供大量的交叉复合型研究人员。

3. 蛋白质计算设计的未来发展方向

由于蛋白质科学对于认识生命的重要性和蛋白质作为疫苗、药物、催化剂等合成生物学元件的重要应用意义，可以预言，蛋白质计算设计是未来我国必须要抢占的科学和技术高地。针对目前蛋白质计算设计所需解决的瓶颈，未来一段时间主要有以下几个方面需要着重发展。

（1）开发恰当描述主链运动和更加精确描述侧链构象的表示方法，解决目前固定主链这一不合理假设带来的困难，以及侧链构象离散描述带来的误差，补全采样时的空隙，进而提高序列设计的准确性。在计算设计框架里加入对引入功能可能需要承受的“结构不完美”的容忍，批量设计带有潜在的小分子结合口袋和蛋白质互作疏水区域的蛋白这一类能量上不完美，或者有多个不同折叠构象能量最小值的蛋白，进而设计出一个骨架上具有多个活性中心的酶和可控的变构蛋白。

（2）提高能量函数的准确性和通用性。对于结构依赖型设计方法，提高对化学机制的解析能力和描述精度，发展能够计算多位点协同进化的设计策略；对于序列依赖型设计方法，改善二维空间向三维空间的投影能力，拓展库容较小数据集的训练能力。融合结构依赖型及非结构依赖型序列空间搜索策略的计算优势，增强蛋白质从头设计或重设计的迭代能力，搭建蛋白质结构预测和蛋白质计算设计的统一闭环框架。在提高对蛋白质打分精确度的同时，发展非天然氨基酸力场及计算预测策略，将更多类型的非天然氨基酸引入蛋白质分子设计领域，并发展能够携带非天然氨基酸的高兼容性蛋白质合成方法，实现“非天然”催化反应设计，拓展现有的分子结构空间。解决目前小分子化合物、大分子的糖和核酸与蛋白质的相互作用打分问题，提高蛋白质与其他分子相互作用计算设计的准确率和效率，实现多个蛋白质单体组成的复杂分子机器设计。

（3）构建高质量蛋白质标注数据集。在构建数据集时必须充分考虑蛋白质科学的特性，将生化实验或计算预测结果的置信度纳入考量。参考目前已有的蛋白质语言模型，进一步利用无功能标注的结构数据训练蛋白质结构的自监督语言模型。在人工智能本身的发展中，深度学习对数据标注也做出了巨大的贡献。在完成高精度的黑箱模型训练后，制造大量高精度的标注数据，进一步利用可解释的统计模型进行知识发现来把“黑箱”变成“白箱”。

（4）推进蛋白质计算设计软件的国产化，摆脱长期以来对外国软件的依赖，构建自主可控的蛋白质计算设计平台。在新的平台中完善国产蛋白质设计软件中的力场、采样方法和对生物学问题到计算问题的模块化拆分，提高设计方法精准度，降低使用的难度和门槛，积极推进蛋白质计算设计技术在合成生物学领域的应用拓展。在基础合成生物学领域，开发作为感受器、逻辑门等调控元件的非天然蛋白质。在工业生物领域，利用新型生物催化反应改造和优化现有自然生物体系，从头创建合成可控、功能特定的人工生物体系。在医学应用领域，拓展抗体、疫苗及药物蛋白的设计等。

（二）人工基因线路设计

基因线路是生命体的“信息处理器”，即生物系统中控制与协调物质流、能量流的信息收集与处理系统，并指导生命体进行适应、稳态、运动、繁殖、分化和发育等重要生理活动。在基本组分上，基因线路是由别构型蛋白质与核酸等生物大分子组成、通过转录调控、翻译调控、细胞通信和蛋白质与核酸修饰调控等相互作用而形成的亚细胞层次的生命信息处理系统。随着蛋白质结构与核酸结构等单个生物大分子预测能力的提高，人们开始尝试对基因线路等亚细胞层次的生物系统进行具有预测能力的理论建模。在过去20年中，人工基因线路在理论模型和设计原理的指导下，构建了基因开关、生物振荡器、逻辑门等多种基本类基因线路，并将多种基本基因线路进行组装获得计数器、时序逻辑器、图像边缘识别器和巴甫洛夫反应等复杂功能的基因线路（图4-14）。人工基因线路设计与构建不仅极大地促进了人们对生命调控基本规律的认识，也进一步地丰富了人们对天然的生物系统进行改造、从头设计的手段，并为医药健康、农业环境和工业发酵等领域的实际需求提供了全新

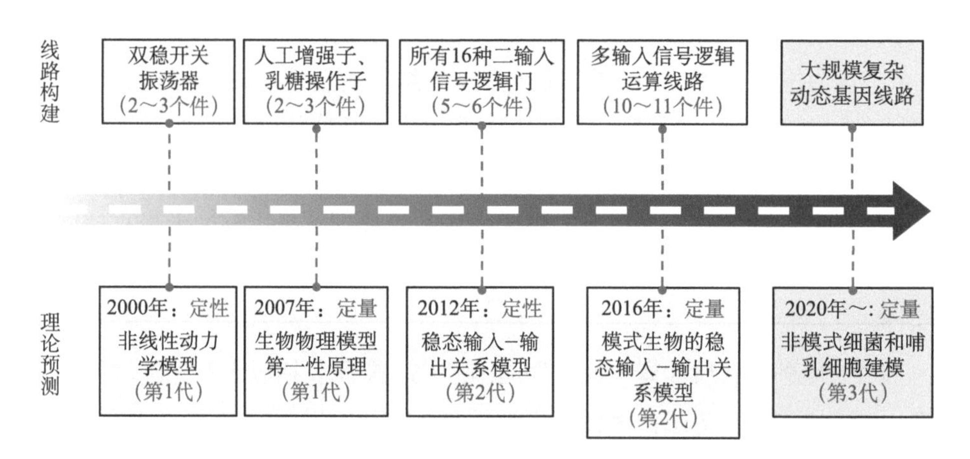

图4-14　基因线路设计构建与理论预测的发展过程及未来趋势

解决方案。

虽然人们已经在人工基因线路领域取得了丰硕的研究成果，但是由于生物系统的各个层次（大分子、亚细胞、细胞、多细胞个体、多物种生态群体等）蕴含着众多复杂生化反应、信号转导途径、多细胞协同和遗传变异等诸多生物特有复杂性问题，使得可预测地设计和组装具有高级功能的基因线路变得极其困难。相应地，如何实现微小细胞内复杂基因线路的可预测设计组装，如何保障基因线路在复杂的体内外环境下稳健地发挥预设功能，逐渐地成为未来几年人工基因线路研究的关键核心问题和必须解决的重大挑战。在本节有限的篇幅内，我们将简要地回顾人工基因线路发展过程和已经取得成果，并对未来研究的挑战做些展望。

1. 人工基因线路的起源和研究进展

自然界中存在大量的天然基因线路，是生命体用于收集和处理各种体内生化信号和体外环境变化的动态调控系统，其与物质代谢、能量供给共同构成了生命过程的三个基本要素。所有生物体均由物质构成，由能量驱动，由基因线路控制物质的代谢和能量的流动，以实现多样的生理活动，如细胞分裂、个体形态发育等。同时，生物体对外界环境变化的适应和抗逆反应也依赖于基因线路。例如，人体细胞在血糖浓度升高时对胰岛素的分泌；组织受损时启动组织再生；大量失血时促进造血干细胞分化等。与天然基因线路不同，人工基因线路存在的目的是根据人工生命体的设计目标，进行有针对性的控制，实现特定的控制逻辑，发挥类似于计算机控制芯片的功能。因此，人工基因线路是对生命进行可编程控制的具体体现，是合成生物学的标志性技术。与传统生物工程相比，合成生物学最大的进步在于对工程设计原理的系统性应用：依据工程设计原理对天然存在的各种酶，调控分子等进行简单化、模块化处理，设计出具有各种基本功能的元件。人工基因线路是利用此类元件，根据类似于电子工程电路编程的思想设计的，对生命的运行过程进行的重新编程。这种对生命的重编程能够针对多样的需求对天然的各种功能进行优化，甚至引入自然界中不存在的人造法则，实现丰富的、可设计的生物功能，为人类健康和社会发展服务[198]。

对生命的重编程如同其他信息工程一样，需要使用大量工程化的元器件，如计数器、脉冲信号产生器、逻辑信号门、信号过滤器等[199-202]，以实现从低级到高级，由简单到复杂的控制。为了构建出此类元器件，需要在传统生物学多年来对生命调控法则认识的基础上，按照工程化设计原理对生命系统进行简单化处理，再进一步按照不同的方式进行组合而成。尽管人工基因线路与电子线路都是信号采集和处理的信息运算系统，两者在很多方面又是截然不同的。基因线路的工作环境是动态生长的活体细胞，是大量各种分子的混合物，而电子线路的工作环境是固体金属和半导体材料，各个元件之间很容易实现绝缘。这些差异决定了针对基因线路的设计与组装必须要探索新途径，而不是简单地照搬照抄电子线路的成功方案。

在过去 20 年间，合成生物学领域出现了一批奠基性的工作，在人工基因线路设计、调控元件及组装方法等方面实现了“从 0 到 1”的跃进。相应地，人工基因线路也经历了从基本型到组合型的升级，已经开始具备对高级的生命过程进行模拟和探索的能力。

1）基本型人工基因线路

基本型的人工基因线路是基于生物学对生命系统的认识，以电子工程的方式设计、模拟并构建的基本生物控制器件，包括遗传开关、生物振荡器、计数器、脉冲信号产生器、逻辑信号门、信号过滤器等。在 2000 年，波士顿大学的科林斯（Collins）课题组中设计出了第一个合成生物学功能模块：转录水平的双稳态开关。该模块成功地在大肠杆菌中实现了数学模型预测的双稳态效应，可以作为基本型的遗传开关使用[1]。同年，普林斯顿大学的埃勒维茨（Elowitz）和莱布勒（Leibler）实现了更为复杂的功能模块——基因表达振荡器。该器件利用 3 个基因模块彼此间的抑制和解抑制作用实现了输出信号的规律振荡[2]。以上两项工作在理论和实验层面证明了理性设计生物元器件的可能性，对合成生物学发展有重大指导意义，因此被称为“合成生物学的里程碑”。作为逻辑电路的基本元件，过去 20 年间还出现了各种逻辑门，包括“与门”“非门”“或门”等。例如，一种“与门”利用带有琥珀突变的 T7 噬菌体 RNA 聚合酶和能够拯救琥珀突变的 tRNA 构建了独立的输入信号，可以整合处理环境中任意两种信号输入并相应地给出下游输出[203]。类似的逻辑门、基因开关和振荡器等基本型人工基因线路不仅可由原核生物中各种基础调控元件拼装，还能由更复杂的调控元件和信号转导元件构建而成，在真核生物乃至人体细胞中发挥功能[204-207]。

2）组合型人工基因线路

利用基本型人工基因线路作为基础器件，可以搭建出复杂的组合型人工基因线路用于模拟高级的生命过程。2014 年，北京大学欧阳颀课题组设计出了一种具有巴甫洛夫经典条件反射行为的人工基因线路，在大肠杆菌中重现了高等生物的神经网络的学习功能。该基因线路由 2 个逻辑“与门”、2 个逻辑“或门”和 1 个记忆模块组成，能够接收 1 个不引起输出响应的外界信号分子 A 和 1 个可引发输出响应的环境信号 B。此 2 种信号组合的多次共刺激能使大肠杆菌的记忆状态发生改变，最终使信号 A 能够单独引起输出响应[208]。在 2012 年，麻省理工学院的沃伊特（Voigt）课题组把 3 个二进制逻辑“与门”组装为 1 个巨大的四进制逻辑“与门”，实现了能够同时感知 4 种不同环境信号的人工基因网络[209]。除以上两项工作外，还有很多有用的组合型人工基因线路，如加法器、边界识别器、多输入的逻辑线路等。

3）基于软件自动化设计的大规模人工基因线路

为了实现更高级的控制功能，人工基因线路势必变得越来越复杂，随之而来的是设计难度的迅速提升。电子线路设计领域在 20 世纪遇到过类似的问题，其解决方法是基于计算机程序的自动化线路设计和模拟。因此，在 2016 年，Voigt 课题组开发出了一种能用于自动设计组合型复杂人工基因线路的计算机程序“Cello”（意为 cellular logic），能根据用户需求自动化地给出可执行布尔逻辑运算的基因线路设计，实现类似于电子工程领域电路设计软件的功能。该程序整合了大量转录调控元件的表征数据，生物元件组装的经验，已知元件的生物学限制条件，以及逻辑线路的自动编译工具等。用户选择输入信号、输出信号、宿主细胞等信息后，程序会从标准化生物元件的表征数据库中挑选合适元件，从动力学区间、生物毒性等问题出发进行模拟和优化，输出线路的 DNA 序列和定量预测结果[210]。最终，研究人员可以直接将 DNA 序列合成，装载到宿主细胞中执行功能。该程序能够大大提高对人工基因线路的设计效率。2018 年和 2021 年，Voigt 课题组成功地把上述复杂基因线路的自动化设计程序推广到更复杂的基因寄存器和真核细胞中的基因线路中，极大地拓展了大规模人工基因线路的适用范围[211-213]。

2. 人工基因线路的应用

目前，人工基因线路已经在基础科研和实际应用两方面发挥了重要作用。在基础科研领域，合成生物学对天然的生物系统进行干扰、重建，乃至再创的能力已经成为生物学家探索生命的强大工具，能够用于研究复杂生物的运行规律。在实际应用领域，人工基因线路也已经在代谢工程、医学、农业、能源等领域展现出了巨大的应用潜力，大大推动了这些领域的发展。

1）人工基因线路在基础科研中的应用

利用人工的基因线路元件，可以实现对天然的基因线路的重编程，构建超越进化法则的人造生命过程，用于探索传统生物学难以研究的一些基本科学问题。这种方法被称为“建物致知”。目前，该方法已经为生命起源、生物进化、生命网络调控等方面的研究开启了更加广阔的空间。

例如，细胞在应激调控中会专一性地利用某种特定的调控拓扑网络。因此，可以通过替换拓扑网络中某些特定的元件对该网络进行重编程，从而深入了解天然基因线路的某些特性。2009 年，加利福尼亚理工大学埃勒维茨（Elowitz）课题组在枯草芽孢杆菌中构建了一个“先正后负”的人工负反馈基因线路，替换了天然的“先负后正”的负反馈网络。他们发现，这种人工负反馈网络产生的感受态响应持续时间短、噪声小，而天然负反馈网络的感受态持续时间长短不一，分布特别宽。这一发现揭示了一种生命体在适应环境方面的生存策略，即利用放大基因表达噪声来适应环境的多变和不确定性[214]。

相比于细菌，高等生物的调控网络更加复杂，也存在更多的未知领域，能够赋予“建物致知”研究方法更大的发挥空间。早在 2003 年，加利福尼亚大学旧金山分校的利姆（Lim）课题组在研究酵母细胞对环境信号的响应策略时，通过对两种完全不同的信号通路——有性生殖响应和高渗透压响应的重编程，成功实现了对两种输入信号和输出信号的嫁接，以此证明了 MAPK 信号转导通路的支架蛋白是空间上区域化的信号节点。同时，该工作还证明了只要将基于支架蛋白的层次性信号蛋白磷酸化反应整合在一起，就能获得完全依赖于蛋白质相互作用的、可重新编程配置的人工信号通路[215]。类似的调控拓扑替换和信号通路嫁接工作还有很多，比如人工改变了调控顺序的 lambda 噬菌体开关，被嫁接了输入和输出信号的双组分调控系统等[204,216]。这些研究不仅加深了人们对天然基因线路生理学功能的认识，而且为基因线路的从头设计提供了高质量的基本调控元件。

2）人工基因线路的医学治疗和医药生产上应用

计算机芯片是各种电器中不可缺少的核心设备，控制着电器的各种功能，同时带来“智能化”的响应。与之类似，人工基因线路作为各种合成生物学应用的可编程控制组件，往往能够实现一些传统技术难以实现的、“智能化”的控制方式。

在肿瘤治疗领域，CAR-T 技术虽然已经展现出了有目共睹的治疗效果，但在 T 细胞激活水平调节、靶向特异性、信号通路调控等方面还有提升的空间。针对这些问题，波士顿大学的威尔森·黄（Wilson Wong）课题组提出了一种新型的 CAR-T 设计方案——“SUPRA CAR”，被诸多科技媒体称为新一代的 CAR-T 疗法，引起了广泛关注[217]。SUPRA CAR 方案通过将 CAR-T 固定式的细胞外 scFV 单链抗体、细胞内 CD3z 信号结构域拆分为由亮氨酸拉链（Leucine-Zipper）这种通用结构连接的两部分，分别实现了对两部分的模块化设计和可编程性，为人工基因线路设计创造了可能。基于该方案设计的人工基因线路能够对多种抗原信号产生逻辑响应，并且调控不同免疫细胞类型的信号通路。通过合适的线路设计，还实现了调节 T 细胞激活反应强度，以减轻治疗的副作用。

此外，在代谢工程领域，人工基因线路也展现出了“智能化”控制的潜力，提供了更好的解决方案。基于细菌群体感应功能设计的人工基因线路能够根据细菌数量对目的基因表达进行动态调节，使对细菌生长有负面影响的基因在细菌达到一定数量之后再表达，规避了传统发酵过程中微生物生长和发酵产物生产的矛盾，实现了对发酵过程“先生长，再生产”的动态调控，同时也避免了使用昂贵的诱导剂[218]。

3. 人工基因线路设计的挑战

使用人工基因线路执行控制功能时，需要将该线路装载到不同的底盘生物中。不同领域的实际需求对底盘生物需求也不同，因此底盘生物代谢和遗传多样性要求同一个人工基因线路需要在底盘生物中具有适配性。为了达到此目标，需要对人工基因线路进行“模块化”设计。“模块化”是合成生物学元件的核心属性之一，设计目标是将生物系统拆解为功能上相互独立的模块，并保证模块间的拼装不会导致模块功能的改变。模块化设计能使构建的生物系统像电子系统一样进行规模扩展和尺度放大，因此合成生物学领域的大量工作都注重模块化元件的开发。然而，事实远比设想中复杂。基因线路并不能严格地和宿主细胞隔离，而是与细胞的生理状态耦合形成一个整体，人工基因线路会对细胞生理产生一些不可预知的干涉性影响，而这些干涉性影响也使理论上“模块化”的生物元件和基因线路失去了可预测性，不再“模块化”。这就导致在一种生物中精细刻画过的元件性质并不能在另一种生物中直接成立，因为元件一旦脱离了刻画时的细胞生理状态，其行为就有可能偏离预期。如果不能克服这个问题，合成生物元件就不能像电子元件一样使用简单元件逐步搭建复杂线路，而是需要耗费大量时间和精力对单个底盘生物中的元件进行点对点的优化。目前，人工基因线路的设计挑战主要表现在两个方面：一是人工基因元件过表达引发细胞生长压力和细胞毒性；二是细胞体内存在一些会影响人工基因线路的功能的特殊生理机制（图 4-15）。

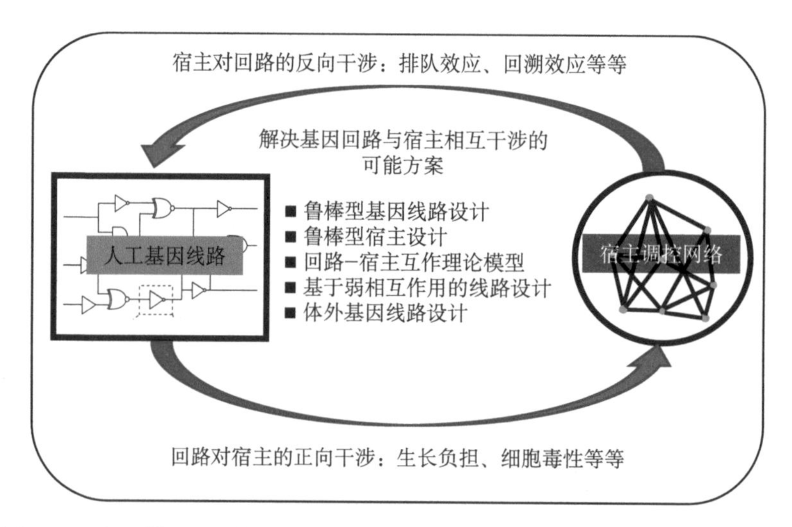

图 4-15　人工基因线路与宿主调控网络的相互干涉作用，以及未来基因线路可预测设计的几个可能的方向

1）人工基因线路的表达负载引发细胞生长压力和细胞毒性

细胞利用有限的资源完成营养物质摄取、能量代谢、DNA 复制、细胞

分裂等诸多生理过程。为了优化自身的生长，细胞需要根据环境平衡分配这些资源。当人工基因线路的加入打破了这种平衡，就可能引发细胞生长压力（burden），影响细胞的正常生长。细胞的生长压力主要表现在两个方面：①人工基因线路在蛋白表达过程中占用了底盘细胞的 RNA 聚合酶和核糖体，还有相关的辅酶，能量等资源；②过量表达蛋白还可能引起细胞的应激反应，激活一些细胞应激途径如 ppGpp 等。除了生长压力，人工基因线路还可能带来细胞毒性（toxicity）。与生长压力不同，细胞毒性产生的原因是人工基因线路调控过程中的脱靶效应对底盘细胞的正常生理活动产生的干扰，而非由于对细胞内基础资源的占用。

当底盘细胞因为生长压力或细胞毒性而生长减缓时，会反过来对其内部人工基因线路的可预测性和遗传稳定性产生负面影响。例如，基于 TetR 家族阻遏蛋白设计的元件中，一些阻遏蛋白在可能会与底盘细胞基因组上非特异靶位点的结合，从而影响底盘细胞的生长，同时也降低了这些元件的可预测性[219]。此外，在细胞培养过程中，人工基因线路的序列可能产生各种随机突变。通常这些突变带来的影响非常小，但如果某种突变体为其所在的细胞带来了生长优势，就会很快占据群落的主体，使人工基因线路在群体层次上失效。例如，一种基于群体感应设计的、控制细胞群体大小的元件在传代培养 3 ～ 6 天后，就由于逃脱调控的突变体发生大量增殖而失效[220]。

许多已经广泛使用的优质元件也因为自身的细胞毒性限制了其发挥和推广。例如，CRISPRi-dCas9（CRISPR interference-dCas9）调控系统被认为是优秀的可编程的调控元件，目前已被广泛用于基因线路的构建。然而，随着 dCas9 表达量升高，细胞生长会出现明显的迟滞。一些研究者认为该毒性来源于 CRISPR 的脱靶效应。因而在 CRISPRi-dCas9 的实际使用过程中，研究者需要耗费大量精力来平衡转录调控开关的正面影响与其对细胞生长的负面影响。合成生物学的元件设计最终要针对下游应用问题进行调整，而下游应用需要宿主细胞健康、快速生长，因此元件的细胞毒性将是合成生物学走向应用的瓶颈问题之一。

2）细胞内的一些特殊生理机制会影响人工基因线路的功能

细胞内存在的一些生理机制也可能会对元件的功能产生意料之外的影响，如排队效应（queueing-up effect）和追溯效力（retroactivity）。合成生物元件和底盘细胞共同利用细胞内的酶、核糖体等有限资源，资源竞争会导致设计上本互不相关的基因线路元件产生功能上的干涉。例如，带有 LAA 蛋白降解标签的黄色荧光蛋白、青色荧光蛋白在同一大肠杆菌中过量表达时，可能过载细胞内的 ClpXP 降解机器，使得两种不同的荧光蛋白不得不排队进入 ClpXP 的降解通道，从而使两种不相关的蛋白降解过程产生干涉[221]。这一机制被称为排队效应。与此类似，细胞内核糖体的数量不足时，mRNA 的翻译也会出现对核糖体的竞争，从而导致不相关的 mRNA 翻译产生排队效应。追溯效力是指信号通路下游的系统给上游系统带来信号反馈，从而影响上游系统功能的效应。具体而言，人工基因线路中一个基因被调控的程度，可能会被其他接受同类调控的基因的个数所影响，类似于一个电阻两端的电压差依赖于其他并联电阻的数目一样。排队效应和追溯效力都会给人工基因线路的功能带来严重影响，但设计时却很难被面面俱到地考虑到，因此为人工基因线路的可预测设计带来挑战。

4. 结论与展望

人工基因线路设计、调控元件工具箱，以及组装方法的开发在过去十几年间经历了巨大的发展，然而人工基因线路与底盘细胞的各种相互作用却阻碍了人工设计的生命系统的复杂度进一步提升。为了突破这个瓶颈，需要关注一些合成生物学领域的基本工程科学问题，如细胞生理系统对人工基因线路的影响及相关元件设计原则等，来获得对未来人工基因线路研究方向的启发。我们认为，未来研究应重点关注以下问题：①注重拓展更加多样的调控元件，通过高通量挖掘和优化设计鲁棒性调控元件，刻画它们在不同培养条件下的功能和行为，并对实验结果表述和定量方式进行标准化和结构化，便于数据的整合和分享；②开发基于转录组、蛋白质组等多层次的高通量技术，降低获取合成生物的全局表型数据库的金钱和时间成本，并做针对性的数据挖掘，为理解元件－宿主相互作用的产生机制提供数据支持；③根据需要开发新型的全细胞模型，用于描述资源分配等细胞生理规律，增强人工合成生物系统的预测性；④研发元件－宿主隔离技术和策略，总结消除两者相互作用影响的设计原则；⑤开发植物和哺乳细胞等高等生物的基因线路移植与定量表征技术。相关方面的深入研究将使我们真正实现人工生命系统设计的精准化，促进合成生物学成果在应用领域的高效转化。

（三）生物合成途径的设计

利用可再生原料生产高附加值化合物的生物制造具有高效、绿色的特点，可助力实现“碳达峰、碳中和”目标。生物制造通常以微生物细胞工厂的形式，将合成目标化合物的外源途径引入微生物体内，通过培养微生物实现目标化合物的合成。设计—构建—测试—学习循环是开发微生物细胞工厂的基本研究思路，其中设计环节尤为重要，然而传统的微生物细胞工厂设计方法主要依靠经验、费时费力、准确率低，影响了微生物细胞工厂的开发效率。规模越发庞大的生物数据库和人工智能技术推动了微生物细胞工厂自动化智能设计的快速发展，但对于指导实际的微生物细胞工厂构建仍存在诸多问题和困难。未来将在智能生物数据库建设、数字细胞模型建设、生物合成途径智能设计、调控元件设计等方面进行深入研究，从而实现微生物细胞工厂的高效设计与构建，推动生物制造技术的变革性突破（图 4-16）。

1. 回顾历史

植物、动物和微生物等都是产生天然产物的资源宝库，在天然产物发展的黄金时期，通过传统的平板拮抗筛选分离、有机萃取等方法，挖掘到了很多有价值的天然产物。为了满足人们对于新化合物需求，亟待挖掘更多的新型天然产物，但是这种传统方法在后期易分离到很多重复的目标化合物，减慢了新天然产物的挖掘速度。进入 21 世纪后，化合物检测技术及高通量测序技术的高速发展，加速了新天然产物的挖掘与途径解析。但是在实验室的培养条件下，许多目标化合物在原生宿主中含量很低甚至无法检出。针对这一问题，研究人员开始采用代谢工程的方法，即通过调控基因的表达水平来调控细胞内源途径的代谢通量来促进目标产物的合成。为了实现植物源、动物源等高价值天然产物的高效异源合成，研究人员通过将目标产物合成途径的关键基因引入微生物细胞构建微生物细胞工厂，以此为基础引入多种不同来源的酶控制细胞工厂的代谢产物，达到合成途径重新设计的目的，利用这种方式实现了青蒿酸、紫杉二烯、血根碱等天然产物的异源合成[222-226]，以产物为地标的生物合成途径设计发展历史如图 4-17 所示，可以看出微生物细胞工厂的发展经历了化合物种类与结构从简单到复杂、

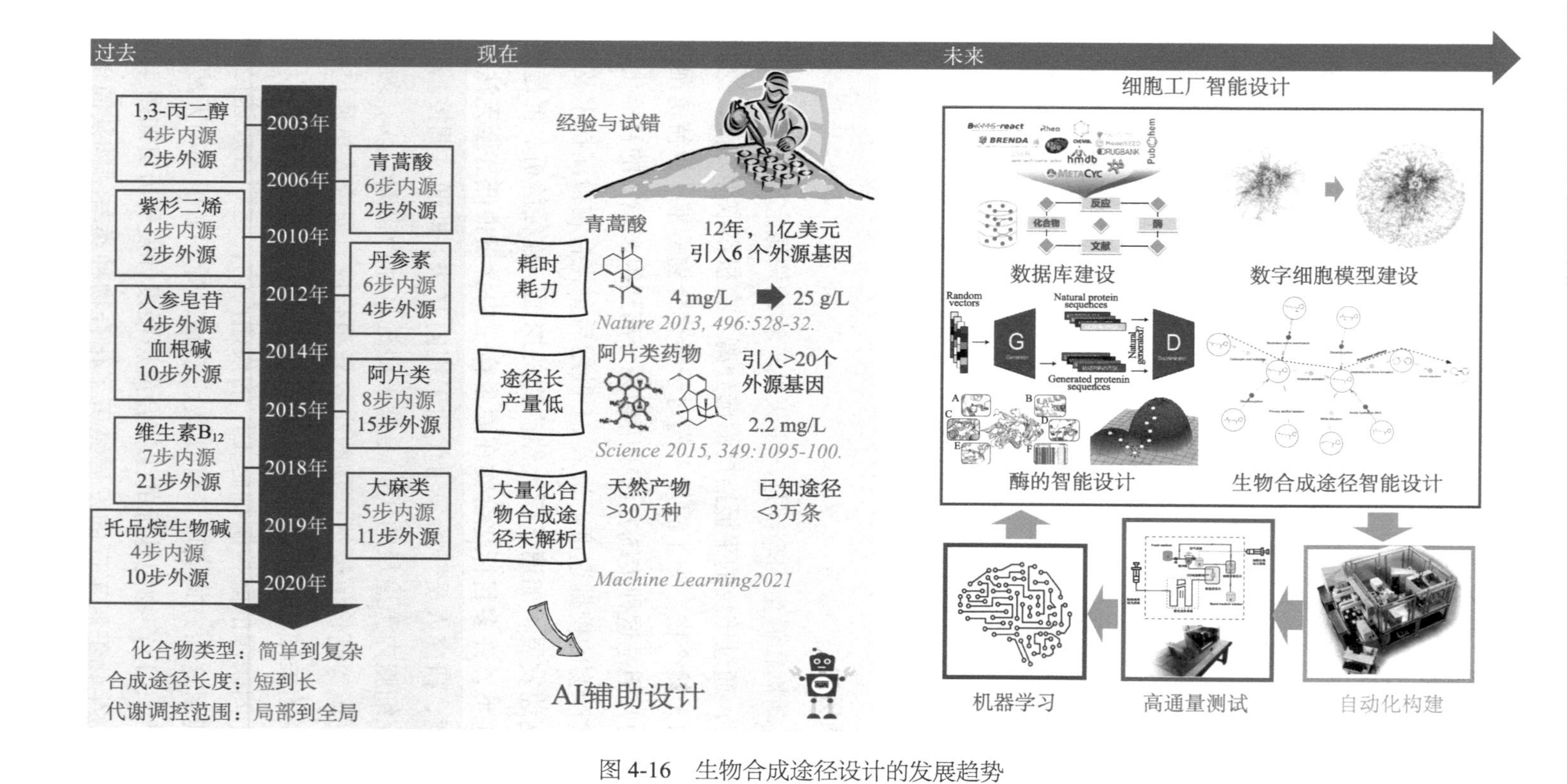

图 4-16　生物合成途径设计的发展趋势

合成途径长度从短到长、代谢调控范围从局部到全局、从实验室研究到产业化应用等特点。

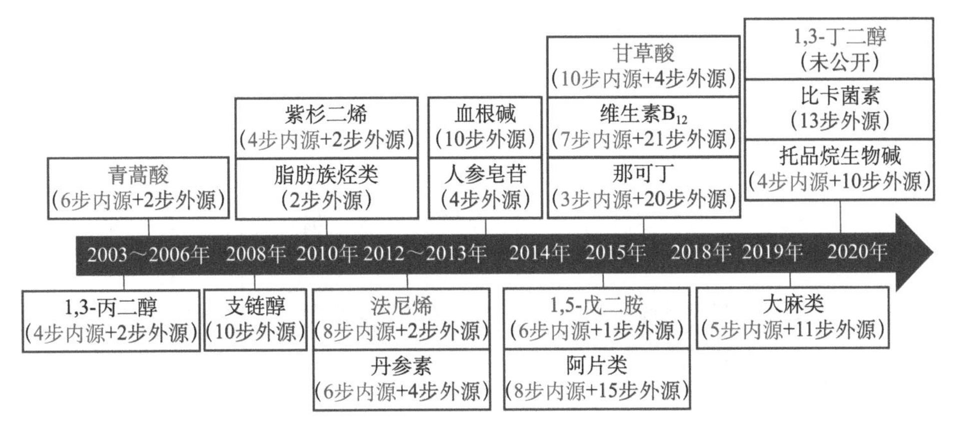

图 4-17　微生物细胞工厂合成异源化合物的发展里程碑

生物合成途径的解析是途径设计与重构的基础，基于转录组、基因组、代谢组、蛋白质组等数据的组学分析技术是生物合成途径解析的重要手段。利用组学分析，获得目标产物合成过程可能涉及的酶，通过功能验证对候选酶特性进行逐个确认。将获得的关键元件在宿主体内进行组装，结合重塑工程菌的代谢网络最终完成生物合成途径的设计，实现目标产物的合成。通过该技术已经实现了青蒿酸、紫杉醇、甘草次酸等重要化合物合成途径的设计，然而对于一些结构复杂、合成途径长的化合物，如长春碱，仍然难以完全解析。蛋白质工程是弥补生物合成反应中获得缺失步骤及限速步骤的另一种策略，通过基于晶体结构或者计算机辅助的理性设计或定向进化对天然宿主或者非天然宿主的酶进行改造可以使酶具有新的活性、提高关键酶的催化效率、强化酶催化合成目标产物的特异性，但是该策略通常费时费力，其效率严重依赖于筛选方法的通量和效率。结合组学分析、信息挖掘、蛋白质工程等策略的传统的途径设计与重构手段虽然已经取得了巨大的成功，但是该过程极为耗时耗力。例如，杜邦公司历经 5 年，投入 500 多人力开发出了生产 1,3- 丙二醇的大肠杆菌产业化菌株[227]；加利福尼亚大学伯克利分校的 J.D. Keasling 历时 15 年、耗资 1 亿多美元实现了青蒿素前体青蒿酸在酿酒酵母中的高效合成，产量从 4 mg/L 提高至 25 g/L[222]；斯坦福大学的斯摩尔克（C.D. Smolke）在酿酒酵母中引入 20 个以上的外源基因，实现了阿片类药物在微生物中的合成，但产量仅有毫克级[225]。

为了快速解析天然产物的生物合成途径，实现这些化合物的合成，“生物逆合成”的思想应运而生，经过多年发展，已经开发出一系列数据库、软件和算法（图4-18）。该方法是以目标分子作为起始，以其中的官能团、化学键的合成作为研究对象，一步一步地向前推导中间产物和所需要的催化酶，利用逆向思维组合多种不同来源的酶组建新的合成途径。

图4-18　生物逆合成算法的发展里程碑

2. 现有的状况和水平

随着基因测序与合成、代谢物高通量快速检测、代谢途径数据库、酶催化数据库等技术的快速发展，促进了多种基因组规模代谢模型的构建，用于发现关键调控节点，优化代谢网络。代谢模型的应用为微生物生理功能的认知和调节打下了基础，在一定程度上提高了编辑准确度，促进了目标编辑靶点的发现。

近年来，基于现有的生物数据库和模型，已开发出一系列的生物逆合成途径设计策略和工具，如利用文本挖掘工具进行文献挖掘、利用代谢模型进行调控靶点预测、利用组学数据进行途径解析、开发新算法和工具设计人工途径等。这些结合了大数据和人工智能等新技术的新方法极大地提升了生物合成途径的挖掘效率，以及微生物细胞工厂的优化效率。

1）文献挖掘与数据库

科学文献是生物学研究前沿和途径设计的数据源，提供了海量的生物学信息。近年来，科学研究的规模、数量和深度均呈现指数形式的增长。依靠人力已经无法对海量文献进行学习并从中提取关键信息。随着文献的数量和多样性的持续增加，想要提取文献中所包含的信息需要庞大的自动化系统。目前文献信息的提取主要通过文本挖掘进行关键信息检索，然而该过程产生的结果对于途径设计来说不但过于庞杂和冗余，同时由于无法对文中图片、引用信息等重要信息进行检索和学习，文献中的重要关联信息及文献之间的关联关系难以进行提取和分析，因此导致了大量关键信息的流失。目前所开发的一系列文本挖掘工具，如 Textpresso、PubFinder、PubMatrix、LitMiner、WikiGene 和 MineBlast，可以部分实现识别、提取、整合和分析文献数据的功能。

现有代谢数据库提供了代谢网络中包括生化反应、催化反应的酶、途径和代谢化合物四个方面的基本信息（表 4-2）。近年来，可以通过互联网访问的生物知识库 / 数据库中存储代谢途径信息的数量正在迅速增长。日本京都大学开发的 KEGG 是最常用的代谢数据库，旨在从分子水平上了解生物系统的功能。美国斯坦福研究所开发的 MetaCyc 是一个高度精选的数据库，其中包含了实验验证过的各物种的代谢途径和大量来源于原始文献的途径。斯坦福大学的酵母基因组数据库 SGD 可提供来自酵母基因组的基因信息。国际广泛使用的酶反应数据库包括 BRENDA、PDB 和 UniProt 等。但这些数据库更新速率较慢，主要提供信息检索功能，无法对目标途径或者目标酶形成包含各种可能催化反应，以及相关酶学参数的关系网络，限制了数据库在途径解析与重构中的应用。未来文献挖掘将从对术语的简单识别发展到对相互作用关系的综合分析，从对蛋白质相互作用的单一认识发展到对通路协作的系统调控。因此，高效的文献挖掘和合理的数据库架构将有助于高效搜索生物逆合成途径，以提高代谢产物的合成能力，并预测代谢调控瓶颈基因。

表 4-2　主要的代谢数据库和酶催化数据库

数据库名称	开发者	公布时间	单位	国家	网站
BRENDA	Schomburg et al.	1987 年	德国布伦瑞克工业大学	德国	https://www.brenda-enzymes.org/
KEGG	Minoru et al.	1995 年	日本京都大学	日本	https://www.genome.jp/kegg/
SGD	Cherry et al.	1997 年	美国斯坦福大学	美国	https://www.yeastgenome.org/
BioCyc EcoCyc MetaCyc	Caspi et al.	1997 年	美国斯坦福研究所	美国	https://metacyc.org/
ENZYME	Bridge et al.	2000 年	瑞士生物信息研究院	瑞士	https://enzyme.expasy.org/
BiGG	Lewis et al.	2010 年	加利福尼亚大学圣迭戈分校	美国	http://bigg.ucsd.edu/

2）代谢模型

基因组代谢模型通过计算方法描述了一整套基于化学计量学、质量平衡的生物体代谢反应。自 1999 年第一个基因组尺度代谢模型（genome-scale metabolic model，GEM）被报道以来，越来越多的物种的 GEM 模型被开发出来。至今，已经有 1.8 万种生物使用自动构建工具构建了 GEM 模型。以酵母细胞为例，2007 年国际同行达成共识，提出了 Yeast1 酵母细胞基因组代谢模型，经过多轮迭代发展后，2020 年最新的酵母细胞基因组代谢模型已经发展到了 Yeast8，不仅包含了 1133 个基因、2260 种代谢物、3949 个代谢反应，还通过合并额外的生化信息（976 个酶动力学参数、761 个蛋白质结构）得到了进一步的发展，并提高了氨基酸残基突变如何影响细胞代谢变化的预测能力[228]。对 GEM 模型的不断完善可以使其具有更好的预测能力。将反应动力学和组学数据添加到 GEM 是提高模型精确度的有效方法[229]。例如，在酿酒酵母的中心碳代谢模型中利用 k_{cat} 值来估计分配给每个反应的酶浓度，从而限制细胞内的总蛋白质量，这种简化模型成功预测了酵母中的碳阻遏效应[230]。蛋白质组学为 GEM 提供了蛋白质守恒的约束，对于正确预测生长与生产的平衡被证明是非常必要的[231-233]。通过增加热力学约束、代谢组及总蛋白质组容量的限制，EFTL 模型可模拟符合热力学的细胞内通量，以及酶和 mRNA 的浓度水平，能够重现蛋白质受限时的细胞生长[234,235]。将酵母的蛋白质分泌途径等转化过程纳入 GEM 后，蛋白质分泌模型解释了蛋白质在不同腔室之间的转移，如从内质网到高尔基体，以及翻译后修饰过程，如折叠和糖基化，使用该模型，可以计算不同蛋白质分泌的确切代谢需要，从而了解蛋白质分泌与代谢的关系[236]。基于约束的重构和分析方法可从 4 个方面描述代谢的基因型－表型关系：①代谢流量平衡分析；②菌株设计分析；③热力学约束分析；④综合调控分析。这些方法为生物合成途径的设计及开发细胞工厂的代谢潜能提供了一个更广阔的视角。

3）元件的设计和优化

微生物细胞工厂的设计不仅包括生物合成途径的设计，途径中所需的编码基因在底盘宿主中表达时还需要一系列必要的转录和翻译调节元件。这些元件将在一定程度上决定途径中酶的表达活性，并进一步影响菌株的生长和目标化合物的产量。因此需要对调节元件进行设计和优化，以精确控制酶活性且提供途径与底盘宿主的适配性，而人工智能的出现加速了元件从头设计的研究，并使人工定制遗传元件成为可能。

启动子是在转录水平调控基因表达的关键元件，可驱动对基因表达的调控。先前寻找新启动子的研究主要集中在通过诱变或调控元件组合对已知启动子进行改造并形成启动子文库，结合人工智能手段对启动子的强度进行预测，以实现为细胞工厂提供不同转录强度的启动子元件。随着启动子突变体文库的增多，越来越多的启动子序列及其表达强度数据被公开报道，同时结合合成生物学及生物信息学领域的快速发展，启动子的从头设计成为可能。基于生成对抗网络从天然启动子中学习关键特征，以捕获不同位置的核苷酸之间的相互作用，从而建立启动子的从头设计方法，一些人工启动子显示出与大多数天然启动子及其最强突变体相当甚至更高的活性，表明深度学习的方法可以为细胞工厂的设计提供更广泛的遗传元件来源[237]。

4）计算机辅助的生物合成途径设计

生物逆合成（retrobiosynthesis）的思想来源于有机化学合成，以获得目标化合物为终点的所有潜在生物合成途径组合的计算方法，是解决微生物细胞工厂发展瓶颈的有力武器。生物逆合成算法基于化合物信息和生化反应信息两部分输入数据，经过两个步骤来构建生物逆合成网络。

（1）生成逆合成网络和途径枚举。逆合成网络的生成以化合物的相似性为基础，从已知生化反应数据中获取目标化合物可能发生的生化转化模式，并根据获得的转化模式向后迭代搜索生成目标化合物的反应，得到初始目标化合物的直接或间接前体，最终生成逆合成网络。在生成逆合成网络的过程中需要采用描述符对化学分子式及反应进行数字化表示，描述符算法可以分为两大类：一类方法预定义化合物子结构，通过统计化合物中子结构出现的频率获取化合物特征向量；另一种描述符方法基于反应中心，以反应中心一定距离范围内的所有原子组成来描述化合物，并基于反应的化学计量学对分子描述符进行运算，由此生成反应规则，如 RetroRules[238]。确定逆合成网络后，再借助途径枚举算法从目标底物到目标产物的代谢途径预测空间中进行搜索、确定最佳的代谢途径。途径枚举算法根据其理论基础不同可以分为两类：基于图论和基于化学计量学。目前已报道了一些基于生物逆合成的途径设计算法和工具（表 4-3），如 PathPred[239]、BNICE[240]、NovoPathFinder[241]、

GEM-Path[242]、RetroPath 2.0[243] 和 RetroPath RL[244] 等。Tokic 等 [245] 以大肠杆菌为底盘细胞，使用 BNICE 作为逆合成工具探索了甲基乙基酮（MEK）的合成途径，获得 18 622 条热力学可行的途径；曾安平团队提出了“碳骨架重建”生物逆合成算法来辅助非天然代谢途径的高效开发，并成功在大肠杆菌中设计并验证了 5- 氨基乙酰丙酸生物合成的非天然途径 [246]；2020 年，曼彻斯特大学的斯克鲁顿（Scrutton）团队以大肠杆菌为宿主，采用 RetroPath 2.0 逆合成工具并结合人工评估可行性，半自动地设计了柚皮素等化合物的合成代谢途径 [247]。由于逆合成算法基于已知生化反应的有限反应规则可产生大量的预测路径，大多数生物逆合成算法比较复杂且假阳性率较高。针对这一问题，一种可行的策略是将逆合成算法与人工智能技术相结合，如 RetroPath RL 采用蒙特卡罗树搜索（MCTS）强化学习方法对逆合成结果的评价和筛选过程进行优化 [244]，该工具与未使用强化学习算法的前一代逆合成算法 RetroPath 2.0 进行了预测性能对比，结果显示 RetroPath RL 算法成功实现途径预测的化合物数量多于 RetroPath 2.0，且 RetroPath RL 最大可预测十步反应，是 RetroPath 2.0 预测反应步数的 2 倍，可见人工智能技术的应用有利于改善生物逆合成算法的预测效果。

表 4-3　主要的生物逆合成途径设计算法与工具

工具名称	开发者	公布时间	单位	国家	网站
XTMS	Faulon et al.	2014 年	法国埃夫里大学	法国	https://xtms.micalis.inrae.fr
ReactionMiner	Raman et al.	2017 年	印度理工学院	印度	https://github.com/RamanLab/ReactionMiner
EcoSynther	胡黔楠等	2017 年	中国科学院上海营养与健康研究所	中国	http://www.rxnfinder.org/ecosynther/
novoStoic	Maranas et al.	2018 年	宾夕法尼亚州立大学	美国	https://github.com/maranasgroup/rePrime_novoStoic
Transform-MinER	Tyzack et al.	2018 年	剑桥大学	英国	http://www.ebi.ac.uk/thornton-srv/transform-miner
RetroPath 2.0	Faulon et al.	2018 年	巴黎萨克雷大学	法国	https://www.myexperiment.org/workflows/4987.html

续表

工具名称	开发者	公布时间	单位	国家	网站
RetSynth	Hudson et al.	2019 年	桑迪亚国家实验室	美国	https://github.com/sandialabs/RetSynth
NovoPathFinder	胡黔楠等	2020 年	中国科学院上海营养与健康研究所	中国	http://design.rxnfinder.org/novopathfinder/
RetroPath RL	Faulon et al.	2020 年	巴黎萨克雷大学	法国	https://github.com/brsynth/RetroPathRL

（2）途径评价。生物逆合成算法可以充分地搜索文献中已经报道的和算法预测可能会发生的代谢途径，因此输出结果是所有可能生成目标化合物的代谢途径集合。这些代谢途径数量庞大，难以通过实验验证的方式判断其是否可行。因此，需要有一种算法对生物逆合成算法给出的众多代谢途径进行评价和筛选。目前，生物逆合成算法评价工具常用的评价指标包括以下几种[248]：①代谢途径长度：反应步骤的数量直接关系到底盘细胞的代谢负担，同时代谢长度也可能会影响目标产物的产率；②热力学判据：吉布斯自由能可以用于表征反应的可行性，并且其绝对值的大小还关系到代谢网络内的流量分配；③反应相似性：根据已有反应库与预测得到的反应的相似性，对每一个反应给出一个评分，整个途径的评分为每个反应评分的加和；④酶的性能：逆合成途径中预测途径对应的酶是否存在及其性能能否满足要求；⑤预测产率：根据对细胞工厂代谢模型的分析，计算生成产物的代谢通量；⑥经济空间：在满足热力学和其他可能的约束的同时，使产物得率最大化；⑦毒性：逆合成途径中毒性物质的产生及对细胞工厂的影响；⑧代谢负担：异源基因会给宿主细胞带来代谢负担，阻碍宿主细胞的生长和生产。

近年来，一些逆合成算法融合了不同的评价指标和算法，例如，XTMS通过与基因评分、扩展代谢空间中推定步骤数、中间代谢物的平均毒性、最大允许产量、热力学可行性和不良反应的数量对应的评分的加权总和对途径进行排名[249]；RetroPath 利用了酶的性能、中间代谢物的毒性和最大的产物通量[250]；而 Metabolic Tinker 则基于热力学可行性、化合物相似性和路径预测长度来进行筛选[251]。

3. 现有应用的瓶颈问题与未来潜在应用的关键问题

1）数据库

目前数据库均采用人工录入的方式进行数据更新，需耗费大量人力资源，因此，急需开发人工智能的代谢数据库更新方法。在数据库架构方面，目前仍缺少适用于生物逆合成预测的数据库，需要研究化合物、酶和途径数据的结构化原则，解决化合物描述符的统一、将描述符和数据库信息整合并标准化、将文献语义与实体信息对齐等关键问题，建立针对生物逆合成设计的数据库与数据更新方法。更重要的是，这些数据库的开发与服务器运行均在境外，对于我国的绿色生物制造的技术竞争力发展和产业安全保障非常不利。鉴于此，必须发展具有我国自主知识产权的智能化数据库。

2）数字细胞模型

现阶段的 GEM 模型距离完整的数字化细胞模型还有许多需要考虑的因素。例如，内源物质和外源合成的产物在细胞代谢网络的浓度边界、代谢负担（反应的负担和代谢物毒性）及转运反应会影响代谢流量的分布，代谢反应热力学和酶性能的限制会使代谢通量达不到理想状态，基因转录和蛋白翻译的约束也让数字模型无法反映真实细胞工厂的情况。在非稳态，如环境变化、生长周期变化下，细胞内的基因表达水平、蛋白质浓度变化及代谢物浓度变化如何影响细胞生长和产物合成，仍是需解决的一个问题。

代谢途径中化合物的毒性可能对细胞工厂产生很大影响，通过将合成毒性化合物的酶定位到特殊细胞器或增强毒性化合物胞外转运是提高细胞工厂生产效率的有效途径。真核细胞的细胞器使代谢反应被分隔成多个相对独立的区室，造成其数字细胞模型的复杂性远高于原核细胞，尽管现有真核细胞基因组代谢网络模型包含一部分蛋白质定位的信息，但仍无法将其应用到生物逆合成途径设计中。因此，引入化合物毒性、蛋白质定位和化合物转运的数字化信息可提高细胞工厂设计的精确性。目前结合化合物毒性、蛋白质定位和化合物转运数据进行细胞工厂优化仍停留在经验试错阶段，如何获取更丰富的化合物毒性、蛋白质定位和化合物转运数据，并且如何将其数字化，利用这些数字化信息对 GEM 进行完善，提高模型的精确度，是目前亟待解决的一个问题。

3）生物逆合成途径预测

目前，生物逆合成工具的应用仍不够普及，主要原因在于已开发的工具所预测的途径假阳性过高，存在结构复杂化合物途径预测偏差大、最佳逆合成途径筛选难、预测途径与底盘细胞不适配等问题，提高生物逆合成途径预测的准确率和可靠性是促进逆合成算法广泛应用的关键。逆合成网络中包含了大量预测途径，但并非所有途径都能够实现目标催化功能，且对预测途径的测试及验证将消耗大量精力，因此，提高预测途径的可靠性可以通过对预测途径进行评价、筛选及排序的方式实现，给出最优的数条途径用于后续的构建、测试。过程中需要研究细胞工厂逆合成的智能设计原理，开发人工智能算法提高逆合成途径预测的精准度，建立逆合成途径的综合全面的评价系统，以解决长途径预测中数据组合爆炸、预测评价指标权重不清等问题。

4. 未来需要优先发展的方向或领域，以及将来能达到的水平和目标

随着人工智能与机器学习等技术的快速发展，生物大数据和数字化的时代已经来临。在未来的生物合成途径的设计中需要构建全物种酶、化合物、反应数据库。创建新的能够将自然语言及图表等信息转化为机器语言的机器学习算法，对爆炸式增长的文献信息进行学习。充分挖掘包含图表、引用信息在内的整个文献中的关键信息，同时对文献中的关联信息进行归类和总结并与数据库进行关联，在及时更新和完善数据库的同时能够快速地从海量信息中获得目标酶、反应信息及其跨物种的关联网络，利用人工智能实现合成反应的预测，通过在文献中训练得到的算法，学习合成反应的规则，然后预测合适的合成路线，使基于组学分析的途径解析过程，以及基于大数据的逆合成分析更加智能、高效、准确。

完善用于途径设计及优化的模型和算法，构建具有完整酶学参数、信号转导网络、蛋白质相互作用网络、物质转运等信息全基因组规模代谢模型，完善途径优化的机器学习算法，实现胞内化合物转运、毒性、代谢负担、环境响应、外源合成途径的能量、还原力和前体物代谢互补的等因素的数字化算法，建立智能化的分析平台，实现生物合成途径的智能设计及优化。

最终，将生物合成途径设计过程与自动化操作平台有机集成，通过数字化和人工智能的发展使机器可以逐渐代替“人手”“人脑”的工作，使人力和物力资源得到解放，人们可以有更多的时间专注于更多问题的思考。在代谢工程和合成生物学领域的经典的设计—构建—测试—学习循环过程中，每个环节也将逐渐被人工智能所替代，发展出一系列的算法、设计软件和智能操作平台（图 4-19）。

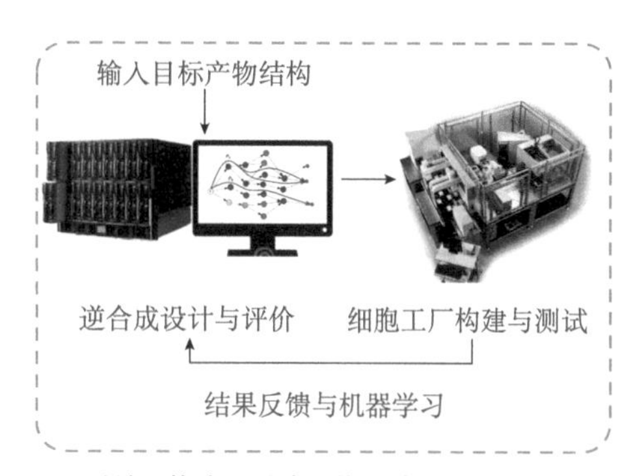

设计—构建—测试—学习（DBTL）循环

图 4-19　未来智能化、自动化的微生物细胞工厂 DBTL 循环流程

要实现上述目标，可从以下方面展开具体研究。

（1）构建智能化信息更新、可共享的细胞代谢和酶催化数据资源库，研究代谢反应信息数据库基本结构与功能模块组织模式；构建基于文献和数据库的自然语言处理深度学习模型，实现代谢反应信息数据库文本自我学习和知识获取能力。

（2）研究适用于生物逆合成预测的化合物结构数字化描述方法，建立基于生化反应规则数据库的人工智能方法和机器学习算法，解析未知长途径化合物的生物合成途径预测的原理。

（3）解析微生物细胞工厂在不同发酵环境下的组学规律，建立基因表达和蛋白表达的动态多元函数，确定基因和蛋白表达水平的阈值，构建动态的代谢网络约束模型。

（4）挖掘并整理与细胞相关的化合物毒性和转运数据库，开展化合物毒性、转运和蛋白质定位的数字化原理与方法研究，建立包含化合物毒性和转运的细胞模型，开发跨膜转运调控、反应区室化的设计和预测算法。

（5）优化完善细胞模型和代谢数据库，建立包含组学约束、基因动态表达、化合物毒性和转运的高版本数字细胞模型，阐明深度神经网络算法在逆合成途径评价中的工作原理，建立多重评价指标的机器学习整合方案。

（6）在此基础上，用开发的高版本数字细胞模型与生物逆合成途径算法预测指导微生物细胞工厂高效合成未知长途径结构复杂化合物的细胞工厂设计与构建；建立测试结果的迭代学习算法，以及标准化的“设计—构建—测试－学习”循环流程。

三、细胞工程

（一）无细胞系统

1. 发展历史

目前基于细胞的合成生物学的发展面临难以逾越的四大挑战：难以标准化、不可预见性、不相容性和高复杂度。为应对这些挑战，目前一项新的技术手段正在兴起：无细胞合成生物学[252]。无细胞系统的构建旨在体外实现生物学的中心法则和体外重构胞内生命过程，它的简单性、开放性和易放大性，给生物合成工程化提供了极大的自由度，可与其他学科和技术手段任意融合[253]。相比于细胞体系，无细胞合成更容易实现标准化操作；因为较小噪音干扰更具备可预见性；无细胞生长问题因而对元件的相容性更高；只聚焦于目标产品的合成路线更简单。无细胞系统的使用，可以避免细胞生长和细胞产物之间的竞争，从而提供最大化的合成效率及效益。其已成功地应用在不同生物工程领域，推动了基础生物学、生物医药、生物催化、生物传感等领域的迅速发展。

纵观无细胞合成生物学的历史发展，实际上早在100多年前就出现了无细胞合成的雏形。1897年，爱德华·比希纳（Eduard Buchner）利用酵母提取物这一最简单的无细胞合成体系，将糖转化为乙醇和CO_2[254]，因揭示了酶的存在，他获得了1907年的诺贝尔化学奖。而更具有里程碑意义的事件是，获得1968年诺贝尔生理学或医学奖的马歇尔·尼伦伯格（Marshall Nirenberg）通过无细胞合成体系发现了基因密码子，并揭示了蛋白质合成的工作原理[255]。自此之后在基础科学研究领域，无细胞合成体系作为重要的研究平台用于揭示生命体系特别是蛋白质翻译机器的作用机制（图4-20）。

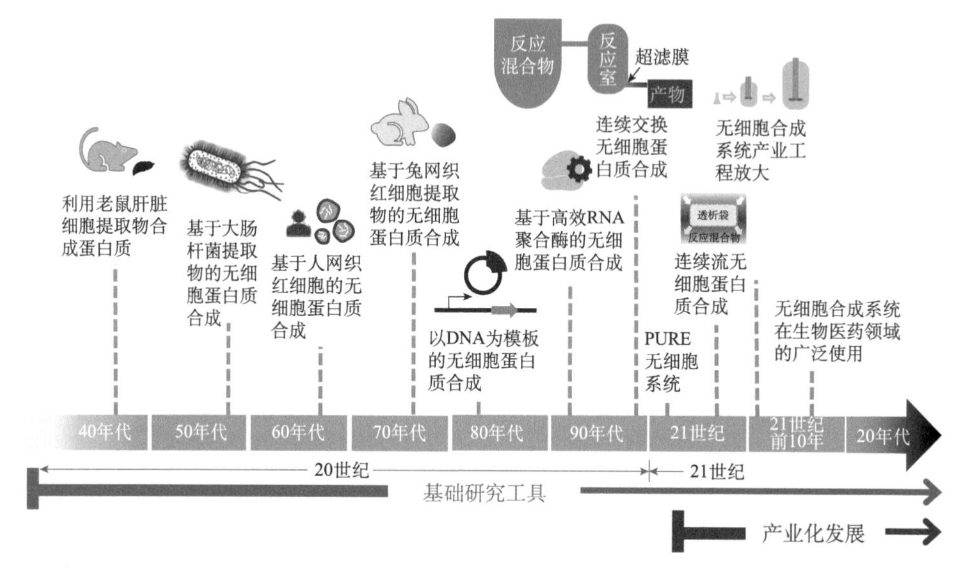

图 4-20　无细胞合成系统的发展历程

自从 2000 年起，有关无细胞合成生物学的研究出版物呈现指数式的增长，反映了无细胞合成生物学在基础科学和应用研究中发挥着越来越重要且独特的作用。目前的无细胞系统包括两种：提取物系统和纯化系统。对于提取物系统，根据细胞的提取物类型可分为高使用率模式细胞类型和低使用率非模式细胞类型。高使用率模式细胞类型是最常用的，主要包括大肠杆菌、酵母、小麦胚芽、昆虫、中国仓鼠卵巢和兔网织红细胞等[256]。纯化系统是由日本东京大学上田（Ueda）课题组开发的一种利用重组元素合成蛋白质的无细胞转录翻译系统，称为 PURE 系统[257]。PURE 系统是通过最少数量的转录和翻译元件组合而成，因组分明确、可控，从而在基础研究中具有很大的优势。无细胞合成系统长期以来作为基础研究工具得到了广泛的应用；为进一步实现工业化应用，目前系统已工业放大到 100 L 反应体系，且为线性放大模式，在 10 h 内可生成 700 mg/L 的人粒细胞巨噬细胞集落刺激因子[258]；相关的微反应器装备也得到了快速的发展[259]。

无细胞合成系统的多样性及多方面优势，包括可直接对体系进行控制、容易实现原位检测和产品获取、缩短“设计—构建—测试”周期、毒性物质忍耐性、扩展生命化学等，使得其应用领域越来越广泛。无细胞系统已在基因电路（原型设计、生物传感和代谢工程）、蛋白质工程（膜蛋白、类病毒颗粒、翻译后修饰、非天然氨基酸嵌入和蛋白质进化）和人工“生命体系”构建（噬菌体合成和人工细胞构筑）研究中展现出巨大的应用潜力。

2. 现有状况和水平

1）基因电路原型设计

相比体内基因电路设计，使用无细胞系统对基因电路进行建模设计具备许多优点：①基因元件和聚合酶浓度可控；②可快速地定量检测；③可以高通量方式评估更大的参数空间；④允许加速原型设计，更易对基因电路进行真正的模块化。因此，使用无细胞系统可替代正向工程范式准确地预测细胞行为[260]。基于无细胞系统的生物传感器具有与全细胞生物传感器相同的性能，但无细胞生物传感器稳定性更强且不存在生物安全问题，在医疗诊断和合成生物学方面已经得到了广泛应用[261-263]。另外，基于无细胞系统的无细胞代谢工程得到了快速发展，可以通过优化细胞提取物的制备、设计和优化能量板块、减少副产物的累积，以及缩短代谢工程的“设计—构建—测试”周期等，加速细胞代谢工程设计，为解决生物制造的挑战性问题提供了可行方案[264]。

2）复杂蛋白质工程

膜蛋白占目前药物靶蛋白的60%以上，约占细胞蛋白质组的30%；但其复杂的结构、疏水跨膜区域、对宿主的毒性、低效的折叠步骤等特点，使得它们在胞内难以大量表达。无细胞系统由于反应条件可控和高的毒性耐受性等特点，已发展成为重要的膜蛋白质表达手段，可在合成系统中添加脂质、表面活性剂、纳米脂蛋白颗粒等材料[265]，实现G蛋白耦联受体（G protein-coupled receptor，GPCR）家族等重要价值膜蛋白质的合成。在生命体系中起重要作用的分子机器大部分都是复合蛋白质，而复合蛋白质由于结构组装、分子折叠等特殊需求难以合成；无细胞合成系统由于对环境的可控性等，可很好地用于复合蛋白质的合成，已实现类病毒颗粒的合成等[266]。蛋白质翻译后修饰可以极大地影响蛋白质的折叠、活性和稳定性，在多种细胞功能和生物过程中发挥着重要作用；而其研究关键是获得具有明确基团修饰的重组蛋白质，这在异源宿主中通常是很难实现的。相比之下，无细胞合成系统的灵活特性允许其组分的加减，为蛋白质精准化修饰提供了可控环境，已实现了糖基化[267]、磷酸化[268]等精准修饰过程。

3）非天然蛋白质工程

基于非天然氨基酸的蛋白质合成是目前基础和应用科学研究的一个活跃领域。由于天然氨基酸侧链功能基团的有限性，单靠20种标准氨基酸已不能满足基础和应用科学日益增长的需求。利用改造过的正交翻译系统可以将具有特殊结构或功能侧链基团的非天然氨基酸嵌入目标蛋白，从而构建具有新型结构和功能的蛋白质。相比细胞体系，无细胞系统具有以下优势[269]：①无需考虑非天然氨基酸跨膜转运等问题，不受复杂物质代谢干扰，所有资源都用于目标蛋白的合成；②对非天然元件可能引起的毒性具备高忍耐性，从而高效合成非天然蛋白质；③因反应组分可以灵活调控，可提高合成效率、保真度，实现更广泛的特异性。到目前为止，通过无细胞系统已经将多种非天然氨基酸嵌入到多肽[270]、抗体[271]、疫苗助剂[272]等蛋白质中。

4）人工生命体系的构建

构建具有生命基本特征的人工细胞是合成生物学领域的一大挑战。合成人工细胞需要涉及物理、化学、生物学等多种学科的专业知识，且实现生命系统高度的内在复杂性包括区室化、生长分裂、信息处理、能量转导和适应性[273]。利用分子生物学工具和方法，自下而上将功能分子组装成人工细胞，虽可实现基本的生命特征，但在实现自组装、自我繁殖等方面面临重大挑战。目前大量利用无细胞转录翻译系统模拟细胞结构和特征的工作已经开展，如分子拥挤、区室化、基因噪声、网络、动态行为和细胞通信，致力于构建更“完美”的人工细胞[274]。从进化生物学基础研究到生物医疗应用研究都得到广泛拓展，包括原始细胞的生长 - 分裂机制研究[275]、拥挤效应研究[276]、生物传感研究[261]、药物筛选[274]等。然而，要真正实现“完美”人工细胞的构建，还需要实现自我复制、新陈代谢和信息处理等复杂功能，这仍然需要未来相关领域的进一步拓展。

3. 现有应用的瓶颈问题及未来应用中的关键问题

在合成生物学的生物工程领域，无细胞系统正在成为克服活细胞固有局限性的有力工具，在过去的十年里，无细胞合成生物学在基础和应用研究方面的成果以惊人的速度增长。无细胞系统的开放性质使得其能够对基因表达、底物优化、原位监测等进行精确的控制，从而可实现蛋白质精确且个性化的工程设计、高通量筛选等。多年的研究已经证明无细胞合成是抗体生产、疫苗组装、基因电路开发、生物催化剂生产和非天然氨基酸嵌入应用的有效工具。这些都为无细胞合成生物学的新兴时代打下坚实的基础，然而仍然面临着诸多挑战。

作为基础研究工具，进一步的挑战和机遇包括：构建大规模整合的可预测的基因或酶网络；缩小体内和体外调控的功能性差距；蛋白质翻译机器体系的进一步发展；设计更加通用的平台以可靠地合成任何生物活性蛋白质；缺乏可扩展的真核及非模式生物无细胞系统平台；精准可控的高效糖基化翻译后修饰等。

规模化和成本是工业制造中的两大关注点。该系统的进一步发展需要无细胞蛋白质生产系统规模的扩大。一些难合成蛋白质的生产离不开动物细胞提取物，而这些提取物的制备较为烦琐，有些耗时较长，是扩大工业化生产有待解决的一大问题。同时，一些应用的发展常常受到试剂费用的限制。为进一步提高产量、扩大生产规模，可从简化提取物制备程序、开发蛋白质合成的新能源再生系统、稳定底物供应和制备高效的正交翻译系统等方面寻求解决策略。

在未来的发展中，无细胞系统需要进一步优化以提高效率、降低成本，同时提高生物大分子合成的个性化、多样化水平以及普适性和稳定性；无细胞系统的使用寿命需进一步延长，需要朝着能够实现自我复制的无细胞合成系统迈进；需要进一步融合先进材料学、人工智能和生物医学等多学科领域，展现出无细胞合成系统更广泛的应用潜力（图 4-21）。

4. 未来 5～15 年需要优先发展的方向及领域

1）新型通用性无细胞转录翻译系统的构建

（1）构建针对模式 / 非模式原核和真核底盘细胞提取物或纯化蛋白的无细胞转录翻译系统，以满足多样化的基因组学、蛋白质组学、代谢工程、基因元件和线路设计、原型设计等基础和应用需求，具备合成任何类型所需产品的能力。

（2）为拓展无细胞系统的生物制造应用，需通过系统改造和优化延长转录翻译过程的半衰期、维持合成过程的稳定性、减少反应体系抑制物或内毒素、使用价格低廉的反应试剂、建立持久能源再生模块等手段，制造持久性、稳定性、低成本的无细胞合成系统。

现有水平	• 基于模式底盘的无细胞系统构建 • 细胞难合成的天然/非天然分子制造 • 融合计算机设计的分子设计和高通量筛选 • 生物原型设计、生物医药、生物催化、生物传感等应用探索
瓶颈问题	• 缺乏针对不同基础和应用需求的无细胞系统 • 缺乏模块化的转录元件和翻译元件库 • 蛋白质的精准组装和后修饰问题 • 系统的持久性、稳定性和成本问题
未来发展方向	• 多样化模式/非模式底盘的无细胞系统构筑 • 可自我复制、稳定及低成本的无细胞系统 • 自定义人工细胞的设计和构筑 • 拓展无细胞系统的商业化广泛应用

图 4-21　无细胞合成系统的现有水平、瓶颈问题及未来发展方向

（3）需进一步扩大适用于无细胞系统的转录元件和翻译元件库，构建高效稳定的环形或线形 DNA 模板，探索基于元件的合成规律机制，实现无细胞系统的标准化，可根据不同合成需求选择最适的匹配性元件。

（4）为满足在边远地区或野外地区的生物分子合成和生物传感应需求，顺应未来生物技术发展需求，通过冷冻干燥技术、纸基载体等简易低廉技术，构建可便携的按需合成无细胞合成系统。

（5）融合先进 DNA 合成、DNA 测序、基因编辑、组学分析、高通量分析、蛋白质从头设计等技术，将无细胞系统发展成为通用性的高通量筛选平台，更好地服务于生物制造应用。

（6）融合物理学、材料学等手段，通过区室化构建强化蛋白质的高效正确合成，并构建能够响应光、热、电、磁等物理信号的智能化无细胞合成系统。

（7）通过最小基因组、分子自我复制、生物膜、信号转导等设计，构建可复制的无细胞系统，进而进行人工细胞设计，并融合互补天然细胞功能，从根本上影响和革新合成生物学领域。

（8）针对无细胞系统的产业化应用，设计能够使用于不同产业化规模的

反应器类型，探究最优操作参数和规律。

2）天然 / 非天然生物大分子的高效正确合成

（1）聚焦 DNA 转录为 RNA 过程，从 DNA 模板原料到转录所需酶的设计改造，实现低成本和高效的 RNA 制造，且可通过非天然碱基的高效引入或新型 RNA 结构设计实现 RNA 的体内稳定性，从而满足新型 RNA 药物产业化制造需求。

（2）通过无细胞合成系统环境的调控、天然膜组分 / 细胞器的利用、人工膜材料的构筑，建立过量表达具有细胞毒性、结构复杂、难以正确折叠且具有变异性的膜蛋白的新方法，从而满足结构生物学、生物催化和生物医药的应用需求。

（3）利用无细胞系统的开放性，结合材料学等手段，建立复合生物大分子可控构筑的方法，实现涉及生命活动（病毒侵袭、基因转录、蛋白质翻译、信号转导、光合作用、细胞驱动、能量合成、生物催化等）中最重要的复合蛋白质的合成组装，克服复合蛋白质合成难题以实现高量、精准且稳定的合成组装，并高效实现生物功能。

（4）构建可对蛋白质进行可定义糖基化的无细胞合成平台，通过糖基化酶和糖基化位点的设计、筛选和改造，探究其中的机制规律，精准合成糖基化蛋白质，制造可临床使用的疫苗等。

（5）利用无细胞系统的无跨膜运输限制、高毒性忍耐性等特征，通过建立可直接操纵蛋白质翻译过程的无细胞合成体系，融合全局抑制、终止密码子抑制、非天然碱基等手段，人工改造蛋白质翻译机器，特异性识别非天然氨基酸并将其高效嵌入蛋白质，突破非天然氨基酸高效导入目的蛋白质的瓶颈，以获得具备丰富多样的新型结构和功能的蛋白质，用于生物医药、生物催化和生物材料等领域。

（二）单细胞工厂

1. 发展历史

以单细胞生物作为代谢工厂是一个不断发展的领域，主要用于生产天然代谢物、异源生物合成途径或蛋白质表达等。基因工程的发展极大促进了单细胞代谢工厂的发展。2002 年苏黎世联邦理工学院的贝利（Bailey）团队提出了单细胞代谢工程中的一种类型：逆向代谢工程，即从所需的表型开始，并通过定向遗传或环境操作以达到该目标[277]。2007年韩国科学技术研究院李相烨团队提出另一种类型的系统代谢工程[278]。

单细胞工厂的构建策略到目前为止经历了两个历史阶段（图4-22）。第一阶段是，通过天然微生物的筛选和非理性诱变育种技术获得目标产物高产菌株。在人为条件下，利用物理、化学、生物因素，诱导生物体产生突变，从中选择培育植物和微生物新品种的方法，长期以来在科学研究和生物产业中得到广泛应用。例如青霉素菌株的选育，1943年，研究者从发霉甜瓜中分离得到一株产黄青霉NRRL-1951，其青霉素产量为60 mg/L，在长达50年的人工选育后，产黄青霉的青霉素产量已经达到70 g/L[279]。第二阶段是通过理性或半理性策略构建高产目标菌株。随着分子生物学、微生物代谢网络的物质流、能量流以及复杂调控机制的更为深入的研究，基于理性设计作为指导策略逐渐被用于单细胞工厂的构建领域。自此单细胞工厂的研究在国内外日新月异。

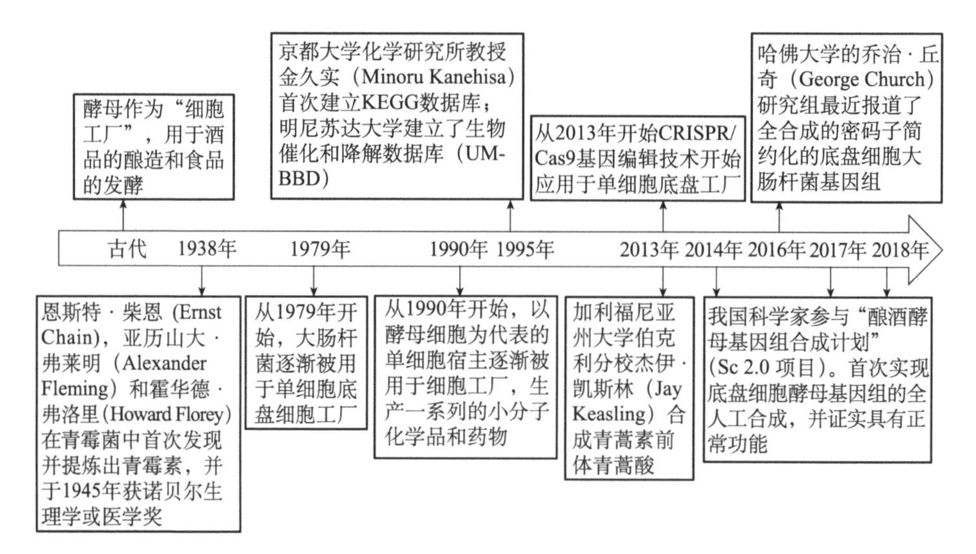

图4-22　单细胞工厂发展历史

美国国家可再生能源实验室的斯蒂芬（Stephen）团队在运动假单胞菌中构建木糖的代谢途径，使其能利用木屑水解液产生乙醇[280]。荷兰代尔夫特理工大学的杰克·普龙克（Jack Pronk）团队将外源木糖异构酶导入酵母细胞中，使其能够利用木糖生长，且发酵产量可与葡萄糖相媲美[281]。对于代谢网络的调控，国外已相继在大肠杆菌、酵母菌以及枯草芽孢杆菌等许多工业微生物中建立高分辨率的代谢网络。美国加利福尼亚大学圣迭戈分校伯恩哈德·帕森（Bernhard Palsson）团队分析了30个已发表的可预测生理表型的基因组规模代谢网络，为我们了解复杂代谢网络的功能提供了模型参考，可以指导细胞工厂的设计与构建[282]。瑞典哥德堡查尔姆斯大学杰斯·尼尔森（Jens Nielsen）团队在酵母中进行代谢网络模拟，通过改造酵母的氧化还原代谢途径，使得乙醇的产量提高了25%，副产物甘油减少了40%[283]。美国Genomatica公司致力于推进发酵法生产1,4-丁二醇的产业化，从乙酰辅酶A等中间代谢物出发，设计出10 000种可能的1,4-丁二醇的合成途径，从中筛选两种最优的1,4-丁二醇合成途径，并在大肠杆菌中构建了合成1,4-丁二醇的代谢通道，发酵优化后，1,4-丁二醇的产量可达200 g/L[284]。

国内的细胞工厂研究目前是一个热点，主要在细胞代谢网络改造方面进行开发。中国科学院上海生命科学研究院植物生理生态研究所周志华研究组和中国科学院上海药物研究所岳建民研究组合作首次构建了可以生产"非天然人参皂苷"的酵母细胞工厂，实现了人参皂苷的生物合成[285]。中国科学院天津工业生物技术研究所的研究团队设计出丁二酸的最优合成途径，研究了合成途径中各个酶的活性与产物合成的相关性，用磷酸戊糖途径替换糖酵解途径，提高了还原力供应，精确调控丁二酸合成，解决了还原力不足的问题[286]。江南大学饶志明团队通过基于胞内微环境改造及胞外环境响应的生物过程强化，构建了高值氨基酸全细胞转化高效细胞工厂，实现了L-瓜氨酸、L-鸟氨酸和γ-氨基丁酸等高值氨基酸的全细胞转化，单批次转化产物浓度分别达300 g/L、376 g/L和450 g/L，达国际领先水平[287-289]。国内其他科研院所在单细胞工厂领域也成果颇多，在此不再赘述。

2. 现有状况和水平

1）微生物工厂的构建

目前，微生物细胞工厂的构建与优化仍存在着许多挑战[290]。一方面，微生物目标合成途径的强化会受到细胞本身复杂代谢调控网络的限制[291]。无论是内源途径还是异源途径，常会遇到目标途径通量低、代谢通量不平衡、竞争途径抑制及有毒中间产物积累等问题，从而使细胞生长及生产受到抑制。

因此，对代谢途径进行动态调控使目标产物的产量最大化，是优化微生物细胞工厂的一致方向。另一方面，工业菌株的鲁棒性低增加了生产成本。工业发酵环境存在各种胁迫因素，如高温、氧化、pH 波动、高渗透压、有机溶剂、重金属等因素，都会对微生物的生长和生产造成影响 [292,293]。工厂对发酵条件的严格控制虽然可以提高菌株生产的稳定性，但同时会大幅增加成本，包括使用冷却水、酸碱、过滤装置等，并且会增加对环境的破坏。

目前主要从以下五个方面进行构建。

（1）蛋白质设计的智能化：依靠计算机算法进行蛋白质构建。利用大分子建模软件 Rosetta 等可以实现蛋白结构预测、分子对接、结构设计和实验数据建模等任务，并且随着软件功能的开发、计算机运算能力的提高以及设计方法的完善，模型预测的准确度也将进一步提高 [186,294]。受限于人们目前的知识水平，完全从头设计出目标催化功能的酶还无法实现，但从头设计出具有某些调节功能的调节蛋白已取得了一些重要突破。例如，美国华盛顿大学大卫・贝克（David Baker）团队以 α- 螺旋为结构单元设计出了一系列蛋白质调节元件 [295]。

（2）生物传感器的智能化：细胞工厂构建的生物传感器目前包含三种类型，转录水平感应、翻译水平感应和蛋白质水平感应。在转录水平，启动子是调节基因表达的最主要、最直接的调控元件，其与转录因子的相互作用可实现多种生物传感器的功能，实现对基因转录的开关或强度调节。例如，糖苷类、酸、代谢物、温度、细胞密度和光等因素可对细胞工厂转录进行调控 [296-301]。在翻译水平，主要通过核糖体开关进行调控。一般包含两种，分别是温度诱导的核糖体开关 [302] 和 pH 诱导的核糖体开关 [303]。蛋白质类的生物传感器除了前文提到的 pH 诱导的 α- 螺旋构象变化以外，还包括一些受信号分子调节的荧光蛋白，使其具有在线原位检测细胞内活性氧簇（reactive oxygen species，ROS）自由基、谷胱甘肽、NAD(P)H 等物质的功能 [304]。另外，蛋白质类的生物传感器还包括光诱导型的蛋白质聚集 / 解离元件 [305]。

（3）代谢调控的智能化：代谢调控的智能化是依靠智能调节基因线路来实现的。智能调节基因线路主要由生物传感器和效应基因组成，生物传感器负责接收信号并将信号传递给效应基因，再由效应基因产生作用蛋白，从而实现对信号的反馈（震荡）、增强等调节，或实现其他生物过程。根据智能调节基因线路的作用可分为提高产物产量和提高菌株鲁棒性；根据智能调节基因线路的复杂程度可分为单一基因线路和逻辑门；根据智能调节基因线路的调控方式可分为一般动态调控和自主动态调控[290]。

（4）菌株的智能进化：可以分为基于生物传感器的自主进化和基于高通量突变体库的智能进化，前者相较于后者更加智能、更具针对性。

（5）发酵过程的智能化：发酵过程的智能化主要体现在发酵工厂的在线控制和实验室研究中的微流控两方面。

2）哺乳动物细胞的基因表达调控

哺乳动物细胞的基因表达调控方式一般包含两种。

（1）转录水平的调控：CRISPR（Clustered Regularly Interspaced Short Palindromic Repeats）系统通过 Cas9 蛋白与单链引导 RNA（single guide RNA，sgRNA）发挥作用，在 sgRNA 的引导下 Cas9 蛋白会在 DNA 目的序列的特定位点进行切割从而造成双链的断裂，可将目的基因删除[306]。同时，将 Cas9 蛋白的切割活性位点进行失活后得到的 dCas9 不再对 DNA 进行切割，因此简单地利用 dCas9 对 DNA 的结合作用便可实现对特定基因转录水平的抑制，或者通过融合调控蛋白的方式对基因的表达进行调控，也可以将 sgRNA 与支架 RNA（scaffold RNA，scRNA）进行嵌合，从而可以招募特定的效应蛋白发挥调控作用[307,308]。

（2）后转录水平的调控：可以利用干扰小 RNA（small interfering RNA，siRNA）进行 RNA 干扰（RNA interference，RNAi），即利用双链 RNA（double-stranded RNA，dsRNA）诱发同源 mRNA 高效特异性地降解，使其基因表达水平降低[309]。

3. 现有应用的瓶颈问题及未来应用中的关键问题

1）底盘细胞的通用性问题

优化天然产物生产的一个关键因素是选择正确的细胞工厂[310]。

（1）尽管目前对于大肠杆菌和酿酒酵母作为底盘细胞有了深入的研究，但是这两个细胞工厂并不是生产天然产品的最佳选择。例如，在链霉菌属表达来自革兰氏阳性放线菌中的代谢通路，比其他底盘具有更好的表现。主要原因在于基因簇 G/C 含量的差异以及启动子区域的兼容性。

（2）以真菌作为底盘细胞也不是最好的选择。例如，大多数产生天然产物的丝状真菌都含有大量生物合成基因簇，有研究通过对几种青霉菌进行基因组测序发现了多达 50 个基因簇。这意味着在选定的宿主中表达这些合成其他产物的基因簇会干扰异源生物的合成途径。如果以产品多样性为目标，这是一个优势，但它会使代谢途径的发现复杂化，也会使优化特定产物的生产复杂化。

（3）宿主中表达有功能途径酶的能力是一个很重要的因素。例如，代谢路径如果含有 P450 酶，则使用大肠杆菌作为宿主细胞没什么意义，因为这类酶在细菌中表达不佳，相反，这些酶通常在酵母中表达良好。这主要是由于它们可以在酵母的内质网膜中表达以发挥作用[311]。

（4）所表达的目标产物对宿主是否存在毒性，这也成为细胞工厂和天然产物生物合成相容性评估的一个重要考虑因素（图 4-23）。

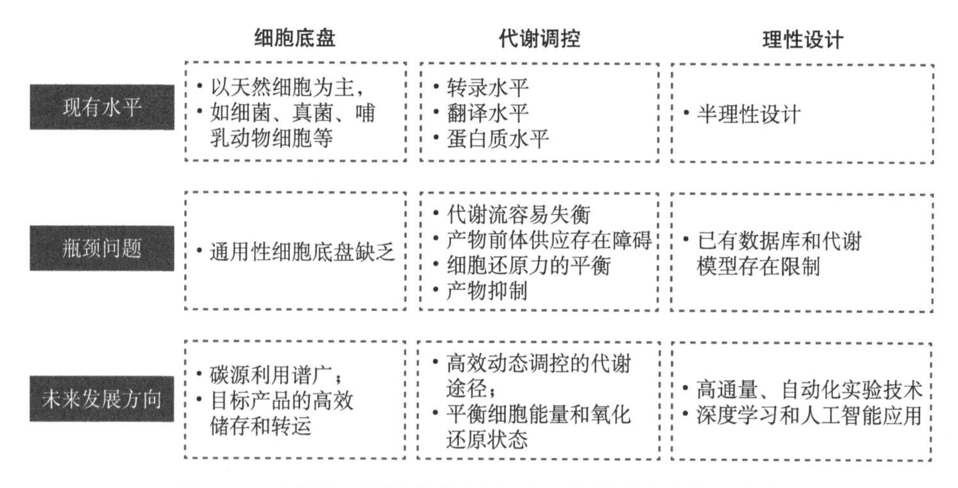

图 4-23　单细胞工厂的现有水平、瓶颈问题及未来发展方向

2）提高生产小分子化学品、大分子药物的产量

提高生产小分子化学品、大分子药物的产量是细胞工厂中最为核心的问题。作为生物制造的核心，细胞工厂（菌株）的性能决定着产品生物合成的生产强度、效价和转化率等，这些指标又直接影响着产品的发酵成本和提取成本。因此高效率细胞工厂的设计与组装是生物制造实现工业化应用的前提与关键[312]。

（1）代谢途径的设计。途径设计目前有两种方法：一种是基于已知的生化反应途径进行设计，这方面有许多可供参考的数据库，如综合了基因、酶、化合物、生化反应和代谢途径的 KEGG（Kyoto Encyclopedia of Genes and

Genomes）数据库[313]，以生化反应数据为基础的 BRENDA 数据库[314]，以及整理了各种生物基因的功能与调控的数据库 MetaCyc[315] 等；另一种是在已有认知的基础上，通过建立代谢网络模型，进行合理的推测，该方法主要应用于新合成途径的设计与构建。目前已有许多模型建立，如 RDM 方法[316]、途径预测系统（Pathway Prediction System，PPS）系统结合的明尼苏达大学生物催化 / 生物降解数据库（University of Minnesota Biocatalysis/Biodegradation Database，UM-BBD）[317] 和生化网络集成计算资源管理器框架（Biochemical Network Integrated Computational Explorer，BNICE）框架结合 ATLAS 生化反应（ATLAS of Biochemistry）数据库等[318,319]。所有这些方法均通过设定一些规则来计算得到新的反应和代谢途径，其中 PPS 系统是基于已知的生化反应数据库来演算，其生化反应的预测规则存在局限；RDM 与上述方法则不同，它基于化合物的分子结构进行推演，结果具有更广泛的预测性，但可靠度有所降低；同样是基于已有的数据库来演算，BNICE 框架采取了多样性的规则来囊括已有的生化反应和预测新的生化反应，从而使其能够更加有效地预测新的生化反应和代谢途径。

（2）保持细胞内的代谢流平衡。生物依赖初级代谢来合成胞内各种前体化合物和提供能量，用于维持细胞的生存和分裂，对于微生物来说，过多的合成氨基酸、有机酸和某种蛋白等并不利于其生存，生物可通过调控基因的表达和酶的催化活力来控制碳代谢流分布，使其在如糖酵解、三羧酸循环和磷酸戊糖途径等初级代谢中的比例处于最有利于生长的状态，这也被称作是“初级代谢网络的刚性”，当目标化学品为参与初级代谢的化合物时，细胞工厂的构建就无法避免地要考虑初级代谢和化学品合成途径间的平衡，初级代谢的刚性会使改造存在一定困难。除此之外，在细胞工厂的构建过程中，除了要考虑基础代谢与合成途径的平衡，合成途径中的每一步反应也需要优化与调整，以防止某一中间体的过多积累，对细胞产生负面的影响。

（3）目标产物前体的供应。即便合成途径代谢流很通畅，有时目标化学品的产量仍难以提升，这时需考虑化学品的合成前体是否得到了足量的供应。与丙酮酸和乙酰辅酶 A 等容易从葡萄糖快速获得的中间体不同，一些化合物或药物合成中间体需要经过特别的优化才能得到足够的供应，如聚酮和黄酮类化合物合成前体丙二酰辅酶 A，需要由乙酰辅酶 A 经过 CO_2 固定的羧化反应获得，在大肠杆菌胞内丙二酰辅酶A被维持在很低的水平，对聚酮化合物的生物制造来讲是一种障碍[320]。同时也需要考虑到，化学品合成前体不仅需要足量的供应，对于需要多个前体的合成途径，不同前体需要协同供应才能使代谢途径更顺畅。

（4）NAD(P)H等辅因子的再生与平衡。$FAD(H_2)$、$NAD(P)^+$和NAD(P)H既可作为氧化反应的电子受体，又可作为还原反应的推动力，在细胞代谢中扮演着重要的角色。一条完整的代谢途径往往伴随着还原力的消耗或释放，虽然维持胞内还原力平衡是细胞的基本需求之一[321]，但在细胞工厂中，单纯依赖细胞自身调节是很难维持这种平衡状态的，需要人为地进行干预。对于不同的代谢途径需要考虑不同还原力的释放，对于有过多还原力释放的代谢途径，过表达NADH氧化酶是一种必然的选择；而对于需要大量NADPH的合成途径，需要加强NADH向NADPH的转换；对于某些消耗还原力的代谢途径，还原力再生与循环成为提高目标化合物产量与转化率的关键。除此之外，如维生素B_6（各种转氨酶依赖辅因子）、维生素B_{12}（甘油脱水酶依赖辅因子）和生物素（羧化酶依赖辅因子）等辅因子对某些关键反应步骤也有较大的影响，在代谢途径限制靶点分析时应给予重视。

（5）产物的反馈抑制与毒性。自然存在的代谢途径普遍受到负反馈调节的抑制，因为生物要维持胞内各种化合物的相对稳定，防止某一化合物的过度合成而消耗太多资源。这种现象对生物制造来讲是非常不利的，因为细胞工厂的主要目的就是将原料尽可能地转化为单一目标化合物，因此在代谢路径设计、构建与优化的基础上，为了得到较高的效价，需解除代谢途径中间产物和终产物的反馈抑制。同时，代谢途径中间产物和终产物对于细胞生长的毒性效应也是需要考虑的一个点。因此，产物的反馈抑制与毒性问题的解决，对于构建高效价化学品合成的细胞工厂来说尤为重要。

4. 未来5～15年需要优先发展的方向及领域

1）开发通用性底盘细胞

通用性底盘细胞的开发是合成生物学领域的一个关键课题，为构建具有更高生物制造效率的细胞工厂提供了基础。开发通用的底盘细胞需要以下特点。

（1）碳源利用底物谱广，底盘细胞不但能够利用单糖，还能利用多糖，包括木质纤维素和海洋巨型藻类等碳源。对于该目标的实现主要包含三个策略，分别是碳源利用途径的合理设计和构建、加强碳源利用途径的合成底物通道构建、提高碳源利用效率的适应性进化。

（2）重构具有动态调控和反应高效的生物合成途径。生物化学和系统生物学的进步推动了对产品合成模块进行工程设计的新策略的发展，即重构合成途径的化学计量、关键途径酶的空间组织工程和关键基因表达的动态模式工程。上述三种策略以目标产物的理论产率最大化，协同增强关键酶的催化效率，并协调目标产物合成途径和细胞生长。

（3）平衡细胞能量和氧化还原状态，重新设计能量和氧化还原代谢。平衡底盘和产品合成模块之间的能量和氧化还原辅因子代谢对于高效的生物制造极为重要。从以下两个方面努力设计底盘以平衡细胞生长和产物合成之间的能量代谢：通过设计和构建节能碳源和氮源吸收途径来降低能源成本，通过调节 ATP 耗散无用循环来平衡细胞内 ATP 水平。

（4）提高目标产品在底盘细胞内的高效储存和转运能力，主要专注于细胞膜和细胞壁工程。细胞壁和细胞膜的组成和结构决定了细胞形态、细胞大小以及微生物内部细胞质与外部环境之间的代谢物交换，这对产品的储存和胞外运输具有重要意义。细胞膜和细胞壁工程的策略主要集中在为细胞内产物积累创造细胞内空间、工程化分泌途径以促进细胞外目标产物的产生、以工程抗压为导向的细胞膜和细胞壁的改造等三个方面。

2）高通量、自动化实验技术

微生物和哺乳细胞克隆筛选项目通常从靶标开始，该靶标即为参与目标生物通路的受体、蛋白或基因。随后是筛选，其中需检测和分析与靶标相关的数千个到数百万个细胞。这对于目前的实验室来说是极其费时费力的。因此，发展高通量、自动化的实验技术，对于细胞工厂的构建、测试来说将是一个跨越性的发展。

3）细胞工厂的理性设计

在细胞工厂的设计与组装过程中，不仅需要通过计量化学来评估代谢途径的可行性，还需要计算机模拟等工具优化和设计更为高效的合成途径以及合成元件。设计、构建、测试和学习的原则是细胞工厂构建遵循的一般规则。

目前深度学习和人工智能发展迅速。因此，进行基于支持向量机（support vector machine）、梯度提升树（gradient-boosted tree）和神经网络算法（neural network algorithm）的数据增强和集成学习，以改进关键设计特征数据集并评估生物生产效率的关键工程目标，这有助于指导细胞工厂设计和构建。人工智能辅助数据挖掘的进一步应用有望提高数据量并减少数据解释中的偏差，加速迭代模型生物底盘优化过程。克服影响下一代细胞工厂构建的劳动密集型、耗时、重组基因工程的可编程集成和细胞特性表征的障碍。

（三）微生物组工程

1. 发展历史

微生物组或微生物群落在自然界中无处不在[322]。成千上万种微生物生活在人体肠道中，帮助分解食物、训练人们的免疫系统并能够通过人们尚且不完全清楚的方式影响健康[323,324]。微生物群落的研究已经进行了二十多年，它们对世界的影响也已经被人们所认识。然而迄今，关于微生物组的大多数研究都局限于相关结论而不是对机制的认识。在过去的十年里，科学家已经建立了一些创造人工微生物组或调控自然微生物组的工具[325,326]。随着这些工具变得更可靠、更具体、具有更高的通量，人们能更多地从机制角度理解天然微生物组的功能，并使实现工程学的新功能成为一个可行的目标（图 4-24）。

微生物组工程是指利用基本的科学原理和定量设计，创造出具有所需功能的微生物组[327]。其方法包括生态水平的调控和基因组水平的调控。

（1）生态水平的调控：通过改变微生物群落的组成来调节其功能，包括菌群移植和噬菌体干预。1958 年，美国科罗拉多大学外科医生本·艾斯曼（Ben Eiseman）及其同事，首次报道了对 4 名严重伪膜性肠炎患者实施粪菌移植（fecal microbiota transplantation，FMT）的治疗[328]。2005 年，比比罗尼（Bibiloni）等[329]对溃疡性结肠炎患者给予益生菌口服治疗，评估发现 8 个益生菌组合的 VSL#3 制剂能有效缓解炎症性肠病患者症状。2013 年，作为国内粪菌移植第一人，南京医科大学的张发明团队在临床上利用粪菌移植的方法成功治疗克罗恩病[330]。2015 年，安藤（Ando）等通过改造噬菌体的基因组来调节噬菌体的宿主范围，设计了针对一系列不同细菌宿主的噬菌体，证明

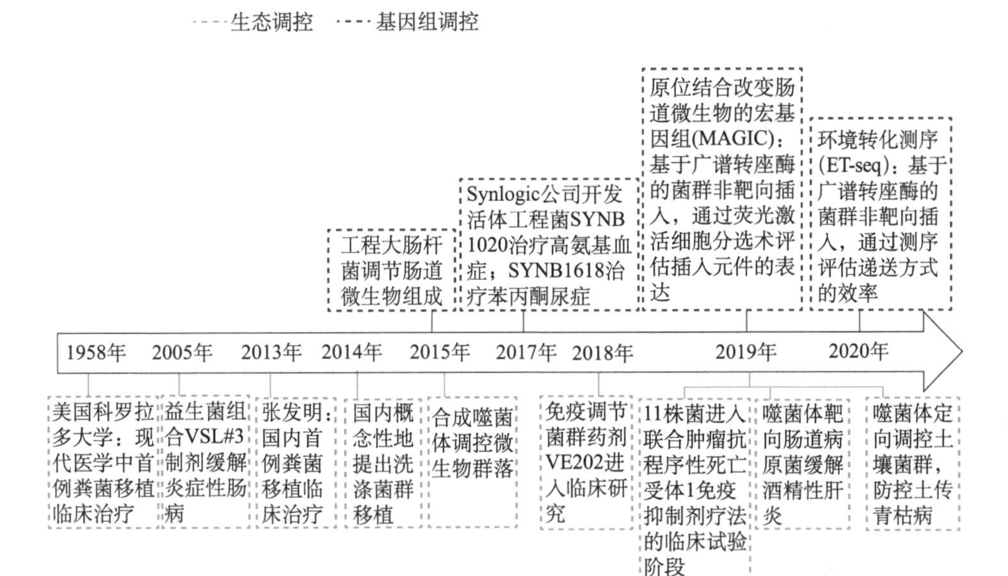

图 4-24 微生物组工程的发展历程

了多种工程噬菌体的“鸡尾酒”可以有效地选择性去除微生物群落中的特定细菌[331]。2019 年，美国加利福尼亚大学圣迭戈分校的段屹博士分离了肠道中粪肠球菌的特异性噬菌体来靶向清除该病原菌，从而验证了肠道病原菌和酒精性肝炎之间的因果关系[332]。2019 年，南京农业大学的沈其荣实验室利用噬菌体定向调控土壤菌群从而防控土传青枯病，发现特定的噬菌体及其组合不仅可以精准靶向猎杀病原菌，降低其生存竞争能力；同时还能够重新调整根际土壤菌群的结构，恢复群落多样性，增加群落中拮抗有益菌的丰度[333]。

（2）基因组水平的调控：通过对基因组进行遗传改造进而使微生物组获得特定性状，包括使用工程菌或对微生物组进行原位编辑。对微生物群落进行宏基因组水平的遗传改造，目前可分为基于广谱插入转座酶的微生物基因组非靶向插入和基于 CRISPR/Cas 系统的靶向编辑，包括靶向插入、删除以及调控基因表达。2015 年，杰茜卡（Jessica）等利用工程大肠杆菌操纵细菌群体感应信号分子 AI-2 的水平，改变了抗生素处理的肠道微生物群的组成，使抗生素处理后几乎清除的厚壁菌门的丰度显著增加[334]。2019 年，隆达（Ronda）等[335]基于细菌四型分泌系统（type IV secretion system，T4SS）的接合转移，开发了一种称为 MAGIC 的对原位微生物组进行非靶向改造的方法。2020 年，鲁宾（Rubin）等[336]建立了称为环境转化测序（Environmental Transformation sequencing，ET-seq）的非靶向方法，通过将广谱的转座酶载体转化至微生物群落中，再结合测序获得群落中微生物被有效转化的相关信息。2019 年，张锋团队与斯滕伯格（Sternberg）团队分别发现了基于不同 CRISPR 系统的 CRISPR 转座系统，在复杂的微生物群落中对特定细菌进行了位点特异性的外源 DNA 片段插入[336,337]。基于 CRISPR-dCas9 系统，米梅（Mimee）等[338]完成了对工程菌靶向基因的特异性敲低。王・哈里斯（Harris H. Wang）团队在大肠杆菌（*Escherichia coli*）中构建了 CRISPR 激活（CRISPR-activation）系统，实现了内源基因的靶向激活。这些工具为调控微生物群落的基因表达、改造微生物组性状提供了潜力[339]。

微生物组工程目前已在多个领域展示了其应用价值。

（1）人体健康。成立于 2014 年的合成生物学公司 Synlogic，利用可复制的、模块化的微生物工程方法，设计合成益生菌治疗疾病。目前 Synlogic 进行临床试验的工程菌包括用于治疗代谢紊乱的苯丙酮尿症（phenylketonuria，PKU）和肠高草酸尿症以及肿瘤免疫领域的合成益生菌[340]。2018 年，洪达（Honda）团队开发的用于免疫系统调节的菌群药剂 VE202 进入临床研究，显示出合成菌群在炎症性肠病（inflammatory bowel disease，IBD）治疗方面的前景。2019 年，该团队分离得到的 11 株细菌联合定植肠道展示出强化抗 PD-1 的免疫治疗效果。目前，该合成菌群已进入联合肿瘤抗 PD-1 免疫抑制剂疗法的临床试验阶段[341]。

（2）农业生产。2018 年，布罗菲（Brophy）等[342]将 10 kb 的固氮基因簇成功递送到三种土壤菌中并顺利表达。2019 年，舒莱（Shulse）等[343]将 82 种植酸酶在 3 种根际菌中进行异源表达，最终鉴定出 12 株能帮助植物利用磷，促进植物生长的工程菌。美国的 Pivot Bio 以及 Joyn Bio 生物公司，将合成生物学应用于农业生产，对植物共生固氮微生物进行改造和应用，以减少氮肥对环境的影响。

（3）环境修复：微生物具有多样的代谢基因簇，能在温和条件下代谢污染物，通过设计具有特定污染物降解功能的合成菌群，可以对环境污染进行原位或异位治理。德容赫（Dejonghe）等[344]发现贪噬菌 WDL1（*Variovorax* sp. WDL1）可以将农药利谷隆作为碳氮源生长，并将其降解为中间产物，然后利用食酸戴尔福特菌 WDL34（*Delftia acidovorans* WDL34）和睾丸酮丛毛单胞菌 WDL7（*Comamonas testosteroni* WDL7）降解这些中间产物，从而减轻农药的过度使用对环境的破坏。

2. 现有状况和水平

1）微生物群落的表征

目前用于研究微生物群落组成和功能的测试方法包括：多组学分析技术（扩增子测序、宏基因组学、宏转录组学、宏蛋白质组学和宏代谢组学），用于鉴定微生物群落的物种和功能；荧光成像技术，用于研究微生物群落的时空分布；同位素示踪技术，用于测量微生物组的代谢通量；质谱成像技术，用于研究微生物群体之间的化学相互作用[345]。

多组学分析技术的进步，有助于我们打开微生物系统的“黑匣子”，了解特定的基因、物种和代谢途径在生态系统中扮演的角色，对潜在调控机制和功能基因进行研究和发掘[346]。随着对人体微生物组、环境微生物组的多组学研究的不断深入，与特定疾病或环境相关的微生物物种、基因、蛋白质和代谢产物正在被发现。宏基因组数据可以有效互补扩增子测序中所得菌种的功能基因信息，为预测微生物群落的潜在功能特性和分离培养提供了重要依据[347]。宏转录组学和宏蛋白质组学提供了微生态系统中存在的 RNA 和蛋白质丰度[348,349]。将宏基因组、宏转录组学和宏蛋白质组的数据相结合，可以分析微生物群落在特定环境下的基因组成和基因表达信息，为进一步研究微生物群落的功能提供基础[350]。

自然界中的微生物群落存在明显的空间分布异质性[351-353]。使用荧光成像技术对微生物进行原位观察，可帮助我们获取群落中各种微生物在微米尺度上的生物分布和空间结构信息，揭示微生物之间的相互作用以及宿主 - 微生物的相互作用，有助于充分理解微生物群落的组装和生理生态[354]。结合高通量的测序技术，基于荧光成像技术获取的空间结构信息为理解复杂微生物群落的组成、代谢、与宿主的互作等提供了重要的基础[355]。

2）微生物群落的生态调控

目前，粪菌移植已被尝试用于炎症性肠病、艰难梭菌感染、代谢综合征等疾病的治疗，并取得了积极的临床效果，但仍面临着安全性等一系列挑战。国内外医学指南和共识都是基于手工FMT，中国自2014年起，基于自动化粪菌分离设备及相关洗涤过程的洗涤菌群移植（washed microbiota transplantation，WMT）逐步取代传统手工FMT方法，减少了FMT不良事件，且质量可控[356]。洗涤菌群移植推动粪菌移植进入一个新的发展阶段。与此同时，鉴于天然菌群的治疗仍存在机理不明确、盲目性大等缺点，人们开始筛选组成明确、与宿主的相互作用相对清晰，并可重复制备的益生菌或合成菌群。近年来，合成菌群被用于改善艰难梭菌感染、自身免疫病[357]、炎症性肠病治疗[358]和辅助癌症免疫治疗[341]等，在动物模型中取得了良好的效果，部分已经进入临床试验阶段。在农业领域应用的主要肥料和农药产品的单菌制剂及合成菌群制剂在国外公司的少许产品中也有推广[359,360]。

噬菌体的靶向调控会引起特定细菌的含量下降，但对生态系统的其他部分（包括非目标物种的大量繁殖）也会产生波动效应。2019年Hsu等[361]通过携带已知菌群的小鼠研究了噬菌体捕食对敏感细菌以及其他细菌物种的级联效应和对肠道代谢组的影响，观察到了代谢组的靶向变化包括神经递质水平和胆汁酸的变化。靶向肠道菌的噬菌体疗法可对肠道微生物组的动态产生深远的影响，噬菌体也可能通过调节代谢物（包括大脑中发现的化学物质）来影响其人体宿主。

3）合成微生物群落的构建与表征

合成微生物群落是用人工合成的方法精确控制微生物群落中各个成员的比例和数量（包括野生型和基因组改造的微生物）[362]。构建合成微生物群落可采用的方法有“自上而下”和“自下而上”。传统生物学通常采用“自上而下”的方法，即使用一定数量的环境变量（如内外源扰动因素），尝试预测生态系统中微生物群落的变化、演替或恢复过程中的生态系统过程，以达到操纵最终所需微生物群落功能的目的。然而，自上而下的方法忽略了微生物群落的代谢网络和成员之间的相互作用，限制了我们通过分子尺度对群落功能进行优化。随着测序技术和多组学分析手段的出现，基于菌群相互作用和代谢网络的自下而上的设计方法成为可能。“自下而上”的方法是基于对菌群互作和代谢网络模型的理解，设计合成菌群来获得具有特定功能的微生物群落，如代谢产物表达、宿主互作等。2011年，Honda团队根据梭状芽孢杆菌在增加调节性T细胞（Treg细胞）的细胞丰度和诱导重要抗炎分子方面的作用，分离并筛选了 17 株梭状芽孢杆菌，口服这些菌株改善了成年小鼠的结肠炎和过敏性腹泻症状[357]。基于这项研究构建的合成菌群 VE202，目前已进入炎症性肠病的临床试验阶段。此外，Honda 团队从健康的人体粪便中分离出 11 株可以诱导γ-干扰素产生的 CD8 T 细胞的菌株，构建的合成菌群被用于癌症的免疫辅助治疗，目前也已进入临床试验阶段[341]。2018 年，布奇（Bucci）等基于构建的微生物组 - 免疫系统模型，设计了最优的诱导 Treg 细胞的合成菌群[363]。2019 年，李寅团队[364]通过自下而上的设计方法以及基因工程的手段，构建出对己糖和戊糖高效协同利用的 Y 型合成菌群，用于生产丁醇，实现菌群共存和代谢分工的目的（图 4-25）。

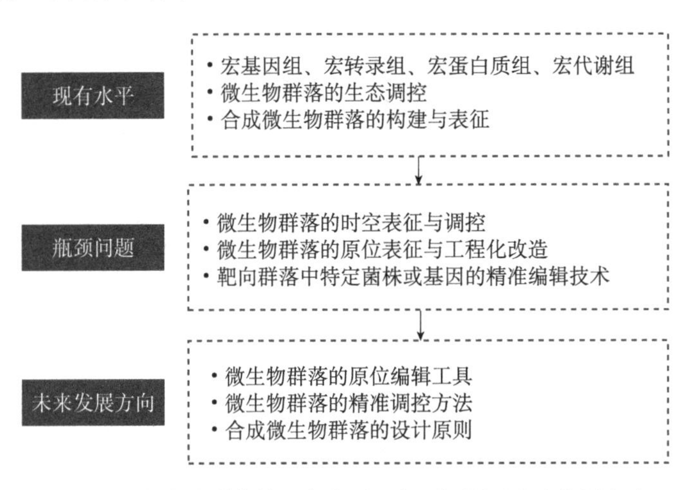

图 4-25　微生物群落的现有水平、瓶颈问题及未来发展方向

3. 现有应用的瓶颈问题及未来应用中的关键问题

1）微生物群落的时空表征与调控

自然界中的微生物群落处于动态变化中并具有明显的空间分布异质性[352,365]。已有的多组学分析方法通常是仅在一两个时间点测量微生物群落的组成和功能，研究者需要更深入地了解其功能变化的时间动态。在许多研究中，益生菌干预后立即进行功能测量，并且没有评估长期影响，限制了对其生物建立障碍的深入了解。此外，空间结构对于维持系统的稳态和功能发挥是非常重要的。目前对微生物群落调控后的空间结构变化的研究仍比较少，缺乏对微生物群落结构和功能的深入理解。对不同环境下微生物群落的

三维结构进行原位分析存在很多局限，需要开发表征和重塑微生物群落三维结构的方法。

2）微生物群落的原位表征与工程化改造

目前对微生物群落的机制研究主要是在表型信息的基础上提出假设，利用无菌生物移植微生物组可以转移表型的特点，从一个或几个物种开始研究微生物组－宿主作用的机制。这种方式摒弃了原位复杂的环境因素，只关注一个或几个物种，会丢失微生物间的相互作用，掩盖真实发生的生物学过程。需要开发微生物组工程的改造手段以进行微生物群落的原位表征，解析真实情况下表型与特定微生物或基因间的因果关系。

3）靶向群落中特定菌株或基因的精准编辑技术

许多疾病和共生微生物群落的失调相关，但是目前缺乏精准调控微生物群落组成和功能的手段。尽管CRISPR系统目前已经在基因组工程、转录调控、转录后调控、表观遗传编辑等各种影响基因表达的层次上有了一些很好的工具，但在宏基因组、宏转录组层次上仍然缺乏通用性好、特异性佳的可编程操作工具。

4. 未来5～15年需要优先发展的方向及领域

1）发展微生物群落的原位编辑工具

微生物组群落的原位编辑是对群落中目标菌或特定基因的改造或调控，有助于加深我们对微生物群落功能的理解。发展微生物群落的原位编辑技术可用于实现以下目标。

（1）菌株的靶向敲除，找到宿主表型与特定菌株间的因果关系，同时解析微生物之间的相互作用。

（2）扩大现有DNA载体的宿主范围，在不同环境条件下精确定义宿主的宽度和效率；进一步进行载体的功能化，从而实现其他生物分子的运输，如RNA或蛋白质；实现微生物群落的体内遗传调控。

（3）对微生物群落的整个宏基因组进行靶向改造，定位真实情况下表型与特定基因的因果关系，认识微生物群落中的基因互作网络，描述微生物组的功能性共位群组成。

（4）移除或修改群落中的功能性共位群，通过遗传性移除功能或杀伤具有功能的有机体，从微生物群中除去整个功能共位群，从而消除其在微生物群中的作用。

（5）编辑微生物组向微生物群落中添加功能性共位群，从而引入新型功能或修饰现有功能，并为引入的新功能群创造生态位。

2）开发微生物群落的精准调控方法

微生物群落工程的发展趋势是精准调控，特异性地操纵微生物群落，以实现功能化微生物群落的调控和改造。

（1）工程化改造微生物组，开发非传染性疾病的干预手段。改造益生菌肠道微生物组代谢，产生丁酸等有益小分子，调节人体免疫；调节肠道微生物组，从而减少心理健康问题以及神经退行性疾病；改造微生物组合成并分泌可控制水平的免疫刺激抗原，降低引起过敏的免疫反应。

（2）工程化改造微生物组，设计针对病原体的预防性治疗方案。通过开发和干扰竞争，利用多种机制（如 6 型分泌系统、抗菌肽），设计能够清除或杀死致病 / 癌菌（如沙门氏菌、核梭杆菌等）的肠道微生物，降低病原体入侵或定植引起疾病的风险；改造能够在皮肤或物体表面（如衣服）杀死或预防蚊虫（如跳蚤）所需化合物的黏附微生物组，从而抵御蚊虫叮咬。

（3）设计能够增强或替代现有药物（如药物和疫苗）功效的微生物组，从而抵御细菌和病毒病原体。改造微生物组生产大分子生物制品，如病毒捕捉颗粒（如脂质体），降低病毒的传染性；改造微生物组生产小分子药物（如丁酸盐、抗生素），抑制病原体。

3）理解合成微生物群落的设计原则

目前，不论是“自上而下”还是“自下而上”的设计方法，合成微生物群落都面临不同的技术瓶颈，其共同之处在于我们对于复杂的微生物群落互作关系缺乏应有的认知。因此在未来的研究体系中，采用多种方法互相补充，并积极探索微生物群落的互作机制，将为合成微生物群落的设计理念与方法研发带来新的契机。此外，结合机器学习算法，减低模型对数据细节的依赖性，也将成为突破瓶颈的有效手段。在合成生物群落中引入定向进化体系，使初始合成群落在多个定向选择条件下获得适应并进化出特定功能，将成为构建微生物群落和了解其机制的有力工具。同时，需要进一步理解微生物相互作用网络和群落稳定性的生态学规律。合成微生物群落未来的研究，将坚持建物致知、建物致用的理念，理解合成微生物群落的设计原则，指导构建可控、稳定的微生物互作网络，探索复杂微生物群落的基本科学规律，同时致力于解决人类健康、农业生产等领域的重要问题。

（四）非天然系统

1. 发展历史

合成生物学旨在通过工程化理念，改造和优化自然生物体系，乃至从头创建具有新功能的人工生物体系。目前研究集中在以天然 DNA 为基础的人工基因组、人工元器件、功能性人工细胞等方面，其构建的人工生物系统仍然同自然界生命一样，使用天然存在的 DNA/RNA、蛋白质、脂类和多糖等作为细胞构建的基本元件。从更深入的化学分子层次出发，探究能否利用化学合成的部件（核酸、蛋白质、多糖等）替代天然部件，进而构建自然界不存在的全新人工生物体系，将对我们探索生命本质、生命物质起源和进化提供崭新的视角。

1）非天然核酸系统

自遗传物质 DNA 双螺旋结构被解析，科学家就开始对其进行化学改造，以探讨其作为生命遗传物质的化学本质，并以之为基础构建全新的人工生命系统。近年来，以非天然碱基对拓展遗传密码研究，镜像 DNA/RNA 生命系统及糖环修饰核酸构建正交遗传物质系统等方面的研究成果最为突出。

（1）非天然碱基对。20 世纪 80 年代，本纳（Benner）研究组开始从事非天然核酸研究工作，是国际公认的非天然核酸研究领域创始人[366]。该研究组基于对沃森－克里克（Watson-Crick）互补配对的理解，对氢键供体和受体基团进行重新洗牌，实现了第一个人造碱基对 isoG-isoC 的体外复制和转录[367]；2014 年，美国斯克里普斯研究所的罗姆斯柏格（Romesberg）研究小组成功构建了包含一对人造碱基对（dNaM-d5SICS）的六碱基对人工合成细菌，首次成功实现人造碱基对的体内复制[368]，这一里程碑式的成果标志着人造碱基的研究工作正式从体外步入了体内；2017 年，Romesberg 课题组实现了非天然碱基对在体内的复制、转录和翻译成蛋白质的工作[369]；2019 年，Benner 研究组合成了八碱基对 DNA 系统，并允许被改造的 T7 RNA 聚合酶转录成 RNA[370]。

（2）镜像核酸。2016年，清华大学朱听和刘磊研究组首次使用由镜像氨基酸化学合成的镜像DNA聚合酶实现了镜像DNA的复制与转录[371]；2019年，朱听研究组首次报道镜像5S核糖体RNA的转录与反转录[372]；2021年，朱听课题组全化学合成了分子质量达90 kDa的大型镜像PfuDNA聚合酶，利用该高保真镜像聚合酶组装出长达1.5 kb的镜像16S核糖体DNA，并开发了基于镜像DNA的信息存储技术[145]。

（3）正交遗传系统。为构建与天然系统正交的XNA附加体，需要有与天然正交的XNA及能够操控非天然核酸XNA的聚合酶、连接酶等。2012年，霍利格尔（Holliger）实验室通过直接进化，首次获得XNA聚合酶，成功完成了以DNA为中介的XNA合成与反转录研究[373]。2019年，在最新研究的新型修饰核酸ZNA中，由于一个手性中心的存在，ZNA包含2个对映异构体(*S*)-ZNA和(*R*)-ZNA。(*S*)-ZNA与互补的单链DNA相互作用较弱，但其自身杂交较强，展示了其化学正交性[374]。

2）非天然氨基酸系统

20世纪50年代中后期，科恩（Cohen）等通过全局抑制，将氨基酸类似物，硒代甲硫氨酸、对氟苯丙氨酸、β-2-噻吩丙氨酸成功嵌入到大肠杆菌蛋白中[375,376]。1989年，舒尔茨（Schultz）首次通过琥珀抑制的方法将非天然氨基酸（unnatural amino acid，UAA）定点嵌入到蛋白质中，促进了对蛋白质结构及功能的理解[377]。1992年，Benner研究组成功实现了非天然碱基对isoG-isoC的DNA的体外复制和转录，成功将3-碘化酪氨酸嵌入到一段小肽中[378]。2001年，西西多（Sisido）及其同事首次通过移码抑制的方法，分别使用四联密码子[379]和五联密码子[380]，成功将非天然氨基酸嵌入目标蛋白质中，其比琥珀抑制具有更高的嵌入效率[381]。2002年，横山（Yokoyama）等通过非天然核酸编码非天然氨基酸，成功将3-氯酪氨酸定点插入Ras蛋白中[382]。2003年，布莱克洛（Blacklow）等通过有义密码子重排，使得简并碱基可以编码非天然氨基酸[383]。2010年，Liu等利用PylRS-pylT和MjTyrRS-MjtRNA正交系统，在大肠杆菌体内实现了两个不同非天然氨基酸的同时定点插入[384]。接着，美国斯克利普斯研究所舒尔茨（Schultz）等利用编码不同tRNA/aaRS对的质粒实现两种，甚至更多非天然氨基酸的定点嵌入[385]。2015年，Church研究组[386]和艾萨克斯（Isaacs）研究组[387]利用非天然氨基酸在大肠杆菌中实现微生物的生存控制。这是非常基础性的研究，对一系列深入应用具有开拓性的意义。2016 年，周德敏研究组利用非天然氨基酸合成了具有复制缺陷的甲型流感病毒，既保证了疫苗的高免疫原性，又提高了疫苗的安全性[388]。2016 年，Church 研究组通过全局性的密码子重排，极大地扩展了可以同时插入的非天然氨基酸的数目，这将为非天然氨基酸的广泛应用打开一个广阔的大门[389]。

3）非生命元素工程

酶催化含有“非生命元素”（abiological element）的有机分子合成以及人工稀有金属酶设计，是酶学研究领域的新兴方向；经过近年来的发展，已逐步成为该领域的前沿热点。

（1）酶催化含有“非生命元素”的有机分子合成。2016 年，美国加利福尼亚理工学院弗朗西丝・阿诺德（Frances H. Arnold）研究组通过自然筛选和定向进化策略，利用来源于嗜热菌海洋红嗜热盐菌（*Rhodothermus marinus*）的电子传递蛋白——细胞色素 C（*Rma* cyt c）实现了碳–硅键的生物合成，首次将宇宙中大量存在的硅元素通过生物催化引入生命过程[8]，激起了人类对于“硅基生命”的遐想。随后，2017 年，Arnold 研究组又通过在大肠杆菌中利用细胞色素 C 首次实现了手性有机硼分子的生物合成，进一步拓展了酶催化反应的化学元素多样性[390]。以此为基础，该研究组对这两套系统完成了进一步优化，拓宽了细胞色素 C 催化非天然碳–硼键合成的底物多样性[391,392]，并通过计算机模拟计算和酶工程改造，实现了细胞色素 C 催化碳–硅和碳–氮键的选择性生物合成与催化功能切换[393]。此外，2020 年，利用源自巨大芽孢杆菌（*Bacillus megaterium*）的细胞色素 P450 酶 BM3，首次实现了硅–氢键的选择性生物氧化，将多种底物中的硅烷转化为硅醇，拓展了自然界酶催化功能的多样性[394]。

（2）人工“非生命”金属酶设计。该研究方向始于 20 世纪 90 年代[395]，在研究初期，人工金属蛋白由于往往存在效率低、选择性差等致命缺点而并未受到广泛关注。直到 2016 年，美国加利福尼亚大学伯克利分校的约翰・F. 哈特维希（John F. Hartwig）课题组通过金属核心替换，发现相较于天然的铁卟啉肌红蛋白，人工组装的铱（Ir）卟啉蛋白能够高效、选择性地实现卡宾 C—H 键插入和不活泼烯烃加成反应[396]。同年，该课题组以细胞色素 P450

酶 CYP119 为蛋白支架，再次通过铁卟啉－铱卟啉置换，使其催化卡宾转移反应的速率达到了天然酶水平，在人工“非生命元素”金属酶研究领域实现了突破[397]。近年来，通过进一步研究，该课题组已经实现了人工金属酶的 C—H 氨化反应、环丙基化反应、卡宾选择性转移反应，以及更具挑战性的“非生命”金属蛋白酶在生命体内的组装、催化和进化等[398-405]。

这些重要研究进展，颠覆了对自然界酶催化功能和酶多样性的认识，开启了“非生命元素”研究的新时代（图 4-26）。

图 4-26　非天然系统的发展历程

2. 现有状况和水平

合成生物学通过设计、搭建生物元件 / 部件，甚至生物系统来构建具有新功能的人工生命形式。其研究内容一般分为三个层次：①将现有的天然生物模块进行设计与组装，构建不同于天然存在的调控网络，从而实现新功能；②通过人工基因组 DNA 的全合成进行新生命的构建；③利用化学合成的部件（核酸、蛋白质、多糖等）替代天然部件，进而构建自然界不存在的全新人工生物系统。第三个层次也称作“化学合成生物学”，目前主要集中在以非天然核酸、非天然氨基酸等为基础的研究上。

1）非天然核酸系统

非天然核酸（或称异源核酸，xenobiological nucleic acid，XNA）是指核酸基本单元糖环、碱基、磷酸中的一个或多个组分与天然 DNA 或 RNA 显著不同的核酸衍生物。科学家希望通过构建 XNA，进化其功能酶体系（复制和转录聚合酶等），利用 XNA 替代 DNA 执行相应的遗传物质功能，进而构建自然界不存在的具备繁殖、遗传和进化等生命特征的全新生命系统。该类研究对我们探索生命与非生命的界限，理解生命本身，理解生命起源和进化提供崭新的视角，甚至会给我们探寻外星生命带来启发。此外，XNA 系统因营养缺陷、复制和转录系统与天然系统正交等特点，降低了 XNA 逃逸风险性，为 XNA 改造生物带来更高的生物安全性。

其中研究非天然遗传物质参与复制、转录和翻译的基本规律，进而以之为基础重构中心法则，建立全新生物系统是该方向的关键科学问题。目前研究主要有三个方向：①基于非天然碱基对的人工生命系统构建；②镜像核酸系统；③以糖环修饰核酸为基础的正交遗传系统研究。

（1）基于非天然碱基对的人工生命系统构建

非天然碱基对能够从根本上扩充遗传字母表，增加 DNA 的信息存储能力。通过非天然碱基的引入能够创造新的空白密码子，实现非天然氨基酸在蛋白质中的定点插入，丰富蛋白质的功能，构建含有全新性质的半合成生命体。该研究方向的研究内容包括：全新非天然碱基的设计合成，非天然碱基的复制和转录研究，非天然碱基向 DNA 的定点引入，密码子和反密码子构建，结合非天然氨基酸掺入研究非天然蛋白质翻译，综合各因素构建含非天然碱基的人造合成生命系统等。

（2）镜像核酸系统

与天然核酸分子手性相反的“镜像核酸系统”，具有独特的生物正交性，不易被环境中的微生物及核酸酶降解。因此，基于镜像 DNA 介质的信息存储，不仅具有天然 DNA 的信息存储密度，还具有稳定性高、存储时间长等优点。与天然 DNA 信息存储技术相同，镜像 DNA 信息存储技术主要包括信息的“写入”与“读取”两个过程，需要高保真镜像 DNA 聚合酶与高通量的测序技术来帮助实现。镜像核酸系统研究已初步实现了镜像中心法则中的镜像核酸复制、转录、反转录等过程，开发了镜像 PCR、镜像核酸测序、长链镜像 DNA 的高保真合成与组装等技术。

（3）正交遗传系统

目前的合成生物改造主要基于天然的 DNA 遗传系统，如引入外源质粒、基因组编辑、基因组全新合成等。理论上，非天然核酸技术能够在生命系统里建立一套人工的遗传系统。这套基于 XNA 的人工遗传系统与天然 DNA 系统是正交的、互不干扰的。DNA 系统负责维持细胞基本的生命活动，而 XNA 系统赋予细胞新的功能。基于 XNA 与 DNA 具有基因防火墙功能，这样的合成生命系统具有更高的可靠性、稳定性和生物安全性。

这个研究方向上的关键技术是：与天然遗传系统正交的人工遗传系统的建立。具体研究内容包括新型 XNA 的设计与优化、XNA 化学合成、XNA 聚合酶（复制和转录）的进化和筛选、功能 XNA（核酸适配体和核酶）的筛选、长链 XNA 合成和读写、XNA 信息存储系统、XNA 附加体构建及其功能研究等。

2）非天然氨基酸系统

非天然氨基酸（UAA）是指天然存在或者人工合成的非编码氨基酸。基于非天然氨基酸的蛋白质合成是目前基础和应用科学研究的一个活跃领域。由于天然氨基酸侧链功能基团的有限性，单靠 20 种标准氨基酸已不能满足基础和应用科学日益增长的需求[269,406,407]。利用改造过的正交翻译系统（orthogonal translation system，OTS）的氨酰 tRNA 合成酶和 tRNA 可以引导具有特殊结构或功能侧链基团的非天然氨基酸嵌入目标蛋白的特定位点，从而对合成蛋白的功能进行改造[408]。迄今已有超过 200 种非天然氨基酸可以引入生物体内，其中大多数非天然氨基酸是天然氨基酸的衍生物[407]。下文将从两方面对相关研究展开介绍：①非天然氨基酸的嵌入方法；②非天然氨基酸蛋白质的应用。

（1）非天然氨基酸的嵌入方法

非天然氨基酸的蛋白质嵌入方法主要有以下 5 种[409]。

（i）全局抑制（global suppression）。该方法通过引入天然氨基酸类似物，在对应氨基酸的营养缺陷株中，在全局范围内引入非天然氨基酸[410]。但是，分子量大和带电荷的 UAA 难以跨膜运输以及其细胞毒性，限制了其应用。无细胞非天然蛋白质合成（cell-free unnatural protein synthesis，CFUPS）系统的出现很大程度上解决了这一问题[252,266,411]。CFUPS 系统通过向营养缺陷株的细胞提取物中引入 UAA，实现蛋白质的非天然氨基酸嵌入。目前，CFUPS 系统中细胞提取物的来源不仅限于原核生物[412]，已经扩展至真核生物[389,413-415]。基于天然翻译系统的全局抑制可以实现多位点、多非天然氨基酸的高效嵌入，但是难以实现 UAA 的位点特异性嵌入。接下来介绍的 4 种基于 OTS 的 UAA 嵌入方法克服了这一难题。

（ii）终止密码子抑制（stop codon suppression）。该方法通过使终止密码子编码非天然氨基酸的方式，合成非天然氨基酸嵌入蛋白[407]。该方法的核心在于进化出具有特异识别 UAA 的 OTS。此外，原核生物中，还应敲除释放因子 1 编码基因，防止其与 UAA-tRNA 竞争终止密码子，造成蛋白质不完全合成[416-418]。

（iii）移码抑制（frameshift suppression）。该方法通过大于 3 个碱基的增长反密码子环解码，实现 UAA 的嵌入[379,380,419]。该方法扩展了 UAA 的编码数量，但是受到天然翻译体系的限制，解码效率不高[420]。

（iv）有义密码子重排（sense codon reassignment）。该方法通过让冗余的简并碱基编码 UAA 实现嵌入[383]。在模式生物细胞中，对密码子简并性开展深入的调整和改造，实现在一个细胞中同时高效而有序地表达多种非天然氨基酸，从而实现深刻的、彻底的生命体人工控制和人工生命体构建。

（v）非天然核酸（xenobiological nucleic acid，XNA）。通过非天然碱基对编码非天然氨基酸，极大扩展了编码非天然氨基酸的数量[378]。其中，保证非天然核酸复制、转录和翻译的正交性是关键[421]。

（2）非天然氨基酸蛋白质的应用

在天然蛋白质中嵌入非天然氨基酸实现蛋白质的生化特性改造、免疫原性改造、酶催化活性改造，以及病毒、细菌和细胞的生存控制、发育控制和生物标记等方面的需求，设计合成更多具有不同结构特征和生物化学性质的非天然氨基酸，提高合成效率，降低合成成本[422]。

（i）蛋白质生化特性改造。非天然氨基酸蛋白质工程利用 UAA 取代某一位点的某种氨基酸来改变酶或蛋白质的功能特性，产生具有更高稳定性和改变催化性质的酶[422]。德劳格（Drag）及其同事通过构建包含 110 个非天然氨基酸的突变体文库，发现嵌入 UAA 能够提高半胱氨酸蛋白酶底物结合灵敏度

[423]。Wang 等在绿色荧光蛋白中引入 8- 羟基喹啉丙氨酸（8-hydroxyquinoline Alanine，HqAla），激发光谱和发射光谱的明显红移[424]。

（ii）生存控制。灭活的疫苗会造成免疫原性损失，减毒的疫苗可以在宿主体内复制和变异，造成一定风险。郭（Guo）团队首次利用非天然氨基酸正交翻译技术制备了具有复制缺陷的人类免疫缺陷病毒 -1（human immunodeficiency virus-1，HIV-1）[425]。北京大学周德敏等通过含有正交翻译机制的转基因细胞系合成了携带提前终止突变的 PTC 甲型流感病毒，该病毒具有完全的传染性，但在常规细胞中不能复制[388]。该方法可能成为生产活病毒疫苗的一种通用方法。

（iii）生物标志。UAA 作为高灵敏度的生物物理探针，可结合到重组蛋白质的特定位点，用于目标蛋白质的定量检测及结构和功能的精确分析。远藤（Endo）等将 3- 叠氮酪氨酸嵌入 FMN 结合位点 Tyr35 残基处，检测辅因子结合蛋白的结构变化[426]。此外，荧光 UAA 探针已被用于测定蛋白质产量和无放射标记，已经成为蛋白质工程中普遍使用的研究方法[419,427]。

3）非生命元素工程

本书所述“非生命元素”是指没有直接参与生物酶驱动的生命代谢过程的化学元素，包括但不限于上文提到的硅、硼和稀有金属元素。自然进化催生了数以千万计的生物酶用于驱动类型多样的生化反应，它们构成了生命活动的核心基础，但是这些由生命活动需求导向的进化所产生的酶，无法满足合成生物学对于催化元件和输出产品多样性的需求。例如，许多非金属元素（如 B、Si、F 等）是药物、中间体、新能源、新材料合成中的重要元素[428-430]，但是自然界已有酶无法或很难实现这些“非生命元素”的催化反应及其相关产品的合成；另外，许多稀有金属元素（如 Ir、Rh、Co、Ru、Pd 等）是化学反应中的重要催化剂[431]，能够介导多种类型的复杂反应，但是自然界尚未发现这些“非生命元素”依赖的生物酶。这一生物催化与化学催化之间存在的鸿沟将大大限制未来合成生物学的应用场景。因此，开发能够催化“非生命元素”有机分子合成反应的生物酶，以及人工构建“非生命元素酶”，是这一研究领域首先需要解决的关键科学问题。目前的研究主要集中在：①基于化学原理的筛选；②“金属核心”替换；③酶工程。

（1）基于化学原理的筛选

新化学键形成的实质是电子的转移或重排，因此，利用酶催化过程中涉及的基本电子转移 / 重排历程介导化学反应，从而赋予酶新的催化功能，是实现非生命元素分子生物合成的重要途径 [432,433]。这一方向首要的关键技术是从海量酶中快速筛选得到具有催化非生命元素反应功能的蛋白。目前的主要研究思路是靶向筛选化学反应中能够催化相应反应的金属元素依赖蛋白。例如，在化学催化中，铑、铱、铜的配合物能够通过卡宾 - 硅的插入反应实现碳 - 硅键的构筑，因此研究人员选择了同为过渡金属且化学性质接近的铁元素依赖蛋白——细胞色素 C 进行相关探索，结果发现细胞色素 C 中的铁配合物——亚铁血红素（heme）能够通过介导卡宾转移反应完成碳 - 硅键的构筑，从而实现有机硅分子的生物合成，并且产物具有很高的立体专一性。这一研究思路对于未来利用酶催化涉及非生命元素的反应具有重要参考价值。

（2）“金属核心”替换

稀有金属元素及其配合物是重要的化学催化剂，能够介导多种复杂化学反应。以肌红蛋白和细胞色素 P450 酶为代表的铁卟啉酶是自然进化产生的一类重要金属蛋白，在生命代谢过程中发挥重要功能，但是相较于稀有金属元素，其催化反应的类型非常有限。尽管如此，这些天然铁卟啉蛋白的存在，为人工构建稀有金属蛋白提供了重要契机，目前，科学家通过将人工合成的“金属卟啉”（包括 Fe、Co、Cu、Mn、Rh、Ir、Ru、Ag 卟啉）转入空心的肌红蛋白 /P450 蛋白支架，实现了“非生命金属元素”蛋白的构筑，并赋予了原始蛋白新的功能 [377,404]。此外，通过人工金属核心的替换，目前已经赋予了卟啉酶更多的功能，如作为光学氧传感器、光谱探针、荧光蛋白等 [434]。

（3）酶工程

通过上述两种方法获得的新功能蛋白，对于催化非天然反应往往具有较低的效率和选择性，因此需要通过酶工程对目标蛋白进行改造，目前在该领域常用的方法是定向进化。在针对细胞色素 C 的改造中，研究人员通过多位点的定向进化策略，不仅极大提升了其催化效率和立体专一性，拓展了其底物宽泛性，而且能够对催化反应的化学和立体选择性进行控制和逆转 [8,390,392,393,435]。在铱卟啉蛋白的研究中，关键位点的定向进化赋予了人工金属蛋白可比拟天然蛋白质的催化效率[397]。

3. 现有应用的瓶颈问题及未来应用中的关键问题

目前已开发的基因密码子拓展系统（尤其是基于真核生物的系统）普遍存在翻译效率低、正交性和兼容性差等核心瓶颈。针对翻译系统中多种翻译元件的系统性优化改造乃至从头设计，构建具有多个空白密码子的底盘细胞，针对翻译工具和底盘细胞的相互适配原则的探索与优化改造，以及结合这些研究内容实现同时基因编码多种非天然氨基酸，将是该领域未来研究的重点和难点（图 4-27）。

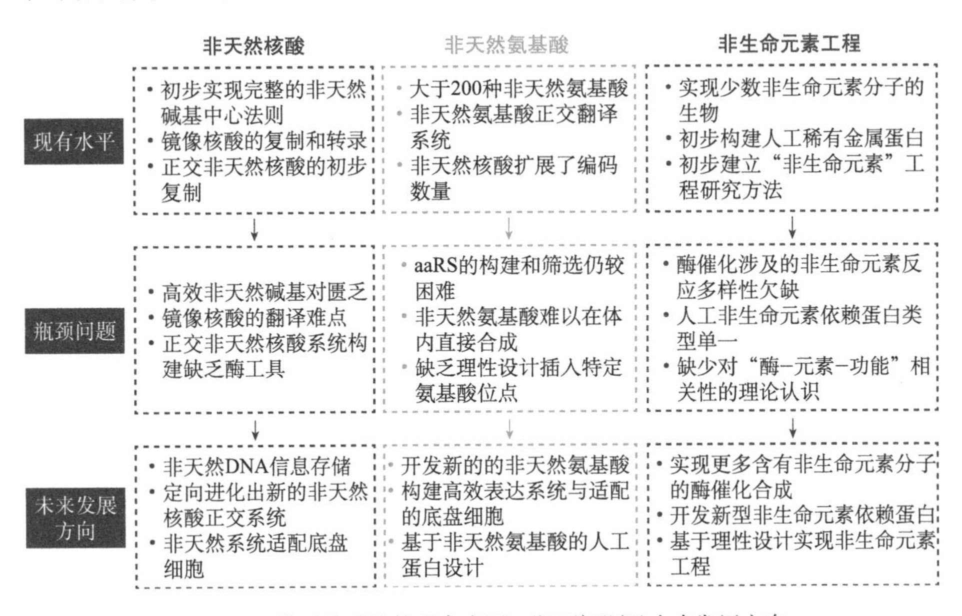

图 4-27　非天然系统的现有水平、瓶颈问题及未来发展方向

1）非天然核酸系统

尽管科学家在非天然碱基对、镜像核酸和正交遗传系统研究上，均取得了部分突破性进展，目前仍存在诸多限制和问题。目前，有且仅有 TPT3/NaM 单一类型的非天然碱基对实现了活细胞内复制、转录及蛋白质的编码和表达，并且其底盘细胞构建及应用均不完善。亟需深入研究非天然碱基对参与中心法则的规律，开发更多新结构类型非天然碱基对，并构建和完善相应底盘细胞，进而投入合成生物学实际应用。镜像核酸系统中的翻译过程还未见报道，将来是否能够实现镜像生命仍存在巨大挑战。糖环修饰异源核酸中

的遗传信息读取，即复制和转录过程使天然DNA/RNA聚合酶面临着严峻考验。通常需要人工进化的核酸聚合酶来完成相应的工作[436-439]。随着核酸修饰程度增加，与天然核酸的区别度变大，非天然核酸在生物体内作为遗传物质的挑战性也增加。此外，镜像核酸系统中的翻译过程还未见报道。目前，利用糖环修饰核酸替代DNA作为遗传物质，进而构建正交性异源生命的研究还处在起步阶段。

2）非天然氨基酸系统

非天然氨基酸系统已经取得了一定进展，但仍然存在诸多问题[440,441]。UAA遗传编码有限和OTS的正交性限制了UAA的嵌入效率。氨酰-tRNA合成酶（Aminoacyl-tRNA synthetase，aaRS）的构建和筛选仍较困难，需要较大的工作量，研究者掌握体系困难，如何建立一套新方法，从而简单而又高效便利地构建和筛选aaRS，是需要解决的重要问题。由于非天然氨基酸和非天然辅因子大部分时候需要通过化学合成，因此人工酶成本较高、难以直接在细胞中直接制备。通过酶工程与代谢工程相结合，可以在细胞内构建非天然氨基酸和非天然辅因子的合成通路，实现人工酶的体内组装并直接参与细胞中的代谢反应。定量研究UAA插入位点与其插入效率之间的关系有助于在功能改造和人工酶设计中，将特定非天然氨基酸插入到任何感兴趣的位点。目前，通过敲除*RF1*基因等方法，在大肠杆菌中已经很明显地提高了非天然氨基酸插入效率，但是在较高等的细胞，特别是哺乳动物细胞内，表达效率仍不是很高，并且简单地敲除*RF1*基因效果可疑。

3）非生命元素工程

非生命元素工程研究目前仍处于起步阶段，尚未形成完整的研究体系，存在的瓶颈问题主要体现在三个方面。第一，大量含非生命元素有机分子的酶催化合成，以及非生命元素依赖蛋白的新功能仍然有待探索。目前酶催化含非生命元素分子的合成研究主要局限于碳基生命的基础元素碳的性质类似物硼（同周期）和硅（同族）；而在非生命元素依赖蛋白探索方向，仅对铁卟啉蛋白进行了同为过渡金属的元素替换。尚有更多元素类型/蛋白类型的探索需要开展。第二，缺少对酶催化非生命元素掺入以及非生命元素蛋白功能方面的理论性、规律性认识。目前，非生命元素生物系统研究主要建立在自然筛选、金属核心替换和非理性或半理性酶工程改造的基础上，缺少对

“酶－元素－功能”适配关系及背后潜在规律的认识，尚未触及“生命进化过程如何选择/抛弃化学元素”这一核心问题。第三，缺乏理性设计非生命元素开发的方法。如上所述，目前的研究仅仅局限于“筛选－改造”这一简单逻辑，缺乏针对非生命元素酶催化系统的普适性设计和构建的方法。

4. 未来5～15年需要优先发展的方向及领域

非天然系统最终目标是将生命基本元件（核酸和蛋白质）进行改造，以非天然核酸为遗传物质，利用含有非天然氨基酸的修饰蛋白发挥生物学功能，同时拓展生命元素谱，结合其他非天然糖类、脂类等研究，构建自然界完全不存在的全新人工生命系统。未来5～15年需要优先发展的方向如下。

1）非天然核酸系统

（1）数据存储。对于目前还处于起始阶段的DNA计算机而言，在原有ATCG的4个字母碱基基础上新增加N个字母，就可以使DNA计算机从4进制升为4+N进制，其存储能力和运算能力都将得到极大提升，无疑会极大地促进此项技术的发展。此外，基于非天然核酸的DNA存储，因更难被核酸酶降解，而具有更高的稳定性，更适合数据的长时间存储。

（2）正交遗传系统。通过定向进化等手段得到可以识别非天然核酸的新型聚合酶，来进行遗传信息的传递，可以得到一套独立于天然系统的遗传信息传递体系。在此基础上，进一步对磷酸和碱基对等进行修饰，结合相关酶定向进化，最终构建与现有生命具有正交性的互不干扰的全新人工生命系统。此外，目前，正交系统的研究尚处于初级阶段。新类型非天然核酸的设计合成与性质研究，以及相应的聚合酶改造工作，都是目前的研究重点。

（3）非天然碱基底盘细胞。基于非天然碱基对，用于密码子拓展应用的翻译工具需要配套以相应的底盘细胞来承载其功能的实现。开发高适配性底盘细胞，避免密码子拓展翻译工具引起的细胞功能紊乱，是建立基于细胞体系的高效密码子拓展系统中必不可少的关键一环。

2）非天然氨基酸系统

（1）开发新的非天然氨基酸。20种天然氨基酸是生物体几十万年、几百万年，甚至几千万年不断比较、优选和淘汰的结果，但随着研究和工程应用的加速发展，其理化性能的多样性已经不能满足实际需求。因此，根据功能需求开发具有更新理化性能的非天然氨基酸，满足研究与工程应用的需求是本系统最重要的发展方向之一。与此同时，对已有的非天然氨基酸，根据其结构和功能，进行比较、优选和淘汰，也是本方向之下值得关注的研究内容。

（2）构建高效的表达系统。氨酰 tRNA 合成酶是非天然氨基酸表达系统的核心元件。非天然氨基酸的表达效率受制于氨酰 tRNA 合成酶本身的识别特异性和催化活性。目前主要通过 PCR 诱变建库和筛选的方式获得针对特定非天然氨基酸的氨酰 tRNA 合成酶突变体，耗时费力。对氨酰 tRNA 合成酶突变体的特异性和催化活性，主要是在文库筛选过程中进行挑选，而缺乏系统性的优化途径。如何高效地获得针对特定非天然氨基酸的氨酰 tRNA 合成酶突变体，并且有效提升其识别特异性和催化活性，是非天然氨基酸广泛应用的关键条件。

（3）底盘细胞的构建与整合。非天然氨基酸的高效表达和蛋白产物发挥功能依赖于底盘细胞。如何有效地将人工构建的表达系统嵌入底盘细胞基因组，并与细胞基因组本身编码的蛋白翻译系统整合协调，互不干扰地发挥功能，对高效表达非天然氨基酸，特别是同时表达多种非天然氨基酸、多位点插入非天然氨基酸，有关键性的支撑作用。此外，底盘细胞编码的 RF 等内源性因子还会影响非天然氨基酸的表达效率，如何排除它们的影响，则关乎底盘细胞能否充分地发挥其支撑效能。这个问题在大肠杆菌中已得到一定程度的解决，但在真核细胞，特别是哺乳动物细胞中，仍属一大难题。

（4）基于非天然氨基酸的人工蛋白设计。前述三个方向上技术难题的解决，归根结底要服务于非天然氨基酸的应用。在对非天然氨基酸性质有深刻理解的基础上，在计算机人工智能的辅助下，设计和构建具有特定性能的人工蛋白，有可能实现天然蛋白质所无法具备的某些生物学功能，或达到天然蛋白质所难以达到的性能指标。在这一方向的研究中，非天然氨基酸在多肽链上的位置与插入效率、功能影响之间的关系，是值得探讨的核心问题。

3）非生命元素工程

（1）探索更多含有非生命元素有机分子的酶的催化合成。亿万年的自然进化促使生命从百余种化学元素中选择了少数作为基础元素，参与由生物酶介导的生命代谢过程，这些自然进化产生的酶已成为合成生物学研究中的底层催化砌块。但是，从长远来看，这些基础元素的生物催化剂远远不能满足未来合成生物学发展在催化元件、路线设计以及产品输出多样性等方面的需求，特别是在自然进化无法实现的非生命元素有机分子的合成方面。当前，含非生命元素有机分子合成酶的研究尚处于起始阶段，仅实现了少数涉及非生命元素的生物催化，因此，继续探索更多非生命元素的酶催化引入是短期内亟待开展的研究。

（2）开发新型非生命元素引入系统。当前的非生命元素催化酶研究局限于铁卟啉蛋白，利用其催化循环中的电子传递过程实现相关元素的引入，或者通过简单的金属元素替换获取新的催化功能。但是，不同化学元素具有不同的电子特性和催化性能，需要通过差异化的化学历程实现个性化的酶催化，或者适配不同的催化系统。因此，其他自然界现有的酶催化体系能否实现更多非生命元素的引入，以及能否改造为非生命元素依赖蛋白从而获得新功能？是否存在广义的“酶－元素－功能”之间的逻辑关联？这些都是未来需要优先解答的关键科学问题。

（3）基于理性设计的非生命元素工程研究。基于上述研究开展过程中积累的关于“酶－元素－功能”理论的认识，通过酶学、有机化学、生物化学、化学生物学、机器学习、人工智能、无机化学、物理化学等多个学科的交叉融合会聚，努力实现非生命元素催化酶的人工设计，突破自然进化的限制，将更多非生命元素引入生命过程。尝试回答是否存在碳基生命以外的生命形式，甚至探索人工设计非碳基全新生命的可能性。

四、合成生物学先进分析技术

（一）多组学技术

1. 蛋白质组学

蛋白质作为生命基础，是生命活动的核心。蛋白质可以作为化学催化剂、结构成分以及生理过程的媒介，是生物功能的最终执行者，如何准确识别蛋白的种类，量化生命体中蛋白质的表达是解析生命本质的基础。在此背景之下，蛋白质组学应运而生，蛋白质组学本质上指的是大规模、高通量、高精度地解析生命体中的蛋白质组成，从而为阐明生命体的基本生命构成、生命活动的动态变化过程提供技术基础（图 4-28）。

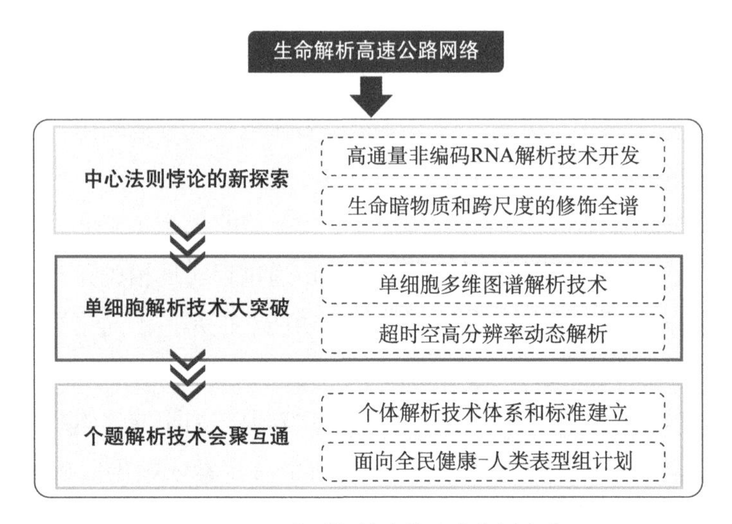

图 4-28　蛋白质组技术的未来发展方向

现今的蛋白质组学在大规模、高通量的样本检测上已取得了一定的成果，但随着生命科学整体的发展和研究者对生命过程认知的不断加深，仅对简单样本进行定性、定量检测显然已经无法满足生命科学的要求。对复杂样本的多方位、融合性深度解析成为蛋白质组学研究新的挑战。故此，系统性设立新一代的蛋白质组学技术，使之能更加适应当今生命科学乃至整个大科学的要求，是我国蛋白质组学未来的发展方向，也是提升我国生命科学领域在国际上的重要地位的必然要求。质谱（mass spectrum，MS）技术已经从特定寡聚体的人工测序发展到高通量的肽链自动测序，并发展到通过独立数据分析进行多肽的平行测序，如 SWATH-MS。但质谱技术仍然无法达到大样本队列常规、完整的蛋白质组测序级深度。新一代蛋白质组学旨在高通量、高准确性、高重现性和低成本性等方面做出质的突破，能够实现万种样本微克量的完全蛋白质组学测序。

今后十年，蛋白质组学领域的发展将主要围绕以下几大方向。

1）蛋白质的解析技术开发

研发全新的用于发现并鉴定尚未被注释为非编码基因但具有蛋白质编码

功能的基因产物的解析技术；发展、优化目前已有的低丰度蛋白质提取、检测技术，提高对单拷贝数、极低丰度蛋白质的检出灵敏度；基于深度学习，开发出更加精确的谱图解析及蛋白质预测技术和图谱计算、蛋白质模型预测技术，提高谱图解析度，从而推进对已存在但未被检出的蛋白质，以及未发现的蛋白质的检测。

发展目标：①开发并建立新型蛋白质提取技术、低丰度蛋白质富集鉴定及定量分析技术，实现对极低丰度（fmol 级别）甚至寡拷贝、单拷贝蛋白质的检出；②开发并优化靶向蛋白质检测技术、低丰度蛋白富集鉴定技术，建立蛋白质全库，达到对模式动物 98% 以上蛋白质的覆盖；③对新检出蛋白质的功能进行预测，从而实现对生命活动中蛋白质功能的全面解析。

2）新型蛋白质修饰解析技术的开发

发展生物大分子动态修饰的精准标记、检测和鉴定的新技术；发展检测和鉴定生物大分子动态修饰属性、揭示生物大分子动态修饰与生物功能关系的方法；利用生物大分子特异标记、富集与检测等新技术手段解析生物大分子修饰的调控机制；结合基因编辑、表观测序等新技术手段研究生物大分子修饰在生理过程和病理变化中的调控机制及其规律。

发展目标：①发现 10 ～ 20 种新型蛋白质动态修饰，对常见蛋白质修饰（如糖基化、乙酰化修饰等）达到 90% 以上可能位点的覆盖；②开发针对标记的特异性富集、检测手段，实现对重要生理过程具有调控作用的蛋白质修饰的实时动态监控；③针对生理、病理相关关键的蛋白质修饰，结合基因编辑、表观遗传测序技术，开发新型分子探针，利用分子探针阐明蛋白质修饰与生理、病理的关系，实现对疾病发生发展过程的精准功能调控。

3）定量蛋白质组鉴定分析技术、高精度质谱仪和配套试剂的研发

研发具有自主知识产权的飞行时间质谱仪、三重四级杆质谱仪及配套的相关试剂；研发超灵敏、超快速、低成本的蛋白质组定性和定量技术及配套试剂；开发蛋白质及其变异体或修饰体的动态变化检测技术；开发具有较高通量和准确度的目标蛋白质检测技术；开发能够应用于高通量检测的蛋白质组分析技术、质谱仪及配套的相关试剂，实现样本的高效检测和快速诊断。

发展目标：①开发具有自主知识产权的飞行时间质谱仪、三重四级杆质谱仪，保证其主要参数接近或部分达到国际水平；②研发超灵敏、超快速、

低成本的蛋白质组定性和定量技术及配套试剂，使其效能达到或超过国际同类产品；③针对体液（包括血液、脑脊液、尿液等）样本开发 10 种以上具有自主知识产权的低成本、快速、超灵敏蛋白质组定性、定量检测技术，达到对疾病的高效检测和快速诊断；④针对性地建立 10 ～ 20 种作为疾病标志物的蛋白质检测方法，实现对疾病的精准诊断及治疗效果的实时追踪。

4）蛋白质组学超高分辨率解析技术的开发

立足单细胞蛋白质组学图谱解析技术，从单个细胞的视角上更为精确地解析组织细胞的类型和功能，解决传统组学中由于整体表达数据掩盖单个细胞独特功能而造成的信息量丢失问题，绘制生物体“细胞元素周期表”，构建无时空偏差的细胞全基因表达图谱。对单细胞内染色质修饰及蛋白质翻译后修饰进行全谱检测和准确定量，构建跨维度基因表达图谱。通过单细胞多维组学解析，描绘生命体“细胞地图”，描绘生命体各种细胞类型及其组织区域的特异性分布，解析主要生理及病理过程中的细胞区域分布规律及分工原则。

发展目标：①发展单细胞多组学图谱及活体原位单细胞组学解析技术，创建在体或活体的实时细胞分离、分辨或标定技术；②实现单细胞蛋白质的高灵敏度检测（覆盖度由当前的 30% 达到转录组水平的 70% 以上），实现单细胞特定染色质修饰和特定位点蛋白质翻译后修饰的高精度定性与定量；③发展基于谱系追踪的细胞分化进程全组学变化的解析技术；④开创性实现 1000 种多物种细胞谱系全组学高维度进化树的绘制。

2. 代谢组学

代谢是生命的基本特征。代谢组学（metabolomics）是研究生命体在内在或者外在因素（如基因或环境）改变的情况下，其内源性小分子代谢物（分子质量小于 2000 Da）在种类和数量上的变化及其规律。通过对生命体代谢组的研究，能够使我们更直接、更准确地掌握机体的表型信息，因此代谢组学已被广泛应用于生命科学的各个研究领域。与代谢组学同等重要的是代谢流量组学（fluxomics），即生命体内代谢反应速率的集合，它表征的是基因、蛋白质、代谢物之间各种相互作用导致的代谢网络的动态行为和最终功能。代谢组与代谢流量组提供互补的信息；同时掌握两者，能够使我们全面理解与认识生命体的代谢过程，在此基础上实现对生命活动的设计与操控（图 4-29）。

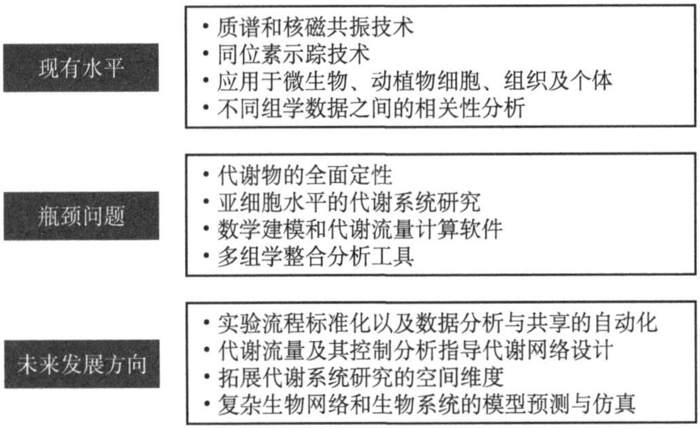

现有水平	• 质谱和核磁共振技术 • 同位素示踪技术 • 应用于微生物、动植物细胞、组织及个体 • 不同组学数据之间的相关性分析
瓶颈问题	• 代谢物的全面定性 • 亚细胞水平的代谢系统研究 • 数学建模和代谢流量计算软件 • 多组学整合分析工具
未来发展方向	• 实验流程标准化以及数据分析与共享的自动化 • 代谢流量及其控制分析指导代谢网络设计 • 拓展代谢系统研究的空间维度 • 复杂生物网络和生物系统的模型预测与仿真

图 4-29　代谢组和代谢流量组技术的现有水平、瓶颈问题及未来发展方向

生物体的高度复杂性使得生命过程中产生的代谢物具有数目众多、种类复杂等特点。例如，目前人类代谢组数据库（Human Metabolome Database，HMDB）已收录了超过 11 万种代谢物的信息。如果加上植物和微生物产生的次级代谢产物，所有代谢物的种类可能达到上百万种。核磁共振（nuclear magnetic resonance，NMR）和质谱技术被广泛应用于代谢组学研究。质谱由于具有高选择性、高灵敏度和较大的检测动态范围，能够一次检测出几百至数千个代谢物，因此成为主要的研究工具。其中，高分辨质谱如飞行时间（time-of-flight，TOF）质谱、轨道离子阱质谱（Orbitrap）等能够提供化合物的精确分子量，并可以通过串联质谱技术采集二级碎片信息对代谢物进行结构鉴定。质谱技术可以方便地与气相色谱和液相色谱等分离技术相结合，极大地提高对代谢组的分析能力，例如，通过液相色谱和质谱的正负离子检测，在生物样本中可检测出超过数万个代谢特征峰。与代谢组及其他组学不同的是，代谢流量不能被直接检测，需要利用同位素示踪技术，结合代谢组学分析，进而通过数学建模计算得到。比较典型的是基于稳定同位素 ^{13}C 标记的稳态代谢流量分析技术。近年来在建立同位素 ^{13}C、^{15}N 或 ^{2}H 动态示踪技术的基础上，出现了动态代谢流量分析技术，其能够解析细胞应对外界环境改变（如营养条件改变、药物投放等）的极为快速的代谢动态变化。目前代谢组学与代谢流量组学已被应用于微生物、动植物细胞、组织及个体，以及动物 - 微生物、植物 - 微生物等混合体系，用于发现具有特定生物学意义的代谢物（如疾病诊断生物标志物）、发现新的代谢途径、识别活跃的代谢通路、鉴定

新的代谢调控机制，以及揭示代谢网络应对内在或外在因素改变的普遍运行规律。值得一提的是，代谢组学与代谢流量组学已被应用于指导代谢网络的优化设计与改造，包括鉴定底盘细胞的代谢网络、识别代谢途径的限速步骤和限制因子等。

目前代谢组学与代谢流量组学研究仍然存在许多挑战：代谢物的全面定性仍是难点，例如对于大多数生物样本，目前只有 4% ～ 5% 的 LC-MS 峰能够进行代谢物定性；代谢的空间分布问题尚未解决，尽管目前的质谱成像技术能够观察不同组织中的代谢物以及若干代谢物已有遗传编码的荧光报告系统，亚细胞水平的代谢系统研究仍是难点；大多数生物实验室不具备数学建模的能力，无法进行代谢流的定量分析。

未来代谢组学与代谢流量组学需要优先发展的方向如下。

（1）创新发展分析方法：随着质谱等分析仪器的不断发展，发展大规模的代谢物定性方法，推动代谢组实验流程的标准化以及数据分析与共享的自动化，使得代谢组学得到更加广泛的应用；结合同位素动态示踪技术、代谢流量与代谢组研究，发展代谢流量及其控制的先进分析方法，建立识别生物合成途径限速步骤和限制因子的方法，使其成为指导代谢网络优化设计与改造的有力工具。

（2）拓展代谢研究的空间维度：开发细胞器快速分离纯化技术，提高质谱成像技术的分辨能力与精度，设计不同标记底物的平行示踪实验或者混合使用多种标记底物，将同位素示踪、代谢组学与质谱成像、细胞器纯化或代谢物荧光报告系统相结合，研究不同组织、细胞以及细胞器内的代谢及其之间的互作，为空间合成生物学研究提供有力支持。

（3）建立代谢计算平台：开发能够让科研人员直观便利地进行数学建模与流量计算的软件，建立一个能够指导示踪实验的设计、定量解析代谢流及相关统计分析的一体化计算工具包，最终纳入合成生物学计算与设计平台。

近年来，将代谢组、代谢流量组与转录组、蛋白质组等相结合的多组学整合分析因其能够更为全面地理解生物学机制，引起了越来越多的关注。当前的多组学分析大多是不同组学数据之间的相关性分析。基因组规模的结合代谢途径和蛋白质合成途径的数学模型（macromolecular expression，ME 模型）已被用于整合多组学数据，系统揭示表型背后的复杂生物学机制，并用于指导代谢工程设计。然而，目前只有极少数几种微生物的 ME 模型。因此未来需要结合组学分析技术的发展，建立能够整合分析各种动态和空间组学数据的多种模式生物中的全细胞数学模型，实现复杂生物网络和生物系统的模型预测与仿真。

（二）单细胞技术

合成生物技术的跨越式发展，取决于“基因型设计”“基因型合成”“细胞表型测试”这三大共性技术环节的突破。其中，细胞表型测试环节已经成为合成生物技术发展的“限速步骤”之一。单个细胞是地球上生命的基本单元和进化的基本单位，因此，单细胞分析技术，即在单个细胞精度上的功能识别与表征，能够在最“深”的水平挖掘生命元件、刻画细胞功能与理解生命过程。同时，单细胞分析不依赖于细胞培养而直接分析每个细胞个体的功能，因此不仅节约时间，而且克服了环境中大部分微生物细胞尚难培养这一难题。代谢物是细胞中基因表达的最终产物，而代谢表型组通常是细胞功能的最直接载体，因此单细胞精度的代谢表型组分析与分选技术，对于挖掘与表征生物元件、模块或底盘细胞具有重大的理论意义与应用价值[442]（图 4-30）。

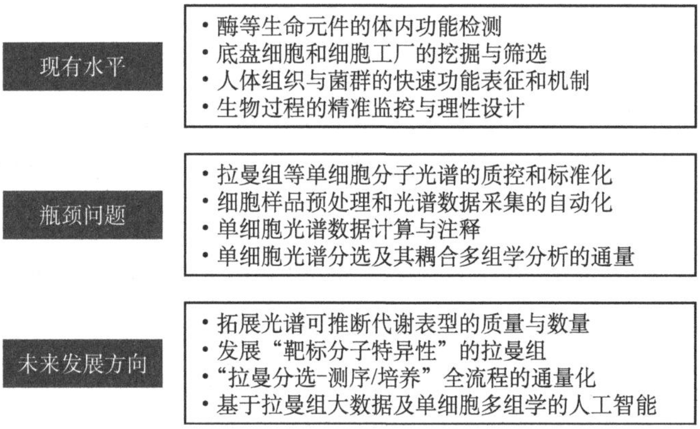

现有水平
- 酶等生命元件的体内功能检测
- 底盘细胞和细胞工厂的挖掘与筛选
- 人体组织与菌群的快速功能表征和机制
- 生物过程的精准监控与理性设计

瓶颈问题
- 拉曼组等单细胞分子光谱的质控和标准化
- 细胞样品预处理和光谱数据采集的自动化
- 单细胞光谱数据计算与注释
- 单细胞光谱分选及其耦合多组学分析的通量

未来发展方向
- 拓展光谱可推断代谢表型的质量与数量
- 发展“靶标分子特异性”的拉曼组
- “拉曼分选-测序/培养”全流程的通量化
- 基于拉曼组大数据及单细胞多组学的人工智能

图 4-30　单细胞代谢表型组技术的现有水平、瓶颈问题及未来发展方向

目前在人工细胞测试的流程中，通常用气相色谱－质谱联用仪（gas chromatograph-mass spectrometer，GC-MS）、液相色谱－质谱联用仪（liquid chromatograph-mass spectrometer，LC-MS）或核磁共振（NMR）对细胞“群体”

或“群落”进行系统分析，从而实现细胞功能的检测[443]。但是单个细胞尤其是单个微生物细胞的代谢物极为微量，而且难以像核酸那样进行扩增，因此，受到现有质谱、色谱与核磁检测灵敏度的限制，单细胞代谢组分析目前仍然存在困难[444]。此外，这些方法的前提通常是裂解细胞以提取或制备胞内代谢物，因此难以和目标单细胞的后继培养或基因组与转录组分析直接对接。

单细胞光谱则是在特定时间、空间与状态下针对一个单细胞采集的分子光谱，能够体现与展示胞内代谢物（组）的特征，而且测量过程可以是非侵入性、非破坏性乃至维持活体状态，故通过光谱激活的细胞分选能够将特定光谱的细胞分离出来，进而测定与该功能相对应的基因型，甚至是转录组、蛋白质组、代谢组、表观组等单细胞功能基因组，从而在单个细胞精度上建立“表型－基因型”关联。拉曼光谱是一种非标记的散射光谱，是分子键被激发到虚能态却尚未恢复到原始态所引起的入射光被散射后频率发生变化的现象[445]。每个单细胞拉曼光谱由分别对应于一类化学键的超过 1500 个拉曼谱峰组成，反映了特定细胞内化学物质的成分及含量的多维信息。所谓“拉曼组”，是指在特定条件和时间点下随机取样的单细胞拉曼光谱的集合。因此，作为一种单细胞精度的代谢表型组，拉曼组可以同时检测底物代谢活性，测定产物多样性及其含量，表征环境应激性（如细胞应激状态、药敏性与耐药性等）、细胞间代谢互作，区分物种等极其多样的代谢表型[446]。

在此基础上，为了从细胞群体或群落中获取特定代谢表型组的单细胞（以测序或培养），一系列基于拉曼光谱的单细胞分选技术和核心器件先后面世，包括拉曼光镊分选[447-450]、拉曼弹射分选（Raman-activated cell sorting，RACE）[451]、拉曼光钳液滴分选（Raman-activated cell ejection，RAGE）[452]、拉曼微流分选[453,454]、拉曼微流液滴分选（Raman-activated single-cell droplet sorting，RADS）[455]等。相应的仪器也已经进入市场，如拉曼激活流式分选系统 FlowRACS[456]、单细胞拉曼分选－测序耦合系统 RACS-Seq[452]等。这些新工具能够在单细胞精度耦合代谢表型组和相对应的基因组或转录组，从而提供一种新的研究思路与数据类型，可以用来刻画细胞群体或群落中单细胞的代谢功能及其机制。

在活体无损、非标记式、提供全景式表型、能分辨复杂功能、快速高通量且低成本、能与组学分析联动等方面，以拉曼组与单细胞拉曼分选等为代表的单细胞代谢表型组分析分选方法学体系，作为一种细胞功能测试的新手段，具有重要的特色与优势。这一贯通光谱学与遗传学、连接单细胞表型组与单细胞功能基因组的桥梁，正在迅速延伸与拓宽。然而，其潜力的挖掘与实现还需要诸多方面的努力，同时也带来了巨大的机遇。

（1）单细胞代谢表型组的应用拓展。尽管基于单细胞拉曼光谱的拉曼组能够在无需探针的前提下测量底物代谢活性、产物谱、环境应激等诸多表型，但是单细胞精度同时测量这些表型的“全景式”代谢表型组分析，尚需结合微生物组、细胞突变体库等特定应用，才能充分展示其潜力。同时，单细胞层面的表型测量不可避免地带有基因表达的随机性所引入的噪声，因此这些噪声的定量和溯源，是从单细胞光谱表型推断细胞群体或群落层面的表型乃至区分单细胞状态变化或基因型变化的关键。

（2）“靶标分子特异性”与“全景式表型测量”兼顾的单细胞光谱成像。基于荧光探针的设计实现靶标分子的高特异性检测是荧光光谱的特色，而拉曼光谱能够对自然界几乎任何细胞直接分析多种表型，两者相结合将大大拓展单细胞科学与单细胞技术的应用领域，是很有前景的研究方向。此外，在单细胞水平，光谱参数与电学参数、力学参数等的并行测量与分选，将把单细胞表型组在合成生物学的应用推向新的维度，并在动物、植物、微生物等领域的高通量表型监测和分子育种等方面做出重要贡献[457,458]。在基于光谱的单细胞表型组方面，除了多模态检测与分选原理及核心器件的创新，人工智能与大数据技术也将发挥不可或缺的作用[459]。

（3）单细胞“成像—分选—测序—培养—大数据”全流程的标准化、装备化与智能化。首先，在一定程度上，光谱采集可能对细胞及其核酸造成损伤，导致分选后单细胞培养成活率低、单细胞基因组扩增的效率低，同时也阻碍了光谱采集—分选流程通量的提高。虽然我们的前期数据表明，流式拉曼检测和微液滴包裹能保持细胞的活性[455]并提高拉曼分选后核酸扩增与测序的质量，然而如何在保证细胞活性与信号质量的同时，继续大幅度提高测量与分选的通量，这仍需要创新的解决方案。另外，光谱的测量与分析的方法学还在不断优化中，其实验流程、计算分析以及数据等方面离标准化均还有相当一段距离。因此，迫切需要通过业界的合作，根据细胞类型和应用场景来建立相应的光谱采集和分析技术与装备标准，为将来基于分子光谱的单细胞“表型组－基因组”大数据的大规模采集与共享奠定基础。

此外，单细胞代谢表型组技术是自动化合成生物铸造平台的重要拓展。在这一方面，还需要考虑光谱检测原理与细胞性质之间、各种表型测试设备之间，以及基因型设计和合成等环节与细胞表型测试环节之间，在工作原理、操作过程和分析通量等方面的不同要求。在此基础上，借助大数据和云计算，一系列针对特定单细胞测试、分选、测序与培养需求的新型装备与技术服务网络将不断涌现，以支撑合成生物铸造平台的规模化与智能化。

（三）传感技术

代谢是生命的基本特征，是生命功能最直接与最动态的反映。合成生物学通过构建人工代谢途径，不仅可以发展高效的生物制造技术，还可以用于人类重要疾病的诊疗，为催生新的生物产业革命、促进经济可持续发展提供了重大机遇。随着被操纵基因与细胞种类的增多、代谢通路与调控的复杂化，合成生物系统日益复杂。如何从合成生物学的不同模块之间的海量组合中，发现与选择最优策略，成为合成生物学研究的瓶颈问题。而代谢物生物传感与代谢时空调控的前沿技术，则为合成生物学研究提供了新的机遇（图4-31）。

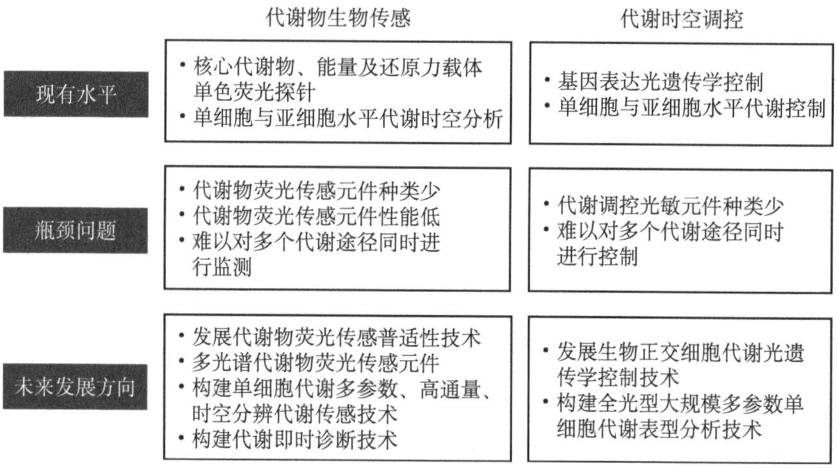

	代谢物生物传感	代谢时空调控
现有水平	• 核心代谢物、能量及还原力载体单色荧光探针 • 单细胞与亚细胞水平代谢时空分析	• 基因表达光遗传学控制 • 单细胞与亚细胞水平代谢控制
瓶颈问题	• 代谢物荧光传感元件种类少 • 代谢物荧光传感元件性能低 • 难以对多个代谢途径同时进行监测	• 代谢调控光敏元件种类少 • 难以对多个代谢途径同时进行控制
未来发展方向	• 发展代谢物荧光传感普适性技术 • 多光谱代谢物荧光传感元件 • 构建单细胞代谢多参数、高通量、时空分辨代谢传感技术 • 构建代谢即时诊断技术	• 发展生物正交细胞代谢光遗传学控制技术 • 构建全光型大规模多参数单细胞代谢表型分析技术

图4-31　代谢物生物传感与代谢时空调控技术的现有水平、瓶颈问题及未来发展方向

与传统的生化分析和代谢组研究技术不同，以遗传编码荧光探针为代表

的活细胞代谢传感技术可以在单细胞、亚细胞水平对细胞代谢进行实时分析。这些探针由基因编码而成，与代谢物结合后产生显著荧光响应从而实现对代谢活动的时空监测。近年来，针对葡萄糖、ATP、NADH、NADPH 等细胞内的主要代谢物、能量及还原力载体的高性能荧光探针相继获得报道。这些基于荧光蛋白的分子探针可在细胞内或者活体内稳定遗传并特异定位于任意位置，实时定量报告单细胞与亚细胞水平的代谢反应、物质转运与信号转导。另外，近年来光遗传学颠覆性技术也为单细胞与活体上的代谢活动精密控制提供了新的工具。通过在细胞内导入遗传编码的光敏转录因子或代谢酶，可利用光对细胞内的蛋白质功能与代谢活动直接进行特异、快速、远程、可逆、定量、定位的实时控制。而对紫外线、蓝光、绿光、红光甚至红外光响应的光敏开关还能对细胞内不同代谢通路进行正交控制。这些光敏分子开关已经成功用于糖尿病小鼠体内血糖浓度控制、干细胞增殖、生化产品合成。

目前，代谢物生物传感与时空调控技术广泛应用于合成生物学研究仍存在着重要挑战。理想的代谢传感遗传编码荧光探针应该具有高特异性、高响应度、高亮度与多色的特性，可对细胞多个代谢物的动态与网络进行定量分析。但现有遗传编码荧光探针都是基于荧光蛋白而发展，其构型在对代谢物的分子识别与荧光传感上的普适性较弱，绝大部分重要代谢物尚未获得高性能探针，同时在单细胞内对多个代谢途径进行监测难以实现；光控基因表达技术是目前主流的光遗传学代谢时空精密调控技术，但我们仍然缺少在从 DNA 到 RNA 到蛋白质的各个重要代谢步骤中全面的光敏调控元件，也缺少适用于多个基因同时调控的生物正交光遗传学工具。

在未来 5 ～ 15 年，代谢物生物传感与代谢时空调控技术的发展方向如下。

（1）代谢物荧光传感普适性技术。发展全新的代谢物特异性识别原理与高响应度荧光探针传感原理，使任意代谢物的高性能遗传编码探针研发成为可能。

（2）多参数单细胞代谢传感技术。系统开发针对主要代谢途径的高性能多光谱代谢物遗传编码荧光探针工具箱，发展单细胞代谢多参数、高通量、时空分辨传感技术。

（3）生物正交细胞代谢光遗传学控制技术。发展光诱导 RNA 与蛋白质功能开关新原理，实现 RNA 代谢与蛋白质代谢的多光谱定量时序精密控制。

（4）全光型大规模多参数单细胞代谢表型分析技术。基于遗传编码探针与光敏蛋白，系统发展单细胞代谢应答活动的高通量集体表征和量化技术，发展基于代谢传感的合成生物学单细胞进化技术。

随着代谢物生物传感与时空调控技术的进步，我们预期未来十年内人们有望研发成功 500 种以上的中心代谢与重要次级代谢物的高性能荧光探针，可同时对 5 种以上细胞代谢进程进行正交精密调控，可在单细胞上获取 500 种以上的代谢动态表型参数，在一亿以上库容量上对合成生物系统进行单细胞水平的代谢途径定向进化。

（四）活体成像技术

为了观察活细胞内精细的、动态发生的生命活动过程，需要有更好的显微成像方法。21 世纪初出现的超高分辨率荧光成像方法，包括光激活定位显微术（photoactivated localization microscopy，PALM）[或随机光学重建显微术（stochastic optical reconstruction microscopy，STORM）]、受激发射损耗显微术（stimulated emission depletion microscopy，STED）、结构光照明超分辨率显微镜（structured illumination super resolution microscopy，SIM）等，它们拓展了显微镜的分辨率极限，从而可以观察到如肌动蛋白和微管蛋白组成的细胞骨架、网格蛋白小泡等精细的结构[460,461]（图 4-32）。

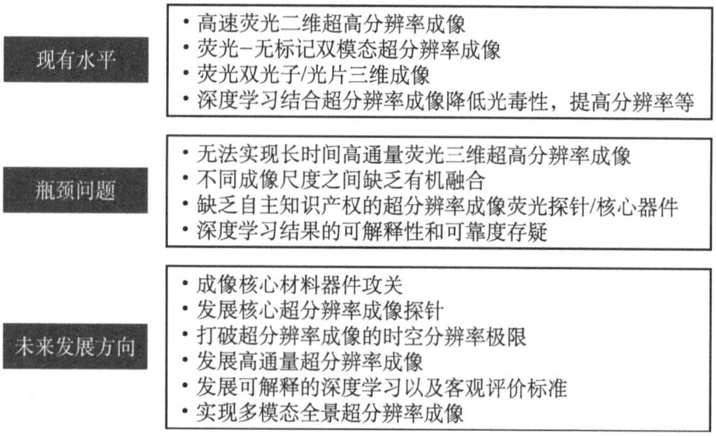

现有水平
- 高速荧光二维超高分辨率成像
- 荧光–无标记双模态超分辨率成像
- 荧光双光子/光片三维成像
- 深度学习结合超分辨率成像降低光毒性，提高分辨率等

瓶颈问题
- 无法实现长时间高通量荧光三维超高分辨率成像
- 不同成像尺度之间缺乏有机融合
- 缺乏自主知识产权的超分辨率成像荧光探针/核心器件
- 深度学习结果的可解释性和可靠度存疑

未来发展方向
- 成像核心材料器件攻关
- 发展核心超分辨率成像探针
- 打破超分辨率成像的时空分辨率极限
- 发展高通量超分辨率成像
- 发展可解释的深度学习以及客观评价标准
- 实现多模态全景超分辨率成像

图 4-32　活细胞 / 活体高时空分辨成像技术的现有水平、瓶颈问题及未来发展方向

作为与荧光成像互补的无标记显微技术，从显微镜诞生起也在不断演化，

众多无标记显微技术如共聚焦显微、暗场显微、相衬显微、布儒斯特角以及偏振显微被发明出来作为常规光学显微镜的改进补充。早期无标记成像光学显微镜受限于对光场强度、相位和偏振等信息无法进行高精度定量的高时空分辨三维测量，因此不能实现样品特异性成像。近年来，随着光电探测和数字信息处理技术的不断进步，基于光学相干探测原理对样品的相位和偏振进行定量探测的成像技术不仅具有传统的显像功能，得益于高精度定量相位和偏振探测，还可以对样品的特异性进行成像表征，甚至有可能做到超分辨率成像。

与单细胞不同，活体组织中包含着不同细胞，具备结构和功能的复杂性，其中细胞－细胞间相互作用以及细胞器相互作用发生在不同层次、不同时空尺度上，而超分辨率成像往往对这种厚样本无能为力。因此，通常用光片以及光场显微镜这样的既具有单细胞甚至亚细胞器分辨能力，又能够快速覆盖整个组织的三维成像手段，以高时空分辨率来实时观测组织内的精细结构和功能变化。

超分辨率成像的弱点是现有超分辨率手段无法动态描绘细胞内三维、不同细胞器之间相互作用的全景图谱，不能实现高通量超分辨率成像，也缺乏分子和通路的变化信息。如何实现长时间的三维活细胞成像是目前活细胞荧光超分辨率成像领域尚待解决的问题。三维超分辨率成像如 3D-SIM 所需要的光子数至少要增加一个数量级，因此成像速度降低，光毒性增强，光漂白导致的重建伪迹也增加，是主要制约因素。进一步延展到组织和类器官的三维高分辨率荧光成像，成像时空分辨率受限于成像探测器件的时空带宽积，目前市场上尚无科学探测器的时空带宽积可以满足高时空分辨率成像需求。另外，荧光探针与仪器以及算法相辅相成，更亮、光毒性更低的探针是扩展超分辨率成像时空分辨率极限的重要一环。虽然我国在荧光材料基础研究领域有较高的显示度，但是在面向科研应用的生物成像探针研发脱节，落后于国际一流水平，高端超分辨率成像探针主要核心专利基本掌握在国际知名生物技术公司手中。

无标记相位超分辨率成像面向生命科学应用的主要瓶颈因素包括，目前成像物理模型用一阶波恩（Born）近似或里托夫（Rytov）近似来近似生物样本里的散射，可以用于比较薄的细胞成像，但是相关物理模型对于组织或者类器官这样的厚样本就不再成立。另外，对于需要用上百张图像来合成一张超分辨率的无标记图像，成像的时间分辨率仍然有提高的空间。如何通过物理模型、成像器件和数学重建算法等创新，提高无标记三维超分辨率成像的时间分辨率、空间分辨率和成像深度，是亟待解决的问题。另外，如何有机地整合三维荧光和无标记成像，实现组织以及活细胞的全景（超）高分辨率成像，描绘细胞–细胞互作以及细胞内细胞器互作图谱，也是该领域内的重要发展方向。

无论是荧光还是无标记的超分辨率成像，共有的瓶颈是成像通量低。对于深度学习与它们的结合，虽然突破了传统光学显微镜所能够达到的性能疆界，深度学习显微镜的实际应用仍存在许多问题。神经网络是一种以数据为导向的算法，神经网络输出结果的性能取决于海量的数据训练。这种“黑箱子”类型的模型缺乏“深入理解”的能力，对于某类图像和结构训练出来的网络很难应用在其他类型的图像重建或者任务中。用深度学习得到的结果也往往存在重建“幻觉”（Hallucination）的假象[462]。如何增强深度学习显微成像结果的可解释性、定量可信度是它的广泛应用需要解决的关键问题。

多维全景超高分辨光学成像技术，融合生物、化学、物理、工程、纳米等多个学科信息获取技术，综合了多种信号模态的高时空分辨探测能力，是下一代生命科学研究的核心支撑技术之一。未来发展趋势如下。

（1）打破超分辨率成像的时空分辨率极限。发展光学成像的新物理模型，研究如压缩感知、频谱外延、迭代解卷积等数学方法，探索成像探测新机制和机理。

（2）实现多模态全景超分辨率成像。整合不同成像模态，实现高时空分辨三维信息获取，探索与尝试融合多种模态和跨尺度的成像模式，为揭示生命过程提供更精细更全面的信息。

（3）发展高通量超分辨率成像。结合微流控技术和图案化单细胞阵列黏附培养技术，发展基于单细胞阵列的高通量超分辨显微成像技术，为从单细胞水平定量开展疾病检测和诊断开辟新的思路和方向。

（4）成像核心材料器件攻关。研发具有更高时空带宽积的成像探测器件，从现有的极限值 800 MB/s 提高到 6 ～ 10 GB/s，提高一个数量级；研发真正能够应用于生物光学超分辨率成像、可以智能动态调控超构表面的新型超构透镜。

（5）深化发展深度学习显微成像。应用深度学习领域的新型神经网络，探究深度学习的可解释性，提高通过定量化工具评判深度学习结果的准确性和可靠性，推动深度学习从显微成像工具，进一步进化成为提取图像中信息的归类和相互关系的智能显微镜。

（6）发展更好的新型成像探针。与光学、工程、算法、生命科学问题实现紧密对接，通过化学与生物化学手段，全面提升探针的生物相容性，提升亮度、抗漂白能力、荧光穿透深度，精准定位，降低毒性光损伤，完美适应长时程多模态全景超分辨率成像需求。

（五）类器官芯片技术

微流控芯片作为一种颠覆性的生物技术，已被认为是当代极为重要的新兴科学技术平台和国家层面产业转型的战略领域[463-465]，由此催生的仿生器官芯片和正在快速发展的即时诊断芯片（point-of-care testing，POCT）、材料筛选芯片一起，构成微流控芯片的三大应用支柱。其中，器官芯片已被世界经济论坛（达沃斯论坛）评为2016年世界“十大新兴技术”之一，和无人驾驶汽车、石墨烯材料等平列。如果把构建上述器官芯片所用的细胞改成干细胞，用以产生的微型器官即被称为类器官（organoid），对应的芯片即类器官芯片。在中国工程院2020年12月18日发布的《全球工程前沿2020》中，人体类器官芯片技术被列为医学卫生领域工程开发前沿的第三项（图4-33）。

器官芯片是继细胞芯片之后一种更接近仿生体系的模式。器官芯片是一种多通道，包含有可连续灌流腔室的三维细胞培养装置，它由两大部分组成，一是本体，由相应的细胞按实体器官中的比例、顺序和空间位置搭建；二是微环境，包括芯片器官周边的其他细胞、细胞分泌物和物理力。器官芯片的基本思想是设计一种结构，可包含人体细胞、组织、血液、脉管，组织－组织界面以及活器官的微环境，在一块几平方厘米的芯片上模拟一个活体的行为并研究活体中整体和局部的种种关系，验证以至发现生物体中体液的种种流动状态和行为，在生命科学研究、疾病模拟和新药研发等领域具有广泛应用价值[466]。

在21世纪初，康奈尔大学的迈克·舒勒（Mike Shuler）等首次提出用人体不同器官的细胞在芯片上构建人体组织，模拟人体环境的设想。2010年，

	器官芯片	类器官
现有水平	• 特定器官功能及特定微环境条件模拟 • 组织细胞、血管细胞、免疫细胞、宿主细胞与微生物等多种类型细胞共培养 • 用于疾病模型及药物作用结果的模拟	• 干细胞3D培养多种类器官 • 模拟来源器官类似细胞组织形式及部分功能 • 临床前癌症等疾病治疗检测及药物药效和毒性测试
瓶颈问题	• 细胞种植方法单一 • 通量低、操作复杂 • 多器官芯片系统的整体性仿真模拟	• 培养复杂 • 往往缺乏血管、结缔组织、免疫细胞 • 缺乏对体内微环境的模拟
未来发展方向	• 与3D打印及类器官技术相结合，加强对人体器官的模拟 • 人体器官微环境的整体全面仿真模拟 • 自动化、体系化、标准化的“人体芯片” • 个性化芯片用于精准治疗与药物评估 • 高通量药物筛选及毒理测试平台	• 与器官芯片等技术相结合，加强对体内微环境的模拟 • 全面模拟人体各器官的多种生理生化功能 • 多个类器官的系统关联 • 个性化类器官用于精准治疗与药物评估 • 高通量药物筛选及毒理测试平台

图 4-33　器官芯片和类器官技术的现有水平、瓶颈问题和未来发展方向

哈佛大学唐纳德·因格贝尔（Donald Ingber）等构建芯片肺的工作在 *Science* 上发表[467]，产生了显著影响。2012 年 9 月 16 日时任美国总统的奥巴马亲自宣布启动由美国 NIH、FDA 及国防部牵头的基于芯片器官的“微生理系统”（Microphysiological System，MPS）计划，启动资金 1.4 亿美元，随后不断追加投入，以“确保美国未来 20 年在新药发现领域的全球领先地位”，并认为“仿生微流控芯片”能够大幅度缩减新药发现的成本和周期，给新药开发带来一场革命[468]。

我国最早从事这一工作的是中国科学院大连化学物理研究所林炳承微流控芯片团队，2010 年 10 月北京香山会议上，林炳承以前十年微流控芯片和细胞研究为基础，率先提出并正式启动器官芯片的研究。此后，他们从肾和肝起步，并和医学界同事合作，逐步涉足于肠、血管、心、肺、卵巢和胰岛等以及相应的肿瘤[469]，还及时对多器官系统构建做出布局。2013 年他们和清华大学合作的科学技术部新药重大专项课题“基于微流控芯片的新药研究开发关键技术”获批启动，器官芯片的研究正式列入国家计划。同期，国家纳米科学中心蒋兴宇团队也开始在血管芯片等方面开展研究。

自 2010 年以来，随着干细胞技术的发展，类器官的生长技术得到了迅速的改进。类器官是指在体外对干细胞进行诱导分化形成的在结构和功能上

都类似于目标器官或组织的三维细胞复合体，具有稳定的遗传学特征，能在体外长期培养。类器官作为一种用干细胞制造出来的微型器官，本质上是在体外产生的三维的微型和简化版的器官，具有器官的某些功能。研究人员已经能利用人的胚胎干细胞和其他干细胞培育多种类器官，包括肝、肾、胰腺、食管、肺、胃、肠、大脑、膀胱等，其中以类肝脏最为成功。2013 年类器官被《科学》期刊评为“年度十大科学突破”之一，从此类器官芯片也进入了一个新的发展阶段。

人体器官芯片是微流控芯片领域发展最快、应用前景最为明确的方向之一，近年来已经取得了显著进展，在微芯片上构建的组织器官类型逐渐增多，“心脏芯片”“肺芯片”“肝脏芯片”“血管芯片”“大肠芯片”等多种器官芯片相继出现，同时包含多个组织器官的“多器官芯片系统”也陆续见于报道，显示了器官芯片技术在疾病研究、个性化医疗和药物开发中的巨大应用潜力。器官芯片的发展和类器官技术的崛起推动了类器官芯片迅速进入人们的视野，成为下一轮关注的焦点。

在 2019 年 4 月，以色列的科学家成功使用 3D 生物打印机打印出一颗“类心脏”，其具有细胞、血管、心室和心房。紧接着，美国明尼苏达大学的研究人员首次 3D 打印出能够正常运转的厘米级人类心脏泵。莫纳什大学生物医药发现研究所的海伦·阿布德（Helen Abud）教授和蒂埃里·贾德（Thierry Jardé）博士领导研究了肠道干细胞周围的环境，在培养皿中培养肠道组织的微小复制品。他们用与肠道干细胞非常接近的关键细胞，使其产生生物分子神经调节蛋白 -1（neuregulin-1），直接作用于干细胞，启动修复过程。

国内的科学家也在器官芯片的研究中取得了一系列的进展。王琪等构建了一种肺癌脑转移多器官仿生模型，该模型由上游仿生肺及下游以血脑屏障为核心结构的仿生脑组成，再现上游肿瘤细胞侵袭进入循环到达下游靶器官，突破血脑屏障，进一步形成脑转移的病理全过程，实现了对复杂病理过程的可视化检测 [470]。罗勇等研究主要集中于在芯片上建立多种细胞组成的功能化肝组织生理学模型，如胆小管、肝小叶和肝血窦等，并将其应用于药物 ADME 动力学分析及药物毒理评价 [471]。林洪丽、罗勇等进行了肾单位结构和功能的模拟，在此基础上开展了肾脏疾病病理微环境模拟和疾病机制研究 [472]，他们利用肾足细胞、肾小管细胞及血管内皮细胞构建不同的肾脏芯片，用于研究各种不同肾脏病的发生发展机制[473]。刘婷姣等将肿瘤视为一类特殊的器官，把诸如肿瘤原发灶的组织微环境、肿瘤转移过程、肿瘤诊断、肿瘤治疗等肿瘤研究中的重要事件尽可能地置于微流控芯片平台上进行，在微流控肿瘤芯片领域形成了一系列重要积累。杜昱光等研究的大肠芯片可以实现对多种组织细胞有序排列的共培养（包括上皮组织细胞、免疫细胞及共生细菌、致病菌等），实现肠蠕动、厌氧及与肠道微生物的共培养，因此被用于研究肠道微生物定植及炎性肠病发病过程中细菌和淋巴细胞的相互作用特性等[474]。

多器官系统芯片的构建也早有关注，罗勇、安凡等构建了一种能够使肠、血管、肝、肿瘤、肺、脂肪和心等多种细胞、组织或器官在体外共存的微流控芯片，其能同时评价药物的吸收、分布、代谢、消除（ADME），抗癌效果和肝毒性，并且为相关生理病理研究提供平台[475]。

从研究角度看类器官芯片需要解决的问题是：从类器官芯片本体的构建到本体 + 微环境的仿生；从单一生理模型的构建到千变万化的类器官病理模型仿生；从单一细胞种植方法的发展到 3D 打印细胞种植方法的全面介入，以及从单一类器官的完善到多类器官芯片系统甚至类人体芯片的构建。

人体内的组织、器官并不是孤立存在的，它们实际上处于一个高度整合的动态交互环境中，在这个环境中，组织或器官之间靠血液、神经和淋巴等循环相连，一个组织或器官的行为会影响其他组织或器官，它们互相制约，互相补充，形成一个有机整体和完整系统。类器官芯片系统的技术难度要大于单一器官芯片，因为所有的器官都不可能脱离人这个机体的整体而单独存在，仅依靠单一器官的芯片难以精准复制疾病机体，尤其是内分泌环境所导致的一系列功能变化，整体的人芯片需要强大的信息技术的支持。

目前文献报道的大部分器官芯片的应用还停留在对疾病模型的模拟和对药物作用结果的模拟方面，尚未达到在药物筛选过程中替代动物实验和早期临床试验的目标要求。已报道的器官芯片系统多数只能在一块芯片上构建一个或几个实验单元系统，如何能在芯片上构建阵列化的多个实验单元，以实现大规模、高通量的筛选和分析，也是未来器官芯片发展需要面临的挑战。

整体而言，对器官芯片本体的构建相对容易，但对微环境的仿生则比较困难。要发展对微环境的仿生，例如，单细胞胞外囊泡分泌物的多路表征。陆瑶、刘婷姣等把微芯片平台的两个功能部分用于单细胞胞外囊泡分泌物多路表征，一是有 6343 个鉴定单元的微孔阵列用于细胞培养，二是有一组平行微流通道阵列的玻璃抗体条形码用于单细胞囊泡的捕获和检测。这一高通量平台具有通过分泌的囊泡反映单细胞的微环境，从而显示单细胞异质性的能力。

要加快 3D 打印细胞接种技术的推广。3D 生物打印是对传统器官芯片细胞接种方式的一种革命。关一民等研发了一种由 3D 生物打印机打印的肝芯片，他们先把细胞定量图案化接种，再用 24 个细胞培养杯在培养板上形成 4 通道密封的流道结构，让细胞在培养杯定量成球培养，将培养板固定在生物打印机平台进行细胞打印，这样实现了用单细胞打印定量接种均一粒径的细胞团，进而打印器官的技术路线。还有一个比较著名的案例是，美国莱斯大学团队提出一个 3D 打印的肺状系统，可以充满空气并进行扩张和收缩，具备肺通过向血液泵入氧气而发挥的生物功能。

要尽快促成芯片研究单位和干细胞研究单位之间的合作，加快从器官芯片到类器官芯片的转化，加强类器官芯片研究步伐，加快推进类器官芯片的标准化进程。建议开展类器官芯片材料和制造的标准化及模块化体系研究；研究集成传感检测及多种器官的功能关联性和兼容性，开展可集成大量传感技术的类器官芯片研究，实现实时检测大量生物学参数（如剪切力、pH、跨膜电阻、氧浓度、细胞因子以及趋化因子的分泌等）及实时成像等多种生物信息。

微流控类器官芯片正处于一个重要的发展阶段。尽管我国器官芯片研究已取得显著进展，类器官的研究也在蓬勃展开，但其未来发展仍面临着诸多挑战。如何加快器官芯片研究和类器官研究的结合？如何建立更符合人体生理的器官芯片体系？如何实现多种器官的功能关联性和兼容性？如何实现芯片标准化和集成传感检测？芯片上能否再现人体免疫系统，并且分辨“自我”与“非我”体系？此外，类人体芯片系统构建是一个更富有挑战的目标，也应当是生物技术领域的“国之重器”。类人体芯片可为人类开展个体化治疗、药物筛选等提供仿真度极高、可靠性更好的技术平台。

1. 近五年目标

（1）根据国家发展的需求，构建几组典型的类器官芯片系统，分别由两个、三个、四个器官组成，包括控制软件和简易液体机器人装置。例如：①把人的肝脏细胞和肠道细胞整合成两器官平台，包括部分微环境，开展正常情况和炎症情况下人肠－肝组织相互作用的研究。②把肝脏、心脏和肺组成三器官芯片，包括部分微环境，使它们集成在闭合的循环灌注系统中，观察不同状态下器官之间的相互作用，并研究器官对药物作用的反应。观察施加药物后器官间的反应，研究药物响应对器官组织间相互作用的依赖性，这种体外多组织整合可用于研究与候选药物相关的功效和副作用，以及这种功效和副作用在不同场合的特殊性。③构建一个由心脏、肌肉、神经元和肝脏组织组成的功能性人体器官芯片系统，包括部分微环境，将其置于无血清培养液中，由一个机械可靠、成本低廉、可模块化的泵注系统提供持续流动培养条件，用以评估多器官的活性和药物对它们的毒性，进而选定相应的药物做康复试验。

（2）类器官芯片与多组学等新技术的深度融合发展将是未来的发展趋势，建议开展类器官芯片与干细胞、类器官、组学技术、基因编辑、合成生物学、3D 生物打印、高分辨成像、大数据和人工智能等的多技术集成。

（3）由于人体的复杂性，现有的体外评价模型和动物实验并不能准确地反映人体对危害因素的反应等因素，利用类器官芯片技术可快速及高通量地开展毒性评估，显著减少毒性评估的成本和时间。建议开展毒性测试动物替代技术研究，加强将类器官芯片应用于环境污染物、化学品、纳米颗粒、生物毒素、物理辐射等的毒理学测试领域的技术研究及平台建立。

（4）利用免疫器官芯片可加快来自患者肿瘤细胞的抗肿瘤多肽等疫苗的高通量筛选及快速评价过程，建议加强肿瘤免疫细胞治疗过程中的特定免疫细胞高活性筛选及评价的器官芯片系统研究及应用。

2. 近 10～15 年目标

（1）利用人体类器官芯片构建一种“类人”的生命模拟系统（类人体芯片），类人体芯片是一个基于干细胞技术，由类器官芯片、仪器和软件组成人体仿真系统，为人体内部的生理和病理过程提供高仿真窗口的技术平台。类人体芯片的研发过程是：在研制出一系列不同的单一器官及其微环境的基础上，引入液体处理机器人和移动显微镜，开发定制软件，将多重器官芯片组合在一起，共置于一个标准的组织培养孵化器里进行自动化培养、灌注、介质添加、流体连接、样品收集和原位显微镜成像，并通过芯片对多器官人体灌注示踪剂的分布作定量预测，最终构建系统化、可灵活拆卸组装的类人体芯片。

（2）针对个体化的疾病风险预测、药物药效评价、毒理评估和预后分析的发展需求，建议开展采用患者体细胞来源干细胞构建的特定患者“个性化人体芯片”研究，使其个性化疾病、药物、毒理等风险评估成为可能。

五、合成生物数据库、大数据智能分析与自动化实验

人类基因组计划启动以来，以新一代测序技术和质谱技术为代表的各类组学技术飞速发展，推动基因组、转录组、表观遗传组、蛋白质组、代谢组等海量生命科学组学数据呈现指数级增长。与此同时，合成生物学基于工程学思想策略，在理性设计原则指导下，改造乃至从头合成具有特定功能的人造生命。合成生物研究提供了“建物致知”的崭新研究思想，开启了可定量、可计算、可预测及工程化的“会聚”研究新时代[476]。人们以标准化生物元器件和系统为对象，通过与高通量实验技术紧密结合，获得合成生物大数据。以细胞工厂为例，包括基于图论的分子结构转化特征数据、生物合成反应组合信息、催化元件性能数据、化学键能变化数据、基因线路调控数据、生物合成途径转化率数据、代谢与调控网络动态数据，以及多组学表征数据等。

生物信息学是信息与系统科学和生命科学高度交叉的前沿学科，涉及多个学科领域，信息、控制与系统的理论、方法和技术在其中发挥着重要作用。在生物信息学诞生的阶段，其基础研究问题就是如何进行基因组数据的解读。在这之后，迎来了生物信息学发展的一个转型期——后基因组时代。随着对于生命系统的不断深入探究和各种其他高通量组学技术的产生和发展，生物信息学的研究范畴不断扩大，扩展到对各种组学数据（转录组、蛋白质组、非编码 RNA 组、表观遗传组、代谢组、宏基因组等）以及生物系统层面的解读，生命科学从定性科学转向定量科学[477]。

在当今大数据时代，生命科学领域的数据产出能力在各学科中处于领先

位置，以基因组学和蛋白质组学数据为核心的组学大数据增长速度远超很多其他领域。一方面，各种新的组学技术不断发展，产生新的数据类型。自动化生物实验设施的建立，可以大幅提高数据产生的通量和标准化水平。每一种新的生物实验技术的产生，都需要设计新的生物信息分析方法，开发面向特定实验技术 / 高通量组学技术以及解读特定数据类型的计算机软件或者处理流程。另一方面，生物数据具有小样本高维度的特点。对某一个样本可进行各种高通量的组学测序，获得各个组学层面的特征表示，需要借助计算机科学和系统科学的方法手段，进行多组学的数据整合分析[478]。因此，数据的整合、建模和知识挖掘是新阶段生物信息学研究的一个重要能力[479]。作为生物信息学发展的重要趋势，数据量迅速增大，数据类型不断增加，为生物信息学方法提出了大量新挑战；组学技术使越来越多层面的生物机理被揭示出来，系统生物学研究越来越走向对生物调控机理的定量认识和建模；同时，对生物系统认识的深化和合成生物学、基因编辑技术的不断突破，使得合成基因线路与系统的理论和技术有很大发展。

（一）合成生物数据库现状和数据智能分析发展概述

1. 合成生物数据库现状

发达国家政府较早重视生命与健康大数据的收集、分析和应用。美国国家生物技术信息中心（National Center of Biotechnology Information，NCBI）经过 30 多年对全世界生物技术数据的收集，积累了全世界最大的生命与健康数据库（如 GenBank、PubMed、SRA、dbGap 等）和软件资源（如 BLAST、E-Utilities 等）[480]。目前 GenBank 数据库中存储的数据达 25 亿条，总数据量已达 15 TB 以上；PubMed 数据库包含超过 3300 万篇生物医学文献。欧洲生物信息研究所（European Bioinformatics Institute，EBI）目前已建成世界上最全面的分子生物学数据库集合，2019 年原始数据已超过 300 PB。日本 DNA 数据库（DNA Data Bank of Japan，DDBJ）目前自有数据量约为 15 PB。NCBI、EBI 和 DDBJ 共同成立了国际核酸序列数据库联盟（International Nucleotide Sequence Database Collaboration，INSDC），是国际公共领域数据共享方面最著名的组织之一[481]。此外，瑞士生物信息学研究所（Swiss Institute of Bioinformatics，SIB）数据库涵盖生命科学的不同领域，包括基因组、蛋白质组、医药健康、进化、结构生物学和系统生物学等。

目前，我国各种类型的生命大数据中心也相继建成。具有代表性的包括：①深圳国家基因库生命大数据平台（China National GeneBank DataBase，CNGBdb），整合了来源于国家基因库、NCBI、EBI、DDBJ 等平台的数据，元信息达 10 TB 以上；②上海生物医学大数据中心，以中国科学院上海生命科学研究院自产数据为主；③中国科学院北京基因组研究所（国家生物信息中心），有近 25 PB 存储资源，2018 年被期刊 *Nucleic Acids Research* 列为与美国 NCBI、欧洲 EBI 齐名的全球核心数据中心[482,483]。

目前生物数据共享存在不同模式。NCBI 和 EBI 等机构通过数据递交服务会聚了大量的数据资源，并通过网络提供数据共享；英国国家队列——英国生物样本库（UK Biobank，UKB）等依托大型科研项目产出的数据，提供分级共享，满足不同类型的科研需求；介于这两者之间，中小型研究团队利用自身的数据采集能力和整合能力，建立了大量的种类繁多、规模悬殊、质量参差不齐的数据库和知识库，提供数据查询、浏览、下载服务，部分数据库还提供在线分析服务。同时，还有按照数据类型（如基因组、转录组、蛋白质组等）、底盘（如细菌、真菌、植物）、研究目的（如基因线路、细胞工厂）等方式建设的数据库（表 4-4），在推进数据共享方面发挥了巨大的作用[484]。

表 4-4 部分代表性合成生物学数据库

类别		数据库名称（网站链接）	简介
数据类型	基因组	NCBI GenBank（https://www.ncbi.nlm.nih.gov/genbank/）	综合性核苷酸序列数据库，由美国国家生物技术信息中心（NCBI）维护，与日本 DNA 数据库（DDBJ）以及欧洲分子生物学实验室（European Molecular Biology Laboratory，EMBL）共同构成了国际核酸序列数据库，3 个数据库之间以日为单位进行数据交换[485]
		NCBI Genome（https://www.ncbi.nlm.nih.gov/genome/）	综合性基因组数据库，包括序列、图谱、染色体、组装和注释等信息[485]
		FungiDB（http://fungidb.org/fungidb/）	真核病原体基因组学数据库（EuPathDB）的一部分，汇集了 > 200 种真菌 / 卵菌的基因组、转录组、蛋白质组和表型等相关数据[486]

续表

类别		数据库名称（网站链接）	简介
数据类型	转录组	GEO（https://www.ncbi.nlm.nih.gov/geo/）	由 NCBI 维护的基因表达数据库，收录了全球研究机构提交的高通量基因表达数据 [487]
		ArrayExpress（https://www.ebi.ac.uk/arrayexpress/）	收录了芯片和高通量测序的相关数据 [488]
		M^{3D}（http://m3d.mssm.edu/）	微生物基因表达数据库 [489]
	蛋白质组	UniProt（https://www.uniprot.org/）	信息最丰富、资源最广的蛋白质数据库。由 Swiss-Prot、TrEMBL 和 PIR-PSD 三大数据库的数据组合而成 [490]
		PRIDE（https://www.ebi.ac.uk/pride/）	欧洲生物信息研究所建立的主要基于质谱鉴定数据的蛋白质组学数据库 [491]
		PROSITE（http://www.expasy.ch/prosite/）	集合了生物学具有显著意义的蛋白位点和序列模式，并可根据这些位点和模式快速分析未知蛋白的家族归属 [492]
	代谢组	METLIN GEN2（https://massconsortium.com/）	在三种不同碰撞能量（10 V、20 V 和 40 V）下系统地汇集了超过 860 000 种化学标准品的高分辨串联质谱信息 [493]
		MassBank（http://massbank.jp/）	基于代谢物化学标准品得到的质谱图，包含质谱仪设置、采集情况等 [494]
		HMDB（http://www.hmdb.ca/）	包含人体代谢产物的详细信息 [495]
底盘细胞	细菌	EcoCyc（https://www.ecocyc.org/）	大肠杆菌 K12 菌株基因组数据库，包括基因、蛋白质、基因间蛋白质组信息 [496]
		CyanoBase（http://genome.microbedb.jp/cyanobase）	集胞蓝细菌的基因组数据库 [497]
		SubtiList（http://genolist.pasteur.fr/SubtiList/）	枯草芽孢杆菌基因组数据库 [498]
	真菌	FGSC（http://fgsc.net/）	真菌遗传学信息中心 [499]
		SGD（https://www.yeastgenome.org/）	酿酒酵母基因组数据库，汇集基因功能注释、突变体表型及关联文章等 [500]
	植物	RAP-DB（https://rapdb.dna.affrc.go.jp/）	水稻基因组数据库 [501]
		SoyBase（https://www.soybase.org/）	大豆基因组学和分子生物学数据库 [502]
		TAIR（https://www.arabidopsis.org/）	拟南芥基因组和注释数据库 [503]
研究目的	基因线路	FBDB（https://biosensordb.ucsd.edu/）	生物传感器数据库 [504]

续表

类别		数据库名称（网站链接）	简介
研究目的	基因线路	The iGEM Parts Registry（http://parts.igem.org）	标准化的生物元件库[505]
		SynBioHub（https://synbiohub.org/）	基于Web的合成生物学存储库，兼容合成生物学开放语言（synthetic biology open language，SBOL）标准，用户能够浏览、上传和共享合成生物学设计[506]
	细胞工厂	KEGG（https://www.kegg.jp/）	整合基因组、化学和系统功能信息的数据库。可把完整测序基因组中得到的基因目录与更高级别的细胞、物种和生态系统水平的系统功能关联起来[507]
		BRENDA（https://brenda-enzymes.org/）	生化反应数据库[508]
		MetaCyc（https://metacyc.org/）	非冗余、经实验验证的代谢途径和酶元件数据库[509]
		Laser（https://bitbucket.org/jdwinkler/laser_release/src/master/）	整合了菌株代谢工程信息，包括培养条件、基因型及其他相关信息[510]

2. 合成生物数据智能分析发展概述

人工智能方法正在成为合成生物研究的强大工具（图4-34）。2006年，Hinton和Salakhutdinov[511]在*Science*发文提出深度学习概念。得益于多层神经网络从大规模训练数据中学习的能力，深度学习在计算机视觉[512]、自然语言处理[513]、游戏[514]等领域都取得了巨大成功，在一些特定任务上的表现甚至超过了人类。人工智能方法能从生物实验产生的海量数据中挖掘人脑不易发现的重要特征，正成为生命科学研究的强大工具。在基因组学领域，DeepBind模型利用卷积神经网络来预测DNA序列上特定蛋白质的结合位点[515]。DeepSEA模型使用深度神经网络来解释非编码区变异的调控与功能[516]。DeepTACT模型借鉴集成学习思想预测启动子与其他基因调控元件的相互作用[517]。在蛋白质折叠领域，DeepMind公司利用深度学习方法开发的蛋白质结构预测软件AlphaFold-2将蛋白质骨架的预测精度提高到了冷冻电镜的精度水平[518]。在酶功能分析领域，卷积神经网络、递归神经网络等深度学习模型表现出极大的潜力[518,519]。在免疫学领域，深度学习方法在主要组织相容性复合体（major histocompatibility complex，MHC）蛋白–抗原多肽相互作用预测、多抗原表位预测等方面取得重要进展[520,521]。

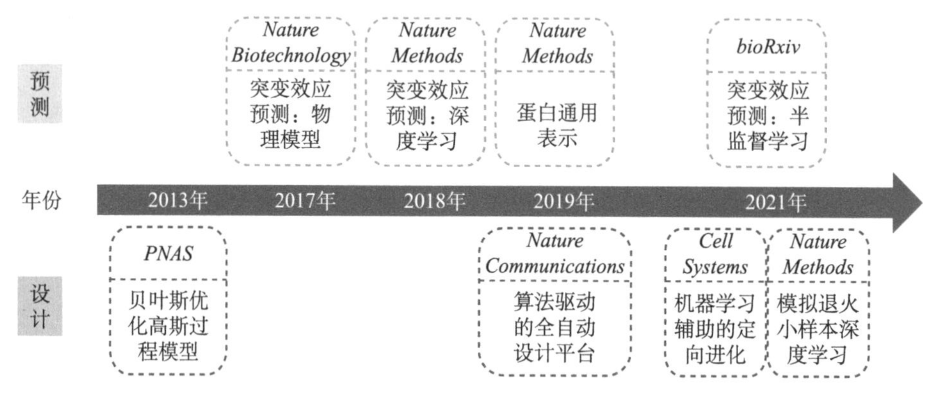

图 4-34 合成生物数据智能分析[522,527-529]与生物设计[530-533]发展历程

深度学习在合成生物研究中已有概念性验证报道。2019 年，哈佛大学 Church 团队利用无监督深度学习方法开发氨基酸序列统一表示方法 UniRep，提高了蛋白质功能预测的准确度，并可用于蛋白质设计[522]。利用深度生成式模型，研究者初步实现了多肽序列[523]、酶序列[524]和 T 细胞受体（T cell receptor，TCR）[525]序列的生成。清华大学汪小我团队利用深度对抗网络成功设计了全新的高表达大肠杆菌启动子元件，为生物调控元件的设计和优化提供了新的手段[237]。斯坦福大学 Smolke 团队运用卷积神经网络，成功设计出具有高活性、高多样性的酿酒酵母启动子[526]。相比于经验式设计方法，深度学习在合成元件设计的多样性、成功率方面已经显现出独特优势。

（二）现有应用的瓶颈问题及未来应用中的关键问题

现有合成生物数据库分散、内容完整度差、缺乏统一标准，如何构建标准化合成生物数据库[506]，进而构建全面、准确的合成生物知识库[534,535]，是亟待解决的关键技术问题。例如，建立标准化命名访问服务[536,537]，面临着数据来源分散、语法表达不一致等数据质量问题；多源异构合成生物数据库整合过程，面临着数据抽取、冗余清除、非完整或非一致合成生物数据清洗与转换等问题所带来的挑战；实体链接与知识补全[535]，面临着合成生物领域缺乏足够的链接预测标签数据等问题，需要利用少量的标记数据有效地训练高质量链接预测模型。针对文献报道、公共数据库、实验结果等多源异构数据的整合和集成，需要解决人工标注训练数据稀少、自动标注易产生噪声关系标签、流水线式训练易导致错误传播等问题。

当前，以深度学习为代表的人工智能方法，其分布外泛化（推广）能力差，从而要求数据具有独立同分布的性质且能较好地覆盖问题相关的全空间。这与合成生物问题的巨大空间和实验测试能力不足形成主要矛盾，成为当前人工智能方法在合成生物领域应用的瓶颈问题（图 4-35）。因此，如何提高深度学习模型的泛化能力，是亟待解决的关键技术问题。例如，自监督学习可以充分利用无标签数据学习生物对象的有效表示，弥补实验测试能力不足[522]；主动学习通过多轮次主动采样与实验形成闭环迭代，可以提高学习的样本效率，降低对实验测试能力的要求[531]；强化学习通过与环境（实验或者适应度地形模型）交互，可以实现生物对象的设计优化或实验条件的优化（实验设计），以提高合成生物设计能力或实验测试能力[538]；知识驱动的学习，通过利用问题相关知识，设计更适合问题特点的数学表示、补充模型的输入特征、搭建更加合理和可解释的模型架构、构造具有生物学意义的损失函数[539]。

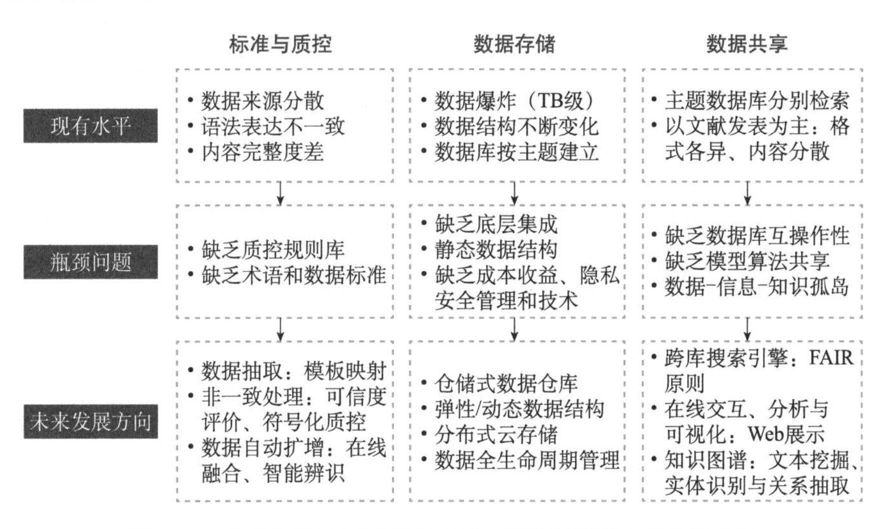

图 4-35　合成生物数据库现有水平、瓶颈问题及未来发展方向

（三）未来5～15年需要优先发展的方向及领域

1. 合成生物数据库和知识图谱

合成生物数据库和知识图谱方面，需要建立适应大数据时代的新的技术和资源体系，建设面向合成生物研究的数据仓库、数据库和知识图谱等，用于合成生物大数据的标准化存储、共享和挖掘分析等（图4-35）。未来重点的研究方向和需要突破的关键技术如下。

1）数据标准、质量控制

合成生物学的标准主要集中在术语集和数据标准方面，不同的标准之间相对独立，对数据产出过程、分析过程的规范性表述较少。在建设合成生物大数据平台时，应制定定量描述合成生物元件及其互作网络的标准，建立数据质控规则库和标准化命名访问体系，解决数据来源分散、语法表达不一致等引起的数据质量问题。针对现有合成生物数据库内容完整度差、存在噪声等问题，开发基于模板映射的数据准确抽取方法和基于可信度的非一致数据检测与处理方法，实现标准化命名服务。以此为基础，开发合成生物结构化数据库建库技术，实现对已有多源异构数据库的整合。

针对高通量实验技术，建立公开和在线实验数据动态更新的合成生物数据库，以及数据库内容快速访问。面向公开数据库和合成生物平台产生的测序、质谱等高通量实验数据，开发在线融合、智能辨识等方法，能够针对特定合成生物目标进行动态搜索和数据集构建，实现数据的自动扩增。针对合成生物元件来源分散、语法表达不一致带来的数据访问可控性差、响应不及时等问题，构造符号化的数据质控规则库，建立合成生物元件及属性的标准化命名访问服务体系，构建基于Spark的分布式云存储定量合成生物信息数据库。与此同时，系统性探索过程参数（实验条件和测试手段等）如何引入实验数据噪声进而影响数据处理和挖掘，制定标准操作流程、报告规范和质控方法，建立不同实验产生、共享、集成合成生物大数据的方法。

2）整合式数据仓库

传统的数据模型和数据组织方式无法满足合成生物海量数据的结构、数量快速增长以及数据结构不断变化的管理需求；有必要突破传统的严格按照一类数据建设一个数据库的模式，采用新的仓储式的数据仓库模式[484]。在底层数据结构上以整合为导向，按照合成生物设计、研究对象、底盘细胞类型、环境等信息，以及时间、空间信息，预留不同类型的数据之间的联系，形成弹性的数据结构，支持数据结构动态调整，为数据库集成、整合和挖掘奠定基础。同时，在建设合成生物大数据平台时，TB 量级的数据下载需求对数据下载、单库检索等数据共享手段提出了严峻的挑战。因此在延续按照主题（数据类型、物种、研究领域）组织数据的基础上，引入跨库搜索引擎、可视化、在线分析等在线交互技术，通过更加准确地返回用户数据访问结果的方式，提高数据共享效率。

3）数据共享

随着数据类型和规模的日益扩大，如何存储、组织、访问存放在不同平台上的不同类型的生物医学数据成为新的挑战。为此，研究者提出 FAIR 原则，即可发现（findable）、可访问（accessible）、互操作（interoperable）和重用（reusable）[540]。基于 FAIR 原则，采用搜索引擎等技术，可以突破传统的以主题为基础建设的数据库的局限性，对不同数据中心的数据资源提供统一检索服务，实现以搜索引擎为核心的数据跨库整合，更好地满足用户一站式的数据共享需求。

除了搜索技术外，数据可视化、在线分析也是用户利用数据的重要手段。新的可视化技术，包括 HTML5、JavaScript 等 Web 展示技术在数据平台中的应用越来越广泛，用于大分子展示、基因组浏览器、代谢网络解析等[541]。此外，依托数据库的分子序列、分子结构、调控及相互作用网络等数据，数据库根据自身特点，集成了序列比对、多序列比对、结构相似性比较、网络结构分析等在线分析的工具，也极大地加强了数据的可交互性。

4）知识图谱

构建合成生物知识库与知识图谱，为知识引导和数据驱动紧密结合的合成生物研究奠定基础[542]。利用来自文献报道、公共数据库、实验结果等多源异构数据，研究基于深度学习的语义关系匹配、置信度检验、实体链接等方法，开发合成生物知识图谱，构建更全面、准确的合成生物知识库。在合成生物元件命名实体识别和关系抽取方面，利用远程监督学习来缓解人工标注训练数据稀少问题；开发多任务学习框架，联合训练实体识别和关系抽取模型，来减轻流水线式训练导致的错误传播。在实体链接与知识补全方面，采用基于分布式表示空间的实体链接方案，运用联合学习、正则化技术和矩阵协同分解等技术。

2. 数据智能分析

数据智能分析方面，为了提升理性设计人工生命的能力，需要深度集成传统生物信息技术与新型人工智能方法，实现数据驱动的“设计—构建—测试—学习”智能闭环，在系统建模、异构数据集成、智能设计与功能预测等方面进行关键技术突破（图 4-36）。

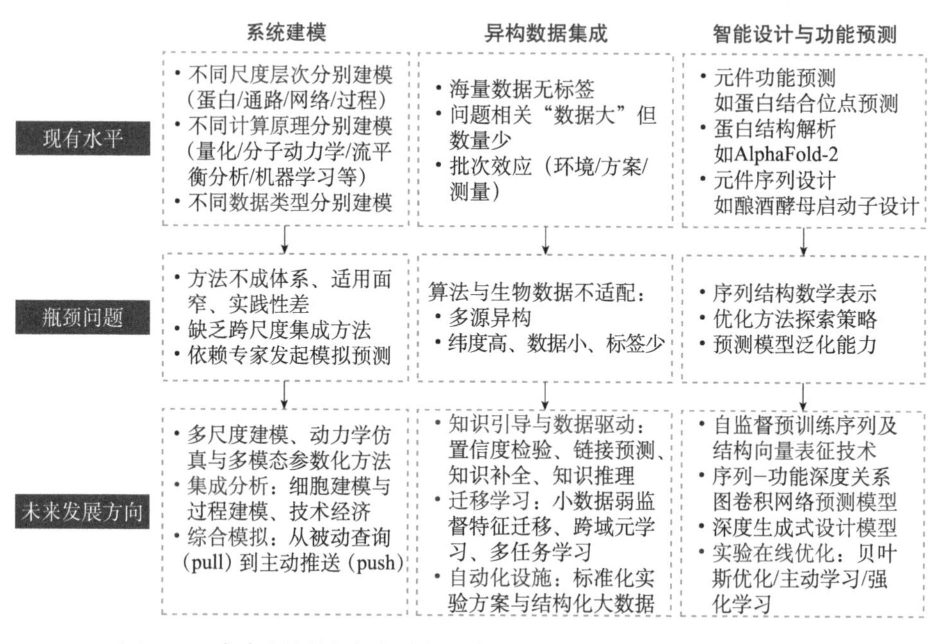

图 4-36　合成生物数据智能分析现有水平、瓶颈问题及未来发展方向

1）系统建模

现有合成生物研究主要针对单一组分、单一基因线路以及单一细胞器等开展计算模拟。随着组学大规模数据的积累、信息理论的应用，以及化学和工程科学等多学科交叉和融合，系统、整合、跨尺度研究细胞内不同组分和结构的功能与互作机制成为可能。细胞功能的系统整合研究是在对细胞内所有组分进行鉴定和认识的基础上，描绘出细胞的系统结构，包括生物大分子相互作用网络和细胞内亚结构间的互作系统，构造出初步的细

胞系统模型，通过不断地设定和实施新干预实验，对模型进行修订和精炼，最终获得一个理想的模型，使其理论预测能够反映出细胞的系统功能和真实性。

例如，针对具有目标代谢功能的细胞工厂，需要开发一系列生信与智能设计方法。元件层面，需要确定一组可以将容易获得的分子转化为高价值产品的酶蛋白，找出与底盘细胞高度适配的酶蛋白组合，结合调控元件优化其化学计量学；途径层面，基因组规模的代谢模型通过重建生物体的完全代谢反应网络，将基因型与表型联系起来，用于定义理论生产限度和设计以及测试计算机中的新微生物菌株，进而用于预测细胞生长、通量分布、产物合成，并指导宿主设计。细胞功能实现的系统整合研究可以推动对生命基本单元——细胞的功能机制的深入认识，对于未来的人造细胞、合成生命以及新型生物产业发展如细胞工厂、细胞治疗等均具有重要的意义。

2）异构数据集成

合成生物数据具有小样本、高维度、多源异构等特点，需要针对性开发新的生物信息和机器学习理论及方法[479]。例如，不同层次合成生物对象数据的集成需要推断多个实体之间的关系，这类关系可能存在于相同实体（如蛋白质－蛋白质互作、基因－基因共表达等）或不同实体（如序列－结构－功能之间的关系、元件－模块－底盘适配等）之间。实体关系推断可以利用多矩阵下的协同分解、二部图的随机游走等机器学习算法进行关联性预测。面对数据源分布不一致、直接相关数据缺乏的问题，一方面可以借鉴共训练、多层面等学习模式，消除不同实验技术、实验批次之间的异质性；另一方面可以基于多任务学习、迁移学习等模型，集成利用不同物种、不同细胞系或者不同实验条件下同类生物学问题的相关数据。

3）智能设计与功能预测

现有方法多面向基因、蛋白等研究中的某个特定任务或环节，不成体系，适用面窄，与合成生物实践适配性差。针对这些困难，需要研发与合成生物研究高度适配的人工智能方法体系。具体如下。

（1）开发基因型到表现型的关系预测模型。针对合成生物对象序列维度高、样本数据量小、合成任务多样等挑战，以合成生物大数据库和知识库为基础，研究小数据和弱监督下的特征迁移、多任务学习和跨域元学习等算法，开发基于自监督预训练的基因 / 蛋白序列及结构的向量表征方法，开发基因型 - 表现型间的深度关系图卷积网络模型，实现特定生物功能的精准预测。

（2）建立合成生物元件系统的生成式设计算法。针对合成生物设计空间巨大，海量实验试错成本高、效率低等挑战，采用数据驱动和知识引导相结合的方式，开发特定合成生物对象的生成式设计和优化模型，如变分自编码器、生成对抗网络等深度模型，生成在高维空间中具有相似特征的人工序列，并利用功能预测算法对其进行筛选。

（3）开发实验方案在线智能优化方法。针对合成生物实验中辅助元件和底盘细胞选择等难题，利用贝叶斯优化等方法，实现实验方案的动态优化配置，采用主动学习和强化学习思想，结合自动化合成生物研究平台的在线数据生成能力，实现人工智能模型与实验的迭代优化，使得目标功能所需试错规模比传统方法大幅减少。

3. 数据驱动的自动化合成生物实验

建立合成生物数据库、知识图谱和数据智能分析的根本目的，是为了提高可预测设计合成生物系统的能力（或称作“理性设计”）。一方面，理性设计能力需要通过实验验证；另一方面，自动化实验产生标准化、高通量的合成生物数据，通过“数据—模型—实验”闭环迭代，不断提升理性设计的能力[543,544]。自动化合成生物实验未来需要在高通量工艺、信息化软件和自动化硬件方面进行重点突破。

1）高通量工艺流程

与自动化实验相匹配的合成生物工艺包括工程 DNA 的构建与质控、底盘系统的遗传操作，以及合成生物体的功能测试等[543-545]。其中，DNA 自动化组装需要完善计算机辅助设计算法，综合应用酶、细胞组装体系，高通量生成和执行 DNA 合成和组装方案；基于微阵列、微流控等技术，将组装体系微缩至纳升尺度，降低组装成本，提高通量、准确度和效率。底盘自动化操作需要针对细胞培养、遗传转化、单克隆化、菌落挑取、生理监测等实验环节开发自动化兼容的工艺流程[546]；对于非模式底盘，需要面向特殊生境（如厌氧、光照、嗜热等）和特殊物化性质（如多核微生物、多细胞底盘、不规则菌落等）等需求，定制化开发自动化流程和兼容的设备、试剂和耗材。自动

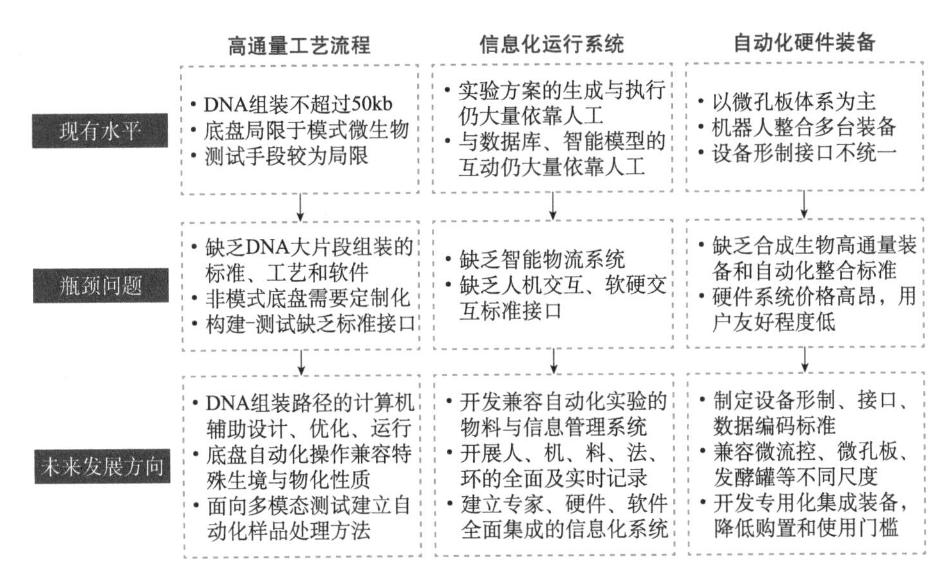

图 4-37　自动化实验合成生物现有水平、瓶颈问题及未来发展方向

化功能测试方面，需要面向光谱、质谱、成像等不同测试手段，开发高通量的样品平行前处理的方法；建立“构建”与“测试”对接的标准化物理接口，建立自动化标定工艺，将相对测量值转化为绝对测量值，实现不同批次、设备、机构间合成生物大数据的标准化产生、共享和集成。

2）信息化运行系统

基于合成生物体系的目标功能分析，信息化运行系统可以开展实验方案的智能规划，辅助专家系统进行决策[547]。信息化系统自动生成实验计划与可机读指令集，通过计划管理、仓储管理、实验管理、质量管理等软件模块与物理实验室交互，保障自动化硬件平台协同高效运行。基于分布式多传感器网的实时信息获取，对自动化硬件平台的实时状态进行监测及异常处理，实现实验数据和过程元数据的系统性、结构性记录。应用数字孪生、设计仿真等先进数字化技术，将物理世界各种属性映射到虚拟空间中，赋能模拟仿真、批量复制、虚拟合成等设计活动，减少“数据—模型—实验”等迭代过程中的实验次数、时间和成本。

3）自动化硬件装备

合成生物实验的自动化运行需要相应的硬件装备[543, 547]。除液体工作站、微孔板离心机、自动化培养箱、菌落涂布挑选仪等现有高通量设备外，需要定制化开发微生物高通量电转化仪、自动化凝胶电泳及纯化等新设备。利用微流控、超声移液、光镊、在线传感等新方法和新技术，实现从微液滴、微阵列到微孔板、发酵罐的跨尺度自动化集成。需要建立多设备柔性串联的机器人平台，如开发自主避障 AGV 移动机器人实现移动功能，结合协作机器人实现物料的抓取和搬运，并装配视觉系统实现目标的识别和定位。基于小型化、集成化原则，在单一设备中整合不同功能模块完成多个标准化流程步骤，降低自动化装备采购和运行成本，开发用户友好的操作界面提高易用性。

第三节　应用领域

本节重点梳理合成生物学在低碳生物合成、合成生物能源、生物活性分子的人工合成及创新应用、健康与医药、农业与食品、纳米与材料、环境等7个应用领域的研究和发展历程，分析了研究现状和水平、面临的瓶颈问题，凝练和展望了我国未来中期的重点发展方向。

一、低碳生物合成

自工业革命以来，大气中 CO_2 总量增加了 9000 多亿 t。我国年排放 CO_2 超 100 亿 t[548]。国家主席习近平在 2021 年 4 月 22 日领导人气候峰会指出：“中国将力争 2030 年前实现碳达峰、2060 年前实现碳中和。”[549] 为实现“双碳”目标，坚持把低碳生物合成作为生态文明建设的重要途径，有效降低我国工业经济发展对化石资源的过分依赖，是变革传统工业模式、培育战略新兴产业，促进企业转型升级，加快生态文明建设，实现社会经济可持续发展的必然选择。低碳生物合成的核心是建立以 CO_2 为原料的高效转化利用与物质合成的技术创新体系。这可以使 CO_2 成为碳资源，将在能源、工业、农业领域形成绿色低碳的产业经济新模式。低碳生物合成是战略必争的世界科技前沿领域，谁拥有以 CO_2 为原料的转化利用能力，谁就拥有了未来的战略资源。

（一）低碳人工生物合成概述

低碳人工生物合成，指构建人工合成途径或者使用天然 CO_2 利用途径，以 CO_2 作为原料合成各式各样的化学品或生物材料，如淀粉、蛋白、多聚材料和生物燃料等。CO_2 的利用也被称作 CO_2 固定或固碳，是一个高耗能的过程。尽管利用物理化学手段，可以通过地质封存或者利用化学工艺合成尿素、纯碱等工业化学品以实现 CO_2 利用，但这些高能耗的化学工艺释放出来的 CO_2 远超过其固定的 CO_2。相对于化学固碳而言，生物固碳条件温和、能耗较低，是更具潜力的固碳研究方向。在自然界中，自养生物可以利用太阳能、化学能或者电能作为能量来源，通过自身生物固碳途径将 CO_2 转化为有机物，然后利用这些合成的有机物作为物质和能量来源来维持生命活动。然而，生物体内的天然固碳途径固碳效率低下，不易通过天然生物固碳途径实现从固碳到生物合成的转变。随着代谢工程和合成生物学的不断发展，科学家通过改造天然固碳途径或者构建人工固碳途径来提高生物固碳的效率，从而实现低碳人工生物合成。

低碳人工生物合成已经成为全球可持续发展的巨大挑战。面向绿色经济与产业变革的重大需求，运用多学科交叉技术突破自然界生物体系能量利用与物质合成的局限，创造人工合成生物以 CO_2 为原料直接合成重要工业、农业、材料、能源等产品的颠覆性技术，使得太阳能综合利用效率超越自然光合作用十倍至数十倍，拓展生命进化中生物能量转换利用的极限，具有重大科学意义；以 CO_2 为原料进行有机化合物的工业生物制造，可跨越化石资源利用和农业种植生产模式，实现从 CO_2 到聚合材料、液体燃料、人工蛋白、人工淀粉等重要产品的生物制造，为发展清洁、绿色、可持续的物质生产新模式提供重大科技支撑。低碳人工生物合成有望解决持续增长的物质需求与不可持续资源日益枯竭的经济发展矛盾，开创“碳中和”的经济发展模式，对于“双碳”目标实现，保障经济社会永续发展，支撑国家建设与国家安全，都具有重大战略意义。

（二）国内外研究现状

近年来，世界各国科学家围绕以 CO_2 为原料的低碳生物合成，开展了深入研究，通过解析自然界已有的生物固碳途径和固碳酶催化机理，创建了多种基于已有生物代谢途径的新型人工固碳途径，甚至依据化学原理设计了全新的人工固碳路线，利用多学科交叉，克服自然生物固碳的瓶颈，创建超越自然极限的人工生物固碳体系已经成为主要发展趋势。

1. 天然生物固碳途径

CO_2 生物固定是地球碳循环过程的重要组成部分。以自然生物光合作用为例，每年能够产生 2000 多亿 t 的生物质[550]。目前已发现自然界存在六条 CO_2 生物固定途径，主要通过羧化酶或还原酶进行 CO_2 固定[551,552]。卡尔文循环是自然界中最主要的生物固碳途径，其核心是 Rubisco（核酮糖 -1,5- 二磷酸羧化酶 / 加氧酶）[553]。近年来，研究者围绕着卡尔文循环途径改造优化做了大量研究工作，主要包括定向进化提高 Rubisco 酶的活性[554-556]、碳浓缩机制的人工设计[557-559]及异源表达卡尔文循环途径[560-565]等。由于 Rubisco 酶活性相对较弱[566,567]，而且空气中广泛存在的氧气还会和 CO_2 竞争该酶的活性中心发生氧化反应，极大限制了 Rubisco 酶的人工改造应用。还原乙酰辅酶 A 路径（Wood-Ljungdahl）途径是自然界存在的六条天然固碳途径中唯一的基于还原酶的固碳路径[568]。该途径的实质是 2 个 CO_2 分子（或者 1 个 CO_2 分子和 1 个 CO 分子）合成一个乙酰辅酶 A，需要严格的缺氧条件，对金属离子（Mo 或 W、Co、Ni 和 Fe）的要求高，并且广泛使用辅酶（四氢蝶呤和钴胺素）[569]。时至今日，该途径依然没有实现完全的异源表达。其他天然固碳途径路线较长，虽然核心固碳羧化酶的催化性能都有表征，但是酶催化机理还需要更进一步研究。

2. 基于生物代谢的固碳途径设计

由于自然界 CO_2 固定转化途径存在途径复杂、反应速度慢、严格厌氧等固有缺陷，生物固碳途径效率低下依然是制约 CO_2 生物高效利用的关键瓶颈[570]。为克服自然界 CO_2 固定转化途径的固有缺点，提高碳源利用效率，近年来越来越多的研究聚焦于如何人工构建高效的生物固碳途径。如 Bar-Even 等[571]以自然界固碳效率最高的磷酸烯醇式丙酮酸羧化酶为基础，计算获得了非天然的合成固碳途径（malonyl-CoA-oxaloacetate-glyoxylate，MOG）。菲利普·马利埃（Philippe Marlière）同样利用磷酸烯醇式丙酮酸羧化酶实现了 CO_2 向甲醛的转化，最后甲醛与四氢叶酸结合进入中心代谢[572]。廖俊智团队于洪等利用磷酸烯醇式丙酮酸羧化酶，构建了苹果酰辅酶 A- 甘油酸途径（malyl-CoA-glycerate，MCG）[573]，与卡尔文循环途径结合后，不仅降低了 Rubisco 酶的催化负担，还提高了能量效率。另外结合乙醇酸脱氢酶，苹果酰辅酶 A- 甘油酸途径还能够减少光呼吸的碳损失，苹果酰辅酶 A- 甘油酸途径理论上能够实现光呼吸路径的 100% 碳得率，对光合生物改造具有重要意义。此外，托拜厄斯·厄尔布（Tobias J. Erb）研究组构建了基于还原羧化酶的巴豆酰辅酶 A/ 乙基丙二酰基辅酶 A/ 羟基丁酰基辅酶 A 循环途径[574]（crotonyl-coenzyme A (CoA)/ethylmalonyl-CoA/hydroxybutyryl-CoA，CETCH 途径），其被誉为第七条生物固碳途径。CETCH 途径纯蛋白酶体外固定 CO_2 的效率为 5 nmol/(mg · min)，达到了与天然的 CBB 循环固碳效率相当的水平。通过将 CETCH 循环、乙醇酸合成乙酰辅酶 A 的 β- 羟基天冬氨酸循环（β-hydroxyaspartate cycle，BHAC 途径），以及天然产物生物合成途径组装，就可以实现体外以 CO_2 为原料合成萜类化合物和聚酮类化合物[575]。该团队通过合理的设计，将高通量的微流控技术和微板筛选技术相结合，开发了一种新型羟基乙酰辅酶 A（glycolyl-CoA）羧化酶（GCC）。GCC 与另外两个设计的酶一起形成一个羧基化模块，可将乙醇酸转化为甘油[576]。拉蒙·冈萨雷斯（Ramon Gonzalez）团队基于 2- 羟酰基辅酶 A 裂解酶设计了与宿主自身代谢途径正交的甲酰 -CoA 延伸（formyl-CoA elongation，FORCE）途径，利用该途径可以将一碳化合物转化为乙醇酸、乙二醇、乙醇和甘油酸等化学品[577]。我国科学家基于丙酮酸合酶设计出了最小化的人工固碳循环（pyruvate carboxylase/ oxaloacetate acetylhydrolase/ acetate-CoA ligase/ pyruvate synthase，POAP），在丙酮酸合酶活性远远低于 CETCH 循环固碳酶活性的前提下，POAP 循环的 CO_2 固定速率仍然超过了含有十二步反应的 CETCH 循环[578]。尽管基于自然生物代谢网络设计的非天然固碳途径在生物体内的可行性较高，但是由于固碳代谢的路线较长或者核心固碳酶催化效率低，整体的碳转化速率和能量转换效率与自然界已知的固碳途径相比，提升幅度不高。

3. 基于化学原理的非天然固碳途径设计

聚糖反应（formose reaction）是一百多年前巴特勒夫（Butlerov）提出的化学反应体系[579]。根据聚糖反应原理，CO_2可以先通过光、电等能量还原，并形成甲醛中间体，甲醛可以缩合为羟基乙醛，生成的羟基乙醛可以引发一系列的多碳糖类化合物的合成[580]。因此，聚糖反应一直被认为是生命起源的最初反应[581]。但是由于化学聚合过程没有选择性，大多数生成的多碳糖类无法被生物酶直接利用。根据化学聚糖反应原理，戴维·贝克（David Baker）等[170]通过新酶设计成功地设计出了能够选择性催化甲醛聚合为1,3-二羟基丙酮的聚糖酶FLS，并成功构建了从甲酸到磷酸-1,3-二羟基丙酮的固碳途径，大幅缩短了从一碳到生物可利用的三碳化合物的合成步骤，具有巨大发展潜力。

我国科学家基于同样的化学合成原理，不仅自主设计了甲醛到羟基乙醛的合成酶，还进一步设计了乙酰磷酸合酶，创建了一条从甲醛经3步反应合成生物核心代谢中间体乙酰辅酶A的非天然途径（synthetic acetyl-CoA pathway，SACA途径）[582]，大幅缩短了从CO_2到生物中心代谢的反应步骤。在此基础上，通过抽提自然界淀粉合成原理，基于自主开发的多层次优化的人工途径计算设计算法[583]，从头创建了CO_2到淀粉的人工合成途径（artificial starch anabolic pathway，ASAP）[171]，将自然界60多步的淀粉合成途径简化到了11步，通过协同优化生物催化与化学催化过程，将人工淀粉合成速度提升了8.5倍，能量转换效率提升了3.5倍。理论上用1 m^3大小的生物反应器进行生产，年产淀粉量可相当于5亩土地玉米种植的淀粉产量，使工业车间以CO_2为原料生产淀粉成为可能。如果未来该系统过程成本能够降低到与农业种植相比具有经济可行性，利用车间制造淀粉将会节约90%以上的耕地和淡水资源，同时可以避免农药、化肥等对环境的影响，大幅提高人类粮食安全水平，促进碳中和的生物经济发展，推动形成可持续的生物基社会。

（三）科技瓶颈与发展方向

尽管围绕以CO_2为原料的低碳生物合成已经取得了巨大进展，但是距离工程化应用还有相当长的路要走。面向“双碳”目标与产业变革的重大需求，以提高生物对能量的利用效率为核心，需要在低碳生物合成的基础研究、关键技术、产业应用等方面开展系统研究。在基础研究方面，需要解析生物固碳原理，创建超越自然光合作用的人工生物体，开发有机化合物绿色生物合成技术和发展工业生物固碳技术；解析光合固碳生物的能量转换规律，设计高效利用电/氢能的人工光合系统；解析碳氧双键活化和碳碳键形成机理，开发具有高转化速率的新型酶元件，并构建高原子经济性、低能量损耗的人工固碳途径，实现 CO_2 到 C2、C3、C6 和 C*n* 等多碳物质的高效合成，突破自然生物光合固碳还原速度极限，具有重要科学意义。

在关键技术方面，需要研究自然固碳生物的代谢调控机制，重构能量代谢和物质转化调控网络，构建新型工业固碳底盘细胞；创建人工生物体系，建立以 CO_2 为原料的先进生物转化利用路线，颠覆以生物质为原料的生产制造模式，将解决 CO_2 中生物转化利用的能量效率与物质合成速率的核心科技问题，解析从 CO_2 原料到产品合成的最优途径，获得优化设计和改造的人工生物体系，实现 CO_2 资源的高效利用、化学品的高效转化和合成生产，深度耦合物理材料、纳米催化剂、光/电化学模块等，建立生命-非生命杂合固碳系统，推动形成以 CO_2 为原料合成燃料、材料、食品及大宗重要化学品的碳中和工业生物制造路线。在产业应用方面，需要将以 CO_2 为原料的生物转化利用与其他现代工业制造技术相结合，打通化学品的生物制造通道，不仅将 CO_2 资源转化为基础化学品，还可能合成原来不能自然合成的石油化工产品，实现化工、能源、农业等重要原材料来源的根本转变，建立一种新的生物制造技术典范，转变经济增长方式，突破制约经济发展的资源环境瓶颈，实现社会可持续发展。CO_2 生物转化技术的产业化应用，可以大幅度提升我国生物产业技术水平，实现生产制造从生物质原料转向 CO_2 原料，从能源化工产品转向生物合成产品，促进农业工业化、工业绿色化，创新增加碳汇的技术路径，对建设绿色、低碳与可持续的产业经济体系具有重要推动作用。因此以 CO_2 为原料的低碳生物合成技术产业化应用任重道远。

（四）未来发展策略与前景

未来 10 ～ 30 年，低碳生物合成还需要在基础科研创新、关键技术突破、产业技术开发等方面大力发展，围绕以下三个重大突破方面更需要开展持之以恒的深入研究：①实现工业原料路线的代替，以 CO_2 为工业原料的低碳生物合成，利用可再生能源，通过人工生物转化生产各种化工产品，替代百年来以石化资源为原料的工业路线，形成生物制造路线，实现工业绿色化，解决持续增长的物质需求与石化资源有限的矛盾；②实现农业生产方式的转变，依据光合作用原理，创造利用太阳能将 CO_2 合成为有机物的人工合成生物，开发淀粉、蛋白质、油脂等主要农业产品的工业制造生产工艺，实现“农业工业化”，解决人口增长带来的粮食安全问题；③建立高效物质循环模式，模拟地球生态，以人工合成生物为主体，利用以 CO_2 为原料的物质循环制造路线，重构封闭空间内高效的物质循环供给模式，满足国家发展战略需求。

1. 基础科研创新

低碳人工生物合成研究已经从早期的光能固碳向电能、氢能、化能固碳多元化发展，光电、光氢综合利用固定 CO_2 成为重要的趋势。能量利用效率是 CO_2 生物转化成本的决定因素，也是限制低碳人工生物合成的主要瓶颈[584]。如何解析生物体能量转化的基本规律，建立生物能量工程优化的基本理论，阐明生物固碳元件的催化机理，人工设计高效的生物固碳元件，解析自然界生物固碳途径构建的基本原则，创建高效固能固碳的生物路线，集成物理、化学、生物等系统优势，构建综合能效超越自然光合作用的人工生物体系，是低碳人工生物合成需要解决的关键基础科学问题。

1）生物能量工程

物质与能量代谢是生命活动的核心。以往基于代谢工程的研究主要集中于物质代谢，而能量代谢工程研究相对较少。以 CO_2 为原料的低碳生物合成的化学本质是利用生物转化系统以 CO_2 为载体，将能量在有机物中进行存储。但是 CO_2 转化为多碳有机物质的过程中，生化反应的能量耗散规律、辅因子（NADH、ATP、辅酶 A 等）的活化规律等还缺乏深入研究。因此需要深入研究低碳人工生物合成过程中的能量转换规律，建立生物能量工程的基础科学研究体系，解析物理能量向生物能量转化的分子机制，从辅因子修饰、能量耗散、物质转化动力学与热力学平衡等方面开展研究，利用热力学平衡研究生化反应过程中的能量耗散规律，解析生物能量转换和物质转化的动力学与热力学平衡规律，重构生物代谢途径中的能量代谢，提高生物转化过程的能量转换效率，形成系统的生物能量工程的理论体系，实现生物能量工程的重大理论创新。

2）生物固碳催化

以 CO_2 为原料的低碳生物合成中多种关键碳还原酶、碳缩合酶、碳链延伸酶等还存在效率低的问题，导致目前的人工生物系统难以达到产业化要求。需要深入研究自然界已知生物固碳相关酶的结构与功能关系，解析固碳相关酶催化机理，包括碳原子活化、能量传递、底物选择性识别、产物通道构建等；依据自然界固碳相关酶的催化机理，融合化学反应机制，构建全新的非天然固碳酶催化理论模型，探索建立突破自然界已知催化模式的新型生物固碳催化模式；开展人工固碳新酶元件的智能设计研究，运用以深度学习为代表的数据挖掘分析方法，解析蛋白质序列结构与功能相关性规律，开发新蛋白质元件序列和结构智能设计的技术以及新功能蛋白质元件设计筛选的流程，将数据和计算驱动的蛋白质元件设计和实验验证有机结合，获得新生物固碳蛋白质元件；针对不同的新型生物固碳酶元件，开发高通量和半理性相结合的定向进化方法，利用液滴微流控高通量筛选等人工设计创制手段，创制开发高效生物固碳酶，提高其工业应用属性，获得在工业生产等特定条件下稳定性好、底物耐受性强且催化功能优良的高效人工固碳新酶。

3）固碳途径重构

目前人工低碳生物合成途径还存在过程能耗高、原子经济性不足的难题。解析自然界生物固碳途径构建的基本原则，创建更优的生物固碳途径具有重要价值。需要研究自然生物固碳途径的原子经济性、能量利用效率、酶反应的动力学和热力学参数等，建立基于反应规则的逆合成途径设计方法，结合手性多碳分子结构特征及基于结构的量化计算进一步优化反应规则，缩小搜索空间，减少计算时间，提高途径预测准确率；开发从多角度（原子经济性、能量利用效率、热力学推动力、酶成本和难度等）对设计得到的非天然途径进行综合智能排序的途径评估方法，对推荐可能性最高的途径进行实验验证；建立对非天然反应的初始酶筛选、酶选择性设计流程化技术体系，实现非天然反应的酶催化；针对人工合成途径设计以 CO_2 为出发碳源的非天然合成途径，实现与细胞中心代谢途径的正交化以最小化对细胞自身代谢的影响，阐明物质合成代谢与分解代谢协同互作机制，构建物质定向合成的人工细胞工厂。建立以 CO_2 为原料的低碳生物合成吨级工程示范，实现过程成本降为现有技术的百分之一。

4）固碳系统优化

低碳人工生物合成能效提升的关键在于固碳环节。目前主要存在化学固碳和生物固碳两种路线，对于化学还原 CO_2 过程，重点优化人工固碳体外多酶反应体系的相容性，包括化学催化与生物催化的相容性、反应的热力学和动力学的相容性，以及人工固碳途径和反应装置的相容性，从而整体提高人工固碳体系的总体转化率。对于生物电催化还原过程，将低碳人工生物合成元件、合成途径和生物转化体系进行系统集成和工艺优化。在已经产业化或即将产业化的发酵工艺上增加 CO_2 的供给单元，整合气升式发酵罐设计理念，在反应器设计中整合电能催化系统，在满足安全的条件下，最大化实现 CO_2 的还原转化。整体以 CO_2 为原料的低碳人工生物合成途径涉及多系统集成，构建并优化物理、化学、生物相融合的人工生物固碳系统，提高整体能量转化效率，是低碳生物合成工程化应用的关键。

2. 关键技术突破

1）人工合成淀粉

淀粉是粮食中最主要的营养成分，占谷物粮食重量的 70% ～ 80%。同时淀粉也是重要的工业原料，广泛应用于食品、饲料、医药、纺织、造纸、日化等多种行业。2020 年全球谷物粮食产量约 28 亿 t，其中近 20 亿 t 是淀粉这种化合物 [585]。突破自然界淀粉合成过程中能量转化效率和物质合成速度的双重局限，建立以 CO_2 为原料的淀粉低碳生物合成新技术体系，能量转换效率比自然光合作用提高十倍以上，从 CO_2 到淀粉的合成速度提升百倍以上，使得工业化生产淀粉的成本与农业生产相当，将大幅缓解农业种植压力，为工业生产提供充足的淀粉原料。

2）人工合成蛋白

人类对蛋白质的消费主要依赖于传统畜牧业，其占用了全球约 1/3 的土地和约 1/4 的淡水，并释放了约 15% 的温室气体 [586]。预计到 2050 年世界人口数将增长到 97 亿 [587]，人类需要每年多生产 2.6 亿 t 蛋白质，才能满足需求。目前我国蛋白质原料急缺，每年需要从美国等进口大豆近亿 t，主要为动物饲料提供蛋白质原料，从而满足人民高品质生活的肉类供给需求。利用合成生物学技术，以 CO_2 为原料低碳生物合成新型微生物蛋白，可以将蛋白质的单位面积生产效率提升成百上千倍，不仅可以为动物饲料提供更为廉价的蛋白质原料，还可以为制造更适合人类营养需求的高蛋白食品提供充足蛋白源，满足人类对蛋白类产品的需求，同时大幅减少温室气体排放。

3）人工合成多聚材料

20 世纪 50 年代初以来，全球生产了约 83 亿 t 塑料，其中一半以上被直接丢弃或填埋。被直接填埋或流入自然环境的塑料在自然界中分解需要数百年甚至更长时间[588]。使用人工合成可降解的多聚材料来替代塑料是解决白色污染的有效方案。2019 年生物可降解塑料产能约为 117 万 t，约占当年全球塑料年产（3.59 亿 t）的 0.3%。可以商业化生产的可降解塑料主要是淀粉基塑料和聚乳酸（PLA），以及主要以石油副产品为原料的二元酸二元醇共聚酯（聚丁二酸丁二醇酯（polybutylene succinate，PBS）、聚丁二酸-己二酸丁二酯（Poly(butylene succinate-co-butylene adipate)，PBSA）、聚己二酸对苯二甲酸丁二醇共聚酯（Polybutylene adipate terephthalate，PBAT），统称 PBS 类塑料），这三类材料的产能总和达到全部生物可降解塑料的 95%[589]。大力发展人工多聚材料行业，建立以 CO_2 为原料的工业化低碳生物合成技术体系，可以合成多聚材料的生产原料（如乳酸、丁二醇、丁二酸、己二酸和对苯二甲酸等）或直接合成多聚材料（如聚羟基脂肪酸酯、纤维素、生物尼龙等），大幅降低可降解多聚材料的生产成本，从而实现可降解材料对传统材料的替代，减少化石资源消耗，推动建立 CO_2 循环的生物基社会新形态。

4）人工合成生物燃料

生物燃料是指通过生物资源生产的燃料乙醇、生物柴油和航空生物燃料，可以替代由石油制取的汽油和柴油，是可再生能源开发利用的重要方向[590]。2020 年，全球生物燃料乙醇产量约为 7740 万 t[591]，生物柴油的产量约为 4290 万 t[592]。作为目前应用最广泛的两种生物燃料，燃料乙醇和生物柴油的产量远远无法满足社会的能源需求。即使美国种植的所有玉米和大豆都用于生产生物能源，也只能分别满足全社会汽油需求的 12% 和柴油需求的 6%。因此，需要建立直接以 CO_2 为原料的人工合成生物燃料技术体系；如开发使用 CO_2

为原料从头合成乙醇和丁醇等生物燃料的技术，并进行技术迭代，最终实现人工合成生物燃料的工业化生产。

5）人工固碳储能技术

每年到达地球表面的太阳辐射能大约是130万亿t标准煤，相当于目前全世界每年消耗的各种能量总和的1万倍。但是太阳能存在不易存储的问题；通过光伏将太阳能转化为电能后也会面临存储困难、不易传输等问题。使用甲醇作为能量载体来存储太阳能的“液态阳光”固碳储能技术[593,594]是未来新能源的发展方向。该技术将太阳能转化为电能，然后使用电能驱动人工光合作用将CO_2和水合成甲醇，从而使甲醇的生产过程中碳排放极低或者实现零排放。“液态阳光”技术既解决了CO_2的固定问题，又解决了太阳能的存储问题。“液态阳光”技术的发展有望改变未来新能源的格局，使中国成为未来世界的能源强国。

3. 产业技术开发

1）农业生产领域

根据联合国粮食及农业组织（简称联合国粮农组织）所发布的2020年报告显示，全球有8.11亿人处于饥饿状态，比2019年增长1.61亿人，无法获得充足食物的居民数量更是高达23.7亿[595]。然而农作物的种植通常需要较长周期，需要使用大量土地、淡水等资源以及肥料、农药等农业生产资料。目前全球粮食生产消耗近40%的土地和70%的淡水资源，很难再通过大规模增加耕地来提高粮食产量。我国以7%的土地和6%的淡水资源养活了全球22%的人口，把饭碗牢牢端在自己手中一直是我国的重大战略目标。因此，突破自然生物固碳极限高效生产农业产品，实现淀粉、蛋白质、油脂等重要农业产品的工业车间制造，将节省超过90%以上的土地和90%以上的淡水资源，真正解决全球粮食危机，具有重要社会意义。

2）工业制造领域

人们衣食住行所需的众多依靠传统化工路线和生物炼制路线生产的大宗化学品、能源、材料等都可以从CO_2出发合成得到。以CO_2为原料生产的有机化学品和高附加值的高分子材料的产值在2030年预计将达到2000亿元以上。利用CO_2人工生物转化合成丁二酸、戊二胺、丙酮酸等基础化学品，以及塑料、橡胶、纤维、直链淀粉等多聚材料，还可能合成原来不能自然合成的化学产品，甚至全新的分子、材料、物质。在未来可再生能源、核聚变等能源技术可以提供充足能源的情况下，以 CO_2 为原料的先进生物制造将彻底改变自工业革命以来以化石资源为基础的原料路线。

3）太空制造领域

开发食物等生命必需物质连续供给的生命保障系统可以摆脱对地球物资供给的依赖，大幅增加人类宇宙探索活动的范围和时间。从 20 世纪 50 年代开始，国际上的航空大国一直致力于开发依赖于植物的生命保障系统，但受植物的能量效率低和生长周期长的局限难以有效供给食物，从航空运载成本和系统连续运行的可行性来看都存在较大问题。未来可以利用集成式的工业发酵生产模式替代传统开放式的农业种植方式，为太空探索等特殊环境中食物等生命必需物资的循环供给提供最佳解决方案。在此基础上，开发的人工牛奶、人造肉、人造蛋和微生物油脂等“未来食品”的获取技术，将大幅提升我国的太空物资循环供给能力，为我国航空事业发展贡献力量。

二、合成生物能源

生物能源是以农林废物资源、城市有机垃圾资源，甚至合成气和 CO_2 等为原料转化而成，符合低碳环保的发展要求[596,597]。生物能源包括生物乙醇、生物柴油、生物高级醇等生物液体燃料，生物沼气（甲烷）、生物氢及生物电等不同产品类型[598,599]。与化石能源相比，生物能源因为生产原料主要来自可再生的生物质资源，燃烧不仅不会增加排放，甚至可以降低温室气体的净排量，世界各主要经济体均把发展生物能源视为保障能源安全、环境质量和经济发展的重要战略选择。

生物能源要在与石化能源竞争中胜出，核心问题是需要取得成本优势。合成生物学的快速发展为生物能源取得竞争优势提供了重要途径。通过生物路线来制造燃料的核心是获得合适的合成生物来实现将可再生的原料转化为目标产品（图 4-38），合成生物的性能是决定生物能源开发成败的关键[600]。近年来合成生物学及相关技术的快速发展为构建高性能合成生物，实现高效生产制造合成生物能源提供了重要技术支撑[601]。

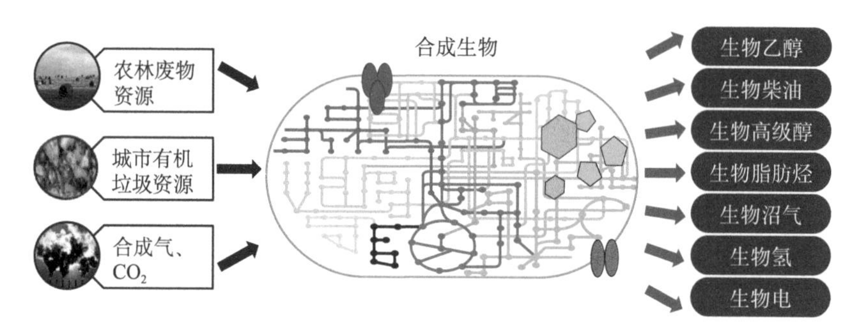

图 4-38　合成生物能源

（一）发展历史、现有状况和水平

生物能源发展可以追溯到 19 世纪的下半叶，1860 年第一个生物沼气生产设施在法国投入使用，1894 年生物乙醇就实现了工业化生产；随后各类生物能源研发及产业应用逐步展开，特别是 20 世纪 70 年代石油危机的发生导致了生物能源的发展被广泛关注；2000 年以来，随着合成生物学逐步兴起和发展，由于全球对可持续发展的推进，包括纤维素乙醇、生物高级醇、生物脂肪烃、生物沼气、生物氢和生物电的新一代合成生物能源技术逐步发展[602,603]。然而，技术水平的限制，导致生产成本难以与化石能源竞争，规模化推广还没有完全展开（图 4-39）。目前全球生物燃料总产量接近 1 亿 t 标准油，其中第一代粮食和蔗糖生产的燃料乙醇为 8672 万 t，相当于 5635 万 t 标准油（占比 59%）；一代生物柴油 3800 万 t，相当于 3300 万 t 标准油（占比 35%）；二代生物质柴油约 552 万 t，相当于 570 万 t 标准油（占比 6%）。

目前全球有 60 多个国家和地区开始推行生物能源，其中巴西、美国、欧盟贡献了全球消费量的 84%。这三个国家和地区均将生物液体燃料（燃料乙醇、生物柴油、生物丁醇等）作为其整体能源战略的重要组成部分，同时积极开发生物气体燃料（生物甲烷、生物质合成气等）和生物固体燃料，制定积极的产业促进政策。

1. 生物乙醇

生物乙醇是指通过生物发酵将各种生物质转化为燃料乙醇，它可以单独

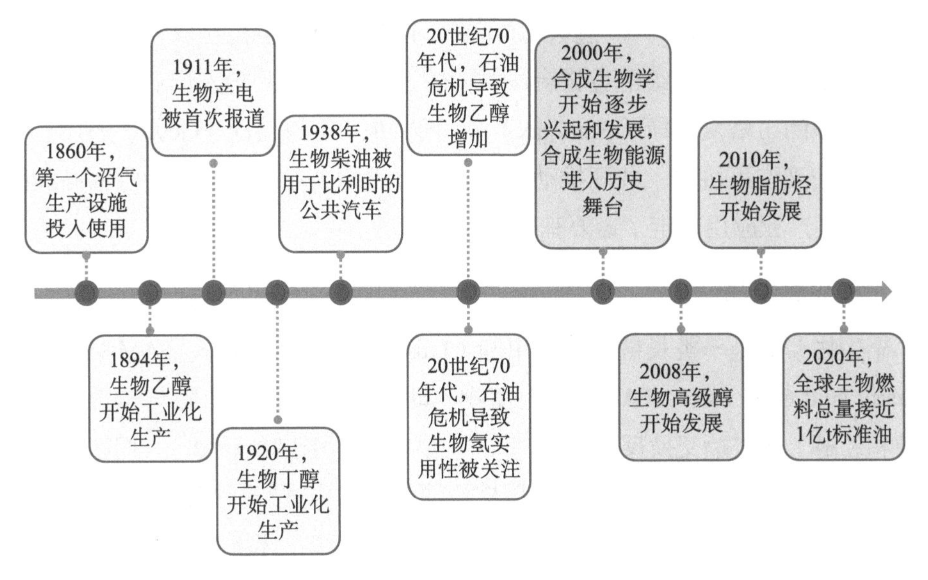

图 4-39　生物能源与合成生物能源发展历程

或与汽油混配制成乙醇汽油作为汽车燃料。目前美国和巴西的燃料乙醇产量位居世界前 2 位，年总产量超过 7000 万 t，占据全球总产量的 85% 以上[604]。当前，工业化生产的燃料乙醇绝大多数是以玉米等粮食作物、蔗糖为原料，从长远来看具有规模限制和不可持续性。以木质纤维素为原料的第二代生物燃料乙醇是未来大规模替代石油的关键[605]。总的来说，虽然国内外在纤维素乙醇研发和生产方面取得了较大进展，但是高效转化木质纤维素原料的合成生物的性能及其工程化应用还需要加强研究，以持续降低纤维素乙醇生产成本，进一步提升经济竞争力，推进纤维素乙醇的大规模产业化[606]。

2. 生物高级醇

生物高级醇一般是指含有三个及三个以上碳的直链或支链醇[607]。相对于生物乙醇而言，生物高级醇的辛烷值更接近汽油，使其更适合在现有的燃料供应和分销系统中使用；并且能与汽油达到更高的混合比，提高车辆的燃油效率。然而，传统生物技术生产正丁醇及其他高级醇的效率低、成本高，难以满足当前对高级醇的迫切需求[608,609]。2007 年左右，国际油价走高形势下，生物高级醇的合成生物学研究开始快速发展，相继设计构建了异丙醇、正丁醇、异丁醇以及 C6 ～ C8 长链醇的人工合成途径，并在异源微生物中实现了上述醇类的高效合成[610]。过去10年来，针对高级醇生物合成各个环节持续推进，相关研究将高级醇生物合成推向快速发展时期并转入产业化轨道。特别是美国的布塔麦克斯（Butamax）公司于2015年与基沃（Gevo）公司达成了专利交叉许可协议，共同推动生物基异丁醇的工业化进程，为生物高级醇的大规模产业应用奠定了重要基础。

3. 生物柴油

生物柴油是一类长链脂肪酸甲酯（fatty acid methyl ester，FAME）/乙酯（fatty acid ethyl ester，FAEE），由植物、动物或微生物源油脂与短链醇（甲醇和乙醇）通过酯交换反应生成[611-613]。早在20世纪30年代，人们就利用植物油来制备生物柴油，1938年利用棕榈油制备的生物柴油在比利时用于公共汽车。与化学催化相比，酶法酯交换反应条件温和，环境友好，易于分离副产物甘油等。因此，脂肪酶法生产生物柴油是绿色化工的发展趋势[614,615]。然而，从成本效益的角度来看，微生物全细胞介导的生物柴油生产更具吸引力。近年来，基于大肠杆菌和酵母生产生物柴油的代谢工程也取得了一定进展，以外源添加或内源合成的脂肪酸、乙醇为原料合成生物柴油的效率在不断提升[616]。微生物细胞从头合成生物柴油可以利用多种原料，包括葡萄糖碳源、甘油、木糖、稻草水解物、废油，甚至木质纤维素生物质。

4. 生物脂肪烃

脂肪烃是液体化石燃料的主要组成部分，具有高能量密度、低吸湿性和低挥发性等优点，并且与现有发动机和运输设备有着较好的兼容性。目前，脂肪烃的来源主要依赖于石油分馏，供应有限，且发展不可持续。自1944年首次对硫酸盐还原细菌合成脂肪烃的研究至今，已发现许多生物都具有合成脂肪烃类物质的能力[617,618]。2010年，美国LS9公司的研究人员首次报道了利用构建的人工合成途径，在蓝细菌、大肠杆菌中实现了脂肪烃的生物合成。在最近几年，随着以脂肪酸作为前体物质的烃合成酶的不断发现，由烃合成酶单一酶直接催化脂肪酸、不需要经历脂肪醛前体物质的“一步”合成途径不断得到关注[619]。

5. 生物沼气（甲烷）

含有丰富的碳水化合物、蛋白质、脂肪等组分的农林与食品加工废弃物、养殖场粪便、生活厨余垃圾等低劣有机废弃物可以被厌氧发酵转化生产沼气（甲烷）等生物燃气[620]。厌氧发酵产甲烷已经有超过130年的历史，是目前处理农作物秸秆和有机废弃物的重要途径[621,622]。厌氧发酵生产甲烷是个复杂的过程，不仅来源广泛的低劣原料对生产过程影响巨大，而且整个过程涉及多个阶段，无法由单一微生物来完成，需要多种微生物协作才能完成，导致甲烷的合成效率低。另外，目前的厌氧发酵生产甲烷伴随着较多的 CO_2 生产，不但无法有效利用碳资源，而且会造成额外的碳排放[623]。未来，利用合成生物学，设计和构建稳定、可控的人工多细胞体系，是实现直接从低劣有机废弃物到甲烷生产的关键[624]。

6. 生物氢

生物制氢是指生物系统利用可再生生物质产生并释放分子氢的过程，存在多种方式[625]。早在18世纪就有生物制氢的研究报道，到20世纪70年代世界性的能源危机爆发，其实用性及可行性才得到高度重视[626]。我国早在1990年就提出了以厌氧活性污泥混合菌群为基础的有机废水发酵法生物制氢技术，经过理论研究与技术研发的不断突破，建成世界上首个生物制氢规模化生产示范工程，引领了国内外发酵产氢理论和技术的研究与发展[627,628]。为提高微生物发酵产氢效能，基于底盘细胞的遗传与生理特性，有关产氢酶基因的克隆表达与调控、产氢代谢途径的设计与重构、微生物（组）的人工构建与调控等基础问题得到广泛研究，反应器及工艺等研究也随之得到推进。近年来，国内外取得了一系列代表性成果[629,630]。除了微生物发酵产氢之外，非细胞多酶级联催化产氢，是近年来兴起的一条颠覆性产氢新路线。该路线由我国科学家首次提出，实现了复杂生物质高效转化产氢，为移动产氢和氢燃料电池车等产业展现了更加远大的发展前景[631,632]。

7. 生物电

以产电细胞为催化核心的生物燃料电池系统，作为一种新型的绿色新能源生产方式正逐渐崭露头角[633,634]。早在1911年，英国科学家宣布利用微生物可以产生电流，生物燃料电池研究由此开始。2007年，索尼（Sony）公司宣布开发出一种新型的生物燃料电池，这种电池通过使用生化酶作为催化剂，将碳水化合物（糖）转换为电能输出，从而开创了生物电池的新纪元。随着合成生物学的飞速发展，与现代纳米材料、化学、电子电路等领域交叉结合，生物燃料电池逐渐变成可能。近年来，研发人员在电子传递机制、新电极材料开发、新酶的设计和改造、反应途径的重构、新系统和新应用方面取得了很多进展，研究重点也从 20 世纪八九十年代关注的电子传递机制和天然酶元件的使用，转变到十年前的酶电极制备优化、人工改造酶元件以及电极材料的改进，再到现在的在可穿戴、可植入设备的兴起以及随之产生的应用和功能开发。目前，已报道的索尼生产的生物燃料电池最大输出功率为 10 mW/cm^2，最长使用寿命为几个月，开路电压则在 0.7 ～ 1 V。

（二）现有应用的瓶颈问题及未来应用中的关键问题

目前，合成生物能源面临高昂生产成本和低廉产品价值之间的矛盾、巨大市场需求和技术成熟度较低之间的矛盾，这两种矛盾的解决是当前合成生物能源技术发展及产业应用的关键瓶颈。未来要推进合成生物能源的发展，必须回答好用什么原料、走什么过程和做什么产品的问题（图 4-40）。大规模的合成生物能源产业发展，需要建立秸秆、城市有机垃圾等生物质资源从收集、储存、运输到交易的商业模式，发展从生物质资源制备低成本糖原料以及一步生物转化技术；需要突破低劣生物质和纤维素原料的低成本气化问题，建立可用于生产合成生物能源的含碳气体转化利用技术体系。此外，还需要

用什么原料？

- 农林纤维素原料
- 城市有机垃圾
- 含碳气体原料

走什么过程？

- 单个工业菌种发酵生产
- 多细胞生物转化
- 化学与生物耦合体系

做什么产品？

- 纤维素乙醇
- 生物沼气
- 生物柴油、高级醇、生物烃、生物氢、生物燃料电池等新一代合成生物能源

图 4-40　合成生物能源发展面临的问题

研制高性能工业菌种，用于单一的工业菌种的发酵生产，或者多个工业菌种协同的生物转化，甚至耦合生物与化学过程进行合成制造，最终形成集成性的生物质原料生物炼制系统，实现能源产品的低成本生产。纤维素乙醇和生物沼气（甲烷）在未来较长一段时间内仍然是研发重点，但是生物柴油、高级醇、脂肪烃、生物氢、生物燃料电池等新一代合成生物能源也需要逐步推进，针对特定的应用场景进行推广应用。

1. 生物乙醇——纤维素乙醇

纤维素转化为乙醇这个看似并不太复杂的加工过程，其实困难重重。随着合成生物学的快速发展，纤维素燃料乙醇生物制造技术获得长足的进步，但仍存在关键技术瓶颈问题，需要重点集中在生物质抗降解屏障解聚、低成本纤维素降解酶系及酶解工艺开发，以及增加新的代谢通路提升发酵效率等方面实现突破。

如何解除木质素的抗降解屏障增加木质纤维素的易降解性，实现纤维素乙醇高效生产，主要集中在两个方面：一是通过基因调控的手段改造能源作物，获得木质素含量较低/木质素易解构、糖含量高的生物能源生产原料[635,636]；二是不断探索并建立多种预处理方法，使得木质素改性或者脱除，以便于后期木质纤维素材料转化为可发酵糖。

未来研发的重点应该是结合合成生物学技术的进展，充分挖掘酶制剂的高效性与专一性，创建与预处理工艺相匹配的酶制剂复配配方，协同开发预处理与媒介工艺，有利于后续工艺整体集成[637,638]。通过开发更加高产的纤维素酶生产菌种和优化发酵产酶工艺，进而进行就地生产，也是大幅度降低纤维素酶在纤维素乙醇成本中所占比例的一个重要方法。

国内外对纤维素乙醇发酵的研究主要集中在两个方面：一是高产和高耐受性菌株的选育[639]；二是发酵工艺的研究。合成生物学技术可为乙醇发酵菌株开发提供新的手段，设计全新代谢途径，如非氧化糖酵解途径（non-oxidative glycolysis，NOG），在糖酵解生成乙酰辅酶A的同时避免生成CO_2，从而提高碳原子经济性。对于已知的代谢途径，通过生物信息学与合成生物学相结合的方法调控基因或者整个基因簇的操作，提高微生物对纤维素酶解液的发酵能力和利用效率，从而促进纤维素乙醇发酵工程的整体优化。

另外，近年来可以省略纤维素酶生产和酶解的新工艺，也就是整合生物炼制工艺（consolidated biomass processing，CBP）备受关注[640]。采用纤维素降解能力更加出色的真菌体系为底盘，开发真菌CBP技术，是整合生物炼制的另一个方向。特别是嗜热真菌以粉碎的生物质（玉米芯等）为原料，无需任何复杂预处理，整个过程不用任何外加纤维素酶，大大降低发酵成本，有望使我国生物质燃料乙醇实现产业化，为我国实现碳中和重大战略贡献力量。

2. 生物高级醇

目前，高级醇的工业化发酵普遍以玉米等粮食作物为原料，在全球粮食短缺与碳超排的双重危机下，基于纤维素废弃生物质及非粮作物的“第二代”生物高级醇，乃至由自养微生物直接固碳生成的高级醇有望成为未来重要的绿色能源，亟待实现产量及产率的突破。因此，优良底盘菌株细胞的选育、菌株细胞代谢模式的重构、合成途径与代谢网络的适配、原料碳源向合成途径的重定向，以及配套的原料处理和发酵工艺是生物高级醇未来的研究重点。

目前大多数高级醇主要通过降解代谢途径（埃尔利希途径，Ehrlich pathway）等在不同底盘细胞的同源或异源重构实现目标产物合成，但是所构建的合成生物的产量还远没有达到工业化生产的要求。为了解决这个问题，首先需要寻找新的代谢途径以及新的、更理想的底盘细胞。其次，需要多种合成生物学策略，以提高目标产物的合成能力和效率。再次，需要更注重利用特定代谢途径之间的关系来控制胞内代谢流的流向，利用基因组学、转录组学等多组学技术，提升高级醇生产水平。最后，通过合成途径设计改造，促进木质纤维素、废弃蛋白质、甲醇、合成气甚至CO_2等低成本原料高效利用，为进一步降低生产成本奠定基础。

在众多制约产量提升的因素中，高级醇的细胞毒性是核心瓶颈。因此，提升菌株细胞对高级醇的耐受能力已成为后续研究的关注热点。高级醇对菌体生长与产物合成的抑制作用成因复杂，已发现的致毒途径包括改变细胞膜的脂质组分、破坏细胞膜流动性、影响呼吸系统等。传统适应进化耗时耗力，引入结合全基因组突变与高通量筛选技术方法应用，可以提升进化筛选的效率，获得高性能的抗逆菌株，为高效生物制造提供可能。

3. 生物柴油

现有生物柴油工艺中，存在原料成本高、酶催化剂不够理想、细胞工厂合成效率低等技术瓶颈，应重点改善生物柴油生产中涉及的短链醇耐受性、对特定脂肪酰基链的选择性或酯化和酯交换活性。重构稳健的生物柴油合成途径需要组装脂肪酸合成模块、乙醇/甲醇合成模块和最终的生物柴油形成模块，并与高效转运蛋白相结合。除了致力于构建生产生物柴油的途径外，还应聚焦调控生物柴油合成途径的系统代谢工程，通过系统途径调节策略平衡代谢和稳定生产宿主以提高产量和效率，如开发高效的动态传感器–调节系统，以平衡细胞生长与生物柴油合成的强度等。

针对易于遗传操作的底盘细胞，基于代谢工程与合成生物学技术，可通过以下方式合成脂肪酸：①脂肪酸链延长的动态控制；②参与脂肪酸合成途径的多个基因的模块化优化；③通过合理改变脂肪酰基链长度对游离脂肪酸库进行靶向修饰；④引入支链以提供特定的脂肪酸底物。这些遗传操作可以与最终生物柴油形成酶以及内源乙醇生物合成途径相结合。此外，通过基因调控工程途径和培养条件被认为是平衡微生物细胞生物量和生物柴油合成强度的有效方式。

基于脂肪酶工程、脂肪酸途径工程以及系统代谢调控工程的结合，可望设计与构建高效合成生物柴油的微生物细胞工厂，从而实现高效、绿色、低成本的生产。

4. 生物脂肪烃

虽然迄今为止发现的产脂肪烃生物种类越来越多，但是在这些生物当中，脂肪烃类物质的含量均普遍较低。特别是在大部分微生物中，脂肪烃的含量均不足细胞干重的 10%。这种较低的产量意味着不可能直接利用这些天然产烃生物进行烷烃和烯烃的工业化生产。因此后续发展需要解决如下问题。

由于烃类物质并非精细的高附加值产品，生产原料很可能为农业、工业、生活废弃物，这就要求构建的合成生物具有高效同化底物的能力，以充分利用价格低廉、成分复杂的底物。目前合成脂肪烃离不开脂肪酸合成途径，由于脂肪酸是细胞生理代谢必不可少的重要代谢途径，因此需要通过合理设计，在保障细胞满足正常生理代谢的条件下，尽可能多的把合成脂肪酸代谢流引向目标产物。另外，脂肪烃的合成是后续重点需要解决的问题。脂肪烃合成需要的醛基氧化酶、脂肪酸脱羧酶的催化能力的不足极大地影响了整体代谢途径的转化效率，造成副产物多等问题。因此，开发高效烃合成酶是重要的发展方向。

不仅烃合成的中间产物脂肪醛对细胞具有较高的毒性，烷烃和烯烃类的碳氢化合物产品对细胞也具有一定的毒害作用。因此，选育对高浓度底物、中间代谢产物以及烷烃的耐受力高的底盘细胞同样是重要的发展方向。

5. 生物燃气——生物沼气（甲烷）

合成生物学的快速发展为构建可高效降解转化低劣有机废弃物，且系统鲁棒、稳定、可控的人工多细胞体系奠定了基础。合成生物学通过在人工细胞或多细胞体系中设计、组装新的生物元件、模块和系统，可实现某种特定的生物功能。通过挖掘和解析自然界中天然菌群的互作模型及机制，将“自下而上”的“建造”理念与系统生物学“自上而下”的“分析”理念相结合，可构建具有可预测和可控制特性的遗传、代谢或信号网络，以指导调控人工菌群的结构和功能。通过研究不同菌群间的信号通信、群体行为关系和变化等，挖掘微生物和菌群中的信号分子和通路，有助于构建具有共生关系的低劣有机废弃物降解转化人工多细胞体系，为菌群比例的可控化提供了可能。

随着合成生物学和材料学等学科的发展和交叉，未来可通过设计微纳介孔材料，采用表面物理吸附、化学或酶催化等改性技术对功能化生物活体材料进行表面改性，构筑与不同人工多细胞体系生长相适应的微环境；或通过不同细胞与材料表面间的特殊相互作用，采用自组装等技术将多细胞固定于多尺度聚合物微纳介孔材料的限域空间内，实现人工多细胞时空有序分布和分工协作。通过预测不同功能细胞间时空分区及其影响因素，利用基因数据分析和深度学习，设计与构建低劣有机废弃物高效降解转化的人工多细胞体系，提高以秸秆等木质纤维素生产甲烷等的合成效率。

6. 生物燃气——生物氢

生物制氢技术目前仍有诸多问题亟待解决。在微生物发酵制氢方面，氢气转化率很低，原料中的大部分氢元素仍被固定在乙酸、丙酸、丁酸和乙醇等发酵产物中，如何突破细菌发酵产氢的代谢障碍，提高基质氢气转化率，成为制约其工业化进程的瓶颈。为解决生物制氢得率低和速率低的瓶颈问题，实现生物制氢前沿技术创新发展，推动生物制氢产业化和“氢经济”新业态，未来合成生物学在生物制氢领域可重点关注以下方面。

在基础研究和理论突破方面，开展底盘微生物高效产氢代谢网络及分子调控机制、微生物组梯级转化复杂底物产氢的物质流与能量流定向调控机制、多酶级联催化产氢反应元件及模块适配机制等关键科学问题的研究。挖掘产氢关键酶元件和调控元件，解析多个氢酶及其复合体结构和催化分子机制，探索生物产氢反应的电子传递途径，揭示生物产氢代谢关键途径的限速瓶颈，阐明单一微生物或微生物群落系统生长代谢和产氢协同机制。

在技术开发方面，重点研究功能产氢微生物（群落）或微生物组的优化和系统耦合、高效多酶级联催化产氢系统构建、细胞－非细胞耦合生物制氢系统构建等，建立产氢底盘细胞分子改造和代谢调控，体外多酶产氢模块组装适配和复合体构建，人工生物产氢途径设计、改造与组装，多种生物制氢方式耦合和底物梯级转化产氢，高效生物制氢系统放大和稳定运行调控等关键技术体系。特别需要引入一些新兴学科和交叉技术，包括氢酶催化位点仿生重构、纳米材料与生物催化耦合、光催化和电催化与生物产氢反应耦合等。

在系统放大和产业化方面，需研制多酶级联催化产氢系统和微生物发酵产氢系统的放大准则，开展规模化产氢生物质预处理技术优选与设计、多酶级联催化产氢系统的放大与设计、微生物组发酵产氢系统的放大与设计优化、规模化高效生物产氢系统集成与示范等研究。特别是规模化生物制氢所需的酶、辅酶、菌株（混菌）、底物的获取和低成本制备，不同尺度的生物制氢反应装置的研发，以及一些新材料、新技术的放大和应用。对于不同的原料、需求以及反应环境，开发不同的生物制氢路线和体系，并提出相应技术规范和生产标准。

7. 生物电

现在的生物燃料电池技术仍存在不少的问题，距离实际应用还有差距。主要问题包括四方面：①糖底物虽蕴含高能量密度，但是缺乏高效的多酶催化系统将其完全氧化，释放全部化学能；②电池输出功率低，限制了其实际应用；③电池稳定性差，导致其使用寿命短，使用成本高；④电池输出电压低，需经过增压或串并联，增加了系统的复杂性。解决这些问题，让生物燃料电池早日应用于军事和民用领域，需要更多的投入和研发支持以及更深入的交叉融合。

生物燃料电池技术属于较前沿的生物交叉技术，目前还需进一步研发。需要突破电池功率、酶电极及其相关元件的稳定性和电池的生物相容性这三个限制瓶颈，从而使该技术能逐步为电子装置供电。考虑到制造成本和需求，首先，可以实现嵌入式和植入式的生物燃料电池装置，在生物医疗器件、给药装置等方面有所应用。由于是面向生物医学和健康领域的应用，生产成本可以较高，但需求较低，市场较小。其次，待制造成本可以降低到与普通化学电池相当之时，生物燃料电池可以利用来源广泛、绿色、安全的糖、脂、醇类等底物，为更多的可穿戴、移动型电子装置供电，市场巨大。

（三）未来 5 ～ 15 年需要优先发展的方向及领域

运用合成生物学技术，通过在蛋白工程、代谢工程和基因组工程等层面，研究合成生物能源生产制备过程中关键酶的催化机理，理性设计与定向改造重要底盘生物的生理生化性质，进行代谢调控与遗传改造，高效定向设计、构建优质生产合成生物能源的人工细胞、多细胞体系、生物与化学耦合系统。同时结合过程工程技术，在生物反应器设计、生物反应过程放大与系统控制等层面上，研究生物发酵工艺优化、智能发酵控制、发酵产品分离纯化等，实现合成生物能源的高效低成本生产，从而在与石化能源的竞争中取得优势。针对上述问题分析，建议未来 5 ～ 15 年优先发展下面 5 个方向（表 4-5）。

表 4-5　未来 5～15 年的优先发展方向、目标任务及预期应用场景

优先发展方向	目标任务	预期应用场景
1. 纤维素生物燃料整合生物炼制系统设计构建	构建出国际领先、具有自主知识产权的木质纤维素整合生物炼制系统，超过 80% 的碳流用于目标能源化学品合成，实现纤维素乙醇等万吨级到十万吨级的产业化示范	应用于低碳交通燃料等，高级醇、脂肪酸、脂肪烃以及衍生物等可以作为航空燃料

续表

优先发展方向	目标任务	预期应用场景
2. 利用含碳气体人工生物转化系统制备生物燃料	构建耦合化能、电能转化利用一碳原料生产乙醇、高级醇、脂肪酸、脂肪烃、萜烯类、聚酮类等能源化学品的人工生物转化系统，碳转化率超过 80%，建立新一代合成生物能源制造新路径，实施规模化应用	应用于低碳甚至负碳交通燃料等，高级醇、脂肪酸、脂肪烃以及衍生物等可以作为航空燃料
3. 生物甲烷高效转化的多细胞体系设计构建	优化多细胞体系的原料利用、物质合成、环境抗逆等性能，结合人工驯化，形成高效生物甲烷生产系统，显著提升合成效率，底物转化利用率大于 80%，实现万吨级以上产业化应用示范	应用于车用燃料、工业用气；并入天然气管网，作为绿色天然气推广应用
4. 高效生物产氢体系的设计组装	构建高效多酶级联催化产氢体系与生物产氢耦合系统，大幅提升生物质转化产氢的得率和速率，得率超过 10 mol/mol 糖，最高产氢速度 > 5.0 g/(L·h)，形成规模化示范	应用于氢动力汽车、液氢液氧重型火箭发动机研制、船用燃料、钢铁行业
5.便携式与植入式生物燃料电池系统创制	构建碳水化合物高效生物电能转化途径，创制基于生物燃料电池的可穿戴或植入式供电器件，实现电池最大功率输出密度超过 25 mW/cm^2，稳定运行时间超过 1 年，进行应用示范	应用于城市供暖、便携式电子器件相关设备或装置等

1. 纤维素生物燃料整合生物炼制系统设计构建

重点从高效利用纤维素的微生物底盘出发，通过深入研究木质纤维素降解规律，建立基于生物大数据和人工智能的数字细胞设计技术，设计构建 C5、C6 糖利用与乙醇、高级醇、脂肪酸、脂肪烃、萜烯类、聚酮类等能源化学品高效合成途径，重构物质与能量代谢调控网络，促进碳流定向分配和快速转化，超过 80% 的碳流用于目标能源化学品的合成，构建出国际领先、具有自主知识产权的木质纤维素整合生物炼制系统，实现纤维素乙醇等万吨级到十万吨级的产业化示范，推进作为低碳交通燃料及纤维素类生物质制备生物航油的应用。

2. 利用含碳气体人工生物转化系统制备生物燃料

研究合成气、CO_2 等含碳气体的生物转化、代谢调控、耐受机制，设计并组装一碳物质转化的生物代谢途径，优化各功能模块，提高元器件在底盘生物中的适配性[641]；开展生物固定转化 CO_2 与能量转换基本规律研究，构建耦合化能、电能转化利用一碳原料生产乙醇、高级醇、脂肪酸、脂肪烃、萜烯类、聚酮类等能源化学品的人工生物转化系统[642]，碳转化率超过 80%，建立新一代合成生物能源制造新路径，实施规模化产业示范，推进低碳甚至负碳交通燃料的应用。

3. 生物甲烷高效转化的多细胞体系设计构建

针对农林废弃物、城市有机垃圾等复杂原料，探索复杂生物质原料转化人工多细胞体系中不同微生物细胞的分工协作机制及细胞间能量转移和电子传递的关系，研究人工多细胞体系组成及空间分布规律。优化多细胞体系的原料利用、物质合成、环境抗逆等性能，结合人工驯化及纳米材料运用，构建高效生物甲烷生产系统，显著提升生物甲烷的合成效率，底物转化利用率大于 80%，实现万吨级以上产业化应用示范。应用于车用燃料和管道用气两方面：可以发展以生物甲烷为动力的新能源汽车；推进新农村集中供气，推动绿色天然气燃料应用。

4. 高效生物产氢体系的设计组装

针对生物体系的产氢得率和速度问题，开展生物产氢机制研究，挖掘和改造获得高稳定性、高催化效率的产氢酶元件，构建高产氢得率、高反应速度的人工代谢途径，研究体外多酶产氢的适配机制，构建高效多酶级联催化产氢体系与微生物产氢耦合系统，突破生物转化产氢反应的热力学和动力学限制，以及生物质产氢的物质代谢障碍，大幅提升生物质转化产氢的得率和速率，得率超过 10 mol/mol 糖，最高产氢速度 > 5.0 g/(L・h)，形成规模化示范。氢燃料电池在能源密度、系统容量、耐低温方面都有明显优势，可应用于氢动力汽车、重型车辆及液氢液氧重型火箭发动机研制；船用燃料油也属于重质燃油，相对车用燃料油品质量更低，因此船用氢燃料电池也是未来重要的应用方向；此外，可应用于钢铁行业，实现利用氢气作为高炉炼钢还原剂，以减少碳排放。

5. 便携式与植入式生物燃料电池系统创制

开展化学能与电能转换的人工生物基础研究，重点研究碳水化合物化学能完全氧化和快速释放的生物过程机制，研究限速反应的分子机制与电子产生和传递机理，突破底物化学能完全氧化和快速释放的瓶颈，构建并验证电子捕获、电子传递、物质代谢的高效生物电能转化途径，设计评价电能转化的电极材料、纳米器件、电子介质等化学元件，开发低成本的生物燃料电池装置，创制基于生物燃料电池的可便携式或植入式供电器件，实现电池最大功率输出密度超过 25 mW/cm^2，稳定运行时间超过 1 年，进行应用示范，可应用于探索氢燃料电池热电联供技术、便携式电子器件相关设备或装置。

三、生物活性分子的人工合成及创新应用

天然产物是药物和药物先导化合物的一个重要来源。据统计，在 1981 ～ 2019 年获批上市的药物中，有 1/4 就来源于天然产物及其衍生物[643]。天然产物在治疗众多疾病上有着重要的贡献，如抗疟药青蒿素，降血脂药物辛伐他汀，抗癌药紫杉醇，抗生素青霉素、红霉素，抗糖尿病药物阿卡波糖等一系列药物。尽管天然产物能够激发新药开发的灵感，但进入 21 世纪之后，各大制药公司对天然产物药物开发的关注度却逐渐下降[644]，部分原因在于天然产物在生产和发现上存在不可忽视的问题。

合成生物学作为 21 世纪的新兴交叉学科，旨在以生物体系作为平台，进行针对性改造并赋予生命体新的功能。迄今为止，合成生物学在能源、材料、医药以及农业等领域取得了令人瞩目的成就。而针对目前天然产物在生产和发现上遇到的种种挑战，不断迭代成熟的合成生物学相关技术为这些问题的解决给出了一个个高效且便捷的全新思路。

（一）天然产物研究领域目前所存在的问题

1. 传统天然产物生产方法上的问题

目前，天然产物的市场需求日益旺盛，原有的从生物体内直接提取的生产模式的局限性也逐渐凸显，青蒿素的供应是一个典型案例。青蒿素（artemisinin）及其衍生物是治疗疟疾的荣获诺贝尔奖的药物，其主要原料来源是人工种植的黄花蒿（*Artemisia annua*），但是该作物的产量极易受到季节

及环境的影响，并且整个加工提取的过程长达 12 ～ 18 个月，最终获取的青蒿素质量还不到干燥后原材料的 1%[645]，使得青蒿素的生产及价格严重受到原材料获取的掣肘。这种生产方式导致青蒿素的价格波动剧烈，从最高的每吨 530 万元到最低的 95 万元，极大地挫伤了农户的种植积极性，进而限制了青蒿素的推广使用。

另一个案例是软海绵素 B（halichondrin B），是 1986 年从冈田软海绵（*Halichondria okadai*）中分离得到的聚醚大环内酯类化合物，具有极强的抗肿瘤活性 [646]。遗憾的是，1 t 海绵仅能提取约 300 mg 的软海绵素 B[647]，而现存的海绵数量甚至无法达到该量级，更何况去满足临床测验至少 10 g 的需求量，这严重制约了该药物的开发应用。同时，软海绵素 B 所具有的复杂化学结构和多个手性中心，导致其化学全合成生产难以进行，也阻碍了后续的进一步研发。因此，研究人员对软海绵素 B 进行一系列的结构修饰、衍生化后，最终通过 62 步合成得到其前体类似物 Eribulin［卫材（Eisai）将其商品名定为 Halaven®］[648]，其于 2010 年 11 月被美国食品药品监督管理局批准用于治疗转移性乳腺癌 [649]。

由此可以看出，从天然生物材料中提取天然产物的方法存在不可持续供应、生物活性产量低、成本高、环境破坏严重等问题，因此迫切需要建立创新的方法、策略和技术来生产这些高价值天然产物。而微生物发酵生产能够定向可控地获取高价值的天然产物，是理想且稳固的生物绿色制造途径。

2. 传统天然产物发现方法上的问题

新型天然产物能够突破化合物结构的多样性，其所具有的药效官能团有助于新药的开发，因此研究人员趋向于从自然界中发现新型天然产物。但是随着天然产物发现的井喷期逐渐结束，传统的天然产物发现方法的局限性也逐渐凸显出来 [650]：生物材料生产不稳定、产物发现冗余、测试周期长且产量低导致的放大不切实际、分离纯化过程困难、对生态环境的破坏等问题。与此同时，21 世纪初，各大制药公司也纷纷停止了基于天然产物的药物发现计划 [644]。基于这一系列原因，目前挖掘新型天然产物的难度大大提升，同时这些新型天然产物转化为新药的比例也逐年下降。

尽管从事天然产物分离的研究人员在新型天然产物挖掘上付出了巨大的精力，但是由于新型天然产物的低丰度性，其可获取量往往仅支持结构鉴定并完成文章的发表，无法满足进一步的活性评估乃至后续的成药研究，从而无法充分挖掘这些天然产物的成药潜力。

（二）合成生物学助力天然产物的高效合成

1. 基于合成生物学的生物全合成

目前，基于合成生物学的微生物改造平台，能够搭建合理的重组生物合成途径并构建相应产物的微生物高产菌株，来实现从可再生原料中生产能源、化学品及药品等高价值天然产物，有效地解决了目前从天然材料中提取天然产物的方法不断受到挑战、难以实现环境友好型工业化生产的问题，为其工业化大规模生产提供了一种替代的可持续绿色制造方法。

四萜化合物番茄红素，是一种类胡萝卜素，有着极强的抗氧化、防癌抗癌作用[651]。目前番茄红素的工业化生产主要分为两种：从番茄中直接提取和化学合成。早在20世纪，就有研究人员在大肠杆菌体内完成了番茄红素的生物全合成[652]，但其微生物生物全合成的方法却迟迟无法实现产业化。番茄红素的生物合成途径较为简单，仅包括上游模块前体异戊烯焦磷酸（isopentenyl diphosphate，IPP）和烯丙基焦磷酸（dimethylallyl diphosphate，DMAPP）的供给以及下游模块番茄红素异源合成。目前已有多种策略助力了番茄红素在模式菌株酿酒酵母体内的高产，如过表达限速步骤[653]、下游模块涉及基因的定向进化[653]、下调竞争途径[654,655]、加强乙酰辅酶A前体供应[656]、平衡NADPH利用[656]、多元化IPP和DMAPP获取途径[657,658]等。但这些策略还无法解决番茄红素异源表达重组途径无法强耦合和产物耐受性差的两大困境（图4-41），使得番茄红素生物全合成无法彻底取代目前的化学合成方式。

第一，重组途径无法强耦合，即异源微生物宿主中各蛋白工作的配合不够高效，导致整个异源重组途径效率低。改善该问题的一种有效思路是，将IPP/DMAPP的供给途径和番茄红素异源合成途径强耦合，以解决底物传递和代谢流不稳定的问题，如刘天罡课题组和江夏课题组[659]利用多肽相互作用标签RIAD和RIDD，使上游代谢途径的最后一个酶Idi和下游番茄红素模块的第一个酶 CrtE 在细胞体内进行自组装，得到 Idi-CrtE 多酶聚合体，解决了各个功能元件在体系中分散度过大，导致中间产物的流失、浓度的稀释以及毒性中间产物积累等问题，使得番茄红素的产量提升了 58%，达到了 2.3 g/L。

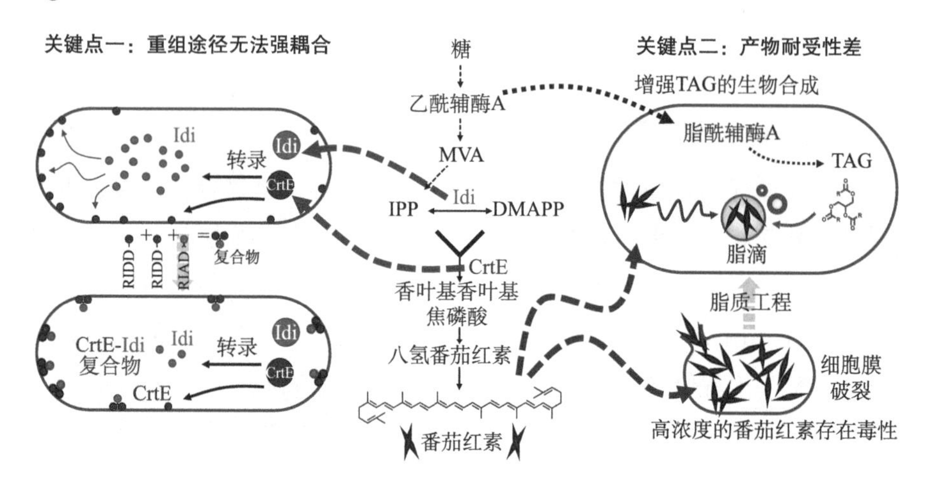

图 4-41　番茄红素异源合成面临的挑战及解决方案

第二，产物耐受性差，即高浓度番茄红素对异源宿主有毒性。脂溶性番茄红素的疏水性质使其无法在亲水性细胞质中大量积累，导致大量番茄红素易在酿酒酵母的细胞膜中聚集，使细胞膜破裂。基于这一点，提高异源宿主体内的脂质含量能有效增加番茄红素的储存空间，从而突破番茄红素产量的桎梏。武汉大学刘天罡课题组 [660] 过表达了酿酒酵母体内与脂肪酸合成和三酰甘油（triacylglycerol，TAG）产物相关的关键基因，并通过调节 TAG 脂肪酰基组成来调节脂滴大小，使其以高容量容纳番茄红素从而降低细胞毒性，最终，番茄红素产量高达 2.37 g/L。

由番茄红素生物全合成的例子可以看出，合成生物学能够从多方面、多角度来应对天然产物在模式菌株中高效生产上的多种挑战，相信类似的策略能够推广到更多相似的案例之中。不过实际研究中，像番茄红素这类有着完善路线、工艺及高得率的明星分子并不多见。更多的高价值复杂天然产物的生物全合成机制的探究往往极为困难、历时弥久，因此基于合成生物学的生物全合成还需要更多的研究人员参与以及经费的持续资助。

2. 基于合成生物学的化学半合成

大部分植物源的复杂天然产物生物合成途径有关的细胞色素 P450 及其后修饰酶往往难以挖掘并阐明，这使得对其进行生物全合成变得遥遥无期。而使用化学合成的方法，由于天然产物复杂的结构，其从头全合成路线往往多达几十步，因此总收率极低。为解决这一问题，研究人员提出了化学半合成的方案：以易获取的天然产物类似物为起始物，经过少量的化学催化，来实现复杂天然产物的合成。上文中所提到的抗疟疾药物青蒿素，由于其全球需求量极高，仅依赖传统的植物提取方法远远无法满足市场需求，因此化学半合成或许是一个不错的选择，即通过酿酒酵母发酵生产青蒿酸（青蒿素的化学合成前体），然后通过化学合成转化为青蒿素。

在盖茨基金会的赞助下，美国国家工程院院士杰·基斯林（Jay D. Keasling）教授和美国阿米瑞斯（Amyris）公司对这一问题进行了攻关。首先，在 2006 年，Ro 等 [311] 通过加强前体物质法尼基焦磷酸（farnesyl pyrophosphate，FPP）的供给、下调酵母本底对 FPP 的利用，得到了一个强前体供给的酵母底盘，并在该底盘中异源表达黄花蒿来源的青蒿酸生物合成基因，使得青蒿酸产量达到了 115 mg/L。随后，在 2012 年，Westfall 等 [661] 更换了产孢率更高且质粒稳定性更好的酵母菌株 CEN.PK2，使青蒿酸产量得到了进一步提升，并发现了青蒿酸前体紫穗槐二烯（amorphadiene）转化为青蒿酸是其中的限速步骤。最后，在 2013 年，Jay Keasling 教授团队 [222] 基于这一点，向上述高产突变株中再引入了 3 个植物源还原酶，并通过两相发酵的策略，使青蒿酸产量达到了 25 g/L。最后，通过化学合成，以 40% ～ 50% 的产率得到高纯度青蒿素，使得利用酵母来化学半合成青蒿素取得突破性进展。同年，该法完成了工业化生产，青蒿素最终生产成本在 2000 元 /kg 以上，设计产能为 60 t/a[662]。由于价格还是比植物提取的要高，并没有大规模使用，但是其间接的积极作用是将青蒿素的原料稳定在 1500 元 /kg 左右，促进了青蒿素的广泛使用。

第二个例子则是具有显著抗肾癌活性的愈创木烷类倍半萜类化合物 Englerin A[663]，其同样也因为复杂且收率低的化学全合成及未阐明的生物合成途径而无法工业化生产。6,10(14)- 愈创木二烯（guaia-6,10(14)-diene）与 Englerin A 有着相同的核心骨架，这意味着若是能够高效地获取 guaia-

6,10(14)-diene，就能使 Englerin A 的半合成成为可能。刘天罡课题组联合马赛厄斯·克里斯特曼（Mathias Christmann）课题组[664]对真菌来源的倍半萜合酶进行了系统筛选，从禾谷镰刀菌（*Fusarium graminearum*）J1-012 中找到了能够高效合成 guaia-6,10(14)-diene 的倍半萜合酶，随后通过代谢工程的手段在酿酒酵母体内实现了 guaia-6,10(14)-diene 的 0.8 g/L 的高效合成，最后经七步化学合成，以 38% 的总产率获得了 Englerin A。

基于合成生物学的化学半合成，除了能够实现复杂天然产物从“0”到“1”的突破外，更能够颠覆行业格局，开辟出与众不同的工业生产方式（图 4-42）。维生素 E 是全球市场容量最大的维生素类产品之一，其化学结构中含有萜类结构单元，一直以来，工业上依靠化学法对其进行合成。武汉大学刘天罡课题组创造性地以微生物发酵合成的法尼烯为前体化学合成了维生素 E 的关键中间体异植物醇，进而一步合成维生素 E[665]，颠覆了国外垄断几十年的化学全合成技术。这也使得技术应用方能特科技有限公司跻身全球维生素 E 产业前列，其相关成果被评为 2018 年湖北十大科技事件之一[666]。

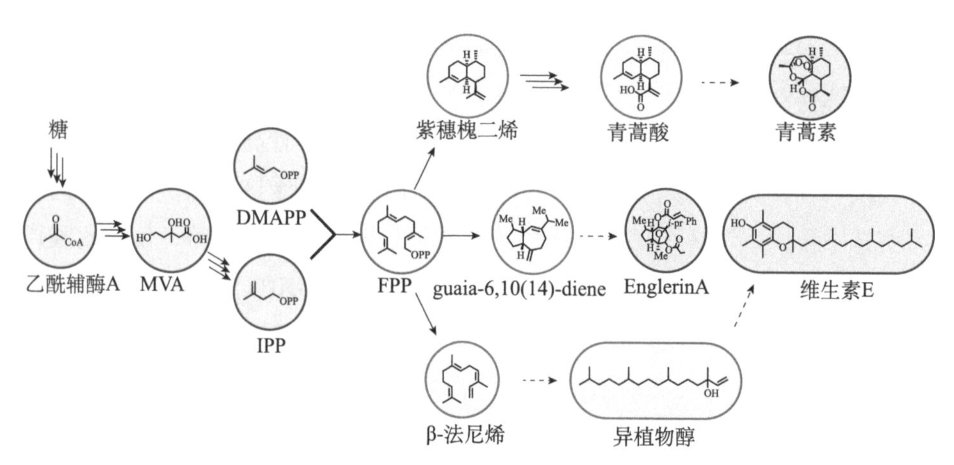

图 4-42　合成生物学助力化学半合成

图中实线箭头表示生物合成，虚线箭头表示化学合成

（三）合成生物学助力天然产物的创新发现

1. 激活沉默基因簇

随着基因组测序技术和生物信息学工具（如 antiSMASH 6.0[667]、BiG-

SCAPE[668]、MIBiG 2.0[669] 等）的快速发展，大量未被发现的天然产物生物合成基因簇（biosynthetic gene cluster，BGC）被研究人员预测出来。以链霉菌属为例，仅凭保守估计，其能产生的天然产物数量就达到了 150 000 种，但其中仅 5% 被鉴定出来 [670]。但是这些天然产物的 BGC 往往受到自身严格的转录和翻译调控，在体内大多数都处于沉默状态。这些沉默的基因簇启示我们，生物体内中仍然蕴藏着很多尚未被发现的天然产物。目前，激活沉默基因簇的策略主要能分为两大类，靶向沉默 BGC 和非靶向沉默 BGC（图 4-43）。

靶向沉默 BGC 的一种有效策略是在目标 BGC 上游敲入强启动子，以启动相应生物合成途径，从而合成天然产物。伊利诺伊大学赵惠民课题组利用 CRISPR/Cas9 技术激活了五种链霉菌属中的多个 BGC，并从中分离得到了新型聚酮化合物 [671]。但是该策略存在一个问题——以同源重组的方式来完成启动子的敲除，这就必须要构建相应的上下游同源臂，极大地制约了该方法的高通量应用。

靶向沉默 BGC 的另一种有效策略则是针对沉默 BGC 的调控因子进行敲除或“诱骗”。例如，敲除植物内生真菌无花果拟盘多毛孢（*Pestalotiopsis fici*）中表观遗传因子 cclA、hdaA[672]、COP9 信号复合体亚基 CsnE[673]，以及敲除真菌齿梗孢霉（*Calcarisporium arbuscula*）中编码组蛋白去乙酰化酶的基因 *hdaA*[674]，均能够导致新化合物的产生。而转录因子“诱骗”技术（transcription factor decoy，TFD），则是人为设计一段 DNA 序列，使其能模仿被调控的 DNA 与调控子结合，来阻止后者与同源 DNA 的靶点结合，最终使得目的沉默 BGC 不会被调控子所抑制从而激活。赵惠民课题组 [675] 就利用该策略构建出一个 TFD 的质粒文库，在嵌入式报告基因的帮助下筛选出高表达的单菌落，最终成功激活了不同链霉菌中的八个沉默的 BGC，同时鉴定了一个新的化合物。但遗憾的是，该策略需要将重组 DNA 引入到天然宿主中，对于链霉菌较低的接合转移效率来说，更适合使用低通量筛选，而在其他情况下，则可通过高通量筛选以充分发挥该策略的潜力。

非靶向沉默 BGC 策略，指无需明晰基因组信息，来实现沉默 BGC 的激活。加拿大麦克马斯特大学杰勒德 · D. 赖特（Gerard D. Wright）课题组开发了一种“欲扬先抑”的激活沉默 BGC 策略 [676]，即通过敲除野生型放线菌中常见抗生素的 BGC，来引起调控网络的改变和代谢前体的释放，从而提高野生菌中低表达（并非不表达）代谢物的产量。研究人员通过 CRISPR/Cas9 技

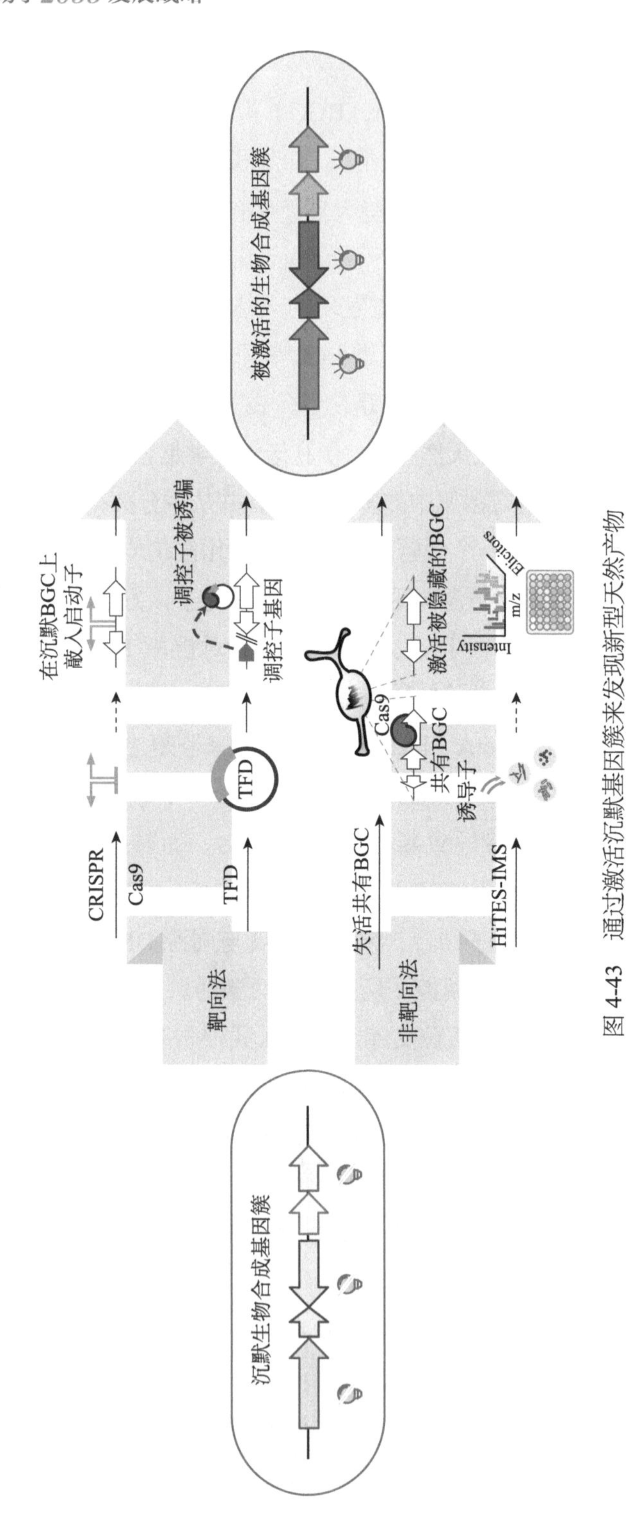

图 4-43 通过激活沉默基因簇来发现新型天然产物

术敲除了 11 种放线菌中 2 种常见抗生素的 BGC，随后对突变株进行代谢组分析，最终成功发现了罕见的和以前未知的抗生素变种。

而普林斯顿大学生物化学家默罕默德·R. 赛义德赛亚姆多斯特（Mohammad R. Seyedsayamdost）教授团队[677]搭建了一种无需遗传操作系统的高通量诱导子筛选与成像质谱偶联的方法（high-throughput elicitor screening-imaging mass spectrometry，HiTES-IMS），能够以多种小分子化合物作为诱导子，来诱导多种已测序和未测序的细菌激活沉默 BGC，最后利用能直接对 96 孔板的液体培养物直接质谱检测的成像质谱来检测产生的代谢物。

2. 在模式生物中进行基因簇异源表达

由于绝大多数微生物存在实验室不可培养、无法建立遗传操作方法等限制，研究人员难以合理地设计并改造天然宿主中的生物合成途径以提升产率。因此，将这些沉默 BGC 从天然宿主中转移到具有完善遗传操作体系的模式生物中，能够极大地提升其产量并发现新型天然产物。

一类策略是靶向目的 BGC 进行克隆，这就需要从复杂的原始基因组中克隆完整 BGC 的高效策略。研究人员利用限制酶或 CRISPR 技术酶切分离出目的 BGC，通过异源宿主自身重组修复，使其连接到目的载体上。山东大学张友明团队就利用基于外切核酸酶的 RecET 重组（ExoCET）技术克隆并构建出长达 79 kb 的多杀菌素异源表达人工基因簇，使异源宿主白色链霉菌（*Streptomyces albus*）J1074 中多杀菌素的产量提高了 328 倍[678]。除此之外，利用位点特异性重组来克隆完整 BGC 也是一种有效的策略。武汉大学刘天罡课题组[679]通过链霉菌噬菌体 ϕC31 整合酶介导的 BAC 文库构建技术，抓取了多杀菌素完整 BGC，并通过代谢组学及蛋白质组学分析找到限速步骤，实现了多杀菌素的产量较原始菌株 *S. albus* J1074 约 1000 倍的提升。

另一类策略是在底盘菌株中高通量靶向批量表达沉默 BGC。美国加州大学洛杉矶分校唐奕课题组开发了一个异源表达（heterologous expression，HEx）的合成生物学平台[680]，以酵母菌株作为底盘，在不进行密码子优化的前提下，将从不同真菌物种中挑选的 41个基因簇（包括膜结合萜类环化酶和聚酮合酶）与启动子、终止子融合后，进行异源表达，最终有 22 个 BGC 检测到了相应产物，并鉴定出其中 7 个产物的结构。除此之外，也有研究人员在丝状真菌体内实现了基因簇的高通量异源表达。Clevenger 等 [681] 利用真菌人工染色体（fungal artificial chromosome，FAC）技术将 56 个从曲霉基因组中随机剪切后长约 100 kb 的片段，在构巢曲霉中进行异源表达，通过代谢组学的方法对宿主的代谢背景进行了清洗，最终发现了15个新型次级代谢产物。

尽管研究人员已经基于多种模式菌株开发出了各种高通量天然产物发现策略，但由于底盘菌株自身的限制，这些策略往往存在一些问题，如无法提供充足的底物用于相关基因的功能鉴定、难以获取足够的产物用于成药分析等。因此，利用合成生物学策略，开发出更通用、更可控、定制化的高效前体供给底盘，能够为 BGC 的挖掘提供一个快速且高效的方案。

3. 使用高效前体供应底盘进行高通量挖掘

原核生物大肠杆菌（*Escherichia coli*）遗传代谢特性透明、生长速率快、遗传工具众多等特点 [682]，为将其改造成高效的前体供应底盘提供了良好基础。武汉大学刘天罡课题组使用基于“定向合成代谢”搭建起的高效合成萜类化合物的大肠杆菌平台，对丝状真菌禾谷镰刀菌（*Fusarium graminearum*）J1-012 中的具有显著底物和反应杂泛性的两个萜类合酶的合成潜力进行了深度挖掘，最终得到多达 50 种不同的萜类化合物 [683]，证明了利用高效前体供给底盘来高通量挖掘天然产物的可行性。

但大肠杆菌底盘在挖掘天然产物上存在较大的限制，如无法进行转录后剪接外显子、缺乏翻译后修饰和精确的膜结合过程、存在显著的密码子偏好性、底物的供给效率低、天然产物的耐受性差等问题。因此，相对于细菌的种种限制，研究人员更倾于使用酿酒酵母（*Saccharomyces cerevisiae*）等真核生物来打造高效底盘。

武汉大学刘天罡课题组利用二倍半萜前体高效供给的酿酒酵母底盘，针对性地对目前数据库中潜在的真菌来源的双功能嵌合萜类合酶（由 N 端的 I 型萜类合成酶结构域（terpene synthase, TS）和 C 端的异戊烯基转移酶结构域（prenyltransferases, PT）组成的嵌合酶（简称为 PTTS）进行了系统化的高通量挖掘 [684]，其中酵母底盘对 PTTS 的底物香叶基法尼基焦磷酸（GFPP）的高效供给大大提高了 PTTS 的功能鉴定效率。基于该方法，研究人员鉴定出了 34 个 PTTS 的功能，其数量超过了目前所有已知的 PTTS 的一倍，并从中发现了 2 个结构新颖的二倍半萜化合物。

不过丝状真菌来源的 BGC 中通常含有非常小且不可预测的外显子，这使得研究人员难以制备得到能够有效表达产物的 cDNA[685]。同时异源表达 BGC 时，往往会出现人工选择的外源引入的细胞色素 P450 还原酶（cytochrome P450 reductase, CPR）无法兼容 BGC 上的 P450 的现象。这也导致在酿酒酵母中进行真菌来源的天然产物 BGC 的异源表达，往往会出现产量低下以至于无法鉴定产物结构的结果。

可以看出不同来源的基因同底盘菌株往往会存在各种适配性上的问题，为了解决这一问题，我们提出三大原则——近源性、同类性、完备性（图 4-44）。近源性原则，指针对 BGC 的来源去选择相近来源的底盘，如丝状真菌来源的 BGC 在米曲霉（*Aspergillus oryzae*）中进行异源表达、放线菌来源的 BGC 在链霉菌属（*Streptomyces*）中进行异源表达。同类性原则，指针对天然产物的类型去选择提供相同类型前体的底盘，如高效萜类前体供给的大肠或酵母底盘，高产Ⅰ型或Ⅱ型聚酮化合物前体的工业链霉菌底盘等，这样大大提高了基因与宿主的适配性。完备性原则，指作为底盘的模式菌株应当

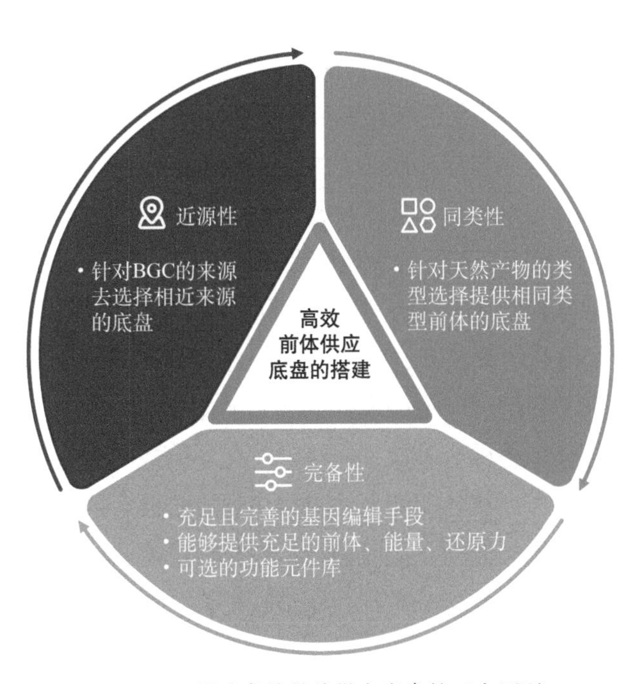

图 4-44　搭建高效前体供应底盘的三大原则

有充足且完善的基因编辑手段及相应的表征数据（如启动子表征、明确限速步骤等），能够提供充足的前体、能量、还原力，以及可选的功能元件库（如抗性基因等）。相信以这三大原则为基石构建出的高效底盘，能够极大地加速各类不同来源 BGC 异源表达的进程。

（四）合成生物学在天然产物研究领域所面临的困境

1. 植物天然产物合成基因元件挖掘困难

目前，绝大多数有着重要活性的植物源天然产物，其生物合成途径中的基因往往散落分布在植物基因组中，并非连锁且成簇存在（图 4-45），使得研究人员只能推测其生物合成途径，并逐个去探索每一个基因。而植物具有生长周期缓慢和遗传背景复杂等不足，导致研究人员无法在植物体内快速地进行基因敲除来鉴定酶功能。这进一步加大了阐明植物天然产物生物合成途径的工作量和难度。

紫杉醇作为具有显著抗肿瘤活性的明星药物，最早于短叶红豆杉（*Taxus brevifolia*）树皮中分离得到[686]，但 13.6 kg 的树皮仅能提取到 1 g 紫杉醇，也因此红豆杉在经无节制的砍伐后被列为国家一级保护植物。紫杉醇具体的生物合成机制至今仍未探清，而其复杂且昂贵的化学全合成[687-689]受限，在商业上无法推广。目前商业化的紫杉醇生产途径主要是化学半合成[690]，即以从部分红豆杉属的可再生枝条中提取的 10- 去乙酰巴卡亭Ⅲ为底物，通过少数几步化学合成来获得紫杉醇。但这种从植物中提取中间体的方法终究会受到植物体自身生长的影响，不适合大规模生产。

基于这样的案例，紫杉醇这类未能阐明生物合成机制的复杂天然产物，如果能够像上文提到的青蒿素、Englerin A、维生素 E 一样，将生物合成与化学合成结合起来，利用一个精心设计的高效前体供应底盘，以微生物发酵的方式得到一个乃至多个核心骨架，最终通过化学合成得到终产物，必然能多元化、高效化其生产途径。即便无法完成化学半合成，通过对其衍生化，来得到数以万计的结构类似物，最后进行活性分析也是一种探究新型化合物的有效策略（图 4-45B）。这样一种绿色制造、扩大产能、提高新化合物发现效率的思路想必有着远大的科研前景。

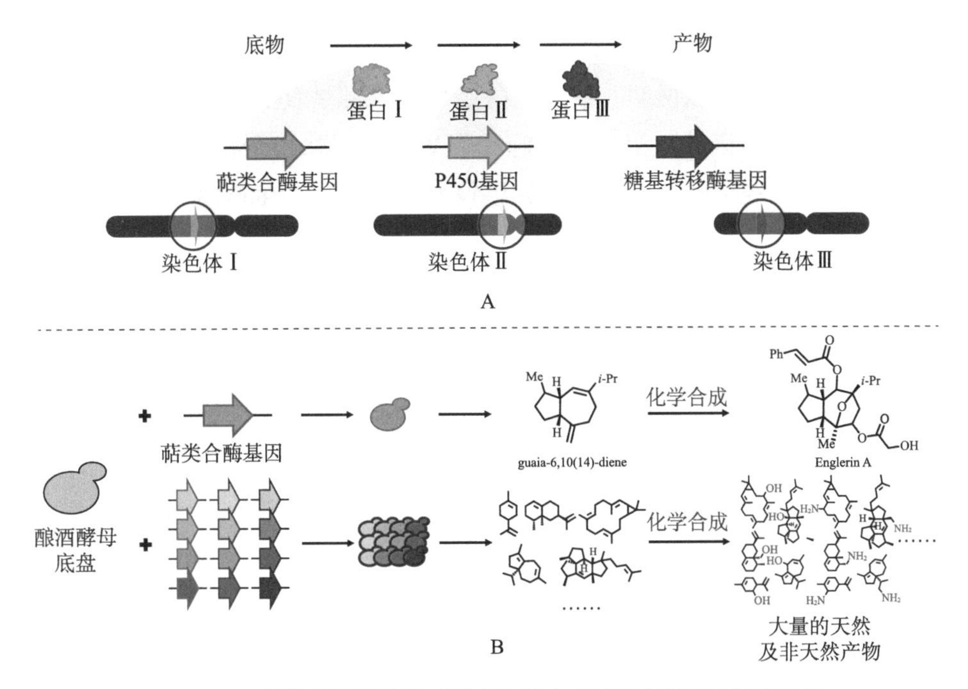

图 4-45　A. 植物基因组上的天然产物的合成基因存在不成簇的现象；B. 基于酿酒酵母底盘快速构建、获取大量的天然或非天然产物文库的方法

2. 工程化微生物的发酵产物市场准入受限

我国目前用于维生素 B_2、抗生素及氨基酸生产的工业菌株均是国外引进的基因工程菌株。而近年来我国科研人员利用合成生物学手段改造的用于生产一些食品原料的菌株，却一直无法实现大规模工业化生产，其主要原因是监管和审批的主体及流程还没有建立。

我们试想，若是在食用安全级的微生物菌株中，引入食用安全级生物的异源基因在其染色体上，该工程化改造的微生物产生的发酵产物经提纯后理论上应该也是食用安全性的。这种微生物发酵的方式，本质上就是通过工业生产的方式，利用一个定制的微型细胞工厂来得到高纯度的产品，最后剔除细胞工厂，使产品中不含有抗性基因和引起过敏或者毒性的细胞因子。针对这样一个微生物发酵的产品，我国社会迫切需要一套量身定制的法律法规，来保证产品的质量，规范生产的工艺。

基于微生物发酵的产品，特别是脂溶性产品，确实存在一些难以解决的纯度问题，如发酵产品中易携带微生物本底的核酸、蛋白、细胞膜等杂质。针对这一点，从欧美国家所制定的相关法规来看[691]，只要杂质不超过相应的阈值并加以说明，而且这些杂质的来源是食品级微生物，应当可对其放心使用。因此，我们也呼吁和倡导国家尽快出台相关规范和标准，弥补当前领域的空缺，使国内的先进技术迅速转化为生产力，从而实现良性循环。

3. 新型天然产物实体库的建立

尽管目前我国天然产物领域一直有很好的数据产出，每年新发现的天然产物占全世界的 1/3，但这些新型天然产物存在一个“出口”的问题，导致无法充分挖掘出这些天然产物的潜在活性。主要原因有两点。一是这些化合物产量极低，往往仅够鉴定结构，无法进一步进行活性检测；二是化合物的产物不集中，往往散落在各个研究团队中。而单个研究团队的资源与精力的缺乏，导致这些新型天然产物如同蒙灰的珠宝，无人问津。

因此，应在充分保障各个研究团队知识产权的前提下，搜集整合各个研究团队处存在的零散的新产物资源，搭建起一个统一的新型天然产物结构文库，从而对这些化合物进行系统且全面的生物活性或靶点的评估。这将极大地提高化合物活性检测效率，缩减活性检测成本，并且可以解决我国天然产物的“出口”问题，激发研究人员的科研热情。

（五）总结与展望

目前研究人员已经开发出了多种合成生物学策略，用于天然产物的生产和发现，特别是基于高效前体供给的微生物底盘的策略，更是极大地提高了整个天然产物领域的发掘和高产效率。随着测序技术的飞速发展，互联网上存在的数据库日益庞大，目前影响新型天然产物挖掘进程的因素，远不是可供研究的 BGC 数量过少，而是 BGC 数量过大导致无法短时间内高效地进行挖掘。但是，当前研究往往还拘泥于基于经验的人工筛选方法，使得对已知数据的覆盖面、挖掘深度无法达到预期的效果。尽管目前已经有研究人员开发出了根据基因簇预测其产物的抗生素活性的机器学习算法[692]，但遗憾的是，如今的机器学习都是一个黑箱状态，并且，如果要更改一个初始条件往往需要从头运算。

如果能基于目前互联网中繁杂的数据，开发出一套从未知的基因簇出发，逐步地建模蛋白结构、推定蛋白功能、预测产物结构，最后通过结构上的药效官能团来预测新产物可能的生物活性的“白箱化”的生物信息学算法或工具（图 4-46），并结合高通量自动化平台，这将使得研究人员可以优先去大批量挖掘那些最有可能产生新颖活性的天然产物，以减少天然产物发现路途中的重复性工作。在此基础上，辅之以高效前体供给的微生物底盘，定能极大地加速新型天然产物发现和生产的进程。

图 4-46　基于基因簇的蛋白功能、产物结构、产物活性的预测方法畅想

四、健康与医药

（一）合成生物学在应对传染病方面的应用

1. 基于合成生物学的病毒性疾病新型研究体系

1）历史的简要回顾

传统的病毒学研究，很大程度上依赖于可分离培养的病毒，但由于宿主细胞特异性等限制因素，可培养的病毒仅占已知病毒的一小部分。从 2002 年脊髓灰质炎病毒的化学合成与人工拯救开始 [693]，人类第一次可以不依赖模板，从头合成病毒，这使得病毒学研究发生了革命性的变化。例如，1918 ～ 1919 年在全球大流行的“西班牙”流感病毒，曾导致 2000 万～ 5000 万人死亡，但由于当时的条件限制，并未分离到流行株，无法开展病原学研究。20 世纪 90 年代开始，通过从 1918 年西班牙大流感（简称 1918 流感）致死的患者标本中提取残留的病毒 DNA 片段，利用人工合成和反向遗传学技术，终于在 2005 年构建并拯救了 1918 流感病毒 [694] 以及含有该病毒基因的一系列重组病毒，通过对这些病毒的动物感染试验，对 1918 流感病毒的高致病性有了深入的了解 [695]。合成生物学使人类可以针对已经消亡的重要病原体开展研究，开辟了古代病原学等新的研究领域 [696]。这种无需活病毒作为模板的新兴技术，也为病毒学研究提供了前所未有的操作平台，极大地推动了病毒

学研究和应用的发展。

2）现有的状况和水平

目前，通过人工合成已经获得了多种病毒，包括 RNA 病毒中基因组最大（约 30 kb）的冠状病毒、多节段（8 节段）的流感病毒，以及基因组为 100 ～ 200 kb 的疱疹病毒、杆状病毒、痘病毒等大 DNA 病毒。2019 年 12 月新冠疫情暴发以来，科学家以前所未有的速度，在不到 3 个月的时间内就建立了新冠病毒的人工合成平台，其中，从收到合成的 DNA 片段到拯救出高滴度的病毒仅用了 1 周[697]，为病毒的致病机理研究、疫苗和药物的研发提供了重要平台。

利用合成生物学技术，结合现代病毒学研究手段，可以获得更为安全、有效的病毒学研究体系。假病毒系统、最小复制子、反向遗传学技术、感染性克隆以及报告病毒等已经成为病毒学研究的常规手段。例如，最小复制子和假病毒系统等由于不具备感染性或仅具有有限的感染性，为高致病性病毒的研究提供了更为安全的平台；反向遗传学技术、感染性克隆、重组病毒的构建已成为病毒基因功能研究的重要手段；基因编辑的转基因动物则为病毒学研究提供了不可或缺的动物感染模型；病毒的基因重编程为从基因组水平研究病毒基因的功能提供了重要的平台，等等。这些技术革新，不仅为病毒学基础研究提供了重要平台，也为病毒性传染病的检、防、治提供了全新的技术手段[698]。

在检测方面，病毒的分离、分子生物学及免疫学检测手段仍然在病毒病检测中发挥着重要作用；多重 PCR、芯片技术、深度测序，以及纳米技术在多种病原的快速检测和新病毒的发现中不断显示出优势。

在预防方面，疫苗是最有效的病毒病预防手段。基因重编程技术可以从基因组水平上构建含有非优化密码子的病毒，成为减毒活疫苗的一个新的重要研究方向[699]。核酸疫苗，是基因编辑技术和纳米技术结合的产物，mRNA 疫苗在防治新冠肺炎方面取得的重要进展[700,701]，预示着这类疫苗在未来将得到重大发展。此外，在预警预测方面，利用感染性克隆、动物感染模型等对未知病毒进行致病性和传播特性的评估，也成为重要的研究方向。

在治疗方面，最小复制子及带有荧光素酶等基因的报告病毒，为抗病毒药物研发等提供了更为安全、灵敏的高通量筛选平台。利用基因编辑技术构建表达人类病毒受体的转基因小鼠，为抗病毒药物筛选提供了不可或缺的小动物感染模型。例如，含有丙型肝炎病毒（hepatitis C virus，HCV）人类受体的转基因小鼠[702]，为抗HCV新药的成功开发提供了重要平台（图4-47）。

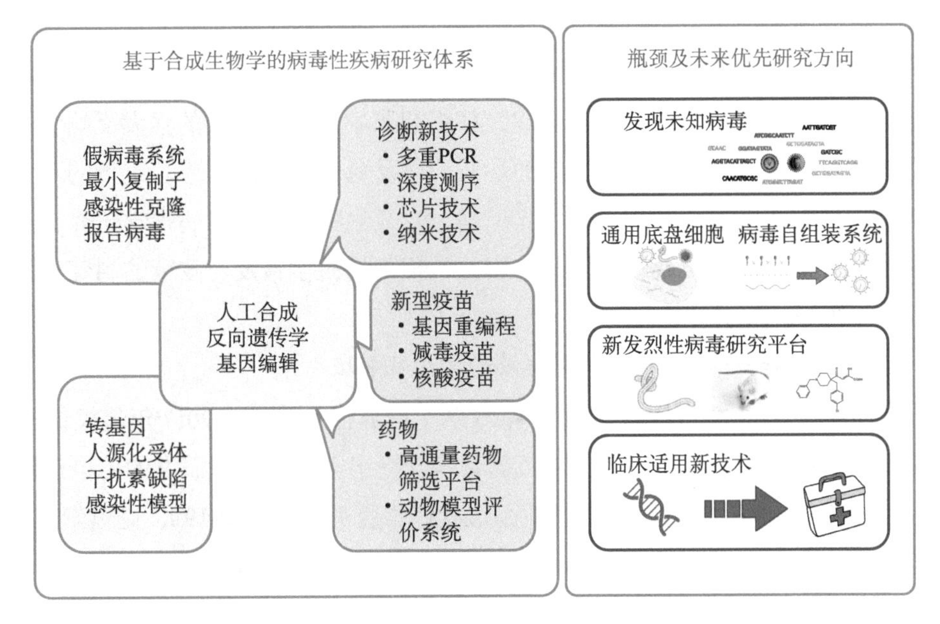

图4-47　基于合成生物学的病毒性疾病研究体系

3）未来的潜在瓶颈

在合成技术方面，一些巨大病毒的合成和拯救技术，仍有待突破。此外，很多不可培养的病毒，目前尚缺少合适的底盘细胞或可用的无细胞技术。

在病毒病诊断方面，目前使用的仍然是针对少量病原的成熟的PCR和ELISA技术，缺乏真正可用于临床的、简便的多重检测技术。不依赖于复杂实验室设备和专业人员的新型核酸检测技术也是传染病现场检测所急需的。此外，目前已知的病毒尚不足可能存在病毒的1%；如何从大量的宏基因组学数据中通过深度学习甄别出未知病毒的可靠信息，尚有待突破。

在疫苗研究方面，基于非优化密码子的全基因组重编程技术等合成生物学可批量产生减毒疫苗候选株，但也对候选株的筛选带来挑战。在核酸疫苗方面，如何优化DNA疫苗的免疫源性和接种方式；如何减少mRNA疫苗的副反应，解决其储存、运输的稳定性问题；以及如何利用合成生物学优势，发展新型的多价疫苗，尚待解决。

在病毒病的治疗方面，除了人类免疫缺陷病毒（HIV）、丙型肝炎病毒

（HCV）、流感病毒等少数几种病毒，几乎所有其他人类病毒目前都缺少特异性的抗病毒药物。

在政策和舆论方面，由于病毒的两用性，其合成生物学研究从诞生之时起，就饱受争议，一些重要病毒的合成生物学突破，如1918流感病毒的合成，与天花病毒接近的马痘病毒的合成，都引起了学术界和社会的强大反响。公众对“合成病毒”的恐惧、媒体的炒作，以及科普宣传的缺乏、政策的不完善等，都影响了相关领域的发展。但是，合成生物学在现代病毒学研究和应用中已经发挥着不可或缺的作用，因此，相关的科学普及、政策的制定和管理的规范亟待完善。

4）未来5～15年需要优先发展的方向及领域

（1）重要新发烈性病毒的研究体系。世界卫生组织从2017年起根据传染病的危害程度、流行趋势、防范储备等，提出了需要优先研发的传染病清单，2022年公布的研究清单包括新型冠状病毒肺炎（COVID-19）、克里米亚－刚果出血热（Crimean-Congo haemorrhagic fever），埃博拉病毒病（Ebola virus disease）、马尔堡病毒病（Marburg virus disease）、拉沙热（Lassa fever）、中东呼吸综合征（MERS）、严重急性呼吸综合征（SARS），尼帕及亨尼帕病毒病（Nipah and Henipa viral diseases）、裂谷热（Rift Valley fever）、寨卡病毒病（Zika virus disease），以及可能导致国际大流行的未知传染病（Disease X）。利用合成生物学技术，建立相关病毒的感染性克隆和动物模型，开展新型诊断、疫苗和抗病毒药物研发，应该是未来5～15年的优先发展领域。

（2）基于合成生物学等的新型诊断技术。发展基于核糖体调控开关（toehold switch）、CRISPR剪切等的新型核酸检测技术[703]，目标是发展像抗原检测试纸条一样方便、实用的新型核酸检测技术。发展针对发热、脑炎、肺炎、出血热的临床可用的病毒病快速鉴别诊断技术，使上述症候群的病毒病诊断成为临床常规技术。

（3）基于合成生物学的新型核酸疫苗。利用合成生物学的优势，对mRNA疫苗等新型核酸疫苗进行研发和优化，建立快速合成、生产、评估核酸疫苗的研发平台，从而具备针对新发突发传染病的快速防御能力。发展基于合成生物学的多价疫苗技术。

2. 新型疫苗的开发

疫苗接种是疾病预防和控制的最有效方法。曾经引起灾难性大流行的许多病毒和细菌（如天花、脊髓灰质炎、麻疹和白喉）都因研发出有效的疫苗而得到根除或得到有效控制。新冠疫情出现以来，全球研究人员都在大力推进新的疫苗研制方法，包括设计更稳定更高效的 mRNA 疫苗，基于抗原结构人工设计疫苗，发展小分子免疫增强技术激活天然免疫等。这些新技术方法有效促进了疫苗的发展。然而，病毒往往亚型众多，且有较强的变异性，传统疫苗往往无法提供广谱的保护活性。未来新型疫苗的开发，难点在于如何激发广谱、持久、强效保护，包括如何能广谱、持久地激发抗体反应，以及如何持久加强 T 细胞反应的激发等。21 世纪，合成生物学有了跨越式的发展，会聚了来自遗传学、基因组学、微生物学、代谢工程学、结构生物学、生物化工与工程学等多项学科的新技术新手段，对生命机制进行理性探索和改造，被称为改变未来的颠覆性技术[704]。如果能将合成生物学技术手段与新型疫苗的研发相结合，有望设计出靶向多种变异株，甚至是同科 / 同属病毒的可诱发强效、持久、广谱免疫保护的新型疫苗，从而实现对现有病毒及未来可能出现的类似病毒进行前瞻性和战略性防控的目的（图 4-48）。

1）病原微生物感染与疫苗开发

病原生物感染所致疾病是严重危害人类健康的常见病和多发病，是对社会持续的全球公共健康威胁。人类进入 21 世纪后，就出现了 3 种冠状病毒的威胁，SARS-CoV（Severe Acute Respiratory Syndrome Coronavirus，严重急性呼吸综合征冠状病毒）、MERS-CoV（Middle East Respiratory Syndrome Coronavirus，中东呼吸系统综合征冠状病毒）和 SARS-CoV-2（Severe Acute Respiratory Syndrome Coronavirus-2，严重急性呼吸综合征冠状病毒 2，以下简称新冠病毒）。冠状病毒分 α、β、γ、δ 四个属，而 β 属冠状病毒又包含 A、B、C、D 四个亚群，且含有多个高致病性的冠状病毒。除了冠状病毒，还出现了高致病性流感病毒、埃博拉病毒、黄病毒和副黏病毒等。RNA 病毒的高突变率和高重组率易导致新类型的病毒不断出现，这些新的病毒可以迅速适应新的生态环境，造成更严重的感染后果。而且工业化、全球化和传统文化习惯增加了人畜共患病传播的可能性，并促进了病毒在人群中的传播。这些新兴病毒的难以捉摸的性质给传统疫苗的研发带来巨大挑战。为了应对将来未知病毒的出现，疫苗的设计开发必须既有效又广谱，才有可能抵抗多种潜在新兴病毒。

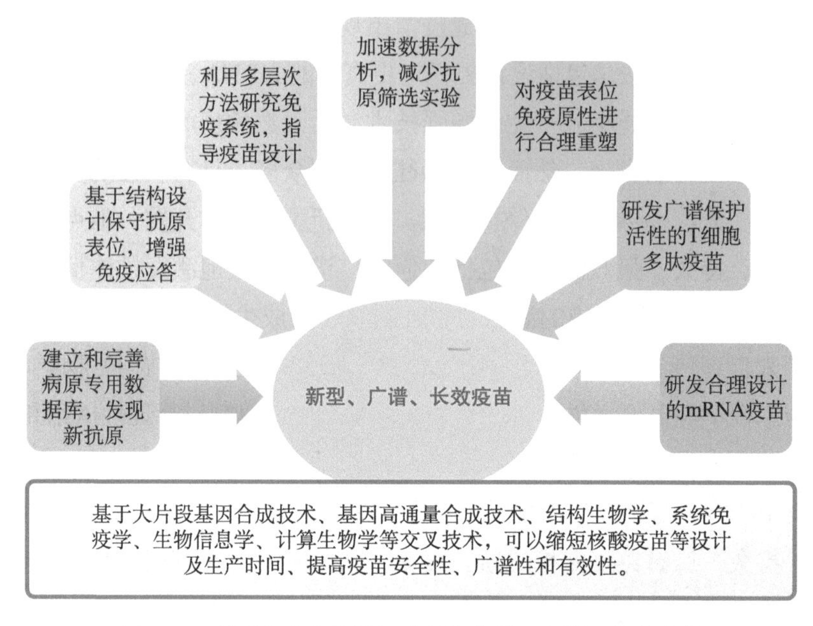

图 4-48　基于合成生物学技术研发新型、广谱、长效疫苗

病毒表面的结构蛋白是产生保护性免疫的主要决定因素，如甲型流感病毒各亚型表面的血凝素（hemagglutinin protein，HA 蛋白）蛋白和 β 属冠状病毒各亚群表面的刺突白（Spike protein，S 蛋白）。但是，这些蛋白的中和抗体与细胞免疫表位的保守性较低，给研发通用流感病毒和冠状病毒疫苗带来了很大的困难。而且，这些蛋白往往在病毒感染过程中经历巨大的构象变化，也呈现出不同的抗原表位。结合不同构象不同位点的抗体，不一定都具有中和活性。但是，目前研究显示，不同亚型甲型流感病毒感染者和不同亚群 β 属冠状病毒感染者体内分离出的中和抗体，对其他亚型流感病毒或其他亚群 β 属冠状病毒具有交叉保护作用，提示了存在可激发交叉中和抗体与保护反应的保守抗原表位，也提示了广谱通用疫苗研发的可能性。然而，这些具有广谱交叉保护功能的免疫反应难以被传统疫苗策略所激发，成为研发广谱通用疫苗的重要瓶颈之一。

2）该领域现有研发状况和水平

2002 年底 SARS-CoV 出现之后，人们基于现有的疫苗研发平台开始一系列疫苗的研发。但是，绝大多数的疫苗都没有进入临床阶段。将近 20 年过去了，没有一个 SARS-CoV 的疫苗被成功研发出来，可见疫苗研发的困难程度。在新冠病毒出现之后，全球投入了巨大的资源用于疫苗研发，在短短的一年时间之中，就已经有多个疫苗完成临床试验得到批准上市。目前主要使用和在研的疫苗分为以下几种类型，它们分别有各自的优缺点[705]。

（1）灭活疫苗。流感疫苗通常采用灭活的流感病毒来制备，可以保护人们感染特定型别的流感病毒。对于冠状病毒，人们尝试了甲醛、紫外线、β- 丙内酯等方法来制备灭活疫苗，发现它们在实验动物体内和人体内都能够引起显著的血清中和抗体应答[706-708]。这些中和抗体能够特异性识别冠状病毒表面刺突蛋白，尤其是受体结合区部分，来阻止病毒感染。但是，也有研究发现，注射灭活病毒之后，实验小鼠会产生明显的嗜酸性粒细胞浸润的肺部损伤现象[709,710]。还有一些研究提示需要谨慎对待灭活疫苗产生的抗血清可能带来的抗体依赖的感染增强现象[711]。

（2）减毒疫苗。减毒活疫苗作为非常重要的疫苗类型，已经帮助人类有效控制了麻疹、腮腺炎、风疹、脊髓灰质炎、黄热病、水痘等疾病的感染和流行[712,713]。对于冠状病毒，一些研究人员将 SARS-CoV 的刺突蛋白及受体结合区构建到一些减毒病毒上，如牛痘病毒重组改良型安卡拉痘苗病毒（modified vaccinia virus Ankara，MVA）[714]、重组腺相关病毒（recombination adeno-associated virus, rAAV）[715]、减毒副流感病毒（bovine/human parainfluenza virus type 3, BHPIV3）[716] 等。这些减毒疫苗在小鼠或者猴子体内可以诱导出中和抗体，而且可以在攻毒实验中降低动物呼吸道的病毒载量。但是，雪貂动物模型的实验显示，MVA 载体的减毒疫苗出现了显著的肝脏炎症反应，提示我们对于疫苗病理损伤的研究要慎重选择更具有代表性的动物模型[717]。此外，减毒疫苗会带来回复突变的风险，有可能会在未接种的人群或动物中引起疾病的突然出现。因此，必须要研究可以有效阻止病毒毒力回复的突变种类，同时对于减毒疫苗的长期安全性进行跟踪研究。

（3）亚单位疫苗。随着 DNA 重组技术和化学合成技术的进步，可以大量制备和纯化病原体的抗原分子，这样获得的疫苗机制更加明确，质量更易控制，已经在非细胞百日咳和乙肝等疫苗中广泛使用。对于冠状病毒，其表面的刺突蛋白是最重要的毒力因子。对比 SARS-CoV 和新冠病毒的刺突蛋白，可以发现它们的序列和结构相似度都很高[718]。这个刺突蛋白（S 蛋白）本身免疫原性很强，可以诱导出高滴度的中和抗体，这些中和抗体本身可以抑制病毒的增殖[719]。但是，全长刺突蛋白本身的安全风险和是否有长期的保护效果也不应被忽视。一些研究人员发现全长刺突蛋白会引发有害的免疫响应，导致 SARS-CoV 感染人类 B 细胞和其他免疫细胞，在攻毒实验中还会增强病毒的感染[720]。恒河猴的实验显示，刺突蛋白的抗体存在抗体依赖增强效应（antibody- dependent enhancement，ADE），会导致更严重的肺损伤[721]。因此，刺突蛋白的受体结合区（receptor binding region，RBD）由于包含了主要的抗原表位，成为另一个疫苗候选。这个区域的表位主要是构象型表位，可以引发显著的高效中和抗体反应。通过对比冠状病毒的 RBD 疫苗和 S 蛋白疫苗，可以发现 RBD 疫苗可以诱导更高滴度的中和抗体、更强力的中和活性、更长期的保护活性[722]。此外，S 蛋白的其他区域，如 S2 亚基，也可以诱导出中和抗体来阻断病毒感染，并且由于序列保守性更高，也是开发广谱疫苗的重要候选[723]。

（4）核酸疫苗。核酸疫苗是人工制备的一段可编码病毒蛋白质的序列，可分为 DNA 疫苗或 RNA 疫苗等。这类疫苗通常不会在人体中复制，研发速度很快，成本很低，稳定性好，易于质量监控，可以克服蛋白亚单位疫苗错误折叠或翻译后修饰不完全的问题，还能够诱导产生细胞毒性 T 细胞的应答，容易制备多价疫苗。因此，新冠病毒出现之后，很多国家和研究机构着手研究新冠病毒 mRNA 疫苗。但是，这种疫苗尚无长期安全性的验证数据。mRNA 疫苗已经被发现会引起多种副作用，包括过敏反应、发热、乏力、恶心、头痛、肌肉酸痛等；mRNA 疫苗本身性质不太稳定，存储和运输都需要超低温的环境；此外，这种疫苗具体的保护效果有多高，也存在争议。因此，作为一种新的疫苗种类，核酸疫苗的开发和应用还需要继续深入的研究。

3）该领域的瓶颈和潜在的问题解决方案

目前，国际上疫苗领域的研发目标之一，重点集中在如何缩短疫苗设计和生产时间，提高疫苗安全性、广谱性和有效性上。现在全球新的病毒体不断出现，传统的疫苗设计方法较难提供广谱和持久的保护。合成生物学的庞大数据和快速计算能力使得通用疫苗的设计潜力巨大。尤其近些年来，蛋白质结构分析技术、宿主抗体库分析技术、高级系统动力学建模等技术飞速发展，逐渐使得通用疫苗的开发成为可能。利用全新的技术方法，我们可以获得具有共有序列的广谱反应性抗原，可以基于系统发育模型进行祖先序列重建，可以利用免疫组学来计算保守的交叉反应性 T 细胞表位，还可以深入分析病毒、宿主和环境之间的相互作用关系。例如，现有的新冠病毒疫苗主要针对 S 蛋白进行设计，但是如果新的突变株或者新的冠状病毒在刺突蛋白有较多突变，现有疫苗的功效会受到较大影响。而通用疫苗开发成功后，S 蛋白的突变将不会影响或较少影响疫苗的使用效果，这种疫苗将能防护尚未出现的新病毒谱系或新的同科 / 同属病毒。现在已经从不同种类冠状病毒感染者中分离出了许多广谱中和抗体，它们对多种冠状病毒谱系都有效，也包括季节性的冠状病毒，这些发现为通用疫苗的研发提供了基础。

基于上述研究目标，国内外的研究团队已经在几个重点方向上进行规划研究，包括研究与疫苗设计相关的人类冠状病毒多样性和感染风险，研究创新的免疫原设计方法和疫苗开发平台以引发广谱抗病毒免疫响应，研究合适的临床前模型对候选疫苗进行详细的免疫学评估，等等。具体研究内容包括：鉴定引起广泛 B 细胞和 T 细胞应答的新表位，解析病毒结构并进行免疫原设计，对免疫原进行合理化设计和改造以引发更持久的广谱中和抗体，研究特异性 T 细胞应答的作用并研究诱导 T 细胞免疫的策略，研究人群中自然感染病毒后抵抗感染的机制，研究疫苗在整个生命周期中的反应（特别包括疫苗在不同年龄和不同性别人群中的功效差异），研究先暴露于病毒后接种疫苗的影响，开发适合在脆弱人群中使用的多价疫苗和新型疫苗，开发最适合的临床前模型用于候选疫苗的反复论证和筛选，研究将保护性免疫反应引导至特定部位（如黏膜部位等）的策略，等等。但是，截至目前，国际上的研究团队还没有系统地将合成生物学的技术方法应用到新型广谱抗病毒疫苗的研发当中，这很可能成为我国在该领域实现跨越式发展的重要契机。

4）该领域未来 5 ～ 15 年需要优先发展的方向或领域

基于合成生物学庞大数据和快速计算分析的能力，合成生物学正在为推动新型疫苗的开发做出重大贡献[724]。基于大片段基因合成技术、基因高通量合成技术、结构生物学、系统免疫学、生物信息学、计算生物学等工具，可以缩短疫苗设计生产时间，提高疫苗安全性、广谱性和有效性。合成生物学已经逐渐成为新型疫苗研发的核心技术。该领域的核心科学问题是如何设计出靶向一大类（如同科 / 同属 / 同亚属等）病毒的可诱发强效、持久、广谱免疫保护的新型疫苗，主要可以分为以下几个研究方向。

（1）建立和完善针对病毒大类的基因组信息专用数据库，利用反向疫苗学、比较基因学、功能基因组学、免疫组学等技术发现和鉴定新抗原[725]。反向疫苗学可以基于基因组的编码区序列快速识别出几乎所有潜在的保护性抗原[726]；比较基因组学对于保守区和可变区的鉴定可以设计出具有广谱保护活性的疫苗[727]；功能基因组学利用反向遗传评估（突变或敲除）和基因表达分析鉴定蛋白质功能[727]；免疫组学可以建立宿主免疫系统和病原体蛋白质组之间的连接，鉴定出宿主免疫系统识别的病原体蛋白及表位的集合，用于评估通过计算机和 / 或体外方法鉴定的抗原是否是临床相关免疫反应的靶标[728]。

（2）基于蛋白质的高分辨率结构信息设计和改造保守抗原表位，通过暴露高免疫原性区域和免疫优势表位来扩大免疫反应或增强对弱免疫原性抗原的免疫应答。同时，结构生物学技术手段还可以用于研究构象型表位的准确构象，研究其与宿主免疫系统的相互作用，指导合理化的抗原设计方案[729]。这种方法也称为结构疫苗学。许多构象性表位无法通过基因组的序列信息直接鉴定出来，利用结构疫苗学可以鉴定出新的构象型保护性表位[730]。此外，结构疫苗学对于疫苗产品的鉴定也非常重要，灭活疫苗、病毒样颗粒（virus-like particle，VLP）疫苗、亚单位疫苗等都需要有正确折叠的蛋白才能确保其能够诱导保护性体液免疫反应。

（3）利用系统免疫学的多层次方法来研究免疫系统，尤其是研究保护活性或者免疫原性产生的机理，为广谱疫苗的合理设计提供指导[731]。通过研究免疫系统组成细胞（如 B 细胞、T 细胞）的状态、功能、信号分子和编码基因，创建和完善人类免疫反应的模型，对现有疫苗设计方案进行针对性的改进，特别能够用于辅助设计传统疫苗无法刺激形成的免疫响应的新型疫苗[732]。系统免疫学的技术还可以鉴定正确的 B 细胞和 T 细胞表位，这对于验证设计出的新型免疫原至关重要。

（4）利用生物信息学和计算生物学的技术加速数据分析，通过大幅减少筛选实验的数量来加速发现新的先导抗原。通过开发相应的软件、算法和数据库，筛选鉴定候选抗原，加快疫苗开发的进程[733]。发展依赖免疫学预测软件进行表位（包括 T 细胞表位和 B 细胞表位）发现的方法，提高现有软件预测表位结果的准确率；发展评估宿主组织相容性复合体结合肽的预测算法；发展连续及不连续抗原的预测算法；发展通过序列变异性特征发现辅助保守表位的算法，促进广谱保护性疫苗的开发；构建构象型表位数据库，提供蛋白质构象的信息检索和比对服务[734]。

（5）利用小分子免疫增强技术、新型靶向调控递送技术、非天然氨基酸、点击化学等技术，显著提升免疫系统对抗原的应答，激发强效免疫；通过对亚单位疫苗抗原进行递送的时空调控，精准递送抗原到关键免疫细胞及组织。同时，针对重组蛋白疫苗表面不同区域表位的免疫原性进行重塑。重组蛋白疫苗设计中，能诱导广谱中和抗体的抗原表位的免疫原性往往显著低于其他非中和表位或易变异的中和表位，导致免疫反应集中于大量“无效”部位。利用新技术对重组蛋白疫苗的免疫原性进行重塑后，结合新型疫苗佐剂等免疫增强技术以及前沿的靶向递送技术，有望促进针对广谱中和表位的免疫反应的强效诱导。

（6）研发具有广谱保护活性的 T 细胞多肽疫苗。病毒的 CD8 T 细胞表位在同一大类病毒中的不同亚型之间往往具有比 B 细胞表位更好的保守性，但以多肽疫苗诱导高水平的 $CD8^+$ T 细胞反应需要精确的时空调控。利用点击化学等合成生物学新技术，对以天然氨基酸和非天然氨基酸合成的多肽进行多糖、靶向分子和小分子免疫激活剂的精确修饰，实现其在组织、细胞和亚细胞等空间层面及时间维度的精确靶向和激活，从而诱导具有广谱保护活性的 $CD8^+$ T 细胞反应。

（7）研发基于合成生物学方法设计的 mRNA 疫苗。比起传统的疫苗种类，mRNA 疫苗成本低，生产工艺流程简单，可扩展性极高，在应急响应方面具有独特优势。mRNA 疫苗的工作原理是将生物设计的 mRNA 序列引入肌肉或其他细胞，然后在宿主体内产生抵抗靶病毒感染所需的准确抗原。这种疫苗生产效率较高，一般认为 1 L 的 mRNA 疫苗可以供超过 100 万人使用。利用合成生物学的技术，可以直接从病毒的基因组信息中设计 RNA 疫苗，设计周期相比传统疫苗大大缩短。在新发病毒出现之后，与其相类似的 mRNA 疫苗可以很容易改造成为新的疫苗候选。新冠疫情之后，人们发现疫情附近的小型生产设施可以短时间内由常规生产转为应急响应并建立库存。mRNA 疫苗自身存在的内源性免疫激活能力是其免疫原性的重要保障，但同时也是其副反应的主要根源。同时，过度的免疫激活也会抑制 mRNA 的摄取和翻译。合成生物学的技术可以直接用于 mRNA 疫苗的筛选、优化和生产。通过开发新型核苷酸类似物、小分子响应的 mRNA 翻译调控线路和与调控元件适配的小分子免疫激活剂，可以实现 mRNA 疫苗抗原表达和免疫激活功能的分离，通过对这两个过程进行时空顺序上的精准调控，在增强免疫效果的同时将有效减少副反应。

3. 治疗性抗体的设计与开发

抗体是体液免疫应答的重要效应分子，具有结合抗原、激活补体、中和毒素、调理吞噬、介导细胞毒效应多种生物学功能，在机体免疫调节与监视、抗感染、抗肿瘤等方面发挥重要作用。因其良好的安全性和特异性，抗体药物越来越受到人们的重视，已被广泛应用于各种疾病的临床治疗。截至 2022 年 6 月 30 日，全球有 162 种抗体疗法获得了至少一个监管机构的批准，且仍有数以百计的抗体药物正处于临床开发阶段。抗体技术领域的发展主要经历了三个阶段：①通过抗原免疫动物获得多克隆抗体；②通过杂交瘤技术制备单克隆抗体；③通过基因工程技术筛选、设计、改造和生产抗体。合成生物学的理念和手段在抗体领域的应用主要集中在第三阶段，研究人员通过在基因水平对抗体分子进行切割、拼接或修饰，甚至全人工合成后导入细胞表达，以生产满足研究和使用需求的新型抗体。本节聚焦于现有和新兴传染病治疗性抗体研究，讨论合成生物学在抗体从发现到应用各个环节中的具体体现，针对性地提出亟待攻克的关键技术和障碍，并结合当前合成生物学领域内的新理论、新技术、新方法对治疗性抗体未来发展的新思路、新方向和新策略进行分析和探讨（图 4-49）。

1）抗体在传染病治疗领域的发展历程

抗体及被动抗体疗法在传染病治疗中的应用可追溯到 19 世纪末，距今已有 120 多年的历史，最初是使用来自免疫动物的血清，提供了针对严重细菌

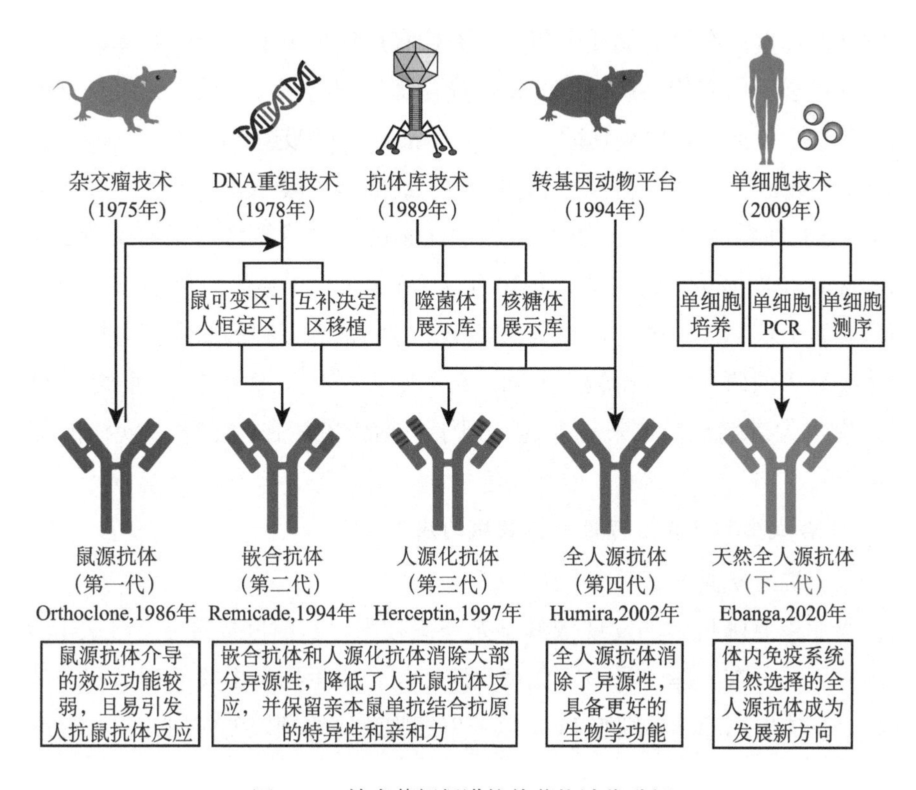

图 4-49　技术革新促进抗体药物迭代升级

感染的首个有效治疗选择[735]。贝林等通过用破伤风梭状芽孢杆菌和白喉棒状杆菌的细菌毒素免疫马，产生了能够中和毒素的马抗血清，并成功地为这些严重疾病提供了治疗方法[736]。由于在血清疗法和被动免疫上的研究，尤其是对白喉治疗的贡献，1901 年贝林被授予首届诺贝尔生理学或医学奖。随后，多种血清疗法被开发用于治疗由脑膜炎奈瑟氏球菌、嗜血杆菌和 A 族链球菌等引起的传染病。但由于血清疗法涉及大量蛋白的粗混合物，即使在使用人血清制剂时也会引发过敏和血清病等副作用。尽管后来纯化技术的进步改善了制剂的安全性，但由于较高的生产成本和较窄的适用性，当更广泛有效和更便宜的抗生素引入传染病治疗领域后，血清疗法在很长时间里仅限于针对少数蛇毒、细菌毒素和病毒的治疗[737]。

1975 年，米尔斯坦（Milstein）和科勒（Köhler）创立了具有划时代意义的杂交瘤技术，使得抗体治疗由免疫血清或多克隆抗体发展到单克隆抗体。进入 20 世纪 80 年代后，基因工程逐渐应用于抗体技术领域，加快了治疗性抗体开发速度。在过去的几十年中，炎症和肿瘤相关的治疗性抗体取得了革命性的进展，但在传染病领域的抗体疗法却发展有限。目前，已经获批的几款传染病相关治疗药物及其适应症为：Synagis［呼吸道合胞病毒（respiratory syncytial virus，RSV）感染，1998年］、Abthrax（吸入性炭疽，2012年）、Zinplava（艰难梭菌感染，2016年）、Inmazeb（埃博拉病毒感染，2020年）和Ebanga（埃博拉病毒感染，2020年）。近年来，单克隆抗体陆续在埃博拉病毒、寨卡病毒、人类免疫缺陷病毒和新冠病毒等引起的重大传染性疾病治疗药物临床前研究中取得较大成功。相信随着科学技术的进步，治疗性抗体将产生重大影响，会越来越多地应用于包括传染病在内的诸多疾病的临床治疗。

2）合成生物学在治疗性抗体领域的应用

（1）抗体发现

早期单克隆抗体的发现依赖于杂交瘤技术，其时间周期长、工作量大，且因种属差异在人体内易引发免疫反应。与合成生物学相关的技术在转基因动物、抗体展示库、单细胞PCR以及单细胞测序等领域的应用在很大程度上从抗体的发现阶段解决了上述问题。

（i）转基因小鼠。通过基因编辑技术使小鼠内源性重链和κ轻链基因失活，并被人类抗体胚系序列取代。当受到抗原刺激时，转基因小鼠产生抗体，再通过常规的筛选技术可直接得到全人源抗体，而无需人源化改造。

（ii）文库展示。文库展示提供了抗体基因（基因型）和其编码的抗体片段（表型）之间的直接联系，通过克隆和筛选足够多样化的人类抗体基因的大型文库，可以实现获得全人源抗体的体外分离和鉴定。目前已经建立了基于表面展示的噬菌体、酵母、核糖体及哺乳动物细胞等诸多文库展示形式。

（iii）单细胞PCR。基于流式细胞术和多重引物PCR，可以从单个B细胞中扩增天然配对的抗体重轻链基因，极大地提高抗体发现效率。

（iv）单细胞测序。随着单细胞测序技术的出现，对机体免疫抗体库的全面分析已成为可能。通过对康复者或免疫动物的B细胞中抗体可变区基因的高通量测序，再对序列进行基于丰度或结构的分析，从中发现潜在的功能抗体，合成表达后进行活性验证。

（2）抗体改造

尽管基于抗体的治疗取得了成功，但仍然需要克服多方面的缺点，如免疫原性、组织穿透性、聚集性、溶解性等。在过去的几十年中，使用抗体工程技术来改善治疗性抗体的性质已取得了很大进展，产生了多种新颖的抗体形式，赋予了抗体增强的属性。这些新型分子包括：效应增强抗体、抗体药物偶联物（antibody drug conjugate，ADC）、双特异性抗体和单域抗体等。

（i）效应增强抗体。通过对可结晶（fragment crystallizable，Fc）结构域的修饰改造（如点突变、糖基化修饰等），增强抗体与效应细胞上 Fc 受体的亲和力，进而改善抗体的抗体依赖性细胞介导的细胞毒作用（antibody-dependent cell-mediated cytotoxicity，ADCC）、补体依赖的细胞毒性（complement dependent cytotoxicity，CDC）和药代动力学 / 药效学（pharmacokinetics and pharmacodynamics，PD/PK）特性等。

（ii）抗体药物偶联物。通过特定的连接子将抗体和小分子药物连接起来，抗体发挥靶向递送作用，小分子药物发挥效应功能。

（iii）双特异性抗体。通过化学偶联或基因工程的方法，赋予抗体靶向两种特异性抗原结合位点的能力，以连接靶细胞和效应分子或实现单一抗体对两种病原的保护。

（iv）单域抗体。单域抗体的分子质量为 12 ～ 15 kDa，具有良好的溶解度、组织渗透性和稳定性。改善的组织渗透性使其可以穿越血脑屏障，在中枢神经系统疾病的治疗中具有明显优势。

（3）抗体生产

为满足对抗体药物持续增长的需求，进一步降低生产成本，开发高效的生产细胞系至关重要。由于重组蛋白的功效和免疫原性与其翻译后修饰直接相关，因此哺乳动物细胞系是表达系统的首选，60% ～ 70% 的生物药是基于哺乳动物细胞生产的[738]。然而，与基于细菌或酵母的生产宿主相比，哺乳动物表达系统在生长能力、培养时间和制剂产量等方面仍具有瓶颈。细胞工程技术的进步实现了对生产细胞系的性能改善[739]，方法如下。

（i）通过导入糖基化相关基因，使工程细胞具有与人类相似或相同的翻译后修饰。

（ii）通过使代谢相关基因过表达调整细胞代谢活动，进而提高工程细胞培养寿命和表达产量。

（iii）通过抗凋亡或增生性基因的过表达来提高培养性能。

（iv）通过增强细胞的蛋白质生物合成机制或分泌能力提高重组蛋白的产量等。

3）治疗性抗体面临的瓶颈和障碍

在过去5年中，抗体已成为制药市场上最畅销的药物之一，2018年，全球十大最畅销药物中有8种是生物制剂，其中6种为抗体药物。2018年，全球治疗性单克隆抗体市场价值约为1152亿美元，预计到2025年将达到3000亿美元[740]。作为潜力巨大的新药，治疗性抗体药物正在高度活跃发展，已被批准用于治疗各种人类疾病，包括多种癌症、自身免疫病、代谢和感染性疾病。尽管如此，治疗性抗体距离真正普遍应用还需克服许多瓶颈和挑战。重组蛋白的复杂性和高昂的制造成本是抗体药物在疾病治疗领域广泛可及的主要障碍。此外，对于传染病来说，治疗性抗体的开发还受到高等级生物安全防护的要求、相对较小的市场、诊断学并行发展的需要以及可预测动物模型的缺乏等多方面的影响和限制（图4-50）。

4）合成生物学助力治疗性抗体未来变革

过去的几十年里，合成生物学领域的发展已经极大地促进了治疗性抗体的开发与应用。在这里，结合合成生物学领域的几项新兴技术对治疗性抗体设计与开发的未来发展方向进行分析和探讨（图4-51）。

（1）量身定制——抗体分子从头设计

对天然免疫球蛋白的性质和功能进行定向改造，乃至创造有新功能的人工免疫球蛋白，对治疗性抗体开发具有重要意义。传统基于结构的抗体改造技术（如定向进化）对天然序列进行小的扰动，本质是一种试错方法，其效率依赖于高通量筛选，且难以创造出具有新结构和新功能的抗体。抗体分子从头设计，需要综合考量其与抗原作用界面、聚集性等结构功能，通过计算手段确定氨基酸序列，从而获得按需定制的人工设计抗体。例如，基于能量函数的优化策略，可以获得结构稳定性更高的抗体分子；基于负设计策略，可以获得有特殊识别能力的双特异性抗体等[741]。

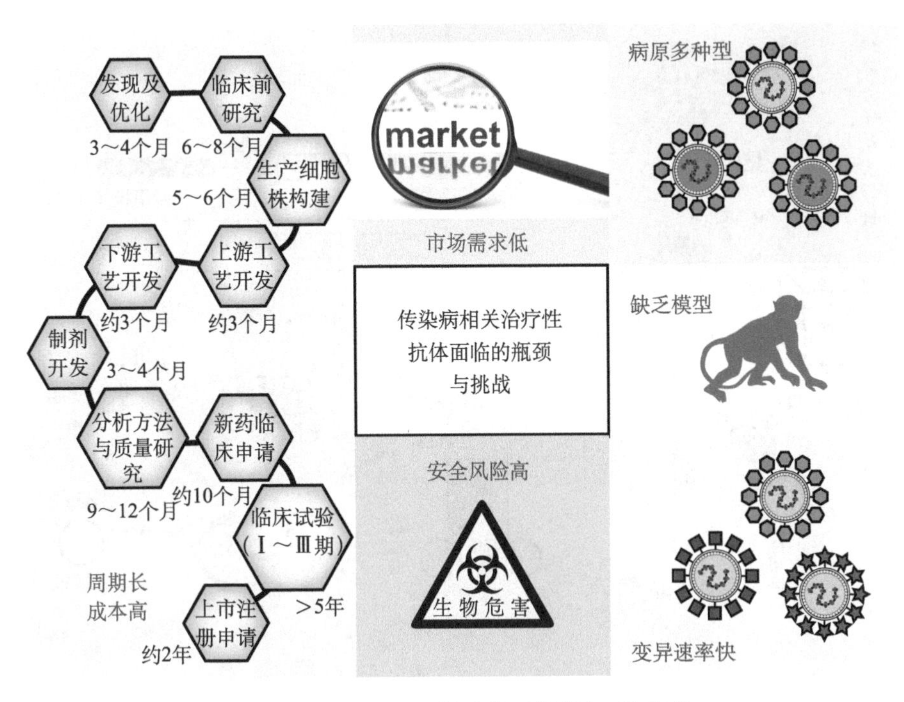

图 4-50　传染病治疗性抗体面临的瓶颈与挑战

早期基于序列的抗体设计主要是对天然序列的部分或全部位点进行随机突变、对片段分区进行随机组合，之后对抗体进行功能筛选。传统方法局限性在于序列的多样性随着序列长度的增加呈指数级增长（每个位点的碱基有4种可能性），而实验文库的容量是有限的（10^6 ～ 10^8 复杂度），造成文库筛选的困难。考虑到氨基酸序列的每个位点有20种可能性，其序列的多样性空间更大。另外，局部的随机突变可能造成折叠构象的异常，且获得新功能抗体的概率较低。从抗体序列出发，可以提取序列和相应功能的高维特征，特征之间存在非显式的复杂关联。人工智能和数据挖掘技术的发展为基于序列特征设计新功能的抗体序列提供支撑，深度学习算法可应用于挖掘序列特征，并将特征映射于不同维度空间，结合寻优算法，有望在庞大的序列空间中探索出特定功能的抗体序列。由此实现抗体序列从无到有的人工智能设计，能够大大减少生物实验的工作量，提高抗体发现的效率。在不久的将来，随着序列设计智能算法的不断迭代升级，有望实现抗体序列的人工定向快速进化和功能性抗体的高效设计。

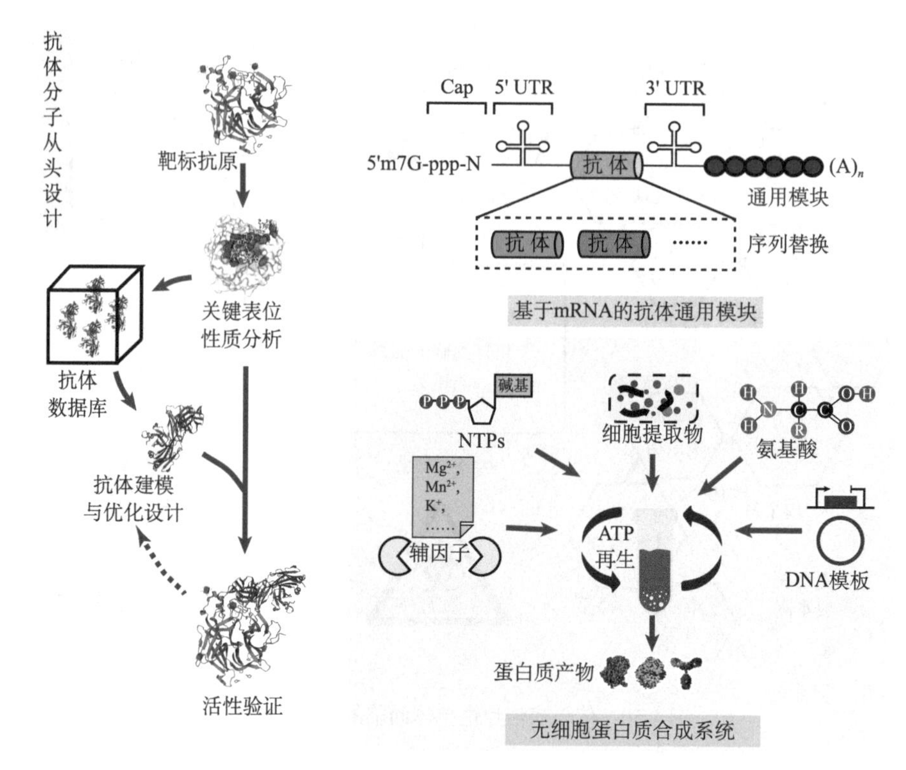

图 4-51　传染病治疗性抗体面临的新技术与新机遇

注：UTR：非翻译区

（2）个体生物反应器——基于 mRNA 的抗体体内合成

过去的几十年里，治疗性抗体正在迅速改变医药市场，并已成为治疗自身免疫性疾病、传染病、癌症、骨质疏松症和高胆固醇血症最成功的治疗方法之一[742]。尽管分子生物学和基因工程方面的技术革新极大地促进了治疗性抗体的开发与应用，但成功地将治疗性抗体从研发推向市场仍面临较长时间周期、高昂金钱成本、复杂生产质控工艺以及持续全身性给药等各方面的挑战和瓶颈。通过传递抗体本身的遗传信息可能是克服抗体复杂生产过程和异常翻译后修饰等问题的潜在方法。与蛋白质形式的抗体药物相比，核酸疗法具有以下优势[743]。

（i）蛋白质由 20 种不同的氨基酸组成，其理化性质非常复杂。这意味着对于每种蛋白质，在生产、纯化、储存等过程都需要进行相应条件的特别优化。而核酸是由 4 种基本单元组成的带负电荷的糖－磷酸骨架聚合物，其理化性质一致性较好，各环节不需单独优化。

（ii）可以局部或靶向递送，原位抗体的表达可能会减少达到治疗效果所需剂量。

（iii）可以持续表达，尤其是半衰期短的抗体可以从中受益。

（iv）简单、快速、具有成本效益。

截至目前，已经报道了多种基因治疗载体（如病毒载体和质粒 DNA），但这些载体往往存在一定局限性，如预存免疫、获得性抗载体抗体、体内调节抗体产生困难和毒性作用等[744]。相较 DNA 而言，mRNA 不存在基因组整合、插入突变以及产生抗 DNA 抗体的风险，到达细胞质即可诱导蛋白表达，并具有多次给药的潜力，为治疗性抗体的递送提供了一种安全、简单、有效和通用的替代方法。

mRNA 编码抗体的概念最早在 2008 年的一项专利申请中首次提出（EP 2101823 B1）。但与 mRNA 技术在疫苗领域的历程相似，其在治疗性抗体方面的应用也一直受限于 mRNA 在体内的稳定性、递送和翻译效率等因素。直到最近的技术进步在很大程度上克服上述问题之后，几项 mRNA 抗体研究在小型啮齿动物模型中取得突破性进展[743]。结果表明 mRNA 抗体在治疗肿瘤、抗感染和中和毒素等方面具有良好的潜力，其治疗效果还需要在更大动物体内获取更多实验数据的支撑。mRNA 作为抗体平台面临的主要挑战包括：相对稳定的 mRNA 单元、安全有效的递送系统、抗体分子量或结构在 mRNA 形式上的限制等。相信随着科学技术的进步和对 mRNA 药物的深入研究，mRNA 抗体疗法在未来会不断发展和完善，进入更多疾病治疗领域。

（3）蛋白质化学工厂——无细胞抗体合成系统

蛋白质是抗体药物靶点的主要来源，而抗体本身也是一种蛋白质。在抗体药物开发中，快速、简便、高质量地生产不同种类的蛋白质对结构和功能分析具有重要意义。无细胞蛋白质合成系统（cell-free protein synthesis system，CFPS）由于其灵活性，不受细胞的限制，正在成为生产蛋白质的一种极具吸引力的替代方案。CFPS 以外源 mRNA 或 DNA 为模板，通过向细胞抽提物的酶系中补充底物和能量在体外合成蛋白质。抗体的进化、选择和工程化设计可以从 CFPS 领域的技术进步中获得极大的好处：①基于 CFPS 方法的新型展示技术使多聚体蛋白的体外进化成为可能，便于开展更复杂的蛋白质工程；

②由于从合成到功能检测的时间周期非常短，CFPS 系统可以通过重复或 / 和平行筛选加速抗体的构建评估过程；③非常规氨基酸的引入扩大了化学组成范围，从而增加了修饰和改进治疗性抗体方法的可能性。

使用 CFPS 技术，可以在几个小时内灵活地生产抗体。在大肠杆菌、草地贪夜蛾细胞（Spodoptera frugiperda cell，SF）、网织红细胞、中国仓鼠卵巢细胞（Chinese hamster ovary，CHO）以及小麦胚芽的 CFPS 系统中已经成功合成了不同形式的抗体，包括 scFv、Fab 片段以及完整的 IgG 分子[745]。除了抗体的合成，CFPS 技术还可以用来构建抗体展示库。与噬菌体和酵母展示技术相比，开放性的体外 CFPS 展示系统（如核糖体和 mRNA 展示库）可以产生更大的库容量。从理论上讲，文库的大小只受所添加的 mRNA/DNA 的数量、反应体积和系统内核糖体数量的限制，库容量大小为 10^{12} ～ 10^{15}/ml CFPS 反应体系[746]。相比之下，噬菌体和酵母展示的文库多样性为 10^{6} ～ 10^{10}。CFPS 系统还可以为 ADC 药物制备偶联药物前体，消除内源性氨基酸残基随机生成的偶联物所产生的异质性和不稳定性。此外，基于 CFPS 系统，科学家还提出了镜像抗体的概念——通过由镜像 D- 氨基酸代替天然 L- 氨基酸，有望使抗体药物克服免疫原性、延长半衰期以及实现口服等[747]。最近，CFPS 系统还被用于 SARS-CoV-2 病毒中和抗体研究工作[748]。

在过去的十年中，CFPS 系统已经从实验室方法发展到商业和大规模应用。随着对 CFPS 系统生物合成潜力认识的不断提高、方案的简化、裂解物质量的改善以及蛋白质制备适用范围的扩大，CFPS 系统必然在未来治疗性抗体开发领域产生重大影响。

（二）合成生物学在慢病防治领域的应用

现代生物医学技术在疾病诊断、治疗、预后、康复及大健康防控与干预等领域面临诸多挑战，存在较多难以突破的瓶颈。合成生物学作为新的关键技术将在医学及制药领域具有广泛的应用前景并将产生深远影响。医药合成生物技术的发展不仅需要生物学、基础医学和临床医学的引导，还需要加强与信息科学、药学、生物医学工程、材料科学、化学等其他学科的交叉融合。

合成生物学在 DNA 合成与组装、人工基因线路的工程化、无细胞及全细胞的非天然核苷酸和氨基酸合成、生物大分子的高效安全递送等新一代基因表达干预技术上的突破，使得识别整合多个疾病信号，编程宿主细胞，并对其功能进行修复和优化成为可能，达到干预和治愈疾病的目的。

合成生物学已经在药物发现及医学研究工具的开发，天然产物的高效生物合成，针对重大疾病治疗药物的人工绿色智造，非天然核苷和氨基酸人工合成与生产，基于微生物的疾病诊断与治疗，细胞类药物的设计、改造、生产与疾病治疗，人工大器官的改造与制备等领域取得了积极的进展，并展现出从化学小分子或大分子生物药物过渡到与“活体”药物互补并存的局面。

科学技术部通过“十二五”“十三五”相关规划部署了一批医学合成生物学项目，在基因线路设计原理和模块化拼装、基因表达调控网络解析以及利用细菌干预肿瘤等方面取得了一定的成绩，具备了开展医药合成生物学基础研究、智能诊疗技术创新与应用的基础与条件。我国在元器件设计合成、合成逻辑基因线路、细胞药物及精确调控等方面实现了基础理论与实践的突破；在生物元件库建设、药品生产的细胞工厂、疾病诊疗基因元件等方面取得了可喜的进展。在医用基因线路设计方面，建立了哺乳动物细胞合成生物学与疾病治疗的研究平台，初步设计、合成了一系列基因网络控制系统用于细胞和基因治疗，为肿瘤、心脑血管及代谢等重大疾病治疗提供了新思路、新方法。

我国合成生物学产业与研究整体处于领先地位，从事合成生物技术产业的公司数量位居全球第一，包括 DNA 合成技术、肠道微生物治疗、活体基因治疗、新药的快速发现与制备等，但我国从事医药合成生物技术开发的企业在核心知识产权上处于劣势，大部分处于产品和技术模仿跟踪阶段，原始创新能力较弱，核心技术较少。

随着对人类基因组研究的不断深入，已知基因表达调控并非孤立、单一事件，涉及复杂的信息网络与许多信号分子的相互作用[749]、相互制约和影响[750]。近十余年中，随着合成生物学、生物信息学以及人工智能的快速发展，合理设计具有预期功能的高效人工基因线路取得了长足进展。合成生物学技术能将相关分子部件工程化、模块化，并进行理性设计、改造、重建，可对细胞的复杂行为进行编程调控，实现有效的人工可控基因表达[751,752]，因此合成生物学被认为是引领生物科技产业第三次革命并将推动第五次工业革命的新学科。目前合成生物学已经在多个应用领域取得了重大进展[10,753,754]。早期阶段合成生物学主要包括设计和构建一些基因拨动开关（toggle switch）[1]、振荡器（oscillator）[12,755]、定时器（clock）[13,756]、计数器（counter）[757]、模式检测器（pattern detector）[758]和细胞通讯系统（intercellular communication module）[759]等。随后一些开创性实验证实了合成生物学用于疾病治疗的可能性，为现代医学带来了新的思路和策略（图 4-52）。迄今，合成生物学在医学领域的发展已崭露头角，推动了肿瘤、糖尿病等疾病的治疗发展[760]。

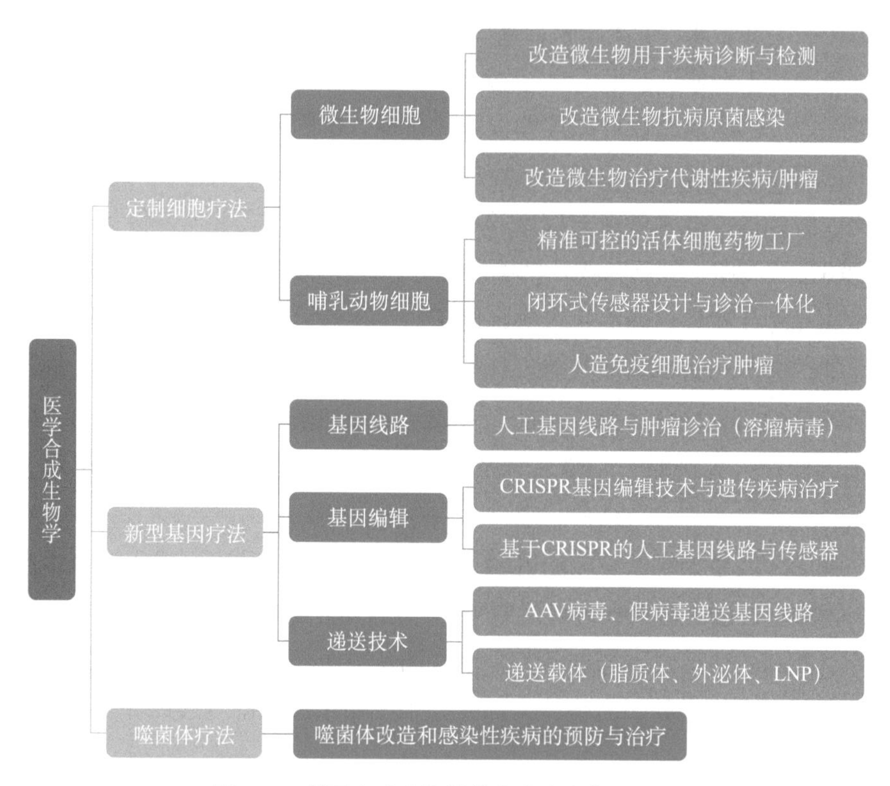

图 4-52　基于合成生物学的疾病诊疗发展现状

1. 医学合成生物学现有的状况和水平

1）定制细胞疗法

目前，以人工定制细胞为基础的细胞疗法作为一种里程碑式的新型治疗手段，突破了传统手术和药物治疗的局限，为癌症等疑难疾病提供了全新的治疗思路和途径，可以根据患者的实际病情实时反馈疾病相关的生物标记，并以此为命令快速开启药物的合成与释放，使其具有特定的治疗功效，从而实现疾病的精准个性化治疗。

（1）微生物细胞疗法

在人体口腔、肠道等部位存在大量微生物，它们以共生的方式与人体形成微生态系统。在从人体获得安稳的生存环境的同时，它们也帮助人体抵抗病原体的侵蚀，分泌益生成分（如维生素等），并促进人体免疫系统的完善[761]。美国国立卫生研究院资助的人类微生物群系项目（Human Microbiome Project，HMP）和欧洲人类肠道宏基因组计划（Metagenomics of the Human Intestinal Tract，MetaHIT）实施以来，人们对微生物群及其与健康和疾病的关系的了解呈指数级增长，围绕这一领域市场规模正在飞速发展壮大。近年来，利用微生物制剂诊断和治疗疾病、改善健康状况成为热门选择，而经过合成生物学改造以提高其可控性与有效性极大地促进了微生物在疾病诊疗中的应用。

代谢性疾病治疗成本高、疗效差，且无法治愈，过程痛苦。经过改造的工程微生物可以定植于患者的消化道中，长期持续地缓解患者的症状。通过在植物乳杆菌（*Lactobacillus plantarum*）NC8 中融合表达金枪鱼框架蛋白和黄鳍框架蛋白可以合成血管紧张素转化酶抑制肽，从而有效降低高血压大鼠的收缩压、内皮素和血管紧张素Ⅱ的水平[762]。在乳酸乳球菌（*Lactococcus lactis*）NZ9000 中表达 HSP65-6P277 融合蛋白，可以显著提高非肥胖糖尿病小鼠的葡萄糖耐受性，并减少胰岛炎的发生[763]。在乳酸菌中表达各种形式的 GLP-1，对 2 型糖尿病具有治疗效果。产 *N*- 酰基磷脂酰乙醇胺的 *Escherichia coli* Nissle 1917（EcN）工程菌可以预防小鼠肥胖，并治疗小鼠由果糖引起的脂肪肝和缺铁[764]。

由于多种厌氧菌会有倾向性地在实体瘤中繁殖，因此可用作抗癌药物的载体，而采用合成生物学方法可提高微生物靶向肿瘤和载荷药物的能力。减毒的沙门氏菌经改造后通过表达细胞凋亡相关基因 *fadd*、细胞因子如干扰素 -γ 或来自创伤弧菌（*Vibrio vulinficus*）的鞭毛蛋白 B 用于肿瘤杀伤或免疫治疗[765-767]。群体感应系统、水杨酸调控组件等也被引入沙门氏菌以控制抗肿瘤药物的表达与释放[768,769]。大肠杆菌被设计识别实体瘤细胞中的葡萄糖，以此为药物载体能够更好地定位和杀死癌细胞[770]。与十字花科蔬菜联合使用时，工程化的大肠杆菌能够定位到癌症发生部位，并通过分泌黑芥子酶将十字花科蔬菜的活性物质催化形成抗癌制剂，从而预防结直肠癌并杀伤结直肠癌细胞[771]。长双歧杆菌在实体瘤中具有优异的定植和增殖能力，经改造表达肿瘤抑素可抑制肿瘤增殖并诱导肿瘤内血管内皮细胞凋亡[772]。

除此之外，微生物经过设计改造还可用于对抗病原菌感染[773]，治疗疟疾[311,774]，递送治疗性外源蛋白至宿主黏膜来治疗炎症[775]、预防和治疗过敏[776]、加快创伤愈合[777]等。利用微生物中的传感组件构建活体诊断剂也是工程化微生物的重要研究方向。在益生菌中改造噬菌体 CI/Cro 双稳态开关检测连四硫酸盐或构建细菌来源的硫代硫酸盐感受器可实现肠炎的诊断[778]；通过整合血红素响应的转录阻遏蛋白可以改造大肠杆菌，检测肠道出血[779]；构建全细胞生物传感器检测尿液和血液样本中的生理指标，可实现炎症和糖尿病的诊断[780]；Danino 等[781]还利用 EcN 特异性靶向肿瘤的特性对其进行改造，实现了通过检测尿液诊断肝癌。总之，以微生物为底盘在细胞治疗中具有显著的优势，越来越多的微生物被开发和改造用于疾病的诊断与治疗。

（2）哺乳动物细胞疗法

真核细胞具有持续感知、整合和存储与机体状态相关的生理和生物信息的能力。真核细胞作为底盘细胞能够源源不断地产生蛋白药物、自动调节剂量和生物利用度、对机体进行个性化治疗。因此，越来越多的科学家关注于设计更适用于临床的哺乳动物转基因调控装置。

i. 精准可控的活体细胞药物工厂

近年来，科学家开发出了一系列与疾病治疗相关的可控基因开关，它们可以通过感应外界的刺激或机体内的代谢信号，重新编程细胞行为，从而实现临床治疗的目的。可控基因开关可以按不同的刺激因子分为：化学物质调控的基因开关；光调控的基因开关；超声或磁调控的基因开关；电调控的基因开关。

四环素[782]、大环内酯类抗生素[783]和链阳菌素[784]等调控的基因开关是早期经典的化学物质调控系统，在调控基因表达和筛选药物方面都有较为成熟的应用。但这些基因开关是由一些会对人体产生副作用的抗生素作为诱导剂，极大地限制了其应用范围。近期，科学家开发了一些新的健康安全的小分子物质调控的基因开关并将其应用于疾病治疗，如咖啡因调控的基因开关用于治疗糖尿病[785]；齐墩果酸调控的基因开关用于治疗肝病、糖尿病[786]；降血压药物胍那苯调控的基因开关用于治疗代谢综合征[787]；绿茶调控的基因开关用于治疗糖尿病[788]。这些安全的基因开关有效地促进了哺乳动物合成生物学在疾病治疗中的应用。

由于光处理生物信息的非侵入性、瞬时快速、精确、高时空分辨率和可逆性的优势，光遗传学技术在疾病治疗领域引起了极大的关注，被用于治疗神经疾病、肿瘤、糖尿病和心脏病等[789-791]。近年来，科学家开发了一些由蓝光、红光、紫外线以及近红外光调控的基因开关，包括光受体视黑素系统[792]、光-氧-电压结构域蛋白系统[793]、隐花色素系统[794]、光敏色素B红光系统[795]和细菌光敏色素系统[796]等。

这些光控的基因线路在疾病治疗上具有极大的应用前景。2011年，华东师范大学叶海峰课题组开发了蓝光调控的基因开关来治疗2型糖尿病，通过在细胞中异位表达蓝光响应G蛋白耦联受体视黑素（melanopsin），通过蓝光照射后激活melanopsin受体，触发细胞内信号级联反应，使得转录因子活化T细胞核因子（nuclear factor of activated T cells，NFAT）磷酸化入核，驱动具有降血糖功能的胰高血糖素样肽-1（glucagon-like peptide-1，GLP-1）基因表达。将导入了该系统的工程化细胞以微胶囊包裹的形式植入到2型糖尿病小鼠体内，可以通过蓝光的照射调节GLP-1的分泌，使糖尿病小鼠血糖维持稳态[792]。

相比于光，超声和磁具有更强的穿透性，这使超声调控的基因开关在糖尿病和肿瘤等疾病治疗上更具优势。2012年萨拉·A. 斯坦利（Sarah A. Stanley）开发了微波调控的基因开关并将其用于治疗糖尿病。该基因开关中将温度敏感型的离子通道瞬时受体电位香草酸亚型1（transient receptor potential vanilloid type 1，TRPV1）与生物磁珠偶联，当在微波辐照或磁场刺激下，TRPV1表面修饰的磁珠会产生磁热效应，活化TRPV1，进一步激活NFAT信号通路，驱动胰岛素的表达[797]。虽然微波和磁在作为诱导物上具有无踪迹、穿透性强的优势，但目前开发微波或磁控装置都是利用热效应激活温度敏感型通道，致使在治疗过程中组织局部温度超过人体的正常温度，从而造成对机体的伤害。

克日什托夫·克拉夫奇克（Krzysztof Krawczyk）等科学家开发了能够感应电的基因开关并用其治疗1型糖尿病。该基因开关中，加入电脉冲时，L型电压门控钙离子通道打开，钙内流激活钙调蛋白/钙调磷酸酶途径，导致NFAT

去磷酸化并激活 NFAT 特异性启动子（$PNFAT_3$），触发胰岛素表达[798]。在这项工作中，开发了一种可穿戴电子设备，实现了首个通过无线电控制定制细胞的功能并用于治疗 1 型糖尿病，推进了电遗传学在疾病治疗领域的发展。

ii. 闭环式传感器设计与诊疗一体化

闭环式传感器是通过识别机体内的代谢物质，重新编程细胞内部的代谢活动，同时还具备反馈调节机制，从而实现诊治一体化。因此，越来越多的闭环式传感器被用于疾病的诊断和治疗，如尿酸传感器用于治疗痛风[799]、多巴胺传感器用于治疗高血压[800]、脂肪酸传感器用于治疗肥胖[800]、甲状腺激素传感器用于治疗甲亢[801]、细胞因子交换器用于治疗银屑病[802]，以及胰岛素传感器用于治疗 2 型糖尿病[803]。2016 年，谢明岐等科学家开发了自动感应葡萄糖并调节胰岛素释放的闭环式传感器，并用其改善 1 型糖尿病小鼠血糖稳态[804]。2017 年，华东师范大学叶海峰课题组将光遗传学、电子工程学、软件工程学相结合，开发了智能手机调控的工程化细胞，用于糖尿病血糖稳态控制[805]。这项工作将合成生物学、光遗传学与电子设备读取和产生高精度数字信号的能力相结合，开创了全球首个将即时检验技术、移动电子通信技术和光控定制细胞药物相联合的移动医疗装置，为未来实现将基于细胞治疗的精准药物引入临床奠定基础。

iii. 人造免疫细胞治疗肿瘤

由于人们生活习惯的改变和压力的增加，肿瘤的发病率快速攀升并呈年轻化趋势发展，传统的化疗、放疗等手段已经无法遏制病情的快速发展。随着肿瘤学、免疫学和分子生物学的迅速发展及学科的交叉渗透，肿瘤免疫治疗研究日益深入，在肿瘤治疗方面展现了极大的应用前景，其中的研究热点为基因工程化 T 细胞过继性免疫治疗，主要包括基因工程化 T 细胞受体（T cell receptor，TCR）和基因工程化嵌合抗原受体（chimeric antigen receptor，CAR）[806,807]。近几年来，通过过继传输可特异性结合特定抗原的 CAR-T 细胞技术、CAR-NK 细胞技术和 CAR-M 细胞技术在临床抗肿瘤试验中取得了显著的疗效，引发了研究的新高潮[808]。

科学家利用合成生物学技术，开发出了基于 synNotch 受体的与门 CAR-T 细胞技术[809]、雷帕霉素调控的“ON 开关”和“自杀开关”的 CAR-T 细胞技术[810]、四环素调控的“暂停开关”的 CAR-T 细胞技术[811]、调控 T 细胞增殖的核糖体开关[812]、HEK-T 细胞技术[813]、TamPA-Cre（ERT2-CreN-nMag 和 NLS-pMag-CreC）蓝光系统[814]、基于 CAR 和嵌合共刺激受体（chimeric costimulatory receptor，CCR）的与门技术[809]、基于细胞毒性 T 细胞抗原 4（cytotoxic T lymphocyte associated antigen-4，CTLA4）和程序性细胞死亡蛋白 1（programmed cell death protein 1，PD1）的抑制型 CAR（inhibitory CAR，iCAR）系统[815]，以及基于串联式 scFv 的或门 CAR-T 细胞技术[816]等，用于特异性识别并治疗肿瘤，大大地扩展了肿瘤免疫疗法的应用。2021 年，华东师范大学叶海峰课题组把生物学的“开关”整合到了 CAR 中，利用红酒成分（白藜芦醇）的特性有效地调控 CAR-T 细胞杀肿瘤[817]。该研究实现了 CAR-T 疗法的可控性，并能有效地避免细胞因子风暴，而且更安全、可控地去治疗肿瘤。

自然杀伤细胞（natural killer cell，NK 细胞）是先天免疫系统的重要组成部分，是机体抵御病毒感染和肿瘤细胞的一线防御系统。对 NK 细胞进行反转录病毒或慢病毒修饰，使其表达抗体衍生的单链可变片段，可有效靶向肿瘤细胞[818]。与 CAR-T 细胞相比，CAR-NK 细胞具有一些显著的优势，包括：①更好的安全性，在自体环境中不会引起明显的细胞因子风暴和神经毒性，同种异体 NK 细胞输注耐受性良好；②通过多种受体识别各种配体来抑制癌细胞；③ NK 细胞在临床样本中非常丰富，可以从外周血、脐带血、人类胚胎干细胞和诱导多能干细胞中产生[819]。CAR-NK 细胞可以被设计成靶向多种肿瘤表面抗原、增强体内增殖和持久性、增加对实体肿瘤的浸润和克服耐药肿瘤微环境，最终实现有效治疗肿瘤的目的[808]。

与 CAR 修饰的 T 细胞一样，CAR-NK 细胞首先被用于血液系统恶性肿瘤的测试，临床前数据证实了 CAR-NK 细胞能有效治疗白血病、淋巴瘤和骨髓瘤。为了治疗 B 细胞恶性肿瘤，CAR-NK 细胞（iC9.CAR19.CD28-ζ-IL-15）通过靶向 CD19 抗原、转基因表达 IL-15 促进增殖和转基因表达细胞凋亡蛋白酶 9 提供一个安全开关，在 Raji 淋巴瘤小鼠模型体内和体外均显示出有效的抗 B 细胞恶性肿瘤活性[808]。2019 年，夏建川教授团队开发了抗 αFR-CAR 改造的 NK-92 细胞，其对 αFR 阳性卵巢癌具有较强的细胞毒性，为未来通过免疫细胞治疗卵巢癌的进一步临床研究发展奠定基础[820]。2021 年，卡塔洋·雷兹瓦尼（Katayoun Rezvani）团队通过细胞因子找到了一个新的增强 CAR-NK

细胞疗法的方式，将影响 IL-15 表达的关键蛋白和 CAR-NK 细胞巧妙地结合在了一起[821]。经过改造后的 CAR-IL-15-NK 细胞具备更强的杀伤能力，极大地增强其抗淋巴瘤的能力。

CAR-T 细胞治疗已被证明是一种有效的治疗血液肿瘤的方法，但在治疗实体肿瘤方面仍然缺乏有效性。在肿瘤微环境中，巨噬细胞是浸润率最高的天然免疫细胞。由于巨噬细胞可以渗透实体肿瘤组织，并与肿瘤微环境中几乎所有的细胞成分（包括肿瘤细胞，免疫细胞如 T 细胞、NK 细胞、树突状细胞（Dendritic Cells，DCs），以及其他驻留的非免疫细胞）相互作用，因此研究人员正在尝试使用 CAR 修饰的巨噬细胞（CAR-M）来对抗实体肿瘤[822]。

2019 年，南京大学沈萍萍教授团队设计了由靶向人类 HER2 的单链抗体片段、IghG1 的一个铰链、小鼠 CD147 分子的跨膜和细胞内区域组成的 CAR-147 巨噬细胞。CAR-147 巨噬细胞可显著抑制 4T1 乳腺癌小鼠模型肿瘤的生长、破坏肿瘤的细胞外基质、提高肿瘤组织中 IL-12 和 IFN-γ 的水平，从而促进 T 细胞向肿瘤浸润，发挥抗肿瘤作用[823]。2020 年，克里奇（Klichinsky）团队采用靶向 HER2 的 CAR 对巨噬细胞进行改造，并使用小鼠模型对 CAR-M 细胞对肿瘤的杀伤效果进行了评估[824]。CAR-M 可以有效杀伤 SKOV3 人卵巢癌细胞并延长小鼠的总生存期、减少 SKOV3 细胞的肺转移、抵抗肿瘤相关的巨噬细胞 TAM 向 M2 巨噬细胞转化，并主动向 M1 巨噬细胞转化。CAR-M 在小鼠模型中成功抵抗了 TAM 的影响并向 M1 型巨噬细胞转化，从而发挥了肿瘤杀伤功能。

2）新型基因疗法

合成生物学通过使用人工基因线路干预肿瘤细胞或改造免疫细胞，开发革新肿瘤治疗方法，目前已取得巨大发展，多项研究成果有望应用于临床。

（1）人工智能基因线路

溶瘤病毒（oncolytic virus，OV）疗法是治疗肿瘤的新方法，被认为是肿瘤治疗领域的下一个重大突破点。OV 是天然的或基因修饰而成、有选择性复制能力的肿瘤杀伤型病毒，能够直接裂解肿瘤细胞，且不损伤正常细胞。目前，OV 可分为腺病毒（adenovirus，AD）、痘病毒、疱疹病毒、呼肠孤病毒和柯萨奇病毒等；给药方法有瘤内注射、静脉输送、胸腹腔和膀胱内注射、细胞载体四种。OV 发展至今，已经历了多次迭代：第一代，仅具有肿瘤特异性，如 H101、Reolysin 和 Telomelysin；第二代，具有肿瘤特异性，含有 1 个功能性外源基因的表达，如 T-VEC、JX-594 和 H102；第三代，具有肿瘤特异性、免疫调节与免疫治疗功能，多于 1 个功能性外源基因的表达，外源基因功能相互协调，如 GO701 和 GV802[825]。

溶瘤性单纯疱疹病毒（oncolytic herpes simplex virus，oHSV）的疗效受到先天免疫效应细胞快速清除病毒和瘤内病毒传播差的限制。2019 年 5 月，美国希望之城国家医疗中心的 Jianhua Yu 研究团队设计了一个 oHSV 以表达 E- 钙黏着蛋白（CDH1），一种黏附分子和 KLRG1 的配体 [826]。KLRG1 是在 NK 细胞上表达的一种抑制性受体，oHSV 通过表达 E- 钙黏着蛋白抑制 NK 细胞来增强 oHSV 的瘤内传播能力，进而显著改善胶质母细胞瘤小鼠模型的存活率。因此，病毒诱导的 E- 钙黏着蛋白的过表达可能是改善癌症病毒治疗的普遍策略。

病毒基因组工程改造已可实现多样化基因元件的添加，能够利用肿瘤特异性启动子和微 RNA 调控溶瘤腺病毒复制。2019 年 10 月，清华大学谢震课题组通过构建模块化的合成基因线路，调控溶瘤腺病毒在肿瘤细胞中的选择性复制，进而特异性杀伤肿瘤细胞，刺激抗肿瘤免疫，为溶瘤腺病毒的精准工程化改造提供了新型的解决方案，提高了溶瘤病毒靶向肿瘤免疫治疗的效果和安全性 [827]。但方案的局限性在于病毒基因组 DNA 的负载能力限制了更复杂基因线路的引入。

2019 年 11 月，日本东京国立传染病研究所竹田真琴（Makoto Takeda）团队将响应蓝光的 Magnet 蛋白定点分割后，分别插入病毒聚合酶的柔性结构域中，实现了溶瘤病毒的时空特异性复制 [828]。利用蓝光照射下 p-Mag 和 nMagHigh1 蛋白可逆性二聚化的特性，制备了以麻疹病毒或狂犬病毒为底盘的光控溶瘤病毒。只有当病毒聚合酶被蓝光照射激活时，病毒才会表现出强烈的复制和溶瘤活性。并在乳腺癌 MDM-MB-468 细胞荷瘤的小鼠中，成功实现光控溶瘤病毒抑制肿瘤生长。

此外，实体瘤杀伤的难点在于肿瘤特异性表面抗原的缺乏，以及如何特异性区分肿瘤细胞和正常细胞。2020 年 9 月，美国希望之城国家医疗中心研究人员通过基因工程手段对溶瘤病毒进行改造，使其进入肿瘤细胞，并在细胞表面表达截短的 CD19（CD19t）。同时利用特异性靶向 CD19 的 CAR-T 细胞识别并攻击这些实体瘤。实验显示，这种溶瘤病毒和 CAR-T 细胞的组合能够产生强大的协同效应，在三阴性乳腺癌、前列腺癌、卵巢癌、头颈癌、脑肿瘤等实体瘤中均能发挥作用[829]。

紧接着，武汉科技大学张同存教授团队创造性地把溶瘤病毒放进 CAR-T 细胞里，相当于给溶瘤病毒装上智慧导航，使它能精准地找到实体肿瘤，并溶解实体肿瘤坚硬的外壳，从而为 CAR-T 细胞打开“攻城”之门，得以进入实体瘤内，一起联手消灭肿瘤[830]。该项研究成果荣登 2020“创世技”颠覆性创新榜。

近日，总部位于纽约的 Humane Genomics 正在构建一个可以从“零”开始设计病毒的平台，与 CRISPR 工程化病毒的方法不同，这一创新平台的开发速度将更快、成本更低。Humane Genomics 将基于合成生物学开发能够精确靶向癌细胞的病毒；还可以装载抗肿瘤药物，以提高肿瘤杀伤能力或唤醒抗肿瘤免疫反应。不同于修改自然病毒（如疱疹病毒或水泡性口炎病毒）来对抗癌症，需要权衡其副作用，Humane Genomics 挑选出自然病毒好的一面，利用其有益的特性来建立合成病毒。该公司目前正在开发其第一个溶瘤病毒疗法，用于骨癌、肝癌、小细胞肺癌和胶质母细胞瘤。

（2）基因编辑

自 2013 年 CRISPR/Cas9 技术首次实现人体细胞的基因编辑开始，CRISPR 基因编辑技术便在医学领域有着不容小觑的发展潜力。科学家希望利用基因编辑技术修复致病基因，消除疾病。CRISPR 基因编辑技术在杜氏肌萎缩[831]、血友病[832]以及神经退行性疾病[833]等方面都取得了良好的治疗效果。一些基于基因组编辑技术的临床试验目前正在如火如荼地展开，相关报道也展示了它们良好的治疗效果。美国生物科技公司 Editas 与制药公司 Allergan 联合开展了通过 AAV 递送 CRISPR 体内敲除 CEP290 突变内含子的方式治疗先天性黑蒙 10（LCA10）的 1/2 期临床试验。北京大学邓宏魁研究组等多个研究团队利用 CRISPR/Cas9 基因编辑的成体造血干细胞（Hematopoietic stem cells，HSCs）治疗艾滋病和白血病患者[834]，实现了 CCR5 突变的 HSPC 在艾滋病合并急性淋巴细胞白血病患者中同种异体移植，急性淋巴细胞白血病症状仅在移植后 4 周就得到了缓解。此外，目前还有很多基于基因编辑的临床试验尚处于前期研究阶段，未来有希望获得批准用于更多疾病的临床治疗。

利用 CRISPR 系统的标准化模块，一些基于 CRISPR 系统的基因线路近年来被不断开发出来并用于记忆储存、生物计算机、疾病诊断等各个方面。例如 2016 年，卢冠达（Timothy K. Lu）课题组构建了一个基于 CRISPR/Cas9 系统的记忆储存装置，其能将事件的发生记录在细胞的基因组 DNA 中[835]。齐磊（Lei S Qi）团队利用诱导型的 dCas9-TF 系统构建了一组可实现多基因上调和下调的逻辑门等[836]。在疾病诊断方面，2018 年张锋团队开发了 CRISPR/Cas13 分子诊断技术，又名 SHERLOCK 技术，可以快速、便捷诊断埃博拉、拉沙、寨卡、登革等 RNA 病毒的感染[837]。同年，珍妮弗·道德纳（Jennifer A. Doudna）教授团队开发出一种被称为“DETECTR”的诊断系统，其可用于对临床样本中的少量 DNA 进行快速、简便、即时检测。DETECTR 被证实可以准确测定出高风险的 HPV 类型：HPV16 和 HPV18[838]。在肿瘤识别杀伤方面，2014 年，蔡志明团队利用 CRISPR/Cas9 标准化模块成功构建了能在体外特异识别并杀伤膀胱癌细胞的逻辑“与门”基因遗传线路。该遗传线路能特异性区分膀胱癌细胞和其他类型细胞，并有效减缓肿瘤细胞的生长速度，诱导其自我凋亡，或遏制其迁移运动能力。Liu 等[839]利用 CRISPR/Cas9 系统构建“与门”基因线路，实现对肿瘤细胞特异识别，实现细胞内复杂信号系统与命运的重编程，构建了具有高效 AAV 病毒装载效率和治疗潜力的“CRISPRreader”基因线路[840,841]。随着基因元件性能的提升，以及对肿瘤进展机制的进一步解析，肿瘤治疗方法将不断涌现和改进。目前，全球首款利用合成生物技术开发的肝癌治疗产品已获得美国 FDA 临床试验许可。

（3）新型递送技术

随着生物技术的不断发展，基于合成生物学开发的基因线路得以运用到人类相关疾病的治疗之中。然而如何将基因线路准确地引导至作用靶点，确保治疗的安全性和有效性，实现个性化精准治疗，是目前科学家面临的重大难题。

i. 人工定制化类病毒

上海交通大学蔡宇伽和洪佳旭研究团队以此为核心问题，通过基因编辑和递送技术的融合，发明了全球首创的基因治疗递送载体——类病毒

体 -mRNA（VLP-mRNA）[842,843]。作为一种慢病毒载体，它可以高效感染几乎所有的细胞，而其中的非病毒成分 mRNA 又具备瞬时性的特点。该团队利用 mRNA 茎环结构与噬菌体衣壳蛋白特异识别的原理，通过病毒工程技术，将两者的优点完美地结合起来，创造了一种通用型的、瞬时性的递送技术 VLP-mRNA。利用该递送技术，该团队进行了 CRISPR 基因编辑治疗病毒性角膜炎的临床前研究，在急性和复发感染的小鼠模型中实现了从角膜到三叉神经节的逆行运输，将潜藏在神经节的 HSV-1 病毒库清除。此外，研究者利用捐献者角膜也观察到该技术可以有效地清除 HSV-1 病毒。值得一提的是，该技术是我国首个完全自主开发的原创型基因治疗载体，体现了我国在基因治疗领域的科技进步。

2021 年 8 月，顶级学术期刊《科学》在线发表了霍华德・休斯医学研究所、博德研究所、麻省理工学院、哈佛大学等团队的研究人员联合完成的一项研究，利用哺乳动物反转录病毒样蛋白 PEG10，包裹自己的 mRNA，并可以假型化完成 mRNA 递送 [844]。研究人员通过在 PEG10 胶囊上设计融合原（fusogens），能够助力 PEG10 胶囊靶向到特定的细胞、组织或器官，最终实现货物的运送。值得一提的是，该系统是由体内自然产生的蛋白质组成的，这意味着它可能不会触发免疫反应。

无细胞（Cell Free）系统和脂质体的结合研究是人造细胞的基础，常规的细胞治疗往往存在细胞致瘤性、免疫原性等风险，而基于 Cell Free 系统开发的人造定制细胞可以完全规避这些风险。2017 年，Adamala 等 [845] 利用脂质体和 Cell Free 系统相结合，设计合成了人工合成最小细胞（synthetic minimal cells），研究证明当特定的基因电路导入这种简单的类细胞时，它们可以进行药物传递、细胞整合、信息交流等相对复杂的细胞活动。

2016 年，吉姆・柯林斯（James J. Collins）团队从合成生物学的角度出发，构建基于 RNA 的 Toehold 开关，同时结合 Cell Free 技术开创出体外基于纸片的合成基因线路，用于寨卡病毒的检测 [262]。另外结合 CRISPR/Cas9 基因编辑系统，依据病毒毒株之间单碱基的差异，完成病毒分型。另外，该团队成功展示了一个简单的现场样品处理工作流程，从一只猕猴的血浆中，经 Toehold 开关，完成寨卡病毒的检测。该方法使得对病毒的检测更加简便、快速和准确。

目前，COVID-19 依旧全球肆虐，便携、快速的病毒检测方法仍被需要。James Collins 团队宣布发明了一种可检测病毒的口罩，只需要按下口罩上的按钮，分析呼吸时产生的水汽，就能在最快 90 分钟内检测出 SARS-CoV-2 病毒，而且准确度可以和 PCR 媲美[846]。该技术的核心是利用合成生物学原理设计的一种可穿戴的冷冻干燥型无细胞生物传感器（wearable freeze-dried cell-free sensor，wFDCF）。研究人员将细胞内读取 DNA 以及合成 RNA 和蛋白过程涉及的物质提取出来并进行干燥，这些物质能够在很长时间内保持稳定，而使用时只需要加水即可。通过对基因线路的编辑，该传感器可以对不同的病毒、细菌、毒素和化学物质进行检测。

ii. 人工定制化材料

以“基因调控－工程设计”为核心的合成生物学技术从分子、细胞层面极大地推动了生命科学的发展，同时也为材料科学的发展注入新的思路和活力。

发现或创造更优性能的新材料，一直是人类在科技进步中不断追求的目标之一。中国科学院深圳先进技术研究院钟超团队开发了一种新型的基于蛋白的仿生超强水下黏合材料，首次将哺乳动物细胞中的低复杂序列蛋白应用于可控的功能生物材料领域[847]。作者筛选并选取了哺乳动物细胞中 TDP-43 的低复杂（low-complexity，LC）结构域（TLC），为了获得强大的水下黏性，研究团队进一步融合了来源于海洋生物贻贝的超强足丝黏蛋白 Mfp5（含有大量多巴残基的 Mfp5 是使贻贝牢固结合在海底岩石上的主要界面黏合蛋白之一），构建成融合蛋白 TLC-M。实验结果表明，TLC-M 在低温下会形成高蛋白浓度的液态凝结体，这种液态凝结体具有很低的界面能，有利于蛋白吸附在水下的基底表面而不被外力冲散或溶解。随后，TLC-M 可以自发地经过液固相转变组装形成淀粉样蛋白纤维，最终形成牢固的水下黏合涂层。未来，材料合成生物学的应用将非常广泛，包括水下黏合、活体建筑、清洁能源、生物医疗、水源修复、太空探索等诸多领域。

2018 年 Kojima 等[848]开发的把外泌体转移到细胞（EXOsomal Transfer Into Cells，EXOtic）系统可调控外泌体的合成和分泌，并包装 mRNA 靶向和释放到特定目标细胞，实现对疾病的治疗。该系统可高效产生包装有特异 mRNA 的外泌体，并在非浓缩情况下将 mRNA 传递到靶细胞的细胞质中，从而实现细胞与细胞的通信；此外，在小鼠体内植入工程化的外泌体生产细胞研究中，其可以持续地将靶向 mRNA 传递到大脑。通过递送过氧化氢酶 mRNA，治疗帕金森病模型的体内研究表明，该方法可显著减轻神经毒性和神经炎症。

2021 年 1 月，斯坦福大学 Lacramioara Bintu 团队研究开发了一种利用纳米体招募靶标基因上的内源性染色质调控因子（chromatin regulator，CR），用于哺乳动物细胞的转录和表观遗传记忆调控的技术[849]。实验结果突出了将纳米体与其他效应体结合来增强基因沉默的方法，并为服务于基因调控的基于纳米体的压缩工具的开发、鉴定和应用开辟了道路。

3）噬菌体疗法

噬菌体是地球上多样性最高和最丰富的生物体，是合成生物学研究中重要的模式生物。噬菌体被发现伊始，就被成功地用于细菌感染性疾病的治疗[850]，但是抗生素的发现阻碍了噬菌体治疗更广范围的应用。目前，随着超级耐药菌的威胁日益严重[851]，除控制抗生素的使用外，也急需新的预防与治疗细菌感染的策略和手段，噬菌体治疗又重新受到重视[852]。

2014 年，噬菌体疗法被美国国家过敏与传染病研究所列为应对抗生素抗性的重要武器之一。应用噬菌体预防和治疗细菌感染具有独特的优势[853,854]，如具有极高的宿主特异性，可识别特定的宿主细菌，对整个菌群的影响明显小于抗生素；能利用宿主细菌进行繁殖，效率高；在成功应用噬菌体治疗耐药菌感染的案例中，还未发现噬菌体对于人体有明显的副作用。噬菌体逐渐成为新型药物开发的研究热点之一。

噬菌体在预防与治疗细菌感染方面已取得了非凡的成果。早在 2007 年，Lu 和 Collins[855] 改造 T7 噬菌体使其持续表达 DspB 蛋白，通过水解 β-1,6-*N*-乙酰基 -α- 葡萄酰胺（生物被膜胞外聚合物的重要组成成分）来瓦解细菌生物被膜，进而杀死被保护在生物被膜中的细菌。2019 年，Yehl 等[856] 通过自然进化和结构建模，发现了 T3 噬菌体尾丝蛋白中的宿主范围决定区域，并通过定点突变和高通量筛选，最终获得了具有广泛宿主适用性的“合成噬菌体”。此外，设计改造噬菌体还用于加强抗生素抗菌疗效。部分抗生素可以破坏细菌的 DNA，其引起的氧化压力致使细菌启动 SOS 响应的 DNA 修复系统。Lu 和 Collins[857] 通过改造 M13 噬菌体使其表达 LexA3，从而抑制细菌 SOS 应激机制的开启。因此，该工程噬菌体可显著增强喹诺酮类、β- 内酰胺类和氨基糖苷类抗生素的杀菌效果。

噬菌体治疗细菌感染的给药方式包括口服、外敷、静脉注射和雾化给药等。已报道的噬菌体治疗成功案例包括口腔、肺部、生殖道、肠道、心脏和皮肤等感染。目前，多个国家有噬菌体治疗案例的发表，如美国、法国、比利时、英国、德国、荷兰、意大利、澳大利亚、以色列、波兰和格鲁吉亚[858]，中国也于 2018 年采用噬菌体 - 抗生素联合治疗方案成功治愈了一例膀胱肿瘤术后的超级细菌感染者。近年来，国内也多有成功治疗案例的报道[859,860]。但是目前噬菌体疗法在临床上的应用，多以研究者发起的临床试验的方式进行。

2. 技术瓶颈与发展方向

目前由于无法在细胞植入人体后对细胞的行为和表型进行精确的时空控制，且外源植入的细胞（哺乳动物细胞）可能遭受免疫排斥，细胞（微生物）来源对于人类健康的影响尚不明确，细胞疗法还未能成为一项常用的治疗措施。另外，临床前研究依赖的动物模型很难完全复制人体的生理活动，且个体差异导致的所需疗法的特异性等使得细胞疗法的相关研究进展缓慢。因此，未来需要进一步挖掘新的调控工具，提高细胞调控的精确性；开发合适的底盘细胞与移植方式，提高细胞发挥功能的安全性与长期性；建立智能细胞制造技术平台，实现细胞生产与细胞治疗的个体化、标准化、自动化、产业化。

由于繁殖快、易培养、成本低等特点，微生物作为底盘细胞用于疾病治疗具有极大的潜力，然而要实现其在医学领域的转化应用尚待进一步研究开发。多项细菌药物临床失败经验表明，细菌底盘的载药量无法满足患者的需求。如何平衡细菌安全用量与药物输出量是细菌药物亟待解决的关键问题。此外，药物的过度释放也具有一定的毒副作用，引入调控组件和分泌系统等控制环路可精准调控药物的合成与递送，提高其安全性。因此，开发精准可控的基因表达调控系统迫在眉睫。

要满足噬菌体的大规模实际应用，仍需要解决噬菌体本身的一些限制因素：①经验证据表明，噬菌体是安全的，但是一些研究表明，野生型噬菌体基因组可能含有毒力基因，这使得噬菌体的应用有着不可预知的风险；②细菌极易对噬菌体产生抗性；③噬菌体具有较高的宿主特异性；④噬菌体的最适应用条件，如最佳治疗时间、最佳治疗剂量、细菌被裂解时的副作用及最佳治疗方式等都需要通过系统的研究来确定；⑤为了规范噬菌体治疗方法，必须根据噬菌体产品的复杂性而更新监管策略。

人工基因线路要满足实际应用，仍需解决人工基因线路设计的一些局限性因素：① CRISPR/Cas 的安全性和效率问题，作为重要的合成基因线路工具，其已开发出了大量基因元件，但外源蛋白 Cas9 在人体中使用存在一定风险；②针对靶向控制肿瘤细胞死亡的理性设计，首先需要解析细胞死亡机制，开发相应元件精准控制肿瘤细胞死亡命运，明确细胞死亡与细胞增殖分裂等过程的耦合与反馈调节，阐释细胞死亡在肿瘤细胞代谢、基因组失稳、细胞间竞争、免疫逃逸和恶性进化等生物学过程中的关键作用与机制，合理性设计和优化智能抗肿瘤基因线路；③靶向免疫系统的肿瘤治疗基因线设计和构建的理论仍需不断尝试与创新以提高其靶向性和有效性，这就需要解析调控免疫细胞空间分布、命运抉择、抗原提呈以及识别杀伤的核心分子元件，解析其关键调控模块和信号回路，从而发展智能化的细胞识别和信号传递系统（图 4-53）。

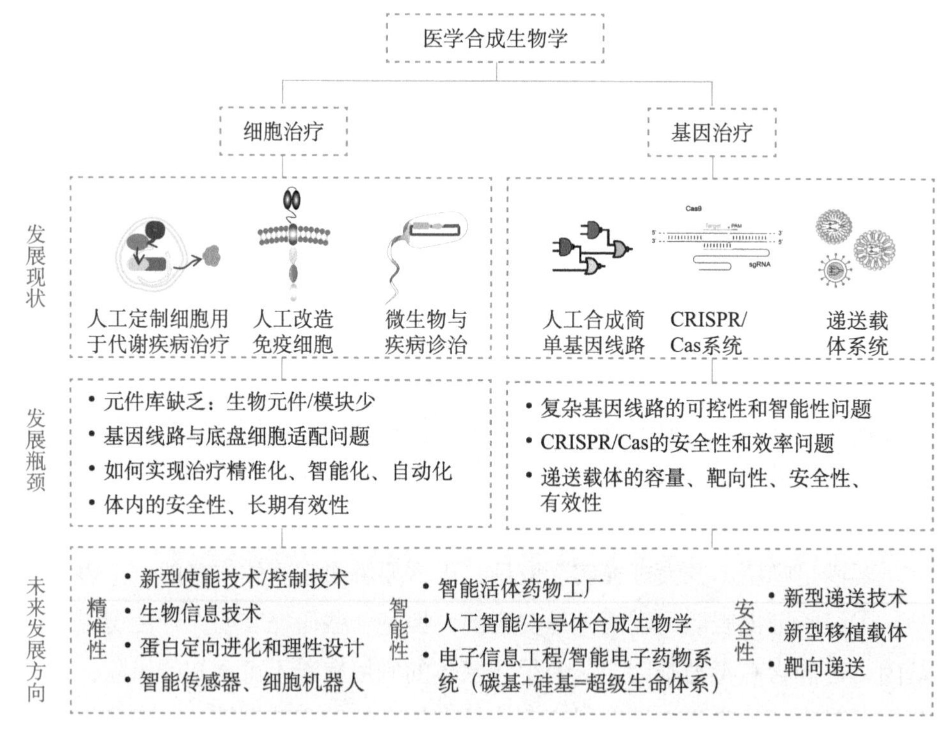

图 4-53　基于合成生物学理念的基因治疗和细胞治疗发展现状、发展瓶颈及未来发展方向

3. 发展策略与前景

1）人工智能驱动的人工生物元件、线路设计使能技术

建立医学人工基因表达调控元件的高通量功能分析方法和定向进化的优化方法；开发基于单细胞的医学人工基因表达调控元件、线路功能的定量分析和优化方法。开发一系列智能化、精准化可控的基因线路。发掘新的调控元件，构建新一代时空精准可控的细胞信号调控、基因表达、基因编辑、基因重组等一系列控制系统，用于药物精准递送和疾病精准治疗。

2）人工基因线路智能化精准调控和递送技术

通过理性设计、蛋白质捕获技术、人工智能算法和蛋白质定向进化技术筛选、构建新型物理或小分子调控的基因线路控制系统。通过生物信息学、基于 AI 的机器学习以及蛋白质定向进化技术，构建具备模块简单、灵敏度高、诱导效率高等特点的新一代控制技术。构建绿色安全、经济便捷的触发式开关，如开发美国 FDA 认证或者无踪迹的光、磁、微波等调控的基因控制开关，可提高患者治疗的依从性、减缓患者的经济压力。

开发瞬时性可控的基因编辑递送系统。开发低免疫原性的、可以躲避人体免疫系统识别的载体技术。开发可控整合的病毒载体，开发具有细胞组织特异性、低免疫原性的递送载体。开发全人源非病毒载体的核酸递送系统。

3）人造智能细胞与疾病智能诊疗技术

智能细胞的设计与构建。采用合成生物学手段对细胞进行重编程是获得特定功能的主要策略和方法。开发精准可控、高效灵敏的基因调控环路和信息传感环路是智能细胞设计构建的基础。构建精准可控的药物快速释放系统，可快速释放药物，及时缓解或治疗病症。设计智能细胞机器人，可自动识别病灶并及时进行诊治。

建立智能电子细胞药物技术平台。利用半导体合成生物学理念，建立成熟的有机生命体系与无机非生命体系相交融的超生命体系的超级智能精准控制体系，将智能细胞制造、光遗传学技术与电子信息软件工程技术相结合，实现细胞行为控制一体化、标准化、自动化、智能化，实现智能电子药物胶囊用于疾病的超远程监控和实时自动给药的闭环诊疗模式。

4）肿瘤治疗智能免疫系统的设计构建

通过解析其关键调控模块和信号回路，发展智能化的细胞识别和信号传递系统。在此基础上，设计构建以细胞因子、功能核酸作为信息元件的细胞间通信系统；构建基于核酸分子运算回路的人工免疫细胞智能决策核心，实现人工免疫细胞的智能诊断和精准治疗；开发基于人工合成免疫细胞的智能增强型肿瘤免疫疗法。发展分子水平、细胞水平及组学水平的免疫细胞定量、定性表征技术，动态监测人工合成免疫细胞回输后的体内分布、循环、增殖、活性状态，以及与单核巨噬细胞和髓源性抑制细胞等髓系免疫细胞相互作用的研究；建立智能免疫系统设计、合成及优化的新理论，开发新概念、新功能、新病症的智能免疫系统药物。

5）精准控制肿瘤细胞死亡命运的合成生物学设计构建

首先通过探究生理、病理过程中的多种细胞死亡机制，鉴定调控细胞死亡的关键元件，解析细胞死亡与细胞增殖分裂等过程的耦合与反馈调节，构建细胞死亡机制激活与互作的功能学图谱与基因调控线路，开发以纳米材料、病毒以及细胞等为载体的线路递送和激活技术，结合现代化的时空操控技术，实现对肿瘤细胞精准、高效、智能性杀伤或使其功能性死亡，革新肿瘤生物治疗策略，将有力推动肿瘤等难治性疾病的合成基因线路设计和优化发展，具有深远意义和广泛应用前景。

6）代谢性疾病的微生物代谢疗法的建立

代谢性疾病的发生多是由患者缺乏某些酶或激素引起的对某种物质的分解代谢缺陷。采用细菌等微生物为底盘细胞提高酶或激素等蛋白药物的量是目前治疗代谢性疾病的重要研究方向之一。从另一个角度出发，筛选或改造工程化微生物使其消耗患者体内过多的有害物质并转化为无毒的代谢物，是治疗代谢性疾病的又一重要策略。针对糖尿病、高血脂、高尿酸血症、苯丙酮尿症、高氨血症等代谢性疾病，筛选具有底物代谢能力的底盘微生物、重构代谢通路、加强代谢强度等，有望开发出具有临床应用价值的细菌药物。

7）人工噬菌体的合成生物学理性设计与合成

采用合成生物学方法和思路理性设计、合成人工噬菌体，用来增强噬菌体的感染效率、拓展宿主谱及对抗细菌抗噬菌体抗性，有望帮助解决噬菌体治疗中的问题。主要包括以下方向。

（1）多重耐药菌感染治疗。设计底盘噬菌体基因组，将增强噬菌体在诊断和治疗细菌感染方面的医学潜力。可以直接通过合成 DNA 来挖掘这些噬菌体的功能基因元件，以重构天然噬菌体或设计结合了各种噬菌体基因元件的新型噬菌体。

（2）菌群调控。利用噬菌体的精准靶向性实现对菌群进行调控，对微生物群落进行更复杂的原位操作。开发有效的载体平台，高通量地将基因线路传递给特定细菌，尤其是增加微生物组特定菌株的代谢能力，使噬菌体精准调控微生物群落具有治疗疾病的潜力。

（3）噬菌体工程蛋白药物开发。对于噬菌体的基因多样性和功能多样性的研究将为细菌感染治疗提供极其丰富的“武器库”。噬菌体多样的基因元件库将有力推动设计和构建可能针对任何病原体的“量身定制的噬菌体蛋白制剂”的发展。

（4）病原菌检测。应用携带报告基因的噬菌体能快速、有效地指示病原菌的存在及病原菌的抗生素耐药性。人工合成噬菌体将提高病原菌检测敏感性和扩展噬菌体识别病原菌的谱系（图 4-54）。

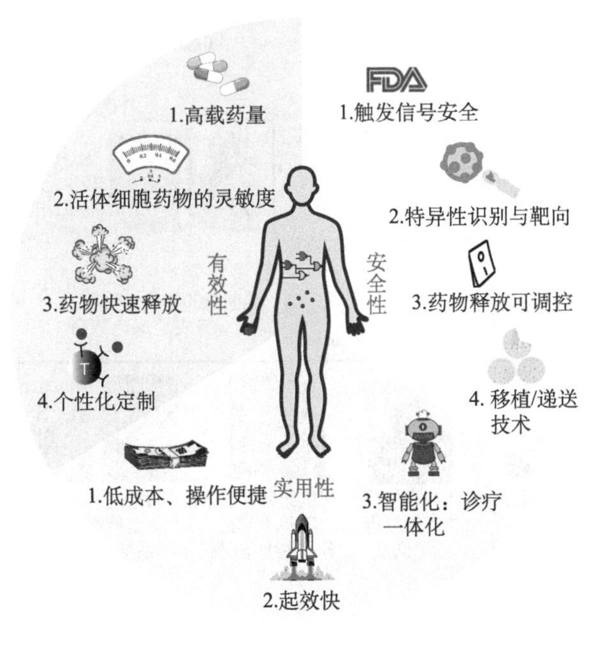

图 4-54　医学合成生物学的发展策略与前景

五、农业与食品

（一）合成生物学在现代农业领域的应用重点

合成生物技术采用工程学的模块化概念和系统设计理论，改造和优化现有自然生物体系，或者从头合成具有预定功能的全新人工生物体系，不断突破生命的自然遗传法则，标志着现代生命科学已从认识生命进入设计和改造生命的新阶段[476]。农业是合成生物技术应用的重要领域，将为光合作用（高光效固碳）、生物固氮（节肥增效）、生物抗逆（节水耐旱）、生物转化（生物质资源化）和未来合成食品（人造肉奶）等世界性农业生产难题提供革命性解决方案，特别是在农业生物育种方面，将开创人工设计和创建农业生物新品种的新纪元[861]。

伴随千百年来自然物种进化与人类科技进步，世界农业育种经历了原始育种、传统育种和现代育种三个时代的跨越，形成了具有典型时代特征的各种技术版本，即从最初人工驯化 1.0 版和杂交技术 2.0 版，逐步迭代升级到现代育种时代的转基因技术 3.0 版和智能设计技术 4.0 版（图 4-55）。原始育种

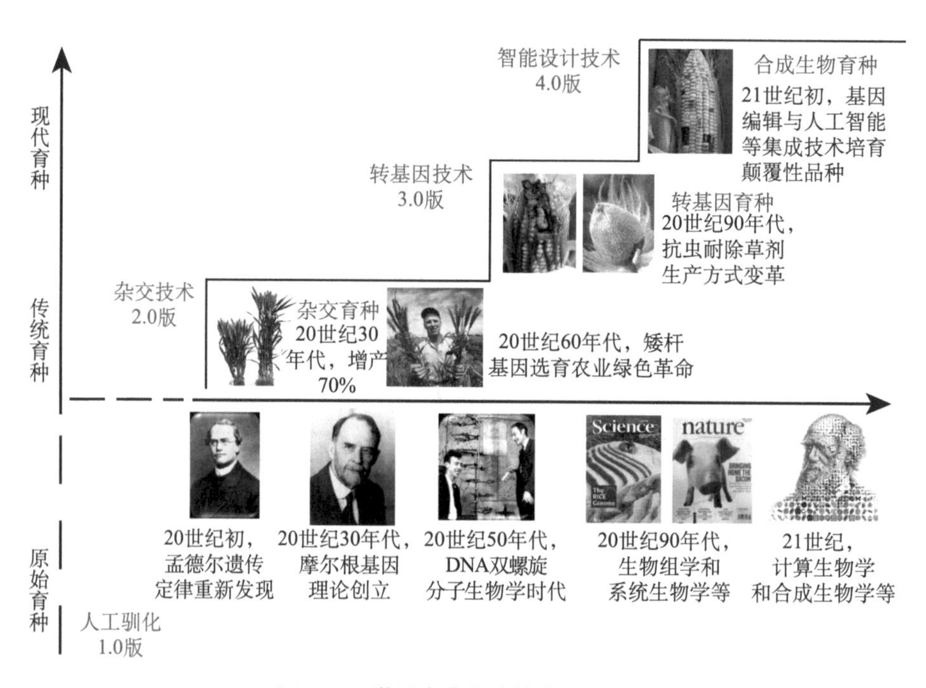

图 4-55　世界农业育种技术发展趋势

大约始于1万年前，由于缺乏育种理论与方法，人类根据经验积累和肉眼观察，选择基因自然变异的农业生物，经长期人工驯化获得性状改良的品种。19世纪中叶到20世纪初，遗传学三大定律的创立，奠定了杂交育种技术在农业生产中广泛应用的理论基础，其后随着矮秆、耐肥、抗倒伏和高产作物新品种的培育与应用，引发了全球第一次农业绿色革命[862-864]。20世纪中后期到21世纪初，生命科学与生物技术的飞速发展，推动农业育种由“耗时低效的传统育种”向“高效精准的分子育种”的革命性转变[865-867]。

转基因技术在农业领域已产业化应用20余年，被誉为人类科技史上应用速度最快的高新技术，同时也是当今世界争论最大的育种技术[868,869]。20世纪末到21世纪初，随着组学、系统生物学、合成生物学和计算生物学等前沿科学交叉融合，作为集各种前沿技术大成、培育革命性和颠覆性重大品种的现代生物育种技术应运而生，其中最具代表性的技术包括全基因组选择、基因编辑和合成生物技术[865]。全基因组选择技术颠覆了以往表型选择测定的育种理念和技术路线，能够在得到个体全基因水平上对其育种值进行评估，大幅度提高育种效率[870,871]。基因编辑技术为快速精准改良动植物重要性状提供了强大的技术工具，培育出的一大批农业新品种正逐步实现产业化[43,872]。合成生物技术作为改变世界的十大颠覆性技术之一，有望突破全球资源短缺和极端气候变化等农业发展的“瓶颈”，将开创人工设计和创建农业生物新品种的新纪元（表4-6）[873]。

表4-6　合成生物学在未来农业中的应用

方法	描述	作物种类
	改善植物生长和农业产量	
	1. 改善羧化反应	
C3植物诱导C4光合作用	C3植物中C4光合作用的实现包括生化和发育（Kranz-Anatomy）工程，典型案例是C4水稻项目（http://c4rice.com）	C3作物（如水稻）
碳浓缩的实现	在植物叶绿体中实施藻类（类胡萝卜素）或蓝细菌（羧基体）碳浓缩机制来抑制加氧酶活性	C3作物（如水稻）
CO_2同化的合成途径	使用由17种酶组成的合成途径（CETCH循环）进行体外CO_2固定	
	2. 最小化呼吸过程CO_2损失	
叶绿体光呼吸旁路	在田间条件下，叶绿体中乙醇酸的氧化释放两个CO_2分子，并降低光呼吸通量，导致生物量增加40%	烟草（*Nicotiana tabacum*）

续表

方法	描述	作物种类
碳中性光呼吸	针对底物特性，设计两种特异性酶，使乙醇酸在体外转化为乙醇酸 CoA，再进入光合碳还原循环即卡尔文-本森-巴沙姆循环（CBBC），而不释放 CO_2 和氮	
减少呼吸道 CO_2 损失	潜在目标： （1）优化蛋白质更新； （2）重新设计呼吸代谢； （3）避免无用的循环； （4）高效离子传输	
提高用水效率和光合光反应		
气孔动力学的光遗传学操纵	保卫细胞特有蓝光诱导 K^+ 通道，可在变化的光照条件下快速响应气孔打开	拟南芥（*Arabidopsis thaliana*）
加速从光保护中恢复	PsbS 和叶黄素循环酶的过表达，从叶绿体荧光的非光化学猝灭中更快地恢复到最大 CO_2 同化率	烟草（*Nicotiana tabacum*）
设计育种		
从头驯化	野生型植物中集中驯化基因的遗传改造实现高效的驯化过程	番茄（*Solanum lycopersicum*）
减少农业中的化肥用量		
1. 在农作物中建立功能性固氮酶或共生固氮		
植物中的功能性固氮酶	植物线粒体中 16 种固氮酶基因的表达	烟草（*Nicotiana tabacum*）
作物共生固氮	需要表达四个调控程序。SynSym 项目已经解决了有关合成固氮的问题（http://synthsym.org）	几种农作物
2. 合成微生物提高养分利用率		
培养可以促进生长的植物微生物组	不同的根瘤菌支持拟南芥生长，特别是含有固氮根瘤共生体的生物群	拟南芥（*Arabidopsis thaliana*）
植物微生物组	鉴定非菌根植物中与根相关的真菌以提高磷的利用率	高山南芥（*Arabis alpina*）
构建作物工程菌群	私人企业已经解决了农作物的微生物组问题	几种农作物
提高作物营养价值		
增加维生素 A 原含量	GoldenRice 项目（http://www.goldenrice.org）	水稻（*Oryza sativa*）
增加 VLC-PUFA 含量	VLC-PUFA 生物合成基因在种子中特异性表达	甘蓝型油菜（*Brassica napus*）
去除含氰苷	针对两个细胞色素 P450 基因的 RNA 干扰	木薯（*Manihot esculenta*）
提高花青素含量	诱导花青素生物合成的两个转录因子（Del 和 Ros1）在果实中特异性表达	番茄（*Solanum lycopersicum*）

续表

方法	描述	作物种类
减少小麦种的面筋含量	CRISPR/Cas9 介导敲除 45 个小麦基因以降低面筋含量	普通小麦（*Triticum aestivum*）
植物中维生素 B_{12} 的生物合成	用于从头合成维生素 B_{12} 的生物工程大肠杆菌	
光合自养生物作为生产平台		
疫苗和化妆品生产	将苔藓作为生产疫苗和化妆品的细胞工厂	小立碗藓（*Physcomitrella patens*）
生物质作物中青蒿素的规模化生产	在叶绿体中表达青蒿素关键生物合成途径以及提高通量的多种酶表达	烟草（*Nicotiana tabacum*）
提高糖化效率	TALEN 介导的多倍体甘蔗中 100 多种咖啡酸 *O*- 甲基转移酶等位基因诱变，以提高生物燃料生产的糖化效率	甘蔗（*Saccharum officinarum*）
合成或生物混合系统	构建人造叶子和合成光合作用细胞作为太阳能驱动的生产平台	

进入 21 世纪以来，为缓解全球气候变暖趋势，应对日趋严峻的环境污染和资源短缺等全球性问题，绿色低碳已成为未来农业发展潮流。农业是重要的温室气体排放源，同时具有巨大的碳汇潜力[874]。合成生物技术作为农业科技领域中最具引领性和颠覆性的战略高技术，可以通过创制高产优质高效新品种和开发节能减排安全新工艺，培育细胞农业、低碳农业和智能农业等新业态和新动能，将为世界农业碳达峰与碳中和目标的实现提供不可替代的科技支撑（表 4-7）[875-877]。

表 4-7　有助于碳减排和碳增汇的生物育种技术及其产品

技术途径	作用机制	相关产品
植物基因工程	减少农药使用和碳排放；免耕增加土壤碳储量；高效利用土地和水资源	抗除草剂、抗虫和耐旱节水等转基因作物
人工高效固碳途径	直接利用 CO_2 合成生物大分子；大幅度增强光合效率；增加碳汇	单细胞固碳、C4 水稻、人工叶片等
人工高效固氮途径	克服铵抑制、氧失活等天然固氮体系缺陷；节能节肥；减少碳排放	固氮微生物肥料、人工结瘤固氮粮食作物、自主固氮真核生物
生物质转化工程	将生物质转化为生物炭并应用于土壤改良；增加土壤碳储量；生物质饲料化或肥料化	生物炭、生物饲料、生物肥料
动物基因工程	抗重大畜禽疫病；节省饲料；减少药物使用和碳排放	节粮高产抗病养殖动物、抗生素替代产品
农业细胞工厂	节能；高附加值；减少用水量、土地需求和碳排放	人造肉汉堡、人造奶冰淇淋等未来合成食品

我国高度重视合成生物学及其技术创新研发，近十年来投入超过20亿元，支持我国科学家取得了一系列有世界影响力的成果，论文发表数量和专利申请量已居世界第二。但与美国等发达国家比较，我国农业合成生物技术在理论原始创新能力、重大技术方法创新能力等方面存在明显差距，如基础理论研究基础薄弱，原创标志性成果较少；技术体系集成创新不足，重大技术方法体系不完善；特别是缺乏以技术集成创新为重点的国家级农业合成生物技术创新平台[704]。我国作为一个农业大国，面临粮食产量刚性需求和资源环境刚性约束的双重压力。我国人均耕地是世界平均水平的40%左右，淡水资源人均占有量仅为世界平均水平的1/4。此外，我国农田化学农药和化肥利用率仅为30%～35%，化肥农药的滥用带来了严重的土壤退化、环境污染和食品安全等问题。另据预测，我国要保障2020年14.5亿人口的食物安全，粮食产量和肉类产量必须分别达到6亿t和1.2亿t，分别比现有生产水平提高20%和50%。因此，迫切需要加快实施农业合成学及其产业发展战略，以人工高效光合、固氮和抗逆等领域为重点科技突破口，革命性地提高对光、肥、水的利用率，才能增强我国现代农业核心竞争力，实现科技自立自强，保障国家粮食和生态安全（图4-56）。

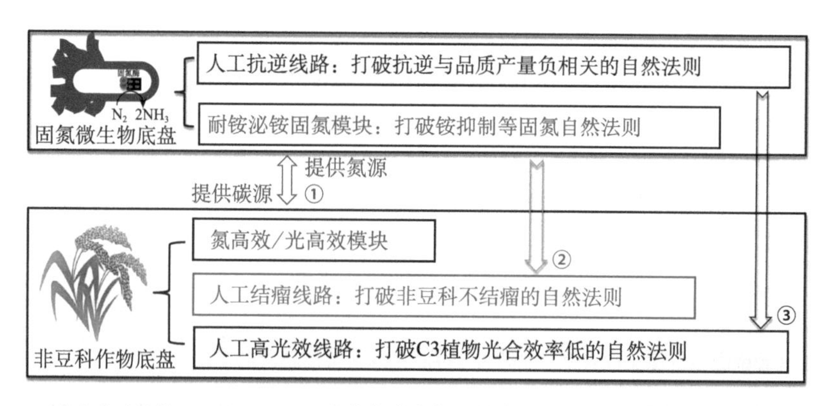

图4-56 农业合成生物创建的技术突破策略

1. 人工高效光合体系创建

光合作用是地球上规模最大最重要的化学反应过程，是几乎一切生命活动的能量和物质来源，是作物生物量和产量形成的基础，提高光合作用效率被广泛认为是未来提高作物产量的主要途径。21 世纪初，工程学思想策略与现代生物学、系统科学、物理学、化学及合成科学的融合，形成了以采用标准化表征的生物学部件，在理性设计指导下，重组乃至从头合成新的、具有特定功能的人工元器件乃至人造生命为目标的“合成生物学”。合成生物学的出现，使得以优化设计、系统整合、提高效率为目标的光合作用合成生物学成为国内外新的研究热点，为系统改造光合作用提高光合效率从而提高作物产量提供了一条崭新的途径。

1）国内外研发趋势

联合国粮农组织统计数据库显示，全球人口数量在 1961 ～ 2012 年增加了 40 亿，预计到 2050 年还将增加 23 亿，总人口将达到 93 亿。除了人口的快速增加，全球气候变化以及工业化导致的土地沙化、盐化等世界范围内的土壤退化问题将使人均可用耕地面积进一步减少。这些都要求人类在不远的将来必须利用更少的土地生产更多的粮食才能维持人类的可持续发展 [878,879]。光合作用效率还有很大的提升空间 [880-882]。继“绿色革命”和杂种优势后，从根本上提高作物的光能利用效率可能为未来作物的高产育种提供新的技术途径 [883,884]。

光合作用的基本过程是通过色素以及色素结合蛋白吸收光能并且在常温常压下将水裂解产生电子、质子和氧气，这一过程将光能转化为活跃的化学能。以 CO_2 为原料，利用上述化学能，通过一系列生理生化酶促反应生成碳水化合物 [885]。在整个光合反应中，要经过数百个化学反应过程。虽然光合作用看上去相当复杂，但是它的很多关键化学过程都是在一个相对独立和封闭的反应系统中进行的。例如，光能的吸收传递和转化（光反应）是在叶绿体的类囊体膜上进行的，而碳的固定（暗反应）是在叶绿体基质上进行的，两者有很大的独立性，在体外完全可以分开进行操控。光反应的具体过程可以继续分解成更小的反应系统，水的裂解由放氧复合物进行，电子传递由 PSⅡ、PSⅠ等复合物完成，而 ATP 的产生由 ATP 酶复合物完成。也就是说看似复杂的光合作用过程，都是由多个生化反应模块分布在叶绿体的不同位置协同完成的，这一特征使光合作用成为合成生物学操作的理想对象[880,881,886,887]。

2017年，盖茨基金会、美国粮食与农业研究基金会和英国政府国际发展部联合成立资助高光效实现项目（Realizing Increased Photosynthetic Efficiency，RIPE，https://ripe.illinois.edu/），旨在全方位改善和提高光合作用效率，最终实现主要粮食作物产量的提高。以RIPE和国际C4水稻项目等为支点，国际上已经建立了多个光合作用合成生物学研究高地，建立了高度合作的国际研究团队，创建了开展光合作用合成生物学研究的关键工具、生物资源和研究平台，促进植物光合成生物学取得了一系列重要进展。光合作用研究的核心问题是揭示光能高效吸收、传递和转化的分子机制及其调控原理，未来基于合成生物学的光合作用研究工作也将持续围绕这些问题展开，系统改造光合系统，提高光合效率，大幅度而提高作物产量（图4-57）。

重大科学问题

自然界光能高效利用的自然变异分子机制
挖掘自然界高效光能吸收、传递、转化及固定的机制

自然界已有高光效通路的分子机制
在C3作物中建立不同来源的CO_2浓缩机制等，提高光能利用效率

自然界未有高光效通路的设计与重建
基于物理化学原理，设计重建全新高光效通路

关键技术问题

多时空尺度光合系统模型创建

多尺度全景式作物高光效表型组平台创建

高光效模块高效组装及调控技术

高光效作物

- 光能利用效率增加30%～50%
- 产量提升30%～50%

颠覆农作物传统育种的增产理论与技术模式

图4-57　人工高效光合体系创建与育种应用

2）未来重点发展领域

（1）高效吸能：宽光谱天线系统的构建

光能捕获是光反应的起始，是决定光合作用效率的重要因素。植物捕光利用的是光系统复合物的捕光天线，而蓝细菌等光合细菌使用的是藻胆体，

后者比捕光天线具有更广泛的吸收波长。此外，高等植物的捕光色素通常只有叶绿素 a 和 b，而蓝细菌和光合细菌中还有叶绿素 c、d、e、f，藻胆素和细菌叶绿素等，具有更宽更全面的吸收光谱。Blankenship 等 [888] 提出利用合成生物学可以将藻胆体的色素或整个藻胆体系统作为植物捕光天线的补充，增强光能的吸收效率，特别是植物群体中下部叶片的光能吸收。此外，通过降低捕光天线的大小或减少叶绿体中色素的含量可能会增加光合作用的效率 [885]。在蓝细菌和衣藻等光合生物中通过降低色素含量而提高光合生物的生物量已有多篇报道 [889,890]。因此，利用合成生物学设计基因调控路线控制叶绿素在植物不同叶片中的生物合成、降低顶层叶片色素含量、优化捕光天线、拓宽吸收光谱将是未来提高高等植物光合效率的有效手段。

未来优先发展领域：系统解析高等植物、藻类、蓝细菌和光合细菌中不同作用光谱捕光天线的分子结构，揭示其组装机理，并阐明其调控机制；研究色素代谢途径及其调控机制，挖掘新型捕光系统，设计光合膜蛋白与色素的新型结合位点与作用方式，构建新型捕光系统；实现不同作用光谱光合天线系统的模块化设计和功能性组装；设计并合成具有复合作用光谱的捕光天线，创制宽光谱型光合天线系统。

（2）高效传能：新型电子传递线路

光能吸收传递发生电荷分离以后将在光系统Ⅱ、光系统Ⅰ等光合膜复合物以及一系列的电子传递体间进行传递，最终形成化学能 ATP 和还原力 NADPH。高等植物的光合电子传递有多种传递方式，如光合线式电子传递、环式电子传递和水 - 水循环等，它们组成复杂的传递网络，共同维持植物在各种生境条件下的高效能量传递和转化。利用合成生物学原理，Ort 等设计了一种全新的光合电子传递及转化模式，利用紫光合细菌的类型 2 反应复合物（其含有细菌叶绿素 b，可以吸收 750 ～ 1050 nm 的光）替代高等植物的光系统Ⅰ，并和细胞色素 b_6f 复合物组建成一个环式电子传递通路；与此同时，引入 NDH 复合物吸收来自光系统Ⅱ的电子直接生成 NAD(P)H，理论上这种模式可以提高 ATP 和 NAD(P)H 的生成效率，从而显著提高光能转化效率 [885]。Pesaresi 等 [891] 在拟南芥中过表达质体蓝素或藻类的细胞色素 C_6 等电子传递体，显著增加了植物的生物量。这说明优化能量在光合膜上的传递方式和速率，可以增加光能利用效率。

未来优先发展领域：阐明光合电子传递机理及其分子调控机制；优化设计电子传递线路，通过人工智能辅助建模结合深度学习指导的理性设计与改造。①设计新型电子传递载体，组装测试新型高效光合能量传递线路模块，实现能量的高效传递；②改造能量耦合路线，创新规划新型电子传递线路，优化光能到化学能的转化储存。

（3）超强抗逆：自适应型抗逆体系

光能是光合作用的原驱动力，然而，当植物通过捕光天线吸收的光能超过了自身的利用能力，过剩光能则需要以热和叶绿素荧光的形式耗散出去。在高光下，这种耗散对植物具有保护作用；然而，在低光下，过高的热耗散则会造成光能利用效率的降低。当光强过高，热耗散也难以利用完所有光能的情况下，会造成光合器官的破坏；此外，植物在生长过程中会遭受各种各样的生物和非生物胁迫，这些均会显著降低其光合效率[892]。在冠层中，由于波动光存在，通过非光化学猝灭（non-photochemical quenching，NPQ）而耗散的能量占植物固碳能量的 7.5% ～ 30%。因此，通过优化 NPQ 的形式及消失的速度，可以显著提高光合作用的光能利用效率。Kromdijk 等[893]在烟草中增强表达 NPQ 诱导的关键组分（PsbS 和玉米黄素循环系统），提高 NPQ 的动态形成及耗散的速度，发现烟草在变化光强下生物质的合成量提升了 15% 左右。Leister[894]提出利用合成生物学策略重新设计对光敏感的复合物亚基，或者打造一个没有组装过程的单亚基蛋白体并装配上人工合成的新型色素，使之具有永久的光能捕获和转化能力。郭房庆课题组将叶绿体 D1 蛋白基因加上热诱导开关，并融合到细胞核基因组，发现其可以显著提高拟南芥、水稻、烟草耐热能力，促进植物生长和光系统Ⅱ修复，提高生物质积累和作物产量，相关转基因水稻的大田产量提高 20%[895]。所以，利用合成生物学为农作物重新设计基因线路和表达调控开关、打造更优化的系统性抗逆模块可能是提高农作物光能利用效率和粮食产量的有效途径。

未来优先发展领域：深入研究高等植物、藻类、蓝细菌和光合细菌等不同光合体系的光保护机理及其在不同物种中的差异，发掘在高等植物中通用的热耗散调控模块；解析高光逆境下光合膜复合物功能维持与修复的遗传学基础，揭示其分子调控机制，挖掘光保护通路和运行模块；鉴定并表征关键光保护调控器件，设计高光响应智能化元件并与其运行模块进行组装，优化光合膜复合物的维持和修复能力；优化设计具有抗高光逆境与光氧化能力的自适应型基因线路，实现逆境条件下光合功能的高效运行。

（4）高效转能：杂合固碳体系

利用储存在 ATP 中的化学能和 NADPH 中的还原力，固定 CO_2，合成碳水化合物是作物生物量和产量形成的根本。Rubisco（1,5- 二磷酸核酮糖羧化酶 / 加氧酶）是光合作用过程中决定碳同化速率的限速酶，创建高羧化活性的 Rubisco 酶及表达系统是提高光合碳同化效率的有效途径[896]。提高光合固碳效率的最初策略是通过基因改造希望获得具有高 CO_2 亲和力或高催化活性的 Rubisco 酶，但是这些策略收效甚微，主要是由于它对底物的特异性和催化活性具有天生的相互制约性[897]。藻类光合生物的 Rubisco 一般具有强的 CO_2 亲和力。据计算，红藻念珠凋毛藻（*Griffithsia monilis*）中 Rubisco 酶的 CO_2 底物特异性与活性的比率是植物的 2 倍，如果红藻 Rubisco 酶替代 C3 作物中的酶将提高 25% 的产量[898]。除了改善 Rubisco 酶的催化特性外，提高 Rubisco 酶周围 CO_2 的浓度也是一条提高光合固碳效率的潜在途径[899,900]。因此，利用合成生物学对植物的碳浓缩和固定途径进行系统改造将是今后提高光能利用效率和作物产量研究的一个重点。

未来优先发展领域：研究调控 Rubisco 动力学参数的分子机制；系统研究不同类型无机碳吸收利用路径及其代谢网络；阐明 C3、C4、景天酸代谢（crassulacean acid metabolism，CAM）、羧酶体、蛋白体等不同碳浓缩途径及其固定同化过程的结构及分子调控机制；解析 C3 向 C4 光合进化的关键步骤及其遗传调控机制；设计、改造碳同化关键酶并实现其优化重组；优化设计并创建新型杂合光合碳浓缩和固定线路，构建高效光合固碳体系。

（5）最小损耗：光合产物原子经济

植物的 Rubisco 酶具有“两面性”，它不仅仅能够催化 CO_2 的固定，同时还具有加氧酶功能，和氧气反应并产生有毒害作用的磷酸乙醇酸，后者需要通过光呼吸代谢，使部分已固定的 CO_2 重新释放到空气中，并且消耗一定数量的 ATP 和 NAD(P)H，还产生 NH_3，由此造成的净光合效率损失达 20% ～ 50%；创建光呼吸支路是有效降低光呼吸损耗的重要途径[901,902]。彭新湘课题组在水稻中成功建立了新的光呼吸旁路，使其光合作用效率、生物质产量和氮含量等显著提高[903]。Kebeish 等把大肠杆菌的甘油酸途径导入拟南芥或亚麻荠叶绿体后，改良株系的光合作用增强，生长加快，生物合成量提高[904,905]。Maier 等[906]将拟南芥过氧化物酶体内的乙醇酸氧化酶和过氧化氢酶导入其叶绿体中，转化植株的光合效率和干重均有所增加。因此利用合成生物学在植物中引入光呼吸支路是降低碳损耗、降低光呼吸反应的重要策略。

未来优先发展领域：阐明光呼吸、暗呼吸及紧密相关碳代谢等碳原子从同化到分配到再分配的机理及其分子调控机制；从头设计并构建碳原子高效利用、CO_2 高效回收和再利用的新型光呼吸初产物回收通路，实现接近零排放的高效能碳固定。

（6）模块适配：高光效系统设计

光合作用是一个复杂的系统，其中涉及上百个反应，具有极强的时空异质性。光合作用在时间上涉及从飞秒尺度的原初反应到秒级的 Rubisco 催化的 CO_2 固定反应，同时也涉及从色度蛋白复合体到群体水平的空间尺度。在自然界中不同物种中，光合效率的限制位点存在巨大的差异；即便对同一植物，在不同环境下也存在巨大的差异，光合作用效率的限制位点也具有巨大差异。要改良特定植物的光合利用效率，需要鉴定出特定植物、同一植物在不同环境下的光合作用限制位点，进而指导光合效率的靶向性改良；要实现该目标，构建光合系统模型，并以此为基础鉴定并指导高光效改造已经成为国际光合作用改良的新范式[883,885,907]。在该方面，国际上，伊利诺伊大学主导的研究增进光合作用效率方法的项目（Realizing Increased Photosynthetic Efficiency，RIPE）就是基于光合作用系统模型 (https://ripe.illinois.edu/)，系统鉴定控制光合效率的关键靶点，进而开展系统改造。在该方面，现在国际上正在开展的多个光合改造靶点，比如 NPQ 改造策略[893]、天线大小改造[908]、Rubisco 优化[909]、卡尔文本森循环的优化[910,911]、羧体创建[912]等，都依照此范式开展。

未来优先发展领域：建立针对光合作用光反应、碳代谢全过程的全景式实时原位光合表型测定技术体系，以支持光合作用遗传研究；建立从色素蛋白复合体的光合作用原初反应到冠层尺度的 CO_2 固定的多尺度光合作用系统模型，以指导冠层高光效改造；建立从 C3 光合代谢向 C4 光合代谢进化的分子历程及遗传调控，以指导 C3 作物 C4 改造；建立不同作物叶片高光效模块互作及遗传调控网络，为指导不同作物叶片光合效率的改造适配。

（6）光合效率评估：高光效作物筛选

要有效开展作物高光效改造，亟需实现对作物光能利用效率的高通量筛选。无论是作物高光效遗传研究，还是基于合成生物学的作物高光效育种研究，都依赖于对大田作物光能利用效率相关参数的准确高通量测量。与当前大多数基于形态的表型参数不同，光合效率受环境因子（如光、温度、湿度、CO_2 浓度等）的影响巨大。同时，群体光合效率与产量直接相关，而在叶绿体及叶片水平的光合效率与作物产量之间的相关性较低；因此，要评估特定作物光能利用效率，需要实现对群体光合效率的准确定量。群体光合指地上部分所有光合器官（包括叶片、茎秆、穗）的光合 CO_2 固定的总和。在国际上，利用高通量基于光谱的光合表型测量技术今年来得到飞速发展[913]；我国在群体光合速率及光能转化效率测定领域有一定研究积累[914,915]。然而，这些远远难以满足对于在合成生物学时代，对所改造作物的光能利用效率实现高通量评估的需求。

未来优先发展领域：建立基于激光诱导叶绿素荧光信号的作物远程光合检测技术；建立田间群体光合效率的高通量检测技术；建立基于表型组数据的多尺度作物群体光合模型的参数化方法；建立基于群体光合模型及表型组数据的作物光能利用效率高通量筛选流程，实现对于作物光能利用效率的实时高通量田间筛选。

2. 人工高效固氮体系创建

生物固氮是一个具有重大研究价值的科学命题，同时又是在可持续农业中具有巨大应用潜力的研究课题。生物固氮是一个由固氮酶在绝对厌氧或微好氧条件下催化氮气转变为铵的高度耗能生化还原过程[916]。固氮酶的氧失活、固氮基因表达的铵抑制及固氮反应的能量缺乏是实现高效固氮的 3 个关键限制因子。此外，天然固氮体系存在宿主范围窄和固氮活性受环境影响大等缺陷，固氮生产菌株存在竞争力弱和田间应用效果不稳定等问题，从而大大局限了生物固氮在农业生产中更加广泛的推广应用[917]。如何增强根际联合固氮效率，扩大根瘤菌共生固氮的宿主范围，构建自主固氮的非豆科作物，创制新一代固氮微生物产品是当前国际固氮领域的研究前沿，同时也是一个世界性的农业科技难题[918,919]。21 世纪初兴起的合成生物技术被誉为是改变世界的十大颠覆性技术之一，将为生物固氮这一世界性农业科技难题提供革命性的解决方案，对于保障全球粮食安全和生态安全具有重要意义[920]。

氮素是植物生长的必需元素之一，也是农业高产稳产的限制因子。但是，不合理的氮肥施用也带来了严重的环境污染和食品安全等全球性问题[921]，而我国所面临的形势尤为严峻。中国是世界上最大的氮肥生产和使用国，在占世界 7% 的耕地上消耗了全世界 30% 以上的氮肥。据统计，2017 年我国化肥使用量达到了 2220.6 万 t，占到世界总量的 35%，平均单位耕地面积使用量达到了 434.3 kg/hm^2，是美国等发达国家认定的 225 kg/hm^2 安全上限的近两倍。导致我国氮肥过度使用的一个重要原因是我国农作物氮肥利用效率普遍不高，据统计目前，我国氮肥利用率平均只有 35% 左右，而发达国家高达 60%。根据 2015 年中国污染普查结果，农田排放的氮量占全国排放总量的 57.2%，是造成我国土壤退化、地下水污染、河流和浅海水域生态系统富营养化的主要污染源。根据固氮微生物与宿主植物的关系，生物固氮可分为共生固氮、联合固氮和自生固氮 3 种类型。其中，共生固氮和联合固氮已在农业生产中应用，也是当前生物固氮领域的研究前沿。利用生物固氮部分或完全替代化学氮肥，在农业生产中不仅能节肥节能，同时还能增产增效，将为保障全球粮食安全和生态安全提供重要科技支撑[922]。

1）国内外研发趋势

生物固氮研究始于 1888 年，欧洲科学家证明根瘤菌纯培养物导致豆科植物固氮根瘤的形成，迄今不过 130 多年的历史。19 世纪末到 20 世纪初，从土壤中首次分离鉴定了自生固氮微生物如圆褐固氮菌和巴斯德梭菌等。1960 年，采用巴斯德梭菌的无细胞抽提液，首次实现在无细胞体系中通过固氮酶系将氮气还原成氨，使得生物固氮研究从整体细胞水平进入无细胞的生物化学研究阶段。20 世纪 80 年代，根际联合固氮微生物如巴西固氮螺菌等被分离鉴定，其后世界各地的田间试验证明这些固氮菌株在非豆科粮食作物上具有明显的节肥增产效果。转入携带固氮正调控基因 *nifA* 的催娩克氏菌耐氨工程菌株被构建，其根际固氮活性提高 3 ～ 5 倍。20 世纪 90 年代，重组苜蓿根瘤菌在美国被批准有限商品化生产，是世界首例进入田间应用的固氮菌基因工程产品。2000 年，转 *ntrC-nifA* 基因的水稻根际联合固氮菌耐氨工程菌株在中国被批准有限商品化生产，是我国首例进入田间应用的固氮菌基因工程产品。2011 年盖茨基金会资助欧盟一个研究团队，开展扩大共生结瘤固氮范围，人工构建非豆科作物结瘤固氮体系的探索性研究工作，终极目标是实现非豆科C4作物玉米结瘤固氮，并应用于常年受干旱胁迫的非洲。近年来，随着生命科学和生物技术的迅猛发展，多组学、系统生物学、合成生物学与计算生物学等前沿学科交叉融合，固氮微生物资源利用、基因组演化、代谢网络解析、微生物组与宿主互作、人工固氮体系构建以及固氮结构生物学等方面取得重要研究进展[923-926]。特别是21世纪兴起的合成生物学在农业中应用，将为生物固氮这一世界性农业科技难题提供革命性的解决方案[927]。

目前，国际上多个研究团队围绕扩大共生结瘤固氮范围，将人工构建非豆科作物结瘤固氮体系作为重点开展合成生物学研究，并取得重要研究进展。美国麻省理工学院的克里斯托弗·A. 沃伊特（Christopher A. Voigt）团队在大肠杆菌底盘实现产酸克氏杆菌钼铁固氮酶系统的重头设计合成，达到产酸克氏杆菌57%的固氮酶活。英国剑桥大学的Giles Oldroyd团队借助菌根共生体系的部分信号通路，在非豆科植物体内搭建可以响应根瘤菌的共生信号转导途径。牛津大学的Philip Poole团队通过生物合成学使大麦等作物产生Rhizopines信号转导途径，让该工程植物可以与其根系周围细菌进行交流并加以控制，使它们能够利用这些细菌来促生长，包括提高固氮能力。丹麦奥胡斯大学的Jens Stougaard团队建立了豆科植物识别根瘤菌结瘤因子受体，异源表达结瘤因子受体可扩大根瘤菌的宿主范围。西班牙马德里理工大学Luis研究小组在真核底盘中实现固氮酶核心酶铁蛋白亚基的功能性构建；部分解决了真核底盘辅因子合成组分的可溶性问题。美国普渡大学Enders团队通过系统表征被称为作物的第二基因组、对作物生长和健康至关重要的根际微生物群落组，提出在不同农业生态系统中进行精准根际微生物组管理的新策略。近年来，我国科学家在超简固氮基因组构建[928]、叶绿体的电子传递链与固氮酶系统的适配性[929]、真核线粒体中固氮酶稳定表达[930]、人工非编码RNA固氮调控元件[931]、耐铵泌铵固氮模块[924]、人工根际微生物组[932]以及人工根际高效固氮体系创建等方面取得重要进展[931]，相关研究处于国际先进水平。国内外有关固氮合成生物学研究的近中期目标是大幅度提高非豆科粮食作物根际联合内生固氮效率和抗逆特性，部分替代化肥；中期目标是实现非豆科作物结瘤固氮，大幅度减少化学氮肥用量；远期目标是设计人工高效固氮装置并转入非豆科作物中，实现其自主固氮。

生物固氮是最古老的生命现象，有35亿年进化历史。生物固氮的科学研究始于19世纪80年代，迄今不过130多年的研究历史。目前，在生物固氮领域还存在许多科学未解之谜，例如：①为什么自然界中只有某些原核微生物有固氮能力？需要揭示的关键科学问题是真核生物不能自主固氮的生理和遗传屏障。②为什么只有豆科作物能形成固氮根瘤？某些非豆科作物祖先如黄瓜可能具有固氮能力，研究其进化演化机制对于非豆科作物人工结瘤线路创建具有重要的理论指导意义。③内共生起源假说认为，叶绿体起源于原始真核细胞内共生的能进行光能自养的蓝细菌。许多原始蓝细菌也具有固氮能力，为什么植物在漫长进化过程中形成叶绿体却没有形成"固氮体"？采用合成生物学手段，开展光合固氮蓝细菌在植物细胞中的共进化研究，也是一个特别有原创价值的前沿科学课题。

目前，已应用于农业生产的固氮微生物只有共生结瘤和根际联合固氮两种。共生结瘤微生物固氮效率高，通常为75～300 kg N/(hm^2·a)，可为豆科植物提供100%的氮素来源[933]。然而，共生固氮微生物宿主特异强，只能与某些豆科作物形成固氮根瘤，为其提供生长所需的氮素，但不能应用在非豆科的粮食作物上[934]。根际联合固氮菌广泛分布于非豆科粮食作物根际，能紧密结合作物根表或侵入内根际生长和固氮，在非豆科作物节肥增产方面具有巨大的应用潜力，相关研究已成为当前生物固氮的前沿和热点。但根际联合固氮微生物由于不能形成根瘤等共生结构，受根际胁迫因子如盐碱、干旱等的影响非常大，导致其固氮效率低下，通常为1～50 kg N/(hm^2·a)。上述固氮体系的天然缺陷成为制约生物固氮在农业中广泛应用的关键瓶颈问题，亟待从三个技术层面开展系统研究，加快人工高效生物固氮技术农业应用：一是针对"固氮酶铵抑制、氧失活及固氮产物不能分泌胞外"等自然法则，开展相关理论研究和设计原理探索，人工设计固氮元件、模块和线路，改造固氮模式菌底盘；二是针对固氮体系的天然缺陷，开展根表耐铵泌铵与氮高效利用模块偶联、人工高效固氮及其相关抗逆基因线路集成研究，创建人工根际联合固氮体系，研发新一代生物固氮概念产品；三是针对传统固氮技术田间应用效果不稳定、不能满足农业现代化发展需求等问题，重点突破固氮包膜和固氮微囊先进技术工艺，开发适用于机械化播种、水肥一体化滴灌和无土栽培的新型高效固氮产品（图4-58）。

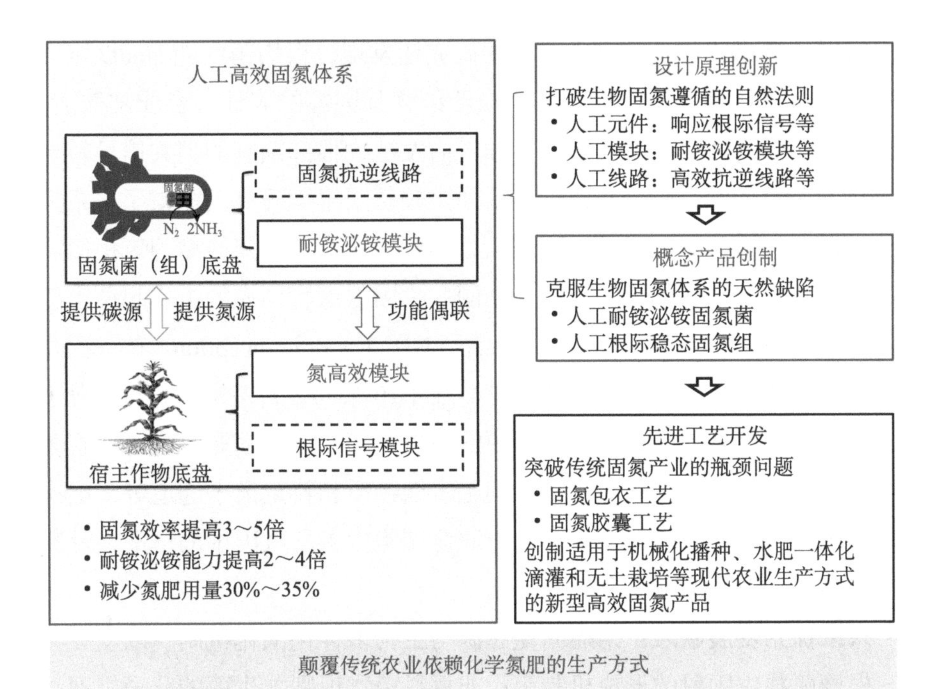

图 4-58　人工高效生物固氮技术创新及其农业应用

2）未来重点发展领域

生物固氮是一个具有重大研究价值的科学命题，同时又是在可持续农业中具有巨大应用潜力的研究课题。目前，生物固氮仅限于某些原核微生物，在自然界中尚未发现真核生物具有自主固氮能力。共生固氮和联合固氮已应用于农业生产，其中共生结瘤固氮体系效率最高，但仅限于豆科植物，应用潜力有限。根际联合固氮菌广泛分布于非豆科粮食作物根际，但受根际环境影响较大，固氮效率低下，从而大大局限了生物固氮在农业生产中的广泛应用。因此，提高根际联合固氮效率，扩大根瘤菌寄主范围，实现植物自主固氮是当前生物固氮研究领域的前沿和优先发展的方向。

（1）非豆科作物人工结瘤固氮体系创建

自然界中，结瘤固氮仅限于豆科植物。然而，菌根在植物界广泛存在，诱导菌根和根瘤共生体形成的机制非常相似，菌根因子的结构类似于结瘤因子，根瘤菌和菌根在早、中期具有共同的传导通路，以菌根因子介导的信号途径同样存在于农作物中。通过比较菌根和根瘤共生体信号转导途径的异同，尤其是信号受体和转录激活因子的差异，可为研究根瘤菌在禾本科植物上结瘤固氮提供新思路和新途径。已有的研究还发现，根瘤菌中的 NodD 蛋白通过感应豆科植物类黄酮信号分子，激活结瘤基因簇的表达，合成结瘤因子。分泌到根瘤菌体外的结瘤因子进而通过激发植物根部细胞的相关信号转导途径，诱导根瘤发育。此外，通过一系列比较基因组学研究已取得了一系列关键的认识和突破，如禾本科作物基因组中已经拥有大量与结瘤固氮相似或保守的菌枝丛根信号识别通路基因。结瘤共生固氮深度同源的祖先起源可能只涉及几个关键的主调控因子，如转录因子 NIN（nodule inception）的基因是一个关键枢纽基因，能够解释固氮分支 4 个目 10 个固氮科多样性分布的分子机制。另外，近年来的证据表明根瘤菌的宿主范围和结瘤固氮效率还受到干扰宿主免疫系统的根瘤菌效应蛋白、细胞表面物质和特定离子通道等多层次因子的协同调控；结瘤固氮功能模块与底盘细胞中多层次因子的适配性及其与宿主的共进化机制成为新的研究热点。

未来优先发展领域：结瘤固氮起源与生物多样化演化机制，以及豆科植物 - 根瘤菌共生固氮的形成机制等；非豆科植物识别共生菌的分子机理，包括非豆科植物对根瘤菌的识别和响应根瘤菌入侵模块、以血红素 - 豆血红蛋白 - 血红素氧化酶为核心的氧保护模块、根瘤发育分子模块及固氮基因线路设计与优化；水稻和玉米等非豆科粮食作物底盘的人工根瘤器官形成策略及其结瘤固氮探索。

（2）人工广谱结瘤基因线路和高效共生系统创建

根瘤菌 - 豆科植物共生固氮体系是农业绿色发展的重要组成部分。根瘤菌剂的商业化应用已有 100 余年的历史，以大豆为例的共生固氮作用每年每公顷固定的纯氮为 70 ～ 250 kg，个别情况可以达到 350 ～ 400 kg。影响田间共生固氮效率的因素涉及：商业根瘤菌在不同地区土壤中的存活能力差异、与优势土著根瘤菌的竞争结瘤能力差异、与同一作物不同品种的共生固氮效率差异。已有研究表明：商业根瘤菌的结瘤固氮基因会最终转移到存活能力更强的近缘土著根瘤菌，这些进化后的土著根瘤菌竞争结瘤能力强但是共生固氮效率低。因此，过去十余年的研究重点已从个别模式根瘤菌的结瘤固氮机理转移到：①结瘤固氮功能在新基因组背景下的整合效率及机制；②近缘菌种结瘤固氮效率差异的机理；③根瘤菌的根表定植机理。可见，基于进化生物学和生态学原理，以存活能力强的广泛分布的土著根瘤菌为底盘，利用合成生物学设计与优化“广谱结瘤－高效固氮”基因线路将是从根本上解决根瘤菌剂田间应用效果不稳定问题的有效策略。

未来优先发展领域：系统解析广宿主根瘤菌的广谱结瘤和高效固氮机制，挖掘新型宿主范围和固氮效率调控元件与功能模块，设计并不断优化人工“广谱结瘤－高效固氮”基因线路；以主要豆科作物的广布土著根瘤菌为底盘，搭建人工“广谱结瘤－高效固氮”基因线路，并研究关键适配调控因子及其作用机理，优化适配效率；系统研究结瘤固氮基因在广布根瘤菌与其他土壤细菌间的水平转移机制，设计结瘤固氮基因水平转移的抑制模块，阻遏人工“广谱结瘤－高效固氮”基因线路在土壤细菌间的扩散，从而维持人工广布高效根瘤菌在田间应用效果上的稳定性。

（3）根际人工高效智能联合固氮体系创建

从20世纪70年代以来，在水稻、甘蔗、玉米、小麦及牧草等非豆科作物根际分离鉴定了大量的固氮微生物，这类微生物不能形成类似于根瘤的特异组织，但是可以紧密结合根表或侵入内根际生长和固氮，与宿主作物形成的是一种相对松散的互惠互利关系，这种固氮体系被称为根际联合固氮体系。联合固氮微生物主要包括假单胞菌属、克雷伯菌属、固氮螺菌属、固氮菌属与固氮弧菌属等，作为接种剂在非豆科作物特别是在水稻和玉米等粮食作物上已显示出巨大的应用潜力，已成为生物固氮领域的前沿和发展方向之一。根际是联合固氮微生物与宿主作物相互作用的主要场所，根际固氮效率受根际环境因素的影响非常大，包括：①碳源限制，宿主植物根分泌物是联合固氮菌的主要碳源和能源；②氮源抑制，田间施肥条件下高浓度的铵抑制联合固氮活性；③逆境胁迫，盐碱、干旱等根际逆境胁迫是根际固氮的关键限制因子。目前，根际联合固氮研究主要是围绕根际联合固氮体系存在的天然缺陷开展相关工作，特别是在高效固氮、泌铵耐铵、智能抗逆等功能的人工元器件设计并用于根际固氮体系改造等方面已取得重要进展[935-937]。但由于目前对固氮微生物与宿主作物之间的相互作用机制缺乏深入了解，人工根际固氮体系还处于实验室探索阶段，进入田间应用之前尚需要在理论与技术方面取得突破。

未来优先发展领域：针对上述影响固氮效率的主要限制因子，人工设计非编码RNA调控元件、耐铵泌铵模块，构建高效固氮基因线路；人工设计多水平调控的耐非生物逆境模块、碳源高效利用模块和根表生物膜形成模块，构建高效固氮相关的智能抗逆基因线路线路；以根际联合固氮微生物为底盘，进行人工调控元件、功能模块和基因线路适配性研究和系统优化，研制新一代固氮微生物产品；以固氮微生物和宿主作物为底盘，进行人工基因线路适配性研究和系统优化，通过氮高效转运模块与泌铵模块偶联，创建高效智能的人工根际联合固氮体系，并进行田间固氮贡献原位评价与节肥增产示范应用研究。

（4）作物根际人工高效固氮微生物组创建

植物根际微生物被认为是植物的第二基因组，对植物的生长和健康具有重要作用。根际微生物中的固氮菌等有益微生物具有活化根区养分、促进植物生长、增强植物抗逆性、抑制土传病害等功能[938-940]，是微生物肥料的主要菌种，对化肥减施增效、促进农业绿色发展意义重大。随着基因组学尤其是高通量测序技术的发展，重要农作物如水稻、玉米、小麦与能源作物如甘蔗等根际微生物组及固氮微生物群落都已获得阐释，挖掘根际微生物组的功能，促进作物增产是当前农业固氮微生物研究的重要前沿领域[941-944]。农业微生物组领域估值最高的 Indigo 科技公司创建了全球领先的农业微生物基因组信息数据库，可以高通量筛选对植物健康有益的微生物菌群。其商业化产品 IndigoWheat ™能够使得小麦在干旱地区的产量提高 13%。诺维信控股 TJ Technology 公司通过对作物根际微生物组进行规模化分析开发出 QuickRoots 菌剂产品，其能够改善作物在苗期的营养元素供给。2016 年，美国率先启动“国家微生物组计划”，聚焦微生物组在健康、农业、环境、生态等方面的应用潜力开发。2019 年美国科学院、工程院和医学院联合发布的题为“Science Breakthroughs to Advance Food and Agricultural Research by 2030”的研究报告将植物根际微生物组列入未来 10 年农业领域亟待突破的五大研究方向之一。

未来优先发展领域：通过对表面微生物组和内生微生物组及其功能基因组的高通量分离、鉴定、测序和大数据挖掘，分析作物根际固氮微生物组的协同进化与生态效应；开展作物根际固氮微生物组的养分高效利用机制研究，挖掘和利用潜在的具有养分高效转化功能的固氮微生物核心功能组。开展作物根际固氮微生物组抗胁迫的互作机理研究，揭示宿主作物、根际环境与固氮微生物组互惠共生的分子机制；开展作物根际固氮微生物组模块创建与系统优化研究，创建人工高效固氮微生物组并进行田间示范应用研究。

（5）人工自主固氮真核微生物和植物创建

自然界中只有某些原核微生物有固氮能力，所有真核生物不能自主固氮，国内外采用基因工程手段创建真核固氮生物的大量研究迄今为止均未获得成功。目前已知的固氮酶系统以钼铁固氮酶系统活性最高，研究也最为深入。然而钼铁固氮系统往往需要十几个甚至几十个基因参与，并且这些基因之间往往需要协同表达实现其功能，极大地限制了将钼铁固氮酶系统导入真核生物的可能性。长期以来，植物细胞器特别是叶绿体被认为是最适合导入固氮酶系统的真核细胞结构。已有研究表明：来源于植物叶绿体的电子供体 Fd 能够与固氮酶系统中的氧化还原酶 NifJ 组成有功能的电子传递链模块，来自线粒体的铁氧还蛋白 -NADP+ 还原酶（FNR）可与固氮酶电子供体 FdxB 组合形成杂合模块，二者均能够为固氮酶系统提供底物还原所需的还原力[929]。此外，在真核底盘中实现了固氮酶的一个亚基（铁蛋白 NifH）的功能性构建，解决了固氮酶系统中一个参与辅因子合成的蛋白组分在真核系统中表达不可溶的问题。以上成果为将固氮基因族直接转入非豆科植物，实现非豆科植物自主固氮打下良好基础。此外，内共生起源假说认为，叶绿体起源于原始真核细胞内共生的能进行光能自养的蓝细菌。采用合成生物学创建类似叶绿体的植物人工细胞器"固氮体"，是一个特别有原创价值的前沿科学课题。

未来优先发展领域：利用合成生物学平台构建人工超简固氮基因体系，包括超稳固氮核心酶模块筛选、高可溶性固氮酶组分模块的筛选、高温耐受型固氮酶系统的设计和氧保护模块的设计等，进一步提高其稳定性、通用性和高效性；开展其在真核生物底盘中的适配性研究，包括在酵母或衣藻等单细胞模式真核生物的线粒体或叶绿体中电子传递链与人工固氮酶系统的适配性等，为最终实现植物细胞器表达固氮酶系统并自主固氮提供理论支持；开展原始光合固氮蓝细菌的起源与进化研究，探索植物人工细胞器"固氮体"创建的可行性。

3. 人工生物抗逆体系创建

我国是生物制造大国和资源贫乏的农业大国，在生物产业（如以微生物细胞转化为基础的大规模发酵产业）的节能减排和抗逆农业的战略技术（如盐碱地的利用）上面临重大挑战。微生物或作植物在生产条件下面临着多种逆境胁迫，而生物抗逆调控是一个多层次的复杂网络，并存在进化过程中残留的痕迹。抗逆线路设计和育种是利用合成生物学，设计具备更好响应性能的基因线路，模拟、简化和强化自然抗逆机制，实现有效的多功能时空序列响应的动态反馈，解决微生物和植物如何高效应对环境胁迫问题，为解决我国发酵工业与农业可持续发展重大问题提供关键支撑技术。

1）国内外研发趋势

微生物被普遍应用于生物发酵过程，被认为是生物制造的“芯片”之一，而且在环境治理上的潜力极大。其中，以氨基酸和有机酸为代表产品的发酵工业年产值超过3000亿元，近年来的年平均增长率达7.8%[945]。然而，无论是工业还是环境应用，微生物都面临着非生理状态下的逆境胁迫，如工业条件下产生的高温、酸性pH等[946]。在工业生产过程中，一般是分别采用不断冷却、使用碱性物质中和等措施来维持其生产性能，但会产生大量的能耗和下游污染。对于环境应用，逆境胁迫则会显著影响微生物的环境治理性能。以氨基酸发酵为例，若将温度提高1℃，冷却水使用量平均减少10～30 t/t产品；若将pH减少1.6单位，则可降低废水硫酸铵含量400 kg/t，可降低废水总排放量90%。因此，在我国可持续发展战略和“十四五”发展规划对节能减排的要求下，提高微生物的抗逆性能将有利于促进我国庞大生物发酵产业的节能减排，突破新一代生物产业（如生物炼制、微生物环境治理）的关键技术瓶颈。

迄今为止，绝大多数微生物的抗逆研究都集中在基础机理研究方面，微生物细胞应对胁迫环境的机制主要包括三类：①一般的生化和生理应对，如细胞膜（壁）重构、离子泵过表达、DNA损伤修复等[919]；②强化的抗氧化防御系统，以清除活性氧自由基；逆境胁迫会导致活性氧自由基的过量积累，从而引起细胞膜（壁）破坏、蛋白质羰基化、脂类过氧化、DNA损伤等[947]；③强化的蛋白质保护和质量控制系统，维持胞内正常的蛋白质结构与功能是细胞得以生长与生产的分子基础[948,949]。这些抵抗逆境的机制有很大的重叠，同时对不同胁迫也具有一定的特异性；因以生存为目的，通常牺牲微生物作为细胞工厂的生产性能。

目前提高微生物耐受性研究，主要从适应性进化[950,951]、全局转录调控[546,952]和基于抗逆机制的理性设计[953,954]来开展。其中，适应性进化由于操作简单，被工业界广泛采用，但周期较长且难以有效重复。全局转录调控的策略，一般存在动员过多的细胞功能，导致胁迫响应过度、生产性能下降的问题。近年来，在该策略上发展了一些新技术，如基于CRISPR的可追踪基因组工程（CRISPR enabled trackable genome engineering，CREATE）[955]和全局调控网络多重导航技术（multiplex navigation of global regulatory network，MINR）[956]，以提高其调控的精准度，减少浪费。在抗逆理性设计中，往往限于单向和单功能的调控，但由于抗逆是一个复杂的多系统过程，这些研究的效果都不显著，例如对于酵母抗高温性能，除了热激蛋白，蛋白质质量控制系统和氧自由基降解酶都非常重要[957]。而且，微生物发酵过程中，细胞内外环境是随时间变化的，导致其抗逆强度需求是动态变化的[958]。因此，选择合适的抗逆功能模块，构建具备更好响应功能的基因线路，有助于模拟、简化和强化自然抗逆机制，实现有效的多功能时空序列响应的动态反馈，以实现有效抗逆，即在逆境下保持生产性能基本不变。

微生物抗逆研究的核心问题是抗逆元器件的发掘与表征、高效抗逆线路的设计与性能评估、抗逆线路的系统适配性优化与育种应用、抗逆线路在底盘生物的作用机制，未来基于合成生物学的微生物抗逆研究工作也将持续围绕这些问题展开。

非生物逆境（高温、干旱和土壤盐碱化等）严重影响着植物的生长发育，是阻碍农业实现高产和稳产的一个世界性难题。根据联合国粮农组织统计，全世界受到盐碱影响可耕作的土壤面积大约为200万km^2，占可耕作的土壤总面积的13.5%。其中，受到盐碱影响的灌溉面积大约为120万km^2，占总灌溉面积的50%。我国干旱、半干旱地区占国土面积的一半以上，常年受旱面积达200万～270万hm^2，盐碱化耕地面积约763万hm^2。土地干旱、盐渍化是造成我国西部地区及沿海滩涂中、低产田和大面积土地资源难以被有效利用的直接原因。此外，我国北方大部分地区和南方的早春、晚秋季节的农作物生产频繁地遭受低温冷害以及干旱损伤。据保守估计，各种非生物逆境胁迫因素造成的我国主要农作物减产每年高达总产的8%～15%，严重的年份甚至可以导致部分地区的作物绝收。

长期以来，我国科学家通过远缘杂交、基因工程等手段培育了不少抗逆品种，以增加我国农作物的产量，缓解非生物逆境带来的作物生产问题种子匮乏的问题。自从20世纪90年代以来，科学家系统地对植物应答高盐、干旱、低/高温等逆境条件进行了深入的研究，鉴定了冷害、高温以及盐等逆境的植物受体蛋白，阐明了多条应答逆境胁迫的信号转导途径，并通过基因工程方法获得了一大批抗逆植物材料。但遗憾的是，到目前为止生产上大规模抗逆品种的利用以及商业化的报道甚少。

植物抗逆利用存在以下几个方面的难点：①从遗传分析来看，不同种类的作物或者不同品种之间基因型存在差异，它们的抗逆性状（抗旱、耐盐）也有所不同，说明植物的抗逆性是受到多基因控制的复杂性状。②植物的逆境信号转导与植物生长发育存在信号交叉反应，利用转基因的育种方法超量表达某个信号转导基因（如转录因子）容易导致植物的抗逆性增强和作物产量的下降。③由于现有植物抗逆机理研究以模式植物材料（拟南芥、水稻等）为主，来自高抗逆种质的抗性基因资源比较匮乏。因此，基于现有的对植物抗逆的分子调控机理以及遗传机制的认识，利用合成生物学手段尽快培育作物抗逆品种（新种质），满足我国农业可持续发展的重大需求十分迫切。

合成生物学是通过设计和构建自然界中不存在的人工生物系统来解决农业、能源、材料、健康和环保等问题。合成生物学技术通常利用DNA合成技术将来自细菌、酵母及植物等不同物种的多种基因及代谢途径的元件、模块进行重新组装实现多基因的精密调控等。合成生物学的出现，使得以优化设计、系统整合、提高植物抗逆性的合成生物学成为国内外新的研究热点，为系统提高作物抗逆性以及平衡作物的产量提供了一条崭新的途径（图4-59）。

2）未来重点发展领域

植物抗逆境研究的核心问题是：揭示植物抗逆信号的识别、传递以及抗逆性分子调控机理，分析植物逆境信号与产量、品质形成之间的关系，并在此基础上提高农作物的抗逆水平，有效平衡作物的抗逆性与作物产量和品质之间的关系，实现在逆境胁迫环境下作物的稳产和高产。未来基于合成生物学的抗逆境生物学研究工作也将持续围绕这些问题进行。

重大科学问题

极端微生物抗逆的分子机理为构建植物抗逆线路提供高效微生物抗逆元件与解决方案

植物抗性与产量的关联节点及分子机制为解决高抗（逆）产生的能量负反馈提供设计元件及分子基础

复合多抗线路的设计原理为解决植物智能、具有复合多抗的线路构建提供方案

关键技术问题

精准智能高效的抗逆线路改造技术

新型极端微生物抗逆线路设计与优化技术

植物底盘构建与功能模块适配技术

智能复合多抗作物

- 抗逆水平提升10%～15%；
- 高抗条件下产量不下降；
- 利用抗逆盐碱荒地1000万亩

颠覆抗逆与品质产量负相关的自然法则

图 4-59　人工抗逆体系创建及育种应用

（1）抗逆元器件的发掘与表征

抗逆元器件是抗逆线路设计的基础，包括核心的功能元件和调控元件。核心元件即起到抗逆作用的元件，包括小分子 RNA、全局或局部调控因子、分子伴侣、酶蛋白、膜蛋白等。前三者一般是调控更多下游基因的表达，可实现对多个系统的激活以提高微生物对逆境胁迫的耐受。其中，来源于耐辐射奇球菌（*Deinococcus radiodurans*）的全局调控因子 IrrE 可提高大肠杆菌 [959]、酵母 [960] 和油菜 [961] 等不同生命体系的抗逆性能。小分子 RNA 可在转录水平、翻译水平调控基因的表达，以更小的能源与资源消耗实现耐受性的提高 [962]，且在结合分子伴侣 Hfq 后可更好地维持微生物在逆境下的生长性能基本不变 [952]。微生物与植物抗逆存在协同进化，抗逆元器件往往可以通用，特别是从极端微生物中挖掘获得的抗逆元件具有优良的抗逆功效。调控元件是实现抗逆线路的智能性与靶向性的关键。然而，可工程化应用的调控元件不足，如响应各种环境信号、生长信号的启动子。

未来优先发展方向：基于对抗逆机理的解析，采用多组学技术，结合实验室适应性进化分析工业微生物、环境微生物（特别是极端微生物）在酸性 pH、高温、乙醇毒害浓度等逆境胁迫下的自然抗逆系统，利用生物信息学和人工智能算法鉴定抗逆关键节点、途径与通路，并结合免疫共沉淀测序、定

向进化等技术，收集和发掘抗酸和抗高温功能元件、调控元件和相关的控制模块。通过标准化的设计与组装，在模式底盘生物（如大肠杆菌、谷氨酸棒杆菌、拟南芥）中进行抗逆器件的时间序列应答、抗逆性能的表征及作用机理解析，建立标准化的微生物抗逆元器件库。

（2）微生物高效抗逆回路的设计与性能评估

高效的抗逆设计应该具有如下三个属性：适配性、智能性和靶向性，即需要“能够在底盘生物中发挥功能”（适配性），而且“这种功能最好能够只在一定的压力条件下启用”（智能性），而且“启用的功能最好仅仅够（just enough）应对特定的压力而不浪费”（靶向性）。微生物抗逆过程的动态变化特性[958]，决定了采用单因子、单途径、单方向的策略难以达到这三个属性。基因线路的基础研究[963]，以及在微生物生长与生产动态调控中的成功应用[964]，为抗逆线路的设计提供了可借鉴的思路与技术方案。而且，在基因线路的框架上，可进行多模块的快速组装、表达调控。

未来优先发展方向：基于对抗逆器件的时间序列应答与抗逆性能的理解，结合合成生物学基因线路（如拨动开关、逻辑门、负反馈）和技术，在模式底盘微生物中设计、组装人工抗逆线路，如大肠杆菌、谷氨酸棒杆菌的智能响应抗酸线路、酿酒酵母的抗高温线路。进而，在模式底盘生物，如大肠杆菌、谷氨酸棒杆菌、酿酒酵母中建立以荧光蛋白为报告信号的线路功能（如响应时机、响应强度、灵敏度、鲁棒性）评估（筛选）体系，通过功能元件、调控元件和抗逆模块的突变库和线路的拓扑结构高效筛选，以及多模块的抗逆线路的组装，建立抗逆性能评估（筛选）体系，实现人工抗逆线路性能的高效评估。

（3）抗逆线路的系统适配性优化与育种应用

以往大部分的抗逆研究只在实验室水平、采用模式微生物进行设计与测试，实际生产与实验室研究存在多个层次的差异。由实验室获得的人工抗逆线路存在与工业发酵菌株、工业物料、工业条件的适配性问题。主要因为实验室育种往往脱离发酵工业实际工况环境，导致实验室育种获得菌株在工业逆境中的有效性不足，即实验室的育种规律不适合在工业上应用。而基因线路的鲁棒性和适配性从基础研究到应用研究一般是难点之一[965,966]。在以往的研究中，为了填补从实验室到工业应用的鸿沟，一般会采用适应性进化对所构建的菌株进一步进行非理性改造，使其适配于工业应用上的物料与条件。近年来，基于人工染色体酵母，开发了 SCRaMbLE 技术，结合高通量筛选平台，大大加速了耐受逆境的驯化过程，获得耐受 42℃高温的酵母菌和耐受碱性的酵母菌[967,968]。此外，理性设计智能调节的多重抗逆基因线路是实现高适配性、动态调控工业微生物抗逆性能的一个新策略。

未来优先发展方向：根据工业发酵微环境的变化规律和工业微生物抗逆性的特点，结合人工抗逆线路与工业菌株、工业物料适配性的高通量筛选方法，从实验室水平到工业中试水平的抗逆性能逐级评估方法，优化并获得高适配性、高抗逆性能的抗逆工业菌株。建立人工抗逆线路与工业菌株、工业物料适配性的高通量筛选方法。进一步，测试人工抗逆线路（抗酸、抗高温）在工业菌株、工业物料中的抗逆性能，高通量筛选、优化人工抗逆线路的适配性，采用组学等技术分析工业发酵过程中人工抗逆线路的作用机理，解析人工抗逆工业菌株的育种规律。

（4）植物逆境感受器与信号转导线路的人工设计

植物通过细胞膜上的受体蛋白直接感受外界环境信号变化，从而实现抗逆信号的传递。例如，在干旱等逆境条件下植物可以通过提高细胞中脱落酸（abscisic acid，ABA）浓度，快速关闭气孔，减少水分散失与蒸腾作用，从而显著提高抗旱特性。过去 5 年，Vaidya 等[969]3 个实验室通过模拟 ABA 的小分子化合物实现了在烟草、番茄等植物中再造 ABA 信号通路，有效提高了烟草、番茄的抗干旱水平。此外，Pierre-Jerome 等[970]利用酵母系统重构植物生物素信号通路。所以，人工模拟设计植物激素等重要信号化合物以及受体，可以为农作物重新设计逆境受体开关和逆境感受模块，是提高农作物抗逆水平的一条有效途径。

未来优先发展领域：深入研究植物的逆境受体蛋白的结构与生物特征，解析干旱、盐碱、高温等逆境下植物的抗逆遗传学基础，揭示其分子调控机制；人工设计并合成生态友好、逆境诱导的化合物，模拟设计逆境感受蛋白；优化设计干旱、盐碱、高温等逆境响应的人工元件、线路，同时改善植物根系、种子等植物重要组织、器官等在逆境条件下的生长，实现人工模块在预处理以及逆境条件下的高效运行；人工操纵抗逆线路，实现抗逆的智能性和多重抗逆特征。

（5）植物极端抗逆智能线路的人工设计与构建

在生物的进化过程中，为了实现在不同生态条件下器官的整体协调发育及人工选择等，植物中大量抗逆基因被关闭或者在进化过程中“丢失”。相反，极端逆境微生物保留了进化的多样性，具有大量的抗逆基因资源。来自微生物的 *BT*、*EPSPS* 基因的广泛应用证实了植物－微生物抗逆基因的交互适用性。因此，寻找极端环境微生物抗逆元件，并转移到植物中，能够有效地改善植物的抗非生物逆境特性。利用极端微生物抗逆元件的关键问题包括：抗逆元件库的构建，抗逆元件在植物上的适配性问题，微生物抗逆元件、线路在植物中的智能化控制，抗逆元件、模块、代谢通路乃至信号转导通路在植物、极端抗逆微生物之间的交互转移等。

未来优先发展领域：开展植物抗逆响应元件的表征（调控区段）分析，通过人工合成的方法获得能够精确响应外界变化的启动子；系统比较分析极端抗逆（干旱、高温、盐碱等）微生物抗逆元件的功能并阐明其抗逆机制；从进化的角度比较分析极端抗逆微生物与植物之间同源抗逆元件的差异和功能，构建来源于极端微生物的抗逆元件库；分离植物智能控制元件，实现微生物极端抗逆元件在植物中的智能控制，探讨极端抗逆元件与模块化设计和大规模组装和测试方法；设计并合成具有多种抗逆功能的新型抗逆系统，创制新型抗逆种质材料。

（6）作物抗逆基因组的定向进化与人工设计

由于植物抗逆需要消耗大量能量，与作物亲缘关系较近的极端抗逆植物（野生稻、野生棉等）的产量往往较低。由于产量与抗逆性状往往负向相关，因此通过杂交方式转移这些抗逆基因困难较大。因此，在比较基因组的基础上，利用基因编辑等原理以异源四倍体野生稻为材料快速从头驯化，最终培育出新型多倍体水稻作物，从而大幅提升粮食产量并增加环境适应性[971]。此外，在基因组水平上改变基因组结构或者重新合成关键的染色体区段，优化和改造抗逆的方式可以有效增加植物的抗逆性能。

未来优先发展领域：通过比较基因组的方法确定作物抗逆的区域，通过人工智能辅助建模结合深度学习指导的基因组理性设计与改造，实现作物部分染色体的重新合成与编辑等，具体包括：①在分析抗性、产量性状、品质性状的基础上，发掘与抗逆性和高产优质的关联区段，通过基因编辑、染色体合成等方式组装测试新型染色体模块，实现染色体大片段替换，全面提升栽培作物的抗逆特性；②利用基因组从头合成、组装技术创建作物新的基因组，创新抗逆信号传递线路，提高作物抗逆水平，协调其与产量性能的关系。

（7）协调作物高效抗逆与高产优质的智能化控制

由于植物逆境表达的代偿效应，植物在提高抗逆性的同时产量水平会下降 5% ～ 10%。提高植物抗逆性的最初策略是利用组成型启动子持续表达抗逆相关的激酶、转录因子或者渗透调节物的合成酶等，以期获得高抗逆境的植物新材料，但是这些策略收效甚微。由于逆境条件的季节性、突然性等特点，利用逆境诱导性启动子表达抗逆基因是一个有效的途径。2019 ～ 2021 年，多个研究组利用转录组、基因组比较系统地鉴定了抗逆启动子的特征，并初步合成人工启动子，测试其在底盘植物如拟南芥中的强度，证实了启动子诱导的有效性。此外，Nagano 等解释了多种环境条件下逆境响应的强度变化，并找到了与逆境高度关联的基因通路 RAP。因此，这些技术的发展为人工模拟复杂逆境条件下产量与抗性之间的关系，测试逆境信号通路在植物中的适配性提供了有效线索。

未来优先发展领域：深入分析农艺性状基因的优势位点与抗逆信号之间的关系及网络，发展多重逆境的抗性网络以及作物；基于植物及微生物功能基因组、蛋白质组、代谢组以及网络调节数据发展计算机算法，寻找在特定逆境、复合逆境以及大田生产条件下人工合成逆境线路的信号模拟测试；结合田间试验数据，不断优化设计新型抗逆线路，同时优化抗逆水平与产量协调之间的关系，获得高抗逆境以及高产、优质的农作物新品种。

4. 前景展望

合成生物技术是农业科技领域中最具引领性和颠覆性的战略高技术，世界各国均将其作为国家优先发展战略给予重点支持。美国是在合成生物学领域投入最多、发展最快的国家，政府对合成生物学的投资每年约 1.4 亿美元。美国国防部致力于将合成生物学打造为一种先进制造平台，在美国陆军公布的《2016—2045 年新兴科技趋势报告》中，合成生物学被列入了 20 项最值得关注的科技发展趋势。英国将合成生物学视为引领未来经济发展的 4 个新兴技术产业之一，专门成立了合成生物学路线图协调组，开展路线图研究，

2014 年建立了五大合成生物学研究中心。欧盟、加拿大和日本等发布了一系列战略规划，提出针对发展合成生物等高科技以应对粮食安全、能源清洁增长和健康老龄化挑战的路线图。

近年来，跨国公司加快推进合成生物育种基础研究和技术创新，以抢占未来农业的发展主动权和技术制高点，农业合成生物学及其产业应用领域的国际竞争日趋白热化。全球合成生物市场 2020 年达 68 亿美元，若保持年均 28.8% 的高速增长，至 2025 年市场规模将突破 200 亿美元。在合成生物核心技术不断更迭发展的趋势下，其应用市场也将逐步扩大至农业、食品和饮料等传统行业，其市场增速将达 60% 以上。2020 年，麦肯锡全球研究院发布《生物革命：创新改变经济、社会和生活》报告预测，合成生物产业在未来至少会带来 4 万亿美元的经济价值。未来农业合成学将以人工高效光合、固氮和抗逆等领域为重点突破口。国际上提出了三个发展阶段的战略目标。5 年近期目标（农业合成生物 1.0 版）：创制新一代高效根际固氮微生物产品，在田间示范条件下替代化学氮肥 25%；光合效率提升 30%，生物量提升 20%；模式植物耐受 2% 盐浓度，农作物耐受中度盐碱化、耐旱节水 15%。10 年中期目标（2.0 版）：扩大根瘤菌宿主范围，构建非豆科作物结瘤固氮的新体系，减少化学氮肥用量 50%；光合效率提升 30%，产量提升 10%；农作物耐受中度盐碱化并增产 5% ～ 10%、耐旱节水 20%。20 年远期目标（3.0 版）：在逆境条件下大幅度减少化学氮肥，光合效率提升 50%，产量提升 10% ～ 20%。全球合成生物市场呈高速增长态势。

当前和今后一个时期，我国农业科技发展处于重要战略机遇期，同时为应对全球气候变化、人口增长、环境污染和资源匮乏等问题以及确保碳达峰与碳中和目标实现，所面临的挑战将更加严峻。为保障国家粮食安全和生态安全，促进农业可持续发展，我国急需实施农业合成生物学及其产业化的跨越发展战略，分技术跨越、产业跨越和整体跨越三个阶段，进行农业合成生物学及其产业发展的战略布局和重点部署。在技术跨越阶段（2020 ～ 2025 年），人工智能元器件和功能模块库建立、高光效等功能模块在底盘生物中的适配机制以及新型高效智能产品的设计与装配等方面实现突破，农业合成生物技术研发整体水平处于发展中国家领先地位，并向国际先进水平跨越。在产业跨越阶段（2025 ～ 2030 年），新型高效农业生物反应器、人工智能高光效、固氮和抗逆作物等研发取得突破，部分技术或产品实现产业化，农业合成生物技术研发水平跻身世界先进行列，由农业产业大国向产业强国跨越。在整体跨越阶段（2030 ～ 2035 年），新一代人工智能产品的创制和高产优质绿色超级品种实现产业化，我国农业合成生物技术研究开发与产业化整体水平达到世界先进，推进我国传统农业向现代农业的跨越式发展。

（二）合成生物学在食品领域的应用

1. 非主要营养成分的合成生物技术生产

1）维生素类

（1）发展历史

维生素是人类为了维持正常的生理功能而必须从食物中获得的一类微量有机物质，在人体生长、代谢、发育过程中发挥着重要的作用。维生素主要存在于食物中，如果长期缺乏某种维生素，就会引起生理机能障碍而发生某种疾病。目前已发现的维生素种类有几十种，可大致分为脂溶性和水溶性两大类。人体一共需要 13 种维生素，包括维生素 A、维生素 B、维生素 C、维生素 D、维生素 E、维生素 K 和维生素 H（生物素）等（图 4-60）。

当前，部分维生素依然主要依靠化学合成法获得，存在成本高、不可持续等问题 [972]。随着越来越多维生素的合成途径和调控机制得到解析，以及合成生物学和代谢工程工具的不断完善，对微生物、藻类和植物等进行系统改造以提高维生素生物合成效率，正在受到越来越多的关注 [973]。近年来，发酵法生产的维生素的全球市场容量已达到 85% 以上 [974]。随着生物法合成维生素 A、维生素 E 工艺的市场化，大部分维生素已经可以实现较为经济的生物法合成 [975]。

（2）现有状况和水平

许多蔬菜和水果都含有胡萝卜素，它在小肠中可分解为维生素 A。因此生物法合成维生素 A 多集中在胡萝卜素的合成上。微生物发酵法主要是利用微生物的生物代谢，将葡萄糖、淀粉、黄豆饼粉等廉价原料转化为类胡萝卜素，这种方法不受季节、地域等因素影响，不仅解决了植物种植或藻类培养大量占地的问题，也解决了化学合成不环保的弊端。最重要的是，其异构体

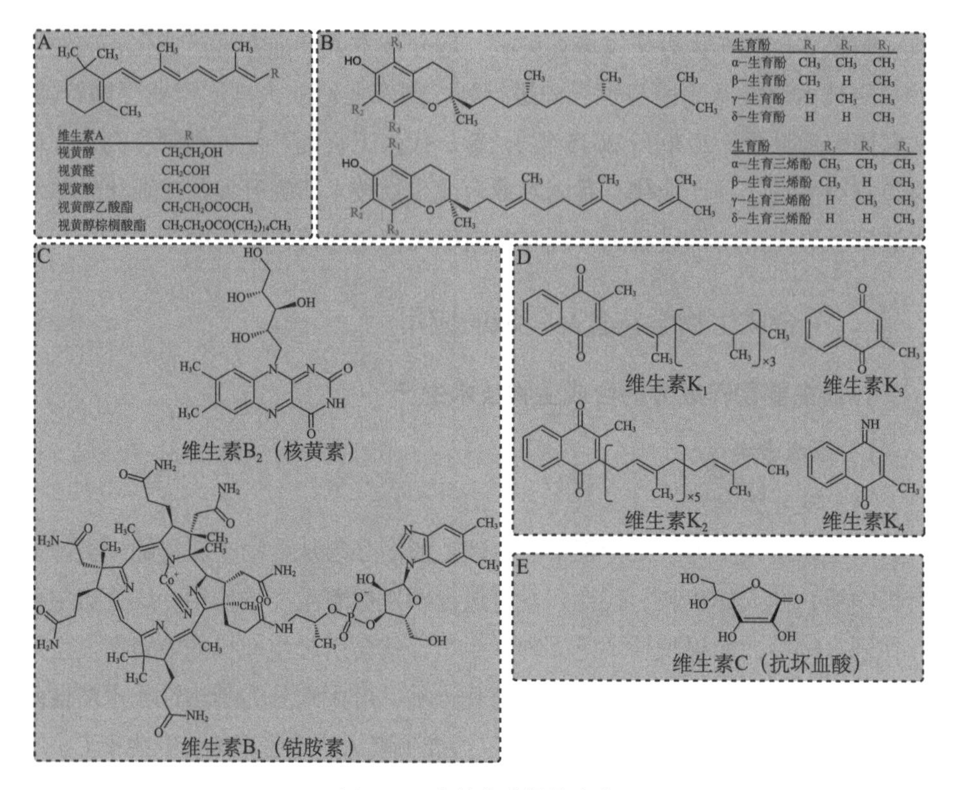

图 4-60　各族代表性维生素

A. 代表性 A 族维生素；B. E 族维生素；C. 可工业化生物合成的 B 族维生素；
D. 代表性 K 族维生素；E. 维生素 C

和活性能够与天然提取的活性成分一致。此外，在植物中进行合成生物学改造也是类胡萝卜素的一种生产方式。

市面上的维生素 E 主要从植物油脱臭馏出物中提取，但其含量低、来源有限，导致生产成本高。化学合成的维生素 E 是外消旋的 α- 生育酚，生物活性较低。通过对拟南芥、藻类等模式生物的研究，目前已经解析出了维生素 E 的完整生物合成途径[976]。2008 年，Albermann 等[977]在大肠杆菌中添加异源牻牛儿基牻牛儿基焦磷酸合酶（Geranylgeranyl diphosphate synthase，CrtE）使法尼基焦磷酸（Farnesyl pyrophosphate，FPP）和异戊烯基焦磷酸盐（Isopentenyl pyrophosphate，IPP）缩合生成牻牛儿基牻牛儿基焦磷酸（Geranylgeranyl diphosphate，GGDP），首次实现了维生素 E 的异源合成。在微生物中高效表达细胞色素 P450 酶及其还原酶，仍然是生产更高价值的功能化类异戊二烯的最大挑战。

维生素B族是一大类水溶性维生素。由于结构复杂、天然食物中含量较低，采用微生物生物合成的方法获得人体所需的维生素B得到了广泛的研究。当前，通过理性设计和代谢工程改造，实现工业化微生物发酵生产的主要有维生素B_2（核黄素）和B_{12}（钴胺素）。核黄素已经完全由微生物发酵法生产，生产菌种主要有棉阿舒囊霉（*Ashbya gossypii*）和枯草芽孢杆菌（*Bacillus subtilis*）[974]（图4-61A）。钴胺素的化学合成涉及大约70步化学反应，十分困难。微生物合成维生素B_{12}起始于谷氨酸，涉及约30个基因，虽然已经实现发酵法生产，但产量一直较低（图4-61B）[978]。

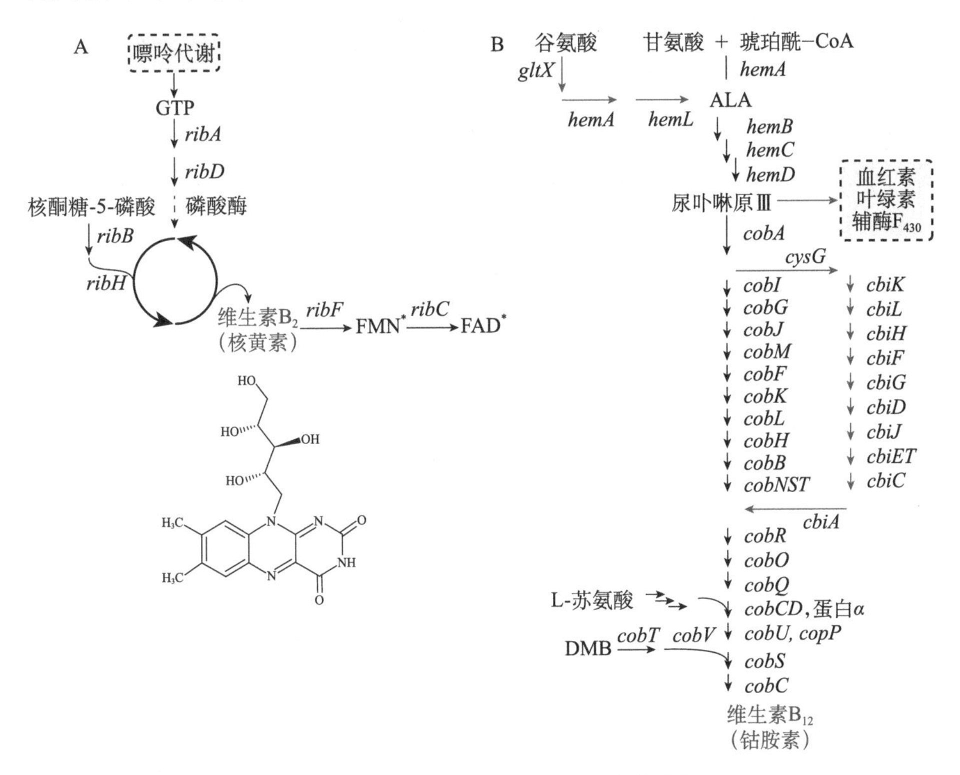

图4-61　维生素B_2和B_{12}的生物合成途径

A. 维生素B_2（核黄素）在枯草芽孢杆菌中的合成途径。GTP：三磷酸鸟苷；FAD：黄素腺嘌呤二核苷酸；FMN：黄素单核苷酸；星号（*）表示单独维生素的活性附因子。

B. 维生素B_{12}（钴胺素）的生物合成途径。ALA：δ-氨基乙酰丙酸；DMB：5,6-二甲基苯并咪唑；其中，有氧途径和无氧途径分别使用黑色和红色线条表示我国科学家尹光琳教授发明的三菌二步发酵法是目前维生素 C 的主流生产工艺。该工艺主要包括两个相对独立的发酵过程，D- 葡萄糖首先经过高压加氢转化成 D- 山梨醇，D- 山梨醇由氧化葡萄糖酸杆菌转化为 L- 山梨糖。L- 山梨糖作为底物再由包括普通生酮基古龙酸菌（*Ketogulonigenium vulgare*）和巨大芽孢杆菌（*Bacillus megaterium*）构成的混菌发酵体系转化为维生素 C 前体 2- 酮基 -L- 古龙酸（2-keto-L-gulonic acid，2-KLG），最终 2-KLG 通过化学酯化和内酯化反应转化为维生素 C。

维生素 K 包括 K_1、K_2、K_3、K_4 等几种形式。维生素 K_2 是主要的商业化形式，可以通过天然产物提取法、化学合成法和微生物发酵法获得。天然产物提取法由于原料来源的局限性，以及得率低等问题，不适合大规模生产应用。运用合成生物学理念，基于多维度的信息整合，将高效的酶和生物合成途径整合到大肠杆菌、枯草芽孢杆菌等底盘细胞中，可以构建以廉价底物为原料的维生素 K_2 高效生物制备细胞工厂，为维生素 K_2 等异戊烯基化产品的生物合成途径构建与优化提供了新的思路，具有重要的理论和应用价值[979]。

近年来，随着合成生物学技术的发展，原来利用化学合成法可以以相对较低成本生产的维生素 D_2、维生素 D_3、维生素 E，以及利用化学法结合酶转化法生产的泛酸等，研究人员也通过系统的优化显著提升了生物法从头合成工艺的产量，已经初步具备了和传统化学法或部分化学法竞争的水平。

（3）现有应用的瓶颈问题及未来应用中的关键问题

维生素类的生物合成，相对于氨基酸、有机酸、功能糖来说，普遍还存在由产量和转化率较低导致的成本高昂问题。即使生产成本相对低的维生素 C，也受限于三菌二步法发酵工艺导致的能耗高、生产周期长等问题。由于发酵过程中包括混菌发酵过程，相对于单菌发酵，混菌发酵调控难度大，且伴生菌会消耗额外碳源等营养。不少团队在对经典两步发酵法和新两步发酵法进行深入研究的基础上，提出了一步发酵法和一菌一步发酵法[980]，将原来分布于不同菌株的合成途径在一株菌中重构（图 4-62）[981]。然而，这些方法目前都尚处于实验室研究阶段。维生素 B_{12}、维生素 K_2 等重要的维生素，工业生产产量长期保持在 1 g/L 以下的水平，极大地影响了其大规模应用。维生素 D 和维生素 E 等的生物法合成已经取得了一定的进展，但是距离实际工业化生产还需要很长一段时间的研究。

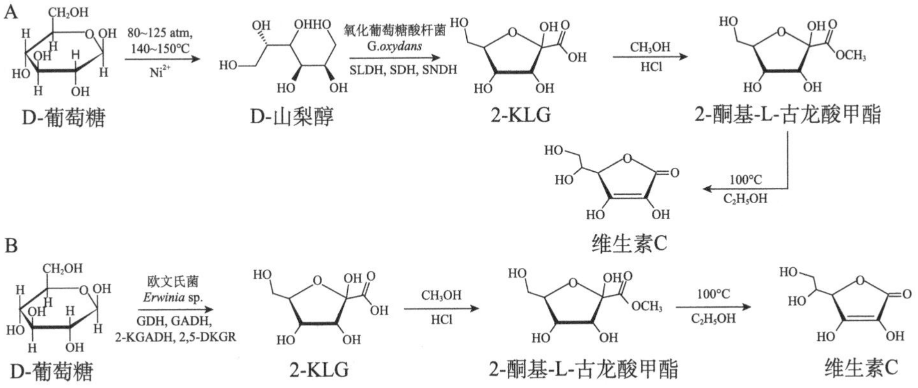

图 4-62　一步发酵法生产维生素 C 工艺路线

A. 基于经典两步发酵法的一步发酵生产维生素 C 路线。1 atm=1.013 25×10^5 Pa；SLDH：山梨醇脱氢酶（sorbitol dehydrogenase）；SDH：山梨糖脱氢酶（sorbose dehydrogenase）；SNDH：山梨酮脱氢酶（sorbosone dehydrogenase）。

B. 基于新两步发酵法的一步发酵生产维生素 C 路线。2-KLG：2- 酮基 -L- 古龙酸；GDH，D- 葡萄糖脱氢酶（D-glucose dehydrogenase）；GADH：D- 葡萄糖酸脱氢酶（D-gluconate dehydrogenase）；2-KGADH：2- 酮基 -D- 葡萄糖酸脱氢酶（2-keto-D-gluconate dehydrogenase）；2,5-DKGR：2,5- 二酮基 -D- 葡萄糖酸脱氢酶（2,5-diketo-D-gluconate dehydrogenase）

（4）未来 5 ～ 15 年需要优先发展的方向及领域

虽然合成生物学技术生产维生素已经取得了很大的进展，部分已经实现了工业化生产，但是普遍还存在产量和转化率低的问题。因此，合成生物学等新型育种方法的出现，为工业生产提供了更多具有高产能力的菌种。利用多重基因组编辑技术构建的具有动态调控功能的维生素生产菌株将会成为研究热点，未来仍需不断探寻新的育种方法，进一步提高生物合成维生素产量，突破维生素 C 一菌一步法发酵工艺等，更好地满足市场需求 [982]。随着合成生物技术的发展，利用植物合成一些重要的维生素，也会是一个非常有竞争力的研究领域。

2）人类自身可以合成的营养成分

虽然有些营养成分是人类自身可以合成的，但是其在人体中合成的效率可能无法满足人们的需求（如透明质酸、母乳寡糖等），或某些代谢疾病可能会导致其无法正常合成（如辅酶 Q10 缺乏症等）。因此，这些化合物的高效生物合成对于改善人类健康，提高生活质量十分重要。目前，已经实现在微生物底盘中高效合成人类自身可以合成的部分营养成分（图 4-63）。

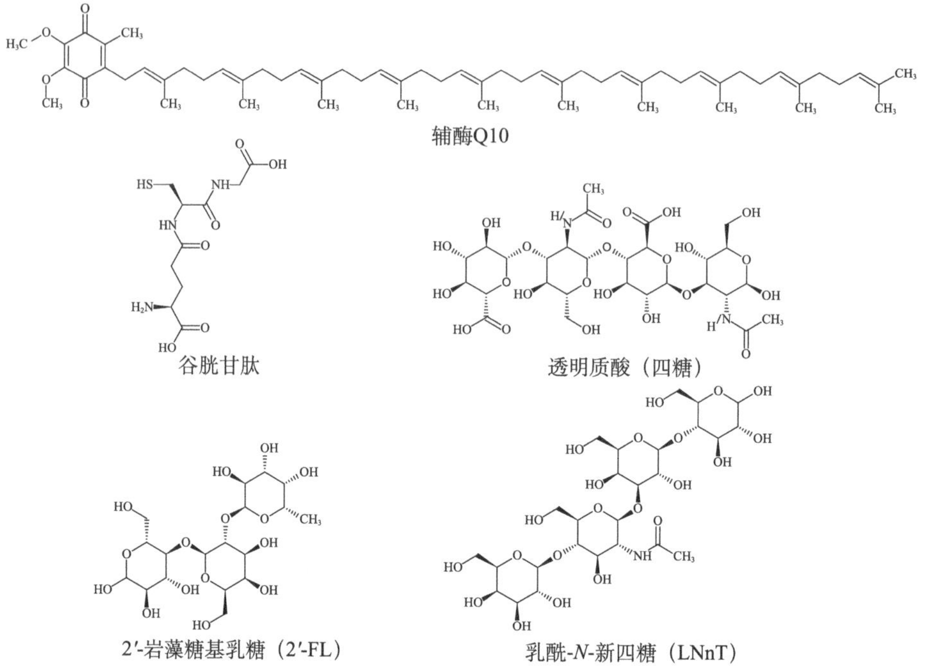

辅酶Q10

谷胱甘肽

透明质酸（四糖）

2′-岩藻糖基乳糖（2′-FL）

乳酰-*N*-新四糖（LNnT）

图 4-63　几种典型的人类自身合成的营养成分

（1）发展历史

随着年龄的增长，很多人类自身合成的营养成分的分泌量会显著降低，如辅酶 Q10、谷胱甘肽、透明质酸等，以及近年来发现的烟酰胺腺嘌呤二核苷酸（nicotinamide adenine dinucleotide，NAD）等。早期研究发现，人类缺乏相关的营养成分会出现一系列与衰老相关的代谢变化，因此开始尝试生产这些物质来延缓由年龄增长导致的相关物质供给的减少。人们陆续找到了可以生产辅酶 Q10 的微生物，如根癌农杆菌（*Agrobacterium tumefaciens*）、类球红细菌（*Rhodobacter sphaeroides*），以及可以生产透明质酸的兽疫链球菌（*Streptococcus zooepidemicus*），实现了相关产品的工业化发酵生产。近年来，随着合成生物学的发展，人们已经可以利用微生物生产多种人类自身合成的营养成分，并实现了很多产品的工业生产。

（2）现有状况和水平

辅酶 Q10 是参与线粒体内膜呼吸链电子传递的重要组分，在降低自由基伤害、改善心肌细胞、预防心血管疾病中起到重要作用。目前通过诱变和途径抑制剂筛选，已经选育出多种辅酶 Q10 高产菌株。此外，通过代谢工程改造对菌株进行理性设计也是提高辅酶 Q10 产量的有效途径。这些策略主要包括增加辅酶 Q10 的前体供应和调控中心代谢途径[983]、增加分支酸裂合酶（UbiC）的表达量[984]、平衡中心代谢的还原力[985,986]等。

谷胱甘肽（glutathione，GSH，即 γ-L- 谷氨酰 -L- 半胱氨酰 - 甘氨酸）是一种由 L- 谷氨酸、L- 半胱氨酸和甘氨酸组成的三肽，具有抗氧化、解毒、抗病素等多种生理功能，被广泛应用于医药、食品和化妆品行业。目前，谷胱甘肽的工业化生产方式是微生物发酵法，使用的微生物主要是酵母（产朊假丝酵母和酿酒酵母）（图 4-64）。通过高表达或失活谷胱甘肽代谢或跨膜运输过程的相关基因，是提高谷胱甘肽产量和产率的重要手段[987]。

透明质酸（hyaluronic acid，HA，又名玻尿酸、玻璃酸）是一种由 *N*- 乙酰氨基葡萄糖和葡萄糖醛酸的双糖单位聚合而成的线性大分子酸性黏多糖，是构成皮肤真皮层的物质，也是组成细胞间基质的主要成分[988,989]。透明质酸参与许多重要的生物学过程，生物活性与其分子量大小密切相关，特别是低分子量透明质酸寡聚糖具有独特的生物学活性，包括抗肿瘤、促进细胞分化和血管再生等功能，因此在食品保健、化妆品和医疗领域具有重要的应用前景。透明质酸寡糖（分子质量低于 1 万 Da）具有重要的生理活性与特殊生理功能，它能促进皮肤吸收营养、增加皮肤弹性与延缓衰老、促进血管生成与创伤愈合、调节免疫活性与抗肿瘤，在医药领域应用前景广阔。20 世纪 80 年代以来，透明质酸主要利用兽疫链球菌（*Streptococcus zooepidemicus*）发酵生产，但该菌是潜在的致病菌，且缺乏相应的分子改造手段[990]。目前，研究人员已经在毕赤酵母（*Komagataella pastoris*）、乳酸乳球菌（*Lactococcus lactis*）、枯草芽孢杆菌（*Bacillus subtilis*）及谷氨酸棒状杆菌（*Corynebacterium glutamicum*）等安全的微生物底盘中重构透明质酸合成途径，实现了透明质酸的生产[991]。此外，使用透明质酸酶水解透明质酸不仅可以调控透明质酸的分子量，而且可以得到高附加值的透明质酸寡糖[992]。

母乳目前被认为是最好的婴幼儿营养剂。母乳寡糖（human milk oligosaccharide，HMO）是母乳与牛乳含量差别最大的物质，牛乳中寡糖含量大约仅有 0.05%，而母乳中这一比例达到 5% ～ 15%。母乳寡糖主要以半乳糖和 *N*- 乙酰氨基糖交替组成碳骨架并且与乳糖相连，进一步经过岩藻糖基化或唾液酸基化修饰而成。研究证明母乳寡糖在抵御胃肠道病原微生物感

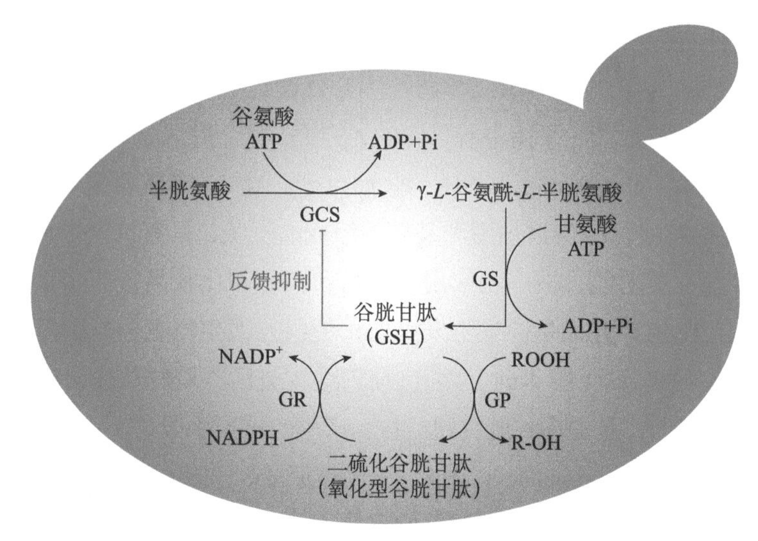

图 4-64　谷胱甘肽在酿酒酵母中的合成途径

GCS：γ- 谷氨酰 - 半胱氨酸合酶；GS：谷胱甘肽合成酶；GR：谷胱甘肽还原酶；GP：谷胱甘肽过氧化物酶

染和维持胃肠道微生态平衡方面具有非常重要的作用。典型的母乳寡糖主要有 2′- 岩藻糖基乳糖（2′-FL）和乳酰 -N- 新四糖（LNnT）。利用合成生物学技术改造大肠杆菌、枯草芽孢杆菌合成 2′-FL 和 LNnT 已经达到工业生产的水平 [993-996]。

（3）现有应用的瓶颈问题及未来应用中的关键问题

2008 年，我国初次批准透明质酸作为新资源食品，但使用范围仅限保健食品原料。2021 年 1 月，国家卫生健康委员会发布“三新食品”公告，批准透明质酸扩大使用范围为乳及乳制品，饮料类，酒类，可可制品、巧克力和巧克力制品（包括代可可脂巧克力及制品）以及糖果，冷冻饮品，极大地拓展了透明质酸的应用范围。由于人体代谢途径研究较多，人体自身来源的营养成分通常具备较为清晰的代谢途径。同时，这些营养成分由于来源于人体自身，通常也具有较高的安全性，但是受制于对生产方式和应用范围的影响，实际应用中受到很大限制，也影响了研发和生产的积极性。完善评价和使用的法规政策，是拓展相关产品市场应用范围的关键。

（4）未来 5 ～ 15年需要优先发展的方向及领域

上述这些营养成分的合成需要是食品安全级的，所以对生物合成技术有一些新的要求。采用合成生物学技术，创建适用于食品工业的细胞工厂，将可再生原料转化为重要食品组分、功能性食品添加剂和营养化学品是解决食品领域所面临问题的重要途径。加强食品合成生物学等具有重大意义的食品生物技术的开发和应用，开展新食品资源开发和高值利用、多样化食品生产方式变革、功能性食品添加剂和营养化学品制造，有助于推动食物营养含量和价值的改善[994]。

3）*动植物来源的功能性天然产物*

很多动植物天然提取物具有较好的药理活性和生物活性，在食品、医药、化妆品等领域具有广泛的应用。动植物生长周期一般较长，而且目标化合物含量通常非常低，大量动植物来源的功能性天然产物价格居高不下，严重限制了其应用范围。此外，大规模动植物天然提取物的生产还会引发动物或者植物群落破坏。利用合成生物学技术改造微生物法生产动植物天然提取物有着巨大潜力。

（1）发展历史

世界各地的传统医学，多采用动植物和矿物作为主要的药物来源。在现代分析手段出现之前，人们就用很多动物和植物来治疗很多疾病，已经开始不自觉地利用大量动植物来源的功能性天然产物。由于这些物质天然含量很低，且来源稀缺，通常很难获得。更为严重的是，很多动植物除了含有一些有效成分，还会含有一些有毒或致癌的物质，如马兜铃酸、龙葵素等，会带来很多不可知的副作用。传统中医药经常利用一些炮制的方法来减少这些产物的不利作用。此后，大量的研究用热水或有机溶剂来提取其中的特定成分，进一步利用多种技术分离并鉴定其中的特定功效成分。但是越来越多的研究发现这些功能成分含量很低，开始尝试进行化学合成，如早期的莱氏法合成维生素 C 等。生物技术的兴起，使得人们可以从自然界中寻找微生物来合成柠檬酸、透明质酸等这些通常来源于动植物的天然产物。合成生物学技术的出现，使得研究人员可以在发现特定产物的合成代谢途径和关键基因的基础上，快速地实现目标产物的高效重构，实现越来越多动植物来源的功能性天然产物的工业化生产。

（2）现有状况和水平

黄酮类化合物是一类苯丙素类植物次生代谢产物，广泛存在于多种植物中，种类繁多，结构类型复杂多样。黄酮类化合物因其独特的化学结构而具有许多重要的生理、生化作用，是许多中草药的有效成分。大多数黄酮化合物在植物体内具有类似的合成途径，其中柚皮素、生松素为骨架化合物，从这两类化合物出发可以合成结构和功能多样的黄酮类化合物（图 4-65）。因此，设计与构建柚皮素和生松素的高效生产底盘细胞尤为重要，是实现黄酮类化合物生物制造的基础。目前针对大肠杆菌和酿酒酵母进行合成生物学改造，已经可以生产柚皮素、生松素、黄芩素、水飞蓟宾、淫羊藿素等多种重要的黄酮类化合物，部分产物产量可以达到每升数克的水平，初步具备了和提取法竞争的技术水平[997]。

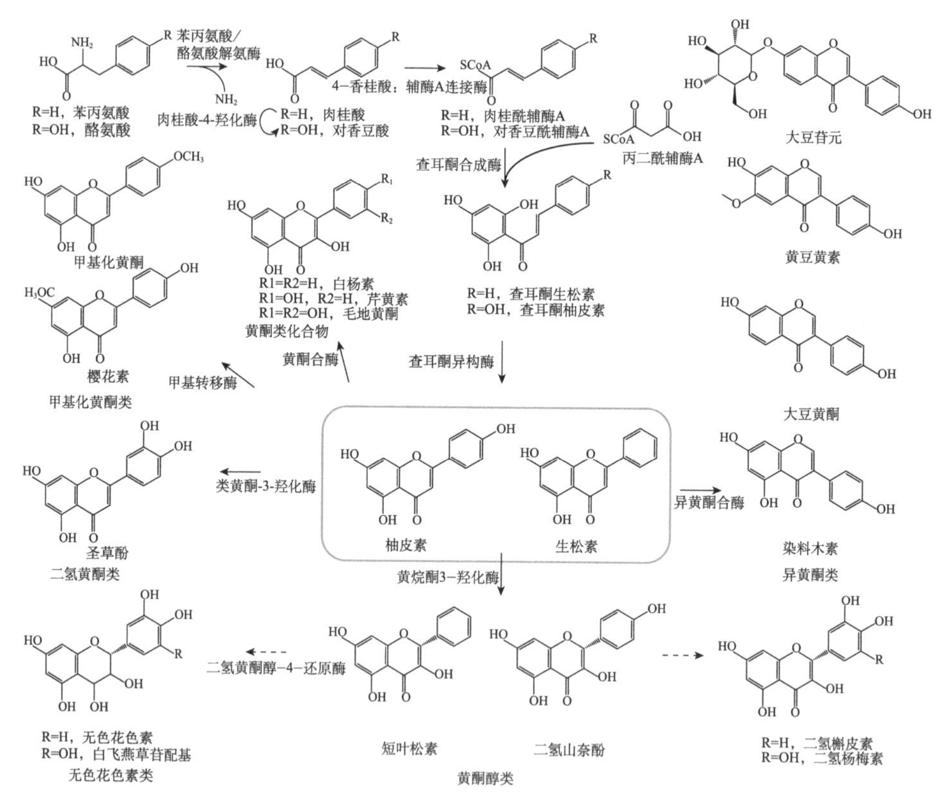

图 4-65 黄酮类化合物的生物合成途径

注：实线为一步反应，虚线为多步反应

萜类是自然界中最为丰富的一类化合物，在食品、医药和化妆品领域有着广泛应用，其中包括著名的紫杉醇和青蒿素等有价值的化合物（图 4-66）。

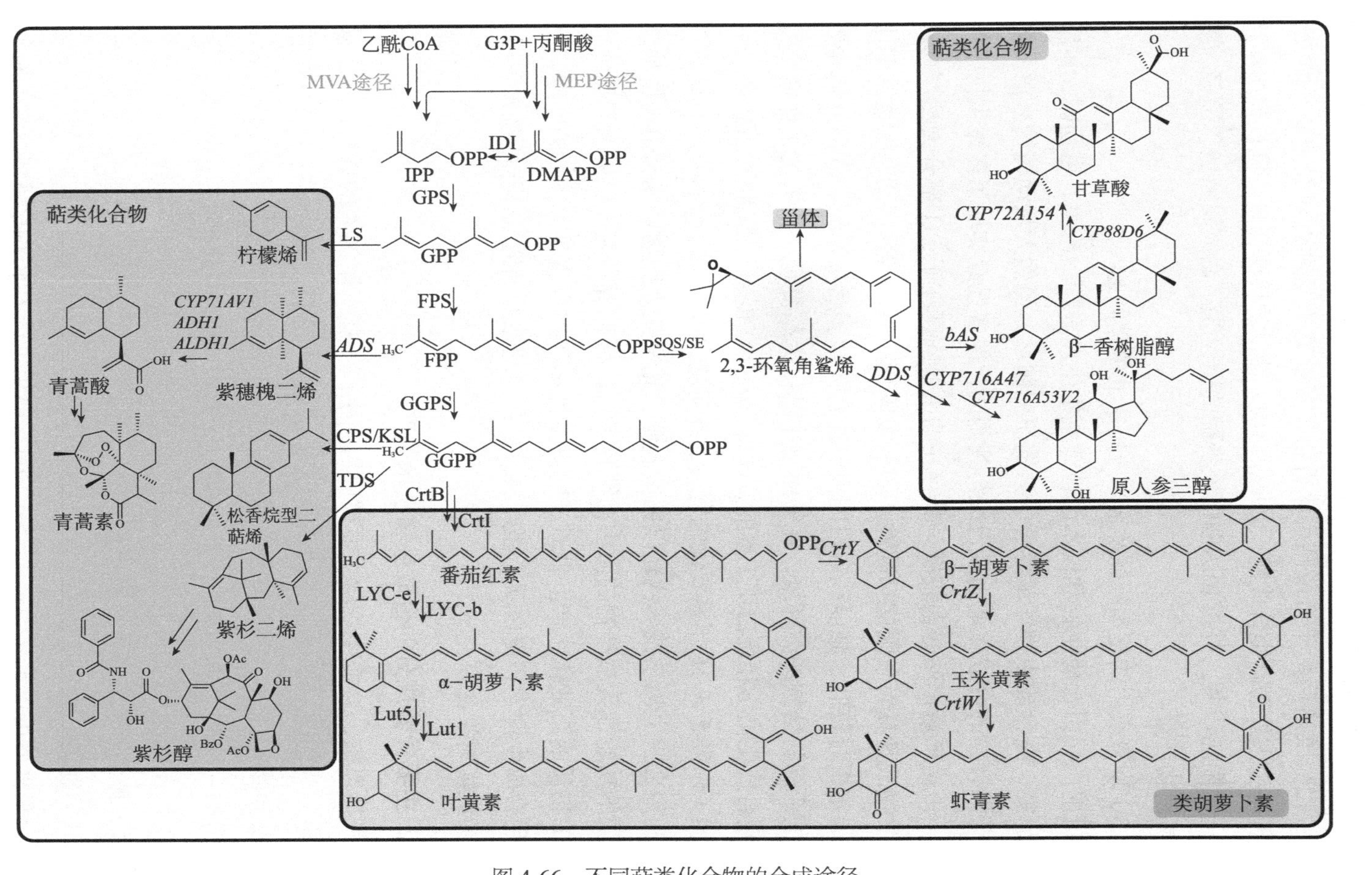

图 4-66 不同萜类化合物的合成途径

注：G3P：三磷酸甘油醛；DMAPP：二甲基烯丙基焦磷酸盐；IPP：异戊烯基焦磷酸盐；GPP：牻牛儿基焦磷酸；FPP：法尼基焦磷酸；GGPP：牻牛儿基焦磷酸

利用微生物细胞工厂发酵生产萜类化合物具有成本低、可持续性等特点。很多微生物被改造后用于合成萜类化合物，目前研究主要针对如下几个方面：①发现并引入外源萜类合成酶；②增加 MVA 途径的代谢通量，确认代谢通路中的关键限速步骤，并过表达催化该步骤的酶；③下调或阻断竞争途径，提高目标产物产量。

（3）现有应用的瓶颈问题及未来应用中的关键问题

目前，利用合成生物学技术改造微生物生产黄酮、萜类、生物碱、甾醇等的研究，是合成生物学最具竞争力的研究领域。虽然大量动植物来源的功能性天然产物的合成代谢途径已经得到阐明，很多已经实现了在微生物中的合成，但是产量仍然普遍较低。其存在的主要问题在于：①部分天然产物对于微生物底盘具有较强的抑制性，如很多单萜、生物碱等；②动植物基因比酶活通常相对较低，难以在短时间内快速合成很多目标产物；③部分酶需要特定的亚细胞结构或微环境，在微生物中难以完整复现。相关的工作需要综合运用合成生物学和蛋白质工程的方法，可能会在短期内出现较大的突破。

（4）未来 5 ～ 15 年需要优先发展的方向及领域

利用合成生物学技术构建以廉价碳源、无机盐为底物合成高附加值动植物来源的功能性天然产物的微生物细胞工厂，将有望实现大量依赖于动植物提取的物质的工业化生产。针对当前很多目标产物合成效率较低的问题，亟待利用合成生物学和蛋白质工程方法，整合半理性的高通量筛选等技术手段，快速实现其高效合成。

2. 主要营养成分的合成生物技术生产

长期以来，合成生物学主要被应用于生产一些高附加值的物质，较少被用来生产附加值较低的主要营养成分，如淀粉、油脂、蛋白质等。其关键在于合成生物学技术手段和底物来源的限制。随着合成生物学技术，特别是一碳化合物利用技术的进步，利用合成生物学生产附加值较低的主要营养成分，被提上日程。

1）用于未来食品生产的功能蛋白

（1）发展历史

未来食品可以定义为：由于技术的发展和生产力水平的提高，我们有能力改造或创造出一些大规模、低成本并对环境友好的新型食品。未来食品的总体路线是通过人工构建的细胞工厂合成蛋白质等营养成分，并将这些功能成分和食品原料有机整合，最终获取风味协调、质构稳定和拟真度高的重组食品（图 4-67）。未来食品的效益与高营养物质利用效率和绿色技术的使用有关[998]。动物替代功能蛋白的大规模低成本可持续供给，可以极大地缓解传统养殖业带来的环境和资源压力。而未来食品领域的兴起和发展，对高效稳定的特定功能蛋白的需求越来越迫切，除了提供氨基酸，蛋白质的亲脂、持水、成纤等功能对口感和消化性能至关重要。近年来，基于蛋白质工程与合成生物学，越来越多的功能蛋白开始进入食品生产领域，对未来食品产业的可持续发展起到了重要作用。

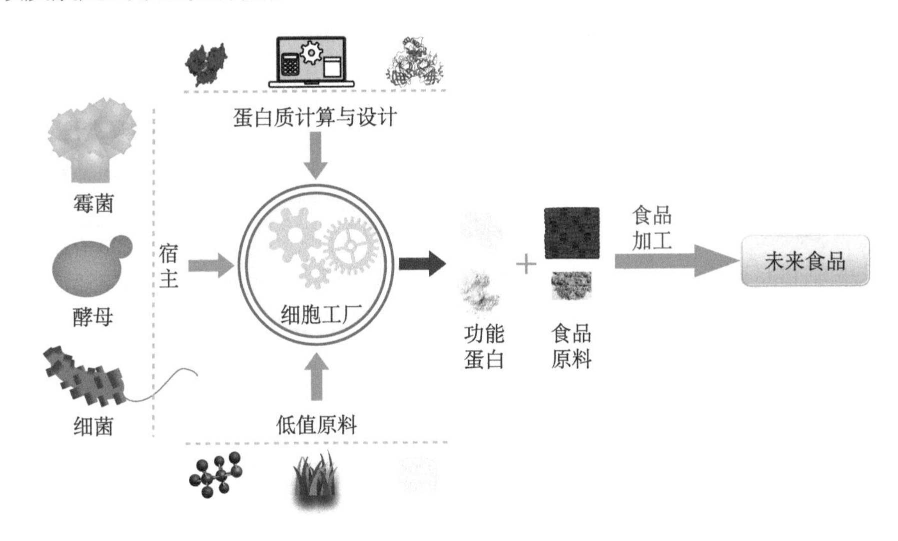

图 4-67　功能蛋白制造与未来食品生产

（2）现有状况和水平

包含人造肉在内的很多未来食品概念产品需要在口感、风味和色泽等方面进行提升。在肌肉组织中，肌纤维排列有序，并被细胞外基质所包围，因此细胞培养肉的生产需要利用组织工程来引导分化的肌管和肌纤维的排列与延伸，从而形成肌肉样组织。常用动物源性蛋白材料（胶原蛋白、明胶等）和微生物交联酶形成细胞外基质，可以用于培养肌肉组织的生产[999]。用植物源性蛋白质和多糖来代替动物源性生物材料，可以控制肌管和肌纤维组成肌肉样组织[1000]。植物蛋白由于缺乏肌肉蛋白特有的纤维结构，因此感官品质较差。用植物蛋白制作肉类替代品要解决的主要难题是将植物蛋白重构为肌肉蛋白的纤维结构。

交联酶、脱酰胺酶和具有结构功能的动物蛋白的制备与综合利用是解决该问题的关键。谷氨酰胺转氨酶和漆酶是目前在食品加工中应用较多的交联酶[994]。谷氨酰胺酶和天冬酰胺酶分别催化蛋白质肽链中谷氨酰胺和天冬酰胺脱酰胺。此外，添加各种辅料，如血红蛋白、肌红蛋白和脂肪酸等，可以弥补细胞培养肉在色泽、风味等方面的不足[1001]。这些功能蛋白的理性改造以及利用合成生物学实现大规模生产和应用在未来食品的发展中起到重要作用。目前通过基因工程和合成生物学方法，谷氨酰胺转氨酶已经在毕赤酵母、解脂酵母和链霉菌中成功表达并应用于重组肉制品的制作[1002-1004]。

（3）现有应用的瓶颈问题及未来应用中的关键问题

植物蛋白中含有引起豆腥味的挥发性化合物，如醇和醛，以及导致苦味的苦味肽。植物蛋白中的亚油酸或亚麻酸可以转化为小分子醇、醛和其他挥发性化合物，从而导致产生豆腥味。蛋白质降解过程中产生的苦味多肽会产生苦味，影响植物蛋白肉的风味。利用合成生物学技术，设计和生产可以用于改善风味的酶将是理想的解决方法。在质构方面，用植物蛋白制作肉类替代品要解决的主要难题是将植物蛋白的球状分子结构重构为肌肉蛋白的纤维结构，模仿动物蛋白的纤维结构和口感。功能蛋白的理性设计和改造将起到至关重要的作用，包括具备凝胶性、持水性、亲脂性、成纤性等功能的蛋白改造和用于植物蛋白的成型加工。此外，用于生物合成的宿主菌需要符合食品安全管理规定，包括宿主菌的各项食用安全指标、培养基成分以及分离提纯技术等。

（4）未来 5 ～ 15 年需要优先发展的方向及领域

未来食品的标签包括更安全、更营养、更美味、更可持续。作为食品的主要成分，利用合成生物学生产蛋白或改进现有蛋白能否被普遍接受并且实现大规模工业化的最终决定因素在于其生产成分和对风味改善的促进作用。用于未来食品生产的功能蛋白在质构仿真、营养优化、风味调节和成品定制等方面还存在较大差距，急需取得突破。首先，利用醇 / 醛脱氢酶来破坏产生豆腥味的醇 / 醛分子，并补充复合蛋白酶，可以促进氨基酸的产生，从而显著改善植物蛋白肉的风味，血红蛋白、酵母风味物质的合成和添加也可以促进风味调节[994]。其次，蛋白结构强度改造、亲疏水性改造、新型功能蛋白的合成和利用、3D 打印等先进成型技术的整合等，可以革命性地促进质构仿真。

2）油脂、脂肪酸及其衍生物

油脂存在于人体和动物的皮下组织及植物体中，是生物体的组成部分和储能物质。利用合成生物学技术合成油脂和重要的脂肪酸，减少对动植物资源的依赖，对于环境的可持续发展具有重要的现实意义。

（1）发展历史

油脂是食品的三大主要成分之一，能为人体提供必需脂肪酸（亚油酸、亚麻酸）和脂溶性维生素，是人体必不可少的营养素；可提供大量的热量并赋予食品独特的风味，对食品的口感、质地、风味等感官特性起到重要作用。传统的食用油脂主要是来源于动、植物的油脂。随着当今工业生产高速发展以及世界人口不断增加，食用油脂呈现出供不应求的趋势，这在我国尤为明显。近年来，我国食用油的需求总量和人均年消费逐年增长，油料自给率不到 35%。针对这一情况，利用微生物发酵方法把价值较低的生物质转化为油脂和脂肪酸，具有重要的现实意义。酵母和霉菌主要用于生产富含长链脂肪酸的油脂，其生产的油脂中脂肪酸大多为 16 或 18 个碳原子，与许多植物油脂相似。自第二次世界大战期间发现高产油脂的斯达油脂酵母（*Lipomyces starkeyi*）、粘红酵母（*Rhodotorula glutinis*）和曲霉属（*Aspergillus*）以及毛霉属（*Mucor*）等微生物以来，产油菌种的筛选取得突破。微藻中油脂含量也很可观，直接从微藻中提取得到的油脂成分与植物油相似。微藻中油脂含有大量的长链多不饱和脂肪酸（polyunsaturated fatty acid，PUFA），且具有营养需求简单、生长周期短等优点，具有广阔的应用前景。合成生物学技术的进步，使得研究人员可以改造更多的微生物，以更低的成本生产更多种类的油脂和脂肪酸。

（2）现有状况和水平

多数产油微生物如霉菌、酵母菌、细菌等主要通过脂肪酸合成途径来合成各种必需脂肪酸。2013 年，Torella 等 [1005] 通过改造大肠杆菌脂肪酸代谢途径来延缓酰基载体蛋白碳链的延伸，使得菌体代谢流从磷脂合成转向中链脂肪酸的合成，最终得到中链脂肪酸含量为 242.22 mg/L，远低于 Xu 等 [1006] 通过改造脂肪酸合成途径获得的长链脂肪酸产量（8.6 g/L）。因此，由于胞内酰基载体蛋白的特异性，脂肪酸代谢途径在中链脂肪酸合成上存在天然的低效性，主要用于合成长链脂肪酸。2011 年，Dellomonaco 等[1007]首次在大肠杆菌胞内创造性构建了一个有功能的逆向脂肪酸 β- 氧化途径；2014 年，安杰拉（Angela）等利用大肠杆菌基因组范围内的建模结合流量平衡分析和流量多样性分析，得到了最大产量和最大生产速率[1008]。2015 年，该研究团队发现使用来自于富养罗尔斯通氏菌（*Ralstonia eutropha*）的 BktB 作为反应中的硫解酶和大肠杆菌自身的硫酯酶 YdiI 会显著提高中链脂肪酸的产量（1.1 g/L 的 C6 ～ C10）[1009]。

2019 年，吴俊俊研究团队在工业微生物大肠杆菌胞内重构无需 ATP 激活的逆向脂肪酸 β- 氧化循环合成途径，以工业副产物粗甘油为底物成功合成中链脂肪酸[1010]；同年，发现微生物天然代谢系统中辅因子 NADH 与乙酰辅酶 A 供给不足是合成途径最大的限制因子[1011]；2019 年，该团队研发出一种新的代谢模式——低能耗微氧代谢体系，克服了微生物天然代谢系统中辅因子供给不足的问题，使得中链脂肪酸生产首次进入生产小试，得到目前国内外研究的最高产量[1012]；2020 年该团队首次成功构建出正交、低渗式群体感应系统，首次实现了中链脂肪酸无诱导剂式的高效自发合成，进一步降低了发酵成本[1013]（图 4-68）。

（3）现有应用的瓶颈问题及未来应用中的关键问题

以棕榈油、转基因大豆油为代表的食用油脂，价格极为低廉。利用微生物合成油脂和脂肪酸的产业化，目前阶段还高度依赖于一些具有高附加值的产物。目前的瓶颈问题还是在于需要进一步提升微生物合成油脂和脂肪酸的效率。此外，拓展微生物生产油脂和脂肪酸的底物利用范围，改用非粮生物质甚至 CO_2 直接合成油脂，可能有利于解决成本问题。

（4）未来 5 ～ 15 年需要优先发展的方向及领域

利用粮食原料生产普通的油脂和脂肪酸，从经济性角度来说，已经没有很强的竞争力。因此，利用 CO_2，依靠光能或电能生产油脂，是重要的发展方向。利用光能生产油脂和脂肪酸主要依赖微藻。目前，微藻油脂的国内外研究主要集中在筛选菌株、鉴定其生物量、测定总脂含量和多不饱和脂肪酸 PUFA（EPA/ DHA）的组成方面，报道较多的是小球藻（*Chlorella* sp.）、球等鞭金藻（*Isochrysis galbana*）、三角褐指藻（*Phaeodactylumtric ornutum*）等。利用合成生物学改造微藻或其他微生物，强化其油脂的合成效率，直接利用

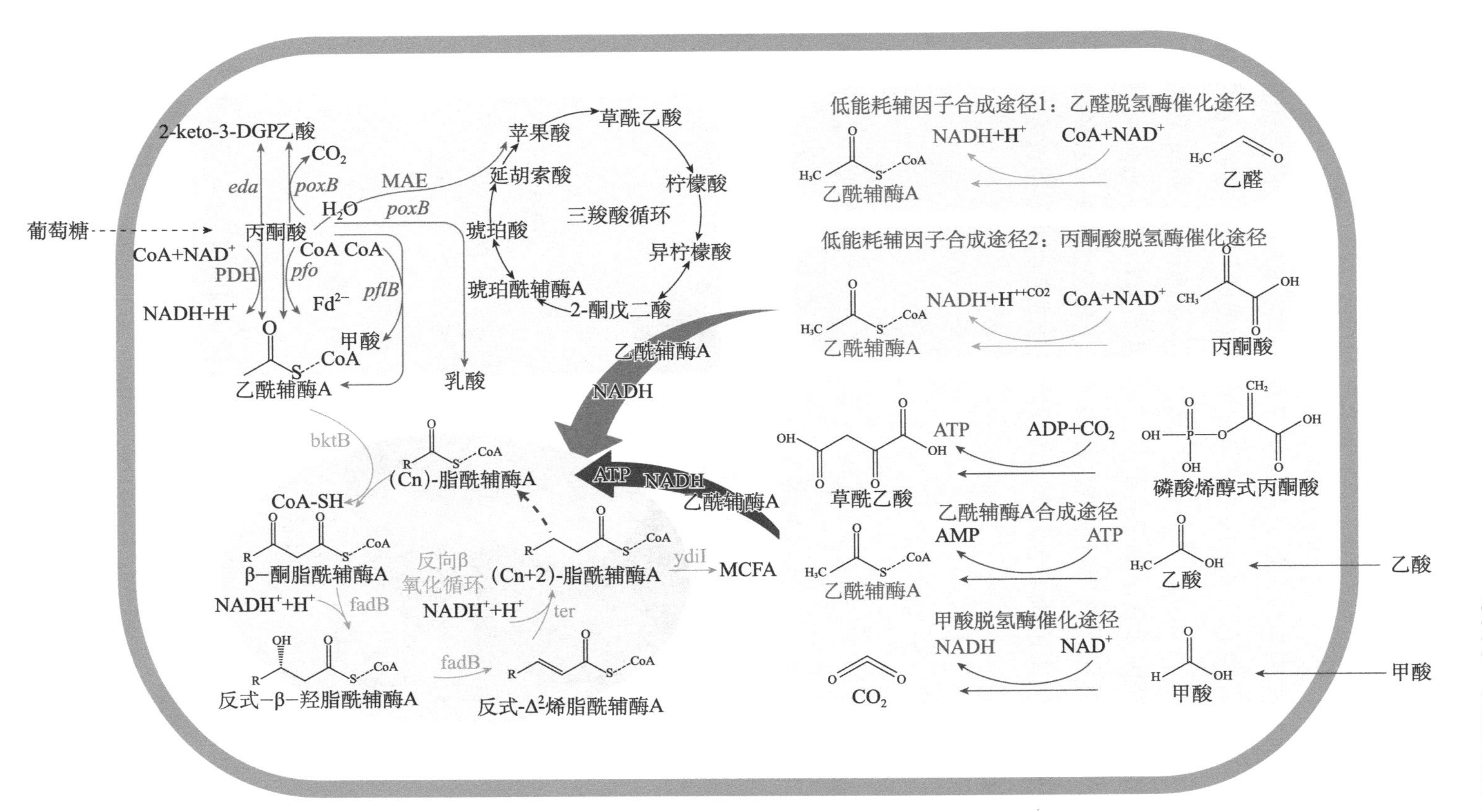

图 4-68　低能耗辅因子途径消除目标途径的直接瓶颈步骤

注：2-keto-3-DGP：2- 酮 -3- 脱氧 -6- 磷酸葡萄糖酸；CoA：辅酶 A；MCFA：中链脂肪酸；NADH：烟酰胺腺嘌呤二核苷酸（还原态）；NAD+：烟酰胺腺嘌呤二核苷酸（氧化态）；ATP：三磷酸腺苷；ADP：二磷酸腺苷；AMP：单磷酸腺苷。

CO_2 生产油脂，具有重要的应用前景。

3）新食物资源的开发

（1）发展历史

除了以细胞培养肉和植物蛋白肉为主的人造肉之外，新食物资源的开发和应用也对未来食品产业的可持续发展起到至关重要的作用。根据我国 2007 年 12 月 1 日起施行的《新资源食品管理办法》第二条的规定，新资源食品包括以下四类：①在我国无食用习惯的动物、植物和微生物；②从动物、植物、微生物中分离的在我国无食用习惯的食品原料；③在食品加工过程中使用的微生物新品种；④因采用新工艺生产导致原有成分或者结构发生改变的食品原料（图 4-69）。

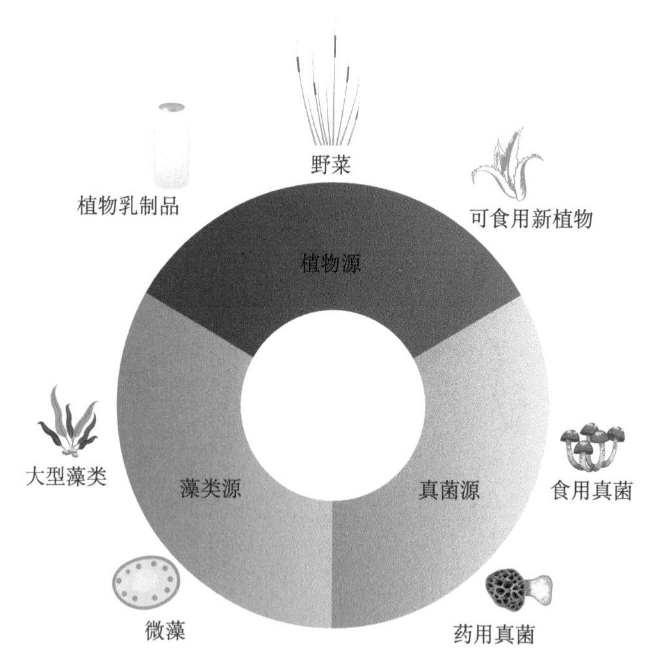

图 4-69　新食物资源

植物源的食材富有各种膳食纤维、许多抗氧化剂和其他的化学物质，同时还有不同类型的蛋白质和脂肪等，可以增强人的免疫力和耐受力，有利于抑制或减缓甚至停止某些敏感基因的表达。

食用菌是一大类营养丰富、食用和药用的大型真菌的总称。中国有非常丰富的食用菌资源，是世界上最早发现、培育和利用食用菌资源的国家之一。

中国已知菌物约1万种，大型真菌估计3800种以上，药食用菌或接近2000种。食用菌几乎含有人体所需的所有营养素，被认为是仅次于植物性和动物性食物的第三种食物来源，具有较高的市场接受度，是理想的新食品资源。此外，一些食用菌中富含含硫氨基酸，可以产生肉味[1014]。食用菌蛋白的生产成本低于动物或植物蛋白。一些大型真菌的栽培技术也已非常成熟。藻类广泛分布于浩瀚的大海、内陆水域和其他环境中，起到维持生态平衡的重要作用，也是人类重要的食物资源之一。藻类在特殊的生长环境中自身进化出独特的保护系统，藻类中往往含有多糖、酯类、萜类、酚类、生物碱、有机酸等活性成分，具有抗菌、抗病毒、抗肿瘤、增强免疫力等作用。藻类已经作为食物被食用了数百年，其中大型藻类多被用作蔬菜食用或用作动物饲料，藻类食品中矿物质、维生素含量相当丰富。

（2）现有状况和水平

来自荷兰的市场分析公司英诺华市场洞察（Innova Market Insights）的数据显示，2013 ～ 2017 年，以植物为主的新型食品和饮料产品的全球复合年增长率已达到 62%，其中，代乳产品是植物性新产品的发展主力。另外，消费者对植物性食物的兴趣还反映在肉类替代品市场中。到 2025 年，全球植物性食品市场的市场价值预计将达到 384 亿美元。一个新型的、前景可期的植物基食品市场正在崛起。

除了上述提到的以植物蛋白为主要原料的植物蛋白肉已经逐渐打开植物性市场，包括芦荟、马齿苋、蒲公英等在内的新植物食品资源也会在植物基食品市场的发展中发挥重要作用。此外，野生可食植物资源品质良好、营养价值高，大部分野菜还具有很好的药用价值和保健作用，是蔬菜资源的重要组成部分，也是培育蔬菜新品种的重要来源，水芹菜、荠菜、蕨菜和婆罗门参等在我国广泛分布的野菜都具有很高的营养和药用价值。

真菌蛋白的生物学价值和必需氨基酸含量与肉类相对相似，但维生素 B 含量较高。Mycorena 公司于 2019 年推出了真菌蛋白“PromycVega”，其被认为是肉类的理想替代品，最近该公司又推出了盒装素食丸子产品，带动了真菌蛋白市场发展。真菌蛋白产品的全球市场将继续获得令人瞩目的发展，到 2027 年，全球销售额估计将比 2019 年增长近两倍，销售额预计将超过 5 亿美元。

目前，微藻类主要以添加剂的形式用于食品产业。在大豆蛋白挤压过程中添加 30% ～ 50% 的螺旋藻可以改善产品的风味[1015]。微藻的高抗性细胞壁和高脂肪含量可能会影响纤维状大豆蛋白的形成，但是在 60% 的水分下掺入 30%的微藻可以得到理想的挤出物[1016]。美国 Triton 公司是第一家开发利用非转基因生物生产亚铁血红素的可扩展发酵策略的公司。Triton 公司利用非转基因育种技术生产了富含亚铁血红素的莱茵衣藻，添加这种含有血红素的藻之后，可使植物基的肉类产品尝起来、闻起来和烹饪起来都像动物汉堡。在不久的将来，研究人员可能会开发出藻类衍生的肉制品。更重要的是，藻类可以通过光合作用自养，生产成本低，具有开发新食物资源的巨大潜力。

（3）现有应用的瓶颈问题及未来应用中的关键问题

包括植物乳制品、野菜、新食用蔬菜等在内的新植物资源的挖掘和利用仍需明确其营养成分和潜在危险因素，以及探索后续的栽培技术和烹饪或加工技术。食用菌加工成肉类替代品还需要进一步的研究和技术改进，包括提高生产效率、改进加工技术、减少真菌的特征气味、改善风味、调节营养平衡、提高蛋白质含量等。限制微藻作为肉类替代品发展的主要因素是其色素沉着和采集与生产的难度。微藻的鱼腥味使产品口感不佳，且不易去除。这是使用微藻作为食品成分的最大障碍之一。此外，微藻蛋白中甲硫氨酸、半胱氨酸、赖氨酸和色氨酸含量较肉蛋白少，不易消化。合成生物学技术有望可以系统地提升这些新植物资源的营养、风味和口感。

（4）未来 5 ～ 15 年需要优先发展的方向及领域

首先，充分利用我国丰富的野生可食植物资源，适度采集、加工山野果蔬食品，不仅可以繁荣市场、满足人民生活的需要，还可以振兴经济，尤其对于乡村振兴有着非常现实的意义。其次，针对食用菌的生产和加工工艺等问题，研究重点可以主要集中在食用菌种来源的筛选、真菌致病性和致敏源的评估与消除以及真菌资源肉制品的创新技术研究（包括发酵技术、营养成分配比和产业化成本优化等）方面。最后，国内的藻类栽培生产技术水平较国外差距不大，大型藻类也已被食用了很多年，但将微藻加工成为更易被消费者接受的仿肉制品仍旧存在技术差距。如何利用合成生物学技术，提升新植物资源的营养、风味和口感，是目前亟待研究的重点。

六、纳米与材料

（一）合成生物技术在纳米领域中的应用

1. 发展历史

随着纳米科技的高速发展，纳米材料已经深入渗透到包括材料学、生物医学、化学、物理学和工程学在内的多个学科的研究中[1017]。纳米材料和纳米尺度的检测和操控技术是纳米科技的核心。其中，纳米材料是指广泛的三维空间中至少有一维处于纳米尺度范围（1 ～ 1000 nm）或由它们作为基本单元构成的材料。近些年，纳米生物材料研究成为材料学与生物学的连接桥梁，广泛推动了生物医学原有领域的技术进步和革新，如细胞 / 分子分离、疫苗 / 药物递送、体内外成像检测和组织工程再生技术等（图 4-70）[1018-1022]。然而，目前的纳米材料还是以化学合成和材料功能组装为设计合成源头，其生物医学应用主要集中在药物递送载体和成像探针领域。如何实现纳米材料的设计、合成理论，以及生物医学应用的突破，成了该领域变革性发展的关键性科学问题，而合成生物学技术恰好为此提供了新的、广阔的创新空间和机会。

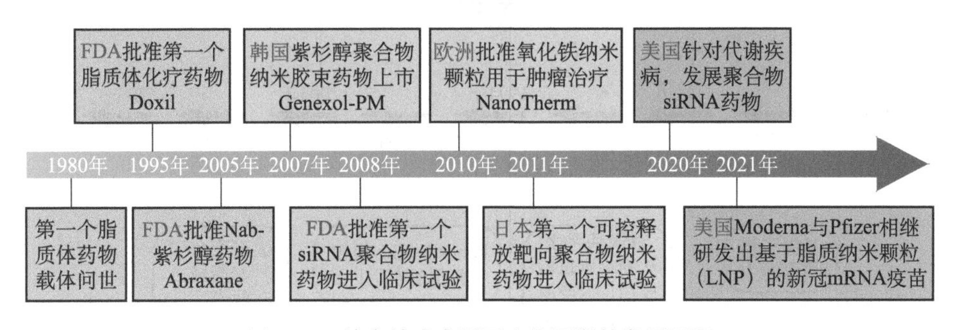

图 4-70　纳米技术应用于生物医学的发展历程

合成生物学是以工程化设计为理念，对生物体进行有目标的设计、改造乃至重新人工合成。研究初期，基因工程的研究尚未配备必要的知识和工具，能够在微生物调控行为的多样性、深度和广度上，实现人的设计理念和意志。20 世纪 90 年代基因组学的革命和系统生物学的兴起，为创建、控制和编程细菌或细胞的行为提供了设计性和可行性，“合成生物学”这一工程学领域应运而生。随后，大量合成生物学技术，如基于群体感应的人工细胞通信系统、基于mRNA系统的翻译控制线路、基于AND逻辑门的基因线路和多细胞模式的群体感应线路等多种技术井喷式发展（图4-71）[199,203,1023-1025]。现如今合成生物学的发展与应用已经渗透到生物、医药、农业等方方面面，带动了代谢工程、定向进化、基因电路设计和基因组编辑等技术的协同发展[10]。合成生物学一方面通过“自上而下”策略改造生命体，构建具有可预测和可控制特性的遗传、代谢或生物信号网络的合成组件，赋予生物体全新的功能；另一方面则是通过“自下而上”策略，独立于现有的生物体功能，发展基于非天然组分设计并合成自然界中存在的，甚至是不存在的人工生物体[1023]。然而过去的合成生物学还是以改造生命、重新合成生命以及创造非自然的“人造生命”为主，缺少新型功能组件来强化生物功能，创造出只具备某些功能的“近似生命体”，以及赋予生物体“超自然”的结构、功能等。

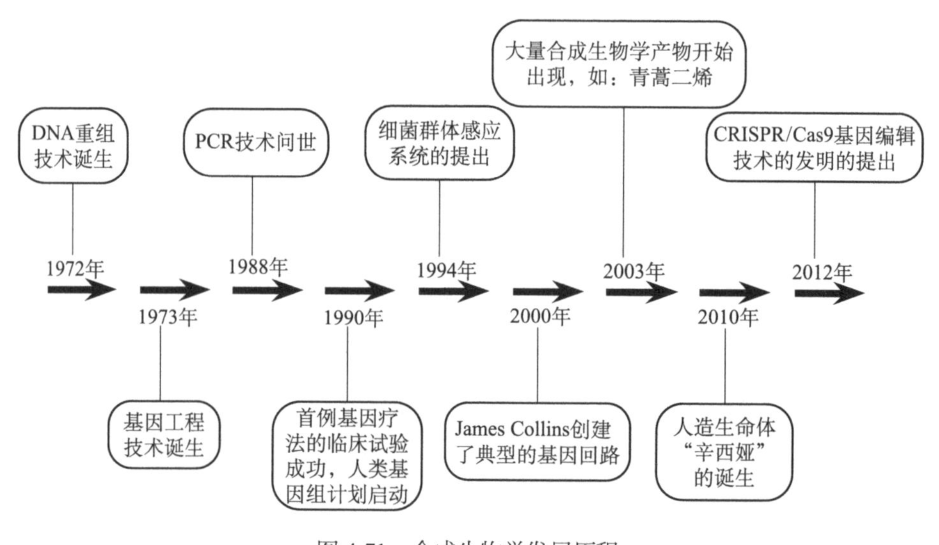

图4-71 合成生物学发展历程

纳米科技，特别是纳米材料设计和合成的理论与技术的引入，恰好能为合成生物学提供基于合成的设计理念和互补的功能拓展，为合成生物学的未来创造更多可能和机会。作为材料科学的研究前沿，纳米材料学与合成生物学的交叉也是科学发展的必然（图4-72）。一方面，利用合成生物学的技术获取生物源纳米材料，探索和建立以生物技术驱动的纳米生物材料合成的科学

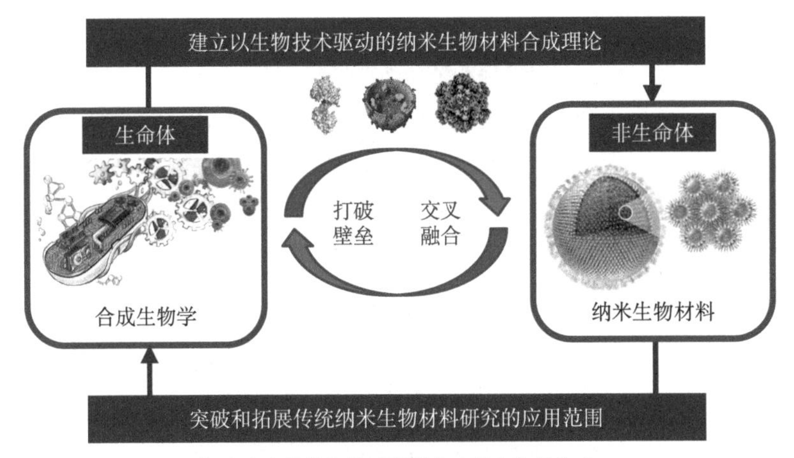

图 4-72　合成生物学与纳米生物材料之间的交叉融合

方向和理论；另一方面，利用纳米材料对生物体进行功能强化或者生命活动模拟，拓展合成生物学的工程化设计构建理念和技术方法与手段[1026-1028]。生物合成和化学合成作为两种基本的合成策略与方法，可以相互促进，相互融合，探索生命科学与物质科学交叉融合的新范式，形成新的科学增长点——纳米合成生物学。

2. 现有状况和水平

“纳米合成生物学”的产物主要分为三类（图 4-73）：①工程化的“仿生命体”，采用合成生物学策略改造宿主细胞或细菌，进而获得具有特定生物功能的生物源纳米材料，如细胞膜纳米颗粒、外泌体、细菌外膜囊泡、病毒样颗粒和细菌生物被膜等；②智能化的“半生命体”，通过纳米材料对细菌或细胞进行修饰，构建纳米人工杂合生物系统，实现传统合成生物学无法满足的功能强化，如细菌机器人、人工杂合嵌合抗原受体 T 细胞（chimeric antigen receptor T-cell，CAR-T）、半人工光合作用等；③仿生化的“类生命体”，以合成生物学理论为指导，以纳米材料的理化性质为基础，合成、组装并模拟生命活动，如纳米酶、人工抗原呈递细胞、定向运动纳米机器人、DNA 纳米机器人等。

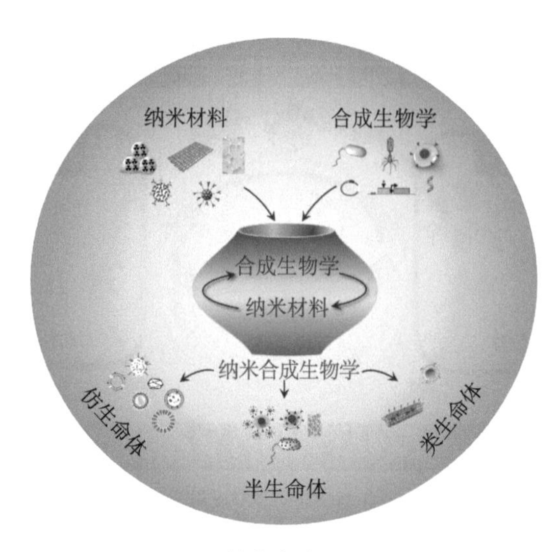

图 4-73　纳米合成生物学分类

1）工程化的“仿生命体”研究

“仿生命体”是指利用合成生物学的技术改造宿主细菌或细胞，经过提取和纯化获得的无生命活动但有特殊生物功能的生物源纳米材料。它们继承了生命体的部分功能特点，如高生物相容性、高体内稳定性等，同时借助合成生物学改造获得全新功能，能够更好地契合体内环境和满足实际需求。

（1）细胞膜纳米颗粒

细胞膜纳米颗粒是指通过纳米技术将提取的细胞膜纳米化，获得由细胞膜包被的纳米颗粒或单纯的细胞膜纳米颗粒。起初科学家只是利用现有细胞膜功能来实现疾病治疗的目的 [1029-1031]。然而天然细胞膜很难满足所有需求，合成生物学的相应技术恰恰填补了这一缺憾。顾臻团队 [1032] 通过基因工程改造，使血小板膜在靶向肿瘤输运药物的同时还能抑制微环境中的免疫检查点；周江兵团队 [1033] 将肿瘤细胞与树突状细胞膜融合，构建出能刺激特异性 T 细胞活化的肿瘤疫苗；另外还有研究者将表达 PD-L1 的血小板膜纳米载体用以治疗早期 1 型糖尿病 [1034]；将表面表达 α4β7 分子的 T 细胞膜的纳米载体用以抑制炎性肠病的发展等 [1035]。

（2）外泌体

外泌体是细胞分泌的天然纳米颗粒，由双层磷脂层覆盖，表面具有大量生物分子，拥有良好的生物相容性和体内稳定性，是理想的天然药物载体，能发挥重要的生物调节和物质交换功能[1036,1037]。基因工程改造的功能化外泌体研究主要集中在以下几个方向：①用于确定的生物功能调节，如基因改造外泌体，使其内部 IκB 突变，进而抑制 NF-κB 的过度激活，被尝试应用于治疗炎症导致的自发性早产[1038]；②作为疫苗载体，如改造肿瘤细胞分泌的外泌体，使其表面载带免疫佐剂 CpG，达到高效刺激肿瘤特异性免疫反应的目的[1039]；③用于靶向运输药物或生物大分子[1040]，如聂广军等构建的表面表达有肿瘤靶向肽 iRGD 的外泌体用于抗肿瘤药物阿霉素的肿瘤靶向输运[1041]；④作为纳米尺度的体内清道夫，如表面表达 Fas 配体的外泌体用以中和 T 细胞表面的 Fas，抑制自身免疫疾病以及迟发型超敏反应[1042]。

（3）细菌外膜囊泡

细菌外膜囊泡（outer membrane vesicle，OMV）主要是由革兰氏阴性细菌外膜出泡产生的天然囊泡，含有大量来自于细菌的病原相关分子模式，可以高效激活免疫系统，用以制备病原微生物疫苗或疫苗载体[1043-1046]。通过基因工程改造，将流感病毒、人乳头状瘤病毒、肺炎球菌、金黄色葡萄球菌、鲍氏不动杆菌等的抗原融合表达在大肠杆菌产生的 OMV 中，刺激机体产生针对这些病原微生物的特异性抗体，发挥预防作用[1047-1051]。天然的 OMV 本身就具备一定的抗肿瘤活性，能够刺激 IFNγ 介导的抗肿瘤免疫反应[1052]。聂广军、赵潇等在 OMV 表面融合表达了 PD-1 分子的胞外区，使其获得抑制肿瘤细胞对免疫细胞耗竭的能力，实现更强的抗肿瘤免疫效果[1053]。另外，该团队还利用基因工程和分子胶水技术，构建了一种快速展示肿瘤抗原的 OMV 肿瘤疫苗平台，这种“即插即用”的设计更能满足复杂多变的肿瘤抗原的临床需求。

（4）细菌生物被膜

细菌生物被膜（bacterial biofilm）是由细菌分泌的能包裹自身的多聚物基质，主要成分有 DNA、RNA、淀粉样蛋白、多聚物基质以及菌体本身，能将细菌黏附于物体表面，增强细菌的存活能力[1054-1056]。大肠杆菌的生物被膜中主要是淀粉样蛋白 Curli，其主要亚基是 CsgA 蛋白，可组装成淀粉样纳米纤维，是生物被膜材料开发的首选[1057]。钟超团队常年致力于该领域的研究，开发了多种基于生物被膜的生物黏附材料和体系[1058]，如 CsgA 与足丝黏蛋白融合表达而得的生物水下纳米纤维黏合剂；构建具有血液响应性的基因调控线路，控制“CsgA- 足丝黏蛋白”的表达，使大肠杆菌能识别肠道出血点，分泌“活胶水”，为消化道出血的治疗提供新策略等[1059]。

（5）病毒样颗粒

病毒样颗粒（virus like particle，VLP）是通过基因工程重组表达的病毒蛋白，经过自组装形成的类病毒复合物，内部不含有病毒核酸，不可自主复制，可引起类似病毒的生物学反应而没有传染性 / 致病性[1060,1061]。VLP 能够与 B 细胞表面的受体产生多价态结合[1061]，激活免疫系统，因此 VLP 常被设计成疫苗载体，用于疾病的预防和治疗[1062]。例如，华盛顿大学的尼尔·金（Neil P. King）团队通过计算机拟合构建了一种能够控制表面蛋白数量的人工 VLP，在这种 VLP 表面展示了多种病毒抗原，如新冠病毒、人类免疫缺陷病毒、呼吸道合胞病毒等，有效增加了抗原拷贝数，使其具有更强的免疫原性[1063-1065]；在 VLP 表面融合表达修饰一种来自贾第虫的变异特异性表面蛋白，抵挡小肠消化液水解，以此构建一种口服 VLP 疫苗[1066]。除了疫苗载体应用，由于 VLP 内部不含病毒核酸，其也可作为药物或核酸等生物大分子的递送载体。例如，蔡宇伽团队利用 VLP 构建了一种 mRNA 递送载体，在黄斑性病变的小鼠模型中取得了敲除 40% 靶基因的治疗效果[843]。

2）智能化的“半生命体”研究

随着合成生物学的发展，通过基因工程改造并利用细菌、细胞等生命体治疗疾病，是目前的研究热点，特别是利用基因改造的 T 细胞（如 CAR-T）治疗肿瘤，已经在临床上大获成功。此外，利用代谢工程等手段改造微生物，实现重要化学品的生物制造也不断取得突破。经典的合成生物学主要集中在基因逻辑环路的构建，然而一些特殊功能如体内示踪、实时操控、外场能量感知和转换、光电能量转化和利用等，则无法实现。因此，通过纳米材料对细菌或细胞进行修饰，构建纳米人工杂合生物系统，实现传统合成生物学无法满足的功能强化，这些由生命体和纳米材料组装的“半生命体”代表着细菌或细胞治疗的未来发展方向之一，也为生物制造技术的升级提供了重要路径。

（1）细菌机器人

这种“细菌 – 纳米材料”杂合系统的应用研究已经覆盖多个方向，包括免疫治疗、光控细菌代谢治疗、光热治疗以及光动力治疗等。根据细菌机器人的响应控制类型，可大概分为光响应型、磁驱动型、超声感应型等[1067-1074]。细菌的光响应能力一般是通过含有光控启动子的基因环路或纳米光敏材料修饰实现[1075,1076]。王汉杰团队利用响应蓝光的启动子质粒对细菌进行改造，使蛋白能够光控表达，随后用交联凝胶将稀土上转换纳米材料与工程菌包裹后递送至肠道，实现将广泛的近红外光转换为局部有效的蓝光，解决了蓝光组织穿透性差、神经毒性强的问题[1067]。趋磁性是构建磁驱动型细菌机器人的关键，张先正团队将磁性纳米材料修饰在螺旋微藻的表面，其在外部磁场控制下可靶向运动至深层组织[1077]；微藻内含有的叶绿素具有荧光特性，无需修饰即可用于体内荧光成像和远程诊断感应。相比于光学、磁共振和核医学成像领域，超声成像领域发展相对滞后[1078]。直到 2014 年，夏皮罗（Shapiro）团队发现某些水下光合生物体（如鱼腥藻）中会表达一种具有充气纳米结构的蛋白，作为它们调节浮力的一种手段[1079]。这种纳米气体囊泡可以产生稳定的超声对比度，适合作为超声成像剂。

（2）人工杂合 CAR-T

目前，CAR-T 疗法研究主要集中在 CAR 基因结构的设计上，如增加共刺激结构域，表达自杀基因以实现体内可控[1080,1081]。然而，对实体瘤治疗效果不佳是 CAR-T 疗法面临的主要问题[1082]。实体瘤的免疫抑制微环境复杂，CAR-T 难以浸润，CAR-T 治疗效果不佳[1083]。为克服传统 CAR-T 疗法的局限，研究者将具有靶向、示踪、控制、调节等不同功能的纳米材料结合到 T 细胞上（“背包”系统）。欧文（Irvine）团队将载有细胞因子的纳米颗粒偶联在 CAR-T 细胞膜上，细胞因子的“自分泌”刺激有效增强了 CAR-T 的治疗效果[1084]；张灿团队将脂质与脂质代谢调节药物阿伐麦布偶联到 CAR-T 细胞上，实现了对实体瘤的联合治疗[1085]；董诚团队等利用载带阿霉素的纳米颗粒和 IL-13 对 CAR-T 进行修饰，提高了其对脑肿瘤的靶向性并实现了协同治疗[1086]；谢海燕团队在 CAR-T 细胞上结合响应性 PD-1 抗体和磁性纳米簇，将 T 细胞募集到肿瘤部位，响应性释放 PD-1 抗体，帮助 CAR-T 实现体内细胞追踪技术，达到协同杀伤肿瘤的效果[1087]。

（3）半人工光合作用

生物制造技术具有催化选择性强、反应条件温和、生产安全性高的特点，可用于生产各类具有经济价值的化学品。化学品的合成过程往往需要消耗大量能量，发展以清洁能源为驱动力、以二氧化碳为碳源的微生物制造，可实现对传统有机能源的部分替代，并减少碳排放，推动新一代生物制造技术的绿色化发展。构建半导体纳米材料－微生物杂合体系，利用合成生物学改造微生物底盘细胞，可实现光能驱动合成代谢途径，特异性生产高附加值化学品，该技术被命名为“半人工光合作用”。半人工光合作用的本质是光照半导体材料，生成光生电子，光生电子被传递给微生物，参与胞内代谢反应。杨培东课题组利用热醋穆尔菌（*Moorella. thermoacetica*）的自然解毒机制，将具有生物毒性的镉离子（Cd^{2+}）与细胞共培养，在细菌细胞表面原位形成并沉积 CdS 纳米颗粒。光照条件下，光生电子穿过细胞膜，参与伍德－永达尔（Wood-Ljundahl）途径固定 CO_2 生成乙酸，该体系的量子效率为 2.4%[1088]。尼尔·乔希（Neel S. Joshi）团队将磷化铟纳米颗粒组装在酵母菌表面，光生电子可以进入细胞质中参与酵母菌的代谢合成，显著提高莽草酸的产率[1089]。普拉尚那格帕尔（Prashant Nagpal）团队设计了多种核壳结构的量子点，通过合成生物学在胞内表达含组氨酸标签的代谢酶，量子点被内吞进入细胞后可以和代谢酶特异性结合。在光照条件下，光生电子直接传递给代谢酶，有效提高光驱反应的效率[1090]。为实现光能高效吸收及电子高效传递，雍阳春团队设计了周质光敏生物杂交系统，将 $CuInS_2$/ZnS 量子点及氢化酶共定位于细胞周质空间，实现了高效太阳能产氢[1091]。

3）仿生化的“类生命体”研究

近些年来，人们发现一些特殊的纳米材料具有类似于功能性生物大分子的生物活性，如纳米酶；通过巧妙的设计和组装，特殊的纳米组装体能够模拟体内某些生命活动，如人工抗原呈递细胞（artificial antigen presenting cell，aAPC）、定向运动纳米机器人和 DNA 纳米机器人等；这些由纳米材料构成的仿生的“类生命体”，极大地拓展了人们对于人工合成生物的认识，在未来的合成生物学研究中具有重要的应用潜力。

（1）纳米酶

2007 年，阎锡蕴团队首次报道了铁磁性纳米颗粒显示出和辣根过氧化物酶相似的催化功效[1092]。此后，多种具有酶样活性的纳米材料被鉴定和报道；阎锡蕴等用“nanozyme”（纳米酶）一词来指代这类具有类酶活性的纳米材料[1093]。纳米酶具有更高的稳定性和多功能性，成本也相对较低，因此被广泛用于生物医学研究中[1094,1095]。例如，基于氮掺杂的多孔碳纳米球开发的一种具有氧化酶、过氧化物酶、过氧化氢酶和超氧化物歧化酶四种酶活性的多功能纳米酶，以肿瘤特异性方式促进活性氧的产生来实现肿瘤治疗[1093]。阎锡蕴团队还首次设计合成了 pH 响应型的可生物降解的海胆状氧化钼纳米酶，其能够在不损伤正常组织的前提下在肿瘤微环境中选择性地发挥治疗活性[1096]。基于锌基沸石－咪唑啉骨架衍生的碳纳米材料可以用作高效的单原子过氧化物酶，对假单胞菌的抑制作用高达 99.87%，并可有效促进伤口愈合[1097]。

（2）人工抗原呈递细胞（aAPC）

抗原呈递细胞（antigen presenting cell，APC）通过对肿瘤抗原（MHC-抗原肽）和共刺激信号（如 CD80/CD86）的有效递呈，以及细胞因子的精控分泌，激活肿瘤抗原特异性 T 细胞，诱导抗肿瘤免疫反应。然而利用天然 APC 昂贵又费时，治疗效果不稳定。因此，研究人员开发了基于纳米材料的 aAPC 作为体内外诱导肿瘤特异性 T 细胞的替代方案[1098]。施内克（Schneck）团队开发了多种纳米材料作为 aAPC 的支架，如铁－右旋糖酐纳米颗粒和量子点纳米晶体等，通过在其表面修饰 MHC-Ⅰ和共刺激分子，获得了很好的肿瘤抑制效果[1099,1100]。穆尼（Mooney）团队以脂质双分子层覆盖的载有细胞因子 IL-2 的介孔二氧化硅微棒为核心（该体系能够激活 T 细胞、促进 T 细胞增殖），有效改善了稀有 T 细胞亚群的抗原特异性富集[1101,1102]。此外，利用白细胞膜包裹磁性纳米簇，然后膜外偶联修饰 MHC-Ⅰ和共刺激分子，作为通用的 aAPC 体系，可有效促进抗原特异性 T 细胞的扩增和活化，增强抗肿瘤效果[1103]。

（3）定向运动纳米机器人

定向运动纳米机器人是采用纳米技术与纳米材料模拟细菌或精子等的运动方式构建的微型机器。目前其主要推进机制包括人造鞭毛的磁致动、依靠周围化学燃料的化学推进、超声推进以及生物混合推进等[1104]。体内研究中，在人体复杂环境中克服黏滞力实现精准操控是运动机器人研究的主要挑战。2018 年，吴志光等报道了一种基于纳米技术构建的能穿透玻璃体液并到达视网膜的运动机器人[1105]；该机器人呈螺旋桨样，全氟化碳的表面涂层能够减弱其对周围生物聚合物网络的黏附力，头部直径小于玻璃体三维网筛尺寸，可在外界磁场作用下穿过玻璃体到达视网膜。贺强团队基于细菌运动动力学，将长度可控的亲水聚合物刷接枝到金纳米颗粒的一侧，然后在另一侧用葡萄糖氧化酶进行功能化，制备了一群对葡萄糖源具有趋向性的纳米级游泳机器人[1106]。

（4）DNA 纳米机器人

DNA 折纸是利用 DNA 碱基互补配对，实现特定 DNA 自组装纳米结构的设计和合成，获得具有特定大小、形状和空间结构的 DNA 纳米结构，为多种生物医学应用提供了多功能平台[1107]。聂广军团队与丁宝全团队合作，将 M13 噬菌体基因组 DNA 链与预先设计的订书链 DNA 连接组装成具有纳米尺寸的矩形 DNA 二维结构，并将凝血酶分子锚定在 DNA 片层表面，然后添加紧固件和靶向链形成负载凝血酶的中空管状 DNA 纳米结构，其两端均修饰有作为分子开关的能够靶向 DNA 适配体的核仁素。当 DNA 纳米机器人到达肿瘤局部血管后，可识别血管内皮上的核仁素，诱导 DNA 管状结构发生变化，成为 DNA 片层结构，并暴露其负载的凝血酶分子，诱导肿瘤局部的微血栓形成，进而促进肿瘤组织坏死，抑制肿瘤生长[1108]。同时，对正常组织的血管不具有诱导血栓的风险，也没有观察到严重的免疫反应和其他毒副作用。未来，可利用医学 DNA 纳米机器人构建不同的智能药物输送系统，以介导多种生物活性分子或者药物（如干扰小 RNA、多肽、化学药物等）的有效载荷和精准递送，可以实现很多外科手术和微创手术不能企及的精准操作，以及不能成药的高活性生物分子的体内应用。

3. 现有应用的瓶颈问题及未来应用的关键问题

当前，合成生物学工程化的生物源纳米材料研究已经取得了诸多进展，但是在临床转化方面依然有很多亟待解决的难题。不同生物源纳米材料的量产模式和标准化获取路线的建立，以及工程化优化体系的建立等，都将推动此类纳米材料的广泛临床应用。

1）仿生命体

虽然工程化的“仿生命体”原料源充足，但是其中一些纳米材料的获取方式往往不具有工业生产的普适性，如细胞外泌体、OMV 的提取均需要超速离心的方法，难以规模化生产；细胞膜大规模提取、保存技术以及细胞膜均匀制备和纳米结构包被技术仍不够完善。另外，还存在递送药物靶向性不够精确，药物难以穿透生物屏障到达靶部位，临床转化路径没有打通等困难。生物被膜方面，由于大肠杆菌分泌能力差及潜在安全性等问题，还需寻找更多具有材料利用价值的生物被膜并加以改造，如枯草芽孢杆菌的生物被膜主要蛋白 TasA，其具有黏弹性、抗菌性以及形成水－气界面的倾向性，能形成功能性纳米纤维，有潜力作为生物医学、环境能源、海洋工业等领域的活体生物材料制造平台[1055,1109]。不过值得庆幸的是，VLP 是由蛋白质组装而成，表达及纯化都具有很成熟的工艺流程，目前已有很多疫苗沿用了这一技术，如已上市的由葛兰素史克（GlaxoSmithKline，GSK）公司开发的人乳头状瘤病毒（human papilloma virus，HPV）VLP 九价疫苗（Cervarix）、默克公司开发的乙肝疫苗（Recombivax HB），以及目前已经进入Ⅲ期临床试验的 Novavax 流感病毒疫苗等。然而，VLP 的另一功能——药物 / 核酸递送载体的研究仍处于初级阶段，要想成功开发新药，还要在增强靶向效率、提高转染率上下功夫。

2）半生命体

在这一领域中，无论是细菌机器人还是人工杂合 CAR-T，都存在着将具有生存能力的、能够增殖的生命体引入到体内来发挥药效的能力，这在一定程度上会引起机体的不适或引发新的毒副作用。尤其是细菌，由于其异质性强，含有大量内毒素，会引起败血症、脑膜炎、心肌炎等一系列疾病。尽管有很多减毒细菌、精准靶向细菌被开发出来，但仍然有细菌毒力回复、细菌脱靶等方面的问题存在。因此，除用于预防相关疾病的减毒活疫苗以外，仅有用于治疗膀胱癌的肿瘤治疗专用卡介苗（BCG）成功上市。若能够成功解决实体瘤屏障、控制细菌感染、监控并纠正药物在体内的不正确状态、提高药物靶向性等一系列问题，纳米粒子功能化“半生命体”也能够被广泛应用于多种临床场景。

在半人工光合作用研究方面，目前还处于起步阶段，光能转化为化学能的效率、系统的稳定性和可持续性以及规模化等还无法满足实际应用需求。解决上述问题的关键是深入理解材料－微生物的界面相互作用，提高材料的稳定性和生物相容性，改善能量与电荷在界面处的传递效率以及生物体系能量利用效率。当前，材料－微生物杂合体中涉及的微生物种类有限，且微生物多为野生型菌株或仅仅导入一些简单代谢途径的工程菌。随着越来越多的微生物学和合成生物学领域的研究人员加入这一新兴的领域，对微生物进行多种多样的改造和优化，将进一步拓宽半导体纳米材料–微生物杂化体的研究及应用。

3）类生命体

与“半生命体”不同，类生命体只模仿了生命体的一部分功能，而不具有真正的生命系统的全部特征。因此，将类生命体投入到临床使用的最大困难仍然还是技术成熟度方面的问题。例如，DNA 纳米技术中，长链 DNA 的合成还只能依赖于 DNA 聚合酶，化学合成的效率还不能满足需求。同时，基于 DNA 聚合酶的合成技术常常有错配现象发生，很难得到相对稳定的高产率，需要相关的基础研究来破解提高精确合成效率的问题；aAPC 技术在临床应用方面也存在很多限制，如需要与患者匹配的人类白细胞抗原（human leukocyte antigen，HLA）以及对应的抗原多肽，且无论是 HLA 的合成还是肿瘤抗原肽的鉴别现阶段都还十分昂贵，技术成熟度不高。因此，要想实现 aAPC 的大规模应用，还需要解决以上两方面的技术瓶颈和合成成本问题；另外无论是纳米酶还是定向运动纳米机器人，其相关报道均处于研究阶段，需要更长时间的技术和工程验证，以及特异性应用场景的匹配。例如，一些纳米酶只能在脂质膜上发挥功能，以及相关的催化机理还有待于阐明等；纳米机器人的定向运动受限于布朗运动，难以精确控制和体外操控。因而很难真正做到像宏观的机器一样，任由人类操控。类生命体的研究才刚刚起步，相信在多学科交叉研究后，会有越来越多相关的技术走入临床，造福人类。

综上所述，未来纳米合成生物学的进一步发展，有赖于将医学、化学、生物学以及数学、物理学等学科的深度交叉融合，以具体设计任务为出发点，利用和发展多学科交叉融合的解决方案，突破关键技术瓶颈，创造新的技术应用。例如，可控的化学合成能够帮助我们精准合成所需材料基础，精准的生物合成能够赋予材料多种生物功能，体内外的精准操控可实时监测药物的作用方式、作用位置以及实时反馈患者生理病理状态等。纵观科学发展史，无论是材料学、生物学还是医学，其科学的发展和技术的革新以及应用，都与多种学科发展密切相关。纳米合成生物学就是这样一个时代发展的产物，它的出现也必然引入更多、更深层次的技术交叉融通，引导科技走向更广阔的未来。

（二）合成生物技术在新材料领域中的应用

新材料的发展是人类文明进步的标志。人类发展的不同时期，包括从石器到青铜再到铁器时代、从蒸汽到电气再到信息时代，都是以材料的变革进行划分。

近代材料发展的一个重要突破在于塑料的发明制造，然而无孔不入的塑料产品在带来生活便捷的同时也给生态环境造成了巨大的负担。为减轻生态压力，发展低碳环保的可持续性替代品成为当今材料发展的趋势。自然界中的一些生物质（如木材、蚕丝、棉花等）拥有诸多优越特性，如高机械强度、可编程性、多功能性、多层级结构以及自生长、自修复等动态特征，因此直接利用这些天然生物组分加工成的产品在当前的可持续材料中占主要地位 [1110]。但是，很多生物功能组分在自然界中产量有限（例如，从 10 000 只加利福尼亚蓝贻贝中仅能收获 1 g 足丝黏蛋白），此外，材料的提纯过程成本高昂且不可持续 [1111]，因此利用基因工程技术设计微生物异源发酵逐渐成为这类生物功能组分的主流生产方式。

细胞是合成自然生物分子的机器。数十亿年的自然选择和进化使得细胞拥有环境响应、特定分子合成以及环境适应等能力。在细胞的物质生产过程中，环境中的信号（如化合物小分子、机械力、光等）被细胞内感受器所捕获，经过细胞内感知线路的信息处理（信号放大、信息存储或信号转导等），有效地将外部信息流与胞内的代谢遗传联系在一起。根据细胞信号处理的结果，细胞可相应地表达蛋白酶来合成、分泌、修饰或降解特定的生物组分（如蛋白质、多糖、脂类等）[1112,1113]（图 4-74）。合成生物学是一门运用基因操作工具编程和改造生命行为与功能以及再造新生命形式的工程学科。合成生物学的发展为新材料的发现、设计和生产带来了新的机遇，如通过合成生物技术改造生命体可以赋予合成材料定制化的功能和特性。材料科学和合成生物学学科在近年来不断交叉融合，衍生出了一个新兴研究领域“材料合成生物学”[1027]，该领域集成合成生物学与材料科学的工程原理，利用合成生物技术工程活体生命系统生产材料，并且生命系统也作为材料的组成部分，共

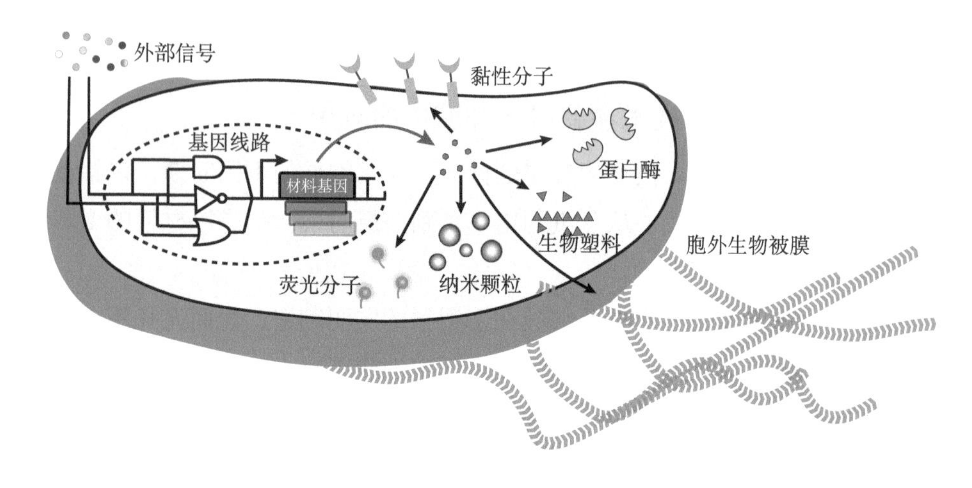

图 4-74　细胞是天然材料的合成机器

细胞能够响应环境中的信号并调控目标基因的表达，利用这一特点可设计各种基因调控线路来动态操纵各种功能分子及材料的表达、组装和生产

同构成具有特定功能的活体材料。生命系统的参与赋予了活体材料一些有趣的特性，如环境响应、自修复、自我再生等动态特征。此外，生命系统的可编程性使得人们能够通过设计复杂逻辑线路来精确调控材料属性。材料合成生物学的探索可分为三类：①设计改造底盘细胞实现天然生物组分的高效异源表达；②通过“自下而上”的方式理性整合不同材料模块，设计功能可调的仿生功能材料设计；③借助基因线路调控底盘细胞原位合成特定功能组分，开发具有生命特征的“活”材料。因此，本节将从天然生物材料 / 组分的异源发酵、模块化设计组装的仿生材料和功能“活”材料三个方面的进展分别进行概述，并进一步探讨材料合成生物学新兴领域面临的挑战以及可能的解决方案。

1. 天然生物材料 / 组分的异源发酵

自 20 世纪 80 年代以来，科研人员对一些具备特殊性能的天然组分和生物材料的生产与改造产生了极大的兴趣。例如，具备超强机械性能的蛛丝蛋白被应用于轻便高效防弹衣帽的制作；潮汐带海洋生物（如海洋贻贝、藤壶等）的湿黏附现象激发了科学家对水下黏合胶水的研究热情；头足类海洋生物（如乌贼）用于伪装的反射蛋白也被尝试用于隐形涂层的开发[1114]。从人工饲养生物中提取相关功能组分从而制备相应特种材料是一种烦琐且昂贵的方法。随着基因测序、组学技术、生物信息学工具以及先进材料分子表征手段的发展，天然生物材料的成分与功能关系得到充分的解析，生物工程师现在很容易将天然材料的基因以及相关的生产或代谢途径转入大肠杆菌、毕赤酵母或需钠弧菌等成熟的工业菌株中进行异源发酵，从而实现高效和低成本的规模化生产（图 4-75A）。利用合成生物技术，科研人员可对发酵工程中的生物代谢途径进行优化设计，最大程度地集中细胞资源表达目标生物分子，并通过灵活的基因转录水平调控，实现产物各种性能的控制（如通过控制生物塑料聚羟基烷酸酯 PHA 的聚合度和共聚分子组成来调控材料机械性能[1115,1116]）。此外，利用合成生物技术改造底盘宿主的代谢合成途径，科研人员可以赋予表达的生物组分更接近自然的性能特征。例如，工程的氨酰 tRNA 合成酶能够在细胞生产贻贝足丝黏蛋白过程中引入非天然氨基酸 L-Dopa[1117]；细菌中过量表达磷酸化酶可以促进重组蛋白的翻译后磷酸化修饰[1118]。

随着异源表达技术和发酵体系的发展，科研人员不仅成功表达了多种从自然基因组中挖掘的特殊功能生物分子，也从底盘细胞改造、代谢途径优化等过程中摸索出分子高效表达的经验。生物大分子的功能往往与特定基团的修饰以及分子多层级组装紧密关联，而当前工业化的异源表达体系还难以完全满足这两种技术需求，因而当前获得的材料分子的性能往往难以媲美天然材料。此外，由于微生物表达体系的局限，一些具有重复序列的超高分子量蛋白基因（如蛛丝蛋白、肌联蛋白等基因）不易被微生物翻译合成，所生产的低分子量替代物在材料性能方面劣于高分子量蛋白，因此在一定程度上限制了最终材料产品的应用。针对这一限制，研究人员通过将分子聚合反应引入生物体内，解决了超高分子量蛋白在异源宿主表达的问题。例如，科研人员通过将自我剪接的内含肽（intein）片段分别融合到肌联蛋白（titin）亚基两端，成功发酵生产出百万道尔顿分子质量的肌联蛋白聚合物，所产材料展示出卓越的机械性能，可用来制备防弹材料[1119]。

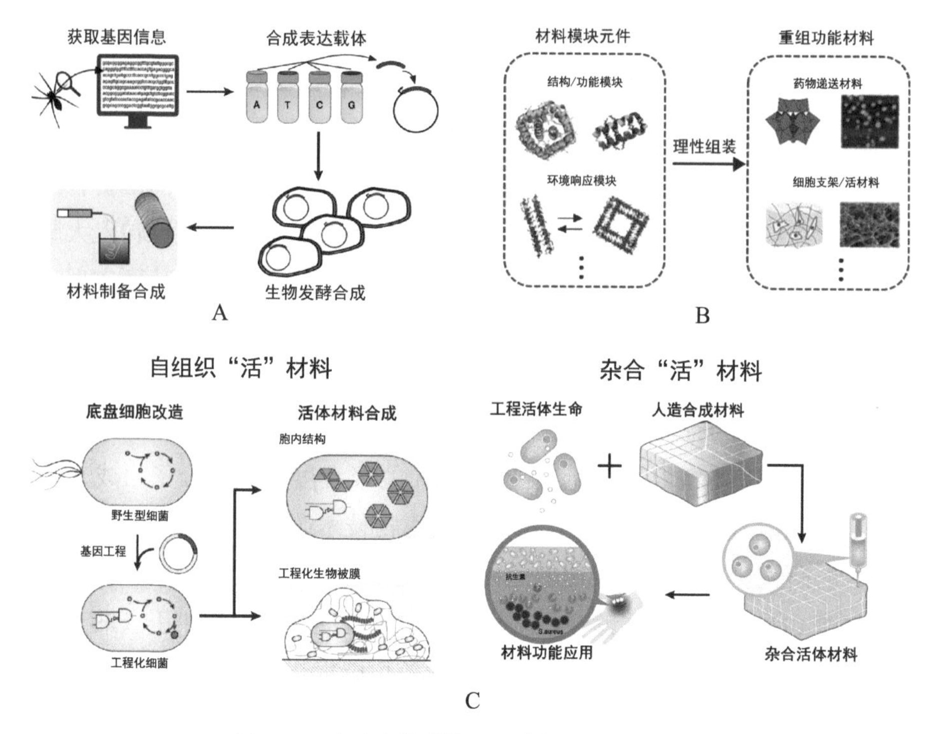

图 4-75　合成生物学指导设计的生物活性材料

A. 天然生物组分的异源发酵：以蛛丝蛋白为例，将解码的蛛丝蛋白基因转入工程菌株，实现了蛛丝蛋白的异源发酵合成与材料制备。
B. 模块化设计组装的仿生材料：不同结构与功能的材料模块理性组合搭配可设计出定制化的重组功能仿生材料。
C. 功能"活"材料：利用工程微生物实现材料组分的原位合成与应用；根据材料制作方式，"活"材料又分为自组装"活"材料以及杂合"活"材料。

2. 模块化设计组装的仿生材料

除了优化天然分子代谢合成途径外，合成生物技术的模块化策略也被引入到材料设计中，可以根据实际应用需求，将不同性能的生物大分子（如蛋白质、多糖、脂质等）进行理性组合，创造全新的重组生物材料[1120]。这些基因编码的生物大分子材料模块可大致分为结构模块与功能模块。结构模块包括能够自组装的淀粉样蛋白、S 层（S-layer）二维骨架蛋白，以及亮氨酸拉链、弹性蛋白、细菌纤维素等。根据不同结构模块的分子自组装特性，可相应发展一维纳米纤维、二维纳米片或三维水凝胶等结构材料[1027]（图 4-75B）。功能模块包括催化酶、荧光发色团、生长因子、黏性蛋白等具备特定功能的生物分子，以及能够响应外界信号的传感分子等，可分别用于修饰材料的特定性能或发展环境响应的生物活性材料[1121]（图 4-75B）。可编码的核酸分子（即 DNA 与 RNA）既可以作为结构模块也可以作为功能模块。DNA 折纸技术可以将核酸单链折叠成具有预设尺寸和结构的二维或三维纳米结构，可应用于精确制备光学材料或药物递送等领域；此外，核酸的数据存储功能也已被用于发展信息存储材料[125,144,1122]。上述的生物材料模块都可以借助模块化策略在分子层面进行组合，并在细胞工厂中合成、自组装成特定结构的生物活性材料，以满足多样的功能和性能需求。当前模块化设计的代表性重组生物材料包含整合相分离蛋白凝聚特性与贻贝足丝黏合蛋白界面黏性所制作的水下黏合涂层材料[847]、智能感应光照引发自动降解的医用水凝胶材料[1123]、CRISPR 响应的智能凝胶材料[1124]以及基于生物自修复蛋白所制作的软体机器人等[1125]。尽管近 20 年该领域取得了一系列重要成果，但仍存在一个核心难点，即如何使得纳米尺度的生物分子改造能够在宏观级别材料中体现出显著的材料性质提升或高效的生物活性功能[1126]。另外，在材料设计过程中，缺乏对结构和功能模块标准化的表征也是限制其广泛应用的重要原因。材料基因组计划的提出拟针对生物功能分子实现高通量的计算模拟、合成制备、检测分析以及数据库搭建，未来有望为生物材料模块的标准化创造条件。

3. 功能“活”材料

前面提及的两种生物活性材料的设计思路都是把细胞当作材料合成和加工工厂，如果把细胞也视为材料组成的一部分，就衍生出了新型的“活”材料（或称活体功能材料）。代谢途径转移和模块化组合都可以体现在“活”材料的设计中，在此基础上，“活”材料还可以利用细胞行为可编程的特点，引入人工设计的基因逻辑线路实时调控材料的合成、分布与功能发挥（图 4-74C）。由于模式微生物（如大肠杆菌、枯草芽孢杆菌、酿酒酵母等）代谢途径相对清晰，基因操作成熟，因此“活”材料的相关研究大都是基于模式微生物展开的。典型的例子是以大肠杆菌、枯草芽孢杆菌以及红茶菌为代表的功能生物被膜材料的开发。一方面，合成生物技术可以对生物被膜主要结构模块（CsgA、TasA 或细菌纤维素）进行功能修饰，从而影响整个生物被膜材料的性能；另一方面，可以整合基因调控线路，以时空可控的形式精确操纵生物被膜材料的分布与功能呈现[1112]。鉴于生命体系具有可再生的特点，合成的生物材料也可降解，因此“活”材料满足当代可持续技术发展的需求。当前基于生物被膜的“活”材料已经在生物催化、水下黏合、医学成像、污水处理、生物发电、土壤固化以及环境污染物检测等诸多领域得到了广泛应用[1027]。此外，生物分子在细胞内自组装形成的胞内材料近年来也被广泛报道，包括可提高催化效率的细胞微室[1127]、可操纵细胞行为的相分离蛋白液滴[1128]以及可实现活体组织深处超声成像和药物定点释放的气囊结构[1128-1130]等（图4-75C）。

纯生命系统组装的“活”材料在实际应用中存在很多限制，如无法实现自支撑、机械强度弱、性能难以超越成熟的人工合成参照物等。解决以上问题的一种策略是设计同时包含生命体系和非生物组分（如高分子水凝胶等支架材料）的杂合“活”材料，非生物材料的引入能够为细胞提供机械支撑或者赋予材料某些特定的理化功能，很大程度提升了“活”材料的实际应用价值（图4-75C）。例如，将感知型酵母菌涂覆于滤纸表面可用于检测蔬菜病原体污染[1131]；整合可吞服电子设备与工程传感细菌的检测装置可远程监测胃肠健康状况[779]；半导体与工业菌株的结合赋予了异养微生物利用太阳能提升发酵效率的能力[1132]；基于微生物矿化所制备的建筑材料[1133]不仅能大幅度减少传统砖块烧窑过程的温室气体排放，还具备执行生物功能的潜力：建筑砖块中存活的工程化微生物可实现建筑外墙裂痕缺陷的自动修复，或在建筑表层生长并释放驱虫分子或吸收、降解空气污染物等。

当前发展的“活”材料主要利用工程化的生命系统合成与分泌有特定应用价值的代谢产物；在“活”材料的使用过程中，生物安全性依然是限制其应用的一个重要问题。例如，利用工程的乳酸菌、枯草芽孢杆菌或其孢子制备的活性敷料可用于皮肤病菌感染或糖尿病足伤口的治疗护理[1134-1136]，但是泄露的微生物进入人体血液引发严重免疫反应是限制该类材料实际应用的重要因素。同时，基因改造的生命体对环境的影响也应当受到研究者的重视，如改造海洋微生物的生物被膜在帮助船体抵抗生物污染（如贻贝、藤壶等）方面有很好的应用前景，但船体表面经过基因改造的微生物也有可能严重破坏海洋生态系统。因此，未来活体功能材料的发展还需要重点关注生物安全性的底盘细胞开发以及简易高效的生物容器设计，以保障“活”材料在不破坏生态环境的前提下得到推广应用。

4. 材料合成生物学领域的挑战与解决方案

合成生物技术在推进天然生物组分的异源表达生产、仿生功能材料的模块化设计和功能“活”材料的发展三个方面取得了重要的进展。随着各种生物技术的发展以及信息技术和生物技术（IT-BT）的不断融合，材料合成生物学新兴领域也将出现前所未有的新机遇，与此同时这一新兴领域也将面临新的挑战。

1）在合成材料中重现天然生物材料结构和性能的挑战

当前的底盘细胞及生物技术在天然材料发酵生产方面存在重大瓶颈。以贻贝足丝黏蛋白为例，贻贝在水下的黏合性能很大程度上缘于多种特殊黏合蛋白的相互作用。这些蛋白富含翻译后修饰的特殊基因，如多巴（Dopa）[1137,1138]，而利用常用的微生物底盘细胞难以准确表达天然的贻贝足丝黏蛋白。因此，当前异源表达的材料产物在成分、组装复杂度以及材料性能等很多方面都难以媲美对应的天然生物材料。为突破这些瓶颈，可直接利用其天然宿主内的材料合成体系（如足丝黏蛋白的发酵可以选择海洋贻贝相应的分泌腺体）或者利用细胞工程模仿制备相应的类器官来表达这类天然材料。进一步，借助基因组合成技术可在这些宿主中逐步减少非必要的代谢途径，在降低真核细胞培养成本的同时增强目标材料的合成能力。随着真核细胞培养成本越来越廉价、技术越来越成熟，这些解决方案有望在不久的将来得以实现。

除修饰的功能基团外，天然材料的性能与其在生命体内的组装或代谢途径也有重要关联。以蛛丝为例，蛛丝蛋白在体内纺丝时，会穿过细长的 S 形纺丝管，承受剪切应力的同时发生脱水以及离子交换反应。此外，纺丝管 pH 由起始的弱碱性向终端的酸性转变，刺激蛛丝蛋白的自组装聚合[1114]。当前人工纺织的蛛丝蛋白一直无法再现天然蛛丝的机械性能，因此面向仿生材料的生产和制备过程，合成生物技术也需要和先进的材料制作加工工艺（如 3D 打印、胶囊封装、铸造等）结合，共同实现高性能材料的自动化生产制造。例如，可模仿蜘蛛体内的纺丝机理制备类似的微流控装置，并在装置内固定工程改造的材料合成细胞，从而在微流控装置中实现蛛丝蛋白的原位合成、纺丝以及产出。

在开发功能“活”材料方面，利用合成生物技术将生命体与无机材料在不同尺度进行结合有望提高材料性能。以人工光合系统为例，如何工程改造生命体，使其更高效地接收和转化由光激发无机半导体材料所产生的电子，是代谢产物合成效率提升的关键[1139]。合成生物技术将在生命有机-无机组分之间的界面关联、生命基本机理的深入挖掘以及生物友好的非生命材料的开发设计等方面发挥作用，从而提高人工光合系统的最大转化效率。

2）新材料或模块的发现以及材料性能定向进化的挑战

在仿生蛋白材料的理性设计方面，当前用于仿生设计的蛋白质结构或功能模块数量有限，在一些特殊环境如高温、高盐和极寒等中可使用的蛋白质分子模块也非常匮乏，同时很多已发现的功能蛋白的结构和材料在物化、生化和材料等性能方面也缺乏表征。针对上述问题，除了继续利用生物信息工具挖掘特定环境中的天然功能组分或受天然组分启发进行仿生设计外，另一个未来的工作可重点是围绕蛋白质材料的性能进行定向进化。例如，在明确基因序列-功能表型关系以及搭建好切实有效的筛选平台后，依托体外基因突变建库或者连续定向进化技术可逐步进化材料模块的特定功能，并提高其在特定环境下的应用效果[1140]。此外，生物分子结构的高通量计算模拟、模型设计以及机器学习等新兴研究手段也可用于指导蛋白材料模块的创新设计。高通量自动化的大设施平台则可以协助实现批量且标准化的材料模块性能表征，为建立更全面的材料模块资源数据库奠定基础。

3）工程“活”材料性能优化的挑战

在应用环境中存活与生长是“活”材料的一个特色亮点，但当前所设计的“活”材料多基于大肠杆菌、酿酒酵母等基因操纵手段相对成熟的模式菌株，材料产品的应用场景有限[1027,1113]。随着测序能力的提升、基因重组或CRISPR基因编辑等技术的发展成熟，直接工程改造应用环境中的微生命体作为“活”材料合成的底盘细胞将逐步成为现实。例如，在太空厌氧微生物中设计代谢线路有望将宇航员尿液转变为太空燃料；工程皮肤表面寄生微生物分泌抗紫外线胞外基质可减弱阳光辐射，进而保护皮肤组织；利用海洋电活性细菌开发微生物燃料电池能够为深海探测装置持久供电。除了生存于应用场景外，感知与处理外部信息并按需发挥功能也是“活”材料的显著特色。例如，工程改造海洋嗜油菌，赋予其生产生物被膜与生物矿化的能力，发展出的“活”材料有望用于修理与维护海底输油管道。在这一方面，在底盘细胞材料合成线路中整合基因传感模块与信号放大元件有助于提升材料的环境信号灵敏性[1141]，而逻辑门基因线路的引入将能够使工程生命体在复杂环境中实现精准的材料性能调节[1142]。最后，将响应性的非生命材料分子（如光敏蛋白、维生素 B_{12} 衍生物、温敏性高分子等）与活体系统有机结合，也有希望拓展“活”材料的自主调控能力与环境适应性。例如，使用温度敏感的 pluoronic 127 或肝素－泊洛沙姆（HP）等在人体皮肤表面（约 37℃）快速原位固化成胶，能够极大增强活细菌敷料的应用能力[1135,1136]。

4）规模化生产的挑战

尽管基于现有模式微生物，包括大肠杆菌、枯草杆菌和毕赤酵母的基因编辑工具以及发酵技术已经非常成熟，在利用工业模式微生物作为宿主进行生物活性或生物仿生材料的表达和规模化生产方面，仍然面临一系列的包括目标产物产率不稳定、染菌、功能修饰途径和分泌渠道缺乏以及裂解纯化步骤烦琐和纯化成本高等问题。针对这些挑战，在现有底盘细胞工程技术基础上的解决方案包括以下几方面：①通过详细解析产物合成途径和优化代谢方式，提高细胞的材料合成、翻译后修饰和分泌能力；②通过从头设计模式生物的基因组[98]，减少生命体系的代谢冗余，最大程度实现细胞资源向目标产物转化；③通过适应性进化手段，逐步改变底盘细胞的营养利用方式（如以最新开发的 CO_2 自养型大肠杆菌作为材料合成的底盘细胞[564]），降低材料的生产成本；④发展生命共生体系以执行“分工协作”的材料合成策略或提高工程菌株的抗逆性与基因稳定性也可在一定程度上提高细菌资源的有效利用率和“活”材料连续生产能力。此外，从合成生物学角度，通过利用天然高效“材料合成机器”，如家蚕、蘑菇以及农作物（如棉花、大豆等）等系统，以及开发面向这些动物或农作物的基因操作工具将有助于未来生物活体材料规模化生产的实现。最后，随着无细胞表达技术的发展，未来无细胞合成体系有望摆脱活体系统的代谢限制，实现高效的组分合成[253]。

5）生物合成材料在生物安全方面的挑战

生物安全问题是生物活性材料进入市场的主要障碍之一。对于异源发酵合成的天然材料或者蛋白质仿生设计的生物灵感材料，减少发酵与纯化过程的细胞内毒素含量以及降低材料引起的人体免疫反应是提高材料应用安全性的必要措施。在活性材料设计与制备过程中，当前除了需对工业发酵菌株实行有效的减毒处理，也要尽可能挖掘人源功能分子模块，或借助计算机辅助设计、定向进化以及机器学习等方法优化材料组分，降低其免疫原性。对于基因编程的“活”材料，其对环境潜在的破坏风险也需要得到足够的重视，如为杜绝抗生素耐药基因的平行转移，未来设计的“活”材料应尽可能避免抗性筛选基因的使用，可利用营养缺陷策略或引入非天然碱基 / 氨基酸将工程生物限制在使用范围内，或在基因组上设计条件引发的裂解线路，在微生物扩散至周边环境时引导微生物自杀裂解[386,1143]，或设计内源遗传物质完全被降解的“死灵”微生物，使其在应用环境中原位生成“活”材料[1144]。表 4-8 对这一领域出现的挑战以及未来的发展建议进行了简要的汇总。

表 4-8　合成生物学在材料设计与发展领域存在的挑战及未来的发展建议

生物活性材料	代表性材料产品	挑战	未来的发展建议
天然生物材料组分	蛛丝蛋白[1145]；贻贝足丝黏蛋白[1146]；动物 / 人体胶原[1147]；章鱼吸盘蛋白[1148]；弹性蛋白[1149]	发酵产率低；翻译后修饰困难；难以组装成层次化的复杂结构	改良工业发酵菌株；开发自养微生物或高产动植物作为发酵底盘；开发无细胞反应体系；开发微纳米材料加工工艺；工程设计天然宿主的材料合成腺体
模块化设计的生物材料	CsgA-Mfp 水下黏合胶水[1058]；光照诱导降解的蛋白凝胶材料[1123]；CRISPR 响应的智能高分子凝胶[1124]；DNA 折纸与信息存储材料[125]；蛋白基软体机器人[1125]	材料模块数量有限；缺乏标准化的表征；分子级别的单体功能难以在宏观级别的材料中呈现等	人工智能辅助的模块挖掘与材料设计；定向进化或机器学习优化材料模块性能；自动化设备实现高通量标准化的材料模块性能表征
“活”材料	智能活体黏合胶水[1059]；机械性能梯度可控的仿生矿化涂层[1150]；抑制真菌感染的活性敷料[1136]；感知肠胃健康的可吞咽电子设备[779]；全细胞人工光合体系[1132]；可自我复制的生物砖等[1151]	材料设计受限于模式微生物体系；基因调控线路灵敏性与材料分子表达强度有待提升；难以保持材料性能长期稳定；对材料的生物安全性重视不足	开发非模式生物作为底盘细胞；加强模式生物对应用环境的适应能力或对恶劣环境的抗逆性；整合信号放大线路，增强线路灵敏性；优化生命体代谢途径，结合半导体材料提高合成效率；杜绝使用抗性基因，搭建高效的生物容器

七、环　境

（一）发展历史

天然微生物体系是地球循环的重要驱动力，深度参与了人类活动的各类场景，在各类污染物环境修复中具有重大的应用潜力。微生物把有机物转化为简单无机物，使得生命元素的循环往复成为可能，使各种复杂的有机化合物得到降解，从而保持生态系统的良性循环。自然界中广泛存在各种降解天然有机物的微生物，部分微生物经过长期的自然驯化，也具备了降解人工合成有机化合物的能力。自 1989 年以来，通过自然筛选、驯化微生物而来的降解菌株，以及随之开发的大量高效、低成本、环境友好型的生物修复技术，已被广泛用于清除受污染农田、地下水、河流、湖泊和海洋等环境中的污染物。20 世纪 80 年代末，美国首次利用生物修复技术成功清除了埃克森·瓦尔迪兹（Exxon Valdez）油轮在阿拉斯加海域漏油造成的大面积污染。2010 年，微生物治理技术在墨西哥湾钻井平台溢油事件中又一次发挥了重要作用 [1152]。在我国，2016 年多种石油烃降解菌被用于修复厦门市观音山人造沙滩的重油污染，石油污染物的总降解率达到 99.7%，降解后的油泥达到重新填埋标准。

在不断获得具备有机污染物降解能力的纯培养菌株的基础上，科学家开始聚焦系统挖掘降解菌株代谢潜能，解析污染物降解途径，鉴定关键降解基因和酶，并阐明污染物代谢的分子机制，不断拓展着人类在分子生物学层面的认知。例如早在 1953 年，Wada 和 Yamasaki[1153] 就首次报道了尼古丁的微生物代谢途径。随后的 60 多年间，国内外学者先后发现并深入阐明了 4 种不同的尼古丁微生物代谢途径（吡咯途径、吡啶途径、杂合途径和甲基化途径），对途径涉及的降解、调控基因进行了功能鉴定、体外表征和机理解析。其中，我国许平和唐鸿志团队完整揭示了尼古丁吡咯降解途径的代谢、分子和调控机理，填补了当时世界上相关研究领域的空白 [1154,1155]。

经过前期对于生物降解资源挖掘与机理研究的积累，研究者发现许多天然状态下的生物资源在环境修复应用中并不能达到预期。在进入 21 世纪后，大量新兴技术如合成生物学、微生物组学开始涌现。高通量筛选、机器学习、数学模拟等技术开始在生物修复领域得到广泛应用。与此同时，近一个世纪以来工农业生产技术变革也导致环境中有害物质的种类日趋复杂，传统环境科学沿用的基于分析化学的检测方法逐渐体现出了操作复杂、设备庞大、不适用现场检测、不能覆盖新兴污染物种类的不足。环保领域中针对持久性有机污染物与新型污染物的分析方法日渐成为各个发达国家的战略需求，并进一步演变为应对环境监测与环境管理国际竞争的重要技术支撑。1967 年，Updike 和 Hicks[1156] 将固定有葡萄糖氧化酶的聚丙烯酰胺膜修饰到电极上用于检测葡萄糖，标志着生物传感器技术的诞生。生物传感器在工业生产、医药健康等高产值领域应用的成功经验，启发着利用污染物降解生物资源，进行识别与传感的元件构建及分子组装的研究和应用。1985 年，瑞士汽巴－嘉基（CIBA-GEIGY）公司报道了利用单甲基硫酸盐降解的生丝微菌（*Hyphomicrobium*）MS 219 固定在组合玻璃电极上制成生物传感器，用于检测环境中的甲基硫酸盐含量，对浓度低至 1 mmol/L、高至 1 mol/L 的甲基硫酸盐进行响应，响应时间为 5～30 min[1157]。此后，针对汞离子等重金属离子、双对氯苯基三氯乙烷（DDT）等卤化有机物、微囊藻毒素等生物质污染物的生物传感器被陆续创制出来，应用于环境检测领域。

（二）现有状况水平

得益于传统微生物学积累和现代分子生物学、生物信息学等学科以及代谢工程、系统生物学等门类领域的快速发展，合成生物学在环境检测与生物修复领域的应用得到了一定的进展。在当今学界，元件进化、单细胞重构、合成微生物组是合成生物学的研究前沿，也是日后开发生物传感器、提高生物修复效能的必要手段。

自 1985 年生物传感器首次被用于环境监测以来，针对其抗干扰能力弱、背景信号嘈杂、检测限相对较高等缺陷，分子生物学、细胞生物学以及微流控技术、芯片技术、高通量检测技术、纳米新材料、自动化分析、系统工程等新学科、新技术的发展推动生物传感器不断更新换代，发展出了酶生物传感器、核酸生物传感器、微生物传感器等不同感应元件的生物传感器。王红等 [1158] 将乙酰胆碱酯酶固定在硝酸纤维素膜上，利用乙酰胆碱酯酶受有机磷类农药抑制的特性，开发了测定有机磷农药含量的酶生物传感器。米尔金（Mirkin）实验室基于胸腺嘧啶与汞离子特异性反应原理，利用核酸修饰的金纳米颗粒开发了特异性检测 Hg^{2+} 的核酸生物传感器 [1159]。Man Bock Gu 团队通过将20种基因重组发光细菌固定化在细胞芯片上，构建微生物传感器阵列，与高灵敏度电荷耦合器件（CCD）相机联用，用于百草枯、丝裂霉素C和水杨酸的环境毒物分析[1160]。

许多天然状态下的元件在场地实际应用中并不能达到预期，提高这些关键酶的活性或拓展这些关键酶的功能，成了一个研究热点。特纳（Turner）实验室在2013年对单胺氧化酶MAO-N的底物口袋进行了定向进化，使得其能催化降解的底物从苯甲胺拓展到二苯甲胺，且其降解产物的手性是特定的，纯度可达99%，这对于有严格手性要求的制药行业而言意义重大[1161]。而在环境应用领域，2020年，Tournier等[1162]对降解PET的关键酶叶枝堆肥角质酶（leaf-branch compost cutinase，LCC）进行了定向进化，使其拥有更快的降解率、更高的Tm值，并且在特定温度下，LCC解聚PET的产物能重新形成PET晶体，这为工业化回收再利用PET塑料提供了一个全新、高效的方案。

单细胞重构也是提高微生物效能的方式，具体而言即为将不同的生物元件通过基因工程方法重新组合，定向改造微生物代谢路径，构建人工代谢线路，使无降解性能的菌株获得降解靶标污染物的能力，提高降解菌株降解效率，增强降解菌株环境适应性能。例如，由于目前未分离出好氧降解1,2,3-三氯丙烷（1,2,3-trichloropropane，TCP）的天然菌株，研究者将来自三个不同菌株的酶，包括卤代烷脱卤素酶（haloalkane dehalogenase，DhaA）、卤代醇脱卤素酶（haloalcohol dehalogenase，HheC）和环氧化物水解酶（epoxide hydrolase，EchA）组装到大肠杆菌，并在大肠杆菌中实现了TCP的高效降解[1163]。又如Lieder等[1164]使用同源重组无痕敲除方法删去假单胞菌KT2440基因组上约4.3%的冗余片段后，敲除菌株表现出明显更优的生长特性，包括更短的滞后时间、更高的生物量产量和更快的生长速率。该团队还利用双顺反子GFP-LuxCDABE报告系统对菌株代谢活力进行表征，结果显示菌株的整体生理活性增加了50%以上。丢弃不必要的细胞功能，不仅在生物合成上大有潜力，而且在生物降解和生物修复方面也有着不可忽视的作用和潜力。

随着合成生物学的快速发展，越来越多的科学家不再局限于将多个基因模块进行组装以实现特定生物功能，转而开始对不同的微生物菌株进行整合，人工创建可满足特定需求的稳定微生物群落，将代谢路径分配到多个独立细胞，降低单菌株的代谢负担。进一步设计并优化单个底盘细胞的代谢能力，获得各单细胞模块的最佳组合，实现对复杂污染物的高效降解。例如，蒋建东团队利用代谢模型技术人工设计并合成除草剂阿特拉津代谢微生物组，定量解析不同微生物组代谢污染物的动态过程，有效设计高效微生物组并用于污染环境的修复[1165]。2020年，施图德（Studer）团队构建了一套固定化微生物组，表层用好氧的里氏木霉菌（*Trichoderma reesei*）分泌的纤维素裂解酶将木质素裂解为葡萄糖、木糖等寡糖，中部用兼性厌氧的对戊糖乳杆菌（*Lactobacillus pentosus*）通过代谢寡糖为厌氧菌提供氧化还原电势和碳源，底部用厌氧的韦荣氏球菌（*Veillonella criceti*）、酪丁酸梭菌（*Clostridium tyrobutyricum*）、埃氏巨球型菌（*Megasphaera elsdenii*）生产乙酸、丙酸、丁酸、戊酸、已酸等短链脂肪酸，借助上述人工微生物组生产丙酸，其产量可与商业化木质素裂解酶媲美[1166]。北京大学吴晓磊团队通过深入研究菌株间的相互作用，揭示了自私驱动的微生物群落相互依赖模式，为人工创建微生物组提供了新的思路[1167]。而利用微生物代谢的多样性机制，科学家已经可以改造微生物，如以PET为碳源合成短链脂肪酸等生物可降解材料或其他化学品，从而实现“变废为宝”。

（三）应用瓶颈问题

近15年来，基于合成生物学的环境检测与生物修复技术得到了一定的突破，但从整体层面而言，其仍存在一些直接制约大规模实际应用的瓶颈性问题（图4-76）。

1. 应用广泛性

尽管微生物具有几乎无穷的代谢潜力，从理论上可以完成一切自然和人工化合物的分解代谢，但如何将微生物的代谢潜力兑现为降解能力，为新的非天然化合物创制相应的人工降解元件和降解菌株，从而将可降解污染物谱拓展开来，并将这一过程自动化、高通量化，使其适应化工等行业的发展进程，成了限制合成生物学环境监测与生物修复应用的瓶颈之一。目前，包括聚乙烯（polyethylene，PE）、聚丙烯（polypropylene，PP）、聚苯乙烯（polystyrene，PS）、聚氯乙烯（polyvinyl chloride，PVC）、聚对苯二甲酸乙二醇酯（polyethylene glycol terephthalate，PET）在内的可见污染物，因其高度的环境耐受性，极难被自然降解，会造成严重的土地侵占和巨大的环境隐患；多环芳烃（polycyclic aromatic hydrocarbon，PAH）及二噁英类污染物是一类广泛存在于环境中的有机污染物，能够通过食物链富集作用严重威胁人类健康和生态安全；重金属污染物，包括汞、镉、铅以及砷等生物毒性显著的重金属物质具有富集性，很难在环境中被固定矿化。另外，新兴污染物包括持久性有机污染物（persistent organic pollutant，POP）、环境内分泌干扰物（endocrine disrupting chemical，EDC）、药品和个人护理品（pharmaceuticals and personal care product，PPCP）等具有生物毒性，痕量污染即具有高环境和健康风险。针对各类传统污染物和新兴污染物，仍需广泛挖掘和创制降解元件，并总结出一般化的设计规律和创制方法。

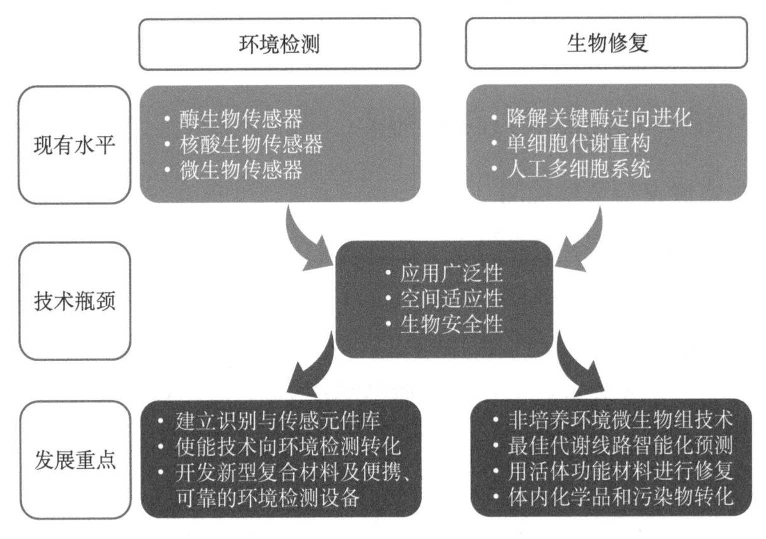

图 4-76　环境检测与生物修复的现有水平、技术瓶颈及未来发展重点

2. 空间适应性

未来合成生物学在环境检测与生物修复领域应用中一项重要的目标是实现在污染场地的原位环境治理，这一目标的前提是人工生命在自然环境的释放和稳定生存。但污染场地实际应用环境相比于实验室理想环境存在营养贫瘠、条件极端恶劣且波动剧烈等问题，使得人工生命系统在实际应用中的效率达不到预期，甚至完全无法在实际环境中维持稳定存在。如何使人工生命适应强酸、强碱、高温、极寒、干旱、高压、盐碱、辐射等极端环境并稳定

繁殖，与此同时按照设想执行代谢功能，成了限制环境检测与生物修复应用的瓶颈之一。

3. 生物安全性

随着合成生物学的快速发展，人工改造或创制生命系统变得越来越容易，随之而来的则是人工生命系统的生物安全性问题日益凸显。未来合成生物学在环境保护中应用需要注意抑制合成生物的恶性快速生长、自然环境逃逸，避免人工生物元件通过水平转移造成基因入侵，预见并预防人工生物合成有毒代谢物。目前我国在人工生物安全性的伦理问题、立法问题等领域纸上讨论较多，实际人工生物安全性控制技术研究储备较少。因此，急需加强合成生物安全防控的研究，实现人工生命系统全过程可知、可控，为合成生物学环境领域应用提供安全性保障。

（四）未来优先发展方向及领域

1. 生物传感与环境检测

环境健康问题关系到公共健康保障事业的发展，因此对环境健康危害的评估将成为环境监测的重要内容之一，发展兼具污染物识别与毒性指示功能的生物传感器势在必行，而基于多线路并行或多模块整合的多功能生物传感器将为此提供技术支撑。近年来高效基因组编辑以及 DNA 合成技术等合成生物学先进核心使能技术创新成果的涌现，使得对基因组进行“编”和“写”的能力得到了进一步提升，同时扩大了宿主的应用范围，为在真核细胞内实现以合成、基因组编辑为目标的基因组工程乃至细胞工程提供了可能。在此基础上，结合机器学习等计算机辅助手段对元件和模块设计能力的提升与生物支架的进展及应用，基于污染物生物识别和传感的元件构建与分子组装将有望在五年内获得实质性的进展。此外，随着基于 RNA 线路工程的进展与合成生物学记录装置的发展，污染物生物传感器在线路工程方面也将形成新的发展思路，为基于无细胞污染物生物传感器的发展，实现便携生物传感环境监测设备的技术突破创造了条件。

为顺应生物传感在环境监测方面的发展趋势，未来的 5 ～ 15 年应当针对不断涌现的新污染物，解决污染物生物识别分子、传感通路及毒性效应分子对不同结构特征污染物响应的共性与特异性等关键科学问题，为发展多功能生物传感监测技术奠定理论基础；借助大数据与计算机辅助手段建立污染物生物识别与传感元件智库，为发展以新型有毒污染物发现为目标的生物传感器提供设计思路。关键技术问题包括使能技术向污染物生物传感器研究与应用的转化，适用于污染物生物传感的底盘与生物支架的构建及元件与线路高效工程化平台的建立，以及基于 RNA 线路工程设计思路的污染物生物传感器与基于人工生物组件的新型复合材料在发展便携、可靠的环境监测设备中的技术问题。

根据国家层面环境监管对持久性有机污染物与新型污染物的分析方法技术储备的需求，应优先开展基于生物响应特征的复杂样品持久性有机污染物成分解析生物传感系统，以及以新型毒性污染物发现为目标的集成生物传感系统。针对环境健康危害评估纳入环境监测项目的趋势，继以污染物分析为目标的生物传感系统之后，还应开展多功能环境持久性污染物生物识别与毒性评价偶联系统的研究；最后在使能技术向环境监测转化条件成熟的基础上，开展污染物环境过程指示性人工生物模拟记录装置的研发，聚焦环境过程等难点问题，促进“由创造到理解”的研究范式转化。

2. 污染物多靶点和细胞毒性评价

基于多组学分析方法和计算毒理学，揭示化学污染物的关键分子起始事件和调控网络，明确其特异性生物识别与感知受体。结合受体类型，合成可特异性识别效应污染物浓度变化的人工感知元件。构建对应底盘细胞中的相应基因线路，合成特异性的毒性响应线路，提升污染物多靶点毒性效应筛选的灵敏度。通过实现细胞内基因的同步表达、细胞之间信号转导以及细胞之间不同功能的相互配合，构建人工合成生态系统即多细胞体系，开展污染物对复杂生物学功能影响的体外研究。应用新型 CRISPR/Cas9 基因组编辑技术，针对不同种类化合物的毒性通路特征，通过对线路的结构特异性的筛查，从受体活性到基因转录响应，定向筛选高特异性突变体，通过改造典型信号通路中的生物传感器核心元件，构建具有特定功能靶点的人源细胞系、酿酒酵母、斑马鱼等新型毒物识别与感知系统，用于污染物的精准筛查及毒性机制研究。

开展体内化学品和污染物的转化研究，揭示人体内微生物对污染物转化的构效关系，明确化学品转化中的关键转化酶、相关基因与信号通路。选择特定底盘生物，通过构建与污染物代谢相关的核心生物元件，发展污染物转化与体内代谢生物系统，结合多靶点生物感知系统，揭示污染物的转化和代谢对污染物毒性效应的贡献。结合复杂样品代谢物识别高通量筛选技术，开展环境污染物在生物体内的转化方式、转化途径、转化代谢与多靶点毒性效应研究。

通过构建信号通路特定受体调控元件、酶活性元件、基因线路调控元件或组装包括细胞、酵母在内的新型工程生物体系，开发一体化的高通量筛选检测模块，发展针对有毒化学品的快速、简便的高通量筛选技术及平台。结合色谱制备和质谱鉴定解析技术，集成过滤、富集、分离等功能的小型化样品前处理装置，开发特异性有毒物质分析与识别模块，开展未知污染物的快速分离与效应识别研究。

创制具有我国自主知识产权的多靶点效应污染物筛查仪器。开展包括环境样品、食品、中药等复杂实际样品的多靶点高通量毒性效应筛查研究。

3. 微生物改造和污染物生物降解

在确保生物安全的前提下，基于特定目标污染物，针对性地构建高效稳定的人工微生物体系具有极强的应用潜力；同时，综合考虑工程细胞应用会导致与环境的相互作用问题，采用酶制剂和原生细胞等非增殖系统，可为环境修复提供颠覆性的科学理念和技术工具。

针对特定目标污染物，对降解相关元器件进行挖掘与创制。系统研究微生物降解难降解污染物过程的本质、规律、网络和分子基础，深度挖掘或人工进化与各类污染物的分解代谢相关的菌种和基因元器件。采用不依赖于培养的环境微生物组技术，直接从所取样品中提取宏基因组 DNA，通过深度宏基因组和宏转录组测序探明样品中的微生物功能基因组成和表达谱。开发快速进化工具，建立高通量筛选平台技术，借助计算化学的手段，开发高通量的分子模拟、分子对接、计算机虚拟等元件设计工具，建立高通量的筛选技术，如基于微流控的技术等，在筛选出的天然元件基础上，进行高通量筛选，开展人工定向进化，创制新型、高效的降解元件。建立超进化元件库，综合计算化学和分子生物学方法，实现功能元件的分子机制更替、功能域重组、催化中心及周边优化等，扩大元件对底物的识别范围，提高降解效率，获得系列超进化元件，建立相应元件库。

设计构建目标污染物高效降解线路并与环境底盘菌株进行适配。通过计算模拟降解合成细胞/体系，优化代谢线路装配，构建合成细胞的基因组水平代谢模型，定量模拟污染物的动态降解过程，预测合成细胞降解污染物的效率，实现合成细胞/体系最佳代谢线路装配模式的自动智能化预测。利用并开发新的基因装配编辑和调控技术，从而快速构建出高效降解的合成生物体系。以合成生物学设计理念消除代谢瓶颈和增强适配性，开发高性能胞内分子传感器，以此为基础构建降解代谢途径的实时动态调控系统，为智能化的生物合成降解体系提供基础。进行降解菌株抗逆性改造，并将抗逆元件和高效降解途径进行合理装配，构建高效和抗逆多功能微生物降解网络，检测其适配性和降解效率，从而构建多种抗逆性污染物的降解细胞，构建人工合成的多细胞体系，提高其对环境有毒污染物的降解耐受性和降解速率，构建复合功能代谢网络。

设计与装配目标污染物的智降解体系。针对污染物降解合成细胞在环境应用中的适应性和安全性技术瓶颈开展工作，以提高合成生物体系的环境适应性和降解效率为目标，建立目标污染物的智能降解体系。主要包括：①整合污染物感应的基因线路，扩大元件对底物的识别范围，建立多重污染物感应的生物被膜平台或者菌群协同作用平台，实现活体功能材料对污染物的修复，结合 3D 打印和微胶囊技术，搭建活体微生物传感器阵列；②针对环境中污染物分布不均的特点，设计重构合成细胞的运动和趋化行为，实现合成细胞对污染物的定向趋化与聚集；③在人工细胞中引入环境适应、群体感应、生态竞争等元件，强化其对污染环境的适应性和与其他细菌的竞争性，提高人工细胞的生态占位能力；④利用生物围堵理念和毒素 - 抗毒素等元件，设计构建能响应污染物的条件自毁基因线路和遗传物质自清除线路，建立主动生态安全技术，实现人工细胞生态行为的主动控制；⑤解析合成细胞间的代谢互作机制，并结合生态学、计算生物学等设计构建高效智能的人工生物降解体系，协调人工降解体系在代谢水平上的互作，控制代谢流在不同降解细胞间的定向分布，实现人工降解体系的稳定高效运行；⑥强化人工细胞的适应性和生态占位；⑦基于荧光报告及表面展示技术，建立人工生物被膜实时精准监测技术；⑧引入条件级联自毁系统，集成弱电介入、污染物募集、自适应仿人智能的低浓度污染物降解过程控制技术，进行人工细胞的情景应用与安全评估。

4. 人工多细胞系统构建和生物修复

以合成生物学“理性设计、人工构建”为基本思想的合成微生物组构建技术被认为是最有效的控制微生物组活动与功能的方法之一。它采用工程化设计理念，基于微生物组功能进行有目标的人工多细胞体系设计、构建和定向调控，从而实现对微生物组功能的完全控制，对了解微生物组学基本理论问题有重要意义。同时，由于人工构建多细胞体系比传统菌群或单一微生物具有更高的稳定性与鲁棒性，因此特别适合于复杂环境和极端环境的应用，在环境、健康、农业、工业乃至国防领域具备巨大的应用潜力。

针对环境生物修复的具体问题，合成微生物组研究将以人工多细胞体系的功能高效性、群落稳定性、安全可控性为研究目标，开发代谢功能设计与重构技术、多细胞体系动态模拟与预测技术、微生物组实时解析技术、工程化微生物组的人工选择与定向控制技术等核心技术，实现简单多细胞体系的全人工构建和复杂微生物组的工程化控制，开展石油烃污染等常见污染环境修复的工程化应用，POPs、EDC 等新兴污染物的示范性应用。

目前，关于合成微生物组基本理论基础、原理和技术手段的研究有限，微生物组的人工构建及应用仍面临重大挑战，未来研究将重点解决以下基础问题。未来 5 年左右，仍将以基础理论和原理研究为主，激励定量生物学、物理学、工程学、数学等研究者深入参与人工多细胞体系构建和合成微生物组的研究，实现生物学 - 生态学 - 工程学等学科的实质性交叉，建立人工多细胞体系研究的重点实验室及其环境修复应用的工程化研究中心等研究平台，以推动合成微生物组研究的基本理论框架和基础技术体系建设。具体包括以下方面：①微生物组与功能的关系。针对特定功能应用，通过多组学的研究，在不同层次上对微生物或微生物组的结构与功能进行解耦，建立微生物组成与功能的定量关系。基于高通量表征与数学仿真技术，对细胞间代谢耦合进行计算预测，实现人工多细胞生物体系的代谢网络重构。②微生物相互作用、代谢分布与微生物组演替规律。定量研究微生物相互关系、代谢分布等微观过程对群落构建、演替与微生物进化等宏观过程的影响，揭示群落生态过程的影响与机制，预测群落演替方向。实现常见微生物相互作用、代谢分工等简单多细胞体系的模块化设计，并进一步研究模块化组合对微生物组动态过程的影响机制。③实时群落解析技术。建立污染环境特征微生物参考基因集，开发以纳米孔测序等为代表的便携、实时测序技术及对应的快速分析技术，实现污染环境微生物群落的实时解析。④微生物组构建的机理模型和计算仿真技术。实现基于互作、代谢等微观机理的简单多细胞体系的快速预测，以及基于多细胞模块的复杂微生物组动态的预测。

未来 15 年，将以复杂体系 - 微生物组的工程化设计与控制为主，建立人工微生物组构建与调控的工程化原理与控制技术体系。具体包括以下方面：①人工合成微生物组的生物安全性评估，建立可实施的人工微生物组的环境应用标准。②研究复杂微生物组的人工选择原则、干预手段与调控技术，研究信号分子、代谢物、微生物及噬菌体调控微生物群落组成与功能的作用和途径。③微生物组人工构建的工程技术，通过物理学、化学、数学、工程学等学科的交叉研究，进行复杂环境中复杂微生物组的人工构建和工程化改造。④以石油烃等常见污染环境的生物修复为研究对象，进行合成微生物组工程化应用。

本章参考文献

[1] Gardner T S, Cantor C R, Collins J J. Construction of a genetic toggle switch in *Escherichia coli*. Nature, 2000, 403: 339-342.

[2] Elowitz M B, Leibler S. A synthetic oscillatory network of transcriptional regulators. Nature, 2000, 403: 335-338.

[3] Zhao W J. A forum on synthetic biology: meet the great challenges with new technology. Natl Sci Rev, 2020, 8(1): nwaa252.

[4] Budin I, Debnath A, Szostak J W. Concentration-driven growth of model protocell membranes. J Am Chem Soc, 2012, 134: 20812-20819.

[5] Toprak E, Veres A, Michel J B, et al. Evolutionary paths to antibiotic resistance under dynamically sustained drug selection. Nat Genet, 2011, 44: 101-105.

[6] He X L, Liu L. Toward a prospective molecular evolution. Science, 2016, 352: 769-770.

[7] Basu S, Gerchman Y, Collins C, et al. A synthetic multicellular system for programmed pattern formation. Nature, 2005, 403: 1130-1134.

[8] Kan S B, Lewis R D, Chen K, et al. Directed evolution of cytochrome c for carbon-silicon bond formation: bringing silicon to life. Science, 2016, 354: 1048-1051.

[9] Shao Y Y, Lu N, Wu Z F, et al. Creating a functional single-chromosome yeast. Nature, 2018, 560: 331-335.

[10] Voigt C A. Synthetic biology 2020-2030: six commercially-available products that are changing our world. Nat Commun, 2020, 11: 6379.

[11] Novak B, Tyson J J. Design principles of biochemical oscillators. Nat Rev Mol Cell Biol, 2008, 9: 981-991.

[12] Stricker J, Cookson S, Bennett M R, et al. A fast, robust and tunable synthetic gene oscillator. Nature, 2008, 456: 516-519.

[13] Danino T, Mondragon-Palomino O, Tsimring L, et al. A synchronized quorum of genetic clocks. Nature, 2010, 463: 326-330.

[14] Liu C L, Fu X F, Liu L Z, et al. Sequential establishment of stripe patterns in an expanding cell population. Science, 2011, 334: 238-241.

[15] 杨振宁 . 美与物理学 . 武汉理工大学学报 (信息与管理工程版), 2003, 25: 193-199.

[16] Senior A W, Evans R, Jumper J, et al. Improved protein structure prediction using potentials from deep learning. Nature, 2020, 577: 706-710.

[17] Jumper J, Evans R, Pritzel A, et al. Highly accurate protein structure prediction with AlphaFold. Nature, 2021, 596: 583-589.

[18] Tunyasuvunakool K, Adler J, Wu Z, et al. Highly accurate protein structure prediction for the human proteome.Nature, 2021, 596: 590-596.

[19] Callaway E. DeepMind's AI predicts structures for a vast trove of proteins. Nature, 2021, 595(7869): 635.

[20] Burger B, Maffettone P M, Gusev V V, et al. A mobile robotic chemist. Nature, 2020, 583: 237-241.

[21] Kim Y G, Cha J, Chandrasegaran S. Hybrid restriction enzymes: zinc finger fusions to Fok I

cleavage domain. Proc Natl Acad Sci U S A, 1996, 93: 1156-1160.

[22] Boch J, Scholze H, Schornack S, et al. Breaking the code of DNA binding specificity of TAL-type Ⅲ effectors. Science, 2009, 326: 1509-1512.

[23] Moscou M J, Bogdanove A J. A simple cipher governs DNA recognition by TAL effectors. Science, 2009, 326: 1501.

[24] Jinek M, Chylinski K, Fonfara I, et al. A programmable dual-RNA-guided DNA endonuclease in adaptive bacterial immunity. Science, 2012, 337: 816-821.

[25] Wyman C, Kanaar R. DNA double-strand break repair: all's well that ends well. Annu Rev Genet, 2006, 40: 363-383.

[26] Komor A C, Kim Y B, Packer M S, et al. Programmable editing of a target base in genomic DNA without double-stranded DNA cleavage. Nature, 2016, 533: 420-424.

[27] Nishida K, Arazoe T, Yachie N, et al. Targeted nucleotide editing using hybrid prokaryotic and vertebrate adaptive immune systems. Science, 2016, 353: aaf8729-1-aaf8729-8.

[28] Gaudelli N M, Komor A C, Rees H A, et al. Programmable base editing of A•T to G•C in genomic DNA without DNA cleavage. Nature, 2017, 551: 464-471.

[29] Kurt I C, Zhou R H, Iyer S, et al. CRISPR C-to-G base editors for inducing targeted DNA transversions in human cells. Nat Biotechnol, 2021, 39(1): 41-46.

[30] Zhao D D, Li J, Li S W, et al. Glycosylase base editors enable C-to-A and C-to-G base changes. Nat Biotechnol, 2021, 39: 35-40.

[31] Anzalone A V, Randolph P B, Davis J R, et al. Search-and-replace genome editing without double-strand breaks or donor DNA. Nature, 2019, 576: 149-157.

[32] Choi J H, Chen W, Suiter C C, et al. Precise genomic deletions using paired prime editing. Nat Biotechnol, 2021, 40: 218-226.

[33] Jiang T T, Zhang X O, Weng Z P, et al. Deletion and replacement of long genomic sequences using prime editing. Nat Biotechnol, 2021, 40: 227-234.

[34] Jin S, Lin Q P, Luo Y F, et al. Genome-wide specificity of prime editors in plants. Nat Biotechnol, 2021, 39: 1292-1299.

[35] Klompe S E, Vo P L H, Halpin-Healy T S, et al. Transposon-encoded CRISPR-Cas systems direct RNA-guided DNA integration. Nature, 2019, 571: 219-225.

[36] Strecker J, Ladha A, Gardner Z, et al. RNA-guided DNA insertion with CRISPR-associated transposases. Science, 2019, 365: 48-53.

[37] Kim D, Luk K, Wolfe S A, et al. Evaluating and enhancing target specificity of gene-editing nucleases and deaminases. Annu Rev Biochem, 2019, 88: 191-220.

[38] Arbab M, Shen M W, Mok B, et al. Determinants of base editing outcomes from target library analysis and machine learning. Cell, 2020, 182: 463-480.

[39] Jeong Y K, Song B, Bae S. Current status and challenges of DNA base editing tools. Mol Ther, 2020, 28: 1938-1952.

[40] Anzalone A V, Koblan L W, Liu D R. Genome editing with CRISPR-Cas nucleases, base editors, transposases and prime editors. Nat Biotechnol, 2020, 38: 824-844.

[41] Chen K L, Wang Y P, Zhang R, et al. CRISPR/Cas genome editing and precision plant breeding in agriculture. Annu Rev Plant Biol, 2019, 70: 667-697.

[42] Tang X D, Gao F, Liu M J, et al. Methods for enhancing clustered regularly interspaced short palindromic repeats/Cas9-mediated homology-directed repair efficiency. Front Genet, 2019, 10: 551.

[43] Gao C X. Genome engineering for crop improvement and future agriculture. Cell, 2021, 184: 1621-1635.

[44] Nelson J W, Randolph P B, Shen S P, et al. Engineered pegRNAs improve prime editing efficiency. Nat Biotechnol, 2022, 40: 402-410.

[45] Chen P J, Hussmann J A, Yan J, et al. Enhanced prime editing systems by manipulating cellular determinants of editing outcomes. Cell, 2021, 184(22): 5635-5652.

[46] Zhang Y P, Wang J, Wang Z B, et al. A gRNA-tRNA array for CRISPR-Cas9 based rapid multiplexed genome editing in *Saccharomyces cerevisiae*. Nat Commun, 2019, 10: 1053.

[47] Banno S, Nishida K, Arazoe T, et al. Deaminase-mediated multiplex genome editing in *Escherichia coli*. Nat Microbiol, 2018, 3: 423-429.

[48] Mok B Y, De Moraes M H, Zeng J, et al. A bacterial cytidine deaminase toxin enables CRISPR-free mitochondrial base editing. Nature, 2020, 583: 631-637.

[49] Anzalone A V, Gao X D, Podracky C J, et al. Programmable deletion, replacement, integration and inversion of large DNA sequences with twin prime editing. Nat Biotechnol, 2022, 40: 731-740.

[50] Maher M F, Nasti R A, Vollbrecht M, et al. Plant gene editing through *de novo* induction of meristems. Nat Biotechnol, 2020, 38(1): 84-89.

[51] Zhu H C, Li C, Gao C X. Applications of CRISPR-Cas in agriculture and plant

biotechnology. Nat Rev Mol Cell Biol, 2020, 21: 661-677.

[52] Oh Y, Kim H, Kim S G. Virus-induced plant genome editing. Curr Opin Plant Biol, 2021, 60: 101992.

[53] Demirer G S, Zhang H, Matos J L, et al. High aspect ratio nanomaterials enable delivery of functional genetic material without DNA integration in mature plants. Nat Nanotechnol, 2019, 14(5): 456-464.

[54] Kwak S Y, Lew T T S, Sweeney C J, et al. Chloroplast-selective gene delivery and expression in planta using chitosan-complexed single-walled carbon nanotube carriers. Nat Nanotechnol, 2019, 14(5): 447-455.

[55] Doudna J A. The promise and challenge of therapeutic genome editing. Nature, 2020, 578: 229-236.

[56] Porto E M, Komor A C, Slaymaker I M, et al. Base editing: advances and therapeutic opportunities. Nat Rev Drug Discov, 2020, 19: 839-859.

[57] Wu Z W, Zhang Y F, Yu H P, et al. Programmed genome editing by a miniature CRISPR-Cas12f nuclease. Nat Chem Biol, 2021, 17: 1132-1138.

[58] Wang Q, Coleman J J. Progress and challenges: development and implementation of CRISPR/Cas9 technology in filamentous fungi. Comput Struct Biotechnol J, 2019, 17: 761-769.

[59] Jiang W Y, Bikard D, Cox D, et al. RNA-guided editing of bacterial genomes using CRISPR-Cas systems. Nat Biotechnol, 2013, 31: 233-239.

[60] Qi L S, Larson M H, Gilbert L A, et al. Repurposing CRISPR as an RNA-guided platform for sequence-specific control of gene expression. Cell, 2013, 152(5): 1173-1183.

[61] Zhang X C, Wang J M, Cheng Q X, et al. Multiplex gene regulation by CRISPR-ddCpf1. Cell Discov, 2017, 3: 17018.

[62] Ho H I, Fang J R, Cheung J, et al. Programmable CRISPR-Cas transcriptional activation in bacteria. Mol Syst Biol, 2020, 16: e9427.

[63] Allen F, Crepaldi L, Alsinet C, et al. Predicting the mutations generated by repair of Cas9-induced double-strand breaks. Nat Biotechnol, 2019, 37: 64-72.

[64] Yuan T L, Yan N, Fei T Y, et al. Optimization of C-to-G base editors with sequence context preference predictable by machine learning methods. Nat Commun, 2021, 12: 4902.

[65] Koblan L W, Arbab M, Shen M W, et al. Efficient C•G-to-G•C base editors developed using

CRISPRi screens, target-library analysis, and machine learning. Nat Biotechnol, 2021, 39: 1414-1425.

[66] Qu L, Yi Z Y, Zhu S Y, et al. Programmable RNA editing by recruiting endogenous ADAR using engineered RNAs. Nat Biotechnol, 2019, 37: 1059-1069.

[67] Xu S, Cao S S, Zou B J, et al. An alternative novel tool for DNA editing without target sequence limitation: the structure-guided nuclease. Genome Biol, 2016, 17: 186.

[68] Wang Y Y, Wang Y, Song D F, et al. An RNA-cleaving threose nucleic acid enzyme capable of single point mutation discrimination. Nat Chem, 2022, 14: 350-359.

[69] Juhas M, Ajioka J W. High molecular weight DNA assembly *in vivo* for synthetic biology applications. Crit Rev Biotechnol, 2017, 37: 277-286.

[70] Saiki R K, Scharf S, Faloona F, et al. Enzymatic amplification of β-globin g-enomic sequences and restriction site analysis for diagnosis of sickle cell anemia. Science, 1985, 230: 1350-1354.

[71] Saiki R K, Gelfand D H, Stoffel S, et al. Primer-directed enzymatic amplification of DNA with a thermostable DNA polymerase. Science, 1988, 239: 487-491.

[72] Horton R M, Hunt H D, Ho S N, et al. Engineering hybrid genes without the use of restriction enzymes: gene splicing by overlap extension. Gene, 1989, 77: 61-68.

[73] Smith H O, Hutchison Ⅲ C A, Pfannkoch C, et al. Generating a synthetic genome by whole genome assembly: ϕX174 bacteriophage from synthetic oligonucleotides. Proc Natl Acad Sci U S A, 2003, 100: 15440-15445.

[74] Knight T. Idempotent Vector Design for Standard Assembly of Biobricks. MIT Artificial Intelligence Laboratory, MIT Synthetic Biology Working Group, Cambridge, MA, 2003.

[75] Phillips I E, Silver P A. A new biobrick assembly strategy designed for facile protein engineering. MIT Libraries. Cambridge, MA, 2006.

[76] Grünberg R, Arndt K M, Müller K M. Fusion Protein (Freiburg) Biobrick assembly standard. MIT Libraries. Cambridge, MA, 2009.

[77] Engler C, Kandzia R, Marillonnet S. A one pot, one step, precision cloning method with high throughput capability. PLoS One, 2008, 3: e3647.

[78] P Engler C, Gruetzner R, Kandzia R, et al. Golden gate shuffling: a one-pot DNA shuffling method based on type IIs restriction enzymes. PLoS One, 2009, 4: e5553.

[79] Sarrion-Perdigones A, Falconi E E, Zandalinas S I, et al. GoldenBraid: an iterative cloning

system for standardized assembly of reusable genetic modules. PLoS One, 2011, 6: e21622.

[80] Engler C, Marillonnet S. Generation of families of construct variants using golden gate shuffling. Methods Mol Biol, 2011, 729: 167-181.

[81] Guo Y K, Dong J K, Zhou T, et al. YeastFab: the design and construction of standard biological parts for metabolic engineering in *Saccharomyces cerevisiae*. Nucleic Acids Res, 2015, 43: e88.

[82] Qin Y R, Tan C, Lin J W, et al. EcoExpress-highly efficient construction and expression of multicomponent protein complexes in *Escherichia coli*. ACS Synth Biol, 2016, 5: 1239-1246.

[83] Gibson D G, Young L, Chuang R Y, et al. Enzymatic assembly of DNA molecules up to several hundred kilobases. Nat Methods, 2009, 6: 343-345.

[84] Gibson D G, Smith H O, Hutchison C A, et al. Chemical synthesis of the mouse mitochondrial genome. Nat Methods, 2010, 7: 901-903.

[85] Li M Z, Elledge S J. Harnessing homologous recombination *in vitro* to generate recombinant DNA via SLIC. Nat Methods, 2007, 4: 251-256.

[86] Zhang Y W, Werling U, Edelmann W. SLiCE: a novel bacterial cell extract-based DNA cloning method. Nucleic Acids Res, 2012, 40: e55.

[87] Tillett D, Neilan B A. Enzyme-free cloning: a rapid method to clone PCR products independent of vector restriction enzyme sites. Nucleic Acids Res, 1999, 27: e26.

[88] Liang J, Liu Z H, Low X Z, et al. Twin-primer non-enzymatic DNA assembly: an efficient and accurate multi-part DNA assembly method. Nucleic Acids Res, 2017, 45: e94.

[89] Gibson D G, Benders G A, Andrews-Pfannkoch C, et al. Complete chemical synthesis, assembly, and cloning of a *Mycoplasma genitalium* genome. Science, 2008, 319: 1215-1220.

[90] Gibson D G, Glass J I, Lartigue C, et al. Creation of a bacterial cell controlled by a chemically synthesized genome. Science, 2010, 329: 52-56.

[91] Shao Z Y, Zhao H M. DNA assembler: a synthetic biology tool for characterizing and engineering natural product gene clusters. natural product biosynthesis by microorganisms and plants, part C. Methods in Enzymology, 2012, 517: 203-224.

[92] Mercy G, Mozziconacci J, Scolari V F, et al. 3D organization of synthetic and scrambled chromosomes. Science, 2017, 355(6329): eaaf4597.

[93] Xie Z. X, Li B Z, Mitchell L A, et al. “Perfect” designer chromosome V and behavior of a

ring derivative. Science, 2017, 355: eaaf4704.

[94] Wu Y, Li B Z, Zhao M, et al. Bug mapping and fitness testing of chemically synthesized chromosome X. Science, 2017, 355: eaaf4706.

[95] Shen Y, Wang Y, Chen T, et al. Deep functional analysis of *synII*, a 770-kilobase synthetic yeast chromosome. Science, 2017, 355: eaaf479.

[96] Mitchell L A, Wang A, Stracquadanio G, et al. Synthesis, debugging, and effects of synthetic chromosome consolidation: *synVI* and beyond. Science, 2017, 355: eaaf4831.

[97] Zhang W M, Zhao G H, Luo Z Q, et al. Engineering the ribosomal DNA in a megabase synthetic chromosome. Science, 2017, 355: eaaf3981.

[98] Richardson S M, Mitchell L A, Stracquadanio G, et al. Design of a synthetic yeast genome. Science, 2017, 355: 1040-1044.

[99] Zhou J T, Wu R H, Xue X L, et al. CasHRA (Cas9-facilitated Homologous Recombination Assembly) method of constructing megabase-sized DNA. Nucleic Acids Res, 2016, 44: e124.

[100] Itaya M, Tsuge K, Koizumi M, et al. Combining two genomes in one cell stable cloning of the *Synechocystis* PCC6803 genome in the *Bacillus subtilis* 168 genome. Proc Natl Acad Sci U S A, 2005, 102: 15971-15976.

[101] Itaya M, Fujita K, Kuroki A, et al. Bottom-up genome assembly using the *Bacillus subtilis* genome vector. Nat Methods, 2007, 5: 41-43.

[102] Wenzel S C, Gross F, Zhang Y M, et al. Heterologous expression of a myxobacterial natural products assembly line in pseudomonads via Red/ET recombineering. Chem Biol, 2005, 12: 349-356.

[103] Smailus D E, Warren R L, Holt R A. Constructing large DNA segments by iterative clone recombination. Syst Synth Biol, 2007, 1: 139-144.

[104] Fu J, Bian X Y, Hu S B, et al. Full-length RecE enhances linear-linear homologous recombination and facilitates direct cloning for bioprospecting. Nat Biotechnol, 2012, 30: 440-446.

[105] Goda A. Recent Progress on 3D NAND Flash Technologies. Electronics, 2021, 10: 3156.

[106] Ceze L, Nivala J, Strauss K. Molecular digital data storage using DNA. Nat Rev Genet, 2019, 20: 456-466.

[107] Adleman L M. Molecular computation of solutions to combinatorial problems. Science,

1994, 266: 1021-1024.

[108] Kaempf G, Loewer H, Witman M W. Polymers as substrates and media for data storage. Polym Eng Sci, 1987, 27: 1421-1435.

[109] Baum E B. Building an associative memory vastly larger than the brain. Science, 1995, 268: 583-585.

[110] Reif J H, LaBean T H, Pirrung M, et al. Experimental Construction of Very Large Scale DNA Databases with Associative Search Capability. DNA Computing. Berlin, Heidelberg: Springer, 2001: 231-247.

[111] Rothemund P W K, Ekani-Nkodo A, Papadakis N, et al. Design and Characterization of Programmable DNA Nanotubes. J. Am. Chem. Soc, 2004, 126: 16344–16352.

[112] Yin P, Choi H M T, Calvert C R, et al. Programming biomolecular self-assembly pathways. Nature, 2008, 451:318-322.

[113] Qian L, Winfree E. Scaling up digital circuit computation with DNA strand displacement cascades. Science,2011, 332: 1196-1201.

[114] Qian L, Winfree E, Bruck J. Neural network computation with DNA strand displacement cascades. Nature, 2011, 475: 368-372.

[115] Church G M, Gao Y, Kosuri S. Next-generation digital information storage in DNA. Science, 2012, 337: 1628.

[116] Seeman N C. Nucleic acid junctions and lattices. J Theor Biol, 1982, 99: 237-247.

[117] Dey S, Fan C H, Gothelf K, et al. DNA origami. Nat Rev Methods Primers, 2021, 1: 13.

[118] Goldman N, Bertone P, Chen S, et al. Towards practical, high-capacity, low-maintenance information storage in synthesized DNA. Nature, 2013, 494: 77-80.

[119] Grass R N, Heckel R, Puddu M, et al. Robust chemical preservation of digital information on DNA in silica with error-correcting codes. Angew Chem Int Ed Engl, 2015, 54: 2552-2555.

[120] Yazdi S M, Hossein T, Yuan, Y, et al. A Rewritable, Random-Access DNA-Based Storage System. Sci Rep, 2015, 5: 14138.

[121] Yazdi S M, Hossein T, Gabrys R, et al. (2017): Portable and Error-Free DNA-Based Data Storage. Sci Rep, 2017, 7: 5011.

[122] Erlich Y, Zielinski D. DNA fountain enables a robust and efficient storage architecture. Science, 2017, 355: 950-954.

[123] Organick L, Ang S D, Chen Y J, et al. Random access in large-scale DNA data storage. Nat Biotechnol, 2018, 36: 242-248.

[124] Takahashi C N, Nguyen B H, Strauss K, et al. Demonstration of end-to-end automation of DNA data storage. Sci Rep, 2019, 9: 4998.

[125] Koch J, Gantenbein S, Masania K, et al. A DNA-of-things storage architecture to create materials with embedded memory. Nat Biotechnol, 2020, 38: 39-43.

[126] Newman S, Stephenson A P, Willsey M, et al. High density DNA data storage library via dehydration with digital microfluidic retrieval. Nat Commun, 2019, 10: 1706.

[127] Chen K, Kong J, Zhu J, et al. Digital Data Storage Using DNA Nanostructures and Solid-State Nanopores. Nano Lett, 2019, 19: 1210-1215.

[128] Anavy L, Vaknin I, Atar O, et al. Data storage in DNA with fewer synthesis cycles using composite DNA letters. Nat Biotechnol, 2019, 37: 1229-1236.

[129] Choi Y, Bae H J, Lee A C, et al. DNA Micro-Disks for the Management of DNA-Based Data Storage with Index and Write-Once-Read-Many (WORM) Memory Features. Adv Mater, 2020, 32: e2001249.

[130] Banal J L, Shepherd T R, Berleant J, et al. Random access DNA memory using Boolean search in an archival file storage system. Nat Mater, 2021, 20: 1272-1280.

[131] Bee C, Chen Y, Queen M, et al. Molecular-level similarity search brings computing to DNA data storage. Nat Commun, 2021, 12: 4764.

[132] Roquet N, Soleimany A P, Ferris A, et al. Synthetic recombinase-based state machines in living cells. Science, 2016, 353: aad8559.

[133] Shipman S L, Nivala J, Macklis J D, et al. CRISPR-Cas encoding of a digital movie into the genomes of a population of living bacteria. Nature, 2017, 547: 345-349.

[134] Schmidt F, Cherepkova M Y, Platt R J. Transcriptional recording by CRISPR spacer acquisition from RNA. Nature, 2018, 562: 380-385.

[135] Song L, Zeng A P. Orthogonal Information Encoding in Living Cells with High Error-Tolerance, Safety, and Fidelity. ACS Synth Biol, 2018, 7: 866-874.

[136] Yim S S, McBee R M, Song A M, et al. (2021): Robust direct digital-to-biological data storage in living cells. Nat Chem Biol, 2021, 17: 246-253.

[137] Park J, Lim J M, Jung I, et al. Recording of elapsed time and temporal information about biological events using Cas9. Cell, 2021, 184: 1047-1063.e23.

[138] Santi B K, Lear S K, Fishman C B, et al. Recording gene expression order in DNA by CRISPR addition of retron barcodes. Nature, 2022, 608: 217-225.

[139] 杨平，孙德斌，柳伟强，等 . 带有编码信息的人工合成 DNA 存储介质及信息的存储读取方法和应用：中国，CN104850760A, 2015.

[140] 戴俊彪，吴庆余，乃哥麦提 · 伊加提，等 . 将数据进行生物存储并还原的方法：中国，CN107798219A, 2018.

[141] Hao M, Qiao H Y, Gao Y M, et al. A mixed culture of bacterial cells enables an economic DNA storage on a large scale. Commun Biol, 2020, 3: 416.

[142] Gao Y M, Chen X, Qiao H Y, et al. Low-bias manipulation of DNA oligo pool for robust data storage. ACS Synth Biol, 2020, 9: 3344-3352.

[143] 平质，张颢龄，陈世宏，等 . Chamaeleo: DNA 存储碱基编解码算法的可拓展集成与系统评估平台 . 合成生物学，2021, 2: 412-427.

[144] Li M, Wu J S, Dai J B, et al. A self-contained and self-explanatory DNA storage system. Sci Rep, 2021, 11: 18063.

[145] Fan C Y, Deng Q, Zhu T F. Bioorthogonal information storage in L-DNA with a high-fidelity mirror-image Pfu DNA polymerase. Nat Biotechnol, 2021, 39: 1548-1555.

[146] Chen W G, Han M Z, Zhou J T, et al. An artificial chromosome for data storage. Natl Sci Rev, 2021, 8: nwab028.

[147] 陈为刚，黄刚，韩昌彩，等 . 一种 DNA 数据存储混合错误纠正与数据恢复方法 : 中国，CN110442472B. 2021.

[148] 陈非，卜东波，马灌楠，等 . DNA 活字存储系统和方法：中国，CN111858510B, 2021.

[149] 刘凯，刘杨奕，张洪杰 . 一种可随机重写的 DNA 信息存储方法：中国，CN113462710A, 2021.

[150] Ping Z, Chen S H, Zhou G Y, et al. Towards practical and robust DNA-based data archiving using the yin–yang codec system. Nat Comput Sci, 2022, 2: 234-242.

[151] Song L, Geng F, Gong Z Y, et al. Robust data storage in DNA by de Bruijn graph-based *de novo* strand assembly. Nat Commun, 2022, 13: 5361.

[152] Antkowiak P L, Lietard J, Darestani M Z, et al. (2020): Low cost DNA data storage using photolithographic synthesis and advanced information reconstruction and error correction. In Nat Commun, 2020, 11: 5345.

[153] 江湘儿，王勇，沈玥 . DNA 合成技术与仪器研发进展概述 . 集成技术，2021, 10: 80-95.

[154] 刘全俊，陆祖宏，肖鹏峰，等 . DNA 微阵列原位化学合成 . 合成生物学，2021, 2: 354-370.

[155] Kosuri S, Church G M. Large-scale *de novo* DNA synthesis: technologies and applications. Nat Methods, 2014, 11: 499-507.

[156] Zhirnov V V, Rasic D. 2018 Semiconductor Synthetic Biology Roadmap. Durham, NC, Semiconductor Research Corporation. https://www.src.org/library/publication/p095387/ [2021-12-09]

[157] Lee H H, Kalhor R, Goela N, et al. Terminator-free template-independent enzymatic DNA synthesis for digital information storage. Nat Commun, 2019, 10: 2383.

[158] Lee H, Wiegand D J, Griswold K, et al. Photon-directed multiplexed enzymatic DNA synthesis for molecular digital data storage. Nat Commun, 2020, 11: 5246.

[159] Bioglio V, Grangetto M, Gaeta R, et al. On the fly gaussian elimination for LT codes. IEEE Communi Lett, 2009, 13: 953-955.

[160] Wetterstrand K A. DNA sequencing costs: data from the NHGRI Genome Sequencing Program (GSP). https://www.genome.gov/about-genomics/fact-sheets/DNA-Sequencing-Costs-Data[2021-12-09].

[161] Zhirnov V, Zadegan R M, Sandhu G S, et al. Nucleic acid memory. Nat Mater, 2016, 15: 366-370.

[162] Kohll A X, Antkowiak P L, Chen W D, et al. Stabilizing synthetic DNA for long-term data storage with earth alkaline salts. Chem Commun (Camb), 2020, 56: 3613-3616.

[163] Brini E, Simmerling C, Dill K. Protein storytelling through physics. Science, 2020, 370: eaaz3041.

[164] Huang P S, Boyken S E, Baker D. The coming of age of *de novo* protein design. Nature, 2016, 537: 320-327.

[165] Regan L, DeGrado W F. Characterization of a helical protein designed from first principles. Science, 1988, 241: 976-978.

[166] Dahiyat B I, Mayo S L. *De novo* protein design: fully automated sequence selection. Science, 1997, 278: 82-87.

[167] Röthlisberger D, Khersonsky O, Wollacott A M, et al. Kemp elimination catalysts by

computational enzyme design. Nature, 2008, 453: 190-195.

[168] Siegel J B, Zanghellini A, Lovick H M, et al. Computational design of an enzyme catalyst for a stereoselective bimolecular Diels-Alder reaction. Science, 2010, 329: 309-313.

[169] Jiang L, Althoff E A, Clemente F R, et al. *De novo* computational design of retro-aldol enzymes. Science, 2008, 319: 1387-1391.

[170] Siegel J B, Smith A L, Poust S, et al. Computational protein design enables a novel one-carbon assimilation pathway. Proc Natl Acad Sci U S A, 2015, 112: 3704-3709.

[171] Cai T, Sun H B, Qiao J, et al. Cell-free chemoenzymatic starch synthesis from carbon dioxide. Science, 2021, 373: 1523-1527.

[172] Bryant D H, Bashir A, Sinai S, et al. Deep diversification of an AAV capsid protein by machine learning. Nat Biotechnol, 2021, 39: 691-696.

[173] Glasgow A A, Huang Y M, Mandell D J, et al. Computational design of a modular protein sense-response system. Science, 2019, 366: 1024-1028.

[174] Chen Z B, Kibler R D, Hunt A, et al. *De novo* design of protein logic gates. Science, 2020, 368: 78-84.

[175] Vorobieva A A, White P, Liang B Y, et al. *De novo* design of transmembrane β barrels. Science, 2021, 371: eabc8182.

[176] Cao L X, Goreshnik I, Coventry B, et al. *De novo* design of picomolar SARS-CoV-2 miniprotein inhibitors. Science, 2020, 370: 426-431.

[177] Anfinsen C B. Principles that govern the folding of protein chains. Science, 1973, 181: 223-230.

[178] Yang J, Yan R, Roy A, et al. The I-TASSER Suite: protein structure and function prediction. Nat Methods, 2015, 12: 7-8.

[179] Evans R, O'Neill M, Pritzel A, et al. Protein complex pre-diction with AlphaFold-Multimer. 2021, doi: 10.1101/2021.10.04.463034.

[180] Pearson W R. Protein function prediction: problems and pitfalls. Curr Protoc Bioinformatics, 2015, 51: 4.12.1-4.12.8.

[181] Li Y, Wang S, Umarov R, et al. DEEPre: sequence-based enzyme EC number prediction by deep learning. Bioinfor-matics, 2018, 34: 760-769.

[182] Guilloux V L, Schmidtke P, Tuffery P. Fpocket: an open source platform for ligand pocket detection. BMC Bioinformatics, 2009, 10: 168.

[183] Gligorijević V, Renfrew P D, Kosciolek T, et al. Structure-based protein function prediction using graph convolutional networks. Nat Commun, 2021, 12: 3168.

[184] Sanderson T, Bileschi M L, Belanger D, et al. ProteInfer: deep networks for protein functional inference. bioRxiv, 2021. https://www.biorxiv.org/content/10.1101/2021.09.20.461077v2[2021-01-02].

[185] Richter F, Baker D. Chapter 6-Computational Protein Design for Synthetic Biology. Synthetic Biology. Boston: Academic Press, 2013: 101-122.

[186] Leman J K, Weitzner B D, Lewis S M, et al. Macromolecular modeling and design in Rosetta: recent methods and frameworks. Nat Methods, 2020, 17: 665-680.

[187] Xiong P, Wang M, Zhou X Q, et al. Protein design with a comprehensive statistical energy function and boosted by experimental selection for foldability. Nat Commun, 2014, 5: 5330.

[188] Anishchenko I, Pellock S J, Chidyausiku T M, et al. *De novo* protein design by deep network hallucination. Nature, 2021, 600: 547-552.

[189] Cui Y, Chen Y, Liu X, et al. Computational redesign of a PETase for plastic biodegradation under ambient condition by the GRAPE strategy. ACS Catal, 2021, 11: 1340-1350.

[190] Sesterhenn F, Yang C, Bonet J, et al. *De novo* protein design enables the precise induction of RSV-neutralizing antibodies. Science, 2020, 368: eaay5051.

[191] Xu C, Lu P, Gamal El-Din T M, et al. Computational design of transmembrane pores. Nature, 2020, 585: 129-134.

[192] Russ W P, Figliuzzi M, Stocker C, et al. An evolution-based model for designing chorismate mutase enzymes. Science, 2020, 369: 440-445.

[193] Quijano-Rubio A, Yeh H W, Park J, et al. *De novo* design of modular and tunable protein biosensors. Nature, 2021, 591: 482-487.

[194] Li R F, Wijma H J, Song L, et al. Computational redesign of enzymes for regio- and enantioselective hydroamination. Nat Chem Biol, 2018, 14: 664-670.

[195] Nisthal A, Wang C Y, Ary M L, et al. Protein stability engineering insights revealed by domain-wide comprehensive mutagenesis. Proc Natl Acad Sci U S A, 2019, 116: 16367-16377.

[196] Vriend G. Protein design: Quo Vadis? Science, 2004, 306: 1135.

[197] Taverna D M, Goldstein R A. Why are proteins marginally stable? Proteins, 2002, 46: 105-109.

[198] Nandagopal N, Elowitz M B. Synthetic biology: integrated gene circuits. Science, 2011, 333: 1244-1248.

[199] You L C, Cox R S, Weiss R, et al. Programmed population control by cell-cell communication and regulated killing. Nature, 2004, 428: 868-871.

[200] Levskaya A, Chevalier A A, Tabor J J, et al. Engineering *Escherichia coli* to see light. Nature, 2005, 438: 441-442.

[201] Anderson J C, Clarke E J, Arkin A P, et al. Environmentally controlled invasion of cancer cells by engineered bacteria. J Mol Biol, 2006, 355: 619-627.

[202] Balagadde F K, Song H, Ozaki J, et al. A synthetic *Escherichia coli* predator-prey ecosystem. Mol Syst Biol, 2008, 4: 187.

[203] Anderson J C, Voigt C A, Arkin A P. Environmental signal integration by a modular AND gate. Mol Syst Biol, 2007, 3: 133.

[204] Tigges M, Marquez-Lago T T, Stelling J, et al. A tunable synthetic mammalian oscillator. Nature, 2009, 457: 309-312.

[205] Greber D, Fussenegger M. An engineered mammalian band-pass network. Nucleic Acids Res, 2010, 38: e174.

[206] Auslander S, Auslander D, Müller M, et al. Programmable single-cell mammalian biocomputers. Nature, 2012, 487(7405): 123-127.

[207] Müller M, Ausländer S, Spinnler A, et al. Designed cell consortia as fragrance-programmable analog-to-digital converters. Nat Chem Biol, 2017, 13: 309-316.

[208] Zhang H Q, Lin M, Shi H D, et al. Programming a Pavlovian-like conditioning circuit in *Escherichia coli*. Nat Commun, 2014, 5: 3102.

[209] Moon T S, Lou C, Tamsir A, et al. Genetic programs constructed from layered logic gates in single cells. Nature, 2012, 491: 249-253.

[210] Nielsen A A, Der B S, Shin J, et al. Genetic circuit design automation. Science, 2016, 352: aac7341.

[211] Park Y, Borujeni A E, Gorochowski T E, et al. Precision design of stable genetic circuits carried in highly-insulated *E. coli* genomic landing pads. Mol Syst Biol, 2020, 16: e9584.

[212] Chen Y, Zhang S, Young E M, et al. Genetic circuit design automation for yeast. Nat Microbiol, 2020, 5: 1349-1360.

[213] Andrews L B, Nielsen A A K, Voigt C A. Cellular checkpoint control using programmable

sequential logic. Science, 2018, 361: eaap8987.

[214] Cagatay T, Turcotte M, Elowitz M B, et al. Architecture-dependent noise discriminates functionally analogous differentiation circuits. Cell, 2009, 139: 512-522.

[215] Park S H, Zarrinpar A, Lim W A. Rewiring MAP kinase pathways using alternative scaffold assembly mechanisms. Science, 2003, 299: 1061-1064.

[216] Dodd I B, Shearwin K E, Perkins A J, et al. Cooperativity in long-range gene regulation by the λ CI repressor. Genes Dev, 2004, 18: 344-354.

[217] Cho J H, Collins J J, Wong W W. Universal chimeric antigen receptors for multiplexed and logical control of T cell responses. Cell, 2018, 173: 1426-1438.

[218] Gupta A, Reizman I M, Reisch C R, et al. Dynamic regulation of metabolic flux in engineered bacteria using a pathway-independent quorum-sensing circuit. Nat Biotechnol, 2017, 35: 273-279.

[219] Stanton B C, Nielsen A A, Tamsir A, et al. Genomic mining of prokaryotic repressors for orthogonal logic gates. Nat Chem Biol, 2014, 10: 99-105.

[220] Tan C, Marguet P, You L. Emergent bistability by a growth-modulating positive feedback circuit. Nat Chem Biol, 2009, 5: 842-848.

[221] Cookson N A, Mather W H, Danino T, et al. Queueing up for enzymatic processing: correlated signaling through coupled degradation. Mol Syst Biol, 2011, 7: 561.

[222] Paddon C J, Westfall P J, Pitera D J, et al. High-level semi-synthetic production of the potent antimalarial artemisinin. Nature, 2013, 496: 528-532.

[223] Köksal M, Jin Y H, Coates R M, et al. Taxadiene synthase structure and evolution of modular architecture in terpene biosynthesis. Nature, 2011, 469: 116-120.

[224] Galanie S, Thodey K, Trenchard I J, et al. Complete biosynthesis of opioids in yeast. Science, 2015, 349(6252): 1095-1100.

[225] Thodey K, Galanie S, Smolke C D. A microbial biomanufacturing platform for natural and semisynthetic opioids. Nat Chem Biol, 2014, 10: 837-844.

[226] Palmer C M, Miller K K, Nguyen A, et al. Engineering 4-coumaroyl-CoA derived polyketide production in *Yarrowia lipolytica* through a β-oxidation mediated strategy. Metab Eng, 2020, 57: 174-181.

[227] Hodgman C E, Jewett M C. Cell-free synthetic biology: thinking outside the cell. Metab Eng, 2012, 14: 261-269.

[228] Lu H, Li F, Sanchez B J, et al. A consensus *S. cerevisiae* metabolic model Yeast8 and its ecosystem for comprehensively probing cellular metabolism. Nat Commun, 2019, 10: 3586.

[229] Nielsen J. Systems biology of metabolism. Annu Rev Biochem, 2017, 86: 245-275.

[230] Nilsson A, Nielsen J. Metabolic trade-offs in yeast are caused by F1F0-ATP synthase. Sci Rep, 2016, 6: 22264.

[231] Chen Y, Nielsen J. Energy metabolism controls phenotypes by protein efficiency and allocation. Proc Natl Acad Sci U S A, 2019, 116: 17592-17597.

[232] Campbell K, Westholm J, Kasvandik S, et al. Building blocks are synthesized on demand during the yeast cell cycle. Proc Natl Acad Sci U S A, 2020, 117: 7575-7583.

[233] Bartolomeo F D, Malina C, Campbell K, et al. Absolute yeast mitochondrial proteome quantification reveals trade-off between biosynthesis and energy generation during diauxic shift. Proc Natl Acad Sci U S A, 2020, 117: 7524-7535.

[234] Bulović A, Fischer S, Dinh M, et al. Automated generation of bacterial resource allocation models. Metab Eng, 2019, 55: 12-22.

[235] Salvy P, Hatzimanikatis V. The ETFL formulation allows multi-omics integration in thermodynamics-compliant metabolism and expression models. Nat Commun, 2020, 11: 30.

[236] Feizi A, Österlund T, Petranovic D, et al. Genome-scale modeling of the protein secretion machinery in yeast. PLoS One, 2013, 8: e63284.

[237] Wang Y, Wang H, Wei L, et al. Synthetic promoter design in *Escherichia coli* based on a deep generative network. Nucleic Acids Res, 2020, 48: 6403-6412.

[238] Duigou T, Lac M D, Carbonell P, et al. RetroRules: a database of reaction rules for engineering biology. Nucleic Acids Res, 2019, 47: 1229-1235.

[239] Moriya Y, Shigemizu D, Hattori M, et al. PathPred: an enzyme-catalyzed metabolic pathway prediction server. Nucleic Acids Res, 2010, 38: 138-143.

[240] Hadadi N, Hatzimanikatis V. Design of computational retrobiosynthesis tools for the design of *de novo* synthetic pathways. Curr Opin Chem Biol, 2015, 28: 99-104.

[241] Ding S Z, Tian Y, Cai P L, et al. NovoPathFinder: a webserver of designing novel-pathway with integrating GEM-model. Nucleic Acids Res, 2020, 48: W477-W487.

[242] Campodonico M A, Andrews B A, Asenjo J A, et al. Generation of an atlas for commodity chemical production in *Escherichia coli* and a novel pathway prediction algorithm, GEM-Path. Metab Eng, 2014, 25: 140-158.

[243] Delépine B, Duigou T, Carbonell P, et al. RetroPath2.0: a retrosynthesis workflow for metabolic engineers. Metab Eng, 2018, 45: 158-170.

[244] Koch M, Duigou T, Faulon J L. Reinforcement learning for bioretrosynthesis. ACS Synth Biol, 2019, 9: 157-168.

[245] Tokic M, Hadadi N, Ataman M, et al. Discovery and evaluation of biosynthetic pathways for the production of five methyl ethyl ketone precursors. ACS Synth Biol, 2018, 7: 1858-1873.

[246] Ren J, Zhou L B, Wang C, et al. An unnatural pathway for efficient 5-aminolevulinic acid biosynthesis with glycine from glyoxylate based on retrobiosynthetic design. ACS Synth Biol, 2018, 7: 2750-2757.

[247] Robinson C J, Carbonell P, Jervis A J, et al. Rapid prototyping of microbial production strains for the biomanufacture of potential materials monomers. Metab Eng, 2020, 60: 168-182.

[248] Otero-Muras I, Carbonell P. Automated engineering of synthetic metabolic pathways for efficient biomanufacturing. Metab Eng, 2021, 63: 61-80.

[249] Carbonell P, Parutto P, Herisson J, et al. XTMS: pathway design in an eXTended metabolic space. Nucleic Acids Res, 2014, 42: 389-394.

[250] Carbonell P, Parutto P, Baudier C, et al. Retropath: automated pipeline for embedded metabolic circuits. ACS Synth Biol, 2014, 3: 565-577.

[251] Mcclymont K, Soyer O S. Metabolic tinker: an online tool for guiding the design of synthetic metabolic pathways. Nucleic Acids Res, 2013, 41: 113.

[252] Lu Y. Cell-free synthetic biology: engineering in an open world. Synth Syst Biotechnol, 2017, 2: 23-27.

[253] Silverman A D, Karim A S, Jewett M C. Cell-free gene expression: an expanded repertoire of applications. Nat Rev Genet, 2020, 21: 151-170.

[254] Buchner E. Alkoholische Gärung ohne Hefezellen. Ber Chem Ges, 1897, 30: 117-124.

[255] Matthaei J H, Nirenberg M W. Characteristics and stabilization of DNAase-sensitive protein synthesis in *E. coli* extracts. Proc Natl Acad Sci U S A, 1961, 47: 1580-1588.

[256] Zemella A, Thoring L, Hoffmeister C, et al. Cell-free protein synthesis: pros and cons of prokaryotic and eukaryotic systems. Chembiochem, 2015, 16: 2420-2431.

[257] Shimizu Y, Inoue A, Tomari Y, et al. Cell-free translation reconstituted with purified

components. Nat Biotechnol, 2001, 19: 751-755.

[258] Zawada J F, Yin G, Steiner A R, et al. Microscale to manufacturing scale-up of cell-free cytokine production-a new approach for shortening protein production development timelines. Biotechnol Bioeng, 2011, 108: 1570-1578.

[259] Zhou C J, Lin X M, Lu Y, et al. Flexible on-demand cell-free protein synthesis platform based on a tube-in-tube reactor. React Chem Eng, 2020, 5: 270-277.

[260] Niederholtmeyer H, Sun Z Z, Hori Y, et al. Rapid cell-free forward engineering of novel genetic ring oscillators. Elife, 2015, 4: e09771.

[261] Pardee K, Green A A, Ferrante T, et al. Paper-based synthetic gene networks. Cell, 2014, 159: 940-954.

[262] Pardee K, Green A A, Takahashi M K, et al. Rapid, low-cost detection of Zika virus using programmable biomolecular components. Cell, 2016, 165: 1255-1266.

[263] Zhang P, Yang J Z, Cho E, et al. Bringing light into cell-free expression. Acs Synth Biol, 2020, 9: 2144-2153.

[264] Karim A S, Jewett M C. A cell-free framework for rapid biosynthetic pathway prototyping and enzyme discovery. Metab Eng, 2016, 36: 116-126.

[265] Gao T J, Blanchette C D, He W, et al. Characterizing diffusion dynamics of a membrane protein associated with nanolipoproteins using fluorescence correlation spectroscopy. Protein Sci, 2011, 20(2): 437-447.

[266] Lu Y, Chan W, Ko B Y, et al. Assessing sequence plasticity of a virus-like nanoparticle by evolution toward a versatile scaffold for vaccines and drug delivery. Proc Natl Acad Sci U S A, 2015, 112: 12360-12365.

[267] Kightlinger W, Duncker K E, Ramesh A, et al. A cell-free biosynthesis platform for modular construction of protein glycosylation pathways. Nat Commun, 2019, 10: 5404.

[268] Oza J P, Aerni H R, Pirman N L, et al. Robust production of recombinant phosphoproteins using cell-free protein synthesis. Nat Commun, 2015, 6: 8168.

[269] Gao W, Cho E, Liu Y Y, et al. Advances and challenges in cell-free incorporation of unnatural amino acids into proteins. Front Pharmacol, 2019, 10: 611.

[270] Katoh T, Iwane Y, Suga H. Logical engineering of D-arm and T-stem of tRNA that enhances d-amino acid incorporation. Nucleic Acids Res, 2017, 45: 12601-12610.

[271] Yin G, Garces E D, Yang J H, et al. Aglycosylated antibodies and antibody fragments

produced in a scalable *in vitro* transcription-translation system. mAbs, 2012, 4(2): 217-225.

[272] Lu Y, Welsh J P, Chan W, et al. *Escherichia coli*-based cell free production of flagellin and ordered flagellin display on virus-like particles. Biotechnol Bioeng, 2013, 110: 2073-2085.

[273] Yewdall N A, Mason A F, van Hest J C M. The hallmarks of living systems: towards creating artificial cells. Interface Focus, 2018, 8(5): 20180023.

[274] Cho E H E, Lu Y. Compartmentalizing cell-free systems: toward creating life-like artificial cells and beyond. Acs Synth Biol, 2020, 9: 2881-2901.

[275] Terasawa H, Nishimura K, Suzuki H, et al. Coupling of the fusion and budding of giant phospholipid vesicles containing macromolecules. Proc Natl Acad Sci U S A, 2012, 109: 5942-5947.

[276] Wang C, Geng Y H, Sun Q, et al. A sustainable and efficient artificial microgel system: toward creating a configurable synthetic cell. Small, 2020, 16: e2002313.

[277] Bailey J E, Sburlati A, Hatzimanikatis V, et al. Inverse metabolic engineering: a strategy for directed genetic engineering of useful phenotypes. Biotechnol Bioeng, 2002, 79: 568-579.

[278] Choi K R, Jang W D, Yang D, et al. Systems metabolic engineering strategies: integrating systems and synthetic biology with metabolic engineering. Trends Biotechnol, 2019, 37: 817-837.

[279] Demain A L. From natural products discovery to commercialization: a success story. J Ind Microbiol Biotechnol, 2006, 33: 486-495.

[280] Zhang M, Eddy C, Deanda K, et al. Metabolic engineering of a pentose metabolism pathway in ethanologenic *Zymomonas mobilis*. Science, 1995, 267(5195): 240-243.

[281] Maris A A J, Winkler A A, Kuyper M, et al. Development of efficient xylose fermentation in *Saccharomyces cerevisiae*: xylose isomerase as a key component. Adv Biochem Eng Biotechnol, 2007, 108: 179-204.

[282] Feist A M, Herrgård M J, Thiele I, et al. Reconstruction of biochemical networks in microorganisms. Nat Rev Microbiol, 2009, 7: 129-143.

[283] Bro C, Regenberg B, Förster J, et al. In silico aided metabolic engineering of *Saccharomyces cerevisiae* for improved bioethanol production. Metab Eng, 2006, 8: 102-111.

[284] Yim H, Haselbeck R, Niu W, et al. Metabolic engineering of *Escherichia coli* for direct production of 1,4-butanediol. Nat Chem Bio, 2011, 7: 445-452.

[285] Yan X, Fan Y, Wei W, et al. Production of bioactive ginsenoside compound K in metabolically engineered yeast. Cell Res, 2014, 24: 770-773.

[286] Zhu X, Tan Z, Xu H, et al. Metabolic evolution of two reducing equivalent-conserving pathways for high-yield succinate production in *Escherichia coli*. Metab Eng, 2014, 24: 87-96.

[287] Long M F, Xu M J, Ma Z F, et al. Significantly enhancing production of *trans*-4-hydroxy-l-proline by integrated system engineering in *Escherichia coli*. Sci Adv, 2020, 6: eaba2383.

[288] Chen J J, Zhu R S, Zhou J P, et al. Efficient single whole-cell biotransformation for L-2-aminobutyric acid production through engineering of leucine dehydrogenase combined with expression regulation. Bioresour Technol, 2021, 326: 124665.

[289] Wang Q, Jiang A, Tang J B, et al. Enhanced production of L-arginine by improving carbamoyl phosphate supply in metabolically engineered *Corynebacterium crenatum*. Appl Microbiol Biotechnol, 2021, 105: 3265-3276.

[290] 秦磊俞，宁小钰，孙文涛，等. 合成生物系统构建与绿色生物“智”造. 化工学报，2020, 71: 3979-3994.

[291] Biggs B W, Paepe B D, Santos C N, et al. Multivariate modular metabolic engineering for pathway and strain optimization. Curr Opin Biotechnol, 2014, 29: 156-162.

[292] Caspeta L, Castillo T, Nielsen J. Modifying yeast tolerance to inhibitory conditions of ethanol production processes. Front Bioeng Biotechnol, 2015, 3: 184.

[293] Cunha J T, Romaní A, Costa C E, et al. Molecular and physiological basis of *Saccharomyces cerevisiae* tolerance to adverse lignocellulose-based process conditions. Appl Microbiol Biotechnol, 2019, 103: 159-175.

[294] Weitzner B D, Kipnis Y, Daniel A G, et al. A computational method for design of connected catalytic networks in proteins. Protein Sci, 2019, 28: 2036-2041.

[295] Chen Z, Boyken S E, Jia M, et al. Programmable design of orthogonal protein heterodimers. Nature, 2019, 565: 106-111.

[296] Wu M Y, Sung L Y, Li H, et al. Combining CRISPR and CRISPRi systems for metabolic engineering of *E. coli* and 1,4-BDO biosynthesis. ACS Synth Biol, 2017, 6: 2350-2361.

[297] Seputiene V, Motiejūnas D, Suziedelis K, et al. Molecular characterization of the acid-inducible asr gene of *Escherichia coli* and its role in acid stress response. J Bacteriol, 2003, 185: 2475-2484.

[298] Chou H H, Keasling J D. Programming adaptive control to evolve increased metabolite production. Nat Commun, 2013, 4: 2595.

[299] Qin L, Dong S, Yu J, et al. Stress-driven dynamic regulation of multiple tolerance genes improves robustness and productive capacity of *Saccharomyces cerevisiae* in industrial lignocellulose fermentation. Metab Eng, 2020, 61: 160-170.

[300] Guan C, Cui W, Cheng J, et al. Construction and development of an auto-regulatory gene expression system in *Bacillus subtilis*. Microb Cell Fact, 2015, 14: 150.

[301] Jayaraman P, Devarajan K, Chua T K, et al. Blue light-mediated transcriptional activation and repression of gene expression in bacteria. Nucleic Acids Res, 2016, 44: 6994-7005.

[302] Neupert J, Karcher D, Bock R. Design of simple synthetic RNA thermometers for temperature-controlled gene expression in *Escherichia coli*. Nucleic Acids Res, 2008, 36: e124.

[303] Nechooshtan G, Elgrably-Weiss M, Altuvia S. Changes in transcriptional pausing modify the folding dynamics of the pH-responsive RNA element. Nucleic Acids Res, 2014, 42: 622-630.

[304] Bilan D S, Lukyanov S A, Belousov V V. Genetically encoded fluorescent redox sensors. Bioorg Khim, 2015, 41: 259-274.

[305] 俞杰，秦磊，许可，等 . 细胞工厂氧化还原状态的荧光探针检测与调控 . 生物加工过程，2020, 18: 65-75.

[306] Shalem O, Sanjana N E, Hartenian E, et al. Genome-scale CRISPR-Cas9 knockout screening in human cells. Science, 2014, 343: 84-87.

[307] Moradpour M, Abdulah S N A. CRISPR/dCas9 platforms in plants: strategies and applications beyond genome editing. Plant Biotechnol J, 2020, 18: 32-44.

[308] Zhao Y, Li L, Zheng G, et al. CRISPR/dCas9-mediated multiplex gene repression in *Streptomyces*. Biotechnol J, 2018, 13: e1800121.

[309] Setten R L, Rossi J J, Han S P. The current state and future directions of RNAi-based therapeutics. Nat Rev Drug Discov, 2019, 18: 421-446.

[310] Nielsen J. Cell factory engineering for improved production of natural products. Nat Prod Rep, 2019, 36: 1233-1236.

[311] Ro D K, Paradise E M, Ouellet M, et al. Production of the antimalarial drug precursor artemisinic acid in engineered yeast. Nature, 2006, 440: 940-943.

[312] 刘波，陶勇 . 生物制造“细胞工厂”的设计与组装 . 生物工程学报，2019, 35: 1942-1954.

[313] Kanehisa M, Furumichi M, Tanabe M, et al. KEGG: new perspectives on genomes, pathways, diseases and drugs. Nucleic Acids Res, 2017, 45: D353-D361.

[314] Schomburg I, Chang A, Hofmann O, et al. BRENDA: a resource for enzyme data and metabolic information. Trends Biochem Sci, 2002, 27: 54-56.

[315] Caspi R, Billington R, Fulcher C A, et al. The MetaCyc database of metabolic pathways and enzymes. Nucleic Acids Res, 2018, 46: D633-D639.

[316] Oh M, Yamada T, Hattori M, et al. Systematic analysis of enzyme-catalyzed reaction patterns and prediction of microbial biodegradation pathways. J Chem Inf Model, 2007, 47: 1702-1712.

[317] Finley S D, Broadbelt L J, Hatzimanikatis V. Computational framework for predictive biodegradation. Biotechnol Bioeng, 2009, 104: 1086-1097.

[318] Gao J F, Ellis L B M, Wackett L P. The University of Minnesota Biocatalysis/Biodegradation Database: improving public access. Nucleic Acids Res, 2010, 38(Suppl. 1): D488-D491.

[319] Soh K C, Hatzimanikatis V. DREAMS of metabolism. Trends Biotechnol, 2010, 28: 501-508.

[320] Takamura Y, Nomura G. Changes in the intracellular concentration of acetyl-CoA and malonyl-CoA in relation to the carbon and energy metabolism of *Escherichia coli* K12. J Gen Microbiol, 1988, 134: 2249-2253.

[321] Chen X, Li S, Liu L. Engineering redox balance through cofactor systems. Trends Biotechnol, 2014, 32: 337-343.

[322] Thompson L R, Sanders J G, McDonald D, et al. A communal catalogue reveals Earth’s multiscale microbial diversity. Nature, 2017, 551: 457-463.

[323] Human Microbiome Project Consortium. Structure, function and diversity of the healthy human microbiome. Nature, 2012, 486(7406): 207-214.

[324] Clemente J C, Ursell L K, Parfrey L W, et al. The impact of the gut microbiota on human health: an integrative view. Cell, 2012, 148: 1258-1270.

[325] Pham H L, Ho C L, Wong A, et al. Applying the design-build-test paradigm in microbiome engineering. Curr Opin Biotechnol, 2017, 48: 85-93.

[326] Foo J L, Ling H, Lee Y S, et al. Microbiome engineering: current applications and its future. Biotechnol J, 2017, 12(3): 1600099.

[327] Lawson C E, Harcombe W R, Hatzenpichler R, et al. Common principles and best practices for engineering microbiomes. Nat Rev Microbiol, 2019, 17: 725-741.

[328] Eiseman B, Silen W, Bascom G S, et al. Fecal enema as an adjunct in the treatment of pseudomembranous enterocolitis. Surgery, 1958, 44: 854-859.

[329] Bibiloni R, Fedorak R N, Tannock G W, et al. VSL#3 probiotic-mixture induces remission in patients with active ulcerative colitis. Am J Gastroenterol, 2005, 100: 1539-1546.

[330] Zhang F M, Wang H G, Wang M, et al. Fecal microbiota transplantation for severe enterocolonic fistulizing Crohn's disease. World J Gastroenterol, 2013, 19: 7213-7216.

[331] Ando H, Lemire S, Pires D, et al. Engineering modular viral scaffolds for targeted bacterial population editing. Cell Syst, 2015, 1: 187-196.

[332] Duan Y, Llorente C, Lang S, et al. Bacteriophage targeting of gut bacterium attenuates alcoholic liver disease. Nature, 2019, 575: 505-511.

[333] Wang X, Wei Z, Yang K M, et al. Phage combination therapies for bacterial wilt disease in tomato. Nat Biotechnol, 2019, 37: 1513-1520.

[334] Thompson J A, Oliveira R A, Djukovic A, et al. Manipulation of the quorum sensing signal AI-2 affects the antibiotic-treated gut microbiota. Cell Rep, 2015, 10: 1861-1871.

[335] Ronda C, Chen S P, Cabral V, et al. Metagenomic engineering of the mammalian gut microbiome *in situ*. Nat Methods, 2019, 16(2): 167-170.

[336] Rubin B E, Diamond S, Cress B F, et al. Targeted genome editing of bacteria within microbial communities. bioRxiv, 2020. https://www.biorxiv.org/content/10.1101/2020.07.17.209189v2[2021-10-25].

[337] Chavez M, Qi L S. Site-Programmable Transposition: Shifting the Paradigm for CRISPR-Cas Systems. Mol Cell, 2019, 75: 206-208.

[338] Mimee M, Tucker A C, Voigt C A, et al. Programming a human commensal bacterium, *Bacteroides thetaiotaomicron*, to sense and respond to stimuli in the murine gut microbiota. Cell Syst, 2015, 1: 62-71.

[339] Liu Y, Wan X Y, Wang B J. Engineered CRISPRa enables programmable eukaryote-like gene activation in bacteria. Nat Commun, 2019, 10: 3693.

[340] Puurunen M K, Vockley J, Searle S L, et al. Safety and pharmacodynamics of an engineered

E. coli Nissle for the treatment of phenylketonuria: a first-in-human phase 1/2a study. Nat Metab, 2021, 3: 1125-1132.

[341] Tanoue T, Morita S, Plichta D R, et al. A defined commensal consortium elicits CD8 T cells and anti-cancer immunity. Nature, 2019, 565: 600-605.

[342] Brophy J A, Triassi A J, Adams B L, et al. Engineered integrative and conjugative elements for efficient and inducible DNA transfer to undomesticated bacteria. Nat Microbiol, 2018, 3: 1043-1053.

[343] Shulse C N, Chovatia M, Agosto C, et al. Engineered root bacteria release plant-available phosphate from phytate. Appl Environ Microbiol, 2019, 85: e01210-e01219.

[344] Dejonghe W, Berteloot E, Goris J, et al. Synergistic degradation of linuron by a bacterial consortium and isolation of a single linuron-degrading *Variovorax* strain. Appl Environ Microbiol, 2003, 69: 1532-1541.

[345] 曲泽鹏，陈沫先，曹朝辉，等 . 合成微生物群落研究进展 . 合成生物学，2020, 1: 621-634.

[346] Vrancken G, Gregory A C, Huys G R, et al. Synthetic ecology of the human gut microbiota. Nat Rev Microbiol, 2019, 17: 754-763.

[347] Jo J, Oh J, Park C. Microbial community analysis using high-throughput sequencing technology: a beginner's guide for microbiologists. J Microbiol, 2020, 58: 176-192.

[348] Zhang X, Deeke S A, Ning Z B, et al. Metaproteomics reveals associations between microbiome and intestinal extracellular vesicle proteins in pediatric inflammatory bowel disease. Nat Commun, 2018, 9: 2873.

[349] Heyer R, Schallert K, Siewert C, et al. Metaproteome analysis reveals that syntrophy, competition, and phage-host interaction shape microbial communities in biogas plants. Microbiome, 2019, 7(1): 69.

[350] Broberg M, Doonan J, Mundt F, et al. Integrated multi-omic analysis of host-microbiota interactions in acute oak decline. Microbiome, 2018, 6: 21.

[351] Nadell C D, Drescher K, Foster K R. Spatial structure, cooperation and competition in biofilms. Nat Rev Microbiol, 2016, 14: 589-600.

[352] Donaldson G P, Lee S M, Mazmanian S K. Gut biogeography of the bacterial microbiota. Nat Rev Microbiol, 2016, 14: 20-32.

[353] Welch J L M, Ramirez-Puebla S T, Borisy G G. Oral microbiome geography: micron-scale

habitat and niche. Cell Host Microbe, 2020, 28: 160-168.

[354] Welch J L M, Hasegawa Y, McNulty N P, et al. Spatial organization of a model 15-member human gut microbiota established in gnotobiotic mice. Proc Natl Acad Sci U S A, 2017, 114: E9105-E9114.

[355] Shi H, Shi Q J, Grodner B, et al. Highly multiplexed spatial mapping of microbial communities. Nature, 2020, 588: 676-681.

[356] Zhang T, Lu G C, Zhao Z, et al. Washed microbiota transplantation vs. manual fecal microbiota transplantation: clinical findings, animal studies and *in vitro* screening. Protein Cell, 2020, 11: 251-266.

[357] Atarashi K, Tanoue T, Shima T, et al. Induction of colonic regulatory T cells by indigenous *Clostridium* species. Science, 2011, 331: 337-341.

[358] Chiba T, Seno H. Indigenous clostridium species regulate systemic immune responses by induction of colonic regulatory T cells. Gastroenterology, 2011, 141: 1114-1116.

[359] Ab Rahman S F S, Singh E, Pieterse C M J, et al. Emerging microbial biocontrol strategies for plant pathogens. Plant Science, 2018, 267: 102-111.

[360] Azizoglu U. *Bacillus thuringiensis* as a biofertilizer and biostimulator: a mini-review of the little-known plant growth-promoting properties of *Bt*. Curr Microbial, 2019, 76: 1379-1385.

[361] Hsu B B, Gibson T E, Yeliseyev V, et al. Dynamic modulation of the gut microbiota and metabolome by bacteriophages in a mouse model. Cell Host Microbe, 2019, 25(6): 803-814.

[362] 陈沫先，韦中，田亮，等 . 合成微生物群落的构建与应用 . 科学通报，2021, 66: 273-283.

[363] Stein R R, Tanoue T, Szabady R L, et al. Computer-guided design of optimal microbial consortia for immune system modulation. Elife, 2018, 7: e30916.

[364] Zhao C, Sinumvayo J P, Zhang Y, et al. Design and development of a “Y-shaped” microbial consortium capable of simultaneously utilizing biomass sugars for efficient production of butanol. Metab Eng, 2019, 55: 111-119.

[365] Flores G E, Caporaso J G, Henley J B, et al. Temporal variability is a personalized feature of the human microbiome. Genome Boil, 2014, 15: 531.

[366] Matray T J, Kool E T. A specific partner for abasic damage in DNA. Nature, 1999, 399: 704-708.

[367] Li L, Degardin M, Lavergne T, et al. Natural-like replication of an unnatural base pair for the expansion of the genetic alphabet and biotechnology applications. J Am Chem Soc, 2014, 136: 826-829.

[368] Malyshev D A, Dhami K, Lavergne T, et al. A semi-synthetic organism with an expanded genetic alphabet. Nature, 2014, 509: 385-388.

[369] Zhang Y, Ptacin J L, Fischer E C, et al. A semi-synthetic organism that stores and retrieves increased genetic information. Nature, 2017, 551: 644-647.

[370] Hoshika S, Leal N A, Kim M J, et al. Hachimoji DNA and RNA: a genetic system with eight building blocks. Science, 2019, 363(6429): 884-887.

[371] Wang Z M, Xu W L, Liu L, et al. A synthetic molecular system capable of mirror-image genetic replication and transcription. Nat Chem, 2016, 8(7): 698-704.

[372] Wang M, Jiang W J, Liu X Y, et al. Mirror-image gene transcription and reverse transcription. Chem, 2019, 5(4): 848-857.

[373] Pinheiro V B, Taylor A I, Cozens C, et al. Synthetic genetic polymers capable of heredity and evolution. Science, 2012, 336: 341-344.

[374] Luo M, Groaz E, Froeyen M, et al. Invading *Escherichia coli* genetics with a xenobiotic nucleic acid carrying an acyclic phosphonate backbone (ZNA). J Am Chem Soc, 2019, 141: 10844-10851.

[375] Munier R, Cohen G N. Incorporation d'analogues structuraux d'aminoacides dans les protéines bactériennes au cours de leur synthèse *in vivo*. Biochim Biophys Acta, 1959, 31(2): 378-391.

[376] Munier R, Cohen G N. Incorporation d'analogues structuraux d'aminoacides dans les protéines bactériennes. Biochim Biophys Acta, 1956, 21(3): 592-593.

[377] Noren C J, Anthony-Cahill S J, Griffith M C, et al. A general method for site-specific incorporation of unnatural amino acids into proteins. Science, 1989, 244: 182-188.

[378] Bain J, Switzer C, Chamberlin R, et al. Ribosome-mediated incorporation of a non-standard amino acid into a peptide through expansion of the genetic code. Nature, 1992, 356: 537-539.

[379] Hohsaka T, Ashizuka Y, Taira H, et al. Incorporation of nonnatural amino acids into proteins by using various four-base codons in an *Escherichia coli in vitro* translation system. Biochemistry, 2001, 40: 11060-11064.

[380] Hohsaka T, Ashizuka Y, Murakami H, et al. Five-base codons for incorporation of nonnatural amino acids into proteins. Nucleic Acids Res, 2001, 29(17): 3646-3651.

[381] Hohsaka T, Muranaka N, Komiyama C, et al. Position-specific incorporation of dansylated non-natural amino acids into streptavidin by using a four-base codon. FEBS Lett, 2004, 560: 173-177.

[382] Hirao I, Ohtsuki T, Fujiwara T, et al. An unnatural base pair for incorporating amino acid analogs into proteins. Nat biotechnol, 2002, 20: 177-182.

[383] Forster A C, Tan Z P, Nalam M N L, et al. Programming peptidomimetic syntheses by translating genetic codes designed *de novo*. Proc Natl Acad Sci U S A, 2003, 100(11): 6353-6357.

[384] Wan W, Huang Y, Wang Z Y, et al. A facile system for genetic incorporation of two different noncanonical amino acids into one protein in *Escherichia coli*. Angew Chem Int Ed Engl, 2010, 49: 3211-3214.

[385] Chatterjee A, Sun S B, Furman J L, et al. A versatile platform for single-and multiple-unnatural amino acid mutagenesis in *Escherichia coli*. Biochemistry, 2013, 52: 1828-1837.

[386] Mandell D J, Lajoie M J, Mee M T, et al. Biocontainment of genetically modified organisms by synthetic protein design. Nature, 2015, 518: 55-60.

[387] Rovner A J, Haimovich A D, Katz S R, et al. Recoded organisms engineered to depend on synthetic amino acids. Nature, 2015, 518: 89-93.

[388] Si L L, Xu H, Zhou X Y, et al. Generation of influenza A viruses as live but replication-incompetent virus vaccines. Science, 2016, 354: 1170-1173.

[389] Ostrov N, Landon M, Guell M, et al. Design, synthesis, and testing toward a 57-codon genome. Science, 2016, 353: 819-822.

[390] Kan S B J, Huang X Y, Gumulya Y, et al. Genetically programmed chiral organoborane synthesis. Nature, 2017, 552: 132-136.

[391] Huang X Y, Garcia-Borras M, Miao K, et al. A biocatalytic platform for synthesis of chiral α-trifluoromethylated organoborons. ACS Cent Sci, 2019, 5(2): 270-276.

[392] Chen K, Huang X, Zhang S Q, et al. Engineered cytochrome c-catalyzed lactone-carbene B-H insertion. Synlett, 2019, 30: 378-382.

[393] Garcia-Borras M, Kan S B J, Lewis R D, et al. Origin and control of chemoselectivity in cytochrome c catalyzed carbene transfer into Si-H and N-H bonds. J Am Chem Soc, 2021,

143(18): 7114-7123.

[394] Bahr S, Brinkmann-Chen S, Garcia-Borras M, et al. Selective enzymatic oxidation of silanes to silanols. Angew Chem Int Ed Engl, 2020, 59(36): 15507-15511.

[395] Qi D F, Tann C M, Haring D, et al. Generation of new enzymes via covalent modification of existing proteins. Chem Rev, 2001, 101: 3081-3111.

[396] Key H M, Dydio P, Clark D S, et al. Abiological catalysis by artificial haem proteins containing noble metals in place of iron. Nature, 2016, 534: 534-537.

[397] Dydio P, Key H M, Nazarenko A, et al. An artificial metalloenzyme with the kinetics of native enzymes. Science, 2016, 354: 102-106.

[398] Dydio P, Key H M, Hayashi H, et al. Chemoselective, enzymatic C-H bond amination catalyzed by a cytochrome P450 containing an Ir(Me)-PIX cofactor. J Am Chem Soc, 2017, 139(5): 1750-1753.

[399] Key H M, Dydio P, Liu Z N, et al. Beyond iron: iridium-containing P450 enzymes for selective cyclopropanations of structurally diverse alkenes. ACS Cent Sci, 2017, 3(4): 302-308.

[400] Gu Y, Natoli S N, Liu Z, et al. Site-selective functionalization of (sp^3)C-H bonds catalyzed by artificial metalloenzymes containing an iridium-porphyrin cofactor. Angew Chem Int Ed Engl, 2019, 58: 13954-13960.

[401] Natoli S N, Hartwig J F. Noble-metal substitution in hemoproteins: an emerging strategy for abiological catalysis. Acc Chem Res, 2019, 52(2): 326-335.

[402] Gu Y, Bloomer B, Liu Z N, et al. Directed evolution of artificial metalloenzymes in whole cells. Angew Chem Int Ed Engl, 2022, 61: e202110519.

[403] Huang J, Liu Z N, Bloomer B J, et al. Unnatural biosynthesis by an engineered microorganism with heterologously expressed natural enzymes and an artificial metalloenzyme. Nat Chem, 2021, 13: 1186-1191.

[404] Bloomer B J, Clark D S, Hartwig J F. Progress, challenges, and opportunities with artificial metalloenzymes in biosynthesis. Biochemistry, 2022, doi.org/10.1021/acs.biochem.1c00829.

[405] Liu Z N, Huang J, Gu Y, et al. Assembly and evolution of artificial metalloenzymes within *E. coli* nissle 1917 for enantioselective and site-selective functionalization of C-H and C=C bonds. J Am Chem Soc, 2022, 144(2): 883-890.

[406] 王清，陈依军．天然产物成药性的合成生物学改良．合成生物学，2020, 1: 583-592.

[407] 后佳琦，姜楠，马莲菊，等．无细胞蛋白质合成：从基础研究到工程应用．合成生物学，2022, (3): 465-486.

[408] Mukai T, Lajoie M J, Englert M, et al. Rewriting the genetic code. Annu Rev Microbiol, 2017, 71: 557-577.

[409] 高伟，卜宁，卢元．无细胞体系非天然蛋白质合成研究进展．生物工程学报，2018, 34: 1371-1385.

[410] Soye B J D, Patel J R, Isaacs F J, et al. Repurposing the translation apparatus for synthetic biology. Curr Opin Chem Biol, 2015, 28: 83-90.

[411] Welsh J P, Lu Y, He X S, et al. Cell - free production of trimeric influenza hemagglutinin head domain proteins as vaccine antigens. Biotechnol Bioeng, 2012, 109: 2962-2969.

[412] Goerke A R, Swartz J R. High - level cell - free synthesis yields of proteins containing site - specific non - natural amino acids. Biotechnol Bioeng, 2009, 102: 400-416.

[413] Li S, Millward S, Roberts R. *In vitro* selection of mRNA display libraries containing an unnatural amino acid. J Am Chem Soc, 2002, 124: 9972-9973.

[414] Taki M, Tokuda Y, Ohtsuki T, et al. Design of carrier tRNAs and selection of four-base codons for efficient incorporation of various nonnatural amino acids into proteins in *Spodoptera frugiperda* 21 (*Sf*21) insect cell-free translation system. J Biosci Bioeng, 2006, 102(6): 511-517.

[415] Hodgman C E, Jewett M C. Characterizing IGR IRES-mediated translation initiation for use in yeast cell-free protein synthesis. N Biotechnol, 2014, 31: 499-505.

[416] Agafonov D E, Huang Y, Grote M, et al. Efficient suppression of the amber codon in *E. coli in vitro* translation system. FEBS Lett, 2005, 579: 2156-2160.

[417] Lajoie M J, Rovner A J, Goodman D B, et al. Genomically recoded organisms expand biological functions. Science, 2013, 342(6156): 357-360.

[418] Hong S H, Ntai I, Haimovich A D, et al. Cell-free protein synthesis from a release factor 1 deficient *Escherichia coli* activates efficient and multiple site-specific nonstandard amino acid incorporation. ACS Synth Biol, 2014, 3: 398-409.

[419] Quast R B, Mrusek D, Hoffmeister C, et al. Cotranslational incorporation of non - standard amino acids using cell - free protein synthesis. FEBS Lett, 2015, 589: 1703-1712.

[420] Dumas A, Lercher L, Spicer C D, et al. Designing logical codon reassignment-expanding

the chemistry in biology. Chem Sci, 2015, 6: 50-69.

[421] Hirao I, Kimoto M. Unnatural base pair systems toward the expansion of the genetic alphabet in the central dogma. Proc Jpn Acad Ser B Phys Biol Sci, 2012, 88: 345-367.

[422] Ravikumar Y, Nadarajan S P, Yoo T H, et al. Unnatural amino acid mutagenesis-based enzyme engineering. Trends Biotechnol, 2015, 33: 462-470.

[423] Poreba M, Kasperkiewicz P, Snipas S J, et al. Unnatural amino acids increase sensitivity and provide for the design of highly selective caspase substrates. Cell Death Differ, 2014, 21: 1482-1492.

[424] Liu X H, Li J S, Hu C, et al. Significant expansion of the fluorescent protein chromophore through the genetic incorporation of a metal - chelating unnatural amino acid. Angew Chem Int Ed Engl, 2013, 52: 4805-4809.

[425] Wang N, Li Y, Niu W, et al. Construction of a live - attenuated HIV - 1 vaccine through genetic code expansion. Angew Chem Int Ed Engl, 2014, 126: 4967-4971.

[426] Abe M, Ohno S, Yokogawa T, et al. Detection of structural changes in a cofactor binding protein by using a wheat germ cell - free protein synthesis system coupled with unnatural amino acid probing. Proteins, 2007, 67: 643-652.

[427] Ozawa K, Loscha K V, Kuppan K V, et al. High-yield cell-free protein synthesis for site-specific incorporation of unnatural amino acids at two sites. Biochem Biophys Res Commun, 2012, 418: 652-656.

[428] Ojha P K, Karmakar S. Boron for liquid fuel engines-a review on synthesis, dispersion stability in liquid fuel, and combustion aspects. Prog Aerosp Sci, 2018, 100: 8-45.

[429] Akhter F, Rao A A, Abbasi M N, et al. A comprehensive review of synthesis, applications and future prospects for silica nanoparticles (SNPs). Silicon, 2022, doi: 10.1007/s12633-021-01611-5.

[430] Shi Y M, Zhang B. Recent advances in transition metal phosphide nanomaterials: synthesis and applications in hydrogen evolution reaction. Chem Soc Rev, 2016, 45(6): 1529-1541.

[431] Soderberg B C G. Transition metals in organic synthesis: highlights for the year 2002. Coordin Chem Rev, 2004, 248: 1085-1158.

[432] Chen K, Arnold F H. Engineering new catalytic activities in enzymes. Nat Catal, 2020, 3: 203-213.

[433] Miller D C, Athavale S V, Arnold F H. Combining chemistry and protein engineering for

new-to-nature biocatalysis. Nat Synth, 2022, 1: 18-23.

[434] Lemon C M, Marletta M A. Designer heme proteins: achieving novel function with abiological heme analogues. Acc Chem Res, 2021, 54: 4565-4575.

[435] Lewis R D, Garcia-Borras M, Chalkley M J, et al. Catalytic iron-carbene intermediate revealed in a cytochrome C carbene transferase. Proc Natl Acad Sci U S A, 2018, 115: 7308-7313.

[436] 白艳芬，聂朋，熊成鹤，等．以非天然核酸为遗传物质的人工生命构建．科学通报，2021, 66: 347-355.

[437] Ghadessy F J, Ramsay N, Boudsocq F, et al. Generic expansion of the substrate spectrum of a DNA polymerase by directed evolution. Nat Biotechnol, 2004, 22: 755-759.

[438] Liauw B W H, Afsari H S, Vafabakhsh R. Conformational rearrangement during activation of a metabotropic glutamate receptor. Nat Chem Biol, 2021, 17: 291-297.

[439] Houlihan G, Arangundy-Franklin S, Holliger P. Exploring the chemistry of genetic information storage and propagation through polymerase engineering. Acc Chem Res, 2017, 50: 1079-1087.

[440] 付宪，林涛，张帆，等．基因密码子拓展技术的方法原理和前沿应用研究进展．合成生物学，2020, 1: 103-119.

[441] 袁飞燕，于洋，李春．基于非天然结构组件的人工酶设计与应用．合成生物学，2020, 1: 685.

[442] Nielsen J, Oliver S. The next wave in metabolome analysis. Trends Biotechnol, 2005, 23(11): 544-546.

[443] Wishart D S. Emerging applications of metabolomics in drug discovery and precision medicine. Nat Rev Drug Discov, 2016, 15: 473-484.

[444] Zenobi R. Single-cell metabolomics: analytical and biological perspectives. Science, 2013, 342(6163): 1243259.

[445] Raman C V, Krishnan K S. A new type of secondary radiation. Nature, 1928, 121: 501-502.

[446] He Y H, Wang X X, Ma B, et al. Ramanome technology platform for label-free screening and sorting of microbial cell factories at single-cell resolution. Biotechnol Adv, 2019, 37(6): 107388.

[447] Eriksson E, Enger J, Nordlander B, et al. A microfluidic system in combination with optical tweezers for analyzing rapid and reversible cytological alterations in single cells upon

environmental changes. Lab Chip, 2007, 7: 71-76.

[448] Lau A Y, Lee L P, Chan J W. An integrated optofluidic platform for Raman-activated cell sorting. Lab Chip, 2008, 8(7): 1116-1120.

[449] Xie C, Chen D, Li Y Q. Raman sorting and identification of single living micro-organisms with optical tweezers. Opt Lett, 2005, 30: 1800-1802.

[450] Huang W E, Ward A D, Whiteley A S. Raman tweezers sorting of single microbial cells. Environ Microbiol Rep, 2009, 1: 44-49.

[451] Jing X Y, Gou H L, Gong Y H, et al. Raman-activated cell sorting and metagenomic sequencing revealing carbon-fixing bacteria in the ocean. Environ Microbiol, 2018, 20(6): 2241-2255.

[452] Xu T, Gong Y, Su X, et al. Phenome-genome profiling of single bacterial cell by Raman-activated gravity-driven encapsulation and sequencing. Small, 2020, 16: e2001172.

[453] Zhang P R, Ren L H, Zhang X, et al. Raman-activated cell sorting based on dielectrophoretic single-cell trap and release. Anal Chem, 2015, 87(4): 2282-2289.

[454] McIlvenna D, Huang W E, Davison P, et al. Continuous cell sorting in a flow based on single cell resonance Raman spectra. Lab Chip, 2016, 16: 1420-1429.

[455] Wang X X, Ren L H, Su Y T, et al. Raman-activated droplet sorting (RADS) for label-free high-throughput screening of microalgal single-cells. Anal Chem, 2017, 89(22): 12569-12577.

[456] Wang X X, Xin Y, Ren L H, et al. Positive dielectrophoresis-based Raman-activated droplet sorting for culture-free and label-free screening of enzyme function *in vivo*. Sci Adv, 2020, 6(32): eabb3521.

[457] Rozman J, Klingenspor M, Hraběde Angelis M. A review of standardized metabolic phenotyping of animal models. Mamm Genome, 2014, 25: 497-507.

[458] Bochner B R. Global phenotypic characterization of bacteria. FEMS Microbiol Rev, 2009. 33: 191-205.

[459] Nitta N, Sugimura T, Isozaki A, et al. Intelligent image-activated cell sorting. Cell, 2018, 175: 266-276.

[460] Schermelleh L, Heintzmann R, Leonhardt H. A guide to super-resolution fluorescence microscopy. J Cell Biol, 2010, 190: 165-175.

[461] Huang B, Bates M, Zhuang X. Super-resolution fluorescence microscopy. Annu Rev

Biochem, 2009, 78: 993-1016.

[462] Belthangady C, Royer L A. Applications, promises, and pitfalls of deep learning for fluorescence image reconstruction. Nat Methods, 2019, 16: 1215-1225.

[463] 林炳承，秦建华 . 微流控芯片实验室 . 北京：科学出版社 , 2006: 390.

[464] 林炳承，秦建华 . 图解微流控芯片实验室 . 北京：科学出版社，2008: 475.

[465] 林炳承 . 微纳流控芯片实验室 . 北京：科学出版社，2013: 442.

[466] Reardon S. 'Organs-on-chips' go mainstream. Nature, 2015, 523: 266.

[467] Huh D, Matthews B D, Ingber D E, et al. Reconstituting organ-level lung functions on a chip. Science, 2010, 328: 1662-1668.

[468] NIH. NIH, DARPA and FDA collaborate to develop cutting-edge technologies to predict drug safety. 2011. https://www.nih.gov/news-events/news-releases/nih-darpa-fda-collaborate-develop-cutting-edge-technologies-predict-drug-safety[2020-09-05].

[469] 林炳承，罗勇，刘婷姣，等 . 器官芯片 . 北京：科学出版社，2019: 352.

[470] Liu W W, Song J, Du X H, et al. AKR1B10 (Aldo-keto reductase family 1 B10) promotes brain metastasis of lung cancer cells in a multi-organ microfluidic chip model. Acta Biomater, 2019, 91: 195-208.

[471] Zhou M Y, Zhang X L, Wen X Y, et al. Development of a functional glomerulus at the organ level on a chip to mimic hypertensive nephropathy. Sci Rep, 2016, 6: 31771.

[472] Deng J, Chen Z Z, Zhang X L, et al. A liver-chip-based alcoholic liver disease model featuring multi-non-parenchymal cells. Biomed Microdevices, 2019, 21: 57.

[473] Qu Y Y, An F, Luo Y, et al. A nephron model for study of drug-induced acute kidney injury and assessment of drug-induced nephrotoxicity. Biomaterials, 2018, 155: 41-53.

[474] Jing B, Wang Z A, Zhang C, et al. Establishment and application of peristaltic human gut-vessel microsystem for studying host-microbial interaction. Front Bioeng Biotechnol, 2020, 8: 272.

[475] An F, Qu Y Y, Luo Y, et al. A laminated microfluidic device for comprehensive preclinical testing in the drug ADME process. Sci Rep, 2016, 6: 25022.

[476] 赵国屏 . 合成生物学：开启生命科学"会聚"研究新时代 . 中国科学院院刊，2018, 33: 1135-1149.

[477] Gauthier J, Vincent A T, Charette S J, et al. A brief history of bioinformatics. Brief Bioinform, 2019, 20: 1981-1996.

[478] Li Y, Chen L. Big biological data: challenges and opportunities. Genomics Proteomics Bioinformatics, 2014, 12: 187-189.

[479] 刘琦 . 生物信息学研究的思考 . 中国计算机学会通讯，2016, 12: 49-53.

[480] Sayers E W, Beck J, Brister J R, et al. Database resources of the National Center for Biotechnology Information. Nucleic Acids Res, 2020, 48: D9-D16.

[481] 鲍一明，薛勇彪 . 生命与健康大数据现状和展望 . 中国科学院院刊，2018, 33: 861-865.

[482] Members BIGDC. Database resources of the BIG Data Center in 2018. Nucleic Acids Res, 2018, 46: D14-D20.

[483] Rigden D J, Fernandez X M. The 2018 Nucleic Acids Research database issue and the online molecular biology database collection. Nucleic Acids Res, 2018, 46: D1-D7.

[484] 张国庆，李亦学，王泽峰，等 . 生物医学大数据发展的新挑战与趋势 . 中国科学院院刊，2018, 33: 853-860.

[485] Sayers E W, Cavanaugh M, Clark K, et al. GenBank. Nucleic Acids Res, 2021, 49: D92-D96.

[486] Basenko E Y, Pulman J A, Shanmugasundram A, et al. FungiDB: an integrated bioinformatic resource for fungi and oomycetes. J Fungi, 2018, 4(1): 39.

[487] Clough E, Barrett T. The Gene Expression Omnibus database. Methods Mol Biol, 2016, 1418: 93-110.

[488] Sarkans U, Fullgrabe A, Ali A, et al. From arrayexpress to biostudies. Nucleic Acids Res, 2021, 49(D1): D1502-D1506.

[489] Faith J J, Driscoll M E, Fusaro V A, et al. Many Microbe Microarrays Database: uniformly normalized Affymetrix compendia with structured experimental metadata. Nucleic Acids Res, 2008, 36: D866-D870.

[490] UniProt Consortium. UniProt: a worldwide hub of protein knowledge. Nucleic Acids Res, 2019, 47(D1): D506-D515.

[491] Perez-Riverol Y, Csordas A, Bai J W, et al. The PRIDE database and related tools and resources in 2019: improving support for quantification data. Nucleic Acids Res, 2019, 47: D442-D450.

[492] Hulo N, Bairoch A, Bulliard V, et al. The PROSITE database. Nucleic Acids Res, 2006, 34: D227-D230.

[493] Xue J C, Guijas C, Benton H P, et al. METLIN MS2 molecular standards database: a broad chemical and biological resource. Nat Methods, 2020, 17: 953-954.

[494] Horai H, Arita M, Kanaya S, et al. MassBank: a public repository for sharing mass spectral data for life sciences. J Mass Spectrom, 2010, 45(7): 703-714.

[495] Wishart D S, Feunang Y D, Marcu A, et al. HMDB 4.0: the human metabolome database for 2018. Nucleic Acids Res, 2018, 46(D1): D608-D617.

[496] Keseler I M, Collado-Vides J, Santos-Zavaleta A, et al. EcoCyc: a comprehensive database of *Escherichia coli* biology. Nucleic Acids Res, 2011, 39: D583-D590.

[497] Nakamura Y, Kaneko T, Tabata S. CyanoBase, the genome database for *Synechocystis* sp. strain PCC6803: status for the year 2000. Nucleic Acids Res, 2000, 28(1): 72.

[498] Moszer I, Jones L M, Moreira S, et al. SubtiList: the reference database for the *Bacillus subtilis* genome. Nucleic Acids Res, 2002, 30(1): 62-65.

[499] McCluskey K, Wiest A, Plamann M. The Fungal Genetics Stock Center: a repository for 50 years of fungal genetics research. J Biosci, 2010, 35: 119-126.

[500] Cherry J M, Hong E L, Amundsen C, et al. *Saccharomyces* Genome Database: the genomics resource of budding yeast. Nucleic Acids Res, 2012, 40: D700-D705.

[501] Sakai H, Lee S S, Tanaka T, et al. Rice Annotation Project Database (RAP-DB): an integrative and interactive database for rice genomics. Plant and Cell Physiology, 2013, 54: e6.

[502] Grant D, Nelson R T. SoyBase: A Comprehensive Database for Soybean Genetic and Genomic Data. The Soybean Genome. Compendium of Plant Genomes. Cham: Springer, 2017: 193-211.

[503] Rhee S Y, Beavis W, Berardini T Z, et al. The *Arabidopsis* Information Resource (TAIR): a model organism database providing a centralized, curated gateway to *Arabidopsis* biology, research materials and community. Nucleic Acids Res, 2003, 31(1): 224-228.

[504] Greenwald E C, Mehta S, Zhang J. Genetically encoded fluorescent biosensors illuminate the spatiotemporal regulation of signaling networks. Chem Rev, 2018, 118: 11707-11794.

[505] Galdzicki M, Rodriguez C, Chandran D, et al. Standard biological parts knowledgebase. PLoS One, 2011, 6: e17005.

[506] McLaughlin J A, Myers C J, Zundel Z, et al. SynBioHub: a standards-enabled design repository for synthetic biology. ACS Synth Biol, 2018, 7(2): 682-688.

[507] Kanehisa M. The KEGG database. Novartis Found Symp, 2002, 247: 91-101.

[508] Schomburg I, Chang A, Ebeling C, et al. BRENDA, the enzyme database: updates and major new developments. Nucleic Acids Res, 2004, 32: D431-D433.

[509] Caspi R, Foerster H, Fulcher C A, et al. MetaCyc: a multiorganism database of metabolic pathways and enzymes. Nucleic Acids Res, 2006, 34: D511-D516.

[510] Winkler J D, Halweg-Edwards A L, Gill R T. Quantifying complexity in metabolic engineering using the LASER database. Metab Eng Commun, 2016, 3: 227-233.

[511] Hinton G E, Salakhutdinov R R. Reducing the dimensionality of data with neural networks. Science, 2006, 313: 504-507.

[512] Krizhevsky A, Sutskever I, Hinton G E. ImageNet classification with deep convolutional neural networks. Commun ACM, 2017, 60(6): 84-90.

[513] Brown T B, Mann B, Ryder N, et al. Language models are few-shot learners. arXiv, 2020, 2005.14165.

[514] Silver D, Huang A, Maddison C J, et al. Mastering the game of go with deep neural networks and tree search. Nature, 2016, 529: 484-489.

[515] Alipanahi B, Delong A, Weirauch M T, et al. Predicting the sequence specificities of DNA- and RNA-binding proteins by deep learning. Nat Biotechnol, 2015, 33: 831-838.

[516] Zhou J, Troyanskaya O G. Predicting effects of noncoding variants with deep learning-based sequence model. Nat Methods, 2015, 12: 931-934.

[517] Li W R, Wong W H, Jiang R. DeepTACT: predicting 3D chromatin contacts via bootstrapping deep learning. Nucleic Acids Res, 2019, 47(10): e60.

[518] Kim H K, Min S, Song M, et al. Deep learning improves prediction of CRISPR-Cpf1 guide RNA activity. Nat Biotechnol, 2018, 36: 239-241.

[519] Sequeira A M, Rocha M. Recurrent deep neural networks for enzyme functional annotation. Practical applications of computational biology & bioinformatics, 15th International Conference (PACBB 2021). Cham: Springer, 2022: 62-73.

[520] Chen B, Khodadoust M S, Olsson N, et al. Predicting HLA class Ⅱ antigen presentation through integrated deep learning. Nat Biotechnol, 2019, 37: 1332-1343.

[521] Yang Z, Bogdan P, Nazarian S. An in silico deep learning approach to multi-epitope vaccine design: a SARS-CoV-2 case study. Sci Rep, 2021, 11: 3238.

[522] Alley E C, Khimulya G, Biswas S, et al. Unified rational protein engineering with sequence-based deep representation learning. Nat Methods, 2019, 16: 1315-1322.

[523] Gupta A, Zou J. Feedback GAN for DNA optimizes protein functions. Nat Mach Intell, 2019, 1: 105-111.

[524] Repecka D, Jauniskis V, Karpus L, et al. Expanding functional protein sequence spaces using generative adversarial networks. Nat Mach Intell, 2021, 3: 324-333.

[525] Davidsen K, Olson B J, DeWitt W S, et al. Deep generative models for T cell receptor protein sequences. Elife, 2019, 8: e46935.

[526] Kotopka B J, Smolke C D. Model-driven generation of artificial yeast promoters. Nat Commun, 2020, 11: 2113.

[527] Hopf T A, Ingraham J B, Poelwijk F J, et al. Mutation effects predicted from sequence co-variation. Nat Biotechnol, 2017, 35: 128-135.

[528] Riesselman A J, Ingraham J B, Marks D S. Deep generative models of genetic variation capture the effects of mutations. Nat Methods, 2018, 15: 816-822.

[529] Hsu C, Nisonoff H, Fannjiang C, et al. Combining evolutionary and assay-labelled data for protein fitness prediction. bioRxiv, 2021, doi: 10.1101/2021.03.28.437402.

[530] Romero P A, Krause A, Arnold F H. Navigating the protein fitness landscape with Gaussian processes. Proc Natl Acad Sci U S A, 2013, 110: E193-E201.

[531] HamediRad M, Chao R, Weisberg S, et al. Towards a fully automated algorithm driven platform for biosystems design. Nat Commun, 2019, 10: 5150.

[532] Wittmann B J, Yue Y, Arnold F H. Informed training set design enables efficient machine learning-assisted directed protein evolution. Cell Syst, 2021, 12: 1026-1045.

[533] Biswas S, Khimulya G, Alley E C, et al. Low-N protein engineering with data-efficient deep learning. Nat Methods, 2021, 18: 389-396.

[534] Callahan T J, Tripodi I J, Pielke-Lombardo H, et al. Knowledge-based biomedical data science. Annu Rev Biomed Data Sci, 2020, 3: 23-41.

[535] Mante J, Hao Y K, Jett J, et al. Synthetic biology knowledge system. ACS Synth Biol, 2021, 10: 2276-2285.

[536] Galdzicki M, Clancy K P, Oberortner E, et al. The Synthetic Biology Open Language (SBOL) provides a community standard for communicating designs in synthetic biology. Nat Biotechnol, 2014, 32: 545-550.

[537] McLaughlin J A, Beal J, Grunberg R, et al. The Synthetic Biology Open Language (SBOL) version 3: simplified data exchange for bioengineering. Front Bioeng Biotechnol, 2020, 8:

1009.

[538] Angermueller C, Dohan D, Belanger D, et al. Model-based reinforcement learning for biological sequence design. ICLR, 2020, Section 3: 1-23.

[539] Karniadakis G E, Kevrekidis I G, Lu L, et al. Physics-informed machine learning. Nat Rev Physics, 2021, 3: 422-440.

[540] Wilkinson M D, Dumontier M, Aalbersberg I J, et al. The FAIR guiding principles for scientific data management and stewardship. Sci Data, 2016, 3: 160018.

[541] Yuan S G, Chan H C S, Hu Z Q. Implementing WebGL and HTML5 in macromolecular visualization and modern computer-aided drug design. Trends Biotechnol, 2017, 35(6): 559-571.

[542] Weis J W, Jacobson J M. Learning on knowledge graph dynamics provides an early warning of impactful research. Nat Biotechnol, 2021, 39: 1300-1307.

[543] 唐婷，付立豪，郭二鹏，等. 自动化合成生物技术与工程化设施平台. 科学通报，2021, 66: 300-309.

[544] Hillson N, Caddick M, Cai Y, et al. Building a global alliance of biofoundries. Nat Commun, 2019, 10: 2040.

[545] 晁然，原永波，赵惠民. 构建合成生物学制造厂. 中国科学：生命科学，2015, 45: 976-984.

[546] Si T, Chao R, Min Y, et al. Automated multiplex genome-scale engineering in yeast. Nat Commun, 2017, 8: 15187.

[547] 张亭，冷梦甜，金帆，等. 合成生物研究重大科技基础设施概述. 合成生物学，2022, 3: 184-194.

[548] 丁仲礼. 中国碳中和框架路线图研究. 中国工业和信息化，2021, 8: 54-61.

[549] 习近平. 共同构建人与自然生命共同体. 人民日报，2021-04-23(2).

[550] Bar-On Y M, Milo R. The global mass and average rate of rubisco. Proc Natl Acad Sci U S A, 2019, 116: 4738-4743.

[551] Bar-Even A, Noor E, Milo R. A survey of carbon fixation pathways through a quantitative lens. J Exp Bot, 2012, 63: 2325-2342.

[552] Gong F, Cai Z, Li Y. Synthetic biology for CO_2 fixation. Sci China Life Sci, 2016, 59: 1106-1114.

[553] Bassham J A, Calvin M. The Path of Carbon in Photosynthesis. Englewood Cliffs, NJ:

Prentice-Hall, 1957.

[554] Kurek I, Chang T K, Bertain S M, et al. Enhanced thermostability of *Arabidopsis* Rubisco activase improves photosynthesis and growth rates under moderate heat stress. Plant Cell, 2007, 19(10): 3230-3241.

[555] Cai Z, Liu G, Zhang J, et al. Development of an activity-directed selection system enabled significant improvement of the carboxylation efficiency of Rubisco. Protein Cell, 2014, 5: 552-562.

[556] Kumar A, Li C, Portis A R. *Arabidopsis thaliana* expressing a thermostable chimeric Rubisco activase exhibits enhanced growth and higher rates of photosynthesis at moderately high temperatures. Photosynth Res, 2009, 100: 143-153.

[557] Price G D, Pengelly J J L, Forster B, et al. The cyanobacterial CCM as a source of genes for improving photosynthetic CO_2 fixation in crop species. J Exp Bot, 2013, 64: 753-768.

[558] Covshoff S, Hibberd J M. Integrating C_4 photosynthesis into C_3 crops to increase yield potential. Curr Opin Biotechnol, 2012, 23: 209-214.

[559] Delebecque C J, Lindner A B, Silver P A, et al. Organization of intracellular reactions with rationally designed RNA assemblies. Science, 2011, 333: 470-474.

[560] Aigner H, Wilson R H, Bracher A, et al. Plant RuBisCo assembly in *E. coli* with five chloroplast chaperones including BSD2. Science, 2017, 358: 1272-1278.

[561] Guadalupe-Medina V, Wisselink H W, Luttik M A H, et al. Carbon dioxide fixation by Calvin-Cycle enzymes improves ethanol yield in yeast. Biotechnol Biofuels, 2013, 6: 125.

[562] Gassler T, Sauer M, Gasser B, et al. The industrial yeast *Pichia pastoris* is converted from a heterotroph into an autotroph capable of growth on CO_2. Nat Biotechnol, 2020, 38: 210-216.

[563] Antonovsky N, Gleizer S, Noor E, et al. Sugar synthesis from CO_2 in *Escherichia coli*. Cell, 2016, 166: 115-125.

[564] Gleizer S, Ben-Nissan R, Bar-On Y M, et al. Conversion of *Escherichia coli* to generate all biomass carbon from CO_2. Cell, 2019, 179: 1255-1263.

[565] Antonovsky N, Gleizer S, Milo R. Engineering carbon fixation in *E. coli*: from heterologous RuBisCO expression to the Calvin-Benson-Bassham cycle. Curr Opin Biotechnol, 2017, 47: 83-91.

[566] Caemmerer S V, Evans J R, Hudson G S, et al. The kinetics of ribulose-1,5-bisphosphate

carboxylase/oxygenase *in vivo* inferred from measurements of photosynthesis in leaves of transgenic tobacco. Planta, 1994, 195: 88-97.

[567] Erb T J, Zarzycki J. Biochemical and synthetic biology approaches to improve photosynthetic CO_2-fixation. Curr Opin Chem Biol, 2016, 34: 72-79.

[568] Ragsdale S W. The eastern and western branches of the Wood/Ljungdahl pathway: how the east and west were won. Biofactors, 1997, 6: 3-11.

[569] Stupperich E, Kräutler B. Pseudo vitamin B_{12} or 5-hydroxybenzimidazolyl-cobamide are the corrinoids found in methanogenic bacteria. Arch Microbiol, 1988, 149: 268-271.

[570] Cotton C A R, Edlich-Muth C, Bar-Even A. Reinforcing carbon fixation: CO_2 reduction replacing and supporting carboxylation. Curr Opin Biotechnol, 2018, 49: 49-56.

[571] Bar-Even A, Noor E, Lewis N E, et al. Design and analysis of synthetic carbon fixation pathways. Proc Natl Acad Sci U S A, 2010, 107: 8889-8894.

[572] Bouzon M, Perret A, Loreau O, et al. A synthetic alternative to canonical one-carbon metabolism. ACS Synth Biol, 2017, 6: 1520-1533.

[573] Yu H, Li X Q, Duchoud F, et al. Augmenting the Calvin–Benson–Bassham cycle by a synthetic malyl-CoA-glycerate carbon fixation pathway. Nat Commun, 2018, 9: 2008.

[574] Schwander T, Borzyskowski L S V, Burgener S, et al. A synthetic pathway for the fixation of carbon dioxide *in vitro*. Science, 2016, 354: 900-904.

[575] Sundaram S, Diehl C, Cortina N S, et al. A modular *in vitro* platform for the production of terpenes and polyketides from CO_2. Angew Chem Intl Ed Engl, 2021, 60(30): 16242.

[576] Scheffen M, Marchal D G, Beneyton T, et al. A new-to-nature carboxylation module to improve natural and synthetic CO_2 fixation. Nat Catal, 2021, 4: 105-115.

[577] Chou A, Lee S H, Zhu F, et al. An orthogonal metabolic framework for one-carbon utilization. Nat Metab, 2021, 3: 1385-1399.

[578] Xiao L, Liu G, Gong F, et al. A minimized synthetic carbon fixation cycle. ACS Catal, 2021, 12: 799-808.

[579] Butlerow A. Bildung einer zuckerartigen Substanz durch Synthese. Justus Liebigs Ann Chem, 1861, 120: 295-298.

[580] Khomenko T I, Sakharov M M, Golovina O A. The synthesis of carbohydrates from formaldehyde. Russ Chem Rev, 1980, 49: 570.

[581] Lambert J B, Gurusamy-Thangavelu S A, Ma K. The silicate-mediated formose reaction:

bottom-up synthesis of sugar silicates. Science, 2010, 327: 984-986.
[582] Lu X, Liu Y, Yang Y, et al. Constructing a synthetic pathway for acetyl-coenzyme A from one-carbon through enzyme design. Nat Commun, 2019, 10: 1378.
[583] Yang X, Mao Z, Zhao X, et al. Integrating thermodynamic and enzymatic constraints into genome-scale metabolic models. Metab Eng, 2021, 67: 133-144.
[584] Claassens N J, Sousa D Z, Dos Santos VAPM, et al. Harnessing the power of microbial autotrophy. Nat Rev Microbiol, 2016, 14: 692-706.
[585] Li H F, Wang H X, Yang Y X, et al. Regional coordination and security of water-energy-food symbiosis in Northeastern China. Sustainability, 2021, 13: 1326.
[586] Boland M J, Rae A N, Vereijken J M, et al. The future supply of animal-derived protein for human consumption. Trends Food Sci Technol, 2013, 29: 62-73.
[587] 陆杰华，刘芹 . 从理念到实践：国际应对人口老龄化的经验与启示 . 中国党政干部论坛，2020, 1.
[588] 张宗飞，王锦玉，谢鸿洲，等 . 可降解塑料的发展现状及趋势 . 化肥设计，2021, 59: 10-14, 41.
[589] Rujnić-Sokele M, Pilipović A. Challenges and opportunities of biodegradable plastics: a mini review. Waste Manage Res, 2017, 35: 132-140.
[590] Liao J C, Mi L, Pontrelli S, et al. Fuelling the future: microbial engineering for the production of sustainable biofuels. Nat Rev Microbiol, 2016, 14: 288-304.
[591] Renewable Fuels Association. Annual World Fuel Ethanol Production. 2021. https://ethanolrfa.org/markets-and-statistics/annual-ethanol-production[2021-09-10].
[592] Mizik T, Gyarmati G. Economic and sustainability of biodiesel production—A systematic literature review. Clean Technol, 2021, 3: 19-36.
[593] Shih C F, Zhang T, Li J, et al. Powering the future with liquid sunshine. Joule, 2018, 2: 1925-1949.
[594] Yang P. Liquid sunlight: the evolution of photosynthetic biohybrids. Nano Lett, 2021, 21: 5453-5456.
[595] FAO, IFAD, UNICEF, et al. The state of food security and nutrition in the world 2020. Transforming food systems for affordable healthy diets. Rome: FAO, 2020.
[596] Reid W V, Ali M K, Field C B. The future of bioenergy. Glob Chang Biol, 2020, 26: 274-286.

[597] 田宜水，单明，孔庚．我国生物质经济发展战略研究．中国工程科学，2021, 23: 133-140.

[598] Liu Y J, Li B, Feng Y, et al. Consolidated bio-saccharification: leading lignocellulose bioconversion into the real world. Biotechnol Adv, 2020, 40: 107535.

[599] Liu Y, Cruz-Morales P, Zargar A, et al. Biofuels for a sustainable future. Cell, 2021, 184: 1636-1647.

[600] Shakeel T, Sharma A, Yazdani S S, et al. Building cell factories for the production of advanced fuels. Biochem Soc Trans, 2019, 47: 1701-1714.

[601] Zhang J, Chen Y, Fu L, et al. Accelerating strain engineering in biofuel research via build and test automation of synthetic biology. Curr Opin Biotechnol, 2021, 67: 88-98.

[602] Keasling J, Martin H G, Lee T S, et al. Microbial production of advanced biofuels. Nat Rev Microbiol, 2021, 19: 701-715.

[603] Liu Z, Wang J, Nielsen J. Yeast synthetic biology advances biofuel production. Curr Opin Microbiol, 2022, 67: 33-39.

[604] Renewable Fuels Association (RFA). 2021 Pocket guide to ethanol. Ellisville, MO, 2021. https://d35t1syewk4d42.cloudfront.net/file/1546/2021-Pocket-Guide.pdf [2021-12-09].

[605] Robak K, Balcerek M. Current state-of-the-art in ethanol production from lignocellulosic feedstocks. Microbiol Res, 2020, 240: 126534.

[606] Sharma B, Larroche C, Dussap C G. Comprehensive assessment of 2G bioethanol production. Bioresour Technol, 2020, 313: 123630.

[607] Liang L Y, Liu R M, Freed E F, et al. Synthetic biology and metabolic engineering employing *Escherichia coli* for C2-C6 bioalcohol production. Front Bioeng Biotechnol, 2020, 8: 710.

[608] Bao T, Feng J, Jiang W Y, et al. Recent advances in n-butanol and butyrate production using engineered *Clostridium tyrobutyricum*. World J Microbiol Biotechnol, 2020, 36: 138.

[609] Ren C, Wen Z, Xu Y, et al. Clostridia: a flexible microbial platform for the production of alcohols. Curr Opin Chem Biol, 2016, 35: 65-72.

[610] Atsumi S, Hanai T, Liao J C. Non-fermentative pathways for synthesis of branched-chain higher alcohols as biofuels. Nature, 2008, 451: 86-89.

[611] Yan J Y, Kuang Y L, Gui X H, et al. Engineering a malic enzyme to enhance lipid accumulation in *Chlorella protothecoides* and direct production of biodiesel from the

microalgal biomass. Biomass Bioenerg, 2019, 122: 298-304.

[612] Khot M, Raut G, Ghosh D, et al. Lipid recovery from oleaginous yeasts: perspectives and challenges for industrial applications. Fuel, 2020, 259: 116292.

[613] Singh R, Arora A, Singh V. Biodiesel from oil produced in vegetative tissues of biomass—A review. Bioresour Technol, 2021, 326: 124772.

[614] Wang J P, Ledesma-Amaro R, Wei Y J, et al. Metabolic engineering for increased lipid accumulation in *Yarrowia lipolytica*—A review. Bioresour Technol, 2020, 313: 123707.

[615] Chandra P, Enespa, Singh R, et al. Microbial lipases and their industrial applications: a comprehensive review. Microb Cell Fact, 2020, 19: 169.

[616] Yan J Y, Yan Y J, Madzak C, et al. Harnessing biodiesel-producing microbes: from genetic engineering of lipase to metabolic engineering of fatty acid biosynthetic pathway. Crit Rev Biotechnol, 2017, 37(1): 26-36.

[617] Klähn S, Baumgartner D, Pfreundt U, et al. Alkane biosynthesis genes in cyanobacteria and their transcriptional organization. Front Bioeng Biotechnol, 2014, 2: 24.

[618] Wang J L, Zhu K. Microbial production of alka(e)ne biofuels. Curr Opin Biotechnol, 2018, 50: 11-18.

[619] Jaroensuk J, Intasian P, Wattanasuepsin W, et al. Enzymatic reactions and pathway engineering for the production of renewable hydrocarbons. J Biotechnol, 2020, 309: 1-19.

[620] Atelge M R, Krisa D, Kumar G, et al. Biogas production from organic waste: recent progress and perspectives. Waste Biomass Valoriz, 2018, 11: 1019-1040.

[621] Mwene-Mbeja T M, Dufour A, Lecka J, et al. Enzymatic reactions in the production of biomethane from organic waste. Enzyme Microb Technol, 2020, 132: 109410.

[622] Saha S, Basak B, Hwang J H, et al. Microbial symbiosis: a network towards biomethanation. Trends Microbiol, 2020, 28(12): 968-984.

[623] Fu S, Angelidaki I, Zhang Y. *In situ* biogas upgrading by CO_2-to-CH_4 bioconversion. Trends Biotechnol, 2021, 39: 336-347.

[624] Gilmore S P, Lankiewicz T S, Wilken S E, et al. Top-down enrichment guides in formation of synthetic microbial consortia for biomass degradation. ACS Synth Biol, 2019, 8: 2174-2185.

[625] Glenk G, Reichelstein S. Economics of converting renewable power to hydrogen. Nat Energy, 2019, 4: 216-222.

[626] Park J H, Chandrasekhar K, Jeon B H, et al. State-of-the-art technologies for continuous high-rate biohydrogen production. Bioresour Technol, 2021, 320: 124304.

[627] Li J, Ren N, Li B, et al. Anaerobic biohydrogen production from monosaccharides by a mixed microbial community culture. Bioresour Technol, 2008, 99: 6528-6537.

[628] Ergal I, Fuchs W, Hasibar B, et al. The physiology and biotechnology of dark fermentative biohydrogen production. Biotechnol Adv, 2018, 36: 2165-2186.

[629] Kumaraswamy K G, Krishnan A, Ananyev G M, et al. Crossing the Thauer limit: rewiring cyanobacterial metabolism to maximize fermentative H_2 production. Energ Environ Sci, 2019, 12(3): 1035-1045.

[630] Soares J F, Confortin T C, Todero I, et al. Dark fermentative biohydrogen production from lignocellulosic biomass: technological challenges and future prospects. Renew Sust Energ Rev, 2020, 117: 109484.

[631] Armstrong F A, Evans R M, Hexter S V, et al. Guiding principles of hydrogenase catalysis instigated and clarified by protein film electrochemistry. Acc Chem Res, 2016, 49: 884-892.

[632] Kim E J, Kim J E, Zhang Y H P. Ultra-rapid rates of water splitting for biohydrogen gas production through *in vitro* artificial enzymatic pathways. Energy Environ Sci, 2018, 11(8): 2064-2072.

[633] Yalcin S E, O'Brien J P, Gu Y Q, et al. Electric field stimulates production of highly conductive microbial OmcZ nanowires. Nat Chem Biol, 2020, 16: 1136-1142.

[634] Chen X, Lobo F, Bian Y, et al. Electrical decoupling of microbial electrochemical reactions enables spontaneous H_2 evolution. Energ Environ Sci, 2020, 13: 495-502.

[635] Carpita N C, McCann M C. Redesigning plant cell walls for the biomass-based bioeconomy. J Biol Chem, 2020, 295(44): 15144-15157.

[636] Brandon A G, Scheller H V. Engineering of bioenergy crops: dominant genetic approaches to improve polysaccharide properties and composition in biomass. Front Plant Sci, 2020, 11: 282.

[637] Andlar M, Rezić T, Marđetko N, et al. Lignocellulose degradation: an overview of fungi and fungal enzymes involved in lignocellulose degradation. Eng Life Sci, 2018, 18: 768-778.

[638] Contreras F, Pramanik S, Rozhkova A M, et al. Engineering robust cellulases for tailored lignocellulosic degradation cocktails. Int J Mol Sci, 2020, 21(5): 1589.

[639] Gambacorta F V, Dietrich J J, Yan Q, et al. Rewiring yeast metabolism to synthesize products beyond ethanol. Curr Opin Chem Biol, 2020, 59: 182-192.

[640] Cripwell R A, Favaro L, Viljoen-Bloom M, et al. Consolidated bioprocessing of raw starch to ethanol by *Saccharomyces cerevisiae*: achievements and challenges. Biotechnol Adv, 2020, 42: 107579.

[641] Jiang W, Villamor D H, Peng H D, et al. Metabolic engineering strategies to enable microbial utilization of C1 feedstocks. Nat Chem Biol, 2021, 17: 845-855.

[642] Fackler N, Heijstra B D, Rasor B J, et al. Stepping on the gas to a circular economy: accelerating development of carbon-negative chemical production from gas fermentation. Annu Rev Chem Biomol Eng, 2021, 12: 439-470.

[643] Newman D J, Cragg G M. Natural products as sources of new drugs over the nearly four decades from 01/1981 to 09/2019. J Nat Prod, 2020, 83: 770-803.

[644] David B, Wolfender J, Dias D A. The pharmaceutical industry and natural products: historical status and new trends. Phytochem Rev, 2015, 14: 299-315.

[645] Vil V A, Yaremenko I A, Ilovaisky A I, et al. Synthetic strategies for peroxide ring construction in artemisinin. Molecules, 2017, 22: 117.

[646] Hirata Y, Uemura D. Halichondrins—antitumor polyether macrolides from a marine sponge. Pure Appl Chem, 1986, 58: 701-710.

[647] Beesoo R, Neergheen-Bhujun V, Bhagooli R, et al. Apoptosis inducing lead compounds isolated from marine organisms of potential relevance in cancer treatment. Mutat Res, 2014, 768: 84-97.

[648] Towle M J, Salvato K A, Budrow J, et al. *In vitro* and *in vivo* anticancer activities of synthetic macrocyclic ketone analogues of halichondrin B. Cancer Res, 2001, 61(3): 1013-1021.

[649] Huyck T K, Gradishar W, Manuguid F, et al. Eribulin mesylate. Nat Rev Drug Discov, 2011, 10: 173-174.

[650] Bernardini S, Tiezzi A, Masci V L, et al. Natural products for human health: an historical overview of the drug discovery approaches. Nat Prod Res, 2018, 32: 1926-1950.

[651] Marzocco S, Singla R K, Capasso A. Multifaceted effects of lycopene: a boulevard to the multitarget-based treatment for cancer. Molecules, 2021, 26(17): 5333.

[652] Misawa N, Nakagawa M, Kobayashi K, et al. Elucidation of the *Erwinia uredovora*

carotenoid biosynthetic pathway by functional analysis of gene products expressed in *Escherichia coli*. J Bacteriol, 1990, 172: 6704-6712.

[653] Xie W, Lv X, Ye L, et al. Construction of lycopene-overproducing *Saccharomyces cerevisiae* by combining directed evolution and metabolic engineering. Metab Eng, 2015, 30: 69-78.

[654] Xie W, Ye L, Lv X, et al. Sequential control of biosynthetic pathways for balanced utilization of metabolic intermediates in *Saccharomyces cerevisiae*. Metab Eng, 2015, 28: 8-18.

[655] Hong J, Park S, Kim S, et al. Efficient production of lycopene in *Saccharomyces cerevisiae* by enzyme engineering and increasing membrane flexibility and NAPDH production. Appl Microbiol Biotechnol, 2019, 103: 211-223.

[656] Shi B, Ma T, Ye Z, et al. Systematic metabolic engineering of *Saccharomyces cerevisiae* for lycopene overproduction. J Agric Food Chem, 2019, 67: 11148-11157.

[657] Luo Z S, Liu N, Lazar Z, et al. Enhancing isoprenoid synthesis in *Yarrowia lipolytica* by expressing the isopentenol utilization pathway and modulating intracellular hydrophobicity. Metab Eng, 2020, 61: 344-351.

[658] Liu D, Liu H, Qi H, et al. Constructing yeast chimeric pathways to boost lipophilic terpene synthesis. ACS Synth Biol, 2019, 8: 724-733.

[659] Kang W, Ma T, Liu M, et al. Modular enzyme assembly for enhanced cascade biocatalysis and metabolic flux. Nat Commun, 2019, 10: 4248.

[660] Ma T, Shi B, Ye Z, et al. Lipid engineering combined with systematic metabolic engineering of *Saccharomyces cerevisiae* for high-yield production of lycopene. Metab Eng, 2019, 52: 134-142.

[661] Westfall P J, Pitera D J, Lenihan J R, et al. Production of amorphadiene in yeast, and its conversion to dihydroartemisinic acid, precursor to the antimalarial agent artemisinin. Proc Nat Acad Sci USA, 2012, 109(3): E111-E118.

[662] Peplow M. Synthetic biology's first malaria drug meets market resistance. Nature, 2016, 530: 389-390.

[663] Ratnayake R, Covell D, Ransom T T, et al. Englerin A, a selective inhibitor of renal cancer cell growth, from *Phyllanthus engleri*. Org Lett, 2009, 11(1): 57-60.

[664] Siemon T, Wang Z Q, Bian G K, et al. Semisynthesis of plant-derived englerin A enabled

by microbe engineering of guaia-6,10(14)-diene as building block. J Am Chem Soc, 2020, 142(6): 2760-2765.

[665] 马田，邓子新，刘天罡．维生素 E 的“前世”和“今生”．合成生物学，2020, 1: 174-186.

[666] 湖北省科学技术厅．2018 年湖北十大科技事件评选结果揭晓．2019. http://kjt.hubei.gov.cn/kjdt/kjtgz/201911/t20191102_313705.shtml[2021-10-09].

[667] Blin K, Shaw S, Kloosterman A M, et al. AntiSMASH 6.0: improving cluster detection and comparison capabilities. Nucleic Acids Res, 2021, 49(W1): W29-W35.

[668] Navarro-Muñoz J C, Selem-Mojica N, Mullowney M W, et al. A computational framework to explore large-scale biosynthetic diversity. Nat Chem Biol, 2020, 16: 60-68.

[669] Kautsar S A, Blin K, Shaw S, et al. MIBiG 2.0: a repository for biosynthetic gene clusters of known function. Nucleic Acids Res, 2020, 48(D1): D454-D458.

[670] Watve M G, Tickoo R, Jog M M, et al. How many antibiotics are produced by the genus *Streptomyces*? Arch Microbiol, 2001, 176: 386-390.

[671] Zhang M M, Wong F T, Wang Y, et al. CRISPR-Cas9 strategy for activation of silent *Streptomyces* biosynthetic gene clusters. Nat Chem Biol, 2017, 13: 607-609.

[672] Wu G W, Zhou H C, Zhang P, et al. Polyketide production of pestaloficiols and macrodiolide ficiolides revealed by manipulations of epigenetic regulators in an endophytic fungus. Org Lett, 2016, 18(8): 1832-1835.

[673] Zheng Y J, Ma K, Lyu H N, et al. Genetic manipulation of the COP9 signalosome subunit PfCsnE leads to the discovery of pestaloficins in *Pestalotiopsis fici*. Org Lett, 2017, 19(17): 4700-4703.

[674] Bai J, Mu R, Dou M, et al. Epigenetic modification in histone deacetylase deletion strain of *Calcarisporium arbuscula* leads to diverse diterpenoids. Acta Pharm Sin B, 2018, 8(4): 687-697.

[675] Wang B, Guo F, Dong S, et al. Activation of silent biosynthetic gene clusters using transcription factor decoys. Nat Chem Biol, 2019, 15: 111-114.

[676] Culp E J, Yim G, Waglechner N, et al. Hidden antibiotics in actinomycetes can be identified by inactivation of gene clusters for common antibiotics. Nat Biotechnol, 2019, 37: 1149-1154.

[677] Xu F, Wu Y, Zhang C, et al. A genetics-free method for high-throughput discovery of

cryptic microbial metabolites. Nat Chem Biol, 2019, 15: 161-168.

[678] Song C Y, Luan J, Cui Q W, et al. Enhanced heterologous spinosad production from a 79-kb synthetic multioperon assembly. ACS Synth Biol, 2019, 8(1): 137-147.

[679] Tan G Y, Deng K H, Liu X H, et al. Heterologous biosynthesis of spinosad: an omics-guided large polyketide synthase gene cluster reconstitution in *Streptomyces*. ACS Synth Biol, 2017, 6(6): 995-1005.

[680] Harvey C J B, Tang M C, Schlecht U, et al. HEx: a heterologous expression platform for the discovery of fungal natural products. Sci Adv, 2018, 4(4): eaar5459.

[681] Clevenger K D, Bok J W, Ye R, et al. A scalable platform to identify fungal secondary metabolites and their gene clusters. Nat Chem Biol, 2017, 13: 895-901.

[682] Wang C, Pfleger B F, Kim S. Reassessing *Escherichia coli* as a cell factory for biofuel production. Curr Opin Biotechnol, 2017, 45: 92-103.

[683] Bian G, Han Y, Hou A, et al. Releasing the potential power of terpene synthases by a robust precursor supply platform. Metab Eng, 2017, 42: 1-8.

[684] Chen R, Jia Q, Mu X, et al. Systematic mining of fungal chimeric terpene synthases using an efficient precursor-providing yeast chassis. Proc Natl Acad Sci U S A, 2021, 118: e2023247118.

[685] Nagamine S, Liu C, Nishishita J, et al. Ascomycete *Aspergillus oryzae* is an efficient expression host for production of basidiomycete terpenes by using genomic DNA sequences. Appl Environ Microbiol, 2019, 85: e00409-e00419.

[686] Wani M C, Taylor H L, Wall M E, et al. Plant antitumor agents. Ⅵ. The isolation and structure of taxol, a novel antileukemic and antitumor agent from *Taxus brevifolia*. J Am Chem Soc, 1971, 93(9): 2325-2327.

[687] Nicolaou K C, Yang Z, Liu J J, et al. Total synthesis of taxol. Nature, 1994, 367: 630-634.

[688] Holton R A, Somoza C, Kim H B, et al. First total synthesis of taxol. 1. Functionalization of the B ring. J Am Chem Soc, 1994, 116: 1597-1598.

[689] Danishefsky S J, Masters J J, Young W B, et al. Total synthesis of Baccatin Ⅲ and taxol. J Am Chem Soc, 1996, 118(12): 2843-2859.

[690] Denis J N, Greene A E, Guenard D, et al. Highly efficient, practical approach to natural taxol. J Am Chem Soc, 1988, 110(17): 5917-5919.

[691] 魏笑莲，钱智玲，陈巧巧，等. 遗传改造微生物制造食品和饲料的监管要求及欧盟授

权案例分析 . 合成生物学，2021, 2: 121-133.

[692] Walker A S, Clardy J. A machine learning bioinformatics method to predict biological activity from biosynthetic gene clusters. J Chem Inf Model, 2021, 61: 2560-2571.

[693] Cello J, Paul A V, Wimmer E. Chemical synthesis of poliovirus cDNA: generation of infectious virus in the absence of natural template. Science, 2002, 297: 1016-1018.

[694] Tumpey T M, Basler C F, Aguilar P V, et al. Characterization of the reconstructed 1918 Spanish influenza pandemic virus. Science, 2005, 310: 77-80.

[695] Taubenberger J K, Baltimore D, Doherty P C, et al. Reconstruction of the 1918 influenza virus: unexpected rewards from the past. mBio, 2012, 3: e00201-e00212.

[696] Spyrou M A, Bos K I, Herbig A, et al. Ancient pathogen genomics as an emerging tool for infectious disease research. Nat Rev Genet, 2019, 20: 323-340.

[697] Thao T T N, Labroussaa F, Ebert N, et al. Rapid reconstruction of SARS-CoV-2 using a synthetic genomics platform. Nature, 2020, 582: 561-565.

[698] Tan X, Letendre J H, Collins J J, et al. Synthetic biology in the clinic: engineering vaccines, diagnostics, and therapeutics. Cell, 2021, 184: 881-898.

[699] Le Nouen C, Collins P L, Buchholz U J. Attenuation of human respiratory viruses by synonymous genome recoding. Front Immunol, 2019, 10: 1250.

[700] Polack F P, Thomas S J, Kitchin N, et al. Safety and efficacy of the BNT162b2 mRNA Covid-19 vaccine. N Engl J Med, 2020, 383(27): 2603-2615.

[701] Baden L R, El Sahly H M, Essink B, et al. Efficacy and Safety of the mRNA-1273 SARS-CoV-2 Vaccine. N Engl J Med, 2021, 384: 403-416.

[702] Dorner M, Horwitz J A, Donovan B M, et al. Completion of the entire hepatitis C virus life cycle in genetically humanized mice. Nature, 2013, 501: 237-241.

[703] Suea-Ngam A, Bezinge L, Mateescu B, et al. Enzyme-assisted nucleic acid detection for infectious disease diagnostics: moving toward the Point-of-Care. ACS Sensors, 2020, 5: 2701-2723.

[704] 张先恩 . 中国合成生物学发展回顾与展望 . 中国科学：生命科学，2019, 49: 1543-1572.

[705] Ma C Q, Su S, Wang J C, et al. From SARS-CoV to SARS-CoV-2: safety and broad-spectrum are important for coronavirus vaccine development. Microbes Infect, 2020, 22: 245-253.

[706] Takasuka N, Fujii H, Takahashi Y, et al. A subcutaneously injected UV-inactivated SARS coronavirus vaccine elicits systemic humoral immunity in mice. Int Immunol, 2004, 16: 1423-1430.

[707] Tang L, Zhu Q Y, Qin E, et al. Inactivated SARS-CoV vaccine prepared from whole virus induces a high level of neutralizing antibodies in BALB/c mice. DNA Cell Biol, 2004, 23: 391-394.

[708] Xiong S, Wang Y F, Zhang M Y, et al. Immunogenicity of SARS inactivated vaccine in BALB/c mice. Immunol Lett, 2004, 95: 139-143.

[709] Tseng C T, Sbrana E, Iwata-Yoshikawa N, et al. Immunization with SARS coronavirus vaccines leads to pulmonary immunopathology on challenge with the SARS virus. PLoS One, 2012, 7: e35421.

[710] Wang D, Lu J. Glycan arrays lead to the discovery of autoimmunogenic activity of SARS-CoV. Physiol Genomics, 2004, 18(2): 245-248.

[711] Luo F, Liao F L, Wang H, et al. Evaluation of antibody-dependent enhancement of SARS-CoV infection in rhesus macaques immunized with an inactivated SARS-CoV vaccine. Virol Sin, 2018, 33: 201-204.

[712] Lauring A S, Jones J O, Andino R. Rationalizing the development of live attenuated virus vaccines. Nat Biotechnol, 2010, 28: 573-579.

[713] Vignuzzi M, Wendt E, Andino R. Engineering attenuated virus vaccines by controlling replication fidelity. Nat Med, 2008, 14: 154-161.

[714] Bisht H, Roberts A, Vogel L, et al. Severe acute respiratory syndrome coronavirus spike protein expressed by attenuated vaccinia virus protectively immunizes mice. Proc Natl Acad Sci U S A, 2004, 101: 6641-6646.

[715] Liu R Y, Wu L Z, Huang B J, et al. Adenoviral expression of a truncated S1 subunit of SARS-CoV spike protein results in specific humoral immune responses against SARS-CoV in rats. Virus Res, 2005, 112: 24-31.

[716] Du L, He Y, Wang Y, et al. Recombinant adeno-associated virus expressing the receptor-binding domain of severe acute respiratory syndrome coronavirus S protein elicits neutralizing antibodies: implication for developing SARS vaccines. Virology, 2006, 353: 6-16.

[717] Weingartl H, Czub M, Czub S, et al. Immunization with modified vaccinia virus Ankara-

based recombinant vaccine against severe acute respiratory syndrome is associated with enhanced hepatitis in ferrets. J Virol, 2004, 78: 12672-12676.

[718] Jiang S, Du L, Shi Z. An emerging coronavirus causing pneumonia outbreak in Wuhan, China: calling for developing therapeutic and prophylactic strategies. Emerg Microbes Infect, 2020, 9: 275-277.

[719] He Y, Zhou Y, Liu S, et al. Receptor-binding domain of SARS-CoV spike protein induces highly potent neutralizing antibodies: implication for developing subunit vaccine. Biochem Biophys Res Commun, 2004, 324: 773-781.

[720] Jaume M, Yip M S, Cheung C Y, et al. Anti-severe acute respiratory syndrome coronavirus spike antibodies trigger infection of human immune cells via a pH- and cysteine protease-independent FcγR pathway. J Virol, 2011, 85: 10582-10597.

[721] Liu L, Wei Q, Lin Q, et al. Anti-spike IgG causes severe acute lung injury by skewing macrophage responses during acute SARS-CoV infection. JCI Insight, 2019, 4: e123158.

[722] Du L Y, Zhao G Y, Li L, et al. Antigenicity and immunogenicity of SARS-CoV S protein receptor-binding domain stably expressed in CHO cells. Biochem Biophys Res Commun, 2009, 384(4): 486-490.

[723] Zeng F, Hon C C, Yip C W, et al. Quantitative comparison of the efficiency of antibodies against S1 and S2 subunit of SARS coronavirus spike protein in virus neutralization and blocking of receptor binding: implications for the functional roles of S2 subunit. FEBS Lett, 2006, 580: 5612-5620.

[724] Ruder W C, Lu T, Collins J J. Synthetic biology moving into the clinic. Science, 2011, 333: 1248-1252.

[725] Liao W, Zhang T T, Gao L, et al. Integration of novel materials and advanced genomic technologies into new vaccine design. Curr Top Med Chem, 2017, 17: 2286-2301.

[726] Bambini S, Rappuoli R. The use of genomics in microbial vaccine development. Drug Discov Today, 2009, 14: 252-260.

[727] Bagnoli F, Baudner B, Mishra R P, et al. Designing the next generation of vaccines for global public health. Omics, 2011, 15: 545-566.

[728] Kuleš J, Horvatić A, Guillemin N, et al. New approaches and omics tools for mining of vaccine candidates against vector-borne diseases. Mol Biosyst, 2016, 12(9): 2680-2694.

[729] Liljeroos L, Malito E, Ferlenghi I, et al. Structural and computational biology in the design

of immunogenic vaccine antigens. J Immunol Res, 2015: 156241.

[730] Malito E, Carfi A, Bottomley M J. Protein crystallography in vaccine research and development. Int J Mol Sci, 2015, 16: 13106-13140.

[731] Davis M M, Tato C M, Furman D. Systems immunology: just getting started. Nat Immunol, 2017, 18: 725-732.

[732] Bird L. Immune cell social networks. Nat Rev Immunol, 2017, 17: 216.

[733] Soria-Guerra R E, Nieto-Gomez R, Govea-Alonso D O, et al. An overview of bioinformatics tools for epitope prediction: implications on vaccine development. J Biomed Inform, 2015, 53: 405-414.

[734] Garcia-Boronat M, Diez-Rivero C M, Reinherz E L, et al. PVS: a web server for protein sequence variability analysis tuned to facilitate conserved epitope discovery. Nucleic Acids Res, 2008, 36: W35-W41.

[735] Casadevall A, Scharff M D. Serum therapy revisited: animal models of infection and development of passive antibody therapy. Antimicrob Agents Chemother, 1994, 38: 1695-1702.

[736] Behring E A, Kitasato S. Ueber das Zustandekommen der Diphtherie-Immunität und der Tetanus-Immunität bei Thieren. Deutsche medizinische Wochenschrift, 1890, 16: 1113-1114.

[737] Hey A. History and practice: antibodies in infectious diseases. Microbiol Spectr, 2015, 3: AID-0026-2014.

[738] Kim J Y, Kim Y G, Lee G M. CHO cells in biotechnology for production of recombinant proteins: current state and further potential. Appl Microbiol Biotechnol, 2012, 93: 917-930.

[739] Fischer S, Handrick R, Otte K. The art of CHO cell engineering: a comprehensive retrospect and future perspectives. Biotechnol Adv, 2015, 33: 1878-1896.

[740] Lu R M, Hwang Y C, Liu I J, et al. Development of therapeutic antibodies for the treatment of diseases. J Biomed Sci, 2020, 27: 1.

[741] Leaver-Fay A, Froning K J, Atwell S, et al. Computationally designed bispecific antibodies using negative state repertoires. Structure, 2016, 24: 641-651.

[742] Pardi N, Hogan M J, Porter F W, et al. mRNA vaccines—a new era in vaccinology. Nat Rev Drug Discov, 2018, 17(4): 261-279.

[743] Van Hoecke L, Roose K. How mRNA therapeutics are entering the monoclonal antibody

field. J Transl Med, 2019, 17: 54.

[744] Fuchs S P, Desrosiers R C. Promise and problems associated with the use of recombinant AAV for the delivery of anti-HIV antibodies. Mol Ther Methods Clin Dev, 2016, 3: 16068.

[745] Dondapati S K, Stech M, Zemella A, et al. Cell-free protein synthesis: a promising option for future drug development. BioDrugs, 2020, 34: 327-348.

[746] Hanes J, Pluckthun A. *In vitro* selection and evolution of functional proteins by using ribosome display. Proc Natl Acad Sci U S A, 1997, 94: 4937-4942.

[747] Weidmann J, Schnolzer M, Dawson P E, et al. Copying life: synthesis of an enzymatically active mirror-image DNA-ligase made of D-amino acids. Cell Chem Biol, 2019, 26: 645-651.

[748] Chen X, Gentili M, Hacohen N, et al. A cell-free antibody engineering platform rapidly generates SARS-CoV-2 neutralizing antibodies. BioRxiv, 2020, doi: 10.1101/2020.10.29.361287.

[749] Hanahan D, Weinberg R A. The hallmarks of cancer. Cell, 2000, 100: 57-70.

[750] Brophy J A, Voigt C A. Principles of genetic circuit design. Nat Methods, 2014, 11: 508-520.

[751] Xie M, Fussenegger M. Designing cell function: assembly of synthetic gene circuits for cell biology applications. Nat Rev Mol Cell Biol, 2018, 19: 507-525.

[752] Kitada T, DiAndreth B, Teague B, et al. Programming gene and engineered-cell therapies with synthetic biology. Science, 2018, 359(6376): 651.

[753] Meng F, Ellis T. The second decade of synthetic biology: 2010-2020. Nat Commun, 2020, 11: 5174.

[754] Way J C, Collins J J, Keasling J D, et al. Integrating biological redesign: where synthetic biology came from and where it needs to go. Cell, 2014, 157: 151-161.

[755] Fung E, Wong W W, Suen J K, et al. A synthetic gene-metabolic oscillator. Nature, 2005, 435: 118-122.

[756] Ellis T, Wang X, Collins J J. Diversity-based, model-guided construction of synthetic gene networks with predicted functions. Nat Biotechnol, 2009, 27: 465-471.

[757] Friedland A E, Lu T K, Wang X, et al. Synthetic gene networks that count. Science, 2009, 324: 1199-1202.

[758] Ando R, Mizuno H, Miyawaki A. Regulated fast nucleocytoplasmic shuttling observed by

reversible protein highlighting. Science, 2004, 306(5700): 1370-1373.

[759] Tabor J J, Salis H M, Simpson Z B, et al. A synthetic genetic edge detection program. Cell, 2009, 137: 1272-1281.

[760] Abdo H, Calvo-Enrique L, Lopez J M, et al. Specialized cutaneous Schwann cells initiate pain sensation. Science, 2019, 365: 695-699.

[761] Chua K, Kwok W, Aggarwal N, et al. Designer probiotics for the prevention and treatment of human diseases. Curr Opin Chem Biol, 2017, 40: 8-16.

[762] Yang G, Jiang Y, Yang W, et al. Effective treatment of hypertension by recombinant *Lactobacillus plantarum* expressing angiotensin converting enzyme inhibitory peptide. Microb Cell Fact, 2015, 14: 202.

[763] Ma Y, Liu J, Hou J, et al. Oral administration of recombinant *Lactococcus lactis* expressing HSP65 and tandemly repeated P277 reduces the incidence of type I diabetes in non-obese diabetic mice. PLoS One, 2014, 9: e105701.

[764] Chaudhari A S, Raghuvanshi R, Kumar G N. Genetically engineered *Escherichia coli* Nissle 1917 synbiotic counters fructose-induced metabolic syndrome and iron deficiency. Appl Microbiol Biotechnol, 2017, 101: 4713-4723.

[765] Yang Y, Zhang C, Huang X, et al. Tumor-targeted delivery of a C-terminally truncated FADD (N-FADD) significantly suppresses the B16F10 melanoma via enhancing apoptosis. Sci Rep, 2016, 6: 34178.

[766] Yoon W, Park Y C, Kim J, et al. Application of genetically engineered *Salmonella typhimurium* for interferon-gamma–induced therapy against melanoma. Eur J Cancer, 2017, 70: 48-61.

[767] Zheng J H, Nguyen V H, Jiang S N, et al. Two-step enhanced cancer immunotherapy with engineered *Salmonella typhimurium* secreting heterologous flagellin. Sci Transl Med, 2017, 9(376): eaak9537.

[768] Swofford C A, Dessel N V, Forbes N S. Quorum-sensing *Salmonella* selectively trigger protein expression within tumors. Proc Natl Acad Sci U S A, 2015, 112: 3457-3462.

[769] Camacho E M, Mesa-Pereira B, Medina C, et al. Engineering *Salmonella* as intracellular factory for effective killing of tumour cells. Sci Rep, 2016, 6: 30591.

[770] Panteli J T, Forbes N S. Engineered bacteria detect spatial profiles in glucose concentration within solid tumor cell masses. Biotechnol Bioeng, 2016, 113: 2474-2484.

[771] Ho C L, Tan H Q, Chua K J, et al. Engineered commensal microbes for diet-mediated colorectal-cancer chemoprevention. Nat Biomed Eng, 2018, 2: 27-37.

[772] Wei C, Xun A Y, Wei X X, et al. Bifidobacteria expressing tumstatin protein for antitumor therapy in tumor-bearing mice. Technol Cancer Res Treat, 2016, 15(3): 498-508.

[773] Andersen K K, Strokappe N M, Hultberg A, et al. Neutralization of *Clostridium difficile* toxin B mediated by engineered lactobacilli that produce single-domain antibodies. Infect Immun, 2016, 84: 395-406.

[774] Duan F, March J C. Engineered bacterial communication prevents *Vibrio cholerae* virulence in an infant mouse model. Proc Natl Acad Sci U S A, 2010, 107: 11260-11264.

[775] Carmen S D, Rosique R M, Saraiva T, et al. Protective effects of lactococci strains delivering either IL-10 protein or cDNA in a TNBS-induced chronic colitis model. J Clin Gastroenterol, 2014, 48: S12-S17.

[776] Ai C, Zhang Q, Ding J, et al. Mucosal delivery of allergen peptides expressed by *Lactococcus lactis* inhibit allergic responses in a BALB/c mouse model. Appl Microbiol Biotechnol, 2016, 100: 1915-1924.

[777] Vågesjö E, Öhnstedt E, Mortier A, et al. Accelerated wound healing in mice by on-site production and delivery of CXCL12 by transformed lactic acid bacteria. Proc Natl Acad Sci U S A, 2018, 115: 1895-1900.

[778] Riglar D T, Giessen T W, Baym M, et al. Engineered bacteria can function in the mammalian gut long-term as live diagnostics of inflammation. Nat Biotechnol, 2017, 35: 653-658.

[779] Mimee M, Nadeau P, Hayward A, et al. An ingestible bacterial-electronic system to monitor gastrointestinal health. Science, 2018, 360: 915-918.

[780] Courbet A, Endy D, Renard E, et al. Detection of pathological biomarkers in human clinical samples via amplifying genetic switches and logic gates. Sci Transl Med, 2015, 7(289): 289ra83.

[781] Danino T, Prindle A, Kwong G A, et al. Programmable probiotics for detection of cancer in urine. Sci Transl Med, 2015, 7(289): 289ra84.

[782] Gossen M, Bujard H. Tight control of gene expression in mammalian cells by tetracycline-responsive promoters. Proc Natl Acad Sci U S A, 1992, 89: 5547-5551.

[783] Weber W, Fux C, Daoud-EL Baba M, et al. Macrolide-based transgene control in

mammalian cells and mice. Nat Biotechnol, 2002, 20: 901-907.

[784] Weber W, Schoenmakers R, Spielmann M, et al. *Streptomyces*-derived quorum-sensing systems engineered for adjustable transgene expression in mammalian cells and mice. Nucleic Acids Res, 2003, 31: e71.

[785] Bojar D, Scheller L, Hamri G C, et al. Caffeine-inducible gene switches controlling experimental diabetes. Nat Commun, 2018, 9: 2318.

[786] Xue S, Yin J, Shao J, et al. A synthetic-biology-inspired therapeutic strategy for targeting and treating hepatogenous diabetes. Mol Ther, 2017, 25: 443-455.

[787] Ye H, Charpin-El Hamri G, Zwicky K, et al. Pharmaceutically controlled designer circuit for the treatment of the metabolic syndrome. Proc Natl Acad Sci U S A, 2013, 110: 141-146.

[788] Yin J L, Yang L F, Mou L S, et al. A green tea-triggered genetic control system for treating diabetes in mice and monkeys. Sci Transl Med, 2019, 11(515): eaav8826.

[789] Ye H, Fussenegger M. Optogenetic medicine: synthetic therapeutic solutions precision-guided by light. Cold Spring Harb Perspect Med, 2019, 9: a034371.

[790] Ausländer D, Fussenegger M. Optogenetic therapeutic cell implants. Gastroenterology, 2012, 143: 301-306.

[791] Mansouri M, Strittmatter T, Fussenegger M. Light-controlled mammalian cells and their therapeutic applications in synthetic biology. Adv Sci (Weinh), 2019, 6: 1800952.

[792] Ye H, Daoud-El Baba M, Peng R W, et al. A synthetic optogenetic transcription device enhances blood-glucose homeostasis in mice. Science, 2011, 332: 1565-1568.

[793] Wang X, Chen X, Yang Y. Spatiotemporal control of gene expression by a light-switchable transgene system. Nat Methods, 2012, 9: 266-269.

[794] Kennedy M J, Hughes R M, Peteya L A, et al. Rapid blue-light-mediated induction of protein interactions in living cells. Nat Methods, 2010, 7: 973-975.

[795] Levskaya A, Weiner O D, Lim W A, et al. Spatiotemporal control of cell signalling using a light-switchable protein interaction. Nature, 2009, 461: 997-1001.

[796] Kaberniuk A A, Shemetov A A, Verkhusha V V. A bacterial phytochrome-based optogenetic system controllable with near-infrared light. Nat Methods, 2016, 13: 591-597.

[797] Stanley S A, Gagner J E, Damanpour S, et al. Radio-wave heating of iron oxide nanoparticles can regulate plasma glucose in mice. Science, 2012, 336: 604-608.

[798] Krawczyk K, Xue S, Buchmann P, et al. Electrogenetic cellular insulin release for real-time glycemic control in type 1 diabetic mice. Science, 2020, 368(6494): 993-1001.

[799] Kemmer C, Gitzinger M, Daoud-El Baba M, et al. Self-sufficient control of urate homeostasis in mice by a synthetic circuit. Nat Biotechnol, 2010, 28: 355-360.

[800] Rössger K, Charpin-El Hamri G, Fussenegger M. Reward-based hypertension control by a synthetic brain-dopamine interface. Proc Natl Acad Sci U S A, 2013, 110: 18150-18155.

[801] Zoeller R T, Tan S W, Tyl R W. General background on the hypothalamic-pituitary-thyroid (HPT) axis. Crit Rev Toxicol, 2007, 37: 11-53.

[802] Carey W, Glazer S, Gottlieb A B, et al. Relapse, rebound, and psoriasis adverse events: an advisory group report. J Am Acad Dermatol, 2006, 54: S171-S181.

[803] Ye H, Xie M, Xue S, et al. Self-adjusting synthetic gene circuit for correcting insulin resistance. Nat Biomed Eng, 2017, 1: 5.

[804] Xie M Q, Ye H F, Wang H, et al. β-cell-mimetic designer cells provide closed-loop glycemic control. Science, 2016, 354(6317): 1296-1301.

[805] Shao J W, Xue S, Yu G L, et al. Smartphone-controlled optogenetically engineered cells enable semiautomatic glucose homeostasis in diabetic mice. Sci Transl Med, 2017, 9(387): eaal2298.

[806] Tristán-Manzano M, Justicia-Lirio P, Maldonado-Pérez N, et al. Externally-controlled systems for immunotherapy: from bench to bedside. Front Immunol, 2020, 11: 2044.

[807] Lesterhuis W J, Haanen J B, Punt C J. Cancer immunotherapy—revisited. Nat Rev Drug Discov, 2011, 10: 591-600.

[808] Daher M, Rezvani K. Outlook for new CAR-based therapies with a focus on CAR NK cells: what lies beyond CAR-engineered T cells in the race against cancer. Cancer Discov, 2021, 11: 45-58.

[809] Roybal K T, Williams J Z, Morsut L, et al. Engineering T cells with customized therapeutic response programs using synthetic notch receptors. Cell, 2016, 167: 419-432.

[810] Wu C Y, Roybal K T, Puchner E M, et al. Remote control of therapeutic T cells through a small molecule-gated chimeric receptor. Science, 2015, 350: aab4077.

[811] Sakemura R, Terakura S, Watanabe K, et al. A Tet-On inducible system for controlling CD19-chimeric antigen receptor expression upon drug administration. Cancer Immunol Res, 2016, 4: 658-668.

[812] Chen Y Y, Jensen M C, Smolke C D. Genetic control of mammalian T-cell proliferation with synthetic RNA regulatory systems. Proc Natl Acad Sci U S A, 2010, 107: 8531-8536.

[813] Kojima R, Scheller L, Fussenegger M. Nonimmune cells equipped with T-cell-receptor-like signaling for cancer cell ablation. Nat Chem Biol, 2018, 14: 42-49.

[814] Allen M E, Zhou W, Thangaraj J, et al. An AND-gated drug and photoactivatable Cre-*loxP* system for spatiotemporal control in cell-based therapeutics. ACS Synth Biol, 2019, 8(10): 2359-2371.

[815] Fedorov V D, Themeli M, Sadelain M. PD-1- and CTLA-4-based inhibitory chimeric antigen receptors (iCARs) divert off-target immunotherapy responses. Sci Transl Med, 2013, 5(215): 215ra172.

[816] Zah E, Lin M Y, Silva-Benedict A, et al. T cells expressing CD19/CD20 bispecific chimeric antigen receptors prevent antigen escape by malignant B cells. Cancer Immunol Res, 2016, 4: 498-508.

[817] Yang L, Yin J, Wu J, et al. Engineering genetic devices for *in vivo* control of therapeutic T cell activity triggered by the dietary molecule resveratrol. Proc Natl Acad Sci U S A, 2021, 118: e2106612118.

[818] Myers J A, Miller J S. Exploring the NK cell platform for cancer immunotherapy. Nat Rev Clin Oncol, 2021, 18: 85-100.

[819] Xie G, Dong H, Liang Y, et al. CAR-NK cells: a promising cellular immunotherapy for cancer. EBioMedicine, 2020, 59: 102975.

[820] Ao X, Yang Y, Li W, et al. Anti-αFR CAR-engineered NK-92 cells display potent cytotoxicity against αFR-positive ovarian cancer. J Immunother, 2019, 42: 284-296.

[821] Daher M, Basar R, Gokdemir E, et al. Targeting a cytokine checkpoint enhances the fitness of armored cord blood CAR-NK cells. Blood, 2021, 137: 624-636.

[822] Chen Y, Yu Z, Tan X, et al. CAR-macrophage: a new immunotherapy candidate against solid tumors. Biomed Pharmacother, 2021, 139: 111605.

[823] Zhang W, Liu L, Su H, et al. Chimeric antigen receptor macrophage therapy for breast tumours mediated by targeting the tumour extracellular matrix. Br J Cancer, 2019, 121: 837-845.

[824] Klichinsky M, Ruella M, Shestova O, et al. Human chimeric antigen receptor macrophages for cancer immunotherapy. Nat Biotechnol, 2020, 38: 947-953.

[825] 王磊，霍彬，霍小东，等．溶瘤病毒抗肿瘤治疗的临床应用进展．中国肿瘤临床，2021, 48: 581-586.

[826] Xu B, Ma R, Russell L, et al. An oncolytic herpesvirus expressing E-cadherin improves survival in mouse models of glioblastoma. Nat Biotechnol, 2019, 37: 45-54.

[827] Huang H Y, Liu Y Q, Liao W X, et al. Oncolytic adenovirus programmed by synthetic gene circuit for cancer immunotherapy. Nat Commun, 2019, 10: 4801.

[828] Tahara M, Takishima Y, Miyamoto S, et al. Photocontrollable mononegaviruses. Proc Natl Acad Sci U S A, 2019, 116(24): 11587-11589.

[829] Park A K, Fong Y, Kim S I, et al. Effective combination immunotherapy using oncolytic viruses to deliver CAR targets to solid tumors. Sci Transl Med, 2020, 12: eaaz1863.

[830] Tang Q L, Gu L X, Xu Y, et al. Establishing functional lentiviral vector production in a stirred bioreactor for CAR-T cell therapy. Bioengineered, 2021, 12(1): 2095-2105.

[831] Amoasii L, Hildyard J C W, Li H, et al. Gene editing restores dystrophin expression in a canine model of Duchenne muscular dystrophy. Science, 2018, 362: 86-91.

[832] Huai C, Jia C, Sun R, et al. CRISPR/Cas9-mediated somatic and germline gene correction to restore hemostasis in hemophilia B mice. Hum Genet, 2017, 136: 875-883.

[833] Zhou H B, Su J L, Hu X D, et al. Glia-to-Neuron conversion by CRISPR-CasRx alleviates symptoms of neurological disease in mice. Cell, 2020, 181(3): 590-603.

[834] Bai P, Liu Y, Xue S, et al. A fully human transgene switch to regulate therapeutic protein production by cooling sensation. Nat Med, 2019, 25: 1266-1273.

[835] Perli S D, Cui C H, Lu T K. Continuous genetic recording with self-targeting CRISPR-Cas in human cells. Science, 2016, 353(6304): aag0511.

[836] Nielsen A A, Voigt C A. Multi-input CRISPR/Cas genetic circuits that interface host regulatory networks. Mol Syst Biol, 2014, 10: 763.

[837] Gootenberg J S, Abudayyeh O O, Kellner M J, et al. Multiplexed and portable nucleic acid detection platform with Cas13, Cas12a, and Csm6. Science, 2018, 360(6387): 439-444.

[838] Chen J S, Ma E, Harrington L B, et al. CRISPR-Cas12a target binding unleashes indiscriminate single-stranded DNase activity. Science, 2018, 360: 436-439.

[839] Liu Y, Zeng Y, Liu L, et al. Synthesizing AND gate genetic circuits based on CRISPR-Cas9 for identification of bladder cancer cells. Nat Commun, 2014, 5: 5393.

[840] Liu Y, Zhan Y, Chen Z, et al. Directing cellular information flow via CRISPR signal

conductors. Nat Methods, 2016, 13: 938-944.

[841] Liu Y, Li J, Chen Z, et al. Synthesizing artificial devices that redirect cellular information at will. Elife, 2018, 7: e31936.

[842] Yin D, Ling S, Wang D, et al. Targeting herpes simplex virus with CRISPR-Cas9 cures herpetic stromal keratitis in mice. Nat Biotechnol, 2021, 39: 567-577.

[843] Ling S K, Yang S Q, Hu X D, et al. Lentiviral delivery of co-packaged Cas9 mRNA and a Vegfa-targeting guide RNA prevents wet age-related macular degeneration in mice. Nat Biomed Eng, 2021, 5: 144-156.

[844] Segel M, Lash B, Song J W, et al. Mammalian retrovirus-like protein PEG10 packages its own mRNA and can be pseudotyped for mRNA delivery. Science, 2021, 373(6557): 882-889.

[845] Adamala K P, Martin-Alarcon D A, Guthrie-Honea K R, et al. Engineering genetic circuit interactions within and between synthetic minimal cells. Nat Chem, 2017, 9: 431-439.

[846] Nguyen P Q, Soenksen L R, Donghia N M, et al. Wearable materials with embedded synthetic biology sensors for biomolecule detection. Nat Biotechnol, 2021, 39: 1366-1374.

[847] Cui M K, Wang X Y, An B L, et al. Exploiting mammalian low-complexity domains for liquid-liquid phase separation–driven underwater adhesive coatings. Sci Adv, 2019, 5(8): eaax3155.

[848] Kojima R, Bojar D, Rizzi G, et al. Designer exosomes produced by implanted cells intracerebrally deliver therapeutic cargo for Parkinson’s disease treatment. Nat Commun, 2018, 9: 1305.

[849] Tycko J, Van M V, Elowitz M B, et al. Advancing towards a global mammalian gene regulation model through single-cell analysis and synthetic biology. Curr Opin Biomed Eng, 2017, 4: 174-193.

[850] Hemminga M A, Vos W L, Nazarov P V, et al. Viruses: incredible nanomachines. New advances with filamentous phages. Eur Biophys J, 2010, 39: 541-550.

[851] Kupferschmidt K. Resistance fighters. Science, 2016, 352: 758-761.

[852] Reardon S. Phage therapy gets revitalized. Nature, 2014, 510: 15-16.

[853] Potera C. Phage renaissance: new hope against antibiotic resistance. Environ Health Perspect, 2013, 121: a48-a53.

[854] Rohwer F, Segall A. A century of phage lessons. Nature, 2015, 528: 46-47.

[855] Lu T K, Collins J J. Dispersing biofilms with engineered enzymatic bacteriophage. Proc Natl Acad Sci U S A, 2007, 104: 11197-11202.

[856] Yehl K, Lemire S, Yang A C, et al. Engineering phage host-range and suppressing bacterial resistance through phage tail fiber mutagenesis. Cell, 2019, 179: 459-469.

[857] Lu T K, Collins J J. Engineered bacteriophage targeting gene networks as adjuvants for antibiotic therapy. Proc Natl Acad Sci U S A, 2009, 106: 4629-4634.

[858] Luong T, Salabarria A C, Roach D. Phage therapy in the resistance era: where do we stand and where are we going? Clin Ther, 2020, 42: 1659-1680.

[859] Bao J, Wu N, Zeng Y, et al. Non-active antibiotic and bacteriophage synergism to successfully treat recurrent urinary tract infection caused by extensively drug-resistant *Klebsiella pneumoniae*. Emerg Microbes Infect, 2020, 9: 771-774.

[860] Tan X, Chen H S, Zhang M, et al. Clinical experience of personalized phage therapy against carbapenem-resistant *Acinetobacter baumannii* lung infection in a patient with chronic obstructive pulmonary disease. Front Cell Infect Microbiol, 2021, 11: 631585.

[861] 林敏 . 农业生物育种技术的发展历程及产业化对策 . 生物技术进展，2021, 11: 405-417.

[862] Vasil I K. A history of plant biotechnology: from the Cell Theory of Schleiden and Schwann to biotech crops. Plant Cell Rep, 2008, 27: 1423-1440.

[863] Duvick D N. Biotechnology in the 1930s: the development of hybrid maize. Nat Rev Genet, 2001, 2: 69-74.

[864] Khush G S. Green revolution: the way forward. Nat Rev Genet, 2001, 2: 815-822.

[865] Varshney R K, Bohra A, Yu J M, et al. Designing future crops: genomics-assisted breeding comes of age. Trends Plant Sci, 2021, 26: 631-649.

[866] Varotto S, Tani E, Abraham E, et al. Epigenetics: possible applications in climate-smart crop breeding. J Exp Bot, 2020, 71: 5223-5236.

[867] 林敏 . 转基因技术 . 北京：中国农业科学技术出版社，2020.

[868] 农业农村部农业转基因生物安全管理办公室 . 转基因 30 年实践 . 北京 : 中国农业科学技术出版社，2012.

[869] ISAAA. Global Status of Commercialized Biotech/GM Crops in 2018: Biotech Crops Continue to Help Meet the Challenges of Increased Population and Climate Change. ISAAA, Ithaca, NY, 2018.

[870] Zhao Y S, Mette M F, Reif J C. Genomic selection in hybrid breeding. Plant Breed, 2015, 134: 1-10.

[871] Meuwissen T, Hayes B, Goddard M. Genomic selection: a paradigm shift in animal breeding. Animal Frontiers, 2016, 6: 6-14.

[872] Lee K, Uh K, Farrell K. Current progress of genome editing in livestock. Theriogenology, 2020, 150: 229-235.

[873] Roell M S, Zurbriggen M D. The impact of synthetic biology for future agriculture and nutrition. Curr Opin Biotechnol, 2020, 61: 102-109.

[874] Johnson J M, Franzluebbers A J, Weyers S L, et al. Agricultural opportunities to mitigate greenhouse gas emissions. Environ Pollut, 2007, 150: 107-124.

[875] Harindintwali J D, Zhou J, Muhoza B, et al. Integrated eco-strategies towards sustainable carbon and nitrogen cycling in agriculture. J Environ Manage, 2021, 293: 112856.

[876] Ghosh A, Misra S, Bhattacharyya R, et al. Agriculture, dairy and fishery farming practices and greenhouse gas emission footprint: a strategic appraisal for mitigation. Environ Sci Pollut Res Int, 2020, 27: 10160-10184.

[877] 周正富，庞雨，张维，等 . 乳蛋白重组表达与人造奶生物合成：全球专利分析与技术发展趋势 . 合成生物学，2021, 2: 764-777.

[878] Tilman D, Balzer C, Hill J, et al. Global food demand and the sustainable intensification of agriculture. Proc Natl Acad Sci U S A, 2011, 108: 20260-20264.

[879] Allison D B, Brown C C, Goddard L M, et al. Science Breakthroughs to Advance Food and Agricultural Research by 2030. Washington, D.C.: The National Academies Press, 2019: 17-35.

[880] 匡廷云 . 光合作用原初光能转化过程的原理与调控 . 南京：江苏科学技术出版社，2003.

[881] 匡廷云 . 作物光能利用效率与调控 . 济南：山东科学技术出版社，2004.

[882] Long S P, Ainsworth E A, Leakey A D, et al. Global food insecurity. Treatment of major food crops with elevated carbon dioxide or ozone under large-scale fully open-air conditions suggests recent models may have overestimated future yields. Phil Trans R Soc B, 2005, 360: 2011-2020.

[883] Zhu X G, Long S P, Ort D R. Improving photosynthetic efficiency for greater yield. Annu Rev Plant Biol, 2010, 61: 235-261.

[884] Zhang L. Chloroplast Biogenesis. Biochim Biophys Acta, 2015, 1847: 759-760.

[885] Ort D R, Merchant S S, Alric J, et al. Redesigning photosynthesis to sustainably meet global food and bioenergy demand. Proc Natl Acad Sci U S A, 2015, 112(28): 8529-8536.

[886] 张立新，卢从明，彭连伟，等. 利用合成生物学原理提高光合作用效率的研究进展. 生物工程学报，2017, 33: 486-493.

[887] Batista-Silva W, da Fonseca-Pereira P, Martins A O, et al. Engineering improved photosynthesis in the era of synthetic biology. Plant Commun, 2020, 1(2): 100032.

[888] Blankenship R E, Tiede D M, Barber J, et al. Comparing photosynthetic and photovoltaic efficiencies and recognizing the potential for improvement. Science, 2011, 332: 805-809.

[889] Nakajima Y, Itayama T. Analysis of photosynthetic productivity of microalgal mass cultures. Journal of Applied Phycology, 2003, 15: 497-505.

[890] Kirst H, Formighieri C, Melis A. Maximizing photosynthetic efficiency and culture productivity in cyanobacteria upon minimizing the phycobilisome light-harvesting antenna size. Biochim Biophys Acta, 2014, 1837: 1653-1664.

[891] Pesaresi P, Scharfenberg M, Weigel M, et al. Mutants, overexpressors, and interactors of *Arabidopsis* plastocyanin isoforms: revised roles of plastocyanin in photosynthetic electron flow and thylakoid redox state. Mol Plant, 2009, 2(2): 236-248.

[892] Chi W, Sun X, Zhang L. The roles of chloroplast proteases in the biogenesis and maintenance of photosystem Ⅱ. Biochim Biophys Acta, 2012, 1817: 239-246.

[893] Kromdijk J, Glowacka K, Leonelli L, et al. Improving photosynthesis and crop productivity by accelerating recovery from photoprotection. Science, 2016, 354: 857-861.

[894] Leister D. How can the light reactions of photosynthesis be improved in plants? Front Plant Sci, 2012, 3: 199.

[895] Chen J H, Chen S T, He N Y, et al. Nuclear-encoded synthesis of the D1 subunit of photosystem Ⅱ increases photosynthetic efficiency and crop yield. Nat Plants, 2020, 6: 570-580.

[896] Weigmann K. Fixing carbon: to alleviate climate change, scientists are exploring ways to harness nature's ability to capture CO_2 from the atmosphere. EMBO Rep, 2019, 20: e47580.

[897] Savir Y, Noor E, Milo R, et al. Cross-species analysis traces adaptation of Rubisco toward optimality in a low-dimensional landscape. Proc Natl Acad Sci U S A, 2010, 107: 3475-3480.

[898] Zhu X G, Portis A R, Long S P. Would transformation of C_3 crop plants with foreign Rubisco increase productivity? A computational analysis extrapolating from kinetic properties to canopy photosynthesis. Plant Cell Environ, 2004, 27: 155-165.

[899] McGrath J M, Long S P. Can the cyanobacterial carbon-concentrating mechanism increase photosynthesis in crop species? A theoretical analysis. Plant Physiol, 2014, 164: 2247-2261.

[900] Long B M, Rae B D, Rolland V, et al. Cyanobacterial CO_2-concentrating mechanism components: function and prospects for plant metabolic engineering. Curr Opin Plant Biol, 2016, 31: 1-8.

[901] Field C B, Behrenfeld M J, Randerson J T, et al. Primary production of the biosphere: integrating terrestrial and oceanic components. Science, 1998, 281: 237-240.

[902] Giordano M, Beardall J, Raven JA. CO_2 concentrating mechanisms in algae: mechanisms, environmental modulation, and evolution. Annu Rev Plant Biol, 2005, 56: 99-131.

[903] Wang L M, Shen B R, Li B D, et al. A synthetic photorespiratory shortcut enhances photosynthesis to boost biomass and grain yield in rice. Mol Plant, 2020, 13: 1802-1815.

[904] Kebeish R, Niessen M, Thiruveedhi K, et al. Chloroplastic photorespiratory bypass increases photosynthesis and biomass production in *Arabidopsis thaliana*. Nat Biotechnol, 2007, 25: 593-599.

[905] Dalal J, Lopez H, Vasani N B, et al. A photorespiratory bypass increases plant growth and seed yield in biofuel crop *Camelina sativa*. Biotechnol Biofuels, 2015, 8: 175.

[906] Maier A, Fahnenstich H, Caemmerer S V, et al. Glycolate oxidation in *A. thaliana* chloroplasts improves biomass production. Front Plant Sci, 2012, 3: 38.

[907] Zhu X G, Ort D R, Parry M, et al. A wish list for synthetic biology in photosynthesis research. J Exp Bot, 2020, 71: 2219-2225.

[908] Ort D R, Zhu X G, Melis A. Optimizing antenna size to maximize photosynthetic efficiency. Plant Physiol, 2011, 155: 79-85.

[909] Zhu X G, Portis A R, Long S P. Would transformation of C-3 crop plants with foreign Rubisco increase productivity? A computational analysis extrapolating from kinetic properties to canopy photosynthesis. Plant Cell Environ, 2004, 27: 155-165.

[910] Zhu X G, de Sturler E, Long S P. Optimizing the distribution of resources between enzymes of carbon metabolism can dramatically increase photosynthetic rate: A numerical simulation using an evolutionary algorithm. Plant Physiol, 2007, 145: 513-526.

[911] Simkin A J, Lopez-Calcagno P E, Davey P A, et al. Simultaneous stimulation of sedoheptulose 1,7-bisphosphatase, fructose 1,6-bisphophate aldolase and the photorespiratory glycine decarboxylase-H protein increases CO_2 assimilation, vegetative biomass and seed yield in Arabidopsis. Plant Biotechnol J, 2017, 15: 805-816.

[912] McGrath J M, Long S P. Can the cyanobacterial carbon concentrating mechanism increase photosynthesis in crop species? A theoretical analysis. Plant Physiol, 2014, 164: 2247-2261.

[913] Fu P, Montes C, Siebers M, et al. Advances in field-based high-throughput photosynthetic phenotyping. J Exp Bot, 2022, 73: 3157-3172.

[914] Song Q, Van Rie J, Den Boer B, et al. Diurnal and Seasonal Variations of Photosynthetic Energy Conversion Efficiency of Field Grown Wheat. Front Plant Sci, 2022, 13: 817654.

[915] Song Q F, Xiao H, Xiao X, et al. A new canopy photosynthesis and transpiration measurement system (CAPTS) for canopy gas exchange research. Agr Forest Meteorol, 2016, 217: 101-107.

[916] Raymond J, Siefert J L, Staples C R, et al. The natural history of nitrogen fixation. Mol Biol Evol, 2004, 21: 541-554.

[917] Dixon R, Kahn D. Genetic regulation of biological nitrogen fixation. Nat Rev Microbiol, 2004, 2: 621-631.

[918] Beatty P H, Good A G. Future prospects for cereals that fix nitrogen. Science, 2011, 333: 416-417.

[919] Good A. Toward nitrogen-fixing plants. Science, 2018, 359: 869-870.

[920] 燕永亮，田长富，杨建国，等. 人工高效生物固氮体系创建及其农业应用. 生命科学，2021, 13: 1532-1543.

[921] Herridge D F, Peoples M B, Boddey R M. Global inputs of biological nitrogen fixation in agricultural systems. Plant Soil, 2008, 311: 1-18.

[922] 陈文新，陈文峰. 发挥生物固氮作用 减少化学氮肥用量. 中国农业科技导报，2004, 6: 3-6.

[923] 焦健，田长富. 根瘤菌共生固氮能力的进化模式. 微生物学通报，2019, 46: 388-397.

[924] 燕永亮，王忆平，林敏. 生物固氮体系人工设计的研究进展. 生物产业技术，2019, 1: 34-40.

[925] Yan Y L, Yang J, Dou Y T, et al. Nitrogen fixation island and rhizosphere competence traits in the genome of root-associated *Pseudomonas stutzeri* A1501. Proc Natl Acad Sci U S A,

2008, 105: 7564-7569.

[926] Wang J, Yan D, Dixon R, et al. Deciphering the principles of bacterial nitrogen dietary preferences: a strategy for nutrient containment. mBio, 2016, 7: e00792-16.

[927] Vicente E J, Dean D R. Keeping the nitrogen-fixation dream alive. Proc Natl Acad Sci U S A, 2017, 114: 3009-3011.

[928] Yang J, Xie X, Wang X, et al. Reconstruction and minimal gene requirements for the alternative iron-only nitrogenase in *Escherichia coli*. Proc Natl Acad Sci U S A, 2014, 111: E3718-E3725.

[929] Yang J, Xie X, Yang M, et al. Modular electron-transport chains from eukaryotic organelles function to support nitrogenase activity. Proc Natl Acad Sci U S A, 2017, 114: E2460-E2465.

[930] Yang J G, Xie X Q, Xiang N, et al. Polyprotein strategy for stoichiometric assembly of nitrogen fixation components for synthetic biology. Proc Natl Acad Sci U S A, 2018, 115(36): E8509-E8517.

[931] Zhan Y H, Yan Y L, Deng Z P, et al. The novel regulatory ncRNA, NfiS, optimizes nitrogen fixation via base pairing with the nitrogenase gene nifK mRNA in *Pseudomonas stutzeri* A1501. Proc Natl Acad Sci U S A, 2016, 113(30): E4348-E4356.

[932] Zhang J, Liu Y X, Zhang N, et al. NRT1.1B is associated with root microbiota composition and nitrogen use in field-grown rice. Nat Biotechnol, 2019, 37: 676-684.

[933] Masson-Boivin C, Sachs J L. Symbiotic nitrogen fixation by rhizobia-the roots of a success story. Curr Opin Plant Biol, 2018, 44: 7-15.

[934] Mendoza-Suarez M A, Geddes B A, Sanchez-Canizares C, et al. Optimizing *Rhizobium*-legume symbioses by simultaneous measurement of rhizobial competitiveness and N_2 fixation in nodules. Proc Natl Acad Sci U S A, 2020, 117: 9822-9831.

[935] Brewin B, Woodley P, Drummond M. The basis of ammonium release in *nifL* mutants of *Azotobacter vinelandii*. J Bacteriol, 1999, 181: 7356-7362.

[936] Barney B M, Eberhart L J, Ohlert J M, et al. Gene deletions resulting in increased nitrogen release by *Azotobacter vinelandii*: application of a novel nitrogen biosensor. Appl Environ Microbiol, 2015, 81(13): 4316-4328.

[937] Ortiz-Marquez J C F, Do Nascimento M, Curatti L. Metabolic engineering of ammonium release for nitrogen-fixing multispecies microbial cell-factories. Metab Eng, 2014, 23: 154-

164.

[938] 白洋，钱景美，周俭民，等. 农作物微生物组：跨越转化临界点的现代生物技术. 中国科学院院刊，2017, 32: 260-265.

[939] Beattie G A. Metabolic coupling on roots. Nat Microbiol, 2018, 3: 396-397.

[940] Kwak M J, Kong H G, Choi K, et al. Rhizosphere microbiome structure alters to enable wilt resistance in tomato. Nat Biotechnol, 2018, 36: 1100-1109.

[941] Edwards J, Johnson C, Santos-Medellin C, et al. Structure, variation, and assembly of the root-associated microbiomes of rice. Proc Natl Acad Sci U S A, 2015, 112(8): E911-E920.

[942] Fitzpatrick C R, Copeland J, Wang P W, et al. Assembly and ecological function of the root microbiome across angiosperm plant species. Proc Natl Acad Sci U S A, 2018, 115: E1157-E1165.

[943] Levy A, Salas Gonzalez I, Mittelviefhaus M, et al. Genomic features of bacterial adaptation to plants. Nat Genet, 2017, 50: 138-150.

[944] Mendes R, Garbeva P, Raaijmakers J M. The rhizosphere microbiome: significance of plant beneficial, plant pathogenic, and human pathogenic microorganisms. FEMS Microbiol Rev, 2013, 37: 634-663.

[945] 中国科学院天津工业生物技术研究所，中国科学院成都文献情报中心. 中国工业生物技术白皮书暨中国生物工业投资分析报告 2017. 2017. http://www.clas.cas.cn/Y2021xwdt/Y2021kyjz/201711/t20171113_6292742.html [2021-10-09].

[946] Liu Y P, Tang H Z, Lin Z L, et al. Mechanisms of acid tolerance in bacteria and prospects in biotechnology and bioremediation. Biotechnol Adv, 2015, 33: 1484-1492.

[947] Hong Y, Zeng J, Wang X, et al. Post-stress bacterial cell death mediated by reactive oxygen species. Proc Natl Acad Sci U S A, 2019, 116: 10064-10071.

[948] Kampinga H H, Mayer M P, Mogk A. Protein quality control: from mechanism to disease. Cell Stress Chaperones, 2019, 24: 1013-1026.

[949] He D, Zhang M, Liu S, et al. Protease-mediated protein quality control for bacterial acid resistance. Cell Chem Biol, 2019, 26: 144-150.

[950] Harden M M, He A, Creamer K, et al. Acid-adapted strains of *Escherichia coli* K-12 obtained by experimental evolution. Appl Environ Microbiol, 2015, 81: 1932-1941.

[951] Caspeta L, Chen Y, Nielsen J. Thermotolerant yeasts selected by adaptive evolution express heat stress response at 30℃. Sci Rep, 2016, 6: 27003.

[952] Lin Z, Li J, Yan X, et al. Engineering of the small noncoding RNA (sRNA) DsrA together with the sRNA chaperone Hfq enhances the acid tolerance of *Escherichia coli*. Appl Environ Microbiol, 2021.87(10): e02923-20.

[953] Xu K, Gao L, Hassan J U, et al. Improving the thermo-tolerance of yeast base on the antioxidant defense system. Chem Eng Sci, 2018, 175: 335-342.

[954] Xu N, Lv H, Wei L, et al. Impaired oxidative stress and sulfur assimilation contribute to acid tolerance of *Corynebacterium glutamicum*. Appl Microbiol Biotechnol, 2019, 103: 1877-1891.

[955] Liang L, Liu R, Garst A D, et al. CRISPR EnAbled Trackable genome Engineering for isopropanol production in *Escherichia coli*. Metab Eng, 2017, 41: 1-10.

[956] Liu R, Liang L, Choudhury A, et al. Multiplex navigation of global regulatory networks (MINR) in yeast for improved ethanol tolerance and production. Metab Eng, 2019, 51: 50-58.

[957] Xu K, Qin L, Bai W, et al. Multilevel defense system (MDS) relieves multiple stresses for economically boosting ethanol production of industrial *Saccharomyces cerevisiae*. ACS Energy Lett, 2020, 5: 572-582.

[958] Yamamoto K, Watanabe H, Ishihama A. Expression levels of transcription factors in *Escherichia coli*: growth phase- and growth condition-dependent variation of 90 regulators from six families. Microbiology, 2014, 160: 1903-1913.

[959] Chen T J, Wang J Q, Yang R, et al. Laboratory-evolved mutants of an exogenous global regulator, IrrE from *Deinococcus radiodurans*, enhance stress tolerances of *Escherichia coli*. PLoS One, 2011, 6(1): e16228.

[960] Wang L, Wang X, He Z Q, et al. Engineering prokaryotic regulator IrrE to enhance stress tolerance in budding yeast. Biotechnol Biofuels, 2020, 13: 193.

[961] Wang J, Guo C, Dai Q L, et al. Salt tolerance conferred by expression of a global regulator IrrE from *Deinococcus radiodurans* in oilseed rape. Mol Breeding, 2016, 36: 88.

[962] Gaida S M, Al-Hinai M A, Indurthi D C, et al. Synthetic tolerance: three noncoding small RNAs, DsrA, ArcZ and RprA, acting supra-additively against acid stress. Nucleic Acids Res, 2013, 41(18): 8726-8737.

[963] Bradley R W, Buck M, Wang B. Tools and principles for microbial gene circuit engineering. J Mol Biol, 2016, 428: 862-888.

[964] Gao C, Xu P, Ye C, et al. Genetic circuit-assisted smart microbial engineering. Trends Microbiol, 2019, 27: 1011-1024.

[965] Liu Q, Schumacher J, Wan X, et al. Orthogonality and burdens of heterologous and gate gene circuits in *E. coli*. ACS Synth Biol, 2018, 7: 553-564.

[966] Chen J X, Lim B, Steel H, et al. Redesign of ultrasensitive and robust RecA gene circuit to sense DNA damage. Microbial Biotechnology, 2021, 14(6): 2481-2496.

[967] Ma L, Li Y, Chen X, et al. SCRaMbLE generates evolved yeasts with increased alkali tolerance. Microb Cell Fact, 2019, 18: 52.

[968] Shen M J, Wu Y, Yang K, et al. Heterozygous diploid and interspecies SCRaMbLEing. Nat Commun, 2018, 9: 1934.

[969] Vaidya A S, Helander J D M, Peterson F C, et al. Dynamic control of plant water use using designed ABA receptor agonists. Science, 2019, 366(6464): eaaw8848.

[970] Pierre-Jerome E, Moss B L, Lanctot A, et al. Functional analysis of molecular interactions in synthetic auxin response circuits. Proc Natl Acad Sci U S A, 2016, 113: 11354-11359.

[971] Yu H, Lin T, Meng X, et al. A route to *de novo* domestication of wild allotetraploid rice. Cell, 2021, 184: 1156-1170.

[972] Yuan P, Cui S, Liu Y, et al. Metabolic engineering for the production of fat-soluble vitamins: advances and perspectives. Appl Microbiol Biotechnol, 2020, 104: 935-951.

[973] Acevedo-Rocha C G, Gronenberg L S, Mack M, et al. Microbial cell factories for the sustainable manufacturing of B vitamins. Curr Opin Biotechnol, 2019, 56: 18-29.

[974] Schwechheimer S K, Park E Y, Revuelta J L, et al. Biotechnology of riboflavin. Appl Microbiol Biotechnol, 2016, 100: 2107-2119.

[975] Revuelta J L, Buey R M, Ledesma-Amaro R, et al. Microbial biotechnology for the synthesis of (pro) vitamins, biopigments and antioxidants: challenges and opportunities. Microb Biotechnol, 2016, 9: 564-567.

[976] 杨景丽 , 孙鸿 , 宋浩 . 维生素 E 生物合成的相关进展 . 科学通报 , 2020, 65: 4037-4046.

[977] Albermann C, Ghanegaonkar S, Lemuth K, et al. Biosynthesis of the vitamin E compound delta-tocotrienol in recombinant *Escherichia coli* cells. Chembiochem, 2008, 9: 2524-2533.

[978] Sych J M, Lacroix C, Stevens M J A. Vitamin B_{12} –physiology, production and application. Industrial Biotechnology of Vitamins, Biopigments, and Antioxidants. Wiley. Hoboken, 2016: 129-159.

[979] 孙小雯 . 基于毕赤酵母底盘的维生素 K_2（MK-4）细胞工厂构建与优化 . 合肥：中国科学技术大学博士学位论文，2020.

[980] 王盼盼 . 2- 酮基 -L- 古龙酸合成相关脱氢酶的酶学性质及催化研究 . 无锡：江南大学博士学位论文，2019.

[981] Wang P, Zeng W, Xu S, et al. Current challenges facing one-step production of l-ascorbic acid. Biotechnol Adv, 2018, 36: 1882-1899.

[982] 张兆昆，周文学，李永丽，等 . 核黄素发酵菌种改造研究进展 . 生物技术进展，2021, 11: 54-60.

[983] Choi J H, Ryu Y W, Park Y C, et al. Synergistic effects of chromosomal *ispB* deletion and *dxs* overexpression on coenzyme Q_{10} production in recombinant *Escherichia coli* expressing *Agrobacterium tumefaciens dps* gene. J Biotechnol, 2009, 144(1): 64-69.

[984] Zhang D W, Shrestha B, Li Z P, et al. Ubiquinone-10 production using *Agrobacterium tumefaciens dps* gene in *Escherichia coli* by coexpression system. Mol Biotechnol, 2007, 35: 1-14.

[985] Martinez I, Zhu J, Lin H, et al. Replacing *Escherichia coli* NAD-dependent glyceraldehyde 3-phosphate dehydrogenase (GAPDH) with a NADP-dependent enzyme from *Clostridium acetobutylicum* facilitates NADPH dependent pathways. Metab Eng, 2008, 10: 352-359.

[986] Koo B S, Gong Y J, Kim S Y, et al. Improvement of coenzyme Q_{10} production by increasing the NADH/NAD^+ ratio in *Agrobacterium tumefaciens*. Biosci Biotechnol Biochem, 2010, 74: 895-898.

[987] 王玮玮，唐亮，周文龙，等 . 谷胱甘肽生物合成及代谢相关酶的研究进展 . 中国生物工程杂志，2014, 34: 89-95.

[988] 蒋延超，蒋世云，傅凤鸣，等 . 透明质酸生物合成途径及基因工程研究进展 . 中国生物工程杂志，2015, 35: 104-110.

[989] Prasad S B, Jayaraman G, Ramachandran K B. Hyaluronic acid production is enhanced by the additional co-expression of UDP-glucose pyrophosphorylase in *Lactococcus lactis*. Appl Microbiol Biotechnol, 2010, 86: 273-283.

[990] Liu L, Liu Y F, Li J H, et al. Microbial production of hyaluronic acid: current state, challenges, and perspectives. Microb Cell Fact, 2011, 10: 99.

[991] De Oliveira J D, Carvalho L S, Gomes A M, et al. Genetic basis for hyper production of hyaluronic acid in natural and engineered microorganisms. Microb Cell Fact, 2016, 15: 119.

[992] Smirnou D, Krcmar M, Kulhanek J, et al. Characterization of hyaluronan-degrading enzymes from yeasts. Appl Biochem Biotechnol, 2015, 177: 700-712.

[993] Choi Y H, Park B S, Seo J H, et al. Biosynthesis of the human milk oligosaccharide 3-fucosyllactose in metabolically engineered *Escherichia coli* via the salvage pathway through increasing GTP synthesis and β-galactosidase modification. Biotechnol Bioeng, 2019, 116(12): 3324-3332.

[994] 刘延峰，周景文，刘龙，等 . 合成生物学与食品制造 . 合成生物学，2020, 1: 84-91.

[995] Deng J Y, Chen C M, Gu Y, et al. Creating an *in vivo* bifunctional gene expression circuit through an aptamer-based regulatory mechanism for dynamic metabolic engineering in *Bacillus subtilis*. Metab Eng, 2019, 55: 179-190.

[996] Dong X M, Li N, Liu Z M, et al. CRISPRi-guided multiplexed fine-tuning of metabolic flux for enhanced Lacto-*N*-neotetraose production in *Bacillus subtilis*. J Agric Food Chem, 2020, 68(8): 2477-2484.

[997] Lyu Y, Zeng W, Du G, et al. Efficient bioconversion of epimedin C to icariin by a glycosidase from *Aspergillus nidulans*. Bioresour Technol, 2019, 289: 121612.

[998] Parodi A, Leip A, De Boer I J M, et al. The potential of future foods for sustainable and healthy diets. Nat Sustain, 2018, 1: 782-789.

[999] Macqueen L A, Alver C G, Chantre C O, et al. Muscle tissue engineering in fibrous gelatin: implications for meat analogs. NPJ Sci Food, 2019, 3: 20.

[1000] Ben-Arye T, Shandalov Y, Ben-Shaul S, et al. Textured soy protein scaffolds enable the generation of three-dimensional bovine skeletal muscle tissue for cell-based meat. Nat Food, 2020, 1: 210-220.

[1001] Simsa R, Yuen J, Stout A J, et al. Extracellular heme proteins influence bovine myosatellite cell proliferation and the color of cell-based meat. Foods, 2019, 8(10): 521.

[1002] Liu S, Wang M, Du G C, et al. Improving the active expression of transglutaminase in *Streptomyces lividans* by promoter engineering and codon optimization. BMC Biotechnol, 2016, 16: 75.

[1003] Liu S, Wan D, Wang M, et al. Overproduction of pro-transglutaminase from *Streptomyces hygroscopicus* in *Yarrowia lipolytica* and its biochemical characterization. BMC Biotechnol, 2015, 15: 75.

[1004] Yang X, Zhang Y. Expression of recombinant transglutaminase gene in *Pichia pastoris* and its uses in restructured meat products. Food Chem, 2019, 291: 245-252.

[1005] Torella J P, Ford T J, Kim S N, et al. Tailored fatty acid synthesis via dynamic control of fatty acid elongation. Proc Natl Acad Sci U S A, 2013, 110: 11290-11295.

[1006] Xu P, Gu Q, Wang W Y, et al. Modular optimization of multi-gene pathways for fatty acids production in *E. coli*. Nat Commun, 2013, 4: 1409.

[1007] Dellomonaco C, Clomburg J M, Miller E N, et al. Engineered reversal of the β-oxidation cycle for the synthesis of fuels and chemicals. Nature, 2011, 476: 355-359.

[1008] Cintolesi A, Clomburg J M, Gonzalez R. *In silico* assessment of the metabolic capabilities of an engineered functional reversal of the β-oxidation cycle for the synthesis of longer-chain (C⩾4) products. Metab Eng, 2014, 23: 100-115.

[1009] Clomburg J M, Blankschien M D, Vick J E, et al. Integrated engineering of β-oxidation reversal and ω-oxidation pathways for the synthesis of medium chain ω-functionalized carboxylic acids. Metab Eng, 2015, 28: 202-212.

[1010] Wu J J, Zhang X, Xia X D, et al. A systematic optimization of medium chain fatty acid biosynthesis via the reverse β-oxidation cycle in *Escherichia coli*. Metab Eng, 2017, 41: 115-124.

[1011] Wu J J, Zhang X, Zhou P, et al. Improving metabolic efficiency of the reverse beta-oxidation cycle by balancing redox cofactor requirement. Metab Eng, 2017, 44: 313-324.

[1012] Wu J J, Wang Z, Duan X G, et al. Construction of artificial micro-aerobic metabolism for energy- and carbon-efficient synthesis of medium chain fatty acids in *Escherichia coli*. Metab Eng, 2019, 53: 1-13.

[1013] Wu J J, Bao M J, Duan X G, et al. Developing a pathway-independent and full-autonomous global resource allocation strategy to dynamically switching phenotypic states. Nat Commun, 2020, 11: 5521.

[1014] Pérez Montes A, Rangel-Vargas E, Lorenzo J M, et al. Edible mushrooms as a novel trend in the development of healthier meat products. Curr Opin Food Sci, 2021, 37: 118-124.

[1015] Grahl S, Palanisamy M, Strack M, et al. Towards more sustainable meat alternatives: how technical parameters affect the sensory properties of extrusion products derived from soy and algae. J Clean Prod, 2018, 198: 962-971.

[1016] Caporgno M P, Böcker L, Müssner C, et al. Extruded meat analogues based on yellow, heterotrophically cultivated *Auxenochlorella protothecoides* microalgae. Innov Food Sci

Emerg Technol, 2020, 59: 102275.

[1017] Scott E A, Karabin N B, Augsornworawat P, et al. Overcoming immune dysregulation with immunoengineered nanobiomaterials. Annu Rev Biomed Eng, 2017, 19: 57-84.

[1018] An J, Chua C K, Yu T, et al. Advanced nanobiomaterial strategies for the development of organized tissue engineering constructs. Nanomedicine, 2013, 8(4): 591-602.

[1019] Sahle F F, Kim S, Niloy K K, et al. Nanotechnology in regenerative ophthalmology. Adv Drug Deliv Rev, 2019, 148: 290-307.

[1020] Riley R S, June C H, Langer R, et al. Delivery technologies for cancer immunotherapy. Nat Rev Drug Discov, 2019, 18: 175-196.

[1021] Gao W, Chen Y, Zhang Y, et al. Nanoparticle-based local antimicrobial drug delivery. Adv Drug Deliv Rev, 2018, 127: 46-57.

[1022] Xie J, Gong L, Zhu S, et al. Emerging strategies of nanomaterial-mediated tumor radiosensitization. Adv Mater, 2019, 31: e1802244.

[1023] Cameron D E, Bashor C J, Collins J J. A brief history of synthetic biology. Nat Rev Microbiol, 2014, 12: 381-390.

[1024] Becskei A, Serrano L. Engineering stability in gene networks by autoregulation. Nature, 2000, 405: 590-593.

[1025] Isaacs F J, Dwyer D J, Ding C M, et al. Engineered riboregulators enable post-transcriptional control of gene expression. Nat Biotechnol, 2004, 22: 841-847.

[1026] Ausländer S, Ausländer D, Fussenegger M. Synthetic Biology—The synthesis of biology. Angew Chem Int Ed Engl, 2017, 56: 6396-6419.

[1027] Tang T C, An B, Huang Y, et al. Materials design by synthetic biology. Nat Rev Mater, 2021, 6: 332-350.

[1028] Luo G F, Chen W H, Zeng X, et al. Cell primitive-based biomimetic functional materials for enhanced cancer therapy. Chem Soc Rev, 2021, 50: 945-985.

[1029] Hu C M J, Zhang L, Aryal S, et al. Erythrocyte membrane-camouflaged polymeric nanoparticles as a biomimetic delivery platform. Proc Natl Acad Sci U S A, 2011, 108: 10980-10985.

[1030] Merkel T J, Jones S W, Herlihy K P, et al. Using mechanobiological mimicry of red blood cells to extend circulation times of hydrogel microparticles. Proc Natl Acad Sci U S A, 2011, 108(2): 586-591.

[1031] Sevencan C, Mccoy R S A, Ravisankar P, et al. Cell membrane nanotherapeutics: from synthesis to applications emerging tools for personalized cancer therapy. Adv Ther, 2020, 3(3): 190021.

[1032] Zhang X D, Wang J Q, Chen Z W, et al. Engineering PD-1-presenting platelets for cancer immunotherapy. Nano Lett, 2018, 18(9): 5716-5725.

[1033] Ma J N, Liu F Y, Sheu W C, et al. Copresentation of tumor antigens and costimulatory molecules via biomimetic nanoparticles for effective cancer immunotherapy. Nano Lett, 2020, 20(6): 4084-4094.

[1034] Zhang X D, Kang Y, Wang J Q, et al. Engineered PD-L1-expressing platelets reverse new-onset type 1 diabetes. Adv Mater, 2020, 32(26): 1907692.

[1035] Corbo C, Cromer W E, Molinaro R, et al. Engineered biomimetic nanovesicles show intrinsic anti-inflammatory properties for the treatment of inflammatory bowel diseases. Nanoscale, 2017, 9(38): 14581-14591.

[1036] Doyle L M, Wang M Z. Overview of extracellular vesicles, their origin, composition, purpose, and methods for exosome isolation and analysis. Cells, 2019, 8: 727.

[1037] Witwer K W, Wolfram J. Extracellular vesicles versus synthetic nanoparticles for drug delivery. Nat Rev Mater, 2021, 6: 103-106.

[1038] Sheller-Miller S, Radnaa E, Yoo J K, et al. Exosomal delivery of NF-kappa B inhibitor delays LPS-induced preterm birth and modulates fetal immune cell profile in mouse models. Sci Adv, 2021, 7(4): eabd3865.

[1039] Morishita M, Takahashi Y, Matsumoto A, et al. Exosome-based tumor antigens-adjuvant co-delivery utilizing genetically engineered tumor cell-derived exosomes with immunostimulatory CpG DNA. Biomaterials, 2016, 111: 55-65.

[1040] Barile L, Vassalli G. Exosomes: therapy delivery tools and biomarkers of diseases. Pharmacol Ther, 2017, 174: 63-78.

[1041] Tian Y H, Li S P, Song J, et al. A doxorubicin delivery platform using engineered natural membrane vesicle exosomes for targeted tumor therapy. Biomaterials, 2014, 35(7): 2383-2390.

[1042] Kim S H, Bianco N, Menon R, et al. Exosomes derived from genetically modified DC expressing FasL are anti-inflammatory and immunosuppressive. Mol Ther, 2006, 13(2): 289-300.

[1043] Gerritzen M J H, Martens D E, Wijffels R H, et al. Bioengineering bacterial outer membrane vesicles as vaccine platform. Biotechnol Adv, 2017, 35: 565-574.

[1044] Schwechheimer C, Kuehn M J. Outer-membrane vesicles from Gram-negative bacteria: biogenesis and functions. Nat Rev Microbiol, 2015, 13: 605-619.

[1045] Gujrati V, Kim S, Kim S H, et al. Bioengineered bacterial outer membrane vesicles as cell-specific drug-delivery vehicles for cancer therapy. ACS Nano, 2014, 8: 1525-1537.

[1046] Laughlin R C, Alaniz R C. Outer membrane vesicles in service as protein shuttles, biotic defenders, and immunological doppelgängers. Gut Microbes, 2016, 7(5): 450-454.

[1047] Salverda M L M, Meinderts S M, Hamstra H J, et al. Surface display of a borrelial lipoprotein on meningococcal outer membrane vesicles. Vaccine, 2016, 34(8): 1025-1033.

[1048] Rappazzo C G, Watkins H C, Guarino C M, et al. Recombinant M2e outer membrane vesicle vaccines protect against lethal influenza A challenge in BALB/c mice. Vaccine, 2016, 34: 1252-1258.

[1049] Kuipers K, Daleke-Schermerhorn M H, Jong W S, et al. Salmonella outer membrane vesicles displaying high densities of pneumococcal antigen at the surface offer protection against colonization. Vaccine, 2015, 33: 2022-2029.

[1050] Irene C, Fantappie L, Caproni E, et al. Bacterial outer membrane vesicles engineered with lipidated antigens as a platform for *Staphylococcus aureus* vaccine. Proc Natl Acad Sci U S A, 2019, 116(43): 21780-21788.

[1051] Wang S, Huang W, Li K, et al. Engineered outer membrane vesicle is potent to elicit HPV16E7-specific cellular immunity in a mouse model of TC-1 graft tumor. Int J Nanomedicine, 2017, 12: 6813-6825.

[1052] Kim O Y, Park H T, Dinh N T H, et al. Bacterial outer membrane vesicles suppress tumor by interferon-gamma-mediated antitumor response. Nat Commun, 2017, 8: 626.

[1053] Li Y, Zhao R, Cheng K, et al. Bacterial outer membrane vesicles presenting programmed death 1 for improved cancer immunotherapy *via* immune activation and checkpoint inhibition. ACS Nano, 2020, 14: 16698-16711.

[1054] Koo H, Allan R N, Howlin R P, et al. Targeting microbial biofilms: current and prospective therapeutic strategies. Nat Rev Microbiol, 2017, 15: 740-755.

[1055] Huang J F, Liu S Y, Zhang C, et al. Programmable and printable *Bacillus subtilis* biofilms as engineered living materials. Nat Chem Biol, 2019, 15: 34-41.

[1056] Fang K L, Park O J, Hong S H. Controlling biofilms using synthetic biology approaches. Biotechnol Adv, 2020, 40: 107518.

[1057] Chapman M R, Robinson L S, Pinkner J S, et al. Role of *Escherichia coli* curli operons in directing amyloid fiber formation. Science, 2002, 295(5556): 851-855.

[1058] Zhong C, Gurry T, Cheng A A, et al. Strong underwater adhesives made by self-assembling multi-protein nanofibres. Nat Nanotechnol, 2014, 9: 858-866.

[1059] An B, Wang Y, Jiang X, et al. Programming living glue systems to perform autonomous mechanical repairs. Matter, 2020, 3: 2080-2092.

[1060] Hume H K C, Vidigal J, Carrondo M J T, et al. Synthetic biology for bioengineering virus-like particle vaccines. Biotechnol Bioeng, 2019, 116: 919-935.

[1061] Mohsen M O, Zha L, Cabral-Miranda G, et al. Major findings and recent advances in virus-like particle (VLP)-based vaccines. Semin Immunol, 2017, 34: 123-132.

[1062] Alam M M, Jarvis C M, Hincapie R, et al. Glycan-modified virus-like particles evoke t helper type 1-like immune responses. ACS Nano, 2021, 15: 309-321.

[1063] Walls A C, Fiala B, Schäfer A, et al. Elicitation of potent neutralizing antibody responses by designed protein nanoparticle vaccines for SARS-CoV-2. Cell, 2020, 183(5): 1367-1382.

[1064] Marcandalli J, Fiala B, Ols S, et al. Induction of potent neutralizing antibody responses by a designed protein nanoparticle vaccine for respiratory syncytial virus. Cell, 2019, 176: 1420-1431.

[1065] Brouwer P J M, Antanasijevic A, Berndsen Z, et al. Enhancing and shaping the immunogenicity of native-like HIV-1 envelope trimers with a two-component protein nanoparticle. Nat Communi, 2019, 10: 4272 .

[1066] Serradell M C, Rupil L L, Martino R A, et al. Efficient oral vaccination by bioengineering virus-like particles with protozoan surface proteins. Nat Commun, 2019, 10: 361.

[1067] Yang C, Cui M H, Zhang Y Y, et al. Upconversion optogenetic micro-nanosystem optically controls the secretion of light-responsive bacteria for systemic immunity regulation. Commun Biol, 2020, 3: 561.

[1068] Zheng D W, Chen Y, Li Z H, et al. Optically-controlled bacterial metabolite for cancer therapy. Nat Commun, 2018, 9: 1680.

[1069] Chen F, Zang Z, Chen Z, et al. Nanophotosensitizer-engineered Salmonella bacteria with hypoxia targeting and photothermal-assisted mutual bioaccumulation for solid tumor therapy. Biomaterials, 2019, 214: 119226.

[1070] Liu L L, He H M, Luo Z Y, et al. *In Situ* photocatalyzed oxygen generation with photosynthetic bacteria to enable robust immunogenic photodynamic therapy in triple - negative breast cancer. Adv Funct Mater, 2020, 30(10): 1910176.

[1071] Xing J H, Yin T, Li S M, et al. Sequential magneto-actuated and optics-triggered biomicrorobots for targeted cancer therapy. Adv Funct Mater, 2020, 31(11): 2008262.

[1072] Park B W, Zhuang J, Yasa O, et al. Multifunctional bacteria-driven microswimmers for targeted active drug delivery. ACS Nano, 2017, 11(9): 8910-8923.

[1073] Zhong D N, Li W L, Qi Y C, et al. Photosynthetic biohybrid nanoswimmers system to alleviate tumor hypoxia for FL/PA/MR imaging - guided enhanced radio - photodynamic synergetic therapy. Adv Funct Mater, 2020, 30(17): 1910395.

[1074] Bourdeau R W, Lee-Gosselin A, Lakshmanan A, et al. Acoustic reporter genes for noninvasive imaging of microorganisms in mammalian hosts. Nature, 2018, 553: 86-90.

[1075] Hosseinidoust Z, Mostaghaci B, Yasa O, et al. Bioengineered and biohybrid bacteria-based systems for drug delivery. Adv Drug Deliv Rev, 2016, 106: 27-44.

[1076] Allemann R. Optogenetics: controlling cells with light. Nat Methods, 2012, 8: 24-25.

[1077] Yan X H, Zhou Q, Vincent M, et al. Multifunctional biohybrid magnetite microrobots for imaging-guided therapy. Sci Robot, 2017, 2(12): eaaq1155.

[1078] James M L, Gambhir S S. A molecular imaging primer: modalities, imaging agents, and applications. Physiol Rev, 2012, 92: 897-965.

[1079] Shapiro M G, Goodwill P W, Neogy A, et al. Biogenic gas nanostructures as ultrasonic molecular reporters. Nat Nanotechnol, 2014, 9: 311-316.

[1080] Depil S, Duchateau P, Grupp S A, et al. 'Off-the-shelf' allogeneic CAR T cells: development and challenges. Nat Rev Drug Discov, 2020, 19: 185-199.

[1081] Ramello M C, Benzaïd I, Kuenzi B M, et al. An immunoproteomic approach to characterize the CAR interactome and signalosome. Science Signaling, 2019, 12(568): eaap9777.

[1082] Abdalla A M E, Xiao L, Miao Y, et al. Nanotechnology promotes genetic and functional modifications of therapeutic T cells against cancer. Adv Sci, 2020, 7(10): 1903164.

[1083] Stephan S B, Taber A M, Jileaeva I, et al. Biopolymer implants enhance the efficacy of

adoptive T-cell therapy. Nat Biotechnol, 2015, 33: 97-101.
[1084] Stephan M T, Moon J J, Um S H, et al. Therapeutic cell engineering with surface-conjugated synthetic nanoparticles. Nat Med, 2010, 16: 1035-1041.
[1085] Hao M X, Hou S Y, Li W S, et al. Combination of metabolic intervention and T cell therapy enhances solid tumor immunotherapy. Sci Transl Med, 2020, 12(571): aaz6667.
[1086] Kim G B, Aragon-Sanabria V, Randolph L, et al. High-affinity mutant interleukin-13 targeted CAR T cells enhance delivery of clickable biodegradable fluorescent nanoparticles to glioblastoma. Bioact Mater, 2020, 5: 624-635.
[1087] Nie W D, Wei W, Zuo L P, et al. Magnetic nanoclusters armed with responsive pd-1 antibody synergistically improved adoptive T-cell therapy for solid tumors. ACS Nano, 2019, 13(2): 1469-1478.
[1088] Sakimoto K K, Wong A B, Yang P D. Self-photosensitization of nonphotosynthetic bacteria for solar-to-chemical production. Science, 2016, 351(6268): 74-77.
[1089] Guo J L, Suastegui M, Sakimoto K K, et al. Light-driven fine chemical production in yeast biohybrids. Science, 2018, 362(6416): 813-816.
[1090] Ding Y C, Bertram J R, Eckert C, et al. Nanorg microbial factories: light-driven renewable biochemical synthesis using quantum dot-bacteria nanobiohybrids. J Am Chem Soc, 2019, 141(26): 10272-10282.
[1091] Luo B F, Wang Y Z, Li D, et al. A periplasmic photosensitized biohybrid system for solar hydrogen production. Adv Energy Mater, 2021, 11(19): 2100256.
[1092] Gao L Z, Zhuang J, Nie L, et al. Intrinsic peroxidase-like activity of ferromagnetic nanoparticles. Nat Nanotechnol, 2007, 2: 577-583.
[1093] Fan K, Xi J, Fan L, et al. *In vivo* guiding nitrogen-doped carbon nanozyme for tumor catalytic therapy. Nat Commun, 2018, 9: 1440.
[1094] Wang X Y, Hu Y H, Wei H. Nanozymes in bionanotechnology: from sensing to therapeutics and beyond. Inorg Chem Front, 2016, 3: 41-60.
[1095] Jiang D W, Ni D L, Rosenkrans Z T, et al. Nanozyme: new horizons for responsive biomedical applications. Chem Soc Rev, 2019, 48(14): 3683-3704.
[1096] Hu X, Li F Y, Xia F, et al. Biodegradation-mediated enzymatic activity-tunable molybdenum oxide nanourchins for tumor-specific cascade catalytic therapy. J Am Chem Soc, 2020, 142(3): 1636-1644.

[1097] Xu B L, Wang H W, Wang W W, et al. A single-atom nanozyme for wound disinfection applications. Angew Chem Int Ed, 2019, 58(15): 4911-4916.

[1098] Eggermont L J, Paulis L E, Tel J, et al. Towards efficient cancer immunotherapy: advances in developing artificial antigen-presenting cells. Trends Biotechnol, 2014, 32: 456-465.

[1099] Perica K, De León Medero A, Durai M, et al. Nanoscale artificial antigen presenting cells for T cell immunotherapy. Nanomedicine, 2014, 10(1): 119-129.

[1100] Perica K, Bieler J G, Schütz C, et al. Enrichment and expansion with nanoscale artificial antigen presenting cells for adoptive immunotherapy. ACS Nano, 2015, 9(7): 6861-6871.

[1101] Zhang D K Y, Cheung A S, Mooney D J. Activation and expansion of human T cells using artificial antigen-presenting cell scaffolds. Nat Protoc, 2020, 15: 773-798.

[1102] Cheung A S, Zhang D K Y, Koshy S T, et al. Scaffolds that mimic antigen-presenting cells enable *ex vivo* expansion of primary T cells. Nat Biotechnol, 2018, 36: 160-169.

[1103] Zhang Q M, Wei W, Wang P L, et al. Biomimetic magnetosomes as versatile artificial Antigen-presenting cells to potentiate T-cell-based anticancer therapy. ACS Nano, 2017, 11(11): 10724-10732.

[1104] Wu Z G, Chen Y, Mukasa D, et al. Medical micro/nanorobots in complex media. Chem Soc Rev, 2020, 49(22): 8088-8112.

[1105] Wu Z G, Troll J, Jeong H H, et al. A swarm of slippery micropropellers penetrates the vitreous body of the eye. Sci Adv, 2018, 4(11): eaat4388.

[1106] Ji Y X, Lin X K, Wu Z G, et al. Macroscale chemotaxis from a swarm of bacteria-mimicking nanoswimmers. Angew Chem Int Ed, 2019, 58: 12200-12205.

[1107] Pinheiro A V, Han D, Shih W M, et al. Challenges and opportunities for structural DNA nanotechnology. Nat Nanotechnol, 2011, 6: 763-772.

[1108] Li S P, Jiang Q, Liu S L, et al. A DNA nanorobot functions as a cancer therapeutic in response to a molecular trigger *in vivo*. Nat Biotechnol, 2018, 36: 258-264.

[1109] Driks A. Tapping into the biofilm: insights into assembly and disassembly of a novel amyloid fibre in *Bacillus subtilis*. Mol Microbiol, 2011, 80(5): 1133-1136.

[1110] Burgos-Morales O, Gueye M, Lacombe L, et al. Synthetic biology as driver for the biologization of materials sciences. Mater Today Bio, 2021, 11(2): 100115.

[1111] Choi Y S, Yang Y J, Yang B, et al. *In vivo* modification of tyrosine residues in recombinant mussel adhesive protein by tyrosinase co-expression in *Escherichia coli*. Microb Cell Fact,

2012, 11: 139.

[1112] Nguyen P Q, Courchesne N M D, Duraj-Thatte A, et al. Engineered living materials: prospects and challenges for using biological systems to direct the assembly of smart materials. Adv Mater, 2018, 30: e1704847.

[1113] Rodrigo-Navarro A, Sankaran S, Dalby M J, et al. Engineered living biomaterials. Nat Rev Mater, 2021, 6: 1175-1190.

[1114] Roberts A D, Finnigan W, Wolde-Michael E, et al. Synthetic biology for fibers, adhesives, and active camouflage materials in protection and aerospace. MRS Commun, 2019, 9: 486-504.

[1115] Choi S Y, Rhie M N, Kim H T, et al. Metabolic engineering for the synthesis of polyesters: a 100-year journey from polyhydroxyalkanoates to non-natural microbial polyesters. Metab Eng, 2020, 58: 47-81.

[1116] Li T, Ye J W, Shen R, et al. Semirational approach for ultrahigh poly (3-hydroxybutyrate) accumulation in *Escherichia coli* by combining one-step library construction and high-throughput screening. ACS Synth Biol, 2016, 5(11): 1308-1317.

[1117] Jeong Y S, Yang B, Yang B, et al. Enhanced production of Dopa-incorporated mussel adhesive protein using engineered translational machineries. Biotechnol Bioeng, 2020, 117: 1961-1969.

[1118] Wallace A K, Chanut N, Voigt C A. Silica nanostructures produced using diatom peptides with designed post-translational modifications. Adv Funct Mater, 2020, 30(30): 2000849.

[1119] Bowen C H, Sargent C J, Wang A, et al. Microbial production of megadalton titin yields fibers with advantageous mechanical properties. Nat Commun, 2021, 12: 5182.

[1120] Wagner H J, Engesser R, Ermes K, et al. Synthetic biology-inspired design of signal-amplifying materials systems. Mater Today, 2019, 22: 25-34.

[1121] Qian Z G, Pan F, Xia X X. Synthetic biology for protein-based materials. Curr Opin Biotechnol, 2020, 65: 197-204.

[1122] Yao G, Li J, Li Q, et al. Programming nanoparticle valence bonds with single-stranded DNA encoders. Nat Mater, 2020, 19: 781-788.

[1123] Yang Z, Yang Y, Wang M, et al. Dynamically tunable, macroscopic molecular networks enabled by cellular synthesis of 4-arm star-like proteins. Matter, 2020, 2: 233-249.

[1124] English M A, Soenksen L R, Gayet R V, et al. Programmable CRISPR-responsive smart materials. Science, 2019, 365: 780-785.

[1125] Pena-Francesch A, Jung H, Demirel M C, et al. Biosynthetic self-healing materials for soft machines. Nat Mater, 2020, 19: 1230-1235.

[1126] 曾丹，储建林，陈燕茹，等 . 人造蛋白功能材料的生物合成及应用 . 合成生物学，2021, 2: 528-542.

[1127] Bracha D, Walls M T, Brangwynne C P. Probing and engineering liquid-phase organelles. Nat Biotechnol, 2019, 37: 1435-1445.

[1128] Garabedian M V, Wang W T, Dabdoub J B, et al. Designer membraneless organelles sequester native factors for control of cell behavior. Nat Chem Biol, 2021, 17: 998-1007.

[1129] Farhadi A, Ho G H, Sawyer D P, et al. Ultrasound imaging of gene expression in mammalian cells. Science, 2019, 365: 1469-1475.

[1130] Bar-Zion A, Nourmahnad A, Mittelstein D R, et al. Acoustically triggered mechanotherapy using genetically encoded gas vesicles. Nat Nanotechnol, 2021, 16: 1403-1412.

[1131] Ostrov N, Jimenez M, Billerbeck S, et al. A modular yeast biosensor for low-cost point-of-care pathogen detection. Sci Adv, 2017, 3: e1603221.

[1132] Cestellos-Blanco S, Zhang H, Kim J M, et al. Photosynthetic semiconductor biohybrids for solar-driven biocatalysis. Nat Catal, 2020, 3: 245-255.

[1133] Bernardi D, DeJong J T, Montoya B M, et al. Bio-bricks: Biologically cemented sandstone bricks. Constr Build Mater, 2014, 55: 462-469.

[1134] González L, Mukhitov N, Voigt C A. Resilient living materials built by printing bacterial spores. Nat Chem Biol, 2020, 16: 126-133.

[1135] Lu Y F, Li H S, Wang J, et al. Engineering bacteria-activated multifunctionalized hydrogel for promoting diabetic wound healing. Adv Funct Mater, 2021, 31(48): 2105749.

[1136] Lufton M, Bustan O, Eylon B H, et al. Living bacteria in thermoresponsive gel for treating fungal infections. Adv Funct Mater, 2018, 28(40): 1801581.1-1801581.7.

[1137] Li L, Zeng H. Marine mussel adhesion and bio-inspired wet adhesives. Biotribology, 2016, 5: 44-51.

[1138] Priemel T, Palia G, Förste F, et al. Microfluidic-like fabrication of metal ion-cured bioadhesives by mussels. Science, 2021, 374: 206-211.

[1139] Cao B C, Zhao Z P, Peng L L, et al. Silver nanoparticles boost charge-extraction efficiency in *Shewanella* microbial fuel cells. Science, 2021, 373(6561): 1336-1340.

[1140] Kan A, Joshi N S. Towards the directed evolution of protein materials. MRS Commun, 2019, 9: 441-455.

[1141] Wan X, Volpetti F, Petrova E, et al. Cascaded amplifying circuits enable ultrasensitive cellular sensors for toxic metals. Nat Chem Biol, 2019, 15: 540-548.

[1142] Kalyoncu E, Ahan R E, Ozcelik C E, et al. Genetic logic gates enable patterning of amyloid nanofibers. Adv Mater, 2019, 31(39): 1902888.

[1143] Lee J W, Chan C T Y, Slomovic S, et al. Next-generation biocontainment systems for engineered organisms. Nat Chem Biol, 2018, 14(6): 530-537.

[1144] Fan C, Davison P A, Habgood R, et al. Chromosome-free bacterial cells are safe and programmable platforms for synthetic biology. Proc Natl Acad Sci U S A, 2020, 117: 6752-6761.

[1145] Xia X X, Qian Z G, Ki C S, et al. Native-sized recombinant spider silk protein produced in metabolically engineered Escherichia coil results in a strong fiber. Proc Natl Acad Sci U S A, 2010, 107: 14059-14063.

[1146] Dong S H, Gim Y, Cha H J. Expression of functional recombinant mussel adhesive protein type 3A in *Escherichia coli*. Biotechnol Prog, 2005, 21: 965-970.

[1147] Rutschmann C, Baumann S, Cabalzar J, et al. Recombinant expression of hydroxylated human collagen in *Escherichia coli*. Appl Microbiol Biotechnol, 2014, 98: 4445-4455.

[1148] Ding D, Guerette P A, Hoon S, et al. Biomimetic produc-tion of silk-like recombinant squid sucker ring teeth proteins. Biomacromolecules, 2014, 15(9): 3278-3289.

[1149] Elvin C M, Carr A G, Huson M G, et al. Synthesis and properties of crosslinked recombinant pro-resilin. Nature, 2005, 437: 999-1002.

[1150] Wang Y Y, An B, Xue B, et al. Living materials fabricated via gradient mineralization of light-inducible biofilms. Nat Chem Biol, 2020, 17: 351-359.

[1151] Heveran C M, Williams S L, Qiu J, et al. Biomineralization and successive regeneration of engineered living building materials. Matter, 2020, 2: 481-489.

[1152] Hazen T C, Dubinsky E A, Desantis T Z, et al. Deep-sea oil plume enriches indigenous oil-degrading bacteria. Science, 2010, 330: 204-208.

[1153] Wada E, Yamasaki K. Mechanism of microbial degradation of nicotine. Science, 1953, 117: 152-153.

[1154] Tang H Z, Wang L J, Wang W W, et al. Systematic unraveling of the unsolved pathway of nicotine degradation in *Pseudomonas*. PLoS Genet, 2013, 9(10): e1003923.

[1155] Liu G Q, Zhao Y L, He F Y, et al. Structure-guided insights into heterocyclic ring-cleavage catalysis of the non-heme Fe (II) dioxygenase NicX. Nat Commun, 2021, 12: 1301.

[1156] Updike S, Hicks G. The enzyme electrode. Nature, 1967, 214: 986-988.

[1157] Schar H, Ghisalba O. Hyphomicrobium bacterial electrode for determination of monomethyl sulfate. Biotechnol Bioeng, 1985, 27(6): 897-901.

[1158] 王红，肖藏岩，何姗 . 酶生物传感器对农药的测定 . 化学工程师，2008, 9: 33-34.

[1159] Lytton-Jean A K R, Han M S, Mirkin C A. Microarray detection of duplex and triplex DNA binders with DNA-modified gold nanoparticles. Anal Chem, 2007, 79(15): 6037-6041.

[1160] Lee J H, Mitchell R J, Kim B C, et al. A cell array biosensor for environmental toxicity analysis. Biosens Bioelectron, 2005, 21(3): 500-507.

[1161] Ghislieri D, Green A, Pontini M, et al. Engineering an enantioselective amine oxidase for the synthesis of pharmaceutical building blocks and alkaloid natural products. J Am Chem Soc, 2013, 135: 10863-10869.

[1162] Tournier V, Topham C M, Gilles A, et al. An engineered PET depolymerase to break down and recycle plastic bottles. Nature, 2020, 580: 216-219.

[1163] Kurumbang N, Dvorak P, Bendl J, et al. Computer-assisted engineering of the synthetic pathway for biodegradation of a toxic persistent pollutant. ACS Synth Biol, 2014, 3: 172-181.

[1164] Lieder S, Nikel P, de Lorenzo V, et al. Genome reduction boosts heterologous gene expression in *Pseudomonas putida*. Microb Cell Fact, 2015, 14: 23.

[1165] Xu X, Zarecki R, Medina S, et al. Modeling microbial communities from atrazine contaminated soils promotes the development of biostimulation solutions. ISME J, 2019, 13: 494-508.

[1166] Shahab R L, Brethauer S, Davey M P, et al. A heterogeneous microbial consortium producing short-chain fatty acids from lignocellulose. Science, 2020, 369(6507): eabb1214.

[1167] Wang M, Liu X, Nie Y, et al. Selfishness driving reductive evolution shapes interdependent patterns in spatially structured microbial communities. ISME J, 2020, 15: 1387-1401.

第五章

对我国合成生物学发展的政策建议

合成生物学的“会聚”特点，早已超越了简单的学科“交叉”，不仅是科学与技术、工程的融合，更是需要自然科学与社会科学的协同；此特点既与“大数据 + 人工智能”结合，又得到信息共享、工具开源的“互联网 +”平台的支撑，合成生物学“赋能”人类的潜质正逐步显现。虽然面临种种问题和阻力，但这种让人类解脱自我及环境“条件”束缚，能够真正自由发展，推动社会生产力革命性进步的趋势，是不可阻挡的。因此，在规划合成生物学发展的战略方向并制定相关政策时，不仅需要重新审视现有的研究和开发体系，还迫切需要组织管理模式的变革以及创新生态的建设，从而保证资助机制和管理政策能够与合成生物学的“会聚”特点及“赋能”潜质相匹配。首先，需要从合成生物学提升“发现能力”、“创新能力”和“建造能力”的目标出发，加强战略谋划和前瞻布局，通过制定国家中长期发展路线图，有计划、有步骤地开展科学研究和技术开发；其次，需要从合成生物学的颠覆性特点出发，剖析会聚研究带来的新风险与新挑战，开展长期的监管科学，以及伦理、安全、知识产权方面的研究，开发和使用新的工具、标准和方法，建立系统的风险评估与治理体系；最后，需要夯实多学科的专业基础，培养具备跨学科研发能力的人才队伍。

第一节　研究开发体系与能力建设

一、加强战略谋划和前瞻布局

合成生物学的发展离不开政府的战略引导和公共及私人资金的大力投入。近年来，基于对合成生物技术未来趋势和对本国已有基础及优势的分析研判，以及对未来生物经济发展目标的战略考量，欧美各国陆续通过制定合成生物学发展路线图，加强对该领域的战略布局。路线图有助于为政府部门对合成生物学领域的持续支持指明方向，也会对产业界及资本市场的研发和投资重点产生影响。

为进一步推动我国合成生物学科技与产业的高质量发展，应围绕国家战略需求，着眼未来国家竞争力，结合领域发展规律与趋势，研究制定国家中长期规划和发展路线图，凝练关键科学问题，明确重点领域和优先方向。既考虑全面、多层次的布局，也突出“高精尖缺”的技术。聚焦创新链前端的前沿探索与关键技术，完善从工程平台到产品开发、产业转化的研发体系，重点支持能力建设，特别是支持合成生物学元件库、数据库，以及专业性、集成性、开放共享的工程技术平台(包括基础设施)的建设和核心工具的研发，在生物大数据与数字细胞、蛋白质计算与理性设计改造、代谢网络调控、细胞重编程再造、基因组编辑、超高通量细胞筛选等核心底层技术及装备领域实现突破。同时，从我国合成生物学产业和生物经济发展需求出发，组织实施以产业关键技术需求为导向的重大科技任务攻关，重点攻克未来影响国家安全、影响国家重大战略目标的核心技术。

二、打通科技成果转化的通道

合成生物学技术要有效转化为真实的生产力，不仅需要政府、企业、基金会等多方的支持与投入，还需要探索构建项目、平台、人才、资金等全要素一体化配置的创新服务体系，以及平台化支撑、企业化管理、市场化运营的科技支撑和产业转化模式[1]，打通从“最先一公里”到“最后一公里”的全链条。

在技术研发阶段，提升原创技术需求牵引、源头供给、资源配置和转化应用能力，引导投资机构投早、投小，加强对种子期、初创期科技企业的支持，完善知识产权保护制度，建立促进开放、共享和合作的协作机制，完善各类创新主体在知识、技术、资金等价值要素的权益分享机制，进一步调动科技成果转化过程中各方主体的积极性。在转化研究阶段，对科技成果概念验证、中试、产业化等不同阶段采取差异化的支持方式和资助保障机制；建立相关产品结构、技术成熟度、工艺可行性、市场规模等专业评估体系，提高行业抗风险能力；重点培育一批市场化、专业化的技术转移机构，集聚高端专业人才，提升专业化服务能力和服务水平。在产业应用阶段，建立合成生物学相关成果市场化交易机制，及时研究和制定相关的行业标准和指南，明确新产品的申报、审批、认定等路径和流程，推动新产品早日进入市场，服务社会。

三、营造有利于“会聚”的生态系统

“会聚”在研究策略的新思维方式和研究过程的新模式方面涉及两个维度：一是解决一系列研究问题所必需的多学科专业知识的交叉与融合，建立有效的数据集、知识库及关联网络；二是形成支持科学研究及促成研究成果向新产品转化过程中所涉及的合作网络[2]，这个“网络”是政产学研等多层次、综合性的协作网络，涉及科研、管理、投入、转化等各方面（图 5-1）。

合成生物学的革命性和颠覆性既是科技的革命，也是科学文化的革命，它在很大程度上更加依赖跨学科、跨领域的合作，不仅需要政府部门、学术界与产业界的协同，更需要构建与会聚研究能力相适应的生态系统，以及有助于会聚的文化[3]。首先，要针对学科交叉和跨部门合作，打破学科的知识界限和组织模式，设置相应的研究单元（机构）及为其量身定制的组织架构，推动深入有效的合作，实现资源与成果的整合与共享；其次，建立开放包容的文化，支持和允许不确定性的探索；再次，创造思想碰撞、理念交流的机会，提高对学科差异的理解，支持跨学科的“会聚”研究，才能共同应对科学与社会的挑战。

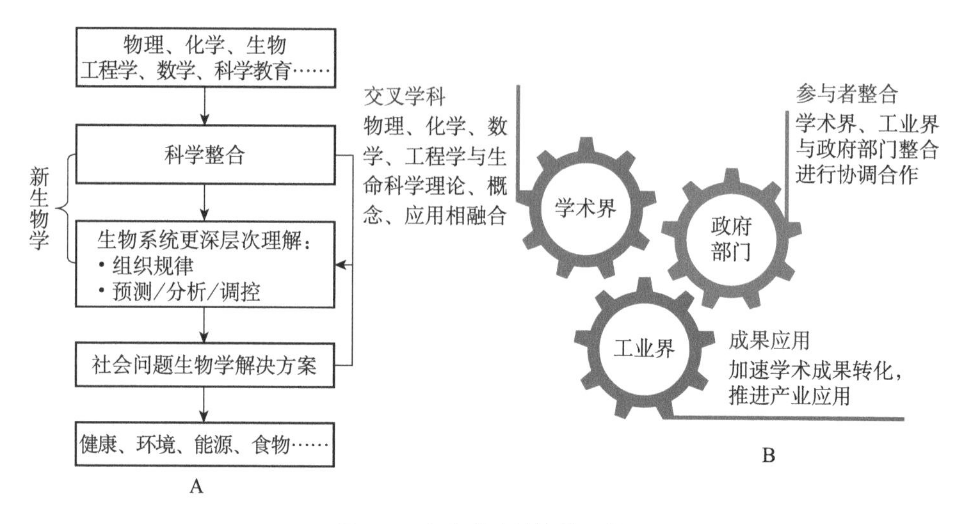

图 5-1　会聚形成的协作网络

A. 关注生命科学的新生物学（new biology）整合了多学科知识，提出基于生物学的应对社会挑战的解决方法；B. 为了充分利用新机遇，来自生命科学、物质科学专业知识的整合以及跨学术界、工业界及政府部门的协同是必需的资料来源：A. National Research Council，NRC. A New Biology for the 21st Century. 2009：18；B. 经美国艺术与科学院（American Academy of Arts & Sciences，AAAS）许可转载（图片来自《ARISE Ⅱ推动科学和工程研究：释放美国研究创新事业的潜力》报告摘要）

第二节　综合治理与科学传播体系

合成生物学的快速发展，直接带来开源共享与知识产权、市场准入，以及伦理、生物安全（安保）等问题，挑战了传统的管理模式和治理体系，亟须梳理现有管理政策中存在的新问题与新挑战，开展长期的监管科学研究与实践，开发和使用新的工具、标准和方法，建立健全综合治理体系。

一、建立科学高效的管理体系

当前，随着合成生物学等领域的发展，其技术升级、产品迭代、产业重构，对管理机构的专业知识、管理水平提出了更高的要求，需要建立和发展更高质量、更有效率、更可持续的管理体系，以确保对未来合成生物技术及产品进行科学而全面的评估与监管。

首先，要进一步完善科技项目立项与组织实施方式，制定科学、灵活的预算与费用分摊机制，配套相应的资源投入与经费使用政策。其次，要针对合成生物学技术及产品的特点，厘清研发、成果转化与产品准入等关键节点上的“新生点”与现有监管政策之间的接口，对于能够“衔接”的部分，可以通过实施案例，尽快明确；对于有“难点”或“堵点”，在衔接中不适应或难接口的部分，可以从研发和政策两个方面，开展和制定“调整性衔接”的研究和措施，尽早解决问题，降低操作成本；对于管理中明显存在不确定性，甚至有漏洞或空白的部分，应正视问题，开展监管科学和政策研究，探索科学、理性、有效、可行的管理原则，制定研发、生产、上市等各环节的配套措施，并依法依律实施，实现管理政策上的创新与“突破”。最后，要进一步厘清监管部门的责权，明确谁来管、管什么、如何管；同时，还应建立完善统筹协调的机制，增强监管的系统性、整体性和协同性。

二、加强生物安全和伦理风险评估与治理

合成生物学已远远超越了传统生物技术的研究范式及应用领域，其技术及相关产品的复杂性、新颖性，以及应用范围、规模正向前所未有的深度和广度发展，同时，合成生物学知识日趋民主化，技术具有更广泛的可及性；合成生物学的材料、数据以及方法具有开放性和共享性，其研发和应用对人类与环境健康影响具有的不确定性及不可预知性，可能带来安全和伦理等方面的风险。

合成生物学的安全风险主要涉及生物安全（biosafety）和生物安保（biosecurity）。前者是指合成生物意外释放对人类健康或生态环境构成的威

胁或伤害；后者是指有意或恶意使用合成生物学技术、材料或生物制剂，危害人类健康或生态环境[4]。为应对合成生物学技术带来的潜在生物安全风险，世界各国积极开展部署和行动，先后制定了系列生物安全政策和对策。2013年，美国国立卫生研究院（NIH）通过更新《涉及重组DNA研究的生物安全指南》，增加对合成核酸分子的风险评估和相应的生物安全防护措施；2018年，美国国家研究理事会（National Research Council，NRC）发布《合成生物学时代的生物防御》报告，对合成生物学可能引发的生物威胁进行了全面评估。我国政府高度重视生物安全问题，尤其对涉及病原微生物、两用物项及技术、人类遗传资源等领域先后出台系列法律规范文件。2021年4月，我国正式颁布实施《中华人民共和国生物安全法》（简称《生物安全法》），已经形成相对完善的法律法规体系。

合成生物学的伦理问题主要表现在哲学、宗教、技术、社会和治理五个维度。在合成生物学发展的初期，伦理争论主要是围绕“合成生物学应该不应该发展，人类是不是应该拥有人造生命的权力”等问题展开。随着合成生物学技术的突破，伦理问题延伸到制度层面，倾向于讨论风险规避及其成果的社会影响，包括技术的安全性、社会公平公正问题。此时，现实的风险也会引发政策的冲突，形成新的伦理监管原则与方案，进行社会协同治理等政策层面的讨论[5]。目前，对合成生物学的伦理治理，美国采取的主要是“审慎警惕原则下鼓励技术创新”，主导思想是将现行针对生物技术应用的政策和监管框架稍作调整，以覆盖合成生物学；欧洲的态度是“预防原则下审慎对待技术发展”（图5-2）[6]。

合成生物学技术研发及应用引发的生物安全与伦理问题，对各国已有的监管体系带来了新的挑战。生物安全与伦理问题相互交织，安全与伦理缺一不可[7]。因此，需就具体技术的性质、特征、发展趋势及应用领域的不同，进行类型化、灵活性的治理[8]。既要学习国际的先进经验，也要立足我国的实际和未来需要开展研究，并根据我国的情况加以吸收、借鉴。首先，要在《生物安全法》的框架下，进一步完善现有的法律法规体系，包括《中华人民共和国传染病防治法》《两用物项和技术进出口许可证管理办法》《生物技术研究开发安全管理办法》等，以及相关的指南和指导性文件；要加强相关技术研发和应用的风险评估与研判，建立评估和评审制度，完善风险防控和治理体系。其次，要充分发挥研究机构审查、管理主体的作用，进一步提升风险防范能力；稳步推动科技共同体自律建设，构建科技治理的新生态；加强合成生物学风险预防及管控技术的开发，发展和利用先进技术应对合成生物学带来的生态安全和生物防御方面的挑战。最后，要着实推进合成生物技术风险治理的全球协作，积极融入国际立法和对话，在国际生物安全、伦理新规则的制定中提出“中国方案”、发出“中国声音”，展现中国作为负责任创新大国对人类未来的责任与担当。

美国生物伦理学研究总统委员会——
《新方向：合成生物学与新兴技术的伦理》
五大伦理原则
• 公众利益
• 负责任的管理
• 知识自由和责任
• 民主审议
• 公正与公平
欧洲科学与新技术伦理小组——
《合成生物学的伦理》
六大伦理原则
• 安全原则
• 可持续性原则
• 预防原则
• 正义原则
• 研究自由原则
• 比例原则

图 5-2　美国和欧洲的合成生物学伦理原则

三、建设公众参与和科学传播平台

合成生物学涉及的社会问题远不止生物安全与伦理，公众理解和科学传播也是影响其发展的重要因素。如果缺乏科学传播和普及工作，则很可能在直面大众时，以其“构建生命”“设计生命”“超级病毒”“人造人”等尖锐而冲击的字眼强烈刺激普通民众，进而使其产生担忧甚至恐慌心理。因此，让公众参与到合成生物学的评估与审议中来，缩小“专家知识”与“外行视角”的分歧，是解决利益冲突的最佳途径[9]。在这一点上，有必要吸取转基因技术科普的沉重教训[10]。技术的风险评估不应只强调专家的技术性分析与预测，社会各利益相关群体（包括政府官员、社会科学家、企业、消费者等）都应该能够参与到技术评估与决策中。欧美国家已在公众参与方面进行了一些探索与实践。例如，英国在出版合成生物学发展报告时，同期还发表了与“公众对话”报告[11]，通过大量公众对话和访谈，反映公众对合成生物学的看法；

英国政府支持的科技智慧（sciencewise）研究中心还建立了合成生物学公开对话项目，开展科学和创新的公众对话、公众科学态度调查；欧盟第七框架所资助的“负责任的合成生物学研究与创新”（Responsible Research and Innovation in Synthetic Biology，SYNENERGENE）项目也建立了公众参与平台[12]。

因此，应在合成生物学研发与应用阶段，建设与公众对话的渠道和机制，实现公众参与和信息的公开化、透明化[13]。首先，应针对合成生物学科学传播与公众认知 / 参与的影响因素和有效途径等问题，开展充分的社会调查分析和相关机制研究。其次，建立合成生物学各级科普教育基地与科学传播平台，一是要加强合成生物学相关人员的安全教育培训，可在本科生及研究生中开设此类培训课程，培养他们的风险防范意识；二是要鼓励和支持公众参与广泛的讨论与交流，广泛征集和听取公众的不同意见，发挥公众监督的作用[14]；同时，创新沟通方式，确保沟通内容的准确性，促进公众对该领域的复杂性和不确定性的理性认识，获取公众的理解与支持。最后，要培养专业的合成生物学科普人才和传播队伍，制定科学传播的相关规则，对合成生物学的研发及应用进行全面、客观的报道，形成科学有序的舆论导向，促进合成生物学科技及其产业的健康发展。

第三节　教育与人才培养

合成生物学的会聚研究与发展，需要创新的教育和人才培养模式。一是要进一步加强合成生物学的学科建设，二是要培养复合型的人才队伍，致力于跨学科的创新研究。

一、夯实多学科专业基础和教育体系

近年来，欧美国家通过实施合成生物学相关的教育计划，逐步建立了合

成生物学的学科教育体系。例如，美国一些地区在高中到研究生阶段都设置了合成生物学相关的教育课程，不少国际著名大学也开展了合成生物学有关的教育和培训。美国麻省理工学院（MIT）不仅开设整合多个学科的研究生课程，还设立了针对高中生的合成生物学教育计划和相关课程[15]。我国的一些高校和研究院所，近几年也面向本科生或研究生，开设合成生物学相关的讲座或课程。天津大学还通过在本科新增合成生物学专业，突出生命科学、化学、计算机信息学等多学科的交叉融合，培养具有创造性解决合成生物学科学技术问题能力的学生[16]。

要进一步加强合成生物学的学科建设，可通过实施合成生物学相关的教育计划，逐步建立合成生物学的学科教育体系，夯实多学科专业基础。根据学科交叉的需要，精心设计和推行“会聚”教育计划和教学活动，协同多方教育资源，在学科教育中充分体现生物、物理、化学、信息和工程学知识的课程，强调各学科之间的贯通融合；通过教学相长，建立适应合成生物学发展的师资队伍，探索合成生物学领域本科生、研究生及博士后的教育和培养体系。

二、培养具备跨学科研发能力的人才队伍

国际基因工程机器竞赛（iGEM）通过学生自主选题、导师提供实验室和指导意见的模式，使学生不但可以将学到的知识运用到实际科研工作中，其科学思维、自主学习、人际交往、团队协作、跨学科交流等能力也得到全面锻炼[17]。经过多年的发展和优化，iGEM 不仅不断实践和完善了合成生物学的思想、策略、技术及工具系统，同时也为未来培养了具备跨学科研究能力的青年人才，并推动这一新兴学科逐步走向成熟。

随着合成生物学的不断发展，跨学科人才的需求越来越大。这类人才有的是具有广泛领域的协作能力，同时又精通某一领域专业知识的“T 字形”人才；还有的是知识深度、技术广度或两者兼具，熟悉多个领域专业知识的“π 形”或“梳形”人才。要培养这样的人才，需要建立完善的合成生物学跨学科复合型人才培养体系[18]。通过“会聚”研究能力的培养，不仅要提升具体的理论与实验技术，更要倡导勇于创新、开放、合作，以及支持开源资源

的开发和利用的价值观和理念[19]，保持独特的创新文化和合作文化；要充分发挥研究机构和高校的人才培养作用，支持本科生、研究生、研究人员和教职员工的教育及培训；注重学科建设与人才培养相结合，强调基地建设与队伍建设相结合，同时结合国家及地方的系列人才工程，积极引进人才，重点培养一批战略科学家、技术创新人才、工程开发人才，解决合成生物学的关键科学问题、工程化问题和产业转化问题。

本章参考文献

[1] 马悦，汪哲，薛淮，等. 中英美三国合成生物学科技规划和产业发展比较分析. 生命科学，2021, 33(12): 1560-1566.

[2] National Research Council. Convergence: Facilitating Transdisciplinary Integration of Life Sciences, Physical Sciences, Engineering, and Beyond. Washington: The National Academies Press, 2014.

[3] The National Academy of Sciences, Engineering and Medicine. Proceedings of a Workshop, Fostering the Culture of Convergence in Research: Proceedings of a Workshop. Washinton DC: National Academies Press, 2019.

[4] Garfinkle M, Knowles L. Synthetic biology, biosecurity and biosafety//Sandler R L. Ethics and Emerging Technologies. Boston: Northeastern University, 2014: 533-547.

[5] 张慧，李秋甫，李正风. 合成生物学的伦理争论：根源、维度与走向. 科学学研究，2022, 40: 577-585.

[6] 刘旭霞，秦宇. 欧美合成生物学应用的风险治理经验及启示. 华中农业大学学报(社会科学版)，2022, 2: 177-184.

[7] 刘晓，汪哲，陈大明，等. 合成生物学时代的生物安全治理. 科学与社会，2022, 3: 1-8.

[8] 彭耀进. 合成生物学时代：生物安全、生物安保与治理. 国际安全研究，2020, 38(5): 29-57+157-158.

[9] 庞增霞，尚智丛. 科技决策视阈下的公众参与："专家知识"与"外行视角"的协同分析. 自然辩证法通讯，2020, 42(9): 112-118.

[10] 丁惠，徐飞. 国际竞争下中国合成生物学研究的安全、伦理及政策探讨. 医学与哲学，2020, 41(12): 7-11.

[11] 张先恩 . 序言 . 中国科学院院刊，2018, 33(11): 1132-1134.

[12] Responsible Research and Innovation in Synthetic Biology. The SYNENERGENE Approach. https://www.synenergene.eu/information/synenergene-approach.html [2022-03-01].

[13] 马诗雯，王国豫 . 合成生物学的“负责任创新”. 中国科学院院刊，2020, 35(6): 751-762.

[14] 王盼娣，熊小娟，付萍，等 .《生物安全法》实施背景下对合成生物学的监管 . 华中农业大学学报，2021, 40(6): 231-245.

[15] Synthetic Biology:Graduate. This is an active list of schools and labs that support graduate study in synthetic biology. https://openwetware.org/wiki/Synthetic_Biology:Graduate[2022-01-19].

[16] 陈曦，方明 . 科技日报：天津大学 2020 年本科招生新增全国首个合成生物学专业，http://www.tju.edu.cn/info/1182/3243.htm.[2020-07-14].

[17] 谭静，胡启文，肖文刚，等 . 国际基因工程机器大赛对本科生创新能力培养的启示 . 卫生职业教育，2018, (1): 1-3.

[18] 熊燕，刘晓，赵国屏 . 合成生物学的发展：我国面临的机遇与挑战 . 科学与社会，2015, 1: 1-8.

[19] Farny N G. A vision for teaching the values of synthetic biology. Trends Biotechnol, 2018, 36(11): 1097-1100.

附　　录

附表 1　近年全球基于合成生物学技术开发的化工、能源、材料等产品（列举）

企业 / 机构	正在开发或拟开发的技术或产品
Tate & Lyle BioProducts、DuPont	Susterra®1,3- 丙二醇
Myriant、Royal DSM、BioAmber	丁二酸
Amyris	青蒿酸、法尼烯
Myriant	D（-）乳酸、糊精酸
OPX Biotechnologies	脂肪酸（利用 CO_2 和 H_2 生产）
BioAmber、Myriant、Royal DSM	琥珀酸
Verdezyne、Rennovia、BioAmber	己二酸
BioAmber	1,4- 丁二醇
Metabolix、Myriant、OPX Biotechnologies、Novozymes、Cargill	丙烯酸
Verdezyne	癸二酸、十二烷二酸
LanzaTech、Invista	1,3- 丁二烯（以 CO 和 H_2 为底物，厌氧发酵产丁二醇）
MONAD Nanotech、Birla College	扁桃酸

续表

企业 / 机构	正在开发或拟开发的技术或产品
Rennovia	己二胺
Global Bioenergies	异丁烯
Gevo	异丁醇
Mascoma	纤维素乙醇和动物饲料加工用酵母、纤维素乙醇
LS9	超清洁柴油
Solazyme	SoladieselBD®和SoladieselRD®（藻类生物柴油）、Solajet™（藻类喷气燃料）
Qteros、Logen、BP、Proterro、Royal DSM	纤维素乙醇
LanzaTech	气体制乙醇
Green Biologics、Microvi、BP	生物丁醇
Butamax	生物丁醇
Myriant、BioAmber	聚丁二酸丁二醇酯
Joule	蓝细菌生产的燃料
Sapphire Energy、Algenol Biofuels	绿色原油
Ginkgo BioWorks	硫化氢硫化燃料
EnginZyme	利用无细胞体系生产的化学品
蓝晶微生物	聚羟基脂肪酸酯（PHA）等
Allonnia	油砂污染物的生物修复
Deep Branch	利用 CO_2 生产的蛋白质原料
Modern Meadow	皮革
Origin.Bio	生物基化学品
Antheia	活性药物成分
Genomatica	中间体和基础化学品
微构工场	聚羟基脂肪酸酯
恩和生物	生物基产品
Debut Biotech	利用无细胞系统生产的生物基分子

附表 2　近年来全球基于合成生物学技术开发的医药产品（列举）

企业 / 机构	正在开发或拟开发的技术或产品
Royal DSM	头孢氨苄
Evolva	Pomecins ™（抑菌化合物）、EV-03（细菌拓扑异构酶Ⅱ抑制剂，2- 吡啶酮类化合物）、EV-077（抑制前列腺素和异前列腺素活性的新型化合物）
哈佛大学、霍华德 • 休斯医学研究所、波士顿大学、麻省理工学院	噬菌体治疗
Wyss 研究所	DNA 纳米机器人
Halozyme、Intrexon	rHuA1AT[重组人 α1- 抗胰蛋白酶（A1AT）]
Synthetic Biologics、Intrexon	合成单克隆抗体、SYN-PAH-001（用于肺动脉高血压治疗）
Synthorx、斯克里普斯研究所	核苷酸活疫苗
斯克里普斯研究所	合成紫杉醇
Oxitec	工程化昆虫菌株
J. Craig Venter 研究所、Novartis、Synthetic Genomics	用于疫苗生产的减毒病毒
iGEM	砷全细胞生物传感器
ViThera Pharmaceuticals	EnLact 益生菌
康奈尔大学	工程肠道细菌，预防霍乱
Codexis	西他列汀
Synthetic Genomics、Lung Biotechnology	人源化的猪器官
Prokarium	工程沙门氏菌，提供疫苗
Biosergen AS	针对系统性真菌感染的候选药物 BSG005
格罗宁根大学	生物合成羊毛硫抗生素
Ziopharm	DNA 治疗癌症
Senti Biosciences	下一代 CAR-NK 细胞疗法等
ArsenalBio	治疗实体瘤的下一代 T 细胞疗法
Vedanta Biosciences	炎症性肠病的活菌治疗
Carisma Therapeutics	工程化的巨噬细胞
AbSci	蛋白质药物
Caribou Biosciences	肿瘤免疫细胞疗法
eGenesis	人体相容的异种肾脏和胰岛细胞移植
CC Bio	工程化的噬菌体

附表 3　近年来基于合成生物学技术开发的“人造食品”（列举）

企业 / 机构	开发的技术或产品
Mosa Meat	体外细胞培养肉汉堡
Beyond Meat	使用豌豆蛋白生产肉饼
Impossible Foods	以植物蛋白和酵母发酵产生的血红素生产人造猪肉、香肠等
UPSIDE Foods	使用鸡细胞生产鸡肉
Eat Just	使用添加胎牛血清的植物培养基生产鸡块
Air Protein	微生物生产的蛋白（替代肉制品）
BlueNalu	以细胞为基础的人造海鲜
Motif FoodWorks	食品配料
Nature’s Fynd	由真菌培育的奶油、奶酪和肉饼
Protera	食品用蛋白质设计
Future Meat Technologies	开发工业细胞培养肉的设施
LIVEKINDLY	植物来源的鸡肉替代品
Perfect Day	利用微生物制造牛奶蛋白生产奶制品
Oatly	利用生物酶解技术将燕麦制成牛奶替代品

附表 4　IBISBA 1.0 的 16 个合作伙伴及其分工

组成机构	为 IBISBA 1.0 提供的基础设施或服务	
法国原子能和替代能源委员会（Commissariat à l’Energie Atomique et aux en Energies Alternatives，CEA）	法国国家测序中心（Genoscope）：其研究活动的重点在环境、人体消化道和污水处理相关的微生物的环境基因组学上 HelioBiotec：一个生物技术平台，以应对生物能源的挑战，旨在研究微藻在电力生产中的潜力	
意大利国家研究委员会（Consiglio Nazionale delle Ricerche，CNR）	ProtEnz：多站点和多学科的基础设施，其研究重点是蛋白质和酶的发现、生产、特性分析和工程应用，特别关注极端微生物的研究	WP2 负责团队
西班牙国家研究委员会（Agencia Estatal Consejo Superior de Investigacione Scientificas，CSIC）	生物学研究中心（CIB）：多学科研究所，涵盖结构和细胞生物学、医学、农业、环境科学、化学和生物技术等 国家生物技术中心（CNB）：将分子生物学方法与功能和结构生物学领域的最新技术相结合，以其多功能的跨学科研究而著称	

续表

组成机构	为 IBISBA 1.0 提供的基础设施或服务	
德国弗劳恩霍夫协会界面和生物工程技术研究所（Fraunhofer Institute for Interfacial Engineering and Biotechnology，Fraunhofer IGB）	开发和优化医药、制药、化学、环境与能源领域的工艺和产品	
法国国家农业科学研究院（National Institute for Agricultural Research，INRA）	MICALIS：专注于微生物系统生物学和合成生物学 图卢兹怀特生物技术（Toulouse White Biotechnology，TWB）：由法国国家农业科学研究院支持的行政机构，其目标是加速工业生物技术和生物经济的发展	WP7 联合负责团队 WP8 负责团队
法国图卢兹国家科学研究所（Institut National des Sciences Appliquées of Toulouse，INSAT）	生物系统和生化工程重点实验室（LISBP）：工业生物技术应用的研究，如生物能源和绿色化学、水处理、食品加工和健康等方面	WP5 负责团队
法国国家农业科学研究院转化公司（INRA Transfert，IT）	为 IBISBA 1.0 合作伙伴和利益相关者提供项目资源和文件，实现知识管理和流畅的信息交流	
克尼姆有限公司（KNIME）	提供对云平台的访问，用来管理、共享和执行工作流程	
LifeGlimmer 股份有限公司（LG）	BIODASH：是一个决策支持系统，有助于缩小数据可用性与新生物技术应用发现之间的差距	
雅典国立技术大学（National Technical University of Athens，NTUA）	生物技术建模平台（BIOMP）：开发建模技术和工具，将实验开发相互联系起来，并评估其在建立可持续和经济上具有吸引力的工业生物技术过程中的重要性	
巴塞罗那自治大学（Universitat Autònoma de Barcelona，UAB）	UAB 综合生物过程工程平台（PlatBioEng）：结合了基础设施和跨学科研究环境，整合了细胞工厂工程和生物过程开发	WP4 负责团队
南特大学（University of Nantes，UN）	AlgoSolis：是一个公共设施，通过整合不同的技术和微藻工业开发来研究微藻的工业应用	
曼彻斯特大学（University of Manchester，UNIMAN）	基于曼彻斯特生物技术研究所（MIB）的合成生物学研究中心：利用合成生物学开发更快、可预测的新型精细和特种化学品生产路线，为扩大规模和工业制造提供新的化学多样性 FAIRDOM：是一个为系统生物学建立数据和模型管理服务设施的平台	WP7 负责团队

续表

组成机构	为 IBISBA 1.0 提供的基础设施或服务	
佛兰芒技术研究所（Flemish Institute for Technological Research，VITO）	VITO 的生物技术团队是生物过程强化专家，专注于将膜技术与各种用途的工艺相结合	WP1 负责团队
芬兰技术研究中心（Technical Research Centre of Finland，VTT）	VTT 工业生物技术（VTT IB）：研究主要集中在生产菌株和菌株生理学的高通量选择和测试，以及生物信息学和建模工具支持的微生物发酵的优化、升级和试验	WP6 负责团队
瓦赫宁根大学及研究中心（Wageningen University & Research，WUR）	ISBE.NL：是欧洲系统生物学的基础设施，专注于与多尺度建模、模型集成、模型工作流程和针对工业生物技术定制的模型驱动设计相关的服务 UNLOCK：是一个多站点基础设施，能够为生物催化、混合微生物的动态培养、高通量基因型和基因表型分析、生物催化剂制造建立多个微生物组，从而进行分析	WP3 负责团队

附表 5　美国合成生物学相关的教育课程（列举）

课程举例	课程说明
麻省理工学院的高中强化课程	该课程针对 12 年级学生，演示克隆一个基因的全过程，包括利用聚合酶链反应（PCR）扩增目的基因、DNA 片段的生物砖组装、转化 DNA 进入宿主细菌菌株和通过各种表达系统控制表达。MIT 也在开发综合的跨学科研究生课程，以适合来自不同背景的学生
布朗大学 1 BIOL 1940（CRN14871）合成生物系统	该课程建立在生物系统建模的系统生物学的基础上，但进一步涉及更复杂系统的生物元件的构建和标准化。它涵盖了工程学的抽象化、模块化、标准化和组成等基本原理，以及如何将这些理念和知识应用到生物学中
哈佛大学系统生物学 204：生物分子工程和合成生物学	该课程注重核酸和以蛋白质为基础的合成分子，以及细胞机制和系统的合理设计、构建和应用，主要针对系统生物学、生物物理学、工程学、生物学及相关学科的研究生，并以此辅导学生以形成一系列长期的项目
加利福尼亚大学伯克利分校的合成生物学的影响与应用	该课程不同于其他课程，它不仅包括科学和工程领域的知识，还涉及政策的制定（如政策建议）和商业（如市场趋势、知识产权和假设的项目资产负债表）等方面
基因组协会的活动教学	（1）戴维森学院利用 MIT的 iGEM 大赛使本科生参与介于数学、计算机科学和生物学之间的研究课题。NSF 也资助了该活动，以发展针对教学的基因组协会的项目 （2）该课程将生物学和数学的理论基础与实验室工作相结合，旨在为本科生提供基因组学的教育和研究机会；为来自美国各高校的跨学科的教师提供合成生物学的夏季研讨会，并将教师引入合成生物学研究领域
合成生物学工程研究中心（SynBERC）的教育计划	SynBERC 资助了多项教育计划，BioBuilder 是其资助项目之一，是通过互动和有动画教育资源的网站。它主要面向学生，但其介绍工程生物机制的动画也面向所有观众；也有一些针对教师的资源，主要通过一些合成生物学的术语和实验室活动的演练来介绍合成生物学

续表

课程举例	课程说明
工程生物学研究联盟（EBRC）的课程	EBRC 正在制定动态、模块化的课程，主要涉及关于合成 / 工程生物学的一些选题。同时开发 K-12 标准和课程，旨在制定和更新幼儿园至高中教育阶段的合成生物学概念教学课程。此外，还开发了一项名为 EBRsee，基于多媒体、面向公众的科学宣传活动，通过关于工程生物学概念的短片、动画或真人视频的制作，提高公众意识与参与度

附表 6　国家重点研发计划“合成生物学”重点专项立项列表

年度	项目名称	项目牵头承担单位	项目实施周期 / 年
2018 年	真核微生物基因组的人工设计与合成	天津大学	5
	高版本嗜盐模式微生物底盘细胞的构建	清华大学	5
	高版本模式微生物底盘细胞	江南大学	5
	放线菌底盘适配性机理与产物高产机制研究	武汉大学	5
	高版本工业丝状真菌底盘构建	中国科学院天津工业生物技术研究所	5
	基于植物底盘的药用植物活性成分研究及其应用	中国科学院分子植物科学卓越创新中心	5
	生物元器件标准化设计组装与应用研究	中国科学院分子植物科学卓越创新中心	5
	重要病原体疫苗的人工合成	军事科学院军事医学研究院生物工程研究所	5
	溶瘤腺病毒集成化技术平台建设及新产品研发	徐州医科大学	5
	抗逆基因线路设计合成与抗逆育种	华南理工大学	5
	高灵敏环境持久性有毒污染物感知与识别生物系统	中国科学院生态环境研究中心	5
	难降解有毒污染物智能生物降解体系	上海交通大学	5
	电能细胞设计与构建	天津大学	5
	微生物化学品工厂的设计重构	浙江工业大学	5
	有机碳一原料高效利用和转化人工合成细胞的构建	清华大学	5
	新分子生化反应设计与核心生命途径重构	中国科学院微生物研究所	5
	非细胞生物合成系统的构建与应用	华南理工大学	5
	合成植物天然产物的微生物细胞工厂构建及应用示范	北京理工大学	5
	微生物天然产物的智能创新与改良	上海交通大学	5

续表

年度	项目名称	项目牵头承担单位	项目实施周期 / 年
2018 年	基于成药性特征的微生物天然产物合成生物学创新	中国药科大学	5
	油藏环境合成微生物组的构建	北京大学	5
	低劣生物质转化利用的人工多细胞体系构建	南京工业大学	5
	高通量脱氧核糖核酸（DNA）合成创新技术及仪器研发	中国人民解放军军事科学院军事医学研究院	5
	合成生物学伦理、政策法规框架研究	华中科技大学	5
	药用单细胞真核微藻工程株的设计构建	深圳大学	5
	使用合成 DNA 进行数据存储的技术研发	南方科技大学	5
	肿瘤的合成微生物线路治疗	中国科学院深圳先进技术研究院	5
	基因线路在精准诊断和靶向治疗膀胱癌中的应用研究	中山大学附属第七医院（深圳）	5
	合成生物学自动化铸造平台关键技术研发	中国科学院深圳先进技术研究院	5
	水华蓝藻合成微生物控制系统构建与应用	北京化工大学	5
	水华蓝藻合成微生物控制系统构建与应用	中国科学院水生生物研究所	5
	抗肿瘤、抗感染等活性天然产物合成途径解析及异源表达	武汉大学	5
	酶促碳氢键氟化反应设计与构建	天津大学	5
	高版本模式微生物底盘细胞	中国科学院深圳先进技术研究院	5
	非金属活性中心人工酶的构筑及手性生物合成研究	华中科技大学	5
	超进化聚球藻底盘细胞的设计构建	上海交通大学	5
2019 年	动物染色体设计与合成	天津大学	5
	植物人工染色体的设计与合成	中国科学院遗传与发育生物学研究所	5
	非天然噬菌体的设计合成	山东大学	5
	基于密码子扩展的原核生物构建和酶定向进化	中国科学技术大学	5
	基于基因密码子扩展技术的非天然真核系统的构建及其应用	中国科学院生物物理研究所	5
	新型工业微生物全基因组代谢网络模型的优化设计和构建研究	中国科学院上海营养与健康研究所	5

续表

年度	项目名称	项目牵头承担单位	项目实施周期 / 年
2019 年	功能性免疫分子的人工合成及其在肿瘤免疫治疗中的应用	复旦大学	5
	人工基因线路设计、构建及其用于代谢疾病智能诊疗的研究	华东师范大学	5
	微生物光合系统的重构与再造	天津大学	5
	高效生物固氮回路的设计与系统优化	北京大学	5
	生物工业过程监控合成生物传感系统创建与工业应用	华东理工大学	5
	微生物化学品工厂的途径创建及应用	中国科学院天津工业生物技术研究所	5
	新分子生化反应设计与生物合成系统创建	华东理工大学	5
	新分子的生化反应设计与生物合成	天津大学	5
	人造蛋白质合成的细胞设计构建及应用	西北大学	5
	甾体激素从头生物合成的人工细胞创建及应用	江南大学	5
	放线菌药物合成生物体系的网络重构与系统优化	浙江大学	5
	活性污泥人工多细胞体系构建与应用	中国科学院微生物研究所	5
	合成生物肠道菌群体系构建及应用	天津大学	5
	新天然与人工产物的定向挖掘和高效合成的平台技术	山东大学	5
	新一代 DNA 合成技术	湖南大学	5
	全合成 mRNA 恶性肿瘤治疗性疫苗的设计与构建及转化研究	上海交通大学医学院附属瑞金医院	5
	基于基因线路重塑细胞微环境的机理及疾病治疗策略研究	深圳大学	5
	设计构建靶向实体瘤的新一代免疫细胞	中国科学院深圳先进技术研究院	5
	外源基因元器件在农作物中的适配性评价共性技术	中国农业科学院深圳农业基因组研究所	5
	真核微藻光合元件的高效挖掘与适配重构	西湖大学	5
	基于 P450 调控的自由基反应催化合成氮、硫杂环分子	厦门大学	5
	针对神经退行性疾病的合成肠道菌群体系构建及应用	中国农业大学	5

续表

年度	项目名称	项目牵头承担单位	项目实施周期／年
2019年	精准合成修饰蛋白质的酵母底盘细胞的设计与构建	浙江大学	5
	治疗炎症性肠病的合成肠道菌群的构建及应用	中国科学院深圳先进技术研究院	5
2020年	DNA活字喷墨与阵列存储技术研究及示范系统	中国科学院武汉病毒研究所	5
	基于合成生物学的新型活疫苗设计与开发	中国科学院微生物研究所	5
	耐药病原菌诊疗的基因线路设计合成	广西大学	5
	高效生物产氢体系的设计组装	南开大学	5
	有毒金属感知修复的智能生物体系	中国科学院水生生物研究所	5
	高通量新型污染物生物筛选系统构建与环境监测应用	中国科学院生态环境研究中心	5
	植物高光效回路的设计与系统优化	河南大学	5
	高值化合物生物合成体系的智能组装及高效运行	上海交通大学	5
	多源复合途径天然产物的高效发掘和智造	华东理工大学	5
	重要植物天然产物的途径创建	天津大学	5
	植物天然产物的途径创建	中国中医科学院	5
	生物活体功能材料的构建及应用	中国科学院深圳先进技术研究院	5
	面向医疗健康的生物活体功能材料的构建及应用	南京大学医学院附属鼓楼医院	5
	数字细胞建模与人工模拟	江南大学	5
	新蛋白质元件人工设计合成及应用	湖北大学	5
	正交化蛋白质元件的人工设计与构建	天津大学	5
	合成生物学生物安全研究	天津大学	5
	面向合成生物系统海量工程试错优化的人工智能算法研究与应用	深圳大学	5
	高效超声／光声生物成像元件库的挖掘与应用研究	中国科学院深圳先进技术研究院	5
	微纳生物机器人的定向合成和诊疗应用	南方科技大学	5
	消化系统肿瘤高特异分子探针的创制与临床转化研究	上海交通大学医学院附属仁济医院	5

续表

年度	项目名称	项目牵头承担单位	项目实施周期 / 年
2020 年	多方协同合成基因信息安全存取方法研究	中国科学院深圳先进技术研究院	5
	正交化蛋白质复合物元件的人工设计、构建与应用	西湖大学	5
2021 年	真核生物人工染色体的设计建造与功能研究	北京大学	5
	非天然碱基和非天然细胞设计合成及功能研究	中国科学院基础医学与肿瘤研究所	5
	特殊环境微生物底盘细胞的设计与构建	上海交通大学	5
	微藻底盘细胞的理性设计与系统改造	河南大学	5
	微藻底盘细胞的理性设计与系统改造	中国科学院青岛生物能源与过程研究所	5
	纳米人工杂合生物系统的构建及肿瘤免疫诊疗应用	浙江大学	5
	面向胰腺癌早期诊断和治疗的纳米人工杂合生物系统	华东理工大学	5
	恶性肿瘤等重大疾病精准诊断与监护生物传感系统	浙江省肿瘤医院	5
	食品安全检测的合成生物传感系统研究	广东省科学院微生物研究所	5
	基于合成微生物组的垃圾渗滤液高效处理体系	广东省科学院微生物研究所	5
	高能糖电池设计与构建	中国科学院天津工业生物技术研究所	5
	组合生物合成构建新骨架人工产物	华中科技大学	5
	特殊酵母底盘细胞的染色体工程	复旦大学	5
	生物斑图形成基本原理与人工控制的合成生物学研究	中国科学院深圳先进技术研究院	5
	非天然光能自养生命的设计构建与应用	中国科学院深圳先进技术研究院	5
	病原示踪复合标记体系的设计与合成	中国科学院深圳先进技术研究院	5
	生物碳链延长与储能细胞的设计与构建	中国科学院深圳先进技术研究院	5
	非天然人工噬菌体的设计合成	中国科学院深圳先进技术研究院	5

续表

年度	项目名称	项目牵头承担单位	项目实施周期 / 年
2021 年	铜绿假单胞菌人工噬菌体高效制剂的合成与应用	中国人民解放军第三军医大学	5
	耐药真菌诊疗的基因线路设计合成	中国科学院深圳先进技术研究院	5
	含氮新分子生化反应设计与高效生物系统创建	复旦大学	5
	含氮新分子生化反应设计与高效生物系统创建	中国科学院天津工业生物技术研究所	5
	膀胱癌免疫微环境的 DNA 信息存储	深圳大学	5
	靶向辅助性 T 细胞的肿瘤环境免疫疗法设计及其作用机制研究	中国科学院深圳先进技术研究院	5
	溶瘤病毒 – 双特异性抗体“二次重编程肿瘤微环境”的新型组合免疫疗法研究	中山大学	5

附表 7　我国合成生物学领域主要初创企业（列举）

公司	成立年份	最新融资轮次	最新融资时间（年 . 月 . 日）	融资金额	主要投资机构	公司概述
凯赛生物	2000	IPO 上市	2020.8.12	55.61 亿元	未透露	利用生物制造技术实现新型生物基材料的研发、生产及销售；主要聚焦聚酰胺产业链，生产生物法长链二元酸系列产品、生物基戊二胺及生物基聚酰胺产品
擎科生物	2004	未透露	未透露	未透露	未透露	从事合成基因组学与生物合成产品的研究及开发
华恒生物	2005	IPO 上市	2021.4.22	6.25 亿元	未透露	主要从事氨基酸及其衍生物产品的研发、生产和销售；其丙氨酸系列产品生产规模位居国际前列
酶赛生物	2013	B 轮	2020.9.30	5000 万元	中科海创、磊梅瑞斯、赛生资本、达晨财智、东方富海、宁波天使投资引导基金、东方智创	提供生物催化整体方案

续表

公司	成立年份	最新融资轮次	最新融资时间（年.月.日）	融资金额	主要投资机构	公司概述
泓迅科技	2013	定性增发	2019.3.5	5201 万元	雅惠投资、动平衡资本、协立资本、凯风创投、华大基因、华大科技	专注于新一代合成生物学技术开发及其应用
合生基因	2014	Pre-B 轮	2018.11.23	5000 万元	君岳共享、启迪之星创投	主要基于合成生物学技术资助设计并研究开发基因和细胞治疗药物
弈柯莱生物	2015	C 轮	2021.4.30	近 3 亿元	淡马锡、弘晖资本、华泰紫金、秉鸿资本、海富中比等	生物催化和合成生物学方法的研究和开发
蓝晶微生物	2016	B 轮	2021.2.26	近 2 亿元	好瓴创投、光速中国、峰瑞资本、七匹狼创投、三一创新投资、前海母基金、中关村发展启航基金、中关村发展前沿基金、启迪之星、泰有基金、松禾资本、力合创投等	合成微生物技术研发
瑞德林生物	2017	A 轮	2020.12.4	过亿元	东方富海、力合创投、弘富瑞盈、青岛德臻、地平新投资	以合成生物技术为核心，将酶催化技术应用于肽类、糖类和核酸类等特色功能原料
欣贝莱生物	2017	未透露	未透露	未透露	未透露	利用合成生物学技术研发生产高附加值化合物
臻质医疗	2018	股权融资	2019.1.29	未透露	太空科技、清源投资	应用合成生物学技术开发再生医学药物及治疗方法
迪赢生物	2019	A 轮	2021.6.5	近亿元	火山石资本、和玉资本、巢生资本	利用合成生物学技术专注 DNA 合成领域
恩和生物	2019	A 轮	2020.9.25	1500 万美元	经纬中国、夏尔巴投资、百度风投、巢生资本	工业合成生物技术平台，利用合成生物学技术改造微生物
一兮生物	2019	天使轮	2019.10.22	1000 万元	未透露	利用合成生物学技术布局肠道微生物领域
百葵锐生物	2019	未透露	未透露	未透露	未透露	全态链合成生物学平台，专注蛋白精准设计与蛋白分子机器

续表

公司	成立年份	最新融资轮次	最新融资时间（年.月.日）	融资金额	主要投资机构	公司概述
森瑞斯生物	2019	股权融资	2019.5.6	未透露	深创投	从事合成生物学领域研发及生产；目前主要以合成生物学技术为基础开发工业大麻和新材料橡胶的生产中试及其产业化
寻竹生物	2020	种子轮	202.9.1	未透露	奇绩创坛	“信息技术（IT）化”的合成生物学平台
羽冠生物	2020	种子轮	2021.3.10	1400万美元	勃林格殷格翰风险基金（BIVF）、国际数据集团（IDG）资本、真格基金	利用合成生物学技术开发针对感染性疾病和肿瘤的下一代合成疫苗及活菌药物
鑫飞生物	2019	未透露	未透露	未透露	未透露	利用合成生物学技术及AI技术研究噬菌体

关键词索引

F

G

H

J

K

L

M

N

P

R

S

T

W

X

Y

Z

其　他